U0904925

《中国环境规划与政策》（第十七卷）编委会

中国环境规划与政策

Chinese Environmental Planning and Policy Research

（第十七卷）

生 态 环 境 部 环 境 规 划 院

王金南 陆 军 万 军 严 刚 主编

中国环境出版集团·北京

图书在版编目（CIP）数据

中国环境规划与政策. 第十七卷/王金南等主编. —北京：中国环境出版集团，2021.10
ISBN 978-7-5111-4929-9

Ⅰ. ①中… Ⅱ. ①王… Ⅲ. ①环境规划—研究—中国②环境政策—研究—中国 Ⅳ. ①X32②X-012

中国版本图书馆 CIP 数据核字（2021）第 206089 号

出版人 武德凯
责任编辑 宾银平 陈金华
责任校对 任 丽
封面设计 岳 帅

出版发行 中国环境出版集团
（100062 北京市东城区广渠门内大街 16 号）
网 址：http://www.cesp.com.cn
电子邮箱：bjgl@cesp.com.cn
联系电话：010-67112765（编辑管理部）
010-67113412（第二分社）
发行热线：010-67125803，010-67113405（传真）
印 刷 北京建宏印刷有限公司
经 销 各地新华书店
版 次 2021 年 10 月第 1 版
印 次 2021 年 10 月第 1 次印刷
开 本 787×1092 1/16
印 张 33.75
字 数 800 千字
定 价 138 元

序

生态环境部环境规划院是中国政府环境保护规划与政策的主要研究机构和决策智库，其主要任务是根据国家社会经济发展战略，专门从事生态文明、绿色发展、环境战略、环境规划、环境政策、环境经济、环境风险、环境项目咨询等方面的研究，为国家环境规划编制、环境政策制定、重大环境工程决策和环境风险与损害鉴定评估提供科学支撑。今年是我院建院二十周年，在过去的二十年间，生态环境部环境规划院完成了一大批国家环境规划任务和环境政策研究课题，同时承担完成了一批世界银行、联合国环境规划署、亚洲开发银行以及经济合作与发展组织等的国际合作项目，并取得了丰硕的研究成果。

根据美国宾夕法尼亚大学发布的《2020 年全球智库报告》，生态环境部环境规划院在全球环境类顶级智库中排第 25 名，在入选的中国智库中排名第一。另外，根据中国社会科学评价研究院发布的《中国智库综合评价 AMI 研究报告（2017）》，生态环境部环境规划院在全国生态环境类智库中排名第一。为了让研究成果发挥更大的作用，生态环境部环境规划院将这些课题研究的成果汇集编写成《重要环境决策参考》，供全国人大、全国政协、国务院有关部门、地方政府以及公共政策研究机构等参阅。二十年来，生态环境部环境规划院已经编辑了 310 多期《重要环境决策参考》。这些研究报告得到了国务院政策研究部门和国家有关部委的高度评价和重视，而且许多建议和政策方案已被相关政府部门采纳。这也是我们持续做好这项工作的动力所在。

为了加强对国家环境规划、重要环境政策和重大环境工程决策的技术支持，让更多的政府公共决策官员、环境管理人员、环境科技工作者分享这些研究成果，生态环境部环境规划院对这些专题研究报告进行了分类整理，编辑成《中国环境政策》一书，已经分十卷公开出版。从第十一卷开始，更名为《中国环境规划与政策》。相信《中国环境规划与政策》的出版，对有关政府和部门研究制定环境规划与政策具有较好的参考价值。在此，感谢社会各界一直以来对生态环境部环境规划院的支持，同时也热忱欢迎大家发表不同的观点，共同探索新时期习近平生态文明思想指导下的中国生态环境保护，助力实现碳达峰碳中和目标，推动中国生态环境保护事业蓬勃发展。

王金南

生态环境部环境规划院院长

中国工程院院士

2021 年 9 月 8 日

目　录

环境政策与规划

中国环境保护战略政策 70 年历史变迁与改革方向 3
全国“十四五”农村环境保护规划基本思路初探 35
关于中国大气汞排放控制的思考 59

环境绩效评估

2018 年污染防治攻坚战成效评估研究报告 87
《大气污染防治行动计划》实施的健康效益评估 110
《打赢蓝天保卫战三年行动计划》实施的费用效益预评估 123
北方地区冬季清洁取暖试点实施评估研究 157
《IPCC 2006 年国家温室气体清单指南 2019 修订版》评估 185
2017 年度上市公司环境信息披露评估报告 207
房地产行业上市公司环境信息披露状况评估及技术指引研究 239
2017 年全国经济生态生产总值（GEEP）核算研究报告 281
我国民营企业参与污染防治状况调查研究 315

环境治理投资

中国农村环境治理资金需求与筹措研究 337
改革开放以来全国生态保护修复支出账户核算研究报告 367
2019 年全国各省（区、市）政府工作报告分析 407
我国入河排污口整治基本思路及其技术要点分析 444

绿色产业与智库建设

中国绿色产业景气指数（GIPI）构建及其应用研究 461
“两山”转化评估指标体系研究 484
中国生态环境类智库建设面临的挑战与发展展望 509

环境政策与规划

◆ 中国环境保护战略政策70年历史变迁与改革方向
◆ 全国“十四五”农村环境保护规划基本思路初探
◆ 关于中国大气汞排放控制的思考

中国环境保护战略政策 70 年历史变迁与改革方向

Historical Evolution and Reform of China's Environmental Protection Strategies and Policies during the Past Seventy Years

王金南[①] 董战峰 蒋洪强 陆 军 杜艳春 毕粉粉 璩爱玉 龙 凤

摘 要 本文系统地回顾了中华人民共和国成立 70 年以来环境保护战略政策的历史变迁，分析其演进脉络、阶段性变化特征和取得的成效，对制定新时代国家生态环境保护战略政策、全面推进生态文明和“美丽中国”建设具有重大现实意义。文章以环境保护战略政策历史演进为主线，将中华人民共和国成立 70 年以来的环境保护战略政策历史变迁与发展划分为 5 个阶段：①非理性战略探索（1949—1971 年）；②环境保护基本国策（1972—1991 年）；③可持续发展战略（1992—2000 年）；④环境友好型战略（2001—2012 年）；⑤生态文明战略（2013 年至今）。分析表明，我国基本形成了符合国情且较为完善的环境保护战略政策体系，在环境保护法律体系、生态环境保护体制、生态环境目标责任制、生态环境市场经济政策体系以及多元有效的生态环境治理格局下取得了重大成就，对环境保护事业发展发挥了不可替代的支撑作用，为深入推进生态文明建设和实现“美丽中国”伟大目标提供了重要保障。本文结合新时代生态文明建设和“美丽中国”建设的目标需求，提出了未来我国生态环境保护战略政策的基本走向、改革目标，指出了管理体制、生态法治、空间管控、市场机制、公众参与、责任考核六大改革方向。

关键词 中国 环境保护 环境战略 环境政策 中华人民共和国成立 70 年 改革方向

Abstract This paper systematically reviewed the historical change of China's environmental protection strategies and analyzed the evolution of environmental protection policies, characteristics of phased changes and achievemets over the past 70 years in China from a historical perspective, which is of great significance for formulating the national ecological environmental strategies and comprehensively promoting ecological civilization and "Beautiful China" in the new era. Overall, the development of China's environmental protection strategies and policies has experienced five stages, namely: the stage of one-sided misconception (1949-1971); environmental protection as the basic national strategy

① 本书凡不标注作者单位的均为生态环境部环境规划院（北京，100012）。

(1972-1991); sustainable development strategy (1992-2000); environmentally friendly strategy (2001-2012); and ecological civilization strategy (2013-). The results show that China has basically formed a relatively complete environmental strategy and policy system in line with its national conditions and has achieved remarkable achievements in the establishment of a sound environmental law system, environmental management system, environmental responsibility system, market-based mechanism for eco-environmental protection and eco-environmental governance pattern, which has played an irreplaceable supporting role in the development of environmental protection and provided an important guarantee for further promoting the construction of ecological civilization and the realization of the great goal of "Beautiful China". Taking into consideration the needs for the establishment of ecological civilization and "Beautiful China" in the new era, this paper put forward the development suggestions of the basic reform objectives and six reform directions as institutional arrangement, rule of law, spatial governance, market mechanism, social participation and performance responsibility for building ecological civilization and "Beautiful China".

Keywords China, environmental protection, environmental strategy, environmental policy, 70 years after the founding of the People's Republic of China, reform orientation

1 战略政策发展演变历程

从战略政策发展演变的阶段特征来划分，我国的环境保护战略政策历史变迁与发展可以分为 5 个阶段：非理性战略探索（1949—1971 年）；环境保护基本国策（1972—1991 年）；可持续发展战略（1992—2000 年）；环境友好型战略（2001—2012 年）；生态文明战略（2013 年至今）（图 1）。需要指出的是，阶段划分是依据不同历史时期生态环境保护形势提出来的主要战略政策，阶段并不是割裂独立的；从系统观来看，环境保护基本国策、可持续发展战略、环境友好型战略等自提出后不断深化发展，层层推进，共同构筑了当前的生态文明战略政策体系。

1.1 非理性战略探索："与自然斗、人定胜天"的片面错误观念（1949—1971 年）

这一阶段缺乏整体的环境保护战略。中华人民共和国成立伊始，祖国山河千疮百孔，大难甫平，民生憔悴，百废待兴，主要任务是尽快建立独立的工业体系和国民经济体系，加上当时人口相对较少，生产规模不大，环境容量较大，整体上经济建设与环境保护之间的矛盾尚不突出，所产生的环境问题大多是局部、个别的生态破坏和环境污染，尚属局部性的可控问题，环境问题未引起重视，没有形成对环境问题的理性认识，也没有提出环境战略和政策目标，甚至出现"与自然斗其乐无穷"和"人定胜天"的片面乃至错误的观念。特别是在极"左"思维的影响下，认为环境问题是资本主义社会所特有的现象，社会主义国家不存在环境问题。尽管政府提出了厉行节约、反对浪费、勤俭建国的方针，倡导了爱国卫生运动和"除四害"运动等，但主要是针对当时物质匮乏、环境污染威胁到人的生存时的本能反应，并不是有目的地解决环境污染问题。“大跃进”期间，“大炼钢铁”“农业学大寨”导致“三废”放任自流，污染迅速蔓延。从 1966 年 5 月开始的“文革”十年动乱，环境污染与生态破坏也迅速地由发生期上升到暴发期。

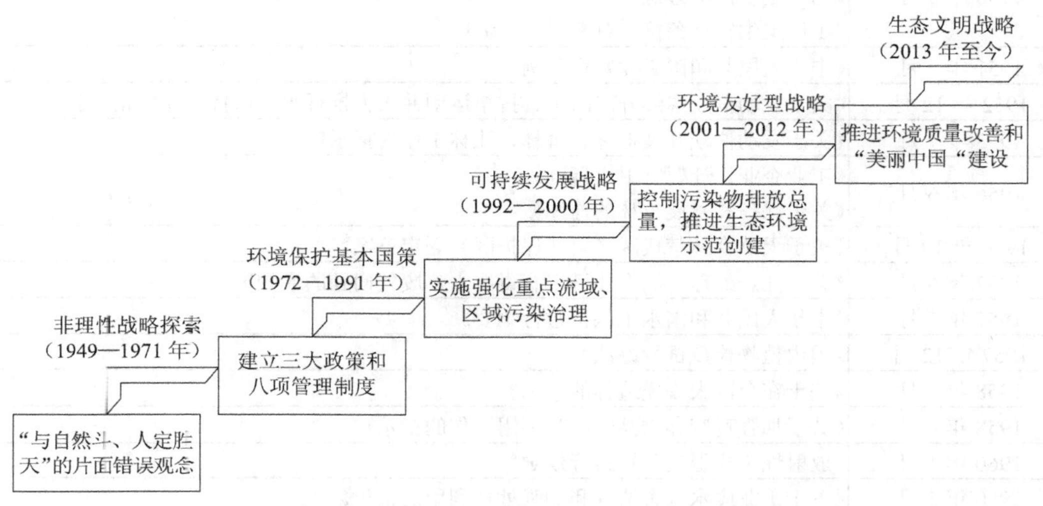

图 1　我国环境保护战略政策演进脉络

这一阶段虽没有明确提出环境保护的概念，但环境保护萌芽开始出现，总体上是一个非理性的战略探索阶段。在长期的实践中，国家已经认识到固体废物、污水等污染源的危害性，对林业保护、农田水利保护、工业污染防治的宣传、政策、指示开始出现，在水土保持、森林和野生生物保护等一些相关法规中提出了有关环境保护的职责和内容，尤其是制定了一系列林业工作的方针和政策。1950 年 2—3 月，林垦部在北京召开了第一次全国林业业务会议，确定了“普遍护林，重点造林，合理采伐和合理利用”的林业建设方针。之后也多次召开全国林业会议，还召开全国农林计划会议、全国林业行政会议等。“一五”时期（1953—1957 年），工业建设布局将工业区和生活区分离，建设以树林为屏障的隔离带，减轻工业污染物对居民的直接危害。这一阶段环境立法方面初见端倪：1950 年 5 月出台了《稀有生物保护办法》，1956 年 10 月出台了《关于天然森林禁伐区（自然保护区）划定草案》，1957 年 7 月发布了《中华人民共和国水土保持暂行纲要》，1962 年 9 月发布了《关于积极保护和合理利用野生动物资源的指示》，1963 年 4 月发布了《关于黄河中游地区水土保持工作的决定》，1963 年 5 月发布了《森林保护条例》，1964 年出台了《城市工业废水、生活污水管理暂行规定（草案）》，等等。这一阶段立法主要是在行政法规或规章层次上。表 1 给出了 1950—1964 年颁布的与生态环境保护相关的法规、政策。

表 1 1950—1964 年颁布的与生态环境保护相关的法规、政策

时间	法规、政策
1950 年 5 月	《关于全国林业工作的指示》 《稀有生物保护办法》 《工厂卫生暂行条例（草案）》
1951 年 4 月	《中华人民共和国矿业暂行条例》
1952 年 12 月	《关于发动群众继续开展防旱、抗旱运动并大力推行水土保持工作的指示》
1953 年 9 月	《关于发动群众开展造林、育林、让林工作的指示》
1956 年 6 月	《工业企业设计暂行卫生标准》 《关于保护和发展竹林的通知》
1956 年 10 月	《关于天然森林禁伐区（自然保护区）划定草案》
1957 年 6 月	《关于注意处理工矿企业排出有毒废水、废气问题的通知》
1957 年 7 月	《中华人民共和国水土保持暂行纲要》
1957 年 12 月	《国内植物检疫试行办法》
1958 年 4 月	《关于在全国大规模造林的指示》
1958 年 6 月	《关于加强对废弃物品收购和利用工作的指示》
1960 年 1 月	《放射性工作卫生防护暂行规定》
1960 年 3 月	《关于工业废水危害情况和加强处理利用的报告》
1962 年 4 月	《工业企业设计卫生标准》
1962 年 9 月	《关于积极保护和合理利用野生动物资源的指示》
1963 年 4 月	《关于黄河中游地区水土保持工作的决定》
1963 年 5 月	《森林保护条例》
1964 年	《城市工业废水、生活污水管理暂行规定（草案）》

1.2 环境保护基本国策：建立三大政策和八项管理制度（1972—1991 年）

环保意识从启蒙到初步发展。从十年动乱以阶级斗争为纲到改革开放以经济建设为中心时期，乡镇企业不断发展壮大，环境保护工作没有及时跟上经济发展形势，对乡镇企业的环境污染监管处于失控状态，环境问题十分严重。1972 年发生的“大连湾污染事件”“蓟运河污染事件”“北京官厅水库污染死鱼事件”，以及松花江出现类似日本水俣病的征兆，表明我国的环境问题已经到了危急关头。在周恩来总理的关心推动下，我国派代表团参加了 1972 年 6 月在斯德哥尔摩召开的联合国人类环境会议，开始认识到我国也存在严重的环境问题，并且环境问题会对经济社会发展产生重大影响。1973 年，第一次全国环境保护会议召开，拉开了环境保护工作的序幕。之后一段时期内，环境保护在社会经济发展中的地位和作用不断提升。1983 年 12 月，第二次全国环境保护会议明确提出了“环境保护是一项基本国策”，确立了经济发展、社会发展和环境发展同步进行，经济效益、社会效益和环境效益协调统一的发展观和环境观，使环境保护从经济建设的边缘地位转移到中心位置，为环保工作的开展奠定了基础。

建立环境保护体制能力。这一阶段中央和地方都开始建立环境管理机构。1974 年 10 月，国务院环境保护领导小组正式成立。其由国家计委、工业、农业、交通、水利、卫生

等有关部委领导组成，下设办公室负责处理日常工作。其主要职责是贯彻并监督执行国家关于环境保护的方针、政策和法律、法令，组织制定全国环境保护规划，组织协调和督促检查各地区、各部门的环境保护工作。1982 年，国家设立城乡建设环境保护部，内设环境保护局。1988 年，建立了直属国务院的国家环境保护局，环境管理成为国家的一个独立工作部门。同时，各省（区、市）也都相继建立机构，环境保护在国家各级管理层面上均得到了重视。

强化以“三废”治理和综合利用为重点的工业污染防治。这一阶段对工业和城市进行了大规模的污染治理，防止了全国环境状况的急剧恶化。1972 年 6 月，国务院首次提出工矿企业建设和“三废”利用工程“三同时”（同时设计、同时施工、同时投产）制度。1973 年，第一次全国环境保护会议进一步重申了“三同时”制度，并通过了《关于保护和改善环境的若干规定（试行草案）》。之后，国务院在批转国家计委《关于全国环境保护会议情况的报告》（国发〔1973〕158 号）时指出：对所有的城市、河流、港口、工矿企业、事业单位的污染，要迅速做出治理规划，分批分期加以解决。根据城市煤烟型污染的特点，城市环保工作主要开展了以点源治理为主的锅炉改造和安装除尘设备的消烟除尘。1975 年印发的《关于环境保护的 10 年规划意见》指出，对工矿企业不适当地排放“三废”问题，一是要对现有工矿企业的污染进行积极治理，逐步消除；二是新建、扩建、改建的工业项目，要同时采取防治措施，不再造成新的污染；三是按照环境保护的要求，注意工业的合理布局。1977 年印发的《关于治理工业“三废”开展综合利用的几项规定》，从经营管理、防止新污染、加强考核、合理利用、规划制定、收费规定、税收优惠、盈利规定、污染企业、科研监测、物资供给和人员需求 12 个方面做出了明确规定。

逐步形成和完善了有中国特色的“三大政策和八项管理制度”体系。这一阶段的最大成效是开展了一系列环境保护的理论建设、政策制度建设、法制建设和管理体制建设工作，逐步形成和完善了有中国特色的“三大政策和八项管理制度”体系。1979 年 9 月，我国第一部环境法律《中华人民共和国环境保护法（试行）》颁布，标志着我国环境保护开始步入依法管理的轨道，明确规定了环境影响评价、“三同时”和排污收费等基本法律制度，1989 年《中华人民共和国环境保护法》进行了修订，为实现环境和经济社会协调发展提供了法律保障。1981 年，国务院发布《关于在国民经济调整时期加强环境保护工作的决定》，提出了“谁污染、谁治理”的原则。1982 年发布了《征收排污费暂行办法》，排污收费制度正式建立。1989 年 4 月底，第三次全国环境保护会议系统确定了环境保护三大政策和八项管理制度，即“预防为主、防治结合”“谁污染、谁治理”“强化环境管理”的三大政策，以及“三同时”制度、环境影响评价制度、排污收费制度、城市环境综合整治定量考核制度、环境目标责任制度、排污申报登记和排污许可证制度、限期治理制度和污染集中控制制度的八项管理制度。这些政策和制度，先以国务院政令颁发，后进入各项污染防治的法律法规在全国实施（图 2），构成了一个较为完整的环境管理体系，它使环境管理由定向管理走向定量管理，由行政命令走向制度约束，有效遏制了环境状况更趋恶化的形势，一些政策直到今天还在发挥着作用。

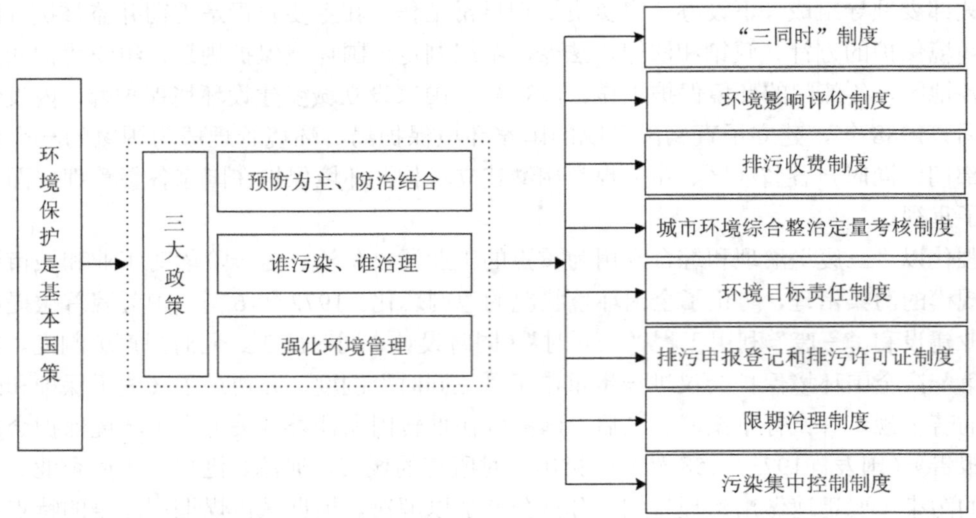

图 2　我国环境保护三大政策和八项管理制度

1.3　可持续发展战略：实施强化重点流域、区域污染治理（1992—2000 年）

可持续发展战略上升为国家战略。1992 年，我国出席了联合国召开的环境与发展会议，此次会议使全球环境保护进入了可持续发展阶段。大会通过了联合国《21 世纪议程》，并提出了可持续发展战略。同年 8 月，中共中央、国务院批准了《中国环境与发展十大对策》。1994 年 3 月，国务院通过《中国 21 世纪议程》，提出了中国实施可持续发展的总体战略、对策及行动方案，可持续发展战略上升为国家战略，进一步提升了环境保护基本国策的地位。1996 年 3 月，第八届全国人民代表大会第四次会议审议通过了《中华人民共和国国民经济和社会发展“九五”计划和 2010 年远景目标纲要》，把实施可持续发展作为现代化建设的一项重大战略写入纲要之中。

继续强化工业污染防治管控。1996 年 8 月印发的《国务院关于环境保护若干问题的决定》加大了环境管理力度，在控制环境污染中，把工业污染防治作为重点，尤其是加强对乡镇企业的环境管理。根据《国务院关于环境保护若干问题的决定》的要求和部署，“九五”期间，国家关闭了 8 万多家严重浪费资源、污染环境的小企业，对防止不符合产业政策的小企业对环境的污染和破坏，对保护资源起到了重要的作用。同时，这一阶段还把 20 世纪 70 年代末以来逐步推行的污染限期治理制度化，对排污单位超标排放污染物实施责令限期治理。限期治理的期限可视不同情况定为 1～3 年，对逾期未完成治理任务的，由县级以上人民政府依法责令其关闭、停业或转产。

开展规模化流域污染治理。1994 年淮河再次爆发污染事故，标志着我国因历史性污染累积带来的环境事故已进入高发期。当年 6 月，国家环境保护局、水利部和沿淮的河南、安徽、江苏、山东四省共同颁布了《关于淮河流域防止河道突发性污染事故的决定（试行）》。这是我国大江大河水污染预防的第一项规章制度。1995 年 8 月，国务院签发了我国历史上

第一部流域性法规《淮河流域水污染防治暂行条例》，明确了淮河流域水污染防治目标。1996 年，《中国跨世纪绿色工程规划》作为《国家环境保护“九五”计划和 2010 年远景目标》的一个重要组成部分，按照突出重点、技术经济可行和发挥综合效益的基本原则，提出对流域性水污染、区域性大气污染实施分期综合治理。启动实施“33211”工程，即“三河”（淮河、辽河、海河）、“三湖”（太湖、滇池、巢湖）、“两控区”（二氧化硫控制区和酸雨控制区）、“一市”（北京市）、“一海”（渤海），重点集中力量解决危及人民生活、危害身体健康、严重影响景观、制约经济社会发展的环境问题，到 2010 年共实施项目 1 591 个，投入资金 1 880 亿元。

启动重点区域城市环境治理。这一阶段我国工业化进程开始进入第一轮重化工时代，城市化进程加快，伴随粗放式经济的高速发展，环境问题全面爆发，流域、区域性污染开始出现，污染防治工作开始由工业领域逐渐转向流域和重点区域城市污染综合治理。1998 年，我国政府批准划定了酸雨控制区和二氧化硫控制区，涉及 27 个省（区、市）的 175 个城市和地区，总面积约为 109 万 km^2，推进“两控区”大气污染防治。大部分城市实施燃煤锅炉改造，推广清洁能源的使用，建立高污染燃料禁燃区，并开始大规模制定城市大气污染治理措施，大大改善了城市大气环境质量。在同一时期，城市环境综合整治和城市环境综合整治定量考核开始实施，初步建立了一套以环境保护目标责任制、城市环境综合整治定量考核、创建环境保护模范城市为主要内容的具有中国特色的城市环境管理模式。

实施防治污染和保护生态并重。1996 年 7 月国务院召开的第四次全国环境保护会议提出“环境保护工作要坚持防治污染和保护生态并重的方针”，实施《污染物排放总量控制计划》和《中国跨世纪绿色工程规划》两大举措，生态保护进入了新的发展阶段。1998 年 11 月，国务院印发《全国生态环境建设规划》，启动了一系列生态保护重大工程。1999 年开展退耕还林、还草工程试点，优先在生态敏感、生态安全地位重要区域开展退耕还林。2000 年国家投资千亿元的天然林保护工程全面启动，重点保护长江上游、黄河中上游和东北天然林资源。2000 年 12 月，国务院办公厅印发了《全国生态环境保护纲要》。

1.4 环境友好型战略：控制排放总量，推进生态环境示范创建（2001—2012 年）

提出环境友好型战略。党的十六大以来，党中央、国务院提出树立和落实科学发展观，构建社会主义和谐社会，建设资源节约型、环境友好型社会等新思想、新战略、新举措。2005 年 3 月，胡锦涛同志在中央人口资源环境工作座谈会上，提出要“努力建设资源节约型、环境友好型社会”。党的十六届五中全会指出，要建设资源节约型、环境友好型社会，并首次把建设资源节约型和环境友好型社会确定为国民经济和社会发展中长期规划的一项战略任务。2006 年 4 月召开的第六次全国环境保护大会提出了“三个转变”的战略思想，强调要从主要用行政办法保护环境转变为综合运用法律、经济、技术和必要的行政办法解决环境问题，打好多种政策“组合拳”。2011 年 12 月召开的第七次全国环境保护大会提出了“积极探索在发展中保护、在保护中发展的环境保护新道路”。

实施污染物排放总量控制制度。这一阶段我国经济高速增长，重化工业加快发展，给生态环境带来了前所未有的压力，党中央、国务院审时度势，推进实施污染物排放总量控制制度。污染物总量控制制度最早是在 1996 年 8 月印发的《国务院关于环境保护若干问题的决定》中提出的，该决定明确要求“实施污染物排放总量控制制度，建立总量控制指标体系和定期公布制度”。“九五”期间，实施的《污染物排放总量控制计划》，明确提出了“一控双达标”的环保工作思路。“十五”期间，虽然制定了主要污染物排放量减少 10%～20%的目标，但未明确硬性约束要求，6 项污染物总量控制指标并未完成，基本上是“有总量无控制”，总量控制目标“基本落空”。“十一五”期间总量控制提升到国家环境保护战略高度，环境保护规划实现了由软约束向硬约束的转变，其中二氧化硫和化学需氧量作为两项“刚性约束”指标。这一时期在总量控制制度设计、管理模式和落实方式上进行了大量创新，突破了“有总量、有控制、重考核”的制度关键，实施结构减排、工程减排、管理减排“三大减排”战略，化学需氧量和二氧化硫双双超额完成减排任务。“十二五”期间总量控制进一步拓展优化，在“十一五”二氧化硫和化学需氧量的基础上，将氨氮和氮氧化物纳入约束性控制指标，同时，将农业源和机动车纳入控制领域。“十二五”期末，4 项污染物的总量控制计划圆满完成（图 3）。

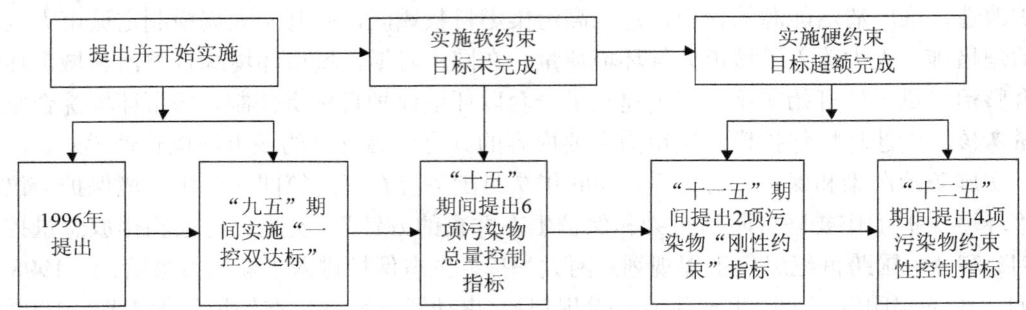

图 3 我国总量控制制度的发展历程

强化环境基础设施能力建设。在污染物总量减排推进过程中，环保投入大大增加，环境基础设施建设步伐加快。“十五”期间环保总投入较“九五”翻了一番，占 GDP 的比例首次超过 1%；“十一五”期间进一步加大，相当于过去 20 多年对环保的总投入，有效提升了当时欠账较多的环境基础设施建设能力，全国设市城市污水处理率由 2005 年的 52%提高到 82.3%，城市生活垃圾无害化处理率由 52%提高到 78%，火电脱硫装机比重由 12%提高到 82.6%。同时，2002 年开始全面推行特许经营制度，民间资本、外资等社会资本进入供水、供气、供热、污水处理、垃圾处理等领域，打破了国有企事业单位独家垄断的局面，提高了生产效率和服务水平，推动了环境基础设施建设。2011 年 5 月“全国城镇污水处理信息系统”显示，全国共建成投运的污水处理厂 3 022 座，比十年前增长了 6 倍，其中采取 BOT、BT、TOT 等特许经营模式的占 42%。

推进生态环境保护示范创建。2003 年 5 月国家环境保护总局发布《生态县、生态市、生态省建设指标（试行）》，进一步深化了生态示范区建设。在全国初步形成了生态省（市、县）、环境优美乡镇、生态村的生态示范系列创建体系，海南、浙江、福建等 14 个省（区、市）开展了生态省（区）建设，近 500 个县（市）开展了生态县（市）创建工作。全国有 389 个县市（单位）被命名为国家级生态示范区，629 个镇（乡）被命名为全国环境优美乡镇。各地在生态示范创建过程中，大力发展生态产业，加强生态环境保护和建设，推进生态人居建设，培育生态文化，促进了所辖区域社会、经济与环境的协调发展。围绕环境保护的重点城市，开展了大规模城市环境综合整治，截至2012年相继评选出90多个环境保护模范城市。大力开展节约型机关、绿色学校创建、绿色社区创建等社会环保示范创建活动。

环境监管和政策管理整体能力进一步提升。在环境友好型战略的驱动下，2008年成立了环境保护部，组建了华东、华南、西北、西南、东北、华北六大区域环境保护督查中心。同时，在实行总量控制、定量考核、严格问责的同时，多种政策综合调控开始受到重视，从主要用行政办法保护环境转变为综合运用法律、经济、技术和必要的行政办法解决环境问题，政策体系基本成型。《中华人民共和国大气污染防治法》《中华人民共和国水污染防治法》等法律法规适应新形势再次进行修改，《中华人民共和国放射性污染防治法》《中华人民共和国环境影响评价法》《中华人民共和国清洁生产促进法》《中华人民共和国循环经济促进法》制定出台。2006年中央财政预算账户首次设立“211环境保护”科目，在财政预算账户里开始有了环保户头，为以后深化环保财政改革打下了基础。排污权交易、生态补偿、绿色信贷、绿色保险、绿色证券等环境经济政策试点启动并逐步落地实施。2008年，国家卫星环境应用中心建设开始启动，环境与灾害监测小卫星成功发射，标志着环境监测预警体系进入了从“平面”向“立体”发展的新阶段。2005年2月16日，《联合国气候变化框架公约》缔约方签订的《京都议定书》正式生效，《中国应对气候变化国家方案》出台，中国积极参加多边环境谈判，以更加开放的姿态和务实合作的精神参与全球环境治理。

1.5 生态文明战略：推进环境质量改善和“美丽中国”建设（2013年至今）

环境战略政策改革进入加速期。自2013年党的十八届三中全会召开以来，以习近平同志为核心的党中央把生态文明建设摆在了治国理政的突出位置。党的十八大通过的《中国共产党章程（修正案）》，把“中国共产党领导人民建设社会主义生态文明”写入党章，这是国际上第一次把生态文明建设纳入一个政党特别是执政党的行动纲领。中央把生态环境保护放在政治文明、经济文明、社会文明、文化文明、生态文明“五位一体”的总体布局中统筹考虑，生态环境保护工作成为生态文明建设的主阵地和主战场，环境质量改善逐渐成为环境保护的核心目标和主线任务，环境战略政策改革进入加速期。

生态文明建设“四梁八柱”基本搭建。党的十八大以来，一系列制度的密集出台及实施推进树立并夯实了生态文明建设制度的桩基。2015年4月，我国首次以中共中央、国务院名义印发了《关于加快推进生态文明建设的意见》，明确生态文明建设的总体要求、目标愿景、重点任务、制度体系。同年9月，中共中央、国务院印发《生态文明体制改革总体方案》，系统阐述了生态文明体制改革的六大理念、六大原则及八项制度改革，提出了一幅完整的生态文明建设蓝图。2016年习近平总书记对生态文明建设作出重要指示批示，强调“要深化生态文明体制改革，尽快把生态文明制度的‘四梁八柱’建立起来，把生态文明建设纳入制度化、法治化轨道”。生态文明建设的“四梁八柱”包含的内容如图4所示。《环境保护督察方案（试行）》《生态环境监测网络建设方案》《生态环境损害赔偿制度改革试点方案》等六项配套制度随之发布，为实现总体改革目标保驾护航。至此，形成了“1+6”（《生态文明体制改革总体方案》+6项配套制度）的生态文明体制改革“组合拳”。之后，从《生态文明建设目标评价考核办法》到《关于划定并严守生态保护红线的若干意见》，从《关于设立统一规范的国家生态文明试验区的意见》到《控制污染物排放许可制实施方案》等一系列针对具体领域的制度不断出台，丰富和完善了生态文明建设的理论体系。

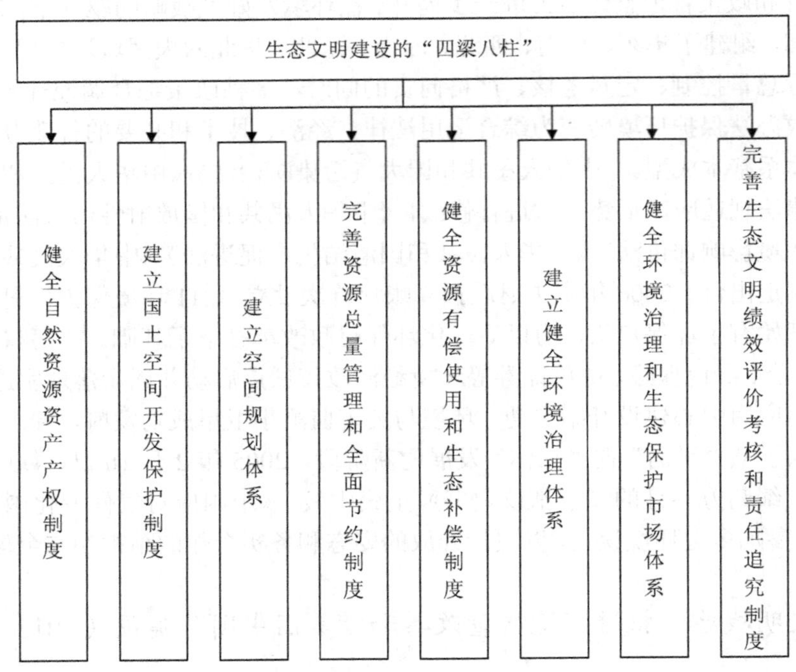

图4 生态文明建设的“四梁八柱”

习近平生态文明思想确立。2018年3月，全国人大会议通过了《中华人民共和国宪法修正案》，把“生态文明”写入《中华人民共和国宪法》（以下简称《宪法》），这就为生态文明建设提供了国家根本大法遵循。2018年5月召开的全国生态环境保护大会，正式确立了习近平生态文明思想，这是在我国生态环境保护历史上具有里程碑意义的重大理论成果，为环境战略政策改革与创新提供了思想指引和实践指南。习近平生态文明思想已经成为指导全国生态文明建设、绿色发展和“美丽中国”建设的指导思想，在国际层面也提升了世界可持续发展战略思想。

环境法治体系向系统化和纵深化发展。在形成包括生态文明在内的“五位一体”的总体布局背景下，党的十八大后的环境法治发展进入了快车道，坚持走党内法规和国家立法相结合的特色法治道路。针对中国的实际，创建了环境保护党政同责、中央环境保护督察、生态文明建设目标考核等特色的体制、制度和机制，破解了以前有法不依、执法不严、违法不究的难题，撬动了整个环境保护的大格局，成效显著。2014年4月我国修订完成了《中华人民共和国环境保护法》，这是对1989年版本25年后的新修订，被称为“史上最严”的环保法；随后，《中华人民共和国大气污染防治法》《中华人民共和国环境影响评价法》

《中华人民共和国水污染防治法》等相继完成修订；新出台的《中华人民共和国环境保护税法》《中华人民共和国土壤污染防治法》等也开始实施。我国基本形成了较为完整的生态环境保护法律体系，开始成为世界生态文明建设的引领者。

环境监管体制改革取得重大突破。这一时期中国环境监管体制改革面临新的形势，进入重要的调整阶段，要为中国在 2030 年前后实现环境质量根本改善奠定制度基础。党的十九大报告对改革生态环境监管体制做出了部署，提出"设立国有自然资源资产管理和自然生态监管机构"，契合了山水林田湖草"生命共同体"系统保护的需要，体现了生态系统的综合性和监管的综合性，克服以往多头监管和"碎片化"监管问题。2015 年 10 月召开的党的十八届五中全会明确提出实行省以下环保机构监测监察执法垂直管理制度，这有望大幅提升我国生态环境监管能力。2018 年 3 月 17 日，第十三届全国人民代表大会第一次会议批准了国务院机构改革方案，组建生态环境部。生态环境保护事业及生态环境管理体制改革，已经站在了新的历史方位和起点，面向建设"美丽中国"的目标大步前进。

推进建立最严格的环境保护制度。随着污染治理进入攻坚阶段，中央深入实施大气、水、土壤污染防治三大行动计划，部署污染防治攻坚战，建立并实施中央环境保护督察制度，以中央名义对地方党委政府进行督察，如此高规格、高强度的环境执法史无前例。国务院办公厅于 2016 年 11 月印发《控制污染物排放许可制实施方案》，构建了以排污许可制为核心的固定污染源监管制度体系，深化控制污染物排放许可制改革，并发布了一系列配套政策文件。中共中央办公厅、国务院办公厅于 2017 年 2 月印发《关于划定并严守生态保护红线的若干意见》，提出按照山水林田湖系统保护的思路，实现一条红线管控重要生态空间，形成生态保护红线全国"一张图"。2018 年公布《排污许可管理办法（试行）》，同年 11 月发布《排污许可管理条例（草案征求意见稿）》，排污许可制度向法制化更进一步。

基本建立环境经济政策体系。明确了建立市场化、多元化生态补偿机制改革方向，补偿范围由单领域补偿延伸至综合补偿，跨界水质生态补偿机制基本建立。建立流域上下游横向生态保护补偿机制，新安江、九洲江、汀江—韩江、东江等流域签署跨省流域上下游横向生态补偿协议，受益者付费、保护者得到合理补偿的良性局面正在加快形成；排污权有偿使用和交易试点作用日益显现，全国共有 28 个省份开展排污权有偿使用和交易试点，初步构建了省级层面的制度体系，对提升企业治污水平、强化企业环境监管、减少污染排放起到了积极的推动作用；环境保护税费改革取得突破，出台了国际上第一个专门以环境保护为主要政策目标的环境保护税，也意味着自 1982 年开始在全国实施的排污收费政策退出历史舞台。加快推进建设绿色金融体系，由我国主导完成的《2018 年可持续金融综合报告》得到了世界各国的认同。

环境污染治理投资呈震荡上升趋势。2014 年，我国环境污染治理投资达到了 9 576 亿元的高点，2015 年有所下降，2016 年开始有所回升，2017 年达到了 9 539 亿元，2013—2017 年年均复合增长率为 0.45%。大气污染物减排专项资金于 2013 年设立，中央累计安排大气污染防治专项资金 528 亿元，大气污染防治工作取得了明显成效。水污染防治专项资金不断加大支持力度，2018 年，中央财政共计安排水污染防治专项资金 150 亿元，较上年增长 76.5%。继续支持土壤污染防治专项，自 2016 年设立以来，国家连续 3 年下达专项资金 169.1 亿元。加大力度开展农村环境整治，2008 年以来累计安排专项资金 495 亿元。

2 环境战略政策体系构建

经过 70 年变迁和发展，我国基本形成了符合国情、较为完善的环境战略政策体系，对生态环境保护事业发展发挥了不可替代的支撑作用，为深入推进生态文明建设和实现“美丽中国”伟大目标提供了重要政策保障。这一体系主要包括环境保护法律体系、生态环境保护体制、生态环境目标责任制、生态环境市场经济政策体系、多元有效的生态环境治理格局五个方面。

2.1 环境保护法律体系

从 1978 年《宪法》首次将环境保护列入，1979 年我国第一部环境法律《中华人民共和国环境保护法（试行）》颁布，2014 年完成新一轮《中华人民共和国环境保护法》重大修订，到 2018 年 3 月将生态文明写入《宪法》，我国的环境保护法律体系随着环保工作的不断推进，经历了一个逐步建立、发展和完善的过程。其中，依法治国为环境保护提供了强大动力，对环境保护法律体系建设起到了决定性作用。我国不仅在《宪法》《中华人民共和国民法通则》《中华人民共和国刑法》等基本法律中明确了有关资源利用和生态环境保护的规范要求，在《中华人民共和国城乡规划法》《中华人民共和国循环经济促进法》等社会经济发展和资源开发利用等相关法中也明确了环境保护的立法目标；在生态环境保护领域，水、大气、土壤、固体废物等各要素污染防治法及环境影响评价法，野生动植物保护等专项法或单行法已经出台实施并不断完善，共制定环保法律 13 部，资源保护与管理法律 20 余部，生态环保行政法规 30 余部（图 5），基本形成了以《中华人民共和国环境保护法》为龙头的法律法规体系，特别是新修订的《中华人民共和国环境保护法》为生态环境主管部门增设了查封、扣押执法权限，并在处罚方式上增加了行政拘留、按日计罚等硬手段，最高人民法院设立环境资源审判庭，开启了系统的环境司法专门化改革，加上实施最严格的环境执法，长期以来“环境违法是常态”的局面正在扭转。2018 年，全国实施行政处罚案件 18.6 万件，比 2014 年的 8.3 万件增加了 124%；罚款数额 152.8 亿元，同比增长 32%，是新《环保法》实施前 2014 年的 4.8 倍。同时，国家层面有效的生态环境标准已达 2 000 多项，涵盖质量标准、排放标准、监测类标准、基础类标准和管理规范类标准，标准体系不断完善。为支撑污染防治攻坚战，党的十九大以来，发布固定源无组织排放控制标准等 3 项及轻型汽车（国六）等 11 项移动源相关涉气标准；发布船舶水污染物排放标准等 18 项涉水标准；发布农用地土壤污染风险管控标准等 4 项涉土标准；配合排污许可管理发布相关规范标准 63 项；制定发布国家环境监测类标准 202 项；等等。

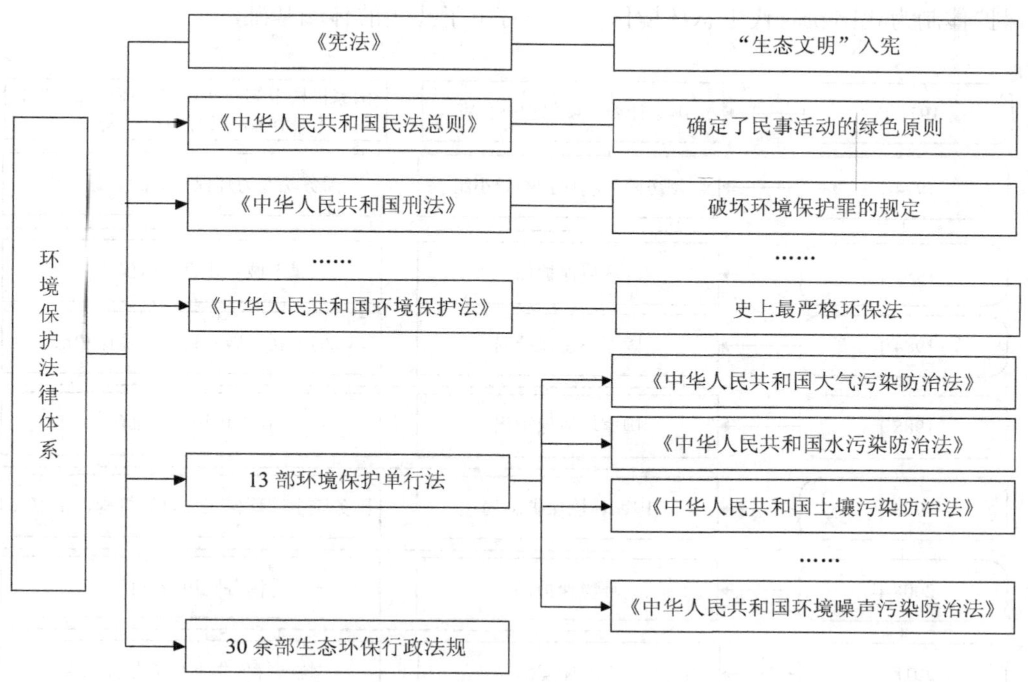

图5 我国环境保护法律体系

2.2 生态环境保护体制

中华人民共和国成立70年来，我国环境行政机构历经5次重大跨越，环保机构不断升格、能力不断增强，生态环保职能逐步健全，环境监管不断提升。"三废"污染催生了国务院环境保护领导小组的成立。随着环境污染问题的持续加剧，环保工作日益成为政府日常工作的重要部分，临时性的环保机构不再适应时代的需要，国家环境保护局、国家环境保护总局、环境保护部就是在各个环保历史阶段的需要下相继设立的。随着生态环境问题越来越需要整体性考虑，生态环境保护职责分散交叉、所有者与监管者职责不清的问题越来越突出，实施生态环境统一监管，增强生态环境监管执法的统一性、权威性、有效性就进入了改革议程，并于2018年成立了生态环境部（图6）。新成立的生态环境部基本职责定位为统一行使生态环境监管，重点强化生态环境制度制定、监测评估、监督执法和督查问责四大职能，坚持所有者与生态环境监管者分离，污染防治与生态保护实施统一监管执法，污染治理实施城乡统一监管。为了解决现行以块为主的地方环保管理体制存在的难以落实对地方政府及其相关部门的监督责任、地方保护主义对环境监测监察执法的干预等突出问题，省以下环保机构监测监察执法垂直管理改革启动并逐步推进。组建七大流域（海域）（长江流域、黄河流域、淮河流域、海河流域北海海域、珠江流域南海海域、松辽流域、太湖流域东海海域）生态环境监督管理局，作为生态环境部设在七大流域（海域）的派出机构，主要负责流域（海域）生态环境监管和行政执法相关工作。日益完善的生态环境保护体制为我国新时代生态环境保护工作打下了扎实的体制基础。

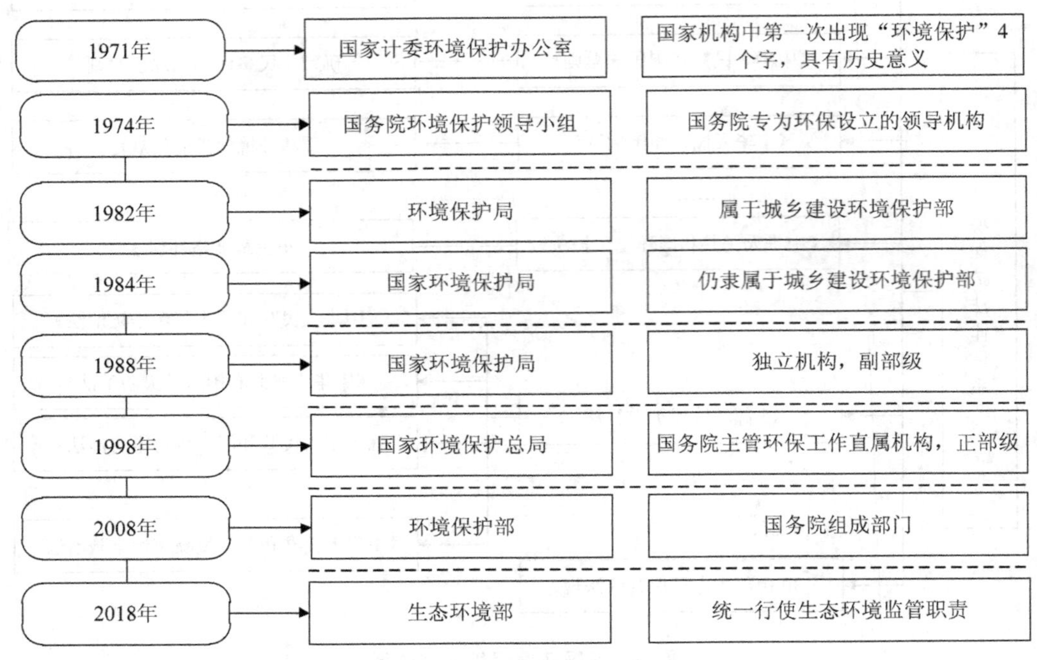

图 6 我国环境保护机构发展变革

2.3 生态环境目标责任制

我国在通过行政性管制政策来推进落实党委、政府和企业的环境责任方面开展了许多创新性探索。从 20 世纪 80 年代以来，逐步探索出一条中国特色的环境保护目标责任体系和问责机制，1989 年的《中华人民共和国环境保护法》就确立了地方各级人民政府对辖区环境质量负责制，“十一五”开始实施主要污染物减排目标责任考核，“十二五”增加了主要污染物减排指标，减排目标责任体系注重约束性指标完成情况，开始关注政府相关部门常态化的环境保护分工机制；“十三五”期间，环境目标考核从强调主要污染物总量减排调整到以环境质量为核心，特别是污染防治攻坚战和蓝天保卫战的考核体系得到了进一步加强，强调建立生态环境保护领域相关部门常态化的分工机制。2016 年以后，我国的环境保护目标责任体系构建进入了新阶段，引入了生态文明建设综合评价考核和中央生态环境保护督察制度，通过建立领导干部生态环境损害终身追责制度和生态环境保护督察制度来落实“党政同责、一岗双责”，目前完成了全国 31 个省（区、市）的中央环保督察和“回头看”，各级党委和政府的生态环境保护责任通过制度得到了落实（图 7）。在企业生态环境责任方面，推动从以环境影响评价为主向环境影响评价、排污许可、企业环境信息公开、生态环境损害赔偿共抓转变，正在建立以排污许可证为核心的固定污染源监管制度，中央企业也纳入了新一轮中央环保督察范围。目前，企业环境信息公开制度不断健全，生态环境损害赔偿进入全国试行阶段，全国已经核发完成24个重点行业4万余张排污许可证，管控大气污染物主要排放口48 556个，水污染物主要排放口33 083个。

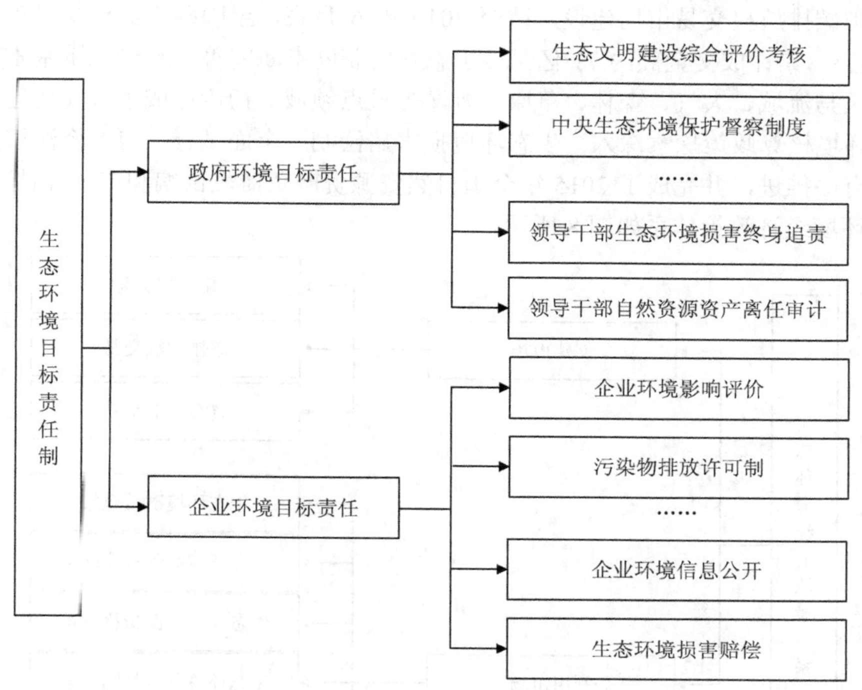

图7 生态环境目标责任制框架

2.4 生态环境市场经济政策体系

环境经济政策在我国环境政策体系中的地位总体上是一个上升发展趋势。我国环境政策改革创新的历史进程就是由过去单一命令控制型环境政策向多种环境政策手段综合并用转变的一个过程，在环境保护工作中越来越广泛地运用环境经济政策，手段越来越多，调控范围从生产环节到整个经济过程，作用方式也从过去的惩罚性为主向惩罚和激励双向调控转变。从各种环境经济政策手段同市场的关系角度，环境经济政策手段分为“创建市场”和“利用市场”两类，已基本形成完整的环境经济政策体系，在筹集环保资金、激励企业环境行为、提供环保动力方面发挥了重要作用。中央持续强化生态环境保护资金投入保障，国家环境污染治理投资、中央环保专项资金规模等总体呈增加趋势，2017年达到9 539亿元，占GDP的比例为1.15%。已经建立绿色税制，环境税费改革基本完成，资源税、消费税等环境相关税收也在适应生态文明建设要求进行调整。绿色金融成为推动生态文明建设和生态环境保护工作的重要力量，我国成为全球绿色金融的积极倡议者，目前已经构建形成绿色金融体系，全国2018年绿色信贷余额近9万亿元，2018年发行绿色债券1 963亿元，成为全球最大的绿色信贷和绿色债券市场。全国20多个省份开展环境污染责任保险试点，2017年为1.6万多家企业提供风险保障金额300多亿元。积极创新探索运用市场机制与模式，财政部、住房和城乡建设部等相关部门积极推进在污水、垃圾处理领域探索实施 PPP、环境污染第三方治理。排污交易权使用试点由点到面稳步推进，多政策举措加快全国碳排放权交易市场建设，截至 2019 年 6 月底，全国碳排放权交易市场成交量突破 3.3 亿 t，累计成交金额约 71 亿元。生态补偿制度不断完善，补偿范围基本覆盖重点生态功能区与流域、大气、森林、草原、海洋等重点领域，初步形成了多元化生态补偿格局。生态环境核算政策探索深入，生态环境损害赔偿制度全面试行，自然资源资产负债表试编工作有序推进，并完成了 2015 年全国自然资源资产负债表试编和审核评估工作。

生态环境经济政策体系如图 8 所示。

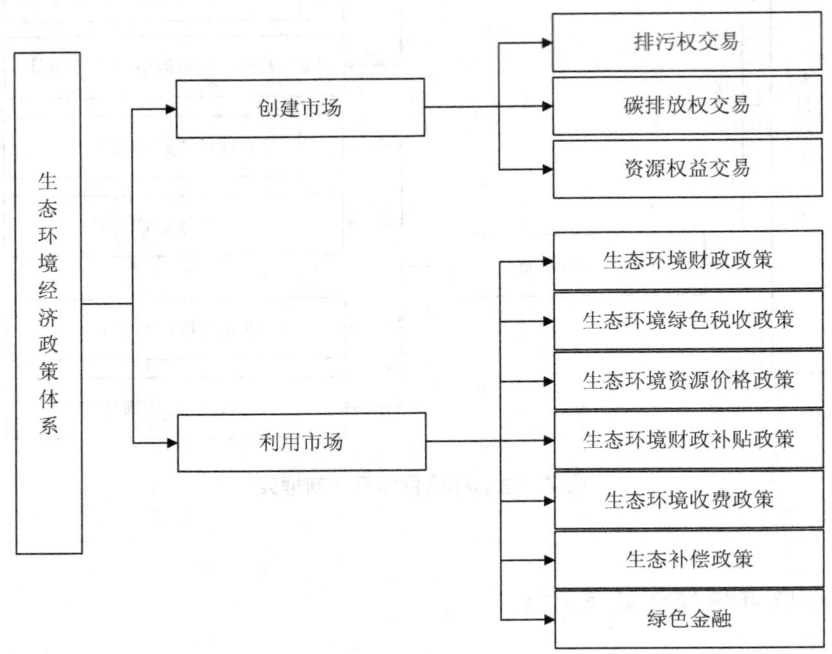

图 8 生态环境经济政策体系

2.5 多元有效的生态环境治理格局

过去 70 年来的环保发展史是一个不断强化治理主体责任、保护相关环境权益、推进环境共同治理的一个过程。实现了从初始的政府直控型治理转向社会制衡型治理、从单维治理到多元共治的根本转变，充分发挥了各个治理主体的功能，逐步形成了党委领导、政府主导、市场推动、企业实施、社会组织和公众共同参与的环境治理体系。随着环境影响评价、环境保护行政许可听证、环境信息公开等系列立法政策的实施，到 2018 年《环境影响评价公众参与办法》的出台，环境保护公众参与制度的法制化、规范化程度不断提高，从单一注重对公众环境实体权益的保障向注重保障公众环境实体权益、重视公众的环境程序权益方向发展，逐步形成了以政府治理为主导、社会各方积极参与的治理模式。政府通过多渠道、多方式公开环境信息，各级政府的网络信息平台成为公众参与的重要平台，包括专题听证、投诉电话、信访体系等。政府环境信息公开成为社会各方参与和监督政府环境行为的一种重要手段。基本建立了企业环境信息公开制度，特别是上市公司环境信息公开，通过给社会各方提供便利渠道来发挥社会公众的监督功能。民间环保团体在环境教育、倡议和利益表达上逐步发挥的作用日益凸显。此外，全国人大通过对环境法律实施执法检查，发挥了重要的监督作用，2018 年以来，全国人大常委会开展了大气污染防治法、海洋环境保护法和水污染防治法执法检查，为污染防治攻坚战贡献了“人大力量”。环境司法制度在不断加强，其加强环境司法能力建设、完善司法救济的功能越来越发挥重要作用，通过环境资源审判来落实最严格的源头保护、损害赔偿和责任追究制度。

我国生态环境治理格局如图 9 所示。

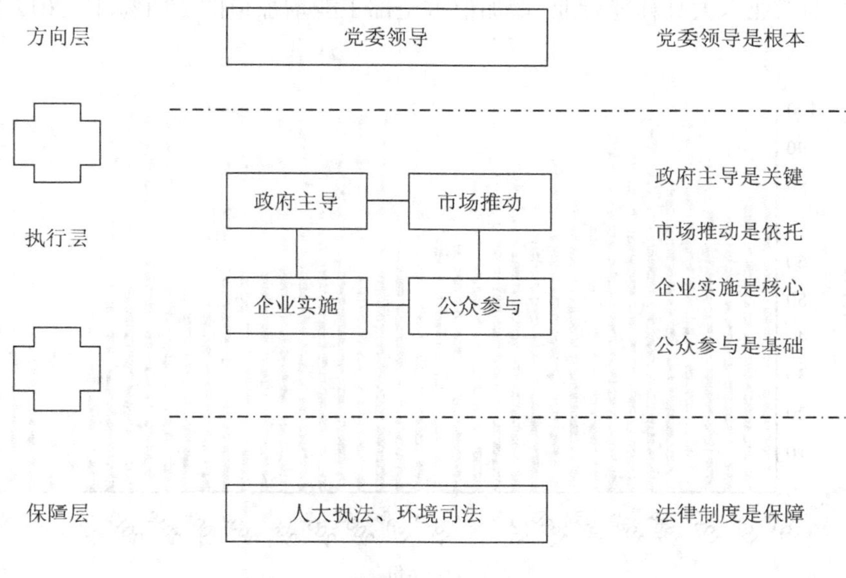

图 9　我国生态环境治理格局

3　环境战略政策实施成效

70 年来，我国环境战略政策体系不断完善，污染治理和生态保护方式不断创新、领域不断拓展、力度不断加大。特别是党的十八大以来，不断推进经济高质量发展和绿色发展，重视结构优化，实施了大气、水、土壤污染防治三大行动计划，创新制定了山水林田湖草系统性生态保护修复政策等，为前所未有的生态环境质量改善速度提供了制度保障。

3.1　促进经济绿色发展

产业结构调整成效显著。一是产业发展新动能持续扩大。2018 年第三产业增加值比重为 52.2%（图 10），服务业成为支撑经济发展的主导产业。在工业领域方面，2018 年全国规模以上工业中，战略性新兴产业增加值比 2017 年增长 8.9%；高技术制造业增加值增长 11.7%，占规模以上工业增加值的比重为 13.9%；装备制造业增加值增长 8.1%，占规模以上工业增加值的比重为 32.9%。二是淘汰落后产能成效显著。2012—2015 年，全国在电力、煤炭、炼铁、炼钢等 16 个行业大力淘汰落后和过剩产能，共淘汰电力产能 2 108.4 万 kW，煤炭 5.2 亿 t，炼铁 5 897 万 t，炼钢 6 640 万 t，水泥 5 亿 t，平板玻璃 1.4 亿重量箱，焦炭 7 694 万亿 t，铁合金 925 万 t，电石 454 万 t，电解铝 141.2 万 t，铜冶炼 245.7 万 t，铅冶炼 315.3 万 t，造纸 2 602 万 t。2018 年，共压减粗钢 350 万 t 以上，退出煤炭落后产能 2.7 亿 t，提前完成“十三五”目标任务。三是高耗能行业在国民经济中的比重下降。近年来，国家严格控制高耗能行业过快增长，高耗能行业在国民经济中的比重有所下降。2016 年，全国规模以上工业六大高耗能行业[①]增加值占全部工业增加值的 28.1%，比 2012 年下降 1.5 个百分点。

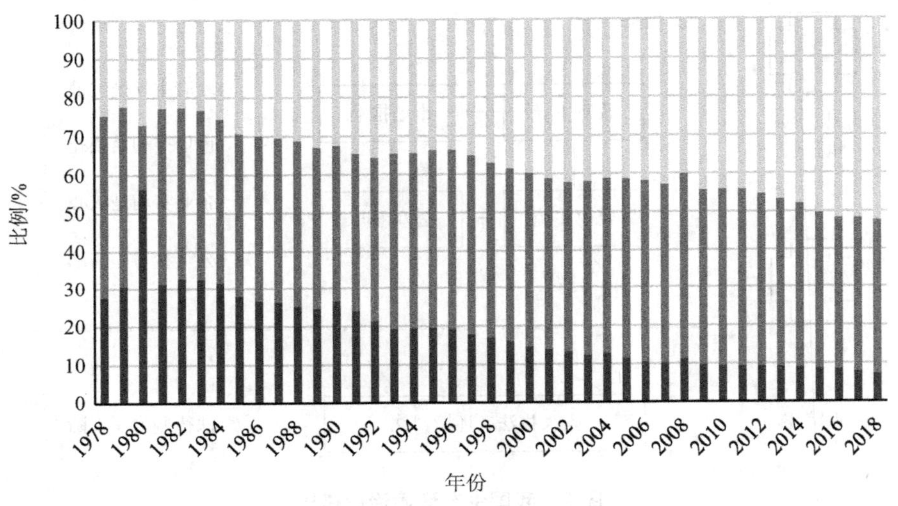

图 10　1978—2018 年我国三次产业结构变化

能源结构大幅优化。受资源禀赋特点影响，煤炭占我国能源消费总量比重始终保持第一，但总体呈下降趋势，由 1953 年的 94.4%下降到 2018 年最低的 59.0%；石油占比在波动中提高，由 1953 年最低的 3.8%提高到 2018 年的 18.9%；天然气、一次电力及其他能源等清洁能源占比总体持续提高，天然气由 1957 年最低的 0.1%提高到 2018 年最高的 7.8%，一次电力及其他能源由 1953 年的 1.8%提高到 2018 年最高的 14.3%（图 11）。同时，能效水平显著提升，单位 GDP 能耗不断下降。2018 年单位 GDP 能耗比 1953 年降低 43.1%，年均下降 0.9%。尤其是“十一五”以来，我国高度重视节能降耗工作，陆续出台多项节能降耗政策措施，不断加强节能减排体制、机制、法制和能力建设，促使我国能源发展进入新阶段。2018 年单位 GDP 能耗比 2005 年降低 41.5%，年均下降 4.0%，比 1952—2005 年年

① 六大高耗能行业是指石油加工、炼焦和核燃料加工业，化学原料和化学制品制造业，非金属矿物制品业，黑色金属冶炼和压延加工业，有色金属冶炼和压延加工业，电力、热力生产和供应业。

均降幅扩增 3.9 个百分点。其中，“十一五”时期，单位 GDP 能耗 2010 年比 2005 年降低目标为 20%左右，实际下降 19.3%；“十二五”时期，单位 GDP 能耗 2015 年比 2010 年降低目标为 16%以上，实际下降 18.4%；“十三五”时期，单位 GDP 能耗 2020 年比 2015 年降低目标为 15%，2018 年比 2015 年已下降 11.4%（图 12）。

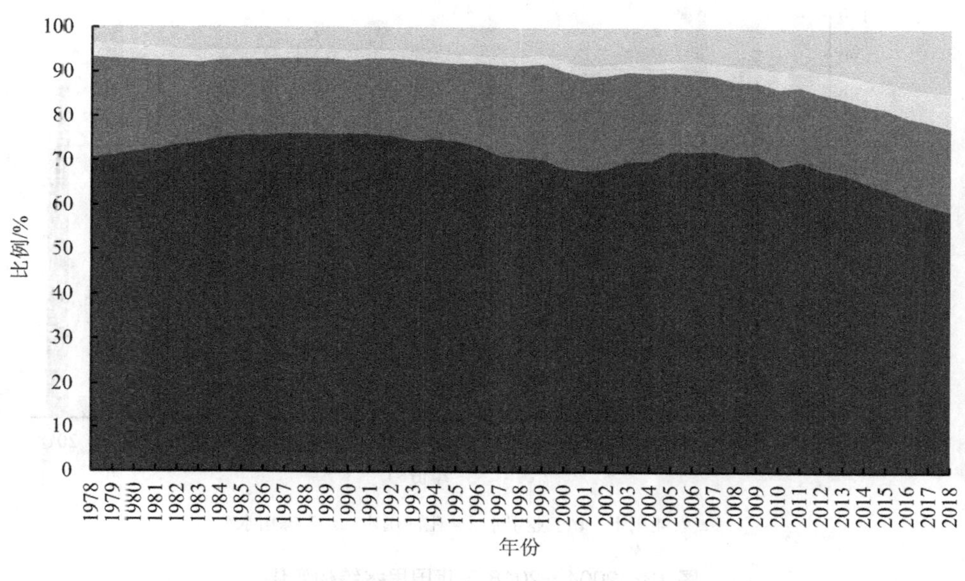

图 11　1978—2018 年我国能源结构变化

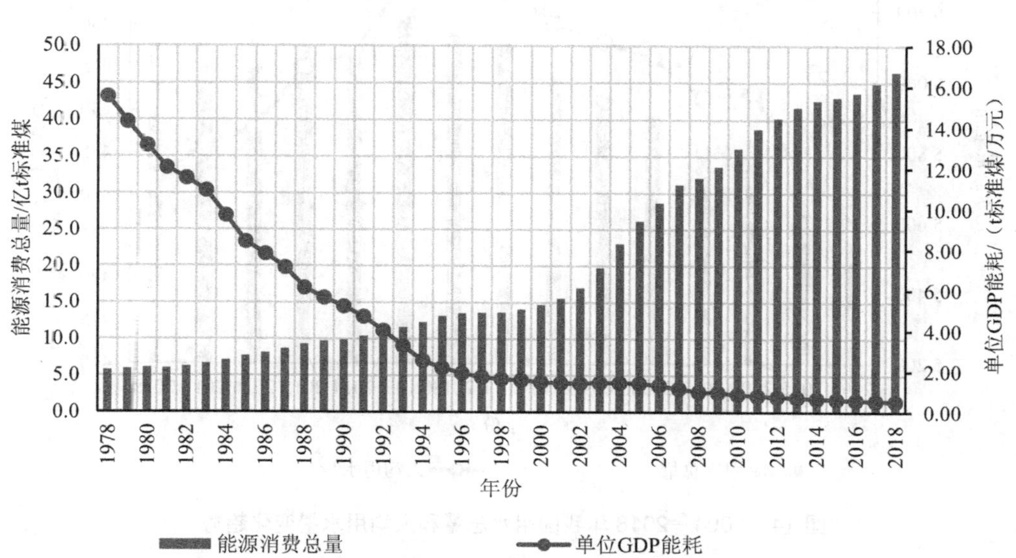

图 12　1978—2018 年我国能源消费总量和单位 GDP 能耗变化趋势

水资源节约高效利用得到加强。2018 年全国用水总量为 6 115.5 亿 m^3，比 2012 年下降 0.25%。其中，农业用水量 3 693.1 亿 m^3，下降 5.4%；工业用水量 1 261.6 亿 m^3，下降 8.7%；生态用水量 200.9 亿 m^3，增加 86.02%；人均用水量 432 m^3，下降 4.99%（图 13、图 14）；万元国内生产总值用水量 67.9 m^3，下降 40.2%，全面实现了最严格水资源管理目标。

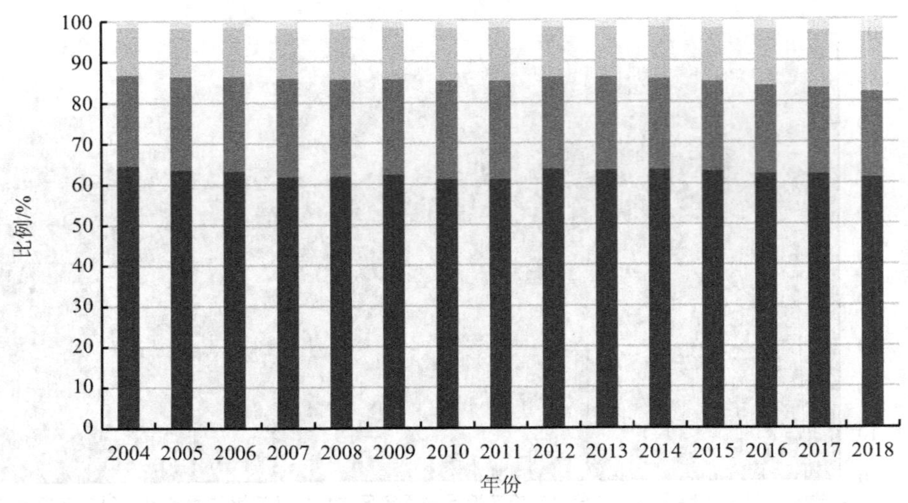

图 13　2004—2018 年我国用水结构变化

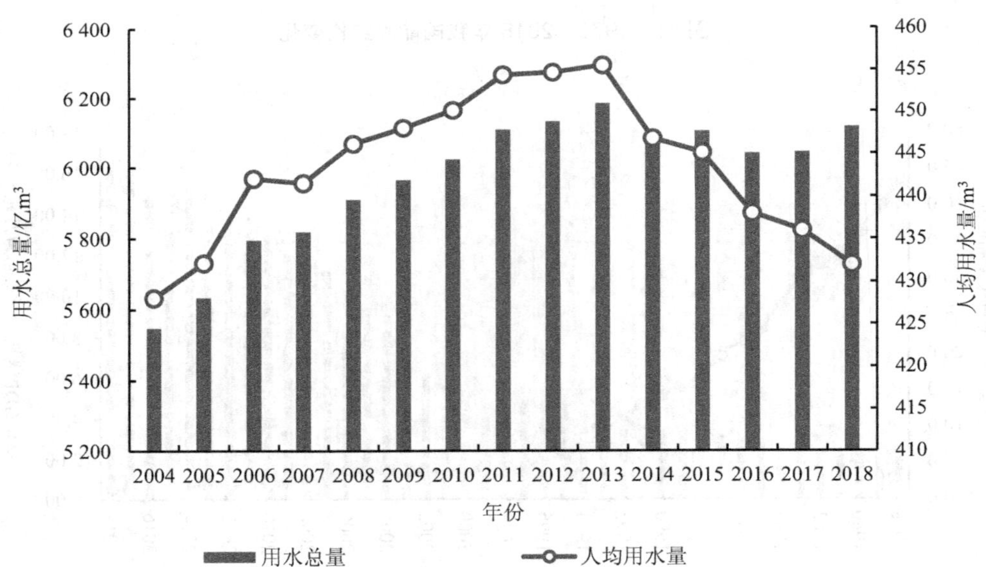

图 14　2004—2018 年我国用水总量和人均用水量变化趋势

绿色产品消费发展态势良好。近年来，在促进绿色消费有关政策措施的推动下，绿色产品供给逐步优化，市场规模不断壮大。2012—2016 年，我国节能（节水）产品政府采购规模累计达到 7 460 亿元。据保守估算，2017 年高效节能空调、电冰箱、洗衣机、平板电视、热水器 5 类产品国内销售量近 1.5 亿台，销售额近 5 000 亿元；有机产品产值近 1 400 亿元；新能源汽车销售量达 77.7 万辆；共享单车投放量超过 2 500 万辆。其中，销售的高效节能空调、电冰箱、洗衣机、平板电视、热水器可实现年节电约 100 亿 kW·h，相当于减排二氧化碳 650 万 t、二氧化硫 1.4 万 t、氮氧化物 1.4 万 t 和颗粒物 1.1 万 t。

3.2 推进环境质量改善

主要污染物减排效果不断显现。污染减排既是调整经济结构、转变发展方式、改善民生的重要目标，也是改善环境质量、彻底解决环境问题的重要手段。“十五”期间，我国开始将主要污染物总量控制指标纳入我国国民经济和社会发展规划纲要，对二氧化硫、化学需氧量等 6 种主要污染物排放提出了控制目标。2005 年，全国二氧化硫排放总量 2 549 万 t，比 2000 年增长 27.8%。“十一五”规划纲要提出单位国内生产总值能耗降低 20%左右，化学需氧量和二氧化硫两项主要污染物排放总量减少 10%的约束性指标，我国节能减排工作进入了新阶段。2010 年，全国二氧化硫排放总量 2 185 万 t，化学需氧量排放总量 1 238 万 t，分别比 2005 年下降 14.3%和 12.5%，超额完成“十一五”规划目标。“十二五”规划纲要中将实施总量控制的污染物扩大至化学需氧量、氨氮、二氧化硫、氮氧化物 4 种主要污染物，提出 4 项主要污染物排放总量分别减少 8%、10%、8%、10%的约束性目标。2015 年，全国化学需氧量排放总量 2 224 万 t，氨氮排放总量 230 万 t，二氧化硫排放总量 1 859 万 t，氮氧化物排放总量 1 851 万 t，分别比 2012 年下降 8.3%、9.3%、12.2%和 20.8%，均超额完成排放总量控制目标。“十三五”规划纲要继续将化学需氧量、氨氮、二氧化硫、氮氧化物 4 种主要污染物排放总量下降列为约束性指标。2018 年，全国化学需氧量、氨氮、二氧化硫和氮氧化物排放总量分别比 2017 年下降 3.1%、2.7%、6.7%和 4.9%，均完成 2017 年排放总量降低目标（图 15、图 16）。

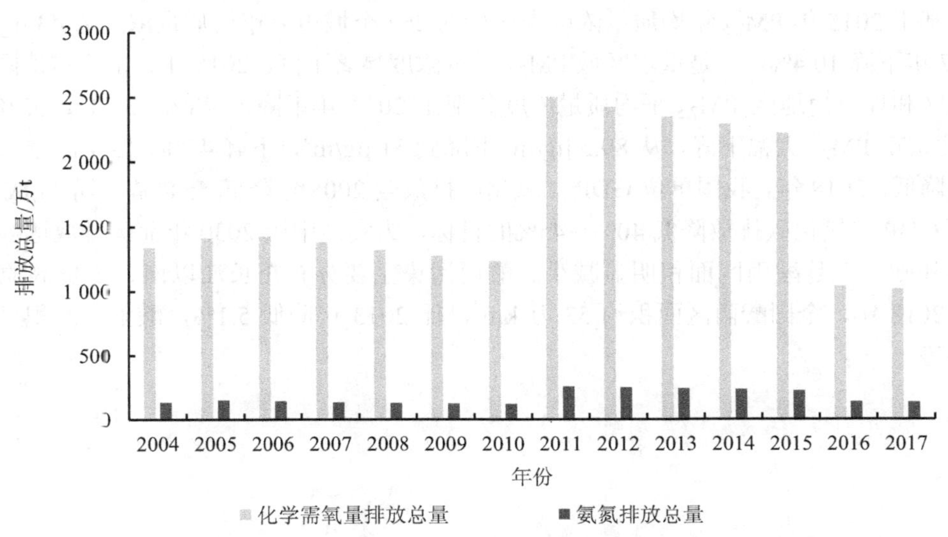

图 15 2004—2017 年化学需氧量和氨氮排放总量变化

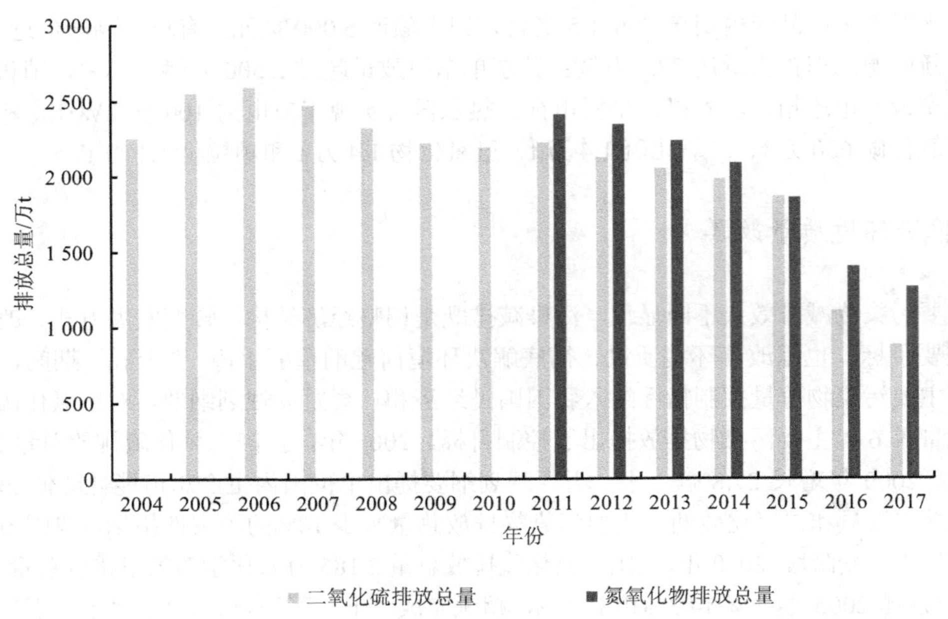

图 16　2004—2017 年二氧化硫和氮氧化物排放总量变化

稳步推进大气污染防治工作。一是全国空气质量逐年提高。2018 年，全国 338 个地级及以上城市（简称 338 个城市）中，有 121 个城市环境空气质量达标，占比为 35.8%，比 2015 年提高 14.2 个百分点（图 17）。338 个城市中平均优良天数比例为 79.3%，比 2015 年提高 2.6 个百分点；重污染及以上天数比例为 2.2%，比 2015 年降低 1.0 个百分点。二是城市颗粒物浓度逐步下降。2018 年，全国 338 个城市 PM_{10} 年均质量浓度为 71 μg/m^3，比 2015 年下降 18.4%；$PM_{2.5}$ 年均质量浓度为 39 μg/m^3，比 2015 年下降 22.0%；$PM_{2.5}$ 未达标城市（基于 2015 年 $PM_{2.5}$ 年均质量浓度未达标的 262 个城市）年均质量浓度为 43 μg/m^3，比 2017 年下降 10.4%。三是重点区域 $PM_{2.5}$ 质量浓度显著下降。2018 年，京津冀地区、长三角地区和珠三角地区 $PM_{2.5}$ 平均质量浓度分别比 2013 年下降了 48%、39%和 32%（图 18）。北京市 $PM_{2.5}$ 大幅下降，从 89.5 μg/m^3 下降到 51 μg/m^3，下降 43%。四是温室气体排放大幅降低。2018 年，我国单位 GDP 二氧化碳排放较 2005 年降低 45.8%，提前完成 2020 年单位 GDP 二氧化碳排放降低 40%～45%的目标，为实现中国 2030 年前碳排放达峰奠定了坚实基础。五是酸雨区面积明显减少。酸雨污染主要分布在长江以南、云贵高原以东地区。2018 年，全国酸雨区面积约 53 万 km^2，比 2013 年降低 5.1%，酸雨区面积呈逐年减小趋势。

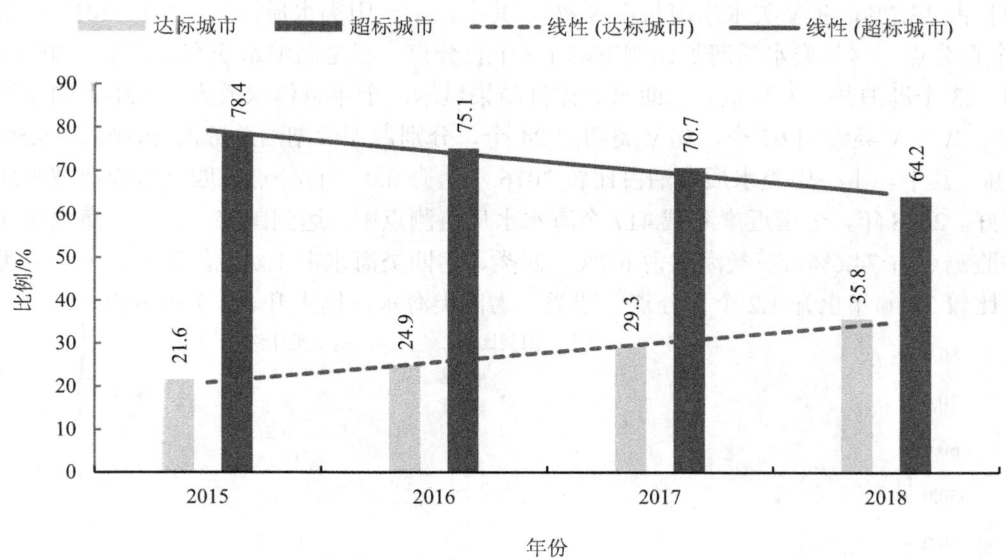

图 17　2015—2018 年中国 338 个城市空气质量达标比例变化

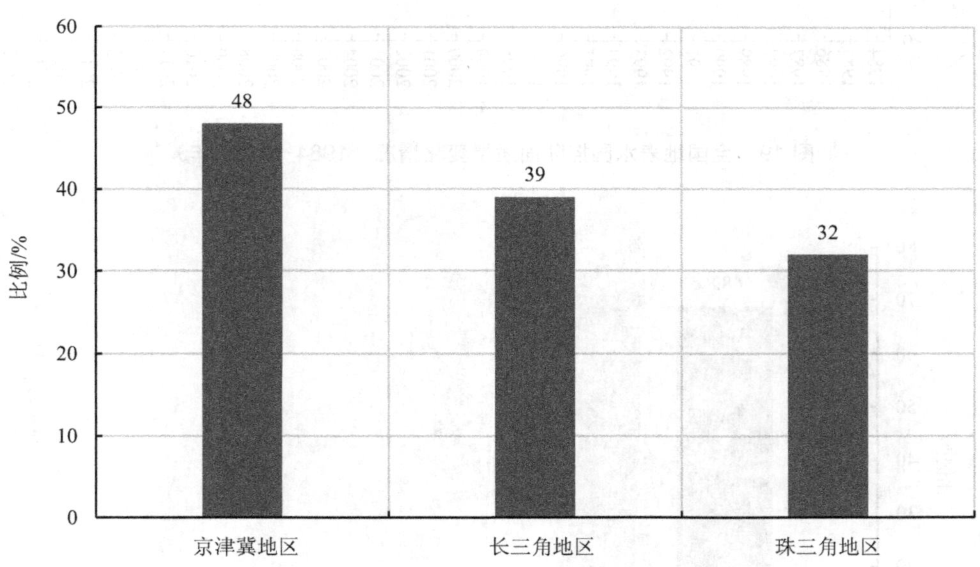

图 18　重点区域 2018 年 $PM_{2.5}$ 平均质量浓度较 2013 年下降比例

稳步推进水污染防治工作。一是地表水水质总体向好。1984 年以来，全国地表水水质断面监测中，Ⅰ～Ⅲ类比例总体上升，劣Ⅴ类比例总体下降（图 19、图 20）。2018 年，全国地表水 1 935 个水质断面（点位）中，Ⅰ～Ⅲ类比例为 71.0%，比 2016 年上升 2.2 个百分点；劣Ⅴ类比例为 6.7%，比 2016 年下降 0.1 个百分点。二是河流水质不断改善。2017 年，全国 24.5 万 km 的河流水质状况评价结果显示，全年Ⅰ～Ⅲ类水质河长占 78.5%，Ⅳ～Ⅴ类水质河长占 13.2%，劣Ⅴ类水质河长占 8.3%。其中，Ⅰ～Ⅲ类水质河长比例比 2016 年上升 2.1 个百分点，劣Ⅴ类水质河长比例下降 1.5 个百分点。三是湖泊水质有所改善。2017 年，全国 123 个湖泊共 3.3 万 km^2 水面水质评价结果显示，全年总体水质为Ⅰ～Ⅲ类的湖泊有 32 个，Ⅳ～Ⅴ类湖泊 67 个，劣Ⅴ类湖泊 24 个，分别占评价湖泊总数的 26.0%、54.5%和 19.5%。其中，Ⅰ～Ⅲ类水质湖泊占比较 2016 年上升 0.9 个百分点。四是近岸海域水质稳中向好。2018 年，全国近岸海域 417 个海水水质监测点中，达到国家一、二类海水水质标准的监测点占 74.6%，三类海水占 6.7%，四类、劣四类海水占 18.7%。其中，一、二类海水占比较 2016 年上升 1.2 个百分点，四类、劣四类海水占比上升 2.4 个百分点。

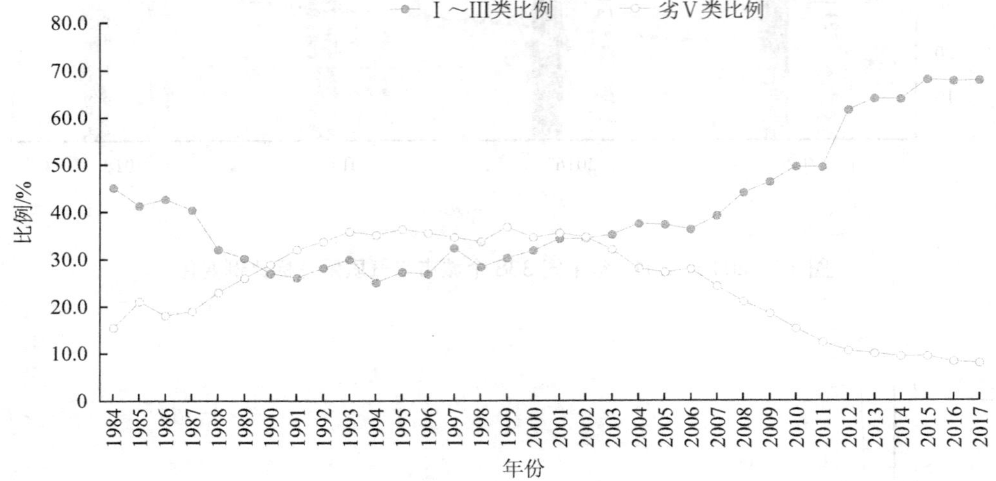

图 19　全国地表水国控断面质量变化情况（1984—2017 年）

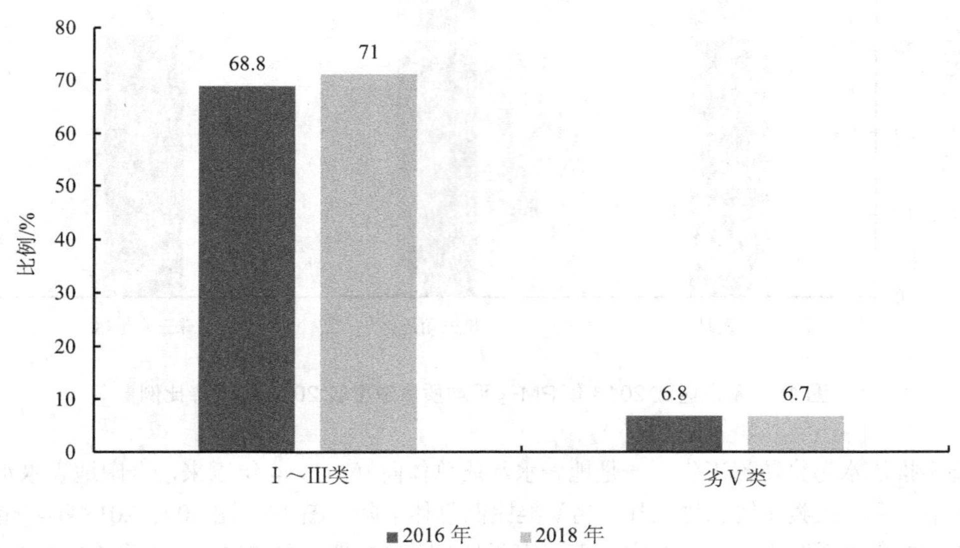

图 20　全国地表水水质变化情况

土壤污染防治逐步开展。2005 年 4 月—2013 年 12 月，我国开展了首次全国土壤污染状况调查。调查结果显示，全国土壤环境状况总体不容乐观，全国土壤总体超标率为 16.1%，部分地区土壤污染较重，耕地土壤环境质量堪忧，工矿业废弃地土壤环境问题突出。近年来，土壤污染防治措施大力实施。全面禁止洋垃圾入境。2018 年，全国固体废物进口总量为 2 263 万 t，较上年减少 46.5%；严厉打击固体废物及危险废物非法转移和倾倒行为，“清废行动 2018”挂牌督办的 1 308 个突出问题中 1 304 个完成整改；推进生活垃圾焚烧处理设施建设和垃圾焚烧发电行业达标排放，存在问题的垃圾焚烧发电厂在 2018 年全部完成整改，净土保卫战有序稳步推进。

城乡人居环境逐步改善。一是城市环境基础设施水平显著提升。2017 年，城市污水处理率为 94.5%，比 2000 年提高 60.2 个百分点；生活垃圾无害化处理率为 97.7%，比 2000 年提高 39.5 个百分点（图 21）；用水普及率为 98.3%，比 2000 年提高 34.4 个百分点；燃气普及率为 96.3%，比 2000 年提高 50.9 个百分点；集中供热面积为 83.1 亿 m^2，比 2000 年增长 6.5 倍；建成区绿化覆盖率为 40.9%，提高 12.7 个百分点；人均公园绿地面积 14.0 m^2，比 2000 年增长 2.8 倍。二是农村人居环境逐步改善。国家积极推进农村基础设施建设和城乡基本公共服务均等化，推进农村饮水安全工程，开展村庄环境整治，重点治理农村垃圾和污水，推动农村家庭改厕，农村人居环境日益得到改善。2017 年，全国建制镇污水处理率为 49.4%，生活垃圾无害化处理率为 51.2%，供水普及率为 88.1%，燃气普及率为 52.1%。全国乡污水处理率为 17.2%，生活垃圾无害化处理率为 23.6%，供水普及率为 78.8%，燃气普及率为 25.0%。全国农村卫生厕所普及率达 81.7%，比 2000 年提高 36.9 个百分点。

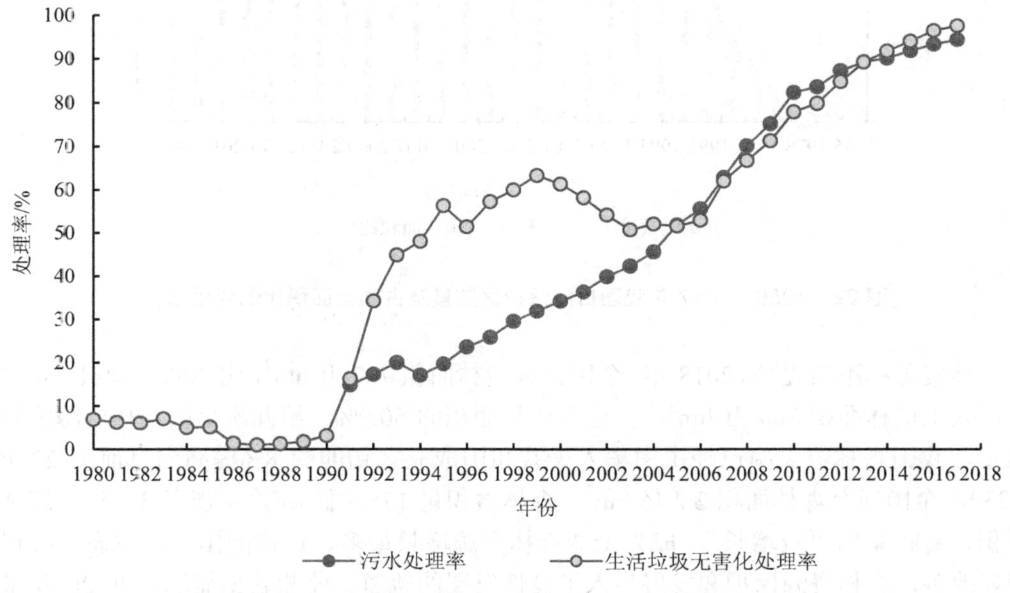

图 21　1980—2017 年全国城市污水处理率与生活垃圾无害化处理率变化情况

3.3 提高生态系统稳定性

生态环境质量总体向好。2018 年，全国生态环境质量优和良的县域面积占国土面积的 44.7%。818 个国家重点生态功能区县域中，2018 年与 2016 年相比，生态环境质量变好的县域占 9.5%，基本稳定的占 79.1%，变差的占 11.4%。

自然保护区面积和数量迅速增加。2018 年，全国已建立 2 750 个自然保护区，比 2000 年增加 1 473 个；总面积达到 147 万 km^2，占国土面积的 15.3%（图 22）。其中国家级自然保护区 474 个，比 2000 年增长 49.9%。全国各类自然保护地共 11 029 处，面积占国土面积的 18%，提前实现了联合国《生物多样性公约》提出的到 2020 年保护地面积达到 17% 的目标。

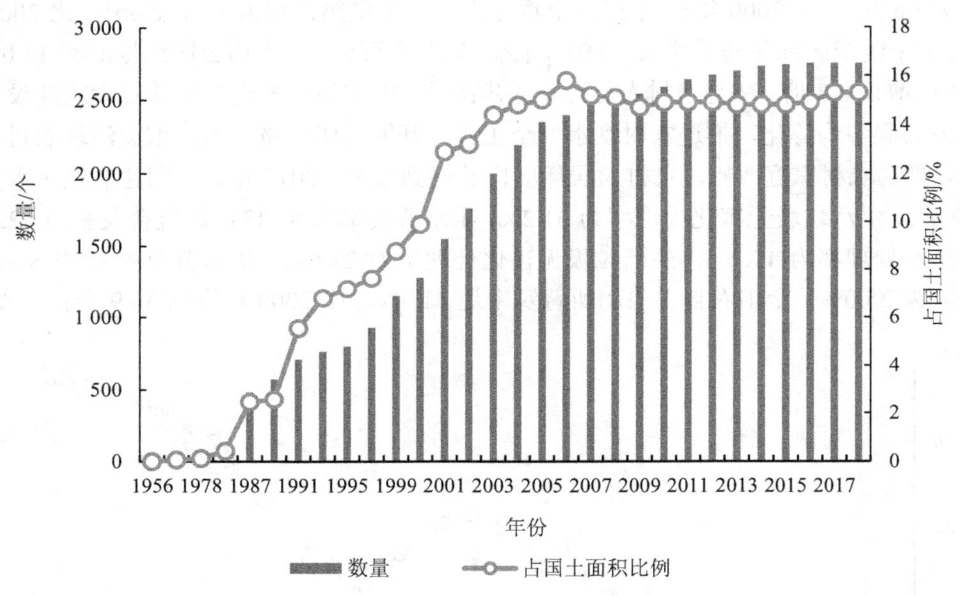

图 22 1956—2017 年我国自然保护区数量及占国土面积比例变化情况

森林覆盖率不断提高。2018 年，全国完成造林面积 707 万 hm^2，比 2000 年增长 38.5%；其中，人工造林面积 360 万 hm^2，占全部造林面积的 50.9%。第九次全国森林资源清查数据显示，我国森林覆盖率已经由中华人民共和国成立之初的约 8%提高到目前的 22.96%（图 23）。全国现有森林面积 2.2 亿 hm^2，森林蓄积量 175.6 亿 m^3，实现了 30 年来连续保持面积、蓄积量的“双增长”，成为全球森林资源增长最多、最快的国家，生态状况得到了明显改善，森林资源保护和发展步入了良性发展的轨道。监测数据显示，近 20 年来我国新增植被覆盖面积约占全球新增总量的 25%，居全球首位。

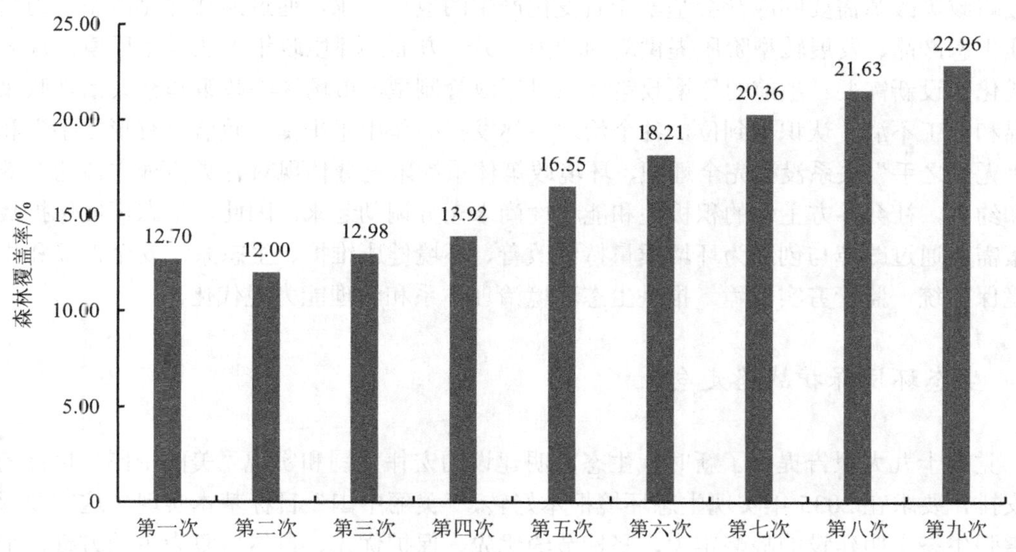

图 23 历次森林资源清查森林覆盖率变化

湿地保护体系逐步形成。我国已初步建立了以湿地自然保护区为主体，湿地公园和自然保护小区并存，其他保护形式为补充的湿地保护体系。2013 年第二次全国湿地资源调查结果显示：全国湿地总面积 5 360 万 hm^2，湿地率为 5.6%。纳入保护体系的湿地面积为 2 324 万 hm^2，湿地保护率达 43.5%。与 2003 年首次湿地资源调查结果同口径相比，湿地面积减少 340 万 hm^2，减少 8.8%；受保护湿地面积增加 526 万 hm^2，湿地保护率提高 13.0 个百分点。

水土流失治理力度持续加大。2017 年，全国累计水土流失治理面积 12 584 万 hm^2，比 2000 年增加 4 488 万 hm^2；新增水土流失治理面积 590 万 hm^2，比 2003 年增长 6.5%。

荒漠化沙化趋势逐年好转。根据第五次全国荒漠化和沙化土地监测结果，截至 2014 年，全国荒漠化土地面积为 261.2 万 km^2，占国土面积的 27.2%；沙化土地面积为 172.1 万 km^2，占国土面积的 17.9%。与 1999 年完成的第二次全国荒漠化和沙化土地监测结果相比，全国荒漠化土地面积减少 6.2 万 km^2，沙化土地面积减少 2.2 万 km^2。自 2004 年第三次全国荒漠化和沙化土地监测以来，连续三次监测结果均显示荒漠化和沙化面积呈持续缩减趋势。

4 新时期环境战略政策的改革方向

目前我国已经形成了较为完善的环境战略政策体系，为环境质量改善提供了坚实的保障和支撑，但是依然面临一系列挑战。一方面，社会主义基本矛盾变化对环境政策改革提出了新的要求，党的十九大报告明确指出我国社会发展的主要矛盾已经转化为人民日益增长的美好生活需要和不平衡不充分的发展之间的矛盾。当前和今后一段时期，人民群众日益增长的优美生态环境需要与更多优质生态产品的供给能力不足之间的矛盾依然突出。环境战略政策改革需要回应社会基本矛盾变化产生的改革需求，通过继续深化改革，为提供优质生态产品、发展转型阶段提供新的动力。另一方面，环境政策无法满足环境治理体系现代化建设新需要。当前的环境政策体系对行政管制型、市场经济政策和社会治理政策的边界和分工不清、认识不到位，各个治理主体发挥的作用不平衡，政府“有形之手”和市场“无形之手”关系没有完全理顺，环境政策体系尚未充分体现对各类治理主体的有效激励和约束，社会各方主体的积极性和能动性尚未充分调动起来。因此，生态环境保护战略政策需要通过改革与创新为环境质量持续改善、环境健康维护、生态系统安全保障和生态环境保护统一监管夯实保障，推进生态环境治理体系和治理能力现代化。

4.1 生态环境保护战略走向

党的十九大报告提出了新时代生态文明建设的宏伟蓝图和实现“美丽中国”目标的战略安排，要求在 2035 年实现生态环境根本好转，“美丽中国”目标基本实现。这需要保持和增强生态文明建设的战略定力，坚持节约优先、保护优先、自然恢复为主的方针，形成节约资源和保护环境的空间格局、产业结构、生产方式、生活方式。在 2035 年之前，环境质量改善仍是环境保护工作的主线，要继续稳步推进水、大气环境质量达标和土壤污染安全管控；协同推进气候变化和大气污染减排，促进实现 2030 年碳达峰目标和同期环境空气质量改善目标。历史性原因造成的结构性、布局性问题导致环境风险事故进入高发期，环境风险管控成为常态性工作，需要加快提升环境风险管控水平；随着“绿水青山就是金山银山”（简称“两山”）理念的深入实践，自然生态系统保护和修复以及城市生态系统的保护和增值越来越受到人们的关注；推进落实生态环境空间评价和分区分类管控，加强生态环境空间监管成为生态环境保护的基础性工作；形成党委、政府、市场、社会等各方互相监督、互相促进的现代化治理格局，协调推进流域、区域、地方的高质量发展与高水平保护，提供更多的优质生态产品以满足人民日益增长的优美生态环境需要。

4.2 生态环境保护政策改革目标

生态环境保护政策改革的目标是实现环境治理体系现代化和环境治理能力现代化。环境治理体系现代化需要推进建立党委领导、政府主导、市场实施、企业落责、社会参与的生态环境治理大格局，也要重视统筹发挥好人大、政协、法院和检察院的作用，形成各司其职、互相监督、互相协作、互相促进、均衡有效的治理架构。环境治理能力现代化要强化生态环境保护政治建设，提升各级党委生态环境治理的能力水平，落实各级党委在生态环境治理中的领导责任；要落实政府的生态保护投入责任和生态环境质量目标达标要求，充分调动政府生态环境保护工作的积极性和能动性；要运用市场机制实现生态环境资源的优化配置，提高优质生态产品供给的效率水平；要实施最严格的环境管理和监管执法，落实企业污染治理的主体责任；要充分保障社会公众环境权益，形成绿色生活和绿色消费的社会环境，发挥社会公众的治理作用。

4.3 生态环境保护政策改革方向

深化生态环境管理体制改革。环境管理体制改革是生态文明体制改革的关键和核心，基于生态系统的整体性，强调环境与发展的综合决策和山水林田湖草的综合管理，强调流域综合治理和区域生态环境关联性，强调所有者和监管者分离。研究成立中央生态文明建设指导委员会，强化对资源管理、经济发展与生态环境保护的统筹决策协调；继续完善国家、区域、流域、地方生态环境监管体制和能力建设，整合涉及土壤、农田、渔业、水域、森林、草原、湿地、荒漠、野生动植物等所有生态保护和污染防治的监督管理内容，进一步突出生态环境的独立性监督和生态环境统一监管；明确规范各相关部门的生态环境保护权责，加强跨部门、跨地区的统筹协调和陆海统筹协作；构建以国家公园为主体的自然保护地体系，重点完善自然保护地体系监管；推进中央机构改革后地方机构的职责巩固和能力提高，强化基层生态环境监管执法能力，将农村生态环境监管工作纳入统一监管体系，探索不同乡镇农村生态环境监管体制与模式。促进建立多元化、社会化生态环境监管，引入第三方机构参与企业环境行为的监管，弥补政府能力有限和监管不足的缺陷。

构建生态文明和环境保护法治体系。开展相关法律法规的生态化“改造”，对不符合生态文明建设要求的进行修订。推进长江流域、京津冀区域生态环境保护等立法。加快修订《土地管理法》《循环经济促进法》《矿产资源法》《固体废物污染防治法》等法律，制定和完善自然资源资产产权、国土空间规划和保护、国家公园、海洋、应对气候变化、排污许可、生态补偿、生态环境损害赔偿、生态保护红线、生物多样性保护等方面的法律法规。推进绿色生产消费、生态环境教育等方面的相关立法，为生态文明体制改革提供法治保障。加强流域、区域和地方环境标准制定和实施的引导和规范，积极支持和推动地方制定地方环保法规或者规章。健全环境行政执法和环境司法衔接机制以及环境案件审理制度，强化公民环境诉权的司法保障，完善环境公益诉讼的法律程序。积极参与国际环境法合作，推动“一带一路”环境标准建设。

建立生态环境空间管控制度。国土空间的资源属性和优化配置利用越来越受到重视，需要强化生态环境空间管控的前置引导作用，建立生态、大气、水、土壤、海洋等要素环境管控分区，明确各要素空间差异化的生态环境功能属性和管控要求，形成以“三线一单”为基础的生态环境分区管控体系，作为生态环境参与国土空间规划、政策和标准等的主要平台，同时强调空间管控在生态环境保护规划中的基础性作用。强化生态环境空间管控要求的落地性，把“三线一单”作为环境综合决策的手段，作为国土空间“双评价”的前提或基础，服务高质量发展，为区域开发、资源利用、城乡建设、空间规划和产业准入提供依据，为地方制定出台有利于生态环境保护的土地、产业、投资等细化配套政策提供支撑，作为规划环评、建设项目环评论证的基础依据之一，为“放管服”改革提供支撑。推动生态环境空间管控的基础数据规范化、技术方法科学化、管理制度完善化，形成基本完善的“三线一单”数据标准、技术规范、配套规则和管理政策。

完善生态环境市场经济机制。改革节能环保财政账户，健全生态环境财政预算制度，建立生态环境保护投入稳步增长机制，实现中央和地方生态环境财权和事权相匹配。探索建立生态产品核算和评价体系，建立政府主动购买生态产品的机制，在“绿水青山”优化“金山银山”方面做好“加法”，增加生态公共产品有效供给。研究将挥发性有机物等特征污染物纳入环境保护税征收范围，继续推进资源税、消费税、所得税、增值税等环境保护相关税种的绿色化。全面建立自然资源有偿、生态环境补偿、自然资源和生态环境损害赔偿制度，建立市场化、多元化生态补偿机制，特别是要建立充分体现地方发展权保障和生态产品贡献的生态补偿政策，加大对贫困地区和弱势群体的补偿力度，深入调整生态环境资源生产关系，从根本上理顺经济关系和生态环境资源关系，促进各方全面建立生态环境资源资产价值理念。推进生态环境权益交易，全面建立环境权益交易的 MRV（监测—报告—核查）能力，完善交易平台和市场，在全国范围内推进碳交易市场，推进碳交易机制成为碳排放 2030 年前达峰的重要手段。在国家绿色金融改革创新试验区探索的基础上，针对生态环境产品的市场化属性，创新推广不同的绿色金融产品，引导和鼓励长江等重点流域及粤港澳大湾区等重点区域探索设立绿色发展基金。继续推进绿色信贷、绿色债券、环境污染责任险等，不断完善建立绿色金融体系。推进绿色“一带一路”建设和绿色贸易，从国内外统筹考虑生态环境质量改善。

完善公众广泛参与的环境社会治理体系。地方各级人民政府、教育主管部门和新闻媒体依法履行生态环境保护宣传教育责任，把生态文明建设和生态环境保护作为践行中国特色社会主义核心价值观和贯彻落实习近平生态文明思想的重要内容；实施全民环境保护宣传教育行动计划，提高公众环境行为自律意识，加快衣食住行向绿色消费转变；建立生态环境监测信息统一发布机制，通过各种媒体手段公开大气、水、土壤等生态环境信息，全面落实排污单位、监管部门、建设项目环境影响评价的信息公开，保障公众环境信息知情权、参与权、监督权和表达权；健全环境立法、规划、重大政策和项目环评等听证和评价制度，在基层推进网格化监管和人民环保监督员制度，引导公众和社会组织对政府环境管理与企业环境行为进行监督和深入参与；理顺环境公益诉讼体制机制，及时化解群众纠纷；建立健全环境舆论监测制度，提高环境社会舆情分析、研判和引导能力。

优化生态环境绩效评估和责任机制。完善党政绿色发展监测、统计、评价、考核、责任和奖励体系，建立充分体现生态优先、绿色发展、地区特征和绩效导向的政绩评考和奖惩机制。建立尽职免责的环境监管制度，完善环保督察巡视、自然资源资产负债表、生态环境审计、领导干部自然资源资产离任审计、损害责任追究等制度，落实地方党委政府生态环境保护责任。进一步推进生态环境督察制度化、规范化、精简化，形成中央生态环境保护督察、部门生态环境保护专项督察、省级政府环境监察体系合理分工、高效协作的督察制度，发挥对生态环境违法违规行为的震慑和“靶向”监管落责功能，强化对地方党委政府履责的监督力度，以督察落实“党政同责”和“一岗双责”。推进以排污许可、环境司法、损害赔偿等落实企业主体责任，建立基于地方环境质量目标管理的排污许可证“一证式”管理制度，积极推动建立企业排污许可信息耦合企业环境信用评价，通过打破信息不对称壁垒，强化社会各方对企业环境行为的监管和激励。

强化国际生态环境保护合作。结合我国生态文明和“美丽中国”建设，推进落实《2030 年可持续发展议程》，制定和落实我国行动计划中环境保护相关内容，定期发布《中国落实 2030 年可持续发展议程进展报告》，在南南合作框架下支持其他发展中国家落实可持续发展议程，以可持续发展议程实施对外展示我国生态文明和“美丽中国”建设成就和分享经验。创新生态环境保护多边合作思路，主动参与全球生态环境治理，加强与联合国环境规划署、联合国开发计划署、联合国工业发展组织、世界银行、亚洲开发银行、亚洲基础设施投资银行等国际组织和机构的合作伙伴关系，积极参与亚太经合组织、二十国集团、金砖国家等合作机制框架下的环保领域交流合作，加强与国际组织和机构的合作伙伴关系能力建设，在全球和区域环保国际规则制定中发挥积极作用，着力增强国际环境规则制定能力、议程设置能力、统筹协调能力。强化绿色“一带一路”建设与共建国家和地区可持续发展目标与战略政策的协调；加强“一带一路”可持续城市联盟、绿色发展国际联盟共建；推动《“一带一路”绿色投资指引》编制实施，积极推进绿色发展和生态环境保护标准国际互认，主导制定“一带一路”基础设施绿色化标准体系，不断深化“一带一路”生态环境领域合作。推进绿色贸易与绿色责任投资，积极参与世界贸易组织框架下的贸易政策审议，贸易与环境、技术性贸易壁垒等委员会相关工作，推动将环境议题纳入国家间双边贸易投资协定；建立我国贸易投资政策环境影响评估机制，推动制定和落实防范投融资项目生态环保风险的政策，推动我国优势环保产业“走出去”开拓国际市场。推动降低、取消重污染行业产品的出口退税，适度提高出口量较大的“两高一资”行业的环境标准，推动发挥环境保护作用促进供给侧结构性改革。推进可持续生产与消费及绿色供应链国际合作，在国际贸易中推行绿色供应链管理。

参考文献

[1] 刘建伟. 建国后中国共产党对环境问题认识的演进[J]. 理论导刊，2011（10）：12-14.

[2] 陆浩，李干杰. 中国环境保护形势与对策[M]. 北京：中国环境出版集团，2018.

[3] 张坤民. 中国环境保护事业 60 年[J]. 中国人口·资源与环境，2010，20（6）：1-5.

[4] 曲格平. 中国环境保护事业发展历程提要[J]. 环境保护，1988，16（3）：2-5.

[5] 张连辉，赵凌云. 1953—2003 年间中国环境保护政策的历史演变[J]. 中国经济史研究，2007（4）：122-123.

[6] 王立. 我国环境立法述评与前瞻[C]//武汉大学环境法研究所，福州大学法学院，中国法学会环境资源法学研究会. 探索·创新·发展·收获——2001 年环境资源法学国际研讨会论文集（下册）. 2001：8.

[7] 戴丹璐. 中国共产党环境保护工作的经验教训研究（1949—1978 年）[D]. 重庆：西南大学，2015.

[8] 李东松，张恒力. 生态政策的六十年发展轨迹——以党的历次代表大会（1949—2009）报告为基础[J]. 北京行政学院学报，2010（1）：71-75.

[9] 曲格平. 中国环保事业的回顾与展望[J]. 中国环境管理干部学院学报，1999，9（3）：1-5.

[10] 王玉庆. 中国环境保护政策的历史变迁[J]. 环境与可持续发展，2018，43（4）：5-9.

[11] 曲格平. 中国环境保护四十年回顾及思考[J]. 环境保护，2013，41（11）：10-17.

[12] 中国工程院，环境保护部. 中国环境宏观战略研究：综合报告卷[M]. 北京：中国环境科学出版社，2011.

[13] 王灿发. 从淮河治污看我国跨行政区水污染防治的经验和教训[J]. 环境保护，2007，35（7B）：30-35.

[14] 解振华. 我国的环境问题及保护措施[J]. 中国环境管理干部学院学报，1999（1）：1-5.

[15] 王金南，蒋春来，张文静. 关于“十三五”污染物排放总量控制制度改革的思考[J]. 环境保护，2015，43（21）：21-24.

[16] 王金南，万军，王倩，等. 改革开放40年与中国生态环境保护规划发展[J]. 中国环境管理，2018，10（6）：1-19.

[17] 周生贤. 加快推进历史性转变 努力开创环境保护工作新局面——在2006年全国环境保护厅局长会议上的讲话[J]. 环境保护，2006，34（9）：4-15.

[18] 陈吉宁. 以改善环境质量为核心 全力打好补齐环保短板攻坚战[J]. 环境保护，2016，44（2）：10-24.

[19] 李干杰. 以习近平新时代中国特色社会主义思想为指导奋力开创新时代生态环境保护新局面[J]. 环境保护，2018，46（5）：7-19.

[20] 王金南，秦昌波，雷宇，等. 构建国家环境质量管理体系的战略思考[J]. 环境保护，2016，44（11）：14-18.

[21] 董战峰，郝春旭，葛察忠，等. 环境经济政策年度报告 2018[J]. 环境经济，2019（7）：12-39.

[22] 李干杰. 深入贯彻落实习近平生态文明思想奋力谱写美丽中国建设新篇章[J]. 中国生态文明，2018，6：11-15.

[23] 解振华. 中国改革开放40年生态环境保护的历史变革——从“三废”治理走向生态文明建设[J]. 中国环境管理，2019，11（4）：5-10.

[24] 国家统计局. 能源发展实现历史巨变 节能降耗唱响时代旋律——新中国成立 70 周年经济社会发展成就系列报告之四[R]. 2019-07-18.

[25] 国家统计局. 环境保护效果持续显现 生态文明建设日益加强——新中国成立 70 周年经济社会发展成就系列报告之五[R]. 2019-07-18.

全国“十四五”农村环境保护规划基本思路初探

Preliminary Study on the Basic Thinking of National Rural Environmental Protection Planning during the 14th Five-Year Plan Period

王　波　王夏晖　郑利杰　张笑千

摘　要　本文分析研究了全国农村环境保护工作的进展、存在的问题和面临的机遇与挑战，明确了“十四五”时期农村环境保护的基本思路、原则和主要目标。聚焦农业农村突出的生态环境问题，提出了农村饮用水水源保护、农村生活污水与生活垃圾治理、农业面源污染防治、农村黑臭水体整治和“政府监管、村民自治”管理体系构建重点领域的主要任务，同时围绕组织领导、资金投入、科技支撑、市场主体、监督考核提出了保障措施。以期为加快推进农村人居环境持续改善和农业面源污染防治，推动更大范围建设生态宜居的美丽乡村取得新进展提供参考。

关键词　“十四五”　农村环境保护　基本思路

Abstract　This paper analyzed the progress，existing problems，opportunities and challenges of the rural environmental protection work in China. The basic ideas，principles and main objectives of rural environmental protection during the 14th Five-Year Plan Period were clarified. Focusing on the prominent ecological and environmental problems in agricultural and rural areas，this paper put forward the main tasks in the key areas of rural drinking water source protection，rural domestic sewage and garbage treatment，agricultural non-point source pollution prevention，rural black and odorous water remediation and the construction of “government supervision and villager autonomy” management system. The safeguard measures were put forward around organization leadership，capital investment，science and technology support，market entity，supervision and assessment. This paper will provide a reference for accelerating the continuous improvement of rural living environment and the prevention and control of agricultural non-point source pollution，and promoting the construction of a wider range of beautiful villages to make new progress.

Keywords　the 14th Five-Year Plan Period，rural environmental protection，basic ideas

1 农村环境保护形势研究

1.1 “十三五”工作进展

“十三五”期间，党中央、国务院高度重视农村环境保护工作，将其纳入国家重要议事日程予以推进；各地区各部门认真贯彻落实党中央、国务院有关乡村振兴战略和农村人居环境整治的决策部署，加强领导、强化协作、积极创新、狠抓落实，取得了新的进展和成效。

1.1.1 农村环境保护上升为国家战略

改善农村人居环境，是以习近平同志为核心的党中央从战略和全局高度做出的一项重大决策，是实施乡村振兴战略的重点任务，事关全面建成小康社会，事关广大农民根本福祉，事关农村社会文明和谐。习近平总书记多次强调，“中国要强，农业必须强；中国要美，农村必须美；中国要富，农民必须富”“进一步推广浙江好的经验做法，因地制宜、精准施策，不搞‘政绩工程’‘形象工程’，一件事情接着一件事情办，一年接着一年干，建设好生态宜居的美丽乡村”“搞新农村建设要注意生态环境保护，注意乡土味道，体现农村特点，保留乡村风貌，不能照搬城镇建设那一套，搞得城市不像城市，农村不像农村”“农村环境整治这个事，不管是发达地区还是欠发达地区都要搞，但标准可以有高有低”等。中共中央办公厅、国务院办公厅印发了《国家乡村振兴战略规划（2018—2022 年）》《农村人居环境整治三年行动方案》《关于创新体制机制推进农业绿色发展的意见》等文件，将农业农村污染治理作为七场标志性攻坚战予以推进。这些重要的批示指示和文件，是习近平“三农”思想有关农村环境保护的重要组成部分，为“十四五”做好农村环境保护工作提供了基本遵循和行动指南。

1.1.2 农村人居环境改善成效显著

截至 2019 年年底，中央财政累计安排农村环境整治资金 555 亿元，累计完成 17.9 万个村庄环境综合整治，整治后的村庄人居环境明显改善，超过 2.3 亿农村人口受益。浙江“千村示范、万村整治”工程获联合国“地球卫士奖”，意味着浙江推进生态文明建设的努力和成效得到国际社会认可。其中，“十三五”期间，中央财政安排专项资金 258 亿元，支持 13.6 万个行政村开展环境整治；农村饮水安全保障水平得到提升，98%的“千吨万人”农村饮用水水源地完成保护区划定，95.9%的水源地开展了水质监测；建设农村生活污水处理设施 52 万套。据农业农村部统计，2020 年，农村生活垃圾收运处置体系已覆盖全国 90%以上的行政村，全国农村生活污水治理率达到 25.5%。整治后的村庄环境“脏乱差”问题得到有效解决，环境面貌焕然一新。通过实施“以奖促治”政策，带动相关部门和地方加大农村环境整治力度。

1.1.3 农业面源污染势头初步得到遏制

（1）化肥、农药、农膜等农业投入品逐渐减少

自 2015 年以来，农业部（现农业农村部）开展了“到 2020 年化肥农药使用量零增长行动”，取得了明显成效。数据显示，2016—2019 年，化肥、农药用量连续四年减少（图 1、图 2）。根据农业农村部的统计，2019 年我国水稻、玉米、小麦三大粮食作物化肥利用率为 39.2%，比 2015 年提高 4 个百分点，农药利用率为 39.8%，比 2015 年提高 3.2 个百分点。2016 年以来，农业部会同财政部设立秸秆利用综合专项，安排中央财政资金 86.5 亿元，以秸秆肥料化、饲料化、能源化为主要利用方向，开展整体推进的秸秆综合利用重点县建设，支持秸秆利用的重点领域和关键环节，共覆盖 684 个秸秆产生大县，推动全国秸秆综合利用率达到 86.7%。截至 2018 年年底，我国农用塑料薄膜使用量达到 246.7 万 t，较 1990 年的 48.2 万 t 上涨了 411.8%，而相较于 2016 年的 260.3 万 t 下降了 5.2%（图 3）。开展农膜回收行动，在 229 个县开展地膜综合利用试点示范。

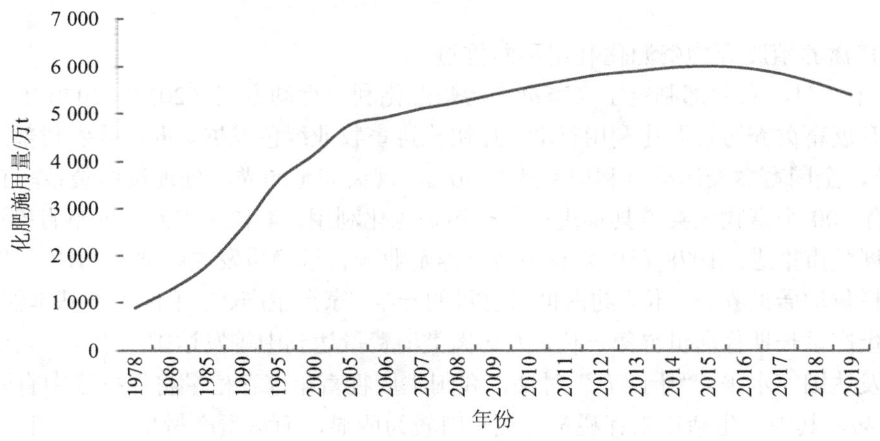

图 1 1978—2019 年我国化肥施用量变化趋势

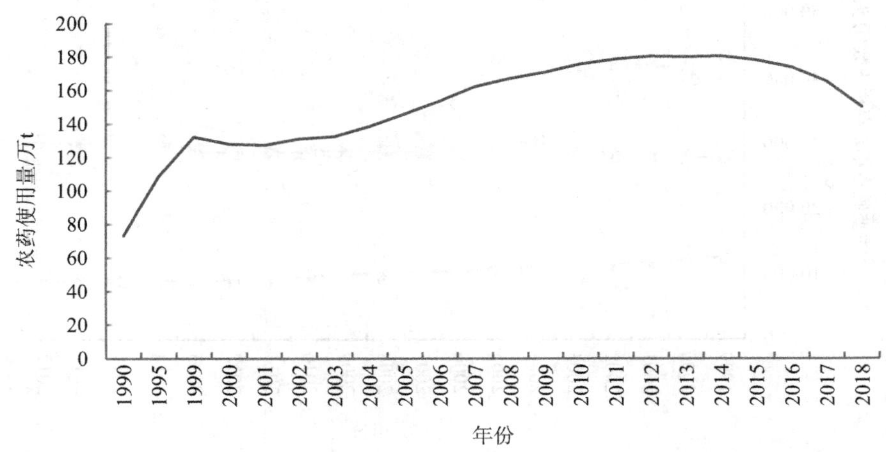

图 2 1990—2018 年我国农药使用量变化趋势

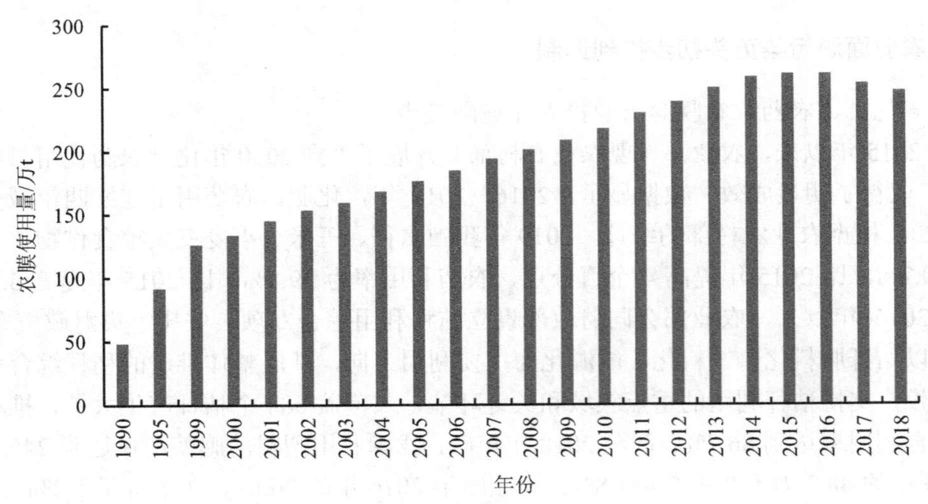

图 3　1990—2018 年我国农膜使用量变化趋势

（2）畜禽养殖废弃物资源化利用不断推进

2017 年 7 月，农业部制定了《畜禽粪污资源化利用行动方案（2017—2020 年）》，要求各地深入开展畜禽粪污资源化利用行动，加快推进畜牧业绿色发展。据农业农村部统计，截至 2019 年，全国畜禽粪污综合利用率达到 70%，规模养殖场粪污处理设施装备配套率达到 63%，已有 300 个畜牧大县整县推进畜禽粪污资源化利用，4 省（市）开展整省推进，5 个地级市开展整市推进。1978 年以来我国畜禽养殖业一直呈稳步发展趋势。2017 年生猪的存栏量及出栏量均居世界第一位，约占世界总量的一半。家禽生产、牛羊肉生产基本保持平稳。肉类和禽蛋产量长期稳居世界第一位，人均肉类消费量达到中等发达国家水平，人均禽蛋消费量达到发达国家水平。“十四五”时期，我国主要牲畜年末存栏量将保持稳中有降的发展势头（图 4），其中，生猪年末存栏量降幅相对较为明显，而禽蛋产量呈缓慢上升的趋势。

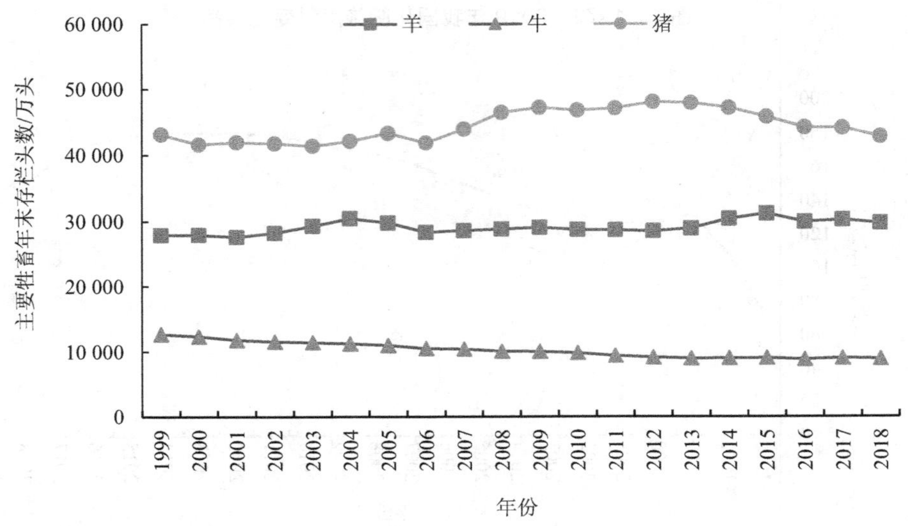

图 4　1999—2018 年我国主要牲畜年末存栏量变化趋势

1.1.4 农业农村环境保护制度不断完善

国家先后出台了一系列农村环保政策和技术文件：原环境保护部、财政部联合印发了《全国农村环境综合整治“十三五”规划》；生态环境部、农业农村部联合印发了《农业农村污染治理攻坚战行动计划》；生态环境部、住房和城乡建设部联合印发了《关于加快制定地方农村生活污水处理排放标准的通知》；原农业部、原环境保护部联合印发了《畜禽养殖废弃物资源化利用工作考核办法（试行）》；生态环境部会同水利部、农业农村部联合印发了《关于推进农村黑臭水体治理工作的指导意见》；生态环境部印发了《农村生活污水处理设施水污染物排放控制规范编制工作指南（试行）》；农业农村部印发了《农业绿色发展技术导则（2018—2030 年）》《关于深入推进生态环境保护工作的意见》《关于做好农业生态环境监测工作的通知》；中央农村工作领导小组办公室等九部门联合印发了《关于推进农村生活污水治理的指导意见》；等等。各地逐步建立农业农村环保工作机制，积极探索因地制宜的长效运行模式，保障“以奖促治”政策的逐步推进和各项治理任务的顺利实施。

1.1.5 农业农村环境治理实现统一监管

落实《深化党和国家机构改革方案》，完成生态环境部组建，全面履行监督指导农业面源污染治理职责，实现农业农村环境治理统一监管。生态环境部组建土壤与农业农村生态环境监管技术中心，全面加强农业农村环境污染治理技术支撑工作。基层环保机构和队伍得到加强，全国乡镇环保机构和人员持续增加；部分地区初步形成了县、乡镇级环保机构对农村环境保护齐抓共管的工作格局。推进环境监测、执法、宣传“三下乡”。开展农村集中式饮用水水源地保护、生活垃圾和污水处理、秸秆焚烧、畜禽养殖污染防治等专项执法检查行动。采取多种形式宣传农村环保政策、工作进展和典型经验，普及农村环保知识，农民环保意识得到提升。

1.2 存在的主要问题

1.2.1 农村环境基础设施严重滞后

一是与城市、县城相比，农村环境基础设施建设严重滞后。2019 年全国城市生活污水、生活垃圾处理率分别为 96.81%、99.60%，全国县城生活污水、生活垃圾处理率分别为 93.55%、98.80%。农村生活污水处理率分别低于城市、县城约 71 个百分点和 68 个百分点，农村生活垃圾处理率为 90%，分别低于城市、县城约 9 个百分点和 8 个百分点（图 5）。农村环境基础设施建设，尤其是农村生活污水治理，与城市、县城的差距很大，亟待改善。二是区域工作进展不平衡。据住房和城乡建设部统计数据，截至 2016 年年底，东部、中部、西部地区对生活污水进行处理的行政村数量分别为 5.5 万个、2.5 万个和 2.1 万个，行政村污水治理覆盖率分别为 28%、15%和 14%，对生活垃圾进行处理的行政村数量分别约为 16.0 万个、8.9 万个和 8.8 万个，行政村污水治理覆盖率分别为 82%、52%和 55%，东部地区高于全国平均水平，中部、西部地区均低于全国平均水平（表 1，图 6、图 7）。三是环境设施建设投入缺口较大。参照各地农村环境综合整治项目建设投资情况，单个行政村生活垃圾处理设施投资约为 30 万元，生活污水处理设施投资约为 70 万元。按此测算，实现全部行政村生活污水和生活垃圾处理设施全覆盖，分别需投入 2 969 亿元和 563 亿元，合计 3 532 亿元。据统计，每年中央和地方农村环境整治投入合计不足 400 亿元，实现农村生活污水与生活垃圾处理设施全覆盖资金需求缺口仍较大。

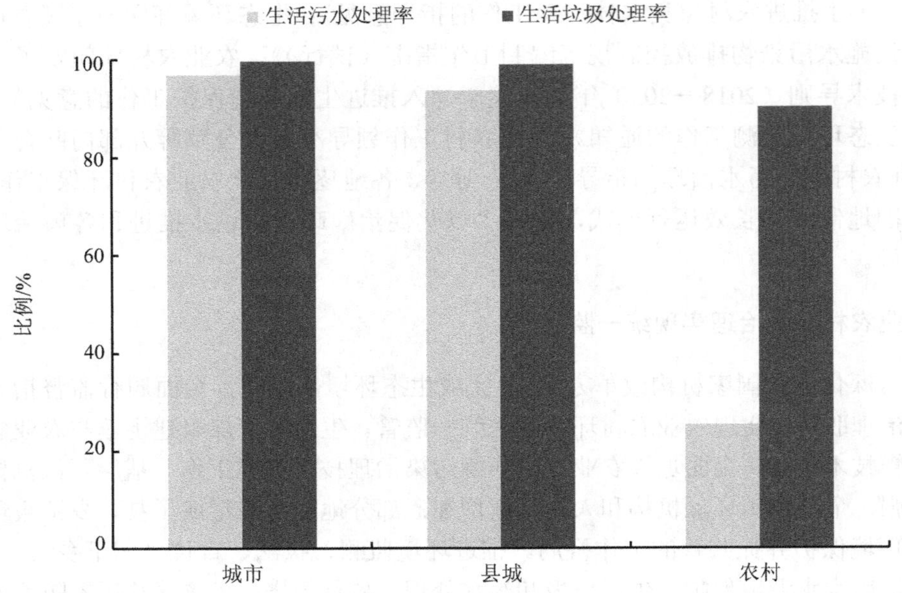

图 5　2019 年城市、县城、农村生活污水处理率和生活垃圾处理率情况

表 1　2016 年我国东部、中部、西部地区农村生活污水与生活垃圾处理情况

区域分布	行政村数/个	对生活污水进行处理的行政村		对生活垃圾进行处理的行政村	
		数量/个	占比/%	数量/个	占比/%
东部地区	195 468	55 111	28	160 428	82
中部地区	172 128	25 472	15	89 353	52
西部地区	158 564	21 498	14	87 929	55
全国	526 160	102 081	19	337 710	64

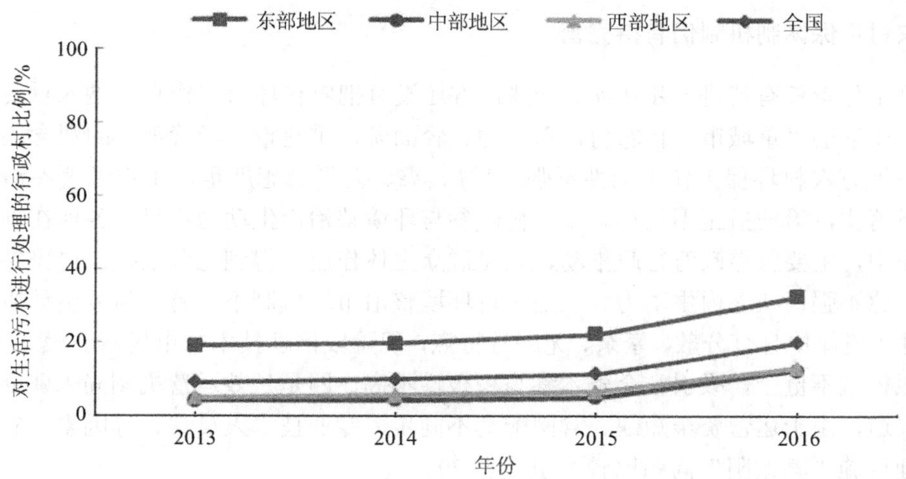

图 6　2013—2016 年东部、中部、西部地区对生活污水进行处理的行政村比例

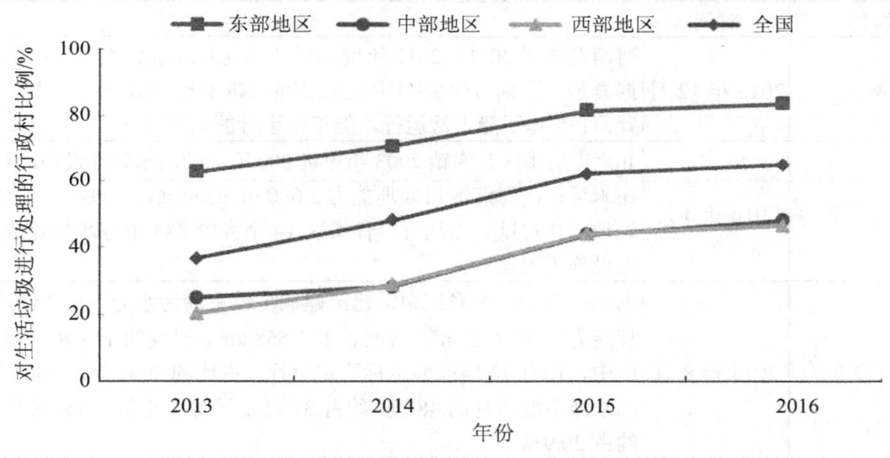

图 7　2013—2016 年东部、中部、西部地区对生活垃圾进行处理的行政村比例

1.2.2　农业面源污染防治有待加强

一是化肥农药投入强度大、利用率不高。2019 年，我国化肥平均施用强度为 325.65 kg/hm^2，远超国际安全施肥上限 225 kg/hm^2；化肥利用率仅为 39.2%，尤其是果园和设施蔬菜化肥过量施用现象较为突出。农药平均施用强度为 8.77 kg/hm^2，远超国际警戒线 7 kg/hm^2；农药利用率为 39.8%，比发达国家低 10%～20%。截至 2017 年年底，仍有 30%的农膜没有回收，部门地区农田“白色污染”问题日益凸显。二是畜禽污染形势依然严峻。农村畜禽粪污产生量约 38 亿 t/a，30%（约 11.4 亿 t）未有效处理利用，污染严重。三是秸秆资源化利用水平有待提高。目前，仍有约 13%的秸秆未被利用，未被利用的秸秆被随意丢弃或露天焚烧，既污染了环境，又浪费了资源。

1.2.3 农村环保体制机制仍有待完善

一是工作责任有待进一步压实。一些地方还没有把农村环保工作真正纳入重要议事日程；在不少基层“重城市、轻农村，重点源、轻面源，重建设、轻管理”的观念还普遍存在；一些地方农村环保工作主动性不强，“等、靠、要”思想严重，工作部署不清晰，责任主体不落实，治理措施不具体。二是村民参与环境整治内生动力不足。各地在推进农村环保工作中，主要依靠政府行政推动，农民群众主体作用未得到充分发挥，村民参与环境治理责任感不强，缺乏内生动力。三是农村环境整治市场机制不完善。与城镇环境保护相比，农村环境保护具有分散、繁杂、无序等特点，现阶段治理技术和市场商业模式不成熟，投资回报机制不健全，吸引社会资本参与积极性不高。四是长效运营机制尚未建立。据相关媒体报道，由于运营资金短缺、管网配套不同步、专业技术人员缺乏等因素，农村生活污水处理设施“晒太阳”问题比较突出（表 2）。

表 2 农村生活污水处理设施“晒太阳”问题有关新闻报道

报道媒体	时间	有关内容
《新华网》	2013 年 12 月	河南发布了 2011—2012 年度农村环境连片综合整治资金审计结果。数据显示，在抽查的 2011 年已完工的 248 套污水处理系统中，103 套闲置，139 套不能正常运行，能正常运行的只有 6 套
《中国科学报》	2016 年 3 月	北京市房山区长沟镇 2003 年投资 500 万元的污水处理设施，到 2009 年还未运行；海淀区日处理能力 3 000 m^3 的间歇式活性污泥法生活污水处理厂，村镇无力运行；怀柔区 14 个乡镇 284 个行政村建成的污水处理设施无力运行
《长江云》	2017 年 8 月	湖北全省 883 个乡镇中，已经建成乡镇生活污水处理厂 153 座，日处理能力为 55.8 万 m^3，管网长度 1 558 km。已建的 153 座乡镇污水处理厂中，仅有 73 座能够达标稳定运行，占比约为 47.7%；能够运行但出水水质不能达标的 48 座，约占 31.4%；运行不正常、时断时续的 32 座，约占 20.9%
《周口日报》	2017 年 11 月	河南省周口市某县，28 处农村污水处理设施建成后，不复验、不启动，任其闲置、锈蚀、荒废，导致巨额投资的工程仅 1 处能正常运营
《经济参考报》	2018 年 4 月	2017 年第四季度国家重大政策措施落实情况跟踪审计结果显示，江苏省 7 个县（市、区）在农村环境综合整治项目中建设 195 个污水处理设施，其中有 146 个闲置，涉及投资 10 449.77 万元，真正运行率还不到 10%
《水工业市场杂志》	2018 年 8 月	截至 2014 年 5 月，江苏宜兴建有独立式农村生活污水处理设施工程的乡镇共 343 个，能收集到污水并正常运行的只有 17 个，正常运行比例仅达到 5%
《新闻纵横》	2018 年 10 月	湖北省赤壁市赤壁镇、赵李桥镇和官塘驿镇 3 座污水处理厂建设时管网没有同步建设，导致政府现在不得不花费巨资为“空转”埋单。2017 年 3 月—2018 年 4 月一年左右的时间里，赤壁市政府支付这 3 家污水处理厂的污水处理费用高达 437 万余元

1.2.4 生态环境监管和工作基础薄弱

一是农村环境监管能力不足。大多数乡镇没有环境保护机构和人员编制，人员力量配备明显不足，也缺少必要的监管执法手段，难以对农村环境保护实施有效监管。同时，农村环境监测体系未能全面建立，无法对已建成污染治理设施运转情况实施常态化监测和规范化的监管。二是生态环境部门农业面源污染监测尚处于空白。生态环境监测评估是生态环境部四大职能之一，新机构改革后，农业面源污染监测存在管理支撑单位未调整到位、监测网络空白、制度方法不健全等问题，履行监督指导农业面源污染防治能力不足。三是符合农村特点、满足欠发达地区的生活污水技术和模式比较缺乏。一些地区在推进农村生活污水治理的过程中，征地难、收水难、群众不接受、排放无去向、下渗无标准、化粪池第三格不防渗、改厕与纳管衔接不紧密、空心村问题突出、自然坑塘利用不充分、设施“晒太阳”等问题时有发生，已成为不少基层生态环境部门感到困惑的难题。四是农村生活垃圾治理在分类体系建设、末端处理设施选址和建设等方面存在明显短板，也是“十四五”期间亟待解决的关键环节。五是一些地区划定畜禽养殖禁养区时，存在划定范围过大、限制散养户、不允许建设通过粪污资源化利用实现无污染物排放的养殖场等违法违规问题。

1.3 面临的机遇与挑战

1.3.1 有利条件

一是国家高度重视农村环境保护工作。将农村环境保护工作作为实施乡村振兴战略的重点任务予以推进。习近平总书记对农村环境保护工作做出一系列批示指示，“实施乡村振兴战略，要坚持农业农村优先发展，按照产业兴旺、生态宜居、乡风文明、治理有效、生活富裕的总要求，加快推进农业农村现代化”，“普遍推行垃圾分类制度，关系 13 亿多人生活环境改善，关系垃圾能不能减量化、资源化、无害化处理。要加快建立分类投放、分类收集、分类运输、分类处理的垃圾处理系统，形成以法治为基础、政府推动、全民参与、城乡统筹、因地制宜的垃圾分类制度，努力提高垃圾分类制度覆盖范围”，“加快推进畜禽养殖废弃物处理和资源化，关系 6 亿多农村居民生产生活环境，关系农村能源革命，关系能不能不断改善土壤地力、治理好农业面源污染，是一件利国利民利长远的大好事。要坚持政府支持、企业主体、市场化运作的方针，以沼气和生物天然气为主要处理方向，以就地就近用于农村能源和农用有机肥为主要使用方向”。这些重要的批示指示为“十四五”做好农村环境保护工作提供了基本遵循和行动指南。二是持续开展 10 多年的农村环境综合整治示范工程，积累了类型多样的生活污水治理技术和模式，为下一步深入推进农村人居环境整治提供技术支撑、经验做法。三是我国综合实力不断增强，宏观经济和积极财政政策支持农村农业污染治理，体制机制改革红利也将惠及农村人居环境整治。

1.3.2 面临的挑战

（1）农村人居环境整治水平有待进一步提升

目前，虽然90%的村庄生活垃圾得到处理，但全国农村生活垃圾分类尚处于试点示范阶段，未全面开展；部分区域垃圾填埋设施建设滞后，多数乡镇未建垃圾处理设施，远离县城的乡镇和村庄，生活垃圾收集后集中堆放，无法就近安全处理。生活污水处理率较低，仍有超过70%的村庄生活污水有待处理。部分地区畜禽粪污资源化利用渠道不畅，利用水平较低，不少村庄人畜混居、畜禽污染等问题仍比较突出。农村水源地保护工作滞后于城镇，农村集中式饮用水水源地保护区划定和整治亟待加强，农村分散式饮用水水源地保护尤为薄弱。此外，乡村旅游中“农家乐”、饭店迅速发展，乡村旅游资源开发及旅游经营过程中对环境造成的污染影响不容忽视。

（2）农业面源污染防治压力日趋加大

2015年，全国总人口为13.75亿人，粮食产量为6.21亿t，化肥施用量为6 022.6万t。根据《国家人口发展规划（2016—2030年）》，到2030年，全国总人口达14.5亿人，常住人口城镇化率要达到70%，乡村常住人口达到4.35亿人（图8）。随着全国人口总数的增加，粮食产量逐年增长（图9），化肥施用量也随之加大（图10）；人口对粮食供给的压力持续存在，农业面源污染治理愈加有挑战性。

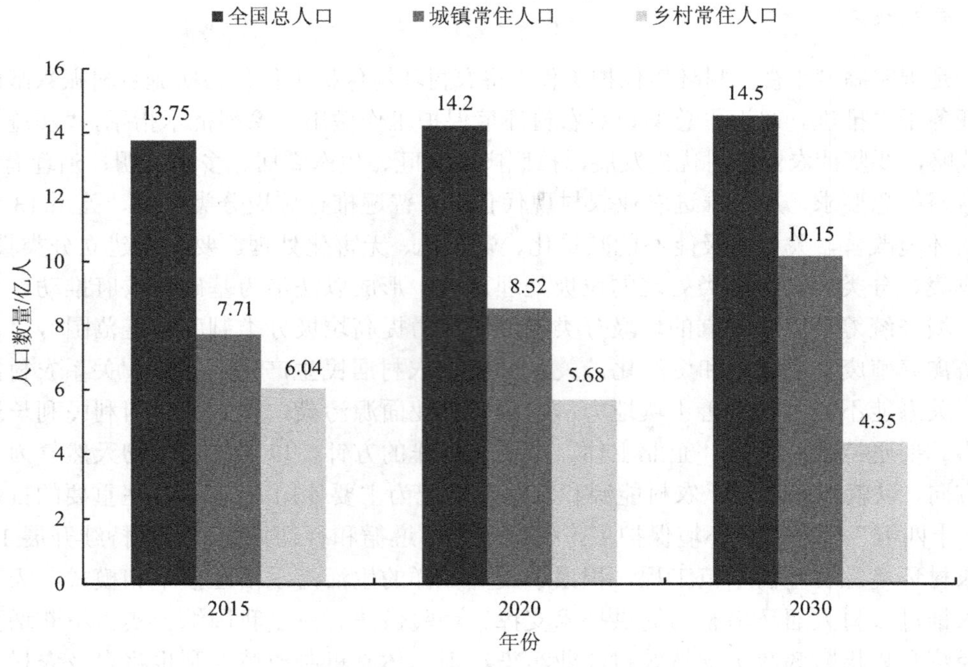

图8 全国城镇化情况与乡村人口增长趋势

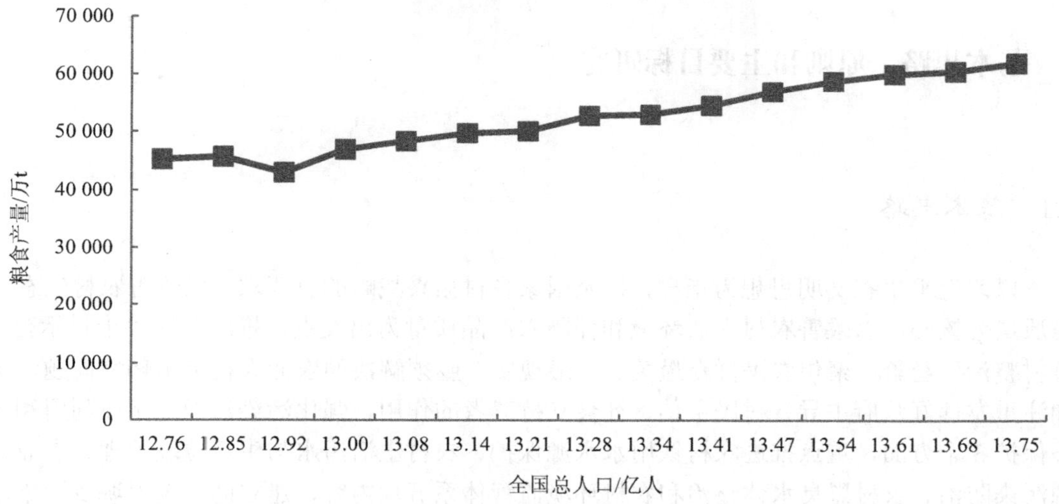

图 9　全国总人口与粮食产量相关性分析

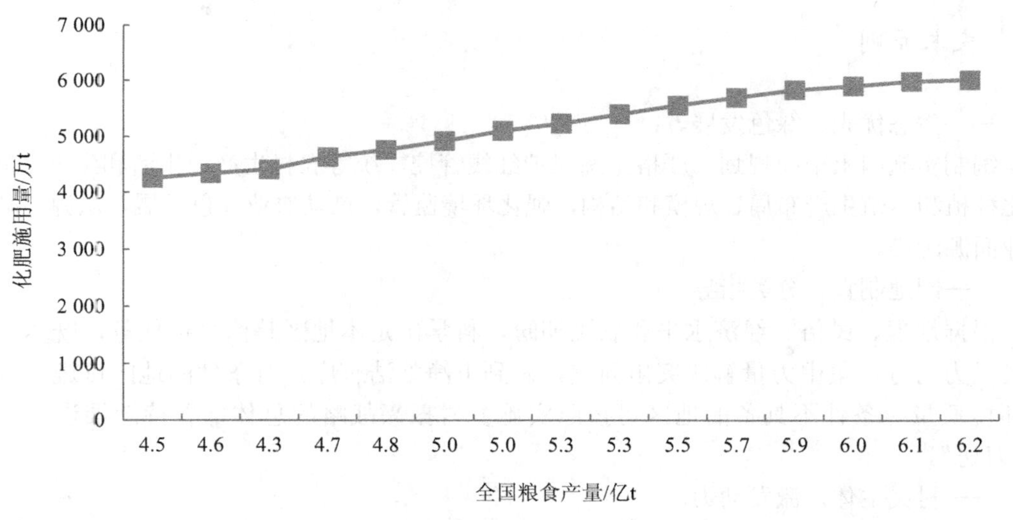

图 10　全国粮食产量与化肥施用量相关性分析

（3）农村环境保护仍面临较大压力

我国工业化、城镇化、农业现代化的任务尚未完成，农村环境保护仍面临巨大压力。随着人们对美好生活、优质生态产品追求的不断提升，农村人居环境面临“新账”和“旧账”都要还的压力；人口总量的持续增加，势必会加大粮食生产需求的压力，进而加重农业面源污染防治的压力；产业结构和布局的优化，又会带来污染“上山下乡”的风险。

“十四五”期间，农村环境保护机遇与挑战并存，必须要善于抓住机遇，沉着应对挑战，以踏石留印、抓铁有痕的劲头，加快补齐农村环境保护短板，建设生态宜居的美丽乡村。

2 基本思路、原则和主要目标研究

2.1 基本思路

以习近平生态文明思想为指导，按照国家乡村振兴战略的总要求，以改善农村生态环境质量为核心，以改善农村人居环境和保障农产品质量为出发点，推广浙江“千村示范、万村整治”经验，聚焦农民群众最关心、最现实、亟须解决的农业农村突出环境问题，更加注重发挥好政府主导、村民主体、社会支持三者的作用，强化污染治理、循环利用和生态保护 3 个方面，重点推进农村饮用水水源保护、农村生活污水与生活垃圾治理、农业面源污染防治、农村黑臭水体整治和农村环境监管体系五项内容，建立健全统筹城乡污染治理体制机制，培育和发展农村农业污染治理市场主体，提升农村农业污染监管能力，提高农民生态文明意识，为实现乡村生态振兴、美丽宜居乡村打下坚实基础。

2.2 基本原则

——生态优先、绿色发展。

编制实施国土空间规划，严格生态保护红线管控，统筹农村生产、生活和生态空间，优化种植和养殖生产布局、规模和结构，强化环境监管，推动农业绿色发展，从源头减少农业面源污染。

——因地制宜、分类指导。

根据地理、民俗、经济水平和农民期盼，科学确定本地区整治目标任务，既尽力而为又量力而行，集中力量解决突出问题，做到干净整洁有序。有条件的地区可进一步提升环境质量，条件不具备的地区可按照实施乡村振兴战略的总体部署持续推进，不搞“一刀切”。

——村民主体，激发动力。

坚持相信群众、依靠群众，尊重农民意愿，把群众认同、群众参与、群众满意作为基本要求，建立政府、村集体、村民等各方共谋、共建、共管、共评、共享机制，动员村民自觉行动，主动投身，发挥村规民约作用，培养主人翁意识，提升村民参与农村农业污染治理的自觉性、积极性、主动性。

——建管并重，长效运行。

坚持先建机制、后建工程，合理确定投融资模式和运行管护方式，推进投融资体制机制和建设管护机制创新，探索规模化、专业化、社会化运营机制，实现有专项经费保障、有专门人员管护、有专门规章制度管理，确保设施长期稳定运行。

——县级主抓、多方参与。

坚持在省委、市委领导下，县（市、区）抓落实，强化县级党委和政府主体责任，明确县（市、区）、乡镇主要负责同志为“一线总指挥”，做好部署动员、督促指导、检查验收等工作。鼓励群团组织、社会力量等参与其中。

2.3 主要目标

“十四五”规划目标设置方面，要在全面建成小康社会、全面打赢农业农村污染治理攻坚战的基础上，进一步实现农村人居环境显著改善。到 2025 年，农村生态环境明显好转，生态宜居的美丽乡村取得阶段进展，农村污染治理工作体制机制建立健全，农村环境监管明显加强，农村居民参与农村环境保护的积极性和主动性显著增强，农村环境与经济、社会协调发展。

——新增完成 15 万～20 万个行政村的环境综合整治，约 2/3 行政村环境综合整治实现全覆盖；

——开展生活垃圾处理的行政村比例达 100%，生活垃圾分类收集处理行政村比例达到 60%以上；

——开展生活污水治理的行政村比例不低于 40%，已建设施正常运维率不低于 85%以上，农村生活污水乱排乱放基本得到有效管控；

——农村黑臭水体治理率达到 40%以上；

——畜禽粪污综合利用率达到 85%左右，规模化养殖场畜禽粪污基本资源化利用，实现生态消纳或达标排放；

——测土配方施肥技术覆盖率达到 95%以上，主要农作物病虫害专业化统防统治覆盖率达到 45%以上；

——秸秆综合利用率达到 90%以上，农膜回收率达 85%以上。

3 重点领域与主要任务研究

3.1 加强农村饮用水水源保护

3.1.1 加快农村饮用水水源调查评估和保护区划定

县级及以上地方人民政府要结合当地实际情况，组织有关部门开展农村饮用水水源环境状况调查评估和保护区的划定。农村饮用水水源保护区的边界要设立地理界标、警示标志或宣传牌。将饮用水水源保护要求和村民应承担的保护责任纳入村规民约。

3.1.2 加强农村饮用水水质监测

县级及以上地方人民政府组织相关部门监测和评估本行政区域内饮用水水源、供水单位供水、用户水龙头出水的水质等饮用水安全状况。实施从源头到水龙头的全过程控制，落实水源保护、工程建设、水质监测检测“三同时”制度。供水人口在 1 万人或日供水 1 000 t 以上的饮用水水源每季度监测一次。各地按照国家相关标准，结合本地水质本底状况确定监测项目并组织实施。县级及以上地方人民政府有关部门，应当向社会公开饮用水安全状况信息。

3.1.3 开展农村饮用水水源环境风险排查整治

以供水人口在 1 万人或日供水 1 000 t 以上的饮用水水源保护区为重点，对可能影响农村饮用水水源环境安全的化工、造纸、冶炼、制药等风险源和生活污水垃圾、畜禽养殖等风险源进行排查。对水质不达标的水源，采取水源更换、集中供水、污染治理等措施，确保农村饮水安全。

3.2 推进农村生活污水与生活垃圾治理

3.2.1 农村生活污水治理

“十四五”时期，农村生活污水治理仍然是农村人居环境最突出的短板，面临着思想认识和资金投入不到位、工作进展不平衡、管护机制不健全等问题。按照“因地制宜、尊重习惯，应治尽治、利用为先，就地就近、生态循环，梯次推进、建管并重，发动农户、效果长远”的基本思路，从亿万农民群众的愿望和需求出发，按照实施乡村振兴战略的总要求，立足我国农村实际，以污水减量化、分类就地处理、循环利用为导向，加强统筹规划，突出重点区域，选择适宜模式，完善标准体系，强化管护机制，善作善成、久久为功，走出一条具有中国特色的农村生活污水治理之路。

（1）全面摸清现状

对农村生活污水的产生总量和比例构成、村庄污水无序排放、水体污染等现状进行调查，梳理现有处理设施数量、布局、运行等治理情况，分析村庄周边环境特别是水环境生态容量，以县域为单位建立现状基础台账。

（2）科学编制行动方案

以县域为单位编制农村生活污水治理规划或方案，也可纳入县域农村人居环境整治规划或方案统筹考虑，充分考虑已有工作基础，合理确定目标任务、治理方式、区域布局、建设时序、资金保障等。顺应村庄演变趋势，把集聚提升类、特色保护类、城郊融合类村庄作为治理重点。优先治理南水北调东线中线水源地及其输水沿线、京津冀地区、长江经济带、珠三角地区、环渤海区域及水质需改善的控制单位范围内的村庄。注重农村生活污水治理与生活垃圾治理、“厕所革命”等统筹规划、有效衔接。

（3）合理选择技术模式

因地制宜采用污染治理与资源利用相结合、工程措施与生态措施相结合、集中与分散相结合的建设模式和处理工艺。有条件的地区推进城镇污水处理设施和服务向城镇近郊的农村延伸，离城镇生活污水管网较远、人口密集且不具备利用条件的村庄，可建设集中处理设施实现达标排放。人口较少的村庄，以卫生厕所改造为重点推进农村生活污水治理，在杜绝化粪池出水直排基础上，就地就近实现农田利用。重点生态功能区、饮用水水源保护区严禁农村生活污水未经处理直接排放。积极推广低成本、低能耗、易维护、高效率的污水处理技术，鼓励具备条件的地区采用以渔净水、人工湿地、氧化塘等生态处理模式。开展典型示范，培育一批农村生活污水治理示范县、示范村，总结推广一批适合不同村庄规模、不同经济条件、不同地理位置的典型模式。

（4）促进生产生活用水循环利用

探索将高标准农田建设、农田水利建设与农村生活污水治理相结合，统一规划、一体设计，在确保农业用水安全的前提下，实现农业农村水资源的良性循环。鼓励通过栽植水生植物和建设植物隔离带，对农田沟渠、塘堰等灌排系统进行生态化改造。鼓励农户利用房前屋后小菜园、小果园、小花园等，实现就地回用。畅通厕所粪污经无害化处理后就地就近还田渠道，鼓励各地探索堆肥等方式，推动厕所粪污资源化利用。

（5）加快标准制修订

认真梳理标准制修订情况，构建完善的农村生活污水治理标准体系。根据农村不同区位条件、排放去向、利用方式和人居环境改善需求，按照分区分级、宽严相济、回用优先、注重实效、便于监管的原则，抓紧制修订本地区农村生活污水处理排放标准。加快研究制定农村生活污水治理设施标准，规范污水治理设施设计、施工、运行管护等。编制适合本地区的农村生活污水治理技术导则或规范，强化技术指导。

（6）完善建设和管护机制

坚持以用为本、建管并重，在规划设计阶段统筹考虑工程建设和运行维护，做到同步设计、同步建设、同步落实。做好工程设计，严把材料质量关，采用地方政府主管、第三方监理、群众代表监督等方式，加强施工监管、档案管理和竣工验收。简化农村生活污水处理设施建设项目审批和招标程序，保障项目建设进度。落实农村生活污水处理用电、用地支持政策。明确农村生活污水治理设施产权归属和运行管护责任单位，推动建立有制度、有标准、有队伍、有经费、有督查的运行管护机制。鼓励专业化、市场化建设和运行管理，有条件的地区推行城乡污水处理统一规划、统一建设、统一运行、统一管理。鼓励有条件的地区探索建立污水处理受益农户付费制度，提高农户自觉参与的积极性。

（7）统筹推进农村“厕所革命”

统筹考虑农村生活污水治理和“厕所革命”，具备条件的地区一体化推进、同步设计、同步建设、同步运营。东部地区、中西部城市近郊区及其他环境容量较小地区村庄，加快推进户用卫生厕所建设和改造，同步实施厕所粪污治理。其他地区按照群众接受、经济适用、维护方便、不污染公共水体要求，普及不同水平的卫生厕所。引导农村新建住房配套建设无害化卫生厕所，人口规模较大村庄配套建设公共厕所。

3.2.2 农村生活垃圾分类收集处置

“十四五”期间，要落实习近平总书记关于“加快建立分类投放、分类收集、分类运输、分类处理的垃圾处置系统”的指示精神，按照实施乡村振兴战略的要求，扎实推进农村生活垃圾分类处理，建立和完善农村生活垃圾分类处理体系。

（1）建立健全分类处理体系

加快从“户集、村收、乡镇运、县处理”的传统集中处理模式向建立“分类投放、分类收集、分类运输、分类处理”的有效处理系统转变。建立农户分类体系，完善农户源头分类可操作、能评估、有奖惩的模式。建立分类收集体系，根据分类收集要求，改造现有收集站（点），配置垃圾分类收集容器，避免垃圾分类投放后重新混合收集。建立分类运输体系，设计垃圾运输路线，健全生活垃圾分类相衔接的收运网络，配置满足分类清运要求的垃圾收运车辆。建立分类处理体系，根据本地的人口和垃圾量优化和布局垃圾处理设施。离城区处理设施较近的村（社区），产生的生活垃圾纳入城区处理体系，分类和处理标准由当地按相关规定执行。

离城区处理设施较远的村（社区），不便纳入城区处理体系的，原则上纳入农村生活垃圾资源化处理站（点）体系。探索建立海岛、山区、平原等不同地区农村生活垃圾分类处理体系，明确村庄垃圾处置方式和相关垃圾去向。农村建筑垃圾、工业固体废物、医疗废物、农村面源污染物等进入相关责任部门处置体系。

（2）加快推进设施体系建设

根据村庄分布、经济条件等因素确定农村生活垃圾收运和处理方式，原则上所有行政村都要建设垃圾集中收集点，配备收集车辆。逐步改造或停用露天垃圾池等敞开式收集场所、设施，鼓励村民自备垃圾收集容器。原则上每个乡镇都应建有垃圾转运站，相邻乡镇可共建共享。逐步提高转运设施及环卫机具的卫生水平，普及密闭运输车辆，有条件的应配置压缩式运输车，建立与垃圾清运体系相配套、可共享的再生资源回收体系。优先利用城镇处理设施处理农村生活垃圾，城镇现有处理设施容量不足时应及时新建、改建或扩建。选择符合农村实际和环保要求、成熟可靠的终端处理工艺，推行卫生化的填埋、焚烧、堆肥或沼气处理等方式，禁止露天焚烧垃圾，逐步取缔二次污染严重的简易填埋设施及小型焚烧炉等。边远村庄垃圾尽量就地减量、处理，不具备处理条件的应妥善贮存、定期外运处理。制定垃圾设施建设方案，完善环卫保洁设施管理办法，建立健全农村生活垃圾资源化处理站（点）管理办法等制度，以可靠的机制来保障分类处理设施运行规范化、常态化。

（3）推进农村生活垃圾的资源化利用

发挥供销合作社等机构在再生资源回收利用网络方面的优势，加强农村垃圾分类回收利用链的建设，培育一批资源回收、资源生产加工再生龙头企业。根据农村生活类、产业类、服务消费类和公共机构类等再生资源的特点，分类建立不同模式的再生资源回收体系。合理布局回收网点，推广垃圾资源化利用“兑换超市”，推行智能回收及网购送货回收包装物等方式回收再生资源。构建便民利民的回收网络，推动再生资源循环利用，鼓励出台地方性政策措施，扶持再生资源回收利用企业加快发展，引导资源回收和垃圾处理两网融合，优先支持供销社再生资源利用平台对生活垃圾资源化处理站（点）、农村垃圾处理静脉园建设和运行。推进农村生活垃圾的肥料化利用，把农村生活垃圾中的有机物，转化成农业生产中需要的肥料，如一些地方采取了阳光堆肥房的做法。发动相关科研单位加强对这方面技术的研发和集成，找出简便、经济、适用的资源化利用方式。

（4）探索建立激励与约束相结合的机制

指导各地组织开展形式多样、生动活泼的宣传活动，探索建立垃圾分类超市、分类积分制等，培养和激励农民推进生活垃圾分类。总结不同地区农村生活垃圾分类的模式，进一步总结推广典型模式，为全国其他地区提供可学习、可借鉴的样板。通过媒体，进一步对农村生活垃圾分类进行宣传报道，提高农民群众的分类意识，养成绿色的生活方式。

强化制度标准执行，扎实推进运行体系建设。加强分类处理的制度标准执行，以制度标准规范源头分类。建立源头追溯制度，督促农户做好垃圾分类，提高分类投放准确率。加强处理设施的网络化建设，建立源头分类减量可评估、中端收集运输可计量、末端处理在线可监测数据系统。建立分类处理信息统计上报、部门协作配合、考评奖惩等机制，调动工作积极性。建立和完善农村生活垃圾处理技术标准，制定回收利用、设施建设、项目验收等管理办法。

3.3 强化农业面源污染防治

3.3.1 畜禽和水产养殖污染治理

（1）畜禽养殖粪污资源化利用

“十四五”期间，加强畜禽粪污资源化利用。坚持政府支持、企业主体、市场化运作的方针，坚持源头减量、过程控制、末端利用的治理路径，全面推进畜禽养殖废弃物资源化利用。推动畜禽养殖密集区域实施“种养结合”“截污建池、收运还田”等模式，实现低成本市场化粪污治理和资源化。

大力推动畜禽清洁养殖，加强标准化精细化管理，促进废弃物源头减量。打通有机肥还田渠道，增强农村沼气和生物天然气市场竞争力，加快培育发展畜禽养殖废弃物资源化利用产业。严格落实畜禽规模养殖环评制度，强化污染监管，落实养殖场主体责任，倒逼畜禽养殖废弃物资源化利用。加大政策支持保障力度，创造良好市场环境，帮助企业形成可持续的商业模式和盈利模式。

明确中央农村环境整治专项资金需支持具有区域公共服务属性的畜禽粪污资源化利用和污染防治设施建设。开展所有养殖场（小区、户）粪污直排专项执法活动，逐步杜绝各类畜禽养殖单元粪污直排现象。

为解决好一些地区考核指标与环境质量“脱钩”的问题，建议在考核畜禽粪污综合利用率和规模养殖场粪污处理设施装备配套率的同时，将流域控制单元断面水质改善情况作为以畜禽养殖污染问题突出地区的考核指标，督促所辖地区政府扛起主体责任。

（2）水产养殖污染治理

加强水产养殖污染防治和水生生态保护。优化水产养殖空间布局，依法科学划定禁止养殖区、限制养殖区和养殖区。推进水产生态健康养殖，积极发展大水面生态增养殖、工厂化循环水养殖、池塘工程化循环水养殖、连片池塘尾水集中处理模式等健康养殖方式，推进稻鱼综合种养等生态循环农业。推动出台水产养殖尾水排放标准，加快推进养殖节水减排。

发展不投饵滤食性、草食性鱼类增养殖，实现以鱼控草、以鱼抑藻、以鱼净水。严控河流、近岸海域投饵网箱养殖。大力推进水生生物保护行动，修复水生生态环境，加强水域环境监测。

3.3.2 种植业面源污染防治

（1）化肥和农药减量增效

持续推进化肥、农药减量增效。深入推进测土配方施肥和农作物病虫害统防统治与全程绿色防控，提高农民科学施肥用药意识和技能，推动化肥、农药使用量实现负增长。集成推广化肥机械深施、种肥同播、水肥一体等绿色高效技术，应用生态调控、生物防治、理化诱控等绿色防控技术。

制修订并严格执行化肥、农药等农业投入品质量标准，严格控制高毒高风险农药使用，研发推广高效缓控释肥料、高效低毒低残留农药、生物肥料、生物农药等新型产品和先进施肥施药机械。

加快培育社会化服务组织，开展统配统施、统防统治等服务。协同推进果菜茶有机肥替代化肥示范县和果菜茶病虫害全程绿色防控示范县建设，发挥种植大户、家庭农场、专业合作社等新型农业经营主体的示范作用，带动绿色高效技术更大范围应用。

（2）秸秆和农膜废弃物资源化利用

秸秆废弃物资源化利用。切实加强秸秆禁烧管控，强化地方各级政府秸秆禁烧主体责任。重点区域建立网格化监管制度，在夏收和秋收阶段加大监管力度。东北地区要针对秋冬季秸秆集中焚烧问题，制定专项工作方案，加强科学有序疏导。严防因秸秆露天焚烧造成区域性重污染天气。坚持堵疏结合，加大政策支持力度，整县推进秸秆全量化综合利用，优先开展就地还田。在秸秆综合利用领域尽快取得一批突破性科研成果，加强示范推广。到 2025 年，全国秸秆综合利用率达到 90%以上。

农膜回收。在重点使用农膜地区，整县推进农膜回收利用，推广地膜减量增效技术，做好地膜回收利用示范县建设。加大地膜国家标准宣传贯彻力度，从源头保障地膜可回收性。完善废旧地膜等回收处理制度，试点“谁生产、谁回收”的地膜生产者责任延伸制度，实现地膜生产企业统一供膜、统一回收。加大研发力度，争取在降解地膜应用配套技术、高强度地膜替代产品、地膜回收机械、地膜综合利用技术等方面尽快取得一批突破性科研成果。到 2025 年，农膜回收率达到 85%以上。

3.3.3 国家有机食品生产基地创建

开展已公告国家有机食品生产基地动态管理，强化创建质量和品牌优势。适时修订国家有机食品生产基地创建指标和管理办法。深入开展新一轮国家有机食品生产基地创建。在长江经济带等水污染防治重点区域，传统农区、现代农业产业示范区、自然保护区、水源保护区等环境敏感区，开展国家有机食品生产基地建设示范集群创建，形成规模效益，降低农业面源污染，改善农田土壤质地。

3.4 示范带动农村黑臭水体整治

以房前屋后河塘沟渠和群众反映强烈的黑臭水体为重点，狠抓污水、垃圾、畜禽粪污、农业面源和内源污染治理。选择通过典型区域开展试点示范，深入实践，总结凝练，形成模式，以点带面推进农村黑臭水体治理。

3.4.1 推进农村黑臭水体综合治理

在实地调查和环境监测基础上，确定污染源和污染状况，综合分析黑臭水体的污染成因，采取控源截污、清淤疏浚、水体净化等措施进行综合治理。在控源截污方面，根据实际情况，统筹推进农村黑臭水体治理与农村生活污水、畜禽粪污、水产养殖污染、种植业面源污染、改厕等治理工作，强化治理措施衔接整合，从源头控制水体黑臭。在清淤疏浚方面，综合评估农村黑臭水体水质和底泥状况，合理制定清淤疏浚方案。加强淤泥清理、排放、运输、处置的全过程管理，避免产生二次污染。在水体净化方面，依照村庄规划，对拟搬迁撤并空心村和过于分散、条件恶劣、生态脆弱的村庄，鼓励通过生态净化消除农村黑臭水体。通过推进退耕还林还草还湿、退田还河还湖和水源涵养林建设，采用生态净化手段，促进农村水生态系统健康良性发展。因地制宜推进水体水系连通，增强渠道、河道、池塘等水体流动性及自净能力。

3.4.2 开展农村黑臭水体治理试点示范

各地择优推荐试点示范区名单（以县为单元），并提交治理实施方案。根据各地农村自然条件、经济发展水平、污染成因、前期工作基础等方面，筛选农村黑臭水体治理试点示范县。组织确定试点示范区名单，并定期调度农村黑臭水体治理工作进展。开展试点示范督促指导，适时组织实施试点示范评估。到 2025 年，形成一批可复制、可推广的农村黑臭水体治理模式，加快推进农村黑臭水体治理工作。

3.4.3 建立农村黑臭水体治理长效机制

推动河（湖）长制体系向村级延伸。明确农村黑臭水体河长、湖长，健全河（湖）长制常态化管理。构建农村黑臭水体治理监管体系，建立健全监测机制。生态环境部门在有基础、有条件的地区开展水质监测工作。建立村民参与机制，发挥村民主体地位，将农村黑臭水体治理要求纳入村规民约，调动乡贤能人参与黑臭水体治理工作的积极性。强化运维管理机制，健全农村黑臭水体治理设施第三方运维机制，鼓励专业化、市场化治理和运行管护。

3.5 构建“政府监管、村民自治”管理体系

3.5.1 加强农村环境监管能力

强化农村生态环境监管执法。创新监管手段，运用卫星遥感、大数据、App 等技术装备，充分利用乡村治安网格化管理平台，及时发现农村环境问题。鼓励公众监督，对农村地区生态破坏和环境污染事件进行举报。结合第二次全国污染源普查和相关部门已开展的污染源调查统计工作，建立农村生态环境管理信息平台。构建农村生态环境监测体系，结合现有环境监测网络和农村环境质量试点监测工作，加强对农村集中式饮用水水源、日处

理能力 20 t 及以上的农村生活污水处理设施出水和畜禽规模养殖场排污口的水质监测。纳入国家重点生态功能区中央转移支付支持范围的县域，应设置或增加农村环境质量监测点位，其他有条件的地区可适当设置或增加农村环境质量监测点位。结合省以下生态环境机构监测监察执法垂直管理制度改革，加强农村生态环境保护工作，建立重心下移、力量下沉、保障下倾的农村生态环境监管执法工作机制。落实乡镇生态环境保护职责，明确承担农业农村生态环境保护工作的机构和人员，确保责有人负、事有人干。

3.5.2 强化农业面源污染监测能力

（1）做好农产品产地土壤环境监测

根据农产品产地土壤环境状况、土壤背景值等情况，开展土壤和农产品协同监测，及时掌握全国范围及重点区域农产品产地土壤环境总体状况、潜在风险及变化趋势。

（2）做好农田氮、磷流失监测

依据农田氮、磷污染的发生规律和地形、气候等情况，开展农田氮、磷流失监测，分析不同种植模式下区域主推耕作方式和施肥措施等对农田氮、磷流失的影响。

（3）做好农田地膜残留监测

综合考虑覆膜作物、覆膜年限、回收方式等情况，开展地膜残留监测，摸清农田地膜残留量和回收情况。

（4）做好畜禽养殖污染监测

通过畜禽规模养殖场直联直报信息系统，统计规模以上养殖场生产、设施改造和资源化利用情况。

3.5.3 激发村民参与环境治理内生动力

合理划分政府村民责任。政府发挥引导作用，做好规划编制、政策支持、试点示范等，解决单靠一家一户、一村一镇难以解决的问题。完善公开监督机制，建立项目信息公开制度，引导村民积极参与项目建设和管理，推动决策民主化，保障农民知情权、参与权和监督权。也可设立公开电话或投诉信箱等，接受村民咨询、举报，对反映的问题及时进行核查和回应。明确村民维护公共环境责任，庭院内部、房前屋后环境整治由农户自己负责，村内公共空间整治以村民自治组织或村集体经济组织为主。充分发挥村民自治的作用，动员广大村民积极主动实行自我管理、自我教育、自我服务，用自己的双手创造幸福美好的生活，共同改善村居环境，建设美丽家园。

试点示范带动村民参与。以垃圾分类收集、畜禽粪污资源化利用和防治、秸秆农膜回收处理、化肥农药减量增效等为主题，结合当前正在开展的试点示范工作，如农村环境综合整治、整县推进畜禽粪污治理、果菜茶有机肥替代化肥示范等，总结和推广一批激发村民环境整治内生动力的示范县、示范村、示范户，发挥以点带面、辐射带动作用。引导有条件的地区将农村环境整治与特色产业、休闲农业、乡村旅游、美丽乡村、森林乡村等有机结合，把村民增收致富与激发村民内生动力结合起来，实现农村产业融合发展与人居环境改善互促互进，提升农民群众生活品质，为农民建设幸福家园和美丽乡村注入动力。

完善激励与约束机制。完善激励约束并举机制，通过“门前三包”、垃圾分类积分制、

“先建后补”“多干多补”等措施，调动基层和农民的积极性。建立完善村规民约，将垃圾分类收集、节约用水、村庄环境卫生、古树名木保护等要求纳入村规民约，通过群众评议等方式褒扬乡村新风。建立村民自治制度，鼓励各地建立健全村庄公共环境保洁制度，通过“民事民治、民事民办、民事民议”的方式，推动形成民建、民管、民享的长效机制，在村庄环境整治中培育自治，在村民自治中给村民带来看得见的实惠。鼓励有条件的地区探索建立污水、垃圾处理农户缴费制度，综合考虑污染防治形势、经济社会承受能力、农村居民意愿等因素，合理确定缴费水平和标准。

强化宣教引导。充分利用报刊、广播、电视等新闻媒体和网络新媒体，加强宣传教育工作，提高村民的环保意识，改变乱扔垃圾、乱排污水等影响环境的不良生活习惯；鼓励农民自觉践行绿色生活、绿色消费，形成低碳节约、保护环境的社会风尚。鼓励多方力量参与，建立政府和村民等各方共谋、共建、共管、共评、共享机制，动员村民投身美丽家园建设。发挥好基层党组织核心作用，强化党员意识、标杆意识，带领农民群众推进移风易俗、改进生活方式、提高生活质量。充分发挥村民理事会的作用。在整治村成立由村干部、老党员、家族带头人、外出乡贤和农村致富能手等人员组成的村民理事会，通过村民理事会做群众工作，号召村民主动参与。

4 保障措施研究

4.1 加强组织领导

落实地方主体责任。借鉴浙江“千村示范、万村整治”工程经验，坚持高位推动，党政“一把手”亲自抓，“五级书记”一起抓的做法，完善中央统筹、省负总责、市县落实的工作推进机制。建立目标责任制，目标任务逐级分解，切实把地方政府农村环境保护责任落到实处。

加强部门协作。通过责任清单进一步明晰生态环境部、农业农村部、住房和城乡建设部等部门在农村环境保护中的权责，明晰各部门在农村环境保护中的事权和监管权。农业农村部门牵头管理农业生产造成的面源污染、农业废弃物综合利用、无害化处理等事项。住建部门牵头管理农村污水、垃圾处理等事项。生态环境部门进一步加强农村环境监管。

4.2 加大资金投入

加大中央财政支持力度。不断深化“以奖促治”政策，根据农村农业污染治理资金需求，加大中央农村环境整治资金支持力度，以尽快补齐农村农业污染治理突出短板；聚焦农村生活污水与生活垃圾、黑臭水体治理等突出环境问题，加强“十四五”中央农村环境整治专项资金项目库建设。

加强资金整合。对农村环境整治资金、重点生态保护修复治理专项资金、水污染防治专项资金、农村饮水安全资金、沼气推广补助资金、小型农田水利设施建设补助资金、测土配方施肥补助资金、高标准基本农田建设补助资金等相关财政涉农资金开展统筹整合使用，集中资源，形成合力，切实改善农村人居环境。

优化财政资金使用方式。进一步明晰中央政府和地方政府在农村环境保护中的事权和支出责任，加强中央财政资金引导作用。加大财政资金投入，优先支持采用PPP模式和创新试点示范项目。按照《财政部关于印发〈农村环境整治资金管理办法〉的通知》，强化政府财政资金的引导和撬动作用，采取以奖代补、先建后补、直接投资、投资补助、资本金注入、运营补贴、购买服务等方式支持农村环境治理，实现从买工程向买服务、买效果转变，切实提高资金使用效益和引导作用。

创新投融资方式。完善农村农业污染治理市场投资回报机制。建立政府主导、村民参与、社会支持的多元化投入机制。采用地方政府投一点、村集体出一点、农民拿一点的筹资方式，筹集农村环境治理资金。鼓励社会资本参与农村环境治理设施建设和运行维护。加强扶持引导力度。加大金融支持力度，制定完善土地、电价、税收和收费等优惠政策。

探索建立缴费制度与费用分摊机制。建立财政补贴、村集体与农户缴费相结合的费用分摊机制。在有条件的地区实行污水垃圾处理农户缴费制度、畜禽养殖污染治理缴费制度等，保障社会资本获得合理收益。结合经济社会承受能力、农村居民意愿等合理确定缴费水平和标准。已由自来水公司收取的农村污水处理费要返还用于农村污水处理设施运行。

4.3 强化科技支撑

加强技术研发与推广。鼓励农村生活污水治理技术，垃圾资源化技术，沼液沼渣综合利用技术，秸秆发电、秸秆气化等综合利用技术研发与推广，在不适宜集中开展污染治理的地区，研发环保、经济、实用的小型或家庭式治污技术和设备，积极推进科研成果转化，集成、筛选一批实用技术。财政专项资金加强对农村环境治理先进技术研发与示范推广的倾斜。通过组织现场学习、专题培训及拍摄专题宣传短片等方式，推广农村环保实用技术和装备。

4.4 培育市场主体

积极培育农村环境治理市场主体。强化农村环境治理的市场化、专业化和产业化导向，推进农村环境治理市场开放，培育一批农村环境治理市场龙头企业。提高行业准入门槛，建立相关配套政策，防止环保企业低价恶性竞争。建立环保企业信用评价制度，引导公众参与及信息公开，对违约失信的环保企业纳入黑名单进行动态管理。

引导规范PPP模式。拓宽社会资本参与农村环境治理的领域和范围，在农村生活污水处理、生活垃圾收运处置、农村饮用水水源地保护、农业废弃物资源化利用、农业面源污染治理等领域大力推进PPP模式，实行农村环境治理设施建管一体化，通过市场机制吸引社会资本合作，增强专业力量，提高农村环境公共产品供给质量和效率。

4.5 严格监督考核

强化主体责任。将农村污染治理工作纳入本省（区、市）生态环境质量改善的考核范围，作为本省（区、市）党委和政府目标责任考核、市县干部政绩考核的重要内容。将农村污染治理突出问题纳入中央生态环保督察范畴，对污染问题严重、治理工作推进不力的地区进行严肃问责。

加强城乡一体环境监管能力建设。建立农村环境监测制度和监测技术体系，出台农村环境监测相关技术规范，开展农村空气质量、饮用水水源地水质、村镇河流（水库）水质、农村土壤环境质量、农村养殖业和面源污染等专项监测。逐步建立覆盖农村地区的环境监测网络，以县为单位配置农村环境空气和水质移动监测车，定期开展流动监测。建立环境保护部门、农业部门等环境监测信息共享机制。

强化管理机构与人员队伍建设。结合省以下环保机构监测监察执法垂直管理制度改革，强化基层环境监管执法力量，具备条件的乡镇及工业聚集区充实专业人员力量。鼓励各地根据实际情况，在农村地区设立相应的环境监管机构，探索符合地方实际的人员配置模式。建立村庄保洁制度，将村庄保洁与公益岗位设置相结合，建立村庄保洁队伍，增加贫困农户的经济收入。

参考文献

[1] 中共中央，国务院. 关于实施乡村振兴战略的意见[EB/OL].（2018-01-02）. http：//www.gov.cn/zhengce/2018-02/04/content_5263807.htm.

[2] 中共中央，国务院. 农村人居环境整治三年行动方案[EB/OL].（2018-02-05）. http：//www.gov.cn/zhengce/2018-02/05/content_5264056.htm.

[3] 国务院. 关于创新农村基础设施投融资体制机制的指导意见[EB/OL].（2017-02-17）. http：//www.gov.cn/zhengce/content/2017-02/17/content_5168733.htm.

[4] 生态环境部，农业农村部. 关于印发农业农村污染治理攻坚战行动计划的通知[EB/OL].（2018-11-07）. http：//www.mee.gov.cn/xxgk2018/xxgk/xxgk03/201811/t20181108_672959.html.

[5] 农业部. 全国农业可持续发展规划（2015—2030年）[EB/OL].（2015-05-20）. http：//www.moa.gov.cn/gk/ghjh_1/201505/t20150527_4620031.htm.

[6] 农业农村部. 关于打好农业面源污染防治攻坚战的实施意见[EB/OL].（2018-05-28）. http：//www.moa.gov.cn/nybgb/2015/wu/201712/t20171219_6103834.htm.

[7] 住房和城乡建设部，等. 关于全面推进农村垃圾治理的指导意见[EB/OL].（2015-11-03）. http：//www.mohurd.gov.cn/wjfb/201511/t20151113_225575.html.

[8] 中共中央办公厅，国务院办公厅. 关于创新体制机制推进农业绿色发展的意见[EB/OL].（2017-09-30）. http：//www.gov.cn/zhengce/2017-09/30/content_5228960.htm.

[9] 农业部. 重点流域农业面源污染综合治理示范工程建设规划[EB/OL].（2017-03-24）. http：

//www.moa.gov.cn/nybgb/2017/dsiqi/201712/t20171230_6133444.htm.

[10] 中央农村工作领导小组，农业农村部，生态环境部，等. 关于推进农村生活污水治理的指导意见[EB/OL].（2019-07-04）. http：//www.moa.gov.cn/govpublic/ncshsycjs/201907/t20190712_6320876.htm.

[11] 浙江省村庄整治办. 浙江省农村生活垃圾分类处理工作“三步走”实施方案[EB/OL].（2018-04-11）. http：//www.gov.cn/xinwen/2018-04/17/content_5283125.htm.

关于中国大气汞排放控制的思考

Thinking on Atmospheric Mercury Emission Control in China

郑伟 雷宇 宁淼 刘伟 王书肖 吴清茹[①]

摘 要 大气污染防治和应对气候变化对大气汞排放控制具有协同效应，履行《关于汞的水俣公约》任重而道远。建议将国际履约与国内防控有机结合，突出五类重点排放源，推进源头替代，深化协同控制，建立大气汞污染防治长效机制。

关键词 大气汞 排放控制 中国

Abstract Atmospheric pollution prevention and tackling climate change have synergistic effects on atmospheric mercury emission control. The implementation of *Minamata Convention on Mercury* faces heavy tasks. International implementation and domestic control should be combined organically. It was suggested to focus on five key emission sources，promote source substitution, deepen cooperative control and establish the long-term mechanism of atmospheric mercury pollution prevention and control.

Keywords atmospheric mercury，emission control，China

汞，俗称水银，化学符号为 Hg，是一种痕量重金属污染物，具有高毒性、持久性和生物累积性。随着大气汞的排放、传输、扩散和沉降，汞污染能够对大气、土壤和水体环境造成严重影响，而汞在自然界中能够转化成剧毒的甲基汞，通过食物链最终危害人体健康。大气汞的来源主要包括人为源、自然源和再排放。其中，人为源、自然源是最主要来源，汞的再排放过程与自然源排放过程很难严格区分开来。大气汞主要分为气态元素汞、活性气态汞和颗粒态汞。其中，气态元素汞是最主要赋存形态，占总汞的 90%以上，在大气中的稳定性较强。由于汞在大气中的停留时间可达数月至 1 年以上，大气汞污染不仅可以给局地，也会给区域乃至全球带来影响。

汞能够通过大气进行跨国界传输，是一种全球性污染物。为有效应对和妥善解决全球汞污染问题，国际社会通过了《关于汞的水俣公约》（以下简称《汞公约》），旨在保护人类健康与环境免受汞及其化合物的危害。作为《汞公约》缔约国，我国坚持负责任大国的

① 清华大学环境学院，北京，100084。

担当；作为发展中国家，我国履行《汞公约》面临重大挑战。我国是大气汞排放大国，《汞公约》管控的五类大气汞排放源都存在。“十四五”期间，以及面向更长远未来，大气汞排放控制应积极实践习近平生态文明思想，树立共赢全球观，在力所能及范围内尽可能承担更大的履约责任和义务，同时为全球大气汞污染治理提供中国方案。为此，生态环境部环境规划院联合清华大学等单位共同开展研究，将国际《汞公约》履约与国内“打赢蓝天保卫战”核心工作有机结合，构建“一盘棋”布局，提出大气汞排放控制方案。

1 《汞公约》进程

《汞公约》是里约+20 会议后国际社会通过的第一个多边环境条约，体现了国际社会应对全球汞污染问题的决心和意志。《汞公约》在我国已正式生效，大气汞排放履约时间表基本确定。

1.1 《汞公约》

1.1.1 出台背景

自 20 世纪 50 年代日本水俣病暴发以来，汞污染问题逐渐引起关注。20 世纪 80 年代末，科学家研究发现，人为排放的汞可通过大气远距离传输沉降到偏远地区。由此，汞的全球性污染成为研究的热点问题。联合国环境规划署（UNEP）于 2002 年完成了《全球汞评估报告》，指出人为活动的汞排放已经对人体健康和生态环境构成严重威胁。此后，全球汞污染问题从学术层面上升至政府层面。

1.1.2 发展历程

为减少汞对人体健康和生态环境造成的危害，2003 年，UNEP 理事会第 22 届会议首次提出尽快在国家、区域和全球采取行动管制汞污染。2005 年，在 UNEP 理事会第 23 届会议上，140 个国家部长一致同意采取自愿步骤减少汞排放。2007 年，在 UNEP 理事会第 24 届会议上，启动《全球伙伴关系计划》，确定全球汞污染防治的七个优先领域。2009 年，在 UNEP 理事会第 25 届会议上，与会各国部长就制定独立的汞公约达成共识。经过 5 次政府间谈判委员会会议，2013 年 10 月，UNEP 组织召开《汞公约》外交全权代表大会及其准备会议，通过了旨在控制和减少全球汞排放的《汞公约》，会上共有 91 个国家以及欧盟签署了公约。2014 年，UNEP 组织召开《汞公约》政府间谈判委员会第六次会议，继续安排落实公约实施的具体事项。2016 年，UNEP 组织召开《汞公约》政府间谈判委员会第七次会议，推动公约尽快在全球生效。《汞公约》第一次、第二次缔约方大会分别于 2017 年 9 月和 2018 年 11 月召开，通过相关决定为全球后续履约提供指导。

1.1.3 排放条款

《汞公约》的第八条专门用以控制并于可行时减少通常表述为“总汞”的汞和汞化合物向大气中的排放问题。所列管控的大气汞排放源包括燃煤电厂、燃煤工业锅炉、有色金属冶炼（铅、锌、铜和工业黄金等）、废物焚烧、水泥熟料生产五类（以下简称五类排放源）。

用于排放条款的术语和定义如下：

1）“排放”是指汞或汞化合物向大气中的排放。

2）“相关来源”是指属于所列来源类别范围的某种来源。缔约方可选择确立相关标准，用以确定所列某一来源类别内所涵盖的相关来源，只要关于其中任何来源的标准中包括来自所涉类别的排放量至少为75%即可。

3）“新建企业”是指属于所列类别的且其建造或重大改造工程始于自以下日期起至少1年以后的任何相关来源：《汞公约》对所涉缔约方开始生效之日，或对所列来源的某一修正案对所涉缔约方开始生效之日——该来源系完全因为上述修正案才开始适用《汞公约》之各项规定。

4）“重大改造”是指对可导致排放量大幅增加的相关来源的重大改造工程，其中不包括因对副产品的回收而导致的排放量的任何变化。应当由所涉缔约方决定某一改造是否属于重大改造。

5）“现有企业”是指不属于新建企业的任何相关来源。

6）“排放限值”是指对源自排放点源的汞或汞化合物的浓度、质量或排放率实行的限值，通常表述为某种来自某一点源的“总汞”。

对于缔约方而言主要要求如下（图 1）：

1）拥有相关来源的缔约方应当采取措施，控制汞的排放，并可制订一项国家计划，设定为控制排放而采取的各项措施及其预计指标、目标和成果。任何计划均应自《汞公约》开始对所涉缔约方生效之日起4年内提交缔约方大会。如果缔约方选择依照《汞公约》的第二十条制订一项国家实施计划，则该缔约方可把排放条文所规定的计划纳入其中。

2）针对新建企业，每一缔约方均应要求在实际情况允许时尽快但最迟应自《汞公约》开始对其生效之日起 5 年内使用最佳可得技术和最佳环境实践（BAT/BEP），以控制并于可行时减少排放。缔约方可采用符合最佳可得技术的排放限值。

3）针对现有企业，每一缔约方均应在实际情况允许时尽快但不迟于自《汞公约》开始对其生效之日起 10 年内，在其国家计划中列入并实施下列一种或多种措施，同时考虑其国家的具体国情，以及这些措施在经济和技术上的可行性及其可负担性：①控制并于可行时减少源自相关来源的排放的量化目标；②控制并于可行时减少来自相关来源的排放限值；③采用 BAT/BEP 来控制源自相关来源的排放；④采用针对多种污染物的控制战略，从而取得控制汞排放的协同效益；⑤减少源自相关来源的排放的替代性措施。缔约方既可对所有相关的现有企业采取同样的措施，又可针对不同来源类别采取不同的措施。目标是使其所采取的措施得以随着时间的推移在减少排放方面取得合理的进展。

4）每一缔约方均应在实际情况允许时尽快，且自《汞公约》开始对其生效之日起5年内建立并于嗣后保存一份关于相关来源的排放情况的清单。

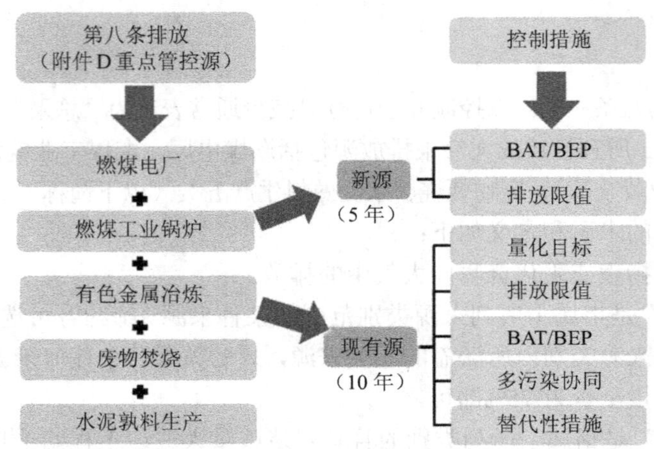

图 1 《汞公约》对大气汞排放源的管控要求

1.2 中国履约进程

1.2.1 履约行动

作为一个负责任的发展中大国，我国政府对全球汞污染问题给予了高度重视。我国圆满完成谈判任务，为达成《汞公约》发挥了建设性引导作用，并在《汞公约》外交全权代表大会上签署公约，成为首批签约国。2016 年 4 月 28 日，第十二届全国人民代表大会常务委员会第二十次会议批准《汞公约》。《汞公约》自 2017 年 8 月 16 日起对中国正式生效。建立履约协调机制，2017 年，经国务院批准成立了由环境保护部等 17 个部委组成的国家履行《汞公约》工作协调组，2018 年 4 月召开了第一次协调组会议，形成了多部门齐抓共管、各负其责、协同推进的工作格局。

1.2.2 排放履约

《汞公约》管控的五类大气汞排放源在我国都存在。根据清华大学估算，2017 年，我国人为源大气汞排放量约为 443 t。其中，水泥熟料生产、有色金属冶炼（铅、锌、铜和工业黄金等）、燃煤工业锅炉、燃煤电厂、废物焚烧大气汞排放量分别是 129 t、95 t、78 t、48 t、13 t，分别占人为源大气汞排放总量的 29.1%、21.4%、17.6%、10.8%、2.9%（图 2）。

综上所述，贯彻落实《〈关于汞的水俣公约〉生效公告》（环境保护部公告 2017 年第 38 号），根据《汞公约》要求，我国五类排放源大气汞排放履约时间表如下：

- 2021 年 8 月 16 日前，向缔约方大会提交大气汞排放控制国家计划。
- 2022 年 8 月 16 日前，在国家层面建立五类排放源大气汞排放清单，并对新建企业（建造或重大改造工程始于 2018 年 8 月 15 日以后）须使用 BAT/BEP，可采用符合 BAT 的排放限值。

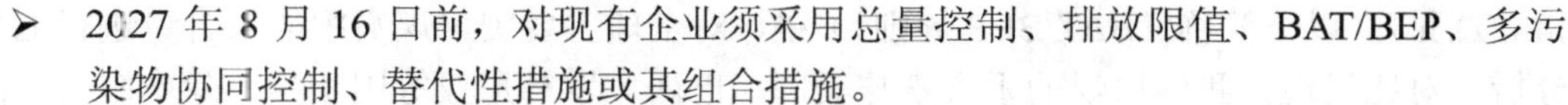

> ➢ 2027 年 8 月 16 日前，对现有企业须采用总量控制、排放限值、BAT/BEP、多污染物协同控制、替代性措施或其组合措施。

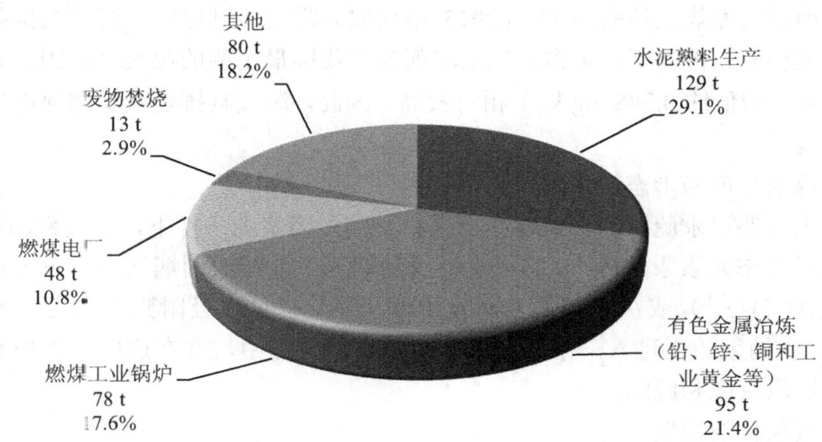

图 2 2017 年我国人为源大气汞排放量行业构成

2 大气汞排放履约差距与需求分析

《汞公约》第八条“排放”条款对五类排放源的核心要求包括：一是制订国家计划，二是建立国家排放清单，三是明确源排放管控措施。其中，建立国家排放清单和明确源排放管控措施均是国家计划的重要组成部分。鉴于目前我国五类大气汞排放源都尚未编制国家计划，针对大气汞排放履约差距与需求，本研究重点从排放清单和管控措施两个方面进行分析。

2.1 燃煤电厂大气汞排放履约差距与需求分析

2.1.1 大气汞排放控制现状

（1）煤炭汞含量

燃煤电厂排放的大气汞源自煤炭中汞的输入。煤炭汞含量是影响燃煤电厂汞输入的重要因素之一。2000 年以来的研究成果显示，我国原煤的汞含量均值基本上为 0.15～0.22 mg/kg，总体上为低汞煤（0.15～0.25 mg/kg）。从区域分布看，新疆等地为特低汞煤（小于 0.15 mg/kg），西南地区有一定比例的中高汞煤。从煤种上看，褐煤的汞含量最高，约为 0.280（0.030～1.527）mg/kg。烟煤、亚烟煤和无烟煤的汞含量相对比较接近，分别为 0.147（0.009～1.134）mg/kg、0.145（0.008～2.248）mg/kg 和 0.150（0.009～0.541）mg/kg。《汞公约》缔约方大会第一次会议审议通过的《关于最佳可得技术和最佳环境实践，同时也考虑到新建企业与现有企业之间的任何差异，并最大限度地减少跨介质影响的必要性的指导意见》（以下简称《BAT/BEP 导则》）中，对全球主要国家煤炭中的汞含量进行汇总和分析。对比发现，我国原煤的汞含量与美国、巴西、罗马尼亚等国相当。除本国生产的原煤外，我国消费的原煤大约有 5.1%（2015 年数据）需要通过进口。海关数据显示，印度尼西亚、澳大利亚、俄罗斯、蒙古、越南和朝鲜是我国最主要的煤炭进口国。其中，越南煤炭的汞含量（均值约 0.348 mg/kg）相对较高。因此，源头减排是减少燃煤电厂大气汞排放的重要措施。

（2）燃煤汞释放与形态转化

煤中的汞主要以汞硫键的形式存在。在锅炉高温燃烧的条件下，汞硫键断裂，99%以上的汞随之以气态元素汞（Hg^0）的形式释放到烟气中。释放到烟气中的汞可被氯化氧化为气态氧化汞（Hg^{2+}）或在飞灰的表面发生催化氧化。Hg^{2+}吸附到飞灰表面形成颗粒汞（Hg_p）。烟气中的汞随之进入一系列的大气污染控制设施中，并在这些污染控制设施中发生汞的氧化还原反应和脱除。

（3）大气汞排放控制

据估计，洗煤过程有 0～60%的脱汞效率。然而，我国燃煤电厂的用煤以原煤为主，洗精煤所占比率低于发达国家。因此，煤炭洗选对电厂用煤中的汞脱除作用相对有限。

燃煤电厂大气污染控制设施主要包括脱硝、除尘和脱硫设施。脱硝设施普遍采用选择性催化还原技术（SCR）。SCR 催化剂能够将 Hg^0 催化氧化为 Hg^{2+}，转化率达到 30%～80%。少量的 Hg^{2+}能够吸附在颗粒物上转化为 Hg_p。然而，SCR 本身没有副产物的产生，因此对汞并没有脱除效果。但是，其对汞的氧化作用能够促进汞在除尘和脱硫设施中的脱除，从而提高污染控制设施组合的整体脱汞效率。除尘设施一般包括静电除尘器（ESP）、低低温电除尘器（LTESP）、布袋除尘器（FF）、湿式电除尘器（WESP）和电袋复合除尘器（ESP-FF）。汞在除尘设施中发生复杂的氧化还原反应并主要以 Hg_p 的形式被除尘设施脱除。研究表明，ESP 和 FF 的脱汞效率分别为 4%～43%和 9%～86%。WESP、LTESP 和 ESP-FF 为近年来煤电超低排放改造的除尘新设施，但是，这些设施的协同脱汞效果目前还缺乏有效评估。脱硫设施包括石灰石湿法脱硫、海水脱硫、干法脱硫等。燃煤电厂目前主要采用湿法脱硫设施（WFGD）。WFGD 能够有效脱除烟气中的 Hg^{2+}和 Hg_p。然而，燃煤电厂烟气进入 WFGD 时往往已经经过高效除尘，Hg_p 的浓度非常低。因此，现场测试往往表现为 Hg^{2+}的降低，而 Hg_p 没有显著变化。

值得关注的是，我国燃煤电厂超低排放和节能改造工作产生了显著的大气汞协同减排效果，取得了以较少的社会成本达到大幅减排的效益。2013 年，随着《大气污染防治行动计划》的发布，一些地区的新建和现有燃煤电厂实施了超低排放。2015 年 12 月 2 日，国务院第 114 次常务会议上决定全面实施燃煤电厂超低排放和节能改造工作，并将其作为一项重要的国家专项行动予以推进。随后环境保护部等部门相继发布配套文件，明确要求全国各地区符合条件的燃煤电厂最迟在 2020 年前完成燃煤电厂超低排放改造任务。根据清华大学测算，燃煤电厂大气汞排放量由 2013 年的 107 t 下降到 2017 年的 48 t，减少 55%（图 3）。

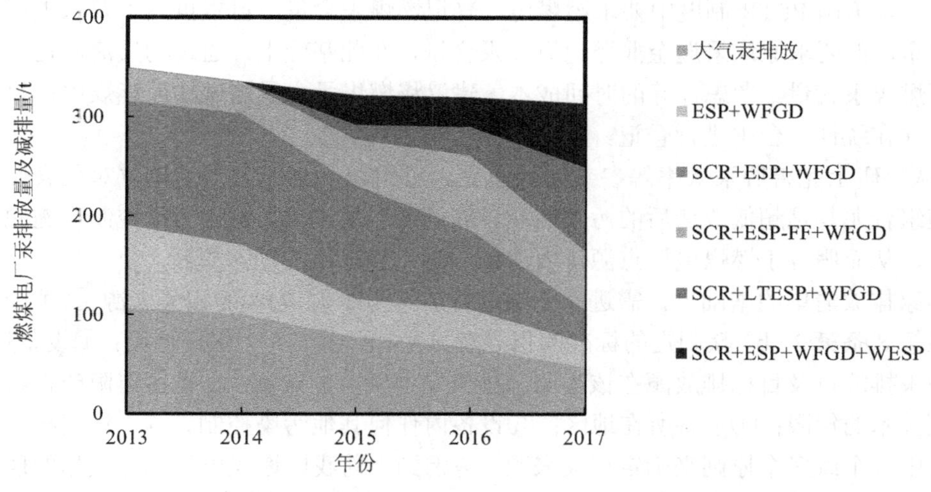

图 3 2013—2017 年燃煤电厂大气汞排放与控制情况

2.1.2 大气汞排放履约差距与需求

（1）国家排放清单编制的履约差距与需求

目前，在国家层面尚未编制燃煤电厂大气汞排放清单。燃煤电厂大气汞排放清单的编制主要有实测法和估算法两种。实测法是通过收集各个企业的排放数据后进行汇总而编制清单。鉴于尚存在标准方法配套的国产采样设备的测试结果缺乏有效评估、烟气汞不是常规检测项目、烟气汞监测人员水平低等诸多问题，直接采用实测数据建立燃煤电厂大气汞排放清单在我国存在很大的难度。即使是在实行了多年有毒物质释放清单制度的美国，也没能都以实测数据为基础编制国家排放清单。估算法是基于质量守恒的原理，通过确定燃煤的汞输入和污染控制设施的脱除效果后，基于排放模型计算最终排放的大气汞量。它是目前国内外普遍采用的替代方法。因此，我国燃煤电厂国家排放清单从无到有的工作，将主要依托估算法实现。采用估算法需要解决以下问题：

1）从制度上完善数据收集途径。美国、日本等发达国家目前已经建立了相对完善的污染物释放转移登记制度（PRTR）。该制度要求企事业掌握并计算本单位向环境介质排放的指定污染物的量及随固体废物转移的量，并定期向指定的行政管理部门报告。因此，用于清单计算的基础信息，如企业生产工艺与地理位置、燃煤汞含量与消费量、污染控制设施安装类型与比例、脱汞效率往往已形成动态更新数据库。若汞未被列入 PRTR 指定的污染物范围内，只需补充原料、副产品和废物的汞含量信息的登记；若汞已纳入，则国家污染物排放和释放清单可直接从这个平台上生成。在我国，大气汞被纳入第二次全国污染源普查，建议以此为契机，结合排污许可证实施情况、科研院所研究成果等，尽快将大气汞排放清单编制工作列入国家污染物排放统计的顶层设计中或是建立中国 PRTR 制度，建立完善国家大气汞排放统计信息平台。未来在国家排放清单编制过程中，应考虑估算燃煤电厂大气汞排放所需的参数库。

2）从政策上加强燃煤汞含量的测定。燃煤汞含量是决定电厂大气汞排放量最为关键的参数之一。美国 PRTR 制度中要求燃煤电厂登记燃煤汞含量。日本虽然不要求电厂登记燃煤汞含量，但要求原煤采选企业登记原煤汞含量，在此基础上，通过物质流向也可估算各个电厂燃煤汞含量。考虑计算的时间成本，建议将燃煤汞含量测试纳入燃煤电厂日常煤质测试中并在统计平台中进行登记。

3）从科研上完善脱汞效率等参数库的建立。可组织监测能力强的单位对代表性污染控制设施组合尤其是超低改造后的污染控制设施开展现场测试，建立污染控制设施脱汞效率数据库，从而服务于燃煤电厂点源排放清单的编制和未来的动态更新。

在国家排放清单的基础上，需进一步筛选排放量至少占 75%的相关来源。《关于缔约方可依照第 8 条第 2（b）款制定的标准的指导意见》中给出了 5 个筛选原则：①设备规模；②设备的汞排放量及目标排放源在该类源总排放量中所占的比例；③设备年限或设备所用污染控制技术的年限；④设备所在地区；⑤设备内任何其他污染控制设施。该指导意见建议采用其中一个或多个原则来确定相关来源。考虑到当前我国燃煤电厂统计数据的现状及清单估算存在的不确定性，建议采用设备规模这项原则。随着排污许可证制度的实施、监测能力的提高，以及排放标准细化的可能性，可进一步考虑采用将设备规模和设备的汞排放量相结合的原则。由于我国目前主要采用排放限值进行排放量的控制，为避免争议，不排除将 100%的企业纳入相关来源名录。此项为五类大气汞排放源在排放清单方面的共性要求，在此提出，针对其他排放源开展分析时不再论述。

（2）大气汞排放管控措施的履约差距与需求

针对新建企业，一是缺乏可应用的 BAT/BEP 导则。我国于 2017 年颁布的《火电厂污染防治可行技术指南》（HJ 2301—2017）未评估多污染物协同控制技术的脱汞效果，也未评估专门脱汞技术的适用性。二是现行排放限值要求偏低，不符合 BAT 技术。《火电厂大气污染物排放标准》（GB 13223—2011）中大气汞的排放限值设为 30 $\mu g/m^3$，与《BAT/BEP 导则》中技术能够实现的排放浓度（基本上处于 4 $\mu g/m^3$ 以下，大部分在 1 $\mu g/m^3$ 左右）和欧盟新颁布的（EU）2017/1442 草案中的排放限值（普遍在 10 $\mu g/m^3$ 以下）存在明显差距。

针对现有企业，一是尚未制定排放控制的量化目标。二是现行排放限值要求偏低。与美国、加拿大、日本等发达国家相比，我国现行排放限值不仅十分宽松，而且也没有从煤种、机组规模等角度对排放限值进行细化。三是与新建企业一样，缺乏可应用的 BAT/BEP 导则。四是对超低改造后的污染控制设施的协同脱汞效果的有效性和稳定性的评估尚不充分。五是未对能源结构调整及降低煤耗等节能措施带来的大气汞减排空间进行评估。

在此背景下，未来我国燃煤电厂大气汞排放管控应从政策和技术上同步进行，最终目标是实现排放总量的有效控制甚至削减。在政策完善方面需要解决以下问题：

1）明确未来燃煤电厂大气汞排放控制目标。我国燃煤电厂由于提高了单位煤耗率，燃煤消费量增长趋于平缓。但是，考虑到装机容量仍处于增长趋势，近期内大气汞排放量存在上升的风险。因此，近期（到 2025 年）内应重点考虑相对目标或控制增速的目标。远期（到 2030 年）内，随着我国碳排放相关措施的实施，燃煤电厂燃煤消费量将进一步下降，从而推动大气汞的减排，因此远期发展可采用绝对目标。

2）确定燃煤电厂分阶段大气汞排放管控措施。近期内排放量控制目标的实现将主要依靠电厂多污染物协同控制技术的使用。远期发展需要推动替代性措施的实施，特别是需要与煤炭发展规划、洗煤措施的应用程度等因素统筹考虑，再者还需要推动专门脱汞技术的研发和其在新建燃煤电厂及使用高汞煤电厂的应用。

3）推动燃煤电厂大气汞排放限值的修订，确定分别针对新建和现有燃煤电厂的排放限值，从煤种、机组规模等角度对现有排放限值进行细化；给出重点地区大气汞特别排放限值。

在技术进步方面需要解决以下问题：

1）多污染物协同控制技术有待强化。我国燃煤电厂大气汞污染控制主要依托于现有除尘、脱硫和脱硝设施。在其他污染物的控制过程中，汞会被协同脱除。但是，鉴于汞并不是这些技术控制效果的评价指标，这些技术对汞脱除的有效性需进行充分评估，技术的稳定性仍有待提高。

2）专门脱汞技术有待研发。专门脱汞技术由于高效的汞脱除效果和技术的稳定性而具有其优越性。美国目前主要使用活性炭专门脱汞技术用于燃煤电厂大气汞污染控制。但是，美国的经验显示，燃煤电厂的废活性炭处理处置成为难点，且活性炭脱汞技术的成本远高于多污染物协同控制技术。因此，应推动高效低价专门脱汞技术的研发并同时考虑二次废物的利用，以期为电厂汞污染控制做技术储备。

2.2 燃煤工业锅炉大气汞排放履约差距与需求分析

2.2.1 大气汞排放控制现状

（1）煤炭汞含量

与燃煤电厂一样，燃煤工业锅炉排放的大气汞源自煤炭中汞的输入。煤炭汞含量也是影响燃煤工业锅炉汞输入的重要因素之一。但是，目前鉴于对燃煤工业锅炉原煤汞含量的测试相对较少，其原煤汞含量数据库与燃煤电厂所用的一致，相关描述参考 2.1.1（1）。

（2）燃煤汞释放与形态转化

与燃煤电厂类似，在燃煤工业锅炉高温燃烧过程中，超过 95%以上的汞释放到烟气当中，并在后续的污控设施中进行脱除；燃煤工业锅炉出口烟气汞的形态与煤中汞含量、卤素含量和灰分含量有关。

（3）大气汞排放控制

由于燃煤工业锅炉分布广泛，情况复杂，其大气污染控制难度显著大于燃煤电厂，因此，目前我国燃煤工业锅炉大气污染控制情况远落后于燃煤电厂。湿式除尘器（WS）和麻石水膜除尘脱硫一体化设备（IMS）是我国燃煤工业锅炉普遍使用的污染控制设备，仅有少部分企业采用 FF+WFGD 和 SCR+FF+WFGD。研究表明，WS 的平均脱汞效率仅为 23%，IMS 的脱汞效率总体上略高于 WS；FF+WFGD 的总体脱汞效率为 77%。此外，我国燃煤工业锅炉的洗煤率较低，约为 30%。

2.2.2 大气汞排放履约差距与需求

（1）国家排放清单编制的履约差距与需求

目前，在国家层面尚未编制燃煤工业锅炉大气汞排放清单。与燃煤电厂类似，我国燃煤工业锅炉国家排放清单从无到有的工作将主要依托估算法实现。采用估算法需要解决以下问题：

1）从制度上完善数据收集途径。燃煤工业锅炉大气汞清单的编制应纳入国家污染物排放清单编制的顶层设计中。未来在国家排放清单编制过程中，应考虑估算燃煤工业锅炉大气汞排放所需的参数库，包括燃煤工业锅炉设备及其用途与地理位置信息、燃煤汞含量与消费量、污染控制设施安装类型与比例、脱汞效率等。

2）从政策上加强燃煤汞含量的测定。与燃煤电厂类似，燃煤汞含量是决定燃煤工业锅炉大气汞排放量最为关键的参数之一。但异于燃煤电厂的是，目前燃煤工业锅炉原煤汞含量的测试相对较少，其原煤汞含量数据库仍需完善。考虑计算的时间成本，建议将燃煤汞含量测试纳入燃煤工业锅炉日常煤质测试中并在统计平台中进行登记。

3）从科研上完善脱汞效率等参数库的建立。考虑到当前我国燃煤工业锅炉污染控制设施脱汞效率信息与排放清单编制对数据的需求存在显著差距，鉴于燃煤工业锅炉在世界上其他国家使用不多，国际上的相关研究成果较少，亟须组织监测能力强的单位对代表性污染控制设施组合开展现场测试，建立污染控制设施脱汞效率数据库，从而服务于燃煤工业锅炉点源排放清单的编制和未来的动态更新。

（2）大气汞排放管控措施的履约差距与需求

针对新建企业，一是 BAT/BEP 导则缺失。目前我国尚未出台燃煤工业锅炉污染防治最佳可行技术指南，缺少评估多污染物协同控制技术的脱汞效果以及专门脱汞技术的适用性。二是现行排放限值要求偏低。《锅炉大气污染物排放标准》（GB 13271—2014）中汞及其化合物的排放限值设为 0.05 mg/m^3。由于其他国家并没有燃煤工业锅炉涉汞的排放限值，因此难以通过与其对比来评价我国目前的排放标准。清华大学研究表明，已有的燃煤工业锅炉排放特征测试结果中尾气汞浓度都远低于目前的排放限值。

针对现有企业，一是尚未制定排放控制的量化目标。二是现行排放限值要求偏低。根据美国确定排放限值的经验，对于现有源，其平均排放限值必须是运行最佳的前 12%的排放源可实现的浓度限值。结合清华大学的测试结果可见，目前 0.05 mg/m^3 的排放限值过于宽松，仍有进一步加严的空间。三是 BAT/BEP 导则缺失。四是未对淘汰等综合整治措施带来的大气汞减排空间进行评估。五是未对能源结构调整及降低煤耗等节能措施带来的大气汞减排空间进行评估。六是未对每小时 65 蒸吨及以上燃煤工业锅炉超低改造后的污染控制设施的协同脱汞效果的有效性和稳定性进行评估。

在此背景下，未来我国燃煤工业锅炉大气汞排放管控应从政策和技术上同步进行，最终目标是实现排放总量的有效控制甚至削减。在政策完善方面需要解决以下问题：

1）明确未来燃煤工业锅炉大气汞排放控制目标。近期内，应重点考虑相对目标；远期发展可采用绝对目标。

2）确定燃煤工业锅炉分阶段大气汞排放管控措施。近期内排放量控制目标的实现将主要依靠燃煤工业锅炉综合整治、多污染物协同控制技术的使用。远期发展需要推动替代性措施的实施，特别是需要与煤炭发展规划、洗煤措施的应用程度等因素统筹考虑，再者还需要推动专门脱汞技术的研发和其在燃煤工业锅炉及使用高汞煤工业锅炉的应用。

3）推动燃煤工业锅炉大气汞排放限值的修订，确定分别针对新建和在用燃煤工业锅炉的排放限值，从煤种、锅炉容量等角度对现有排放限值进行细化；给出重点地区大气汞特别排放限值。

与燃煤电厂一样，在技术进步方面需要解决强化多污染物控制技术协同脱汞效果、研发专门脱汞技术以期做技术储备等问题。

2.3 有色金属冶炼（铅、锌、铜）大气汞排放履约差距与需求分析

2.3.1 大气汞排放控制现状

（1）有色金属（铅、锌、铜）精矿汞含量

精矿汞浓度是影响有色金属冶炼行业汞排放的重要因素。清华大学研究表明，我国锌、铅和铜精矿汞浓度的几何平均值分别为 9.74 μg/g、10.29 μg/g 和 2.87 μg/g。不同省份的锌、铅或铜精矿的汞浓度均存在较大的差别。高汞锌精矿主要分布在甘肃和陕西；高汞铅精矿主要分布在重庆和内蒙古；高汞铜精矿主要分布于云南和江西。进口的锌精矿汞浓度几何平均值（13.35 μg/g）高于国产精矿汞浓度；铅（2.85 μg/g）、铜（0.73 μg/g）精矿则相反。由于存在精矿的进口和跨省传输，消耗精矿汞浓度与国产精矿汞浓度存在明显区别。我国消耗的锌、铅和铜精矿汞浓度的最佳估计值分别为 77.5 μg/g、31.4 μg/g 和 5.8 μg/g。消耗锌、铅和铜精矿汞浓度最高值分别出现在甘肃、江西及云南，低值分别出现在福建、青海和广东。

（2）有色金属冶炼（铅、锌、铜）大气汞排放特征

有色金属冶炼汞的输入主要来自精矿，占原料汞输入总量的比例在 97%以上。精矿中的汞在冶炼过程中排放到大气的比例为 0.1%～11.6%；其余的汞主要进入污酸、硫酸等副产物中。其中，污酸中的汞占总输入的 33.6%～97.0%，硫酸中的汞占 0.7%～17.8%，渣中贮存的汞占 0%～48.4%，剩余少量汞进入了烟尘和产品中。

精矿中的汞主要在焙烧/熔炼工段释放到烟气中，释放率为 98.3%～99.4%。吹炼工段和精炼工段汞的释放率分别为 60.1%～89.1%和 25.7%～49.5%。大部分释放到烟气中的汞在烟气污染控制设备中被脱除。除尘器组合（WHB+CYC+ESP）、烟气净化系统（FGS+ESD）、单转单吸制酸系统（APS）、双转双吸制酸系统（APD）和湿法烟气脱硫系统（WFGD）的平均脱汞效率分别为 17.0%、82.5%、55.4%、82.1%和 52.0%，其中 APD 后的汞形态主要以 Hg^{2+}为主。

2.3.2 大气汞排放履约差距与需求

（1）国家排放清单编制的履约差距与需求

目前，在国家层面尚未编制有色金属冶炼（铅、锌、铜）大气汞排放清单，其将主要依托估算法实现。采用估算法需要解决以下问题：

1）从制度上完善数据收集途径。有色金属冶炼大气汞清单的编制应纳入国家污染物排放清单编制的顶层设计中。未来在国家排放清单编制过程中，应考虑估算有色金属冶炼大气汞排放所需的参数库，包括企业冶炼工艺与地理位置、精矿汞含量与消耗量、污染控

制设施安装类型与比例、脱汞效率、副产物处理方式等。

2）从政策上加强消耗精矿汞浓度的测定。鉴于我国有色金属冶炼行业精矿来源广泛，精矿汞浓度是影响有色金属冶炼行业汞排放的重要因素，考虑计算的时间成本，建议将消耗精矿汞浓度测试列为有色金属冶炼企业常规工作，并在统计平台中进行登记。

3）从科研上完善脱汞效率等参数库的建立。鉴于我国有色金属冶炼工艺复杂、污染控制设施种类繁多，考虑到当前对有色金属冶炼行业污染控制设施的脱汞效率基本都是近期测试的科研实验结果，从而导致污染控制设施脱汞效率信息与排放清单编制对数据的需求存在显著差距，亟须组织监测能力强的单位对代表性污染控制设施组合开展现场测试，建立污染控制设施脱汞效率数据库，从而服务于有色金属冶炼点源排放清单的编制和未来的动态更新。

（2）大气汞排放管控措施的履约差距与需求

针对新建企业，一是缺乏可应用的 BAT/BEP 导则。我国于 2012 年出台的《铅冶炼污染防治最佳可行技术指南（试行）》（HJ-BAT-7）与《铅锌冶炼工业污染防治技术政策》、2015 年出台的《铜冶炼污染防治可行技术指南（试行）》未对控制消耗精矿汞输入量、现有污控设施协同脱汞、专门脱汞等技术措施的适用性、有效性开展系统评估。二是铅、锌冶炼现行排放限值要求偏低。《铜、镍、钴工业污染物排放标准》（GB 25467—2010）中汞及其化合物的排放限值设为 0.012 mg/m^3，这与欧盟的 0.01 mg/m^3 相当，而《铅、锌工业污染物排放标准》（GB 25466—2010）中 0.05 mg/m^3 的排放限值与其相比仍宽松，但铅、锌、铜冶炼排放限值均与德国 0.000 2 mg/m^3 的水平存在一定的差距。

针对现有企业，一是尚未制定排放控制的量化目标。二是铅、锌冶炼现行排放限值要求偏低。与欧盟相比，我国铅、锌冶炼 1.0 mg/m^3 的现行排放限值较为宽松。三是与新建企业一样，缺乏可应用的 BAT/BEP 导则。四是对污染控制设施改善带来的协同脱汞效果的有效性和稳定性的评估尚不充分。五是未对产业结构调整、淘汰落后产能等综合整治措施带来的大气汞减排空间进行评估。

在此背景下，未来我国有色金属冶炼（铅、锌、铜）大气汞排放管控应从政策和技术上同步进行，最终目标是实现排放总量的有效控制甚至削减。在政策完善方面需要解决以下问题：

1）明确未来有色金属冶炼大气汞排放控制目标。我国有色金属冶炼大气汞排放控制基础比较薄弱，且考虑到锌、铅和铜消费水平尚未达到峰值且仍处于增长趋势，近期内尤其是铜冶炼大气汞排放量存在上升的风险，因此近期内应重点考虑相对目标或控制增速的目标。远期内，通过行业结构调整提高再生金属的产量、大气污染控制设施进一步改善等措施将推动大气汞的减排，因此可采用绝对目标。

2）确定有色金属冶炼分阶段大气汞排放管控措施。近期内排放量控制目标的实现将主要依靠落后产能淘汰、多污染物协同控制技术使用等。远期发展需要推动行业结构调整、低汞浓度的消耗精矿使用；再者还需要专门脱汞等技术的研发与应用，目前铅、锌、铜冶炼行业仅有株洲冶炼集团锌冶炼工艺过程采用玻利顿除汞工艺，但存在技术工艺及操作较为复杂、设备腐蚀严重等问题。

3）推动有色金属冶炼大气汞排放限值的修订，加严铅、锌冶炼现行排放限值，分别针对新建和现有企业确定铜冶炼燃排放限值；给出重点地区大气汞特别排放限值。

在技术进步方面需要解决以下问题：

1）源头输入控制有待推进。对于尾气汞浓度无法达标的冶炼厂，在原料来源允许的条件下，探索使用低汞浓度的精矿减少冶炼厂汞的输入量。

2）多污染物协同控制技术有待强化。我国有色金属冶炼大气汞污染控制主要依托于现有的除尘、制酸、脱硫污染控制设施协同控制。在其他污染物的控制过程中，汞会被协同脱除。但是，鉴于汞并不是这些技术控制效果的评价指标，这些技术对汞脱除的有效性需进行充分评估，技术的稳定性仍有待提高。

3）专门脱汞技术有待研发完善。推动高效低价专门脱汞技术的研发并同时考虑二次废物的利用，为采用高汞精矿的冶炼企业大气汞污染控制做技术储备。

2.4 工业黄金冶炼大气汞排放履约差距与需求分析

2.4.1 大气汞排放控制现状

（1）金矿床汞含量

我国金矿床中汞含量水平差距较大，在 100～30 000 μg/g，主要与金矿床类型有关，卡林型矿床的汞含量最高。

（2）工业黄金冶炼大气汞排放控制

黄金冶炼的废气主要来源于金精矿的焙烧预处理和金泥精炼。汞的排放主要在焙烧预处理及金粉高温铸锭等加热过程。目前，我国工业黄金冶炼大气汞排放主要是通过烟气除尘和脱硫等污染控制设施协同处置加以控制。焙烧烟气污染控制设施主要有旋风除尘器、电除雾、填料塔、布袋除尘等除尘装置，以及两转两吸、碱洗塔等制酸（脱酸）装置和干燥塔、除雾装置等。金粉铸锭烟气污染控制设施主要包括布袋除尘器、碱液喷淋装置等。

2.4.2 大气汞排放履约差距与需求

（1）国家排放清单编制的履约差距与需求

目前，在国家层面尚未编制工业黄金冶炼大气汞排放清单，其将主要依托估算法实现。采用估算法需要解决以下问题：

1）从制度上完善数据收集途径。工业黄金冶炼大气汞清单的编制应纳入国家污染物排放清单编制的顶层设计中。未来在国家排放清单编制过程中，应考虑估算工业黄金冶炼大气汞排放所需的参数库，包括企业冶炼工艺与地理位置、金精矿汞含量与消耗量、污染控制设施安装类型与比例、脱汞效率等。

2）从政策上加强消耗金精矿汞含量的测定。鉴于金精矿汞含量是影响工业黄金冶炼行业大气汞排放的重要因素，考虑计算的时间成本，建议将消耗金精矿汞含量测试列为工业黄金冶炼企业常规工作，并在统计平台中进行登记。

3）从科研上完善脱汞效率等参数库的建立。目前工业黄金冶炼行业污染控制设施脱汞效率信息与排放清单编制对数据的需求存在显著差距，亟须组织监测能力强的单位对代表性污染控制设施组合开展现场测试，建立污染控制设施脱汞效率数据库，从而服务于工业黄金冶炼点源排放清单的编制和未来的动态更新。

（2）大气汞排放管控措施的履约差距与需求

针对新建企业，一是BAT/BEP导则缺失。目前我国尚未出台工业黄金冶炼污染防治最佳可行技术指南，未对控制消耗金精矿汞输入量、现有污控设施协同脱汞、专门脱汞等技术措施的适用性、有效性开展系统评估。二是行业排放标准欠缺。针对工业黄金冶炼，我国尚未制定专门的行业污染物排放标准，仍执行《大气污染物综合排放标准》（GB 16297—1996），其汞及其化合物的排放限值设为0.012 mg/m^3。

针对现有企业，一是尚未制定排放控制的量化目标。二是行业排放标准欠缺。现有工业黄金冶炼仍执行《大气污染物综合排放标准》（GB 16297—1996），其汞及其化合物的排放限值设为0.015 mg/m^3。三是BAT/BEP导则缺失。四是未对多污染物控制协同脱汞等综合整治措施带来的大气汞减排空间进行充分评估。

在此背景下，未来我国工业黄金冶炼大气汞排放管控应从政策和技术上同步进行，最终目标是实现排放总量的有效控制甚至削减。在政策完善方面需要解决以下问题：

1）明确未来工业黄金冶炼大气汞排放控制目标。我国工业黄金冶炼大气汞排放控制基础非常薄弱，因此近期内应重点考虑相对目标。远期应通过行业结构调整提高再生金属的产量、大气污染控制设施进一步改善等措施将推动大气汞的减排，因此可采用绝对目标。

2）确定工业黄金冶炼分阶段大气汞排放管控措施。近期内排放量控制目标的实现将主要依靠多污染物协同控制技术等。远期发展需要推动行业结构调整、低汞浓度的消耗精金矿使用、专门脱汞技术的研发与应用。

3）推动工业黄金冶炼大气汞排放限值的制定，参考美国等发达国家经验，结合我国国情，确定分别针对新建企业和现有企业的焙烧预处理等工艺大气汞排放限值；给出重点地区大气汞特别排放限值。

在技术进步方面需要解决以下问题：

1）源头输入控制有待推进。在原料来源允许的条件下，探索使用低汞浓度的精金矿减少冶炼厂汞的输入量。

2）过程控制有待加强。开展难处理金矿预处理技术的研发，用无加热过程预处理技术取代焙烧法预处理技术。

3）多污染物协同控制技术有待强化。我国工业黄金冶炼大气汞排放主要依托于现有的除尘和脱硫等污染控制设施协同控制。但是，鉴于汞并不是这些技术控制效果的评价指标，这些技术对汞脱除的有效性需进行充分评估，技术的稳定性仍有待提高。

4）专门脱汞技术有待研发。推动高效低价专门脱汞技术的研发并同时考虑二次废物的利用，为采用高汞金精矿的冶炼企业大气汞污染控制做技术储备。

2.5 废物焚烧大气汞排放履约差距与需求分析

针对大气汞排放控制，我国废物焚烧主要涉及生活垃圾焚烧行业和危险废物焚烧行业。

2.5.1 生活垃圾焚烧大气汞排放控制现状

（1）生活垃圾汞含量

生活垃圾中的汞主要来源于扣式电池、荧光灯管、水银温度计等含汞废物。不同种类含汞废物的汞含量差异较大，混入垃圾中扣式电池、荧光灯管及水银温度计废物的数量决定生活垃圾中的汞含量。

（2）生活垃圾焚烧大气汞排放控制

生活垃圾中的汞在焚烧过程中部分进入炉渣，大部分进入烟气，进入烟气的汞主要以气态或吸附态形式存在。垃圾焚烧烟气经污控设施中的脱酸工艺、除尘装置以及活性炭喷射来减少排放烟气带来的污染，在烟气净化过程中完成了协同脱汞。脱酸工艺用于脱除焚烧烟气中 HCl、SO_x 等酸性气体，也可有效脱除烟气中 Hg^{2+}；活性炭对烟气中汞和二噁英等具有极强的吸附力，喷射的活性炭与烟气混合后进入袋式除尘器，布袋除尘器用于去除烟气中的焚烧飞灰、石灰反应剂以及凝结的重金属。焚烧厂排放的大气汞浓度的高低，与废物组成、性质、重金属存在形式、焚烧炉的操作及空气污染控制方式等有密切关系。一般而言，单独的活性炭喷射技术并不能有效地起到除汞作用，通过协同处置才可能实现较好的除汞效果。已有研究表明，国内主流的“半干法除酸+活性炭喷射吸附二噁英和重金属+布袋除尘”工艺能去除 60%～100%的汞。

生活垃圾焚烧行业涉及汞污染防治的管理体系比较健全。从行业准入条件入手，控制不符合相应标准的小型焚烧炉；通过发布《城市生活垃圾处理及污染防治技术政策》（建成〔2000〕120 号）、《生活垃圾处理技术指南》（建城〔2010〕61 号）及《生活垃圾焚烧处理工程技术规范》（CJJ 90—2009）等管控原料汞的输入、过程汞的释放以及末端治理全过程。大气汞排放限值执行《生活垃圾焚烧污染控制标准》（GB 18485—2014）设置的 0.05 mg/m^3。

2.5.2 危险废物焚烧大气汞排放控制现状

（1）危险废物汞含量

由于焚烧废物的种类与包装要求，危险废物焚烧行业汞的输入状况尚不清楚。

（2）危险废物焚烧大气汞排放控制

危险废物焚烧与生活垃圾焚烧过程中烟气的主要污染物基本一致，主要包括颗粒物、酸性气体（HCl、SO_x、NO_x 等）、有机类污染物（如二噁英类）、重金属（Cd、Cr、Hg、Pb、Sb、As 等）。危险废物焚烧与生活垃圾焚烧烟气污染物控制所采用的工艺种类也相同，但因焚烧原料不同，产生的烟气中污染物含量差异较大，为达到污染控制标准，所采用的组合工艺不同。危险废物焚烧烟气处理系统没有专门的除汞设施，主要是通过协同处置进行除汞。目前，国内采用最多的是“半干法+活性炭吸附+布袋除尘器”工艺系统，如果对排放要求很高，可在此之后增设湿式碱洗涤塔。

危险废物焚烧行业涉及汞污染防治的管理体系比较健全。从行业准入条件入手，控制不符合相应标准的小型焚烧炉；通过发布《危险废物处置工程技术导则》（HJ 2042—2014）、《危险废物污染防治技术政策》（环发〔2001〕199 号）、《危险废物集中焚烧处置工程建设技术规范》（HJ/T 176—2005），以及《医疗废物焚烧炉技术要求》（GB 19218—2003）、《医疗废物集中焚烧处置工程技术规范》（HJ/T 177—2005）、《医疗废物处理处置污染防治最佳可行技术指南（试行）》（HJ-BAT-8）等，从原料、焚烧炉、烟气净化设施、污染物处置等方面做了相关规定。大气汞排放限值执行《危险废物焚烧污染控制标准》（GB 18484—2001）设置的 0.1 mg/m^3。

2.5.3 大气汞排放履约差距与需求

（1）国家排放清单编制的履约差距与需求

目前，在国家层面尚未编制废物焚烧大气汞排放清单，其将主要依托估算法实现。采用估算法需要解决以下问题：

1）从制度上完善数据收集途径。废物焚烧大气汞清单的编制应纳入国家污染物排放清单编制的顶层设计中。未来在国家排放清单编制过程中，应考虑估算废物焚烧大气汞排放所需的参数库，包括企业焚烧设施与地理位置、废物成分及汞含量与焚烧量、污染控制设施安装类型与比例、脱汞效率等。

2）从政策上加强入炉废物汞含量的测定。目前对焚烧厂入炉废物汞含量的测试非常少，考虑到入炉废物汞含量是影响废物焚烧行业大气汞排放的重要因素，考虑计算的时间成本，建议将入炉废物汞含量测试列为废物焚烧厂常规工作，并在统计平台中进行登记。

3）从科研上完善脱汞效率等参数库的建立。目前虽然无论是生活垃圾焚烧还是危险废物焚烧，均要求其废物焚烧设施必须采用活性炭吸附技术以去除重金属和二噁英，但国内废物焚烧行业汞排放监测与研究数据较少，尚未有充分的证据和可靠的数据支持现有污染控制设施的除汞效果，这与排放清单编制对数据的需求存在显著差距，亟须组织监测能力强的单位对代表性污染控制设施组合开展现场测试，建立污染控制设施脱汞效率数据库，从而服务于废物焚烧点源排放清单的编制和未来的动态更新。

（2）大气汞排放管控措施的履约差距与需求

针对新建企业，一是缺乏可应用的 BAT/BEP 导则。虽然国内废物焚烧行业已发布的技术指南和管理文件等对行业准入、焚烧原料、焚烧过程到烟气末端治理等方面均有部分涉及，但未对控制入炉废物汞输入量、现有污控设施协同脱汞、专门脱汞等技术措施的适用性、有效性开展系统评估，未指出企业如何通过选择适宜技术、优化主要参数、完善企业内部管理方面减少大气汞排放。二是现行排放限值要求偏低。《生活垃圾焚烧污染控制标准》（GB 18485—2014）中汞及其化合物的排放限值设为 0.05 mg/m^3，《危险废物焚烧污染控制标准》（GB 18484—2001）设为 0.1 mg/m^3，均较宽松，已不满足当下汞污染防治的环境管理需求。

针对现有企业，一是尚未制定排放控制的量化目标。二是现行排放限值要求偏低。三是缺乏可应用的 BAT/BEP 导则。四是未对行业无害化资源化发展、多污染物控制协同脱汞等综合整治措施带来的大气汞减排空间进行充分评估。

在此背景下，未来我国废物焚烧大气汞排放管控应从政策和技术上同步进行，最终目标是实现排放总量的有效控制甚至削减。在政策完善方面需要解决以下问题：

1）明确未来废物焚烧大气汞排放控制目标。废物焚烧行业仍处于快速发展趋势，而目前废物焚烧行业大气汞排放基数不清、控制技术不明，因此近期内应重点考虑相对目标。远期内，随着生活垃圾分类收集机制的建立完善、危险废物无害化处置的发展，以及焚烧厂污染控制设施的不断优化和改进，将推动大气汞的减排，因此可采用绝对目标。

2）确定废物焚烧分阶段大气汞排放管控措施。近期内排放量控制目标的实现将主要依靠多污染物协同控制技术等。远期发展需要推动行业结构调整、含汞废物源头分类、强化协同脱汞技术。

3）推动废物焚烧大气汞排放限值的修订。参考发达国家经验，结合我国情况，确定分别针对生活垃圾焚烧、危险废物焚烧等新建企业和现有企业的大气汞排放限值；给出重点地区大气汞特别排放限值。

在技术进步方面需要解决以下问题：

1）源头输入控制有待推进。探索含汞废物源头分类，分类收集、分类贮存与分类处置，确保不宜焚烧的生活垃圾从源头分拣出去，确保各种危险废物得到有效的处理处置。

2）多污染物协同控制技术有待强化。我国生活垃圾焚烧、危险废物焚烧等行业大气汞污染控制主要依托于现有活性炭吸附、除尘、制酸等设施。但是，由于汞并不是这些技术控制效果的评价指标，因此，这些技术对汞脱除的有效性需进行充分评估，技术的稳定性仍有待提高。

2.6 水泥熟料生产大气汞排放履约差距与需求分析

我国是世界上水泥生产大国。目前，新型干法水泥生产工艺为我国水泥生产方式的主流。水泥生产过程中汞的输入主要是通过原料和燃料，汞的输出主要是熟料、除尘灰和废气，概括为“两个来源三个去向”。而返尘是新型干法水泥生产工艺独具的特点。

2.6.1 大气汞排放控制现状

（1）水泥生产原料汞含量

水泥生产采用的原料有石灰石、黏土、铁粉、煤粉、砂岩、矿渣等，研究表明水泥生产原料中含有微量的汞。我国水泥工业所用的燃料主要是煤，另外有的工厂还使用石油、天然气、生活垃圾、石油焦、废溶剂及废橡胶等。煤和石油等燃料中都含有一定量的汞，在燃烧过程中会释放出来。

作为水泥生产的主要原料，石灰石中汞的含量直接影响水泥行业大气汞排放量。我国石灰石矿资源丰富，除上海、香港、澳门外，在各省（区、市）均有分布，全国石灰石矿中汞平均值为 42.5 μg/kg，不同省份之间的差异性较大，华北、华东地区石灰石汞含量较高，西南、西北地区较低。

（2）新型干法水泥生产中汞的转化释放

汞在新型干法水泥生产过程中的行为实际上由 4 个过程构成，包括汞在回转窑系统（包括预热器、预分解窑和回转窑）中的分解和挥发，以及由于“返尘”工艺导致的回转窑系统和生料磨系统、煤磨系统和窑头除尘器之间的循环过程。由于生料（煤粉）的预热和“返尘”工艺的存在，使得汞在新型干法水泥生产过程中发生了循环和富集，导致的直接结果就是从整个工艺来看，90%以上的汞输入（来自原料和燃料）以气态的形式排放到了大气当中。水泥生产过程中的大气汞排放以氧化态为主。

（3）新型干法水泥生产大气汞排放控制

在新型干法水泥生产工艺的基础上，进一步对水泥生产中汞的排放进行控制，目前主要可从以下几个方面考虑：一是减少和控制水泥窑汞输入总量。厂家选取低汞的原料和燃料进行生产，也可采取措施降低原料和燃料的汞含量。但鉴于煤和生料的洗选成本高，一般情况下不适合作为水泥行业的汞去除技术。二是利用现有污控设施协同脱汞。水泥生产使用的除尘器包括静电除尘器和布袋除尘器，国内研究表明，静电除尘器的除汞效率为4%～20%，布袋除尘器的除汞效果为20%～80%。但利用除尘器协同脱汞主要是针对不进行“返尘”的水泥生产工艺，如前所述，目前我国的水泥生产过程基本都进行“返尘”，这就导致单纯依靠除尘器协同脱汞效果非常有限。NO_x控制技术有SCR和选择性非催化还原技术（SNCR），脱硝装置本身不具备脱汞效果，仅辅助其他污控设施除汞。水泥生产过程加装湿法脱硫设施将会对水泥生产过程的烟气汞协同脱除产生较为明显的作用。三是考虑“打破汞循环”，除尘灰单独处置或者对除尘灰先进行脱汞再继续加入生料中重新进入回转窑，以减少水泥窑内的汞循环累积。四是如果汞输入削减困难较大，而协同控制效果又因为汞循环不佳，减少汞累积受到某些条件的限制无法达到排放要求，可以在最后烟囱排放口考虑利用活性炭喷射、活性炭床吸附、湿法洗涤、干法/半干法洗涤等技术进行专门脱汞。

2.6.2 大气汞排放履约差距与需求

（1）国家排放清单编制的履约差距与需求

目前，在国家层面尚未编制水泥熟料生产大气汞排放清单，其将主要依托估算法实现。采用估算法需要解决以下问题：

1）从制度上完善数据收集途径。水泥熟料生产大气汞清单的编制应纳入国家污染物排放清单编制的顶层设计中。未来在国家排放清单编制过程中，应考虑估算水泥熟料生产大气汞排放所需的参数库，包括企业生产工艺与地理位置、原料与燃料汞含量与消费量、污染控制设施安装类型与比例、脱汞效率等。

2）从政策上加强石灰石等主要原料汞含量的测定。石灰石等原料汞含量是影响水泥熟料生产大气汞排放量最重要的参数。但目前水泥行业石灰石等原料汞含量的测试相对较少。考虑计算的时间成本，建议将石灰石等主要原料汞含量测试列为水泥熟料生产常规工作，并在统计平台中进行登记。

3）从科研上完善脱汞效率等参数库的建立。考虑到当前我国水泥熟料生产污染控制设施脱汞效率信息与排放清单编制对数据的需求存在显著差距，亟须组织监测能力强的单位对代表性污染控制设施组合开展现场测试，建立污染控制设施脱汞效率数据库，从而服务于水泥熟料生产点源排放清单的编制和未来的动态更新。

（2）大气汞排放管控措施的履约差距与需求

针对新建企业，一是缺乏可应用的BAT/BEP导则。我国于2014年出台的《水泥工业污染防治可行技术指南（试行）》未对控制水泥窑汞输入总量、现有污控设施协同脱汞、减少水泥窑内的汞循环累积、专门脱汞等技术措施的适用性、有效性开展系统评估。二是现行排放限值要求偏低。《水泥工业大气污染物排放标准》（GB 4915—2013）中汞及其化合物的排放限值设为 0.05 mg/m^3，这与欧盟相当，较美国（约为 0.005 mg/m^3）尚存在一定的差距。研究表明，已有的水泥熟料生产排放特征测试结果中烟气汞浓度都低于目前的排放限值。

针对现有企业，一是尚未制定排放控制的量化目标。二是现行排放限值要求偏低。与美国（约为 0.012 mg/m^3）相比，我国现行排放限值仍宽松。根据清华大学的调查，目前 0.05 mg/m^3 的排放限值仍有进一步加严的空间。三是缺乏可应用的 BAT/BEP 导则。四是未对淘汰落后产能、产能总体削减等综合整治措施带来的大气汞减排空间进行评估。

在此背景下，未来我国水泥熟料生产大气汞排放管控应从政策和技术上同步进行，最终目标是实现排放总量的有效控制甚至削减。在政策完善方面需要解决以下问题：

1）明确未来水泥熟料生产大气汞排放控制目标。我国水泥熟料生产大气汞排放控制基础比较薄弱，因此，近期内应重点考虑相对目标。远期随着我国水泥行业超低排放等措施的实施，水泥产能进一步削减，从而推动大气汞的减排，因此可采用绝对目标。

2）确定水泥熟料生产分阶段大气汞排放管控措施。近期内排放量控制目标的实现将主要依靠落后产能淘汰、多污染物协同控制技术等。远期发展需要推动低汞的原料和燃料替代性措施，再者还需要推动减少水泥窑内的汞循环累积、专门脱汞等技术的研发与应用。

3）推动水泥熟料生产大气汞排放限值的修订，确定分别针对新建企业和现有企业的排放限值；给出重点地区大气汞特别排放限值。

在技术进步方面需要解决以下问题：

1）水泥窑汞的源头输入控制有待推进。通过使用低汞的原料和燃料，或是采取措施降低原料和燃料的汞含量，从源头减少汞输入。

2）减少水泥窑内的汞循环累积技术亟待研发。“打破汞循环”使得汞并不在高温的回转窑系统和低温的预热、除尘系统之间循环，是较为理想的水泥熟料生产大气汞排放控制技术，具体可能的技术途径包括除尘灰单独处置或者脱汞后再循环进入水泥生产。

3）专门脱汞技术有待研发。推动高效低价专门脱汞技术的研发，并同时考虑二次废物的利用，为汞污染控制做技术储备。

3 大气汞排放控制路线图研究

清华大学采用排放因子法估算了 2015 年五类排放源大气汞排放量，并采用情景分析方法对近期 2020 年和 2025 年、远期 2030 年排放趋势进行了预测。

3.1 未来情景设定

为了根据经济发展预测未来某领域对原材料的需求，设定经济情景，包括参考情景（R）与替代情景（A）两种。其中，参考情景的设置是基于当前法律法规的实施（截至 2015 年年底)。替代情景假设履行《汞公约》使替代性措施得到有效实施，如能源替代、节能、产业结构调整等措施。

另外，设定控制情景，包括基准情景（BAU）、政策情景（EEC）和加严情景（ACT）3 种。其中，基准情景假设 2015—2030 年各行业大气污染控制保持现有的法律法规标准不变（截至 2015 年年底），逐步落实相关要求；政策情景假设各行业出台新的大气污染控制法律法规标准，并落实相关要求；加严情景假设各行业出台新的更严格的大气污染控制法律法规标准，充分履行《汞公约》。而这种假设只有在政府采取快速且积极的行动才能实现。

3.2 大气汞排放未来情景预测

3.2.1 2015 年大气汞排放状况

2015 年，我国五类排放源大气汞排放量达 371 t。其中，燃煤发电厂排放量为 75.9 t（占 20.5%），燃煤工业锅炉排放量为 80.4 t（占 21.7%），有色金属冶炼排放量为 72.3 t（占 19.5%），废物焚烧排放量为 12.0 t（占 3.8%），水泥熟料生产排放量为 127.7 t（占 34.5%）。

3.2.2 未来大气汞排放趋势

未来大气汞排放趋势在不同情景下表现不同（图 4）。在参考-政策情景下，2015—2020 年，由于原材料消耗量的增加、大气污染控制设施并未改善，大气汞排放量将达到 425 t，增长 15%。随着燃煤工业锅炉、有色金属冶炼和水泥熟料生产的资源需求不断下降，2030 年大气汞排放量将比 2020 年减少 9%。这将是我国大气汞排放控制的最差状况。但即使在这种情况下，2015—2030 年将削减 33 t 大气汞。因此，大气汞排放量在较长时期内将呈下降趋势。与参考-政策情景相比，替代-政策情景下的大气汞排放量在上述期间将进一步减少 10%～15%，这表明替代性措施的应用将降低资源消耗。由于受到国内政策和国际公约的严格约束，在政策情景和加严情景下大气汞排放量亦将继续下降。在替代-政策情景下，2015—2020 年大气汞排放量将减少 128 t。在加严情景下，2030 年大气汞排放量将只有 68 t。

就燃煤电厂而言，在替代-政策情景和替代-加严情景下，2015—2020 年，煤炭消费量的增加将使其面临更大的大气汞减排压力，但严格的多污染物协同控制技术将削减 56.4 t 大气汞；2020 年以后，煤炭消费量的降低将削减 11.8 t 大气汞。在加严情景下，2020 年和 2030 年使用专门脱汞技术将使大气汞排放量降低到 10.0 t 以下。燃煤工业锅炉和有色金属冶炼将出现类似于燃煤电厂的情况。就废物焚烧而言，在政策情景下，2020 年和 2030 年大气汞排放量都将增加。废物焚烧量的增长是导致大气汞排放量增加的主要因素，2020 年和 2030 年分别排放 6.7 t 和 13.8 t 大气汞。废物焚烧先进大气污染控制技术将得到广泛应用，现有的多污染物协同控制技术将不再起作用。在加严情景下，专门脱汞技术将成为主导控制措施。水泥熟料生产的情况则完全不同。2020 年，石灰石消费量的小幅增长将使大气汞排放量增加约 1.3 t，多污染物协同控制技术将削减 21.2 t 大气汞，但仍存在 110.0 t 的排放量。2020—2030 年，熟料消耗量的降低将在大气汞排放控制中发挥最重要的作用，在政策情景下，将削减 46.7 t 大气汞。在加严情景下，专门脱汞技术将是另一种有效的大气汞排放控制措施。

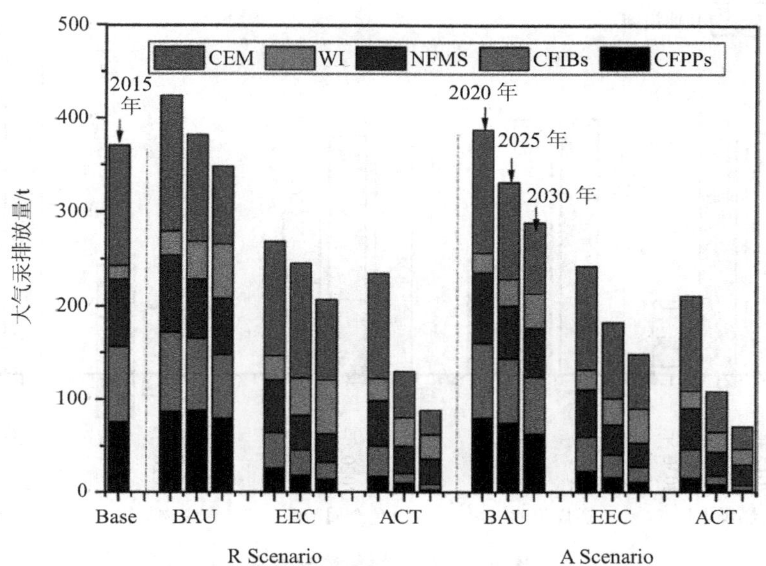

注：CFPPs—燃煤电厂；CFIBs—燃煤工业锅炉；NFMS—有色金属冶炼；WI—废物焚烧；CEM—水泥熟料生产；R—参考情景；A—替代情景；BAU—基准情景；EEC—政策情景；ACT—加严情景。

图 4 大气汞排放趋势预测

因此，2020 年之前，原材料消耗量的增加将成为除燃煤工业锅炉以外的其他行业大气汞排放控制的阻力。除废物焚烧外，严格的多污染物协同控制技术是实现大气汞减排的最有效手段（图 5）。多污染物协同脱汞减排贡献最大的是燃煤电厂，其次是燃煤工业锅炉、有色金属冶炼和水泥熟料生产。考虑到 2015 年废物焚烧大气汞排放量只占五类排放源排放总量的 3.8%，这使得该行业大气汞排放控制相比其他行业来说没有那么紧迫。到 2020 年，专门脱汞技术将进一步削减约 24.0 t 大气汞。但鉴于这项新技术需要时间来示范、评估和推广，近期要使用专门脱汞技术存在困难。2020—2030 年，替代性措施将促进燃煤电厂、燃煤工业锅炉、有色金属冶炼和水泥熟料生产大气汞的削减，其中水泥熟料生产减排效果最为明显。专门脱汞技术将是这一时期另一个有效的选择。然而，专门脱汞技术的应用将受到汞向废弃物转移及其带来的环境影响的限制。2030 年，燃煤电厂 49.3%的大气汞减排量受益于专门脱汞技术。可是该技术（如载溴活性炭喷射技术）将改变粉煤灰的组成，这会影响其进一步被利用。燃煤电厂每削减 9.1 t 大气汞将约有 166.0 t 的汞被转移到被碳或溴“污染”的粉煤灰中。粉煤灰的综合利用会成为另一个环境问题。同样，这种现象也存在于燃煤工业锅炉中。有色金属冶炼使用专门脱汞技术将削减约 9.0 t 大气汞，同时也将有 39.0 t 汞转移到硫酸和以跨介质方式释放。通过使用专门脱汞技术控制大气汞排放，水泥熟料生产在五类排放源中受益最大，将削减约 39.0 t 大气汞。粉尘作为水泥生产的原料加以处理相对安全。

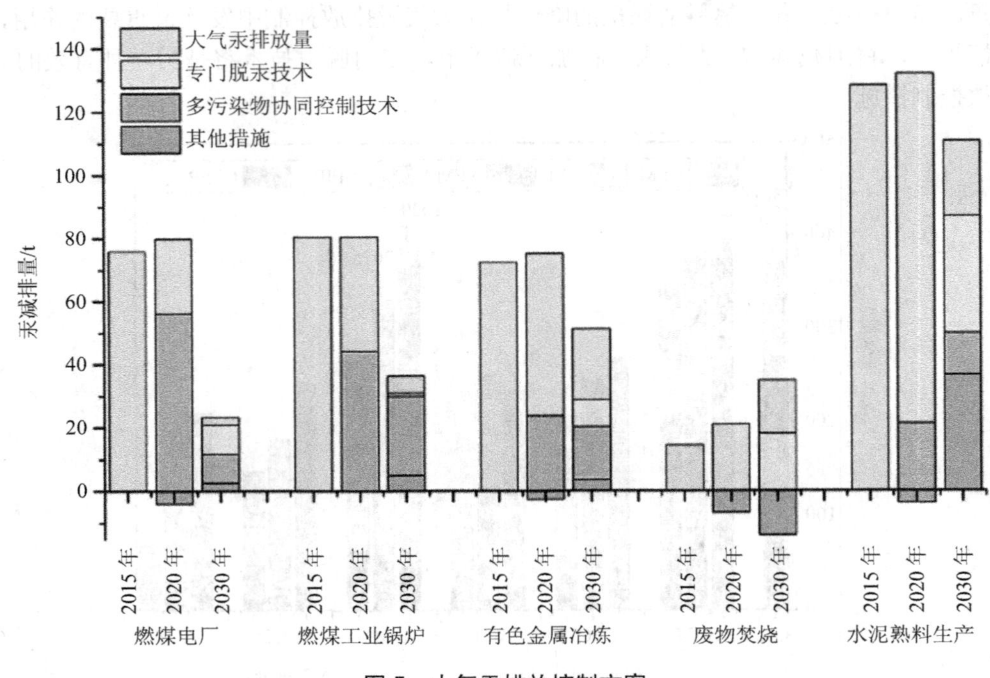

图 5 大气汞排放控制方案

4 关于我国大气汞排放控制的对策与建议

我国是大气汞排放大国，《汞公约》管控的五类排放源大气汞排放贡献率达 80%左右。《汞公约》自 2017 年 8 月 16 日起对我国正式生效，但目前大气汞排放履约差距巨大，亟须做好履约各项准备工作，确保“十四五”前半期完成制订国家计划、建立国家排放清单、控制新建企业排放三项履约任务，“十五五”前半期完成控制现有企业排放履约任务。

《大气污染防治行动计划》《打赢蓝天保卫战三年行动计划》相继实施以来，调整优化产业与能源结构、深化工业污染治理、完善法律法规标准体系等措施，对大气汞排放控制起到了协同效应。但目前我国大气汞排放履约的工作基础依然薄弱。主要表现在三个方面：一是未制订国家计划。大气汞排放履约具有规划计划、实质减排、摸清基数在短时间内同时推进、互相交叉的特点，需要配套一个现状清晰、重点明确的国家计划作为统领，确保履约全国“一盘棋”、履约目标可达。二是未建立国家五类排放源排放清单。排放清单是编制国家计划的基础，也是《汞公约》衡量缔约方管控措施减排效果的关键指标。大气汞排放清单编制研究在我国有一定的经验积累，但相关工作大多独立而分散，需以履约为契机，在国家层面凝聚各方力量，摸清五类排放源大气汞排放情况。三是五类排放源缺乏支撑履约的 BAT/BEP 导则。虽然燃煤电厂、有色金属冶炼（铅、锌、铜）、废物焚烧（生活垃圾焚烧和危险废物焚烧）、水泥熟料生产已出台了污染防治最佳可行技术指南、技术政策等文件，但是这些文件未对源头汞输入量控制、多污染物协同控制、专门脱汞等技术措施的适用性、有效性开展系统评估，未指出企业如何通过选择适宜技术、优化主要参数、完善内部管理等方面减少大气汞排放。而燃煤工业锅炉、工业黄金冶炼行业尚无污染防治技术文件。同时，燃煤电厂、燃煤工业锅炉、铅冶炼、锌冶炼、水泥熟料生产等行业需基于 BAT 技术加严大气汞排放限值。

综上所述，结合我国大气汞排放履约差距与需求分析、大气汞排放控制预测，提出如下我国大气汞排放控制对策与建议，建立大气汞污染防治长效机制，让中国成为建设没有汞危害的清洁美丽世界的重要参与者、贡献者和引领者。

4.1 制订大气汞排放控制国家计划

立足履约、谋划长远，制订大气汞排放控制国家计划，应在 2021 年 8 月 16 日前提交给缔约方大会。框架主要包括：将国际履约与国内防控有机结合，充分认识积极推进大气汞排放控制工作的重要性。“十四五”期间在国家针对大气污染防治提出的纲领性文件中，将大气汞排放控制专项行动提上国家日程。以五类排放源为主要控制对象，推进源头替代，深化协同控制，综合运用法律、经济和必要的行政手段，加强基础能力建设和全社会参与保障，做到国际履约与国内防控双赢，互相促进、相辅相成、协同增效。

4.2 依法开展大气汞排放控制

美国汞污染控制涉及多部法律，主要分为《汞出口禁令法案》等专门涉汞法律和《清洁空气法案（修正案）》等限制汞暴露的其他环保法律。这些法律是美国控制汞污染的基本保障。

参考美国成功经验，需推动国家立法，使大气汞排放控制在我国有法可依，提供根本遵循和行动方向。适时修订《中华人民共和国大气污染防治法》，将汞纳入监管范围，明确提出对汞与颗粒物、二氧化硫（SO_2）、氮氧化物（NO_x）、挥发性有机物（VOCs）、氨（NH_3）等其他大气污染物和温室气体实施协同控制。在标准制定、污染防治、法律责任等方面，对大气汞排放控制提出具体要求。

4.3 建立国家五类排放源大气汞排放清单

在国家层面尽快明确五类排放源大气汞排放清单编制工作管理机制，部署工作进度与步骤，成立编制技术组，凝聚全国污染源普查、排污许可证实施、科研院所学术研究等多方成果，研究制定排放清单编制技术指南、实施方案等文件，确定排放量计算与活动水平获取等内容的技术方法、技术流程、技术要求，建立排放清单质量核查体系，建设国家大气汞排放统计信息平台。同时，当前采用设备规模、将来可考虑采用设备规模与设备排放量相结合，筛选出占排放量 75%～100%的企业列为管控重点。应在 2022 年 8 月 16 日前完成此项履约任务。

4.4 适时实行大气汞排放总量控制

考虑到缔约方国情差异，《汞公约》仅将大气汞排放总量控制作为针对现有企业的选择性措施之一。在我国，SO_2、NO_x 分别自“十一五”和“十二五”开始实行排放总量控制，两者污染均得到有效控制。2018 年，SO_2 排放量比 2005 年降低 40.9%，NO_x 排放量比 2011 年降低 33.1%。借鉴 SO_2、NO_x 减排经验，考虑到污染物排放总量控制是调结构、转方式、惠民生的重要抓手，可准备“十五五”以五类排放源为着力点，以点带面，实施基于排放清单的行业大气汞排放总量控制。确定分行业总量控制预期性目标，每年以重点工程减排量为主开展行业总量控制评估，不进行考核。

五类排放源大气汞排放总量控制目标可以设定为：到 2020 年，比 2015 年下降 35%左右，主要通过严格的多污染物协同控制技术、调整能源或产业结构来实现；如果源头替代性措施和专门脱汞技术得以推进，到 2030 年，比 2015 年下降 80%左右。

4.5 健全并推行可支撑履约的 BAT/BEP

BAT/BEP 的可操作性是各类控制措施中最强的，留给地方政府和企业较大的空间来自主选择成本效果最佳的控制技术。就《汞公约》而言，采用 BAT/BEP 是新建企业的必须动作（2022 年 8 月 16 日前）、现有企业为自愿选择。

通过采用 BAT/BEP，尽可能使五类排放源实行排放浓度与去除效率双重控制。可遵循“源头削减+过程控制+末端治理”全过程管控的思路来制订修改 BAT。做到强化低汞、固汞或无汞的原（燃）料源头替代，通过推进使用先进生产工艺、加强无组织排放控制等措施减少过程排放，充分利用多污染物协同控制并适宜使用专门脱汞技术提高末端去除效果的三管齐下。制订修改 BEP 时可以从确定关键流程参数并将其引入企业运行管理系统、改进多污染物协同控制技术以尽量提高脱汞效率、通过健全内部规章制度和建立管理台账等手段加强企业环保管理、合理处置和安全利用副产物以减少二次污染等方面加以考虑。

选择并采用 BAT/BEP 主要有以下几个步骤：首先，掌握排放源的基本信息；其次，识别排放源可能采用的技术类型；再次，选取技术上可行的控制措施；最后，综合考虑控制成本及技术有效性，确定最为行之有效的技术方案。

4.6 加强大气汞排放控制保障体系建设

健全履约协调机制。充分发挥国家履行《汞公约》工作协调组的作用，设立履约办公室，对外负责履约重大事项协调、对内负责履约日常组织管理；加强部际协调，各司其职、各负其责、密切配合，形成合力齐抓共管。

完善标准体系。基于 BAT 技术加严燃煤电厂、燃煤工业锅炉、铅冶炼、锌冶炼、水泥熟料生产等行业大气汞排放限值。建立与排放标准相适应的大气汞监测分析方法标准、监测仪器技术要求。建立健全五类排放源排污许可证相关技术规范及监督管理要求，对大气汞许可排放量。

加强监测监控。推进环境质量大气汞自动监测工作，并与中国环境监测总站实现数据直联。督促五类排放源重点企业安装烟气汞排放自动监控设施，并与生态环境部门联网。探索引入第三方监测机制。

强化监督执法。加强执法人员装备和能力建设，制订人才培训计划。在环境执法大练兵中，将大气汞履约执法检查作为大比武的重要内容。加强大气汞履约日常督查和执法检查，开展专项执法行动。

实施差异化管理。综合考虑企业原（燃）料使用、生产工艺、污染治理设施运行效果等，树立行业标杆。在环境执法检查、政府绿色采购、企业信贷融资等方面，对标杆企业给予政策支持。

促进国际合作。积极开展对外交流合作，通过与缔约国开展双多边履约交流，引进先进技术和示范工程，实现履约效能最大化。在国际社会发出中国声音，积极宣传履约工作成效，发挥建设性引导作用。

动员社会参与。实行环境信息公开。积极开展多种形式的宣传教育，普及大气汞污染防治科学知识，动员社会各方力量，群防群治。新闻媒体要充分发挥监督引导作用，积极宣传履约工作动态等。

4.7 讲好中国大气汞排放控制故事

我国通过燃煤电厂超低排放和节能改造工作，取得了以较少的社会成本达到大幅削减大气汞排放量的效益。我国应在缔约方大会等国际平台，积极宣传燃煤电厂超低排放技术高效协同脱汞等中国方案，提供可资借鉴的示范模式和经验，推动全球汞污染问题妥善解决。

参考文献

[1] 张磊，王书肖，惠霂霖，等. 我国燃煤部门履行《关于汞的水俣公约》的对策建议[J]. 环境保护，2016，44（22）：38-42.

[2] 惠霂霖，张磊，王书肖，等. 中国燃煤部门大气汞排放协同控制效果评估及未来预测[J]. 环境科学学报，2017，37（1）：11-22.

[3] 吴清茹. 中国有色金属冶炼行业汞排放特征及减排潜力研究[D]. 北京：清华大学，2015.

[4] 吴清茹，王书肖，王玉晶. 中国有色金属冶炼行业大气汞排放趋势预测[J]. 中国环境科学，2017，37（7）：2401-2413.

[5] 段振亚，苏海涛，王凤阳，等. 生活垃圾焚烧厂垃圾的汞含量与汞排放特征研究[J]. 环境科学，2016，37（10）：3766-3773.

[6] 杨海. 中国水泥行业大气汞排放特征及控制策略研究[D]. 北京：清华大学，2014.

[7] Wu Q R，Li G L，Wang S X，et al. Mitigation options of atmospheric Hg emissions in China[J]. Environ. Sci. Technol.，2018，52：12368-12375.

环境绩效评估

- 2018 年污染防治攻坚战成效评估研究报告
- 《大气污染防治行动计划》实施的健康效益评估
- 《打赢蓝天保卫战三年行动计划》实施的费用效益预评估
- 北方地区冬季清洁取暖试点实施评估研究
- 《IPCC 2006 年国家温室气体清单指南 2019 修订版》评估
- 2017 年度上市公司环境信息披露评估报告
- 房地产行业上市公司环境信息披露状况评估及技术指引研究
- 2017 年全国经济生态生产总值（GEEP）核算研究报告
- 我国民营企业参与污染防治状况调查研究

2018年污染防治攻坚战成效评估研究报告

Research Report on Effectiveness Evaluation on the Tough Battle of Pollution Control in 2018

秦昌波 王倩 周劲松 雷宇 徐敏 刘瑞平 苏洁琼 肖旸 李新 万军

摘　要　2018年是污染防治攻坚战全面启动年，污染防治责任与任务得到进一步明确，各地区各部门合力推进污染防治攻坚的局面基本形成。蓝天保卫战取得重大进展，碧水保卫战成效初显，净土保卫战稳步推进，生态环境质量明显改善。水源地保护、农业农村污染治理年度任务基本完成，但部分任务需加快推进。评估建议，在未来经济下行压力加大、不稳定不确定因素进一步增多的情况下，污染防治攻坚战形势十分严峻，未来将七大标志性战役作为重点，巩固提升污染防治成果。
关键词　污染防治　攻坚战　成效评估

Abstract　The year 2018 is the year when the battle of pollution prevention and control has been launched in an all-round way.In this year, the responsibilities and tasks of pollution control have been further clarified, and the situation of joint efforts of various regions and departments to tackle the key problems of pollution control has basically taken shape. Great progress has been made in Blue Sky Protection Campaign, initial achievements has been made in Clear Water Protection Campaign, and steady progress has been made in Pure Land Protection Campaign, the quality of ecological and environment has been improved significantly. The annual tasks of water source area protection, agricultural and rural pollution control have been basically completed, but some tasks need to be accelerated. According to the effectiveness evaluation, it is suggested that seven landmark campaigns should be focused on to consolidate and improve the achievements of pollution control in the future, given that we are facing the external context of the increased downward pressure on our economy and the accumulation of unstable and uncertain factors.
Keywords　pollution control, the tough battle, effectiveness evaluation

党的十九大提出坚决打好防范化解重大风险、精准脱贫、污染防治的攻坚战。2018年是污染防治攻坚战全面启动年，各项任务扎实有序推进，取得明显的成效。同时也存在一些机制能力不配套、责任分工不明确、成效不稳固等突出问题。未来需要进一步统一思想、提高认识、加强动员、全面推进污染防治攻坚战各项工作，为实现 2020 年全面建成小康社会奠定坚实的基础。

1 2018 年污染防治攻坚战取得重大进展

在党中央、国务院的统一领导下，各地区、各部门深入学习贯彻习近平生态文明思想，贯彻全国生态环境保护大会要求，以改善生态环境质量为核心，全面打响污染防治攻坚战。2018 年污染防治攻坚战各项标志性战役推进有力，生态环境质量持续改善，部分年度环保目标任务超过序时进度要求。

1.1 思想指引和顶层设计更加明确

2018 年 5 月，全国生态环境保护大会胜利召开，习近平总书记出席会议并发表重要讲话，李克强总理做工作部署，韩正副总理做总结讲话。大会正式确立了习近平生态文明思想，为加强生态环境保护、建设美丽中国提供了方向指引和行动指南。同年 6 月，中共中央、国务院印发《关于全面加强生态环境保护 坚决打好污染防治攻坚战的意见》（以下简称《意见》），进一步明确了打好污染防治攻坚战的时间表、路线图、任务书。

1.2 攻坚战计划和方案陆续出台

生态环境部会同有关部门，贯彻落实国务院《打赢蓝天保卫战三年行动计划》和中共中央的《意见》，联合有关部门印发《农业农村污染治理攻坚战行动计划》《渤海综合治理攻坚战行动计划》和《柴油货车污染治理攻坚战行动计划》，出台《“绿盾 2018”自然保护区监督检查专项行动实施方案》等 9 个攻坚作战方案，长江保护修复攻坚战行动计划等各项行动方案、专项督察巡查方案陆续出台。

部分中央和国家机关已出台实施方案。《意见》任务分工涉及 44 个中央和国家机关有关部门，除生态环境部外，最高人民检察院、国家发展和改革委员会、科学技术部、交通运输部、农业农村部、文化和旅游部、工业和信息化部、自然资源部、住房和城乡建设部 9 部委针对有效落实和推进污染防治攻坚战独立或联合印发相关实施方案和计划。

交通运输部印发了《关于全面加强生态环境保护 坚决打好污染防治攻坚战的实施意见》，明确要研究制订运输结构调整行动计划，减少公路货运量，增加铁路货运量。发挥铁路、水运在大宗物资中长距离运输中的骨干作用，加大货运铁路建设投入，加快完成蒙华、唐曹、水曹等货运铁路建设。目标设定与《意见》相一致，在《意见》任务要求基础上做了进一步细化，重点任务明确了年度的目标要求，将“打好柴油货车等污染防治攻坚战”作为重要任务予以落实。

工业和信息化部印发了《坚决打好工业和通信业污染防治攻坚战三年行动计划的通知》，以 2020 年为一个时间节点，对工业去产能、节约工业用水量、发展绿色制造和高科技产业、减少重点区域和流域重化工业比重等任务做出推进部署，强调推进工业绿色转型发展，提出优化产业布局，落实京津冀地区和长江经济带产业转移指南，并提出实施长江经济带产业发展市场准入负面清单。加快形成人与自然和谐相处的绿色发展方式，实现环境、经济和社会效益多赢。

总体来看，各部门印发的推进污染防治攻坚战落实的行动计划或方案与《意见》目标和总体要求基本一致，对具体领域任务进行了细化和拓展。但是，污染防治攻坚战中任务较多的水利部、林业和草原局、能源局等部门还没有出台相关落实文件，《意见》任务分工方案还没有出台，还没有形成各部门按照“一岗双责”要求，齐心协力、分工合作打好污染防治攻坚战的局面。相比精准扶贫攻坚战，各部门基本上都出台了本部门的方案或者意见，差距明显。

多数省级党委和政府已经出台地方污染防治攻坚战实施意见或方案。根据信息公开情况，31 个省（区、市）和新疆生产建设兵团中，除陕西、西藏、青海外，其余 28 个省（区、市）和新疆生产建设兵团均以地方党委、政府的名义制定或印发了省级层面打好污染防治攻坚战的实施意见或行动方案。此外，蓝天、碧水、净土三大保卫战中，蓝天保卫战是必须率先打赢的战役，28 个省（区、市）出台了本地区的蓝天保卫战作战计划，除海南、西藏、新疆生产建设兵团外，大气污染问题仍较突出的河南尚未单独出台蓝天保卫战作战计划[已出台《河南省人民政府关于印发河南省污染防治攻坚战三年行动计划（2018—2020 年）的通知》]。发文时间上，《意见》于 2018 年 6 月 16 日正式印发，各省（区、市）落实打好污染防治攻坚战的实施意见或方案主要集中在 7—9 月印发实施（共 23 个）。在发文体例方面，各省（区、市）根据地方背景、工作基础和工作重点等实际情况有所调整创新，标题类型主要包括实施意见或工作方案、攻坚方案、实施方案、行动计划等，为突出贯彻落实《意见》精神和决策部署，超半数省份以“实施意见”作为文件标题（共 19 个地方为“实施意见”，具体情况见图 1）。

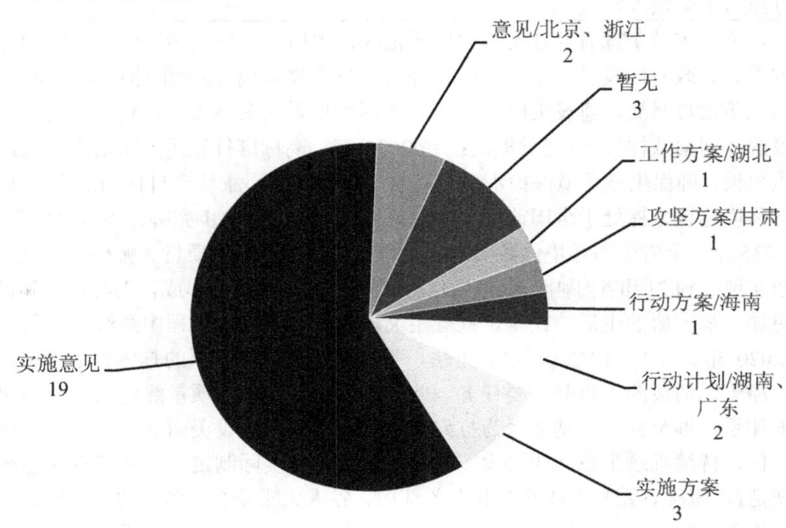

图 1　省级文件印发文件标题统计

各省（区、市）结合实际出台实施意见并部署作战计划，地方污染防治攻坚战全面展开。部分地区典型突出，既注重构架生态文明建设的“四梁八柱”，又针对污染防治问题精准施策，“量身定制”地方污染防治攻坚和美丽建设的配套机制政策。天津市配套实施意见出台了蓝天、碧水、净土、柴油货车、城市黑臭水体、渤海综合治理、水源地保护、农业农村污染治理8个方面的三年作战计划，同时制定目标分解表和重点工程任务分解表，明确污染防治攻坚战的时间表和路线图。浙江作为全国首个部省共建美丽中国示范区，提出高标准打好污染防治攻坚战与高质量建设美丽浙江同步推进，并分4个时间做出具体安排，还结合本省实际制定了《浙江省生态环境保护工作责任规定》。山东、云南等地省级审计部门出台相关制度，助力打好污染防治攻坚战和持久战。海南多举并施，与国家生态文明试验区、自由贸易试验区建设同步统筹，以最严格的制度政策和落实方案坚决打赢污染防治攻坚战。

专栏 1　推进污染防治攻坚的地方亮点和典型案例	
1. 天津同步出台8个三年作战计划，明确污染防治攻坚战的时间表和路线图	为推动落实市委、市政府《关于全面加强生态环境保护　坚决打好污染防治攻坚战的实施意见》，天津市政府同步出台了《关于印发天津市打好污染防治攻坚战八个作战计划的通知》，进一步细化明确天津污染防治攻坚战三年计划的时间表和路线图。8 项作战计划即天津市全面启动的蓝天保卫战、碧水保卫战、净土保卫战、柴油货车污染治理、城市黑臭水体治理、渤海综合治理、水源地保护、农业农村污染治理等方面的“八大战役”。每项三年作战计划除明确主要目标、重点任务和保障措施外，还配套制定了区域目标分解表和重点工程任务分解表，其中农业农村污染治理攻坚战提出建立“市负总责、区抓落实、乡镇实施、村庄自治”的多级责任体系，强化攻坚战的责任落实与监督考核机制，有力推动工作实施和项目落地。工作组织方面，成立市污染防治攻坚战指挥部，由市委副书记、市长出席攻坚战指挥部第一次会议，强调坚持问题导向、严防严控，以责任层层落实和强有力的工作推动机制保障天津市打赢污染防治攻坚战
2. 浙江同步提出高标准打好污染防治攻坚战与高质量建设美丽浙江	浙江作为全国首个部省共建美丽中国示范区，提出同步推进污染防治攻坚和美丽浙江建设，由省委、省政府印发《关于高标准打好污染防治攻坚战　高质量建设美丽浙江的意见》，就打好污染防治攻坚战、建设美丽浙江分 4 个时间段做出具体安排，构架起新时代浙江生态文明建设的“四梁八柱”。该意见提出：到 2020 年，高标准打赢污染防治攻坚战，加快补齐生态环境短板，确保生态环境保护水平与高水平全面建成小康社会目标相适应；到 2022 年，各项生态环境建设指标处于全国前列，生态文明制度体系进一步完善，基本建成美丽中国示范区；到 2035 年，全省生态环境面貌实现根本性改观，生态环境质量大幅提升，美丽浙江建设目标全面实现；到 21 世纪中叶，绿色发展方式和生活方式全面形成，人与自然和谐共生，人民享有更加幸福安康的生活，在全国社会主义现代化强国的新征程中继续走在前列。同时细化了到 2020 年、2022 年大气、水、土壤、生态文明建设等方面的具体目标指标，明确蓝天、碧水、净土、清废四大攻坚主要任务。此外，提出以推动高质量绿色发展、构建生态环境保护治理体系、健全社会行动体系为打好污染防治攻坚，建设美丽浙江全面保驾护航。为落实工作责任，持续推进生态文明建设，浙江还结合本省实际制定了《浙江省生态环境保护工作责任规定》，明确省委和省政府及其有关部门、省人大常委会、省政协、省监委、省法院和省检察院等部门生态环境保护工作职责，要求各市、县（市、区）党委和政府结合当地机构设置工作分工实际情况作出相应规定，省级以上各类开发区、产业集聚区等的党政管理机构及其有关部门参照该规定执行

3. 山东和云南强化审计，助力打好污染防治攻坚战和持久战	中央《意见》提出要“全面加强党对生态环境保护的领导”，强化考核问责，山东、云南等地率先落实要求，出台相关制度以助力打好污染防治攻坚战和持久战。山东省审计厅于 2018 年 11 月印发了《关于加强审计监督助力打好污染防治攻坚战的实施意见》，提出进一步加大污染防治政策落实情况审计和领导干部自然资源资产离任（任中）审计力度，揭示和反映生态环境保护方面存在的问题和风险隐患，更加关注是否对造成生态环境严重破坏的责任人严格追责问责，是否做到敢抓敢管、真抓真管、严抓严管，促进领导干部树立绿色发展理念和正确的政绩观，助力打好污染防治攻坚战。云南省审计厅同月出台了《关于加强领导干部自然资源资产离任审计助力打好污染防治攻坚战的意见》，要求坚持“依法审计、问题导向、客观求实、鼓励创新、推动改革”的原则，持续关注建设中国最美丽省份的推进情况、云南省九大高原湖泊保护治理等 8 个标志性战役，坚决打赢蓝天、碧水、净土三大保卫战实施情况，并通过审计，促进各级领导干部提高政治站位，牢固树立绿色发展理念，落实生态文明建设和环境保护重大部署
4. 海南以最严格的举措坚决打赢污染防治攻坚战，同步推进国家生态文明试验区建设	海南为打好污染防治攻坚战，贯彻落实习近平总书记 4·13 重要讲话精神和党中央、国务院《关于支持海南全面深化改革开放的指导意见》，立足本省生态环境优势，结合全省实际情况，多举并行强化生态环境建设与污染治理。2018 年 5 月，公布了《海南省贯彻落实中央第四环境保护督察组督察反馈意见整改方案》，针对中央督察组反馈的 56 个具体问题制定了 172 条整改措施清单，提出逐项整改—验收—销号，确保事事有回应，件件有落实。2018 年 6 月，省委书记在全省生态环境保护大会上明确，要实施最严格举措，与建设自由贸易试验区、探索建设中国特色自由贸易港同步统筹，与国家生态文明试验区建设同步推进，坚决打赢污染防治攻坚战。省政府办公厅印发了《海南省深化生态环境六大专项整治行动计划（2018—2020 年）》，提出持续深化整治违法用地和违法建筑、城乡环境综合整治、城镇内河（湖）水污染治理、大气污染防治、土壤环境综合治理、林区生态修复和湿地保护“六大专项整治”，着力解决生态破坏和环境污染突出问题。落实中央和国家要求，面向实现 2020 年生态环境质量持续保持全国一流水平、2025 年生态环境质量继续保持全国领先水平、2035 年生态环境质量和资源利用效率居世界领先水平的目标，制定了《关于全面加强生态环境保护　坚决打好污染防治攻坚战的行动方案》。该方案共 110 条，主要内容包括实施空气、水、土三大战役和推行绿色发展生活方式、加强生态保护修复、完善生态环境治理体系等六大部分。2018 年 12 月底，由省人大通过了“量身订制”的《海南省大气污染防治条例》，规范全省大气污染防治工作

1.3　蓝天、碧水、净土保卫战顺利打响

1.3.1　蓝天保卫战全面打响

工业企业大气污染综合治理进展较好。各地建立“散乱污”企业动态管理机制，进一步完善“散乱污”企业认定标准和整改要求，坚决杜绝“散乱污”项目建设和已取缔的“散乱污”企业异地转移、死灰复燃。各地已完成新一轮的“散乱污”企业排查工作，京津冀及周边地区 2018 年 9 月前完成，其他重点区域 10 月底前完成。京津冀地区 2018 年 10 月 1 日起严格执行火电、钢铁、石化、化工、有色金属（不含氧化铝）、水泥行业，以及工业锅炉大气污染物特别排放限值，推进重点行业污染治理设施升级改造。

散煤治理和煤炭消费减量替代推进顺利。2018 年 10 月底前，京津冀及周边地区“2+26”城市要完成散煤替代 362 万户，京津冀及周边地区“2+26”城市经过前两年的努力，一共

完成474万户散煤清洁替代。2018年10月底前，天津、河北、山东、河南基本完成每小时65蒸吨及以上燃煤锅炉超低排放改造，达到燃煤电厂超低排放水平。2018年江苏、安徽分别淘汰44万kW、42万kW和32万kW燃煤机组。上海行政区域内所有每小时20蒸吨以下的燃煤小锅炉清零；江苏、浙江、安徽基本淘汰每小时10蒸吨以下燃煤锅炉，江苏、浙江城市建成区基本淘汰每小时35蒸吨以下燃煤锅炉。2018年12月底前，北京、天津、河北有望基本淘汰每小时35蒸吨以下燃煤锅炉；山西、山东、河南、陕西有望淘汰每小时10蒸吨及以下燃煤锅炉，城市建成区基本淘汰每小时35蒸吨以下燃煤锅炉；山西城市建成区内有望基本淘汰每小时35蒸吨以下燃煤锅炉，县城建成区内有望淘汰每小时10蒸吨及以下燃煤锅炉。

柴油货车污染治理和运输结构调整稳步推进。2017年10月1日，京津冀及周边地区“2+26”城市全面供应国Ⅵ油品，2018年10月1日起，上海、江苏实现全面供应，2019年1月1日起将在全国全面供应。自2019年1月1日起，汾渭平原禁止销售普通柴油和低于国Ⅵ标准的车用汽柴油。大型国有企业加油站的油品质量总体比较可靠，但是受利益驱使，一些地方“黑加油站点”泛滥。针对这一情况，河南通过部门联动、严厉打击，成效显著，2017年共打掉近4 000家加油站点。河北自2018年10月1日起，启动了为期3个月的打击“黑加油站（点）”专项行动，全省已打掉805家黑加油站（点），有效地规范了全省成品油市场经营秩序，减少了污染排放。陕西2018年10月16日动员部署了全省“黑加油站点”联合治理攻坚行动。山西自2018年10月11日启动严厉打击取缔“黑加油站点”专项行动，对“黑加油站点”进行集中整治取缔。

2018年6月25日，交通运输部要求在2018年年底前，环渤海、山东沿海和长三角地区，沿海主要港口、唐山港、黄骅港等煤炭集港改由铁路或水路运输。中国铁路总公司已经启动环渤海及山东地区15个港口大宗货物公路汽车运输转向铁路运输三年货运增量行动方案研究。唐山矿石、北京建筑材料运输“公转铁”取得突破性进展。

2018年7月25日，工业和信息化部提出：2020年年底前，在京津冀及周边地区、汾渭平原淘汰国Ⅲ及以下运营中重型柴油货车100万辆。2019年7月1日起，重点区域、珠三角地区、成渝地区提前实施机动车国Ⅵ排放标准。

扬尘管控工作进展。自2017年6月起，京津冀及周边地区“2+26”城市各县（市、区）全面开展降尘监测，定期通报监测结果，并以平均降尘量小于9 t/（km^2·月）作为控制指标，纳入市县党政领导干部考核问责范围，有效促进了扬尘环境管理工作。京津冀及周边地区“2+26”城市基本实现降尘量小于9 t/（km^2·月）的目标。

积极有效做好应对重污染天气工作。汾渭平原方面，西北区域空气质量预测预报中心负责汾渭平原环境空气质量预测预报工作，基本实现7天预报能力；省级预报中心基本实现以城市为单位的5天精准预报和10天潜势预报能力。长三角地区省级预报中心基本实现以城市为单位的7天预报能力。京津冀及周边地区“2+26”城市应急预案中的企业个数从2017年的8 000家增加到5万家。长三角地区统一了预警分级标准，应急减排措施清单中工业企业数量也从之前的不足1万家增加到6万余家。浙江全力推进秋冬季大气污染综合治理攻坚行动，出台了712条措施清单；细化重污染天气应急减排措施清单，明确落实到2.65万家工业企业、1.04万个施工扬尘工地。

1.3.2 碧水保卫战深入推进

水源地保护攻坚战进展顺利。落实《全国集中式饮用水水源地环境保护专项行动方案》，依法完成水源保护区“划、立、治”（即保护区划定、边界标志设立、违法问题清理整治）三项重点任务，生态环境部于 2018 年组织开展了全国集中式饮用水水源地环境保护专项行动。经排查，2018 年全国需要完成整治的水源地 1 586 个，共计 6 251 个环境问题。截至 12 月底，全国共完成 6 242 个问题整治，水源地的问题数降至 9 个。

城市黑臭水体攻坚战进程加快。实施《2018 年黑臭水体整治环境保护专项行动方案》，对已完成整治的黑臭水体开展现场督察。36 个重点城市黑臭水体总数 1 062 个，1 009 个已消除或基本消除黑臭，整治完成率平均为 95%。2018 年 5—7 月首轮督察发现各地上报已完成整治的 993 个黑臭水体中有 918 个已基本消除黑臭，新发现黑臭水体 274 个。根据全国城市黑臭水体整治监管平台，截至 2018 年 11 月 12 日，累计已认定的黑臭水体总数为 2 100 个，其中，已完成整治的黑臭水体达 1 745 个，正在治理和制定方案中的分别为 264 个和 91 个。

长江保护修复攻坚战行动计划即将发布实施。生态环境部会同有关部门编制的《长江保护修复攻坚战行动计划》将于近期印发。长江经济带水环境质量达到年度目标要求。2018 年，长江经济带区域（主要干支流）Ⅰ～Ⅲ类断面 450 个，占比为 89.1%（2018 年目标为 81.6%）；劣Ⅴ类断面 6 个，占比为 1.2%（2018 年目标为 4.5%）。

渤海综合治理攻坚战顺利启动。2018 年 11 月 30 日生态环境部、国家发展和改革委员会、自然资源部联合印发了《渤海综合治理攻坚战行动计划》（以下简称《计划》）。《计划》要求坚持以陆海统筹、以海定陆，协同推进污染防治、生态保护、风险防范为总体思路，部署打好渤海综合治理攻坚战。要强化源头污染防治，以入海河流环境治理、直排海污染源规范管理等为突破口，严格控制影响海洋生态环境的污染物排放，强化海域污染治理。以生态保护红线管控、海岸带生态保护修复等为突破口，系统推进海洋生态保护与修复，提高海洋资源环境承载力。同时，要做好沿海城市和海上生态环境风险防范及海洋生态灾害预警与应急处置，不断提高突发环境事件和生态灾害应对能力，努力实现清洁渤海、生态渤海、安全渤海的战略目标。

农村环境综合整治进展顺利。2018 年完成环境综合整治的建制村共 2.5 万个。截至 12 月底，全国 31 个省（区、市）均已完成畜禽养殖禁养区划定。全国已依法关闭或搬迁畜禽养殖禁养区内畜禽养殖场（小区）和养殖专业户 26.2 万多个。

1.3.3 净土保卫战稳步推进

土壤污染状况详查全面推进。截至 2018 年年底，完成 55.8 万个点位、69.8 万份样品的采集、制备、流转、分析测试、数据审核，如期报送省级农用地详查技术报告、图件、表格。重点行业企业用地详查方面，28 个省（区、市）和新疆生产建设兵团已经全面启动并完成 7.2 万个地块基础信息调查工作。

耕地类别划分试点和受污染耕地安全利用工作逐步启动。生态环境部配合农业农村部在湖南、河南和江苏 3 省选取部分县开展耕地土壤环境质量类别划分试点；农用地详查工作完成后，逐步在全国范围开展类别划分工作。各地部署开展了受污染耕地安全利用和严格管控工作，江苏、浙江、江西、广西、重庆、四川6个省份，较为系统地进行了部署并开展了受污染耕地安全利用技术试点示范，主要基于“一年筛选技术、二年优化参数、三年生产示范”的思路，尚处于小范围试点示范阶段；全国共5个省份（湖北、湖南、四川、贵州、云南）向国家发展和改革委员会提出将重度污染耕地纳入新一轮退耕还林还草范围需求，共约170万亩；天津、浙江、福建、海南、四川5个省份开展受污染耕地禁产区划定工作试点；湖南在长株潭地区重金属污染区休耕 20 万亩。但总体工作进程滞后于时序要求。

污染地块治理和再开发利用联合监管工作全面启动。督察各地建立污染地块名录，并上传全国污染地块土壤环境管理信息系统，全国共上传地块信息 8 228 块，经调查评估确认，非污染地块 1 320 块、污染地块 1 002 块；284 块污染地块已完成修复，356 块正在修复；尚有 5 906 块疑似污染地块正在或待开展调查评估。部署开展污染地块联合监管工作，《土壤污染防治行动计划实施情况评估考核规定（试行）》提出，地方在编制城市总体规划、控制性详细规划时，应根据疑似污染地块、污染地块名录及其土壤环境质量评估结果、负面清单，合理确定污染地块的土地用途，明确污染地块再开发利用必须符合规划用途的土壤环境质量要求；加强土地征收、收回、收购工作等环节污染地块监管，及时查询污染地块土壤环境质量状况结果。

禁止洋垃圾入境、推进固体废物进口管理制度改革任务全面落实。一是完善监管制度，堵住洋垃圾进口通道。经国务院同意成立部际协调小组，保障改革有序实施。印发《〈禁止洋垃圾入境推进固体废物进口管理制度改革实施方案〉2018—2020 年行动方案》，确保各项改革措施落地见效。提前调整第二批和第三批《进口废物管理目录》，将工业来源废塑料等 32 种固体废物分批调整列入禁止进口目录，列入目录的固体废物种类将由 7 类 66 种减少至 2 类 18 种。二是加强全过程监管，强化洋垃圾非法入境管控。联合海关总署启动限定固体废物进口口岸，将允许进口固体废物的口岸由 166 个减少至 18 个。继续开展打击进口废物违法行为专项行动和集散地整治。有效引导国内外舆情，成功争取联合国环境规划署和巴塞尔公约秘书处公开支持中国禁止洋垃圾进口政策，对国际舆论产生积极影响。经过各部门各地方共同努力，2018 年 1—8 月固体废物进口量同比减少 56.8%，其中限制进口类固体废物同比减少 62.5%，进口企业数量同比减少 85%。

持续坚决打击固体废物及危险废物非法转移和倾倒。印发《关于坚决遏制固体废物非法转移和倾倒进一步加强危险废物全过程监管的通知》，指导各地组织开展专项排查，打击相关违法犯罪行为等相关工作。严肃查处江苏盐城辉丰公司非法填埋危险废物、山西三维集团违规倾倒工业废渣、广州海滔公司非法倾倒污泥等一批大案要案；集中约谈广州、连云港、盐城等 7 市政府主要负责同志；对芜湖市白象山非法堆存工业固体废物及有毒有害物质等 7 起生态环境违法案件挂牌督办；联合公安部、高检院对安徽池州污染长江环境等 50 余起污染环境犯罪案件联合挂牌督办。以长江经济带为重点开展专项整治行动，启动打击固体废物环境违法行为专项行动，对固体废物倾倒情况进行全面摸排核实，共核实 2 796 个固体废物堆存点，发现 1 308 个存在问题。

垃圾焚烧发电行业达标排放监管基本到位。制定《垃圾焚烧发电行业达标排放专项整治行动方案》，投产运营的278家垃圾焚烧发电企业全部完成“装、树、联”（依法安装自动监控设备、在厂区门口树立电子显示屏、实时监控数据与环保部门联网）。

生活垃圾分类处理正在推进。截至2018年6月29日，134家中央单位、27家驻京部队已开展生活垃圾分类，134家中央单位全部通过验收，并建立11家示范单位。全国46个重点城市均已开展生活垃圾分类投放、收集、运输和处理设施系统建设。其中，41个城市正在推进生活垃圾分类示范片区建设，14个城市已经出台生活垃圾分类地方性法规或规章。21个省（区、市）已出台生活垃圾分类实施方案。

1.4 生态环境执法督察扎实开展

坚持依法依规监管，严格禁止“一刀切”，出台《禁止环保“一刀切”工作意见》，坚决反对“一律关停”“先停再说”等敷衍应对做法，坚决避免以生态环境保护为借口紧急停工停业停产等简单粗暴行为，坚决遏制假借生态环境保护等名义开展违法违规活动。对执法督察发现的问题，指导和督促地方根据具体情况制定切实可行的整改方案，明确阶段目标，禁止层层加码，避免级级提速，对不作为、乱作为现象，严肃追责问责。对河北、江苏、广东等20省（区、市）开展中央环境保护督察“回头看”，推动解决7万多件群众身边的环境问题。对京津冀及周边地区、汾渭平原开展强化监督检查，截至2018年12月底，发现涉气环境问题2.3万多个，2017年交办的3.89万个问题整改完毕。

开展集中式饮用水水源地环境保护、打击固体废物及危险废物非法转移和倾倒、垃圾焚烧发电行业达标排放、“绿盾”自然保护区监督检查4个专项行动。开展全国集中式饮用水水源地环境保护专项行动，对2018年年底需要完成整治的1 568个饮用水水源地6 251个问题全覆盖。开展垃圾焚烧发电行业达标排放专项整治行动，首批128家超标垃圾焚烧厂98家已完成整治。开展“清废行动2018”专项行动，对长江经济带11个省（市）2 796个固体废物倾倒堆存点进行摸排核查，对111个突出问题挂牌督办。强化污染源监管，2018年1—9月重点排污单位达标率约为98.6%，整体达标形势向好发展。严格行政执法，2018年1—8月，全国实施环境行政处罚案件10.97万个，罚没款金额91.23亿元。

持续开展“绿盾2018”自然保护区监督检查专项行动，通报黑龙江北极村、江西青岚湖等17个自然保护地典型违法案例，约谈存在突出侵占破坏问题的辽宁辽河口、吉林珲春东北虎等7个国家级或省级自然保护区所在的8个市（州、区）政府和3个省级主管部门负责人，坚决查处保护区内各类违法活动。

1.5 生态环保领域改革有力推进

深化生态环境领域“放管服”改革，发展动力和活力进一步激发。印发《关于生态环境领域进一步深化“放管服”改革，推动经济高质量发展的指导意见》，提出了深化生态环境领域“放管服”改革、推动经济高质量发展的15项举措。不断加大简政放权力度，加快环评审批制度改革，取消环评审批前置，进一步优化名录，降低企业负担。建立与相关部门协同推进环评审批机制，形成国家重大项目、地方重大项目、利用外资项目环评工作台账，在坚守环境底线的基础上加强跟踪推进。加快推动排污许可制度改革，累计完成火电、造纸等 24 个行业、3.9 万多家企业的排污许可证核发。不断加大环境治理投入，出台一批促进环保产业发展的政策措施。2018 年 1—8 月，生态保护和环境治理投资同比增长 34.9%，比固定资产投资增速高 29.6 个百分点。2018 年 1—9 月全国环保产业预计销售收入为 10 650 亿元，同比增长约 17.7%，增速明显快于国民经济。京津冀地区、长江经济带和宁夏等 15 个省（区、市）完成生态保护红线划定，山西等其余 16 省份生态保护红线划定方案已基本形成，开展生态保护红线勘界定标试点工作。

1.6 生态环境状况明显好转

环境空气质量继续改善。根据 2018 年环境空气质量监测数据，和 2015 年相比，全国 262 个 $PM_{2.5}$ 浓度不达标城市的平均浓度下降了 24.6%，提前 2 年完成了总目标要求；全国空气质量优良天数比率同比增长 1.3 个百分点，达到序时进度和年度目标要求。

京津冀及周边大气污染传输通道“2+26”城市优良天数比例为 50.5%，同比上升 1.2 个百分点；$PM_{2.5}$ 浓度为 60 $\mu g/m^3$，同比下降 11.8%。北京市优良天数比例为 62.2%，同比上升 0.3 个百分点；$PM_{2.5}$ 浓度为 51 $\mu g/m^3$，同比下降 12.1%。汾渭平原优良天数比例为 54.3%，同比上升 2.2 个百分点；$PM_{2.5}$ 浓度为 58 $\mu g/m^3$，同比下降 10.8%。长三角地区优良天数比例为 74.1%，同比上升 2.5 个百分点；$PM_{2.5}$ 浓度为 44 $\mu g/m^3$，同比下降 10.2%。

水环境质量明显向好，“好”“差”两头水质断面比例满足年度目标要求。2018 年，全国地表水 1 940 个国控断面中，Ⅰ～Ⅲ类断面比例为 71.0%（2018 年度目标为 68.4%），超出年度目标 2.6 个百分点，劣Ⅴ类断面比例为 6.7%（2018 年度目标为 7.3%），超出年度目标 0.6 个百分点；首要污染物为化学需氧量、总磷和氨氮。地级及以上城市饮用水水源水质整体较好，2018 年，地级及以上城市的 871 个集中式饮用水水源地中，水质达到或优于Ⅲ类比例达到 90.9%，多年基本保持稳定。2018 年，全国近岸海域水质优良点位比例为 74.6%，同比上升 6.7 个百分点。

2 污染防治攻坚战取得明显成效

2018 年污染防治攻坚战处于边部署、边落实、边改革、边促进的起步阶段。各地区、各部门提高政治站位，加大污染防治力度，针对突出环境问题采取了一系列扎实有效的措施，解决了一批环境难题，环境质量明显改善，增强了信心，赢得了民心。

2.1 攻坚战全面启动，社会反响热烈，公众认可度高

基于 700 家网站和新浪微博，利用生态环境部环境规划院的环境舆情分析系统，选取“污染防治攻坚战、大气污染防治攻坚战、蓝天保卫战、碧水保卫战、净土保卫战、水污染防治攻坚战、土壤污染防治攻坚战、柴油货车污染治理、城市黑臭水体治理、渤海综合

治理、长江保护修复、水源地保护、农业农村污染治理、洋垃圾、固体废物、危险废物、垃圾焚烧发电行业、‘绿盾’自然保护区”等关键词，对2018年1月1日—11月9日的语料进行采集，并采用数据捕捉、搜索指数等大数据技术，开展相关网络舆情分析。结果显示，各地已经形成了污染防治攻坚战工作的宣传矩阵，公众对相关工作的关注度、参与度较高：

网络媒体和公众对污染防治攻坚战相关新闻关注度较高。对“污染防治攻坚战”相关关键词检索语料进行统计，统计时间范围内，共采集相关网站新闻 22 477 条，新浪微博 119 604 条，共计 142 081 条舆情语料。700 家新闻网站中，相关新闻发布量超过 100 条的网站媒体共计 34 家，共发布相关新闻 11 249 条，占全部新闻网站总发布量 50%。

媒体焦点呈动态变化，大气污染治理是公众和媒体的关注热点。媒体对污染防治攻坚战工作的关注度与重大决策部署发布及各地具体工作进展保持较高一致性。媒体不仅对污染防治攻坚战本身的污染治理、环境质量改善有较多的报道，同时对环境督查、问题整改、企业整治等方面也有较高的关注度。分环境要素情况，大气污染防治关注度最高，其次是水源地保护、城市黑臭水体治理、土壤污染防治、固体废物治理等。对用户交互量（网友转发量、评论量、点赞量之和）排名前 20 条新浪微博进行分析可以看出，6 条微博主题为大气污染防治攻坚战，2 条微博主题为黑臭水体治理，其余微博均为综合性污染防治攻坚战内容，公众与媒体的关注也较为一致，集中在大气污染及治理等相关问题。

不同省份其关注度不同，关注领域契合区域突出环境问题。各省份新闻发布数量存在差异。具体来说，广西、广东、甘肃、湖南、湖北等省份的相关新闻发布量最多，均超过 4 000 条；吉林、海南、新疆、重庆等省份相关新闻发布量较少，低于 1 500 条。各省份对于污染防治攻坚战关注点各不相同，全国 31 个省份中，贵州、黑龙江、海南污染防治攻坚第一领域为黑臭水体治理，黑龙江、吉林为水源地保护，重庆为长江保护修复，其余省份均为大气污染治理。

公众对“污染防治攻坚战”工作认可度总体较高。网友评论的正面情绪比例、负面情绪比例、中性情绪比例平均分别为 42.76%、23.49%、33.75%，公众对相关话题发声较为理性。18 个关键词中，除“洋垃圾”“固体废物”“危险废物”外，其余 15 个关键词相关微博有效评论的正面情绪比例高于负面情绪比例，表现出公众对有关工作的认可。其中，正面情绪比例超过 50%的微博为“蓝天保卫战”“‘绿盾’自然保护区”“水源地保护”“污染防治攻坚战”相关微博。

2.2 部分领域形成较为有效完备的攻坚机制，攻坚战实施有力

为坚决打赢蓝天保卫战，推动完善京津冀及周边地区大气污染联防联控协作机制，经党中央、国务院同意，将京津冀及周边地区大气污染防治协作小组调整为京津冀及周边地区大气污染防治领导小组（以下简称领导小组），国务院副总理韩正亲自担任组长。

领导小组成立以来，严格贯彻落实党中央、国务院关于京津冀及周边地区（以下简称区域）大气污染防治的方针政策和决策部署；精心组织推进区域大气污染联防联控工作，统筹研究解决区域大气环境突出问题。深入研究确定区域大气环境质量改善目标和重点任

务，指导、督促、监督有关部门和地方落实，组织实施考评奖惩。科学组织制定有利于区域大气环境质量改善的重大政策措施，研究审议区域大气污染防治相关规划等文件。合理研究确定区域重污染天气应急联动相关政策措施，组织实施重污染天气联合应对工作。京津冀及周边地区大气污染防治攻坚机制完备，推动有力。

京津冀及周边地区、长三角地区、汾渭平原城市群强化重点区域联防联控联治和区域应急联动，有效降低污染负荷和重污染期间的污染程度。区域内发改、工信、交通、住建、公安、农业和生态环境有关部门联动执法，有力地遏制了大气污染违法违规行为的发生。

2.3 严格监管和优化服务并重，推进供给侧结构性改革

依法关停违法排污严重的企业，整治提升治污设施不规范的企业，推进具有成长潜力的企业进区入园。出台深化“放管服”改革 15 项重点举措，进一步优化营商环境，加快项目环评审批，发展动力和活力进一步激发。截至 2018 年年底，累计完成 24 个行业、3.9 万多家企业排污许可证核发。生态环境保护推进供给侧结构性改革向纵深发展，助力经济结构得到持续优化升级，服务业主导特征日趋稳固，高技术制造业、战略性新兴产业、装备制造业增加值均快于规模以上工业增速，创新驱动不断增强。从投资结构看，高技术制造业、环保和民生等领域投资同比增长较快，推动中国经济发展质量不断提升。

加快淘汰落后产能和化解过剩产能，全面整治“散乱污”企业及集群，实行拉网式排查和清单式、台账式、网格化管理，分类实施关停取缔、整合搬迁、整改提升等措施，“劣币驱逐良币”的现象得到扭转，一批污染重、能耗高、技术水平低的企业被淘汰，市场秩序进一步规范，合规企业生产负荷大幅提高、工业企业利润明显增加。2018 年 1—8 月，全国规模以上工业企业利润同比增长 16.2%，黑色金属冶炼与压延加工业、非金属矿物制品制造业、石油、煤炭及其他燃料加工业、化学原料和化学制品制造业利润总额分别增长 80.6%、46.1%、32.4%、25.0%。环保督察和“散乱污”企业综合整治重点地区实现了企业高质量、产业高水平、税收高贡献，天津、河北、山西、山东等工业企业利润分别累计增长 25.8%、27.1%、54.5%、15.4%，均显著高于 2017 年同期水平；河北、山西、山东一般公共预算收入分别增长 6.3%、25.8%、8.6%，税收收入大幅增长。

从京津冀及周边地区的情况来看，2017 年共整治了 6.2 万家“散乱污”企业，有力地解决了“劣币驱逐良币”的问题，使得市场更加健康和规范。例如廊坊市文安县，是全国胶合板的主要生产基地之一，“散乱污”企业占比非常高，原有 2 000 多家企业，绝大部分属于“散乱污”企业，在“散乱污”企业的整治过程中间，200 多家规模大、治污到位的企业获得较好成长机遇。从长三角地区的情况来看，江苏省加快化工钢铁煤电行业转型升级高质量发展，加速推进焦化行业布局调整、沿江地区和环太湖地区独立焦化企业整治工作；将大气污染物特别排放限值执行范围从沿江 8 市扩大至全省，对 747 家钢铁、水泥、玻璃等高排放企业实施强制污染减排措施；完成涉挥发性有机物（VOCs）“散乱污”企业清理整顿任务的 83.6%；全面完成违规燃煤锅炉淘汰及验收工作，煤气发生炉已淘汰 98.1%。

2.4 重点区域环境治理进程加快，助推国家重大战略实施

统筹推进京津冀及周边地区、雄安新区污染防治和生态保护，建立和完善协作机制，统筹谋划区域大气、水污染防治工作，加强生态保护与建设，深化污染防治协作和联防联控机制，加强“散乱污”企业及集群综合整治，推动白洋淀环境治理和生态修复、唐河污水库、生活垃圾等专项整治，编制《关于支持河北雄安新区深化生态环境保护领域改革创新的实施意见》。实施《长江经济带生态环境保护规划》，加快编制长江经济带“三线一单”（生态保护红线、环境质量底线、资源利用上线和生态环境准入清单），建立健全“三线一单”对规划环评、项目环评的指导和约束机制，引导和优化沿江产业布局，建立横向生态补偿机制，组建国家长江生态环境保护修复联合研究中心，推进长江保护法立法进程。研究编制粤港澳大湾区生态环境保护专项规划，推动落实粤港澳区域大气污染联防联治，推进区域黑臭水体环境综合整治和“蓝色海湾”整治行动，构建全区域绿色生态水网。积极做好“一带一路”、西部大开发生态环境保护相关工作。深入实施乡村振兴战略，进一步推进农业农村生态环境保护。

3 污染防治攻坚战存在的主要问题

3.1 工作组织未完全落实，地方责任传导的贯穿度不够

各地各部门的责任组织机制尚未完全落实到位，污染防治攻坚战中任务较重的一些部门还没有出台相关落实文件，责任传导落地不够。各部门协同打好污染防治攻坚战的良好局面还有待进一步推进。相比精准扶贫攻坚战，各部门基本上都出台了本部门的方案或者意见，污染防治攻坚战的落实情况差距明显。

长江保护修复工作点多面广，涉及上下游九省两市，加之机构改革，相关职能存在调整，生态环境、发改、住建、交通、工信、水利、自然资源等各部门的统筹协调进展缓慢，难度较大。

净土保卫战部门间协调机制未发挥实质性作用。尚未建立城乡规划、自然资源、生态环境部门信息共享和联动监管机制，污染地块准入机制尚缺乏具体的可操作细则。农业农村部门作为受污染耕地安全利用的主体，相关工作进展较慢。

农村环境整治多头管理，缺乏统筹。涉及农村环境综合整治的河道疏浚保洁、污水垃圾治理、改水改厕、沼气建设、通村公路、村庄绿化等，由各部门各自布置实施，缺乏系统性、时序性、协同性。

个别部门对本系统的地方责任传导的贯穿度不够，存在“中梗阻”现象。截至2018年年底，除住建部门牵头的城市黑臭水体治理任务贯通性较好外，其他的标志性战役和重要举措停留在中央本级居多，责任部门在本系统内部压力传导少，缺乏对省、市、区、县相

关部门的指导与督导。在生态环境部通报的 2018—2019 年蓝天保卫战重点区域强化监督检查情况中，锅炉淘汰、扬尘、“黑加油站”、焚烧垃圾和秸秆等问题占一半以上，说明有关部门监管落实不到位。

3.2 结构调整缓慢，生态环境质量改善的基础不稳

我国结构性污染问题突出，产业结构偏重、能源结构偏煤、运输结构偏公路，污染物排放量长期处于高位。要使生态环境质量好起来，必须在结构调整上取得重大突破，但我国经济结构调整不明显、新旧动能转换偏缓的问题依然存在，煤炭、粗钢、电解铝、水泥、焦炭等产品产量快速增长。2018 年 1—8 月，粗钢、火电等产品产量同比分别增长 9%、7.2%。能源结构调整趋缓，我国原煤产量由 2017 年同期下降 1.7%转为上升 3.6%，煤炭进口量同比增长 14.7%；原油加工量同比增长 8.7%，进口量同比增长 21.1%。

交通和能源结构调整进展迟缓。2018 年 1—11 月全国铁路货运量累计增长 8.7%，增幅同比回落 3.5 个百分点，占全国货运总量的 8.0%，相比 2017 年同期提升 0.1 个百分点，仅为公路货运路的 10.2%，公转铁进程仍需提速，铁路货运仍有巨大提升空间。2018 年 1—11 月全国原煤产量达 32.1 亿 t，累计增长 5.4%，相比 2017 年同期增幅提升 1.7 个百分点，累计进口煤及褐煤 2.7 亿 t，相比 2017 年同期增长 9.3%；累计进口原油 4.2 亿 t，相比 2017 年同期增长 8.4%，能源结构调整进程有所趋缓，煤炭和石油消费呈现反弹，是造成大气环境压力的重要原因。

区域分化进一步加大，部分区域将面临环境与经济双重压力。我国经济增长潜力和高质量动能仍集中于长三角、广东等地，东部沿海地区在高质量发展中抢得先机，生态环境压力持续缓解，经济增长与生态环境正向相互影响将进一步增强。但是，部分中西部和北方地区产业结构调整较为缓慢，承接了大量相对落后产业，长江中上游地区搬迁企业违法违规排放事件频出，环境保护与经济发展的矛盾凸显。在部分地区和城市环保执法日益严格的情况下，污染产业及新增产能的地域性转移动机将更为凸显。2018 年 1—8 月，山西、吉林、贵州、云南等省（区、市）平板玻璃累计产量同比大幅增长，江西、湖南等省原油加工量大幅增长。2018 年 1—11 月，湖北、四川、辽宁等省（区、市）机制纸及纸板累计产量同比大幅增长，山西、重庆、安徽等省（区、市）焦炭累计产量同比大幅增长。湖北、湖南、广西、云南等省（区、市）火力发电量大幅增长，这些地区承接相对落后产业进程仍持续推进，环境压力正在加剧。

3.3 部分重点领域投入保障不足

污染防治攻坚战涉及水、大气、土壤和生态多个领域，部分领域存在投入不足现象。环保基础设施多元化投入机制不健全，污染治理设施建设存在短板，污水、垃圾、危险废物处理处置能力总体不足、分布不均。随着污染防治攻坚战深入推进，环境治理的复杂性增加、边际成本上升的问题凸显。

黑臭水体治理领域，城市黑臭水体攻坚战的核心任务之一是配套污水管网建设，根据

全国的供水管道长度100多万km，污水的管道长度只有60多万km，据此估算，污水管网初步估算有1万亿元的缺口。要实现2030年消除全部城市建成区的黑臭水体，投资需求或将超过7 000亿元。

水源地保护领域，中央财政支持较少，除跨区域大型水源和良好湖泊外，其他水源保护尚无中央资金支持，地方和社会资金投入水源保护的积极性不高，农村环境综合整治资金的使用方向仍是以村庄环境基础设施建设为主，向农村水源保护的倾斜力度有限。

大气污染防治领域，2018年国家大气污染防治专项资金共投入约200亿元。但是，重点区域以外的部分地方存在重视不够的情况。

农业农村环境综合整治领域，投融资渠道不畅，引导带动作用不够。虽有中央财政农村环保专项投入带动，但地方农村环保各渠道资金投入不足，截至2016年仅完成期望目标值的20%。资金投入渠道分散，使用方式单一，导致农村环境整治结构性投资缺口较大。

土壤污染防治领域，地下水污染、土壤污染、有毒有害污染物等问题治理任务十分艰巨，部分地方对土壤污染防治的严峻形势认识不到位，对土壤污染防治工作重视不够，未按照国家统一部署开展农用地土壤污染状况详查、受污染耕地安全利用等工作，土壤污染防治资金保障力度不够。

3.4 生态环境保护铁军建设滞后，攻坚能力存在缺陷

总体来看，全国各地社会经济发展与生态环境基础差异大，面临的生态环境问题也各不相同，生态环境保护管理体制改革正在推进，机制能力建设还不到位，污染防治攻坚战依然面临“小马拉大车”的局面，基层和乡镇尤其薄弱。具体来说，需要在以下方面加快生态环境保护铁军建设：

生态环境保护综合执法队伍需要加快整合组建。根据《深化党和国家机构改革方案》，国家将“整合环境保护和国土、农业、水利、海洋等部门相关污染防治和生态保护执法职责、队伍，统一实行生态环境保护执法。由生态环境部指导”。依据《关于印发〈生态环境部“三定”规定细化方案〉的通知》，生态环境执法局的职责仅限于水生态环境、海洋生态环境、大气环境、土壤环境、地下水、固体废物、化学品、生态及其他环境领域监督执法工作，“职责独立、机构独立、程序独立”的国家生态环境监管执法体制仍难以全面建立，特别是需要加强对省、市、县的指导，加快推动地方整合组建生态环境保护综合执法队伍。

省以下环保机构监测监察执法垂直管理制度改革试点等工作推进比较缓慢。垂直管理改革牵一发而动全身，不只是机构隶属关系的调整，也涉及地方政府层级间事权、政府相关工作部门间职能、环保系统内部职责运行关系等的调整，还要确保改革期间环保机制不变、责任不变、任务不变、思想不乱、队伍不散、工作不断、监管不软，垂改工作难度较大。加之2018年机构改革工作，涉及政府各部门职责调整，省以下环保机构监测监察执法垂直管理制度改革进展不大。

就污染防治攻坚战三大保卫战来看，土壤环境监管能力尤其薄弱。部分市、县级土壤环境管理技术人员严重匮乏，甚至处于空白状态，土壤污染监测设备缺乏。基层执法意识不强，执法水平不高。土壤污染修复技术仍处于探索阶段，土壤污染防治项目进展缓慢，

专项资金执行率低。

3.5 部分区域流域生态环境质量改善压力大

部分区域大气环境改善压力增大。新疆西南部、湖北中部、湖南南部及甘肃、河南等紧邻汾渭平原的部分城市，$PM_{2.5}$和PM_{10}浓度不降反升。2018 年 1—9 月，全国 6 个省（区、市）优良天数比例出现不同程度下降，河南、山西、河北等 6 省（市）优良天数比例不足 60%。长三角地区重度及以上污染天数同比有所上升。珠三角地区优良天数比例同比下降 0.7 个百分点。臭氧（O_3）污染呈加重趋势，2018 年 1—9 月，全国臭氧浓度同比上升 1.3%，京津冀及周边地区“2+26”城市臭氧浓度超标率为 31.6%。另外，值得注意的是，我国颗粒物污染治理尚在攻坚阶段，臭氧污染问题日益显现。

局部流域领域水环境持续改善难度较大。2018 年 1—10 月，松花江流域、珠江流域Ⅰ～Ⅲ类断面比例未达到年度目标，辽河流域、松花江流域、西南诸河、珠江流域劣Ⅴ类断面比例未达到年度目标。其中，松花江流域Ⅰ～Ⅲ类断面比例距年度目标相差 12.2 个百分点、劣Ⅴ类断面比例相差 5.2 个百分点，辽河流域劣Ⅴ类断面比距年度目标例相差 15.7 个百分点。2018 年 1—10 月，31 个省（区、市）中，内蒙古、吉林、黑龙江、广东、江苏 5 个省份Ⅰ—Ⅲ类断面比例未达到年度目标要求，山西、辽宁、吉林、黑龙江、湖南、广东 6 个省份劣Ⅴ类断面比例未达到年度目标要求。其中，吉林、黑龙江、广东 3 个省份Ⅰ～Ⅲ类断面比例和劣Ⅴ类断面比例均未达到年度目标要求。2018 年 1—10 月，地级及以上城市饮用水水源地水质优于Ⅲ类比例距 2020 年 93%的目标要求仍有差距。渤海水质有所改善，但重点海湾生态环境质量未见根本好转，生态环境风险持续增加，生态环境保护形势严峻。总磷、总氮持续成为重点湖泊首要污染物，重点湖库蓝藻水华防控形势依然严峻。城市和工业水环境基础设施欠账较多。黑臭水体整治面临较大压力，部分城市黑臭水体整治基础薄弱，控源截污不到位，管网不配套，内源污染突出，受季节变化影响大。部分地区水生态环境风险隐患突出，保护区划分不合理，江河沿岸高环境风险工业企业密集分布，与饮用水水源犬牙交错，饮用水水源取水口水质污染风险较高。地下水水质污染风险仍突出，全国加油站完成双层罐或防渗池设置工作比例仅为 63.5%。

重点区域土壤污染风险不容忽视。重有色金属矿区周边耕地土壤重金属问题较为突出，“镉米”“镉麦”事件时有发生。城镇人口密集区危险化学品生产企业搬迁改造、长江经济带化工污染整治等腾退的地块环境风险管控压力较大。不少地区以农用地土壤污染状况详查 2018 年年底才完成为由，不主动利用已有的土壤污染状况调查、农产品产地重金属污染状况调查等数据，推进耕地土壤环境质量类别划定、受污染耕地安全利用等工作。部分地区受污染耕地安全利用、治理与修复任务尚未开展实质性工作，未制定重度污染耕地种植结构调整或退耕还林还草任务实施计划并报国家主管部门。一些重度污染耕地涉及基本农田，实施退耕还林还草尚需进一步出台相关政策。土壤污染治理技术存在短板，耕地污染修复治理既要去除污染物，又要确保治理修复后仍适合耕种，缺乏易推广、成本低、效果好的适用技术，已开展的受污染耕地治理修复试点普遍存在周期长、成本高及最终效果有待验证等问题。

4 污染防治攻坚战未来两年面临的形势

经济发展环境正在发生深刻变化，2019 年我国经济增速可能降至 6.5%以下，2020 年可能降至 6.0%左右，“稳中有变”“变中有忧”的发展态势仍将延续，中美经贸摩擦持续升级的负面影响将更多、更大范围显现，国内经济转型继续深入推进，结构性矛盾和体制性问题仍较突出。不稳定不确定因素进一步增多，一些结构性、瓶颈性、体制性等深层次问题尚未得到根本解决，生态环境面临的压力仍在增加，支撑生态环境质量持续改善的基础还不稳固。未来两年是贯彻落实、打赢污染防治攻坚战的关键时期，需要密切关注形势变化，对影响我国生态环境保护和经济安全稳定的因素复杂性、联动性、不确定性要充分做好预估预判，做好统筹平衡、两手互扶、精准施策，为 2020 年打赢污染防治攻坚战奠定坚实基础。

4.1 经济形势的不确定，可能会带来攻坚战“放一放”的思想松懈

我国经济运行“稳中有变”，经济形势错综复杂。从外部看，国际经济环境更加严峻，中美贸易摩擦升级将对我国进出口带来不利影响。从内部看，我国经济结构调整任重道远，传统工业体量较大，能源、交通运输结构调整进展缓慢，转型升级中遇到的各种矛盾仍十分突出。中央把“保持经济社会大局稳定”摆在首位，突出了“六稳”。保持经济社会发展稳定的总基调，要求生态环境保护政策措施更加精准。传统的发展模式和增长方式难以适应持续提高的环保标准和治污要求，大量地方债务未来几年密集到期，基础设施领域补短板重点任务如无序开展，可能导致部分地方、部门污染防治攻坚战“放一放”的思想松懈，也可能在一定程度上削弱污染防治攻坚战的外部有利条件。作为三大攻坚战之一，污染防治攻坚政策措施的制定需要更加精细，更加符合不同地区和行业、企业实际，充分把握好政策措施的作用时间、节奏和力度，加强条件保障，在推动供给侧结构性改革、推动高质量发展等方面发挥更加积极的作用。

4.2 经济下行预期普遍，部分重污染行业增长较快，压力可能加大

根据中国社会科学院经济研究所、国际货币基金组织、亚洲开发银行等国内外机构预测，2019 年我国国内生产总值（GDP）增速将降至 6.5%以下。根据生态环境部环境规划院与国家信息中心开发的环境—经济预警指数显示，2018 年 3 月环保基准指数达到峰值后保持下行态势，按先行指数 10 个月左右先行期分析，2019 年我国环保压力将再次处于上升周期。受稳就业、稳投资、稳预期政策影响，钢铁、建材等基建相关行业预期将继续处于高位，新增污染排放压力较大，给环境质量持续改善带来压力，京津冀及周边“2+26”城市、汾渭平原、长三角地区最为明显。受宏观经济政策影响，部分地区、部分重污染行业新增产能冲动将更为明显，部分“散乱污”企业复燃的冲动也会增强，需要提前构建重

污染产能增加以及重污染产能转移的预防性政策措施，而且不能放松环保监管要求。

4.3 公众对攻坚战高度关注和高度期待，舆论压力不容忽视

经过不懈努力，我国生态环境质量持续改善，大部分地区蓝天白云成为新常态，人民群众对环境污染的敏感度明显提高，对巩固和提升污染防治攻坚战成果、保持优良生态环境的期待进一步增强。部分地区生态环境问题仍然突出，重污染天气、黑臭水体、垃圾围城、生态破坏等问题时有发生，环境治理任重道远。经过持续攻坚，重点及以上污染天气发生频率和峰值浓度大幅下降，但随着公众对良好生态产品需求的快速增长，重污染天气依然是社会大众关注的突出生态环境问题。但是某些地方政府平时不作为、管理不到位，为应对督查检查，在执行生态环境保护政策措施时急于求成，采取突击关停、掩盖问题等简单粗暴的“乱作为”手段，暴露了精准施策能力和水平的不足，引起了社会舆论的强烈反应。

5 污染防治攻坚战推进建议

2018 年全国经济工作会议指出，我国仍处于并将长期处于重要战略机遇期。我们遇到了一些发展中的问题，但我国社会主义建设的宏观的战略基础、战略形势并未发生重大改变，生态环境保护尤其要坚定信心、保持定力，牢记初心与使命，牢记生态环境保护的基本职责，把党中央国务院污染防治攻坚战的决策部署落实好、实施到位。

在宏观外部环境日趋复杂多变、内部污染防治攻坚及生态环境质量改善难度不减的形势下，应继续坚持以习近平生态文明思想为指导，按照全国生态环境保护大会和《意见》的决策部署，增强使命感、责任感、紧迫感，坚定不移推进生态环境治理体系和治理能力现代化，坚守阵地、巩固成果，不能放宽放松，更不能走“回头路”，保持方向、决心和定力不动摇，协同推进经济高质量发展和生态环境高水平保护，坚持稳中求进、统筹兼顾、综合施策、两手发力、点面结合、求真务实，综合运用行政、法治、市场、技术等多种手段，严格监管与优化服务并重，引导激励与约束惩戒并举，聚焦打好标志性战役，加大工作和投入力度，进一步改善生态环境质量。

5.1 提高政治站位，进一步压实地方部门责任，用好成效考核“指挥棒”

加快出台生态环境保护部门责任清单、《意见》的分工方案、污染防治攻坚战的考核办法等文件，深入贯彻“党政同责一岗双责”，压实责任，层层负责，精心组织《意见》各项任务落实。没有出台落实《意见》方案或计划的省级党委政府、中央和国家机关各部门，要抓紧研究出台方案或者意见，细化目标任务。各部门要根据污染防治攻坚战要求，制订本部门的年度工作计划并报党中央、国务院。启动 2018 年污染防治攻坚战的年度成效考核。为进一步加大统筹协调力度，建议成立国务院污染防治攻坚战领导小组，领导小

组办公室设在生态环境部，对污染防治攻坚战强化顶层指导和统筹协调。

5.2 调整优化产业结构、能源结构、运输结构、用地结构，坚决打赢蓝天保卫战

落实打赢蓝天保卫战三年行动计划、柴油货车污染治理攻坚战行动计划。在稳步推进3个重点区域大气污染防治的过程中，建议重点关注空气质量改善进展和目标差距较大的地区，包括苏北、皖北和汾渭平原等，着力通过强化监管和能力建设，使其大气环境管理水平尽快和京津冀及周边等地区看齐，补上“十三五”前三年的欠账。实施京津冀及周边地区、汾渭平原、长三角地区秋冬季大气污染综合治理攻坚行动。优化推进重点区域大气污染防治强化监督检查。苏北、皖北和汾渭平原等地区应着力通过强化监管和能力建设，使其大气环境管理水平尽快和京津冀及周边等地区看齐。坚持以供定需、以气定改，坚持宜电则电、宜气则气、宜煤则煤、宜热则热，坚持先立后破、不立不破，稳妥推进清洁取暖，天津市、西安市以及北京市以南石家庄市以北地市力争于2019年10月底前基本完成散煤替代工作。统筹“油、路、车”治理，深入开展打击黑加油站专项行动，继续推动重点区域运输“公转铁”。深入推进钢铁等行业超低排放改造、“散乱污”企业综合整治等重点工作。加强扬尘管控，对汾渭平原开展降尘监测考核，要求各城市平均降尘量不得高于9 t/（月·km^2），沙尘暴影响大的月份平均降尘量不得高于12 t/（月·km^2）。

5.3 坚持污染减排与生态扩容两手发力，着力打好碧水保卫战

深入推进《水污染防治行动计划》（以下简称《水十条》）目标任务落实。全面实施长江保护修复、渤海综合治理、农业农村污染治理攻坚战行动计划。落实《城市黑臭水体治理攻坚战实施方案》。开展《水十条》落实滞后地区的专项督导。加大“老三湖”（太湖、滇池、巢湖）、“新三湖”（丹江口、洱海、白洋淀）等重点湖泊流域面源污染防治及点源氮、磷污染物排放控制。加强黑臭水体整治。加快老城区、城乡接合部、老旧小区污水干支管网建设。强化系统治污，建立健全长效机制，从根本上实现“长治久清”。切实提高饮用水水源地环境安全保障水平。持续开展饮用水水源环境调查评估工作，完善日常监督管理制度，深入推进县级水源地的规范化建设，开展日供水1 000 t或服务人口1万人以上的饮用水水源保护区的划定工作，统筹运用水污染防治专项资金、农村环境综合整治资金及其他资金，拓宽水源环境保护资金渠道。深入推进农村环境综合整治。督促太湖流域苏州、无锡、常州三市落实开放水域投饵养殖淘汰任务，推动重点区域水产养殖污染防治条例制定工作，加强环境监管执法，倒逼秸秆和畜禽粪污资源化利用，减少农业面源污染。加大对农村环境保护的投入，加快建立农村环境基础设施多元化投融资机制。因地制宜推行污染治理和资源化利用技术与方式，推行差异化农村废弃物资源化利用方式。强化长江保护修复工作。建立健全跨部门、跨区域的联动协作机制。加大生态保护红线勘界定标工作开展力度，沿江11省（市）完成控制单元细化划分。开展排污口排查和规范化建设工作，初步搭建国家排污口监督管理信息平台。组织跨部门联合监督检查和执法专项行动，严厉打击非法采砂行为。加强风险防控，优化工业产业布局，加强沿江化工园区监督管理，

强化船舶污染风险防范。加强渤海综合治理，坚持陆海统筹、以海定陆，协同推进渤海污染防治、生态保护和风险防范。全面整治入海污染源，实现直排海污染源稳定达标排放，强化海域污染治理。系统推进海洋生态保护与修复。摸清本市渤海区域突发性事故风险源状况，不断提高突发环境事件和生态灾害的应对能力。

5.4 强化顶层指导，突出重点区域、行业和污染物，扎实推进净土保卫战

持续推进《土壤污染防治行动计划》，强化督导检查与目标考核，督促各地加快推进土壤污染防治工作。全力推进土壤污染状况详查工作，适时对农用地安全利用任务基数进行调整。通过技术指导、定期调度和督导检查，督促地方尽快落实开展农用地详查成果集成、重点行业企业用地调查等工作，根据详查结果，经国务院同意后，对各省（区、市）《目标责任书》中确定的受污染耕地安全利用、治理与修复、种植结构调整或退耕还林还草任务进行适当调整。加大有关部门重点工作协调调度力度，从顶层设计上解决掣肘问题。配合农业农村部督促指导各地充分应用现有各类调查数据及日常掌握情况等，因地制宜组织开展受污染耕地安全利用工作。联合发展改革、自然资源等部门出台重度污染耕地退耕还林还草等相关政策。联合自然资源、住房城乡建设等部门探索污染地块再开发利用准入管理机制，保障建设用地土壤环境质量安全。加强技术指导，防控重点区域土壤环境风险。以耕地重金属污染问题突出区域和铅、锌、铜等有色金属采选及冶炼集中区域为重点，加快推进涉镉等重金属重点行业企业排查整治，切断镉等重金属污染物进入农田的途径，降低粮食镉等重金属超标风险。开展城镇人口密集区危险化学品生产企业搬迁改造、长江经济带化工污染整治等腾退地块的专项检查，督促相关地方及时开展土壤和地下水环境调查，建立污染地块风险管控和治理修复名录，并落实管控措施。推进固体废物污染防治，严厉打击固体废物环境违法行为，确保《禁止洋垃圾入境推进固体废物进口管理制度改革实施方案》各项任务按期完成。全面提高化学品环境风险管理能力。

5.5 加大生态保护和修复力度，形成生态保护红线全国“一张图”

按照应保尽保、应划尽划的原则，推进各地区生态保护红线划定工作，加快形成生态保护红线全国一张图，制定实施生态保护红线管理办法、保护修复方案，建设国家生态保护红线监管平台。持续推进全国“三线一单”（生态保护红线、环境质量底线、资源利用上线和生态环境准入清单）编制和落地。推进山水林田湖草生态保护修复试点，实施生物多样性保护重大工程。推进设立一批国家公园。持续开展“绿盾”自然保护区监督检查专项行动，严肃查处各类违法违规行为，限期进行整治修复。

5.6 开展精细化管理，加大对改善需求较大地区的支持力度

对大气、水和土壤环境压力较大的地区，进一步强化精细化管理。大气污染防治围绕属地责任落实，以街道乡镇作为实施主体，建立大气环境问题“发现—上报—解决—反馈”

快速响应机制，并实现闭环管理。对重点流域划分优先控制单元，针对性提出主要防治任务，实施上下游共同监管。土壤污染推行污染地块精细化管理，确保污染地块安全利用。同时，建立健全领导干部交流机制，生态环境保护工作做得好的地区领导干部到生态环境压力较大的地区进行经验交流或轮岗锻炼，生态环境压力较大的地区领导干部应加强交流学习，践行党的十九大用好干部的精神，强化人力资源配备。对环境质量改善需求大的地区，进一步加大资金支持力度，国家层面生态环境保护相关财政资金向环境改善需求大的地方倾斜，着力减缓区域流域分化趋势。

5.7 加强生态环境法治建设，深入推进生态环境领域改革

加强生态环境领域法治建设。推进固体废物污染环境防治法、长江保护法、海洋环境保护法、排污许可证管理条例、生态环境监测条例等法律法规制（修）订工作。继续深入实施环境保护法，强化环境行政执法与刑事司法联动。推进生态环境执法规范化建设，统筹安排集中式饮用水水源地环境保护、打击固体废物及危险废物非法转移和倾倒、“绿盾”自然保护区监督检查等专项强化监督检查，完善生态环境标准体系。

加快落实生态环境领域改革任务。加快落实生态环境部“三定”方案，转变政府职能，以更大力度推进简政放权，强化事中事后监管，确保生态环境领域“放管服”改革落地见效。加快环评审批制度改革，完善绿色通道，对重大项目实行即到即受理、即受理即评估、评估与审查同步，加强对地方审批项目的调度和指导，依法加快环评审批，强化事中事后监管。推动制定中央和国家相关部门生态环境保护责任清单，完善污染防治攻坚战成效考核办法。深入推进生态环保综合执法改革、省以下环保机构监测监察执法垂直管理制度改革。深化环境监测体制机制改革。严格落实固定污染源许可证后监管，实行“一证式”管理。在全国试行生态环境损害赔偿制度。健全环保信用评价制度和信息强制性披露制度。全面提升科技、信息、监测、应急、宣教、人才等基础保障能力。

创新环境经济政策。创新绿色金融政策，加快推动设立国家绿色发展基金，发挥国家对绿色投资的引导作用，支持执行国家重大战略和打好污染防治攻坚战的重点地区、重点领域、重点行业，推动解决行业融资瓶颈。加快落实国家促进绿色发展的价格机制，研究完善市场化的环境权利定价机制。继续促进生态环境保护综合名录在产业结构优化中发挥效用，增加“高污染、高环境风险”名录产品种类。加快推进全国碳市场建设，促进减排治污协同增效。积极发挥绿色消费引领作用，推广环境标志产品。加大环境治理投入，创新环境治理模式，规范产业发展环境，大力推动环保产业发展。

5.8 强化环境监管，加强队伍和能力建设，打造过硬的生态环保铁军

坚持思想政治建设和生态环境保护业务建设协同共进，加强政治建设，加强党性修养，加强干部培养。在业务能力方面，要督促各地加快环境监管能力建设，配备环境质量监测仪器设备和快速检测等执法装备，提升生态环境监管信息化水平，加强网格化监管。基层生态环保队伍是污染防治攻坚战的主力军和基石，要抓好并强化基层生态环保队伍建设。

建立环境管理、监测技术人员培训制度。把集中强化训练与交流探讨有机结合，找准环境执法队伍在政治、业务等方面的薄弱环节，切实提高培训的针对性和实效性，提升环境执法者的执法实战能力。建立健全“下挂”机制，派送专业或有经验的干部到基层去，帮助基层提高生态环保专业技能。

主要参考资料

①《2018年中国生态环境状况公报》
②中央部委网站信息公开栏目
③31省（区、市）和新疆兵团地方政府网站信息公开栏目
④北京市政府工作报告（2019年1月14日 陈吉宁）
⑤天津市政府工作报告（2019年1月14日 张国清）
⑥河北省政府工作报告（2019年1月14日 许勤）
⑦山西省政府工作报告（2019年1月26日 楼阳生）
⑧内蒙古自治区政府工作报告（2019年1月26日 布小林）
⑨辽宁省政府工作报告（2019年1月16日 唐一军）
⑩吉林省政府工作报告（2019年1月26日 景俊海）
⑪黑龙江省政府工作报告（2019年1月14日 王文涛）
⑫上海市政府工作报告（2019年1月27日 应勇）
⑬江苏省政府工作报告（2019年1月14日 吴政隆）
⑭浙江省政府工作报告（2019年1月27日 袁家军）
⑮安徽省政府工作报告（2019年1月14日 李国英）
⑯福建省政府工作报告（2019年1月14日 唐登杰）
⑰江西省政府工作报告（2019年1月27日 易炼红）
⑱山东省政府工作报告（2018年1月25日 龚正）
⑲河南省政府工作报告（2019年1月16日 陈润儿）
⑳湖北省政府工作报告（2019年1月14日 王晓东）
㉑湖南省政府工作报告（2019年1月26日 许达哲）
㉒广东省政府工作报告（2019年1月28日 马兴瑞）
㉓广西壮族自治区政府工作报告（2019年1月26日 陈武）
㉔海南省政府工作报告（2019年1月27日 沈晓明）
㉕重庆市政府工作报告（2019年1月27日 唐良智）
㉖四川省政府工作报告（2019年1月14日 尹力）
㉗贵州省政府工作报告（2019年1月27日 谌贻琴）
㉘云南省政府工作报告（2019年1月27日 阮成发）
㉙西藏自治区政府工作报告（2019年1月10日 齐扎拉）
㉚陕西省政府工作报告（2019年1月27日 刘国中）

㉛甘肃省政府工作报告（2019 年 1 月 26 日 唐仁健）
㉜青海省政府工作报告（2019 年 1 月 27 日 刘宁）
㉝宁夏回族自治区政府工作报告（2019 年 1 月 27 日 咸辉）
㉞新疆维吾尔自治区政府工作报告（2019 年 1 月 14 日 雪克来提・扎克尔）

《大气污染防治行动计划》实施的健康效益评估

Effect of Implementation of the *Action Plan on Prevention and Control of Air Pollution* in China

马国霞　於　方　张衍燊　杨威杉　彭　菲

摘　要　2017 年是我国实施《大气污染防治行动计划》的收官之年。为评估我国《大气污染防治行动计划》的环境效益，对中国环境监测总站提供的 2013—2017 年国家大气环境监测数据进行统计，分析可吸入颗粒物（PM_{10}）和细颗粒物（$PM_{2.5}$）质量浓度的变化情况，并利用疾病负担法定量分析《大气污染防治行动计划》实施对人均预期寿命的影响。结果表明：①《大气污染防治行动计划》自 2013 年实施以来，我国大气环境质量明显改善，2017 年全国 338 个地级及以上城市的 ρ（PM_{10}）较 2013 年下降了 22.7%，74 个重点城市的 ρ（$PM_{2.5}$）从 2013 年的 72.2 μg/m^3 降至 2017 年的 47.4 μg/m^3。②疾病负担法分析结果显示，《大气污染防治行动计划》实施后，大气污染导致的人体健康损失有所降低，城市地区因 PM_{10} 或 $PM_{2.5}$ 污染导致的过早死亡人数从 2013 年的 52.1×10^4 人降至 2017 年的 43.9×10^4 人。③基于 2013—2017 年大气污染导致的过早死亡人数分析结果，利用城市居民简略寿命表得出，《大气污染防治行动计划》使我国城市地区人均预期寿命有一定增加，2017 年比 2013 年增加 0.16 年。④从数据准确性、方法科学性和结果合理性等方面，对芝加哥大学得出我国《大气污染防治行动计划》实施的人均预期寿命 2017 年比 2013 年增加 2.4 年的结论进行了分析，认为其结果高估了大气污染对人均预期寿命的影响，夸大了大气污染对人体健康的影响程度。研究显示，我国《大气污染防治行动计划》实施的环境效益显著，对人均预期寿命有一定的正向效益。

关键词　《大气污染防治行动计划》　环境效益　人均预期寿命　过早死亡　健康影响

Abstract　It is the last year for China to implement the *Action Plan on Prevention and Control of Air Pollution* in 2017. Based on the atmospheric environmental monitoring data of PM_{10} and $PM_{2.5}$ from 2013 to 2017 provided by China National Environmental Monitoring Centre，adopting the Disease Burden Method，the impact of the *Action Plan on Prevention and Control of Air Pollution* on of life expectancy in China was quantitatively analyzed to provide scientific basis for the formulation of environmental policy in China. The major findings are: ① Based on the analysis of environmental monitoring data，the air quality has improved significantly，and the concentration of PM_{10} in 338 prefecture-level cities has dropped by 22.7%, and the concentration of $PM_{2.5}$ in 74 cities deceased from 72.2 μg/m^3 in 2013 to 47.4 μg/m^3 in 2017. ② The results of Disease Burden analysis showed that the loss of human health caused by air pollution has declined significantly, and the number of premature deaths in urban areas has dropped from 521,000 to 439,000 during 2013-2017. ③ Based on the analysis results of premature deaths caused by air pollution from 2013 to 2017, and using the abridged life table of urban citizens, the life expectancy per capita in cities in 2017 has increased 0.16 years compared with 2013 level. ④ The article also finds that the University of Chicago's report on the increased life expectancy per capita of 2.4 years in 2017 compared with 2013 level has overestimated the impact of air pollution on human health. Our analysis shows that the *Action Plan on Prevention and Control of Air Pollution* has significant environmental benefits and positive effects on life expectancy per capita.

Keywords *Action Plan on Prevention and Control of Air Pollution*, environmental benefit, life expectancy per capita, premature deaths, health impact

为改善空气质量和保护公众健康，2013 年国务院印发了《大气污染防治行动计划》（以下简称《大气十条》），要求到 2017 年全国地级及以上城市可吸入颗粒物（PM_{10}）浓度比 2012 年下降 10%以上，京津冀、长三角、珠三角等区域细颗粒物（$PM_{2.5}$）浓度分别比 2012 年下降 25%、20%、15%左右。2017 年是《大气十条》的收官之年，全国各地基本完成了《大气十条》的任务目标，《大气十条》取得了良好的治理效果。学者们从《大气十条》实施的空气质量改善[1-3]、社会经济影响[4,5]以及“煤改电”措施产生的减排潜力与健康效益[6]等方面，对《大气十条》实施的环境效益进行评估。

细颗粒物已经成为影响我国疾病负担的第四大因素[7]，能够对我国人均预期寿命产生重要影响。课题组已有研究成果显示，2004—2013 年大气污染导致的我国潜在人均预期寿命减少 0.67～1.85 年[8]。阚海东研究得出，长期暴露于大气 PM_{10} 污染，导致 2000 年上海市人均预期寿命减少 0.61～1.00 年[9]。2013 年，陈玉宇等以取暖分界的淮河为准，得出中央集中供暖使北方人均寿命比南方减少 5.5 年[10]，这一结果引起了人们的高度关注和质疑[11]。2018 年，芝加哥大学经济学教授 Greenstone 利用与陈玉宇相同的研究方法，撰写了 *Is China Winning its War on Pollution*，对我国《大气十条》实施的平均预期寿命影响进行了研究，得出 2017 年中国人的平均寿命预期比 2013 年增加 2.4 年，其中，北京居民的寿命将延长 3.3 年，石家庄居民为 5.3 年，保定居民为 4.5 年[12]。此报告一经发布，纽约时报①、中国日报②、路透社③、新华网④、英国卫报⑤等多家媒体进行了报道。2019 年 1 月 10 日，芝加哥大学能源政策研究所 Greenstone 教授在北京举办了《空气质量寿命指数报告》发布会，提出长期暴露在颗粒物污染空气中，$PM_{2.5}$ 浓度每升高 10 μg/m^3，人类预期寿命会缩短

① https://www.nytimes.com/2018/03/12/upshot/china-pollution-environment-longer-lives.html.

② https://www.chinadailyhk.com/articles/216/111/162/1520930419295.html.

③ https://www.cnbc.com/2019/01/11/reuters-america-china-could-lift-life-expectancy-by-nearly-3-yrs-if-it-meets-who-smog-standards-study.html.

④ https://www.chinadailyhk.com/articles/216/111/162/1520930419295.html.

⑤ https://www.theguardian.com/world/2018/mar/31/china-environment-census-reveals-50-rise-in-pollution-sources.

0.98 年。他还指出，随着《大气十条》的实施，2016 年中国细颗粒物（$PM_{2.5}$）浓度水平比 2013 年下降 12%，此污染减少程度相当于中国居民平均预期寿命延长 6 个月①。芝加哥大学能源政策研究所 Greenstone 教授就中国《大气十条》实施带来的人均预期寿命影响都是采用空气质量寿命指数方法，结果的差异性主要是其所用的空气质量浓度变化数据不同所致。2.4 年的结果主要采用我国环境保护重点和环保模范城市的 $PM_{2.5}$ 监测数据，6 个月的结果数据主要采用遥感影像解译数据，采用不同的空气质量数据，会直接影响评估结果的合理性。

本报告利用环境因素疾病负担评估方法，选用 PM_{10} 或 $PM_{2.5}$ 作为大气污染健康影响因子，利用中国 338 个地级及以上城市近 5 年大气环境监测数据和第六次人口普查数据，在对我国 2013—2017 年大气污染导致的过早死亡人数估算的基础上，评估了 2013—2017 年《大气十条》的实施对人均预期寿命折损年的影响，以期为《大气十条》实施的环境效益评估提供科学依据。

1 研究方法与数据来源

本报告在计算 2013—2017 年大气污染导致的人均预期寿命折损年的基础上，对《大气十条》的实施对人均预期寿命的影响力进行分析。如果大气污染导致的人均预期寿命折损年呈下降趋势，说明《大气十条》的实施对我国人均预期寿命产生正面影响，增加了我国人均预期寿命。如果人均预期寿命折损年呈现上升趋势，说明《大气十条》的实施对我国人均预期寿命产生负面影响，《大气十条》的实施加剧了我国人均预期寿命的折损。因此，需要在大气污染导致的过早死亡人数核算的基础上，对大气污染导致的预期寿命折损年进行计算。

1.1 大气污染导致的过早死亡人数

大气污染导致的过早死亡人数主要利用疾病负担法。由于我国从 2015 年才有 338 个地级以上城市 $PM_{2.5}$ 浓度监测数据，本报告 2013 年和 2014 年以 PM_{10} 作为大气污染影响因子，2015—2017 年将 $PM_{2.5}$ 作为大气污染影响因子，分别以 $PM_{2.5}$ 浓度 10 μg/m^3 和 PM_{10} 浓度 15 μg/m^3 为基准浓度水平，以心血管疾病和呼吸系统疾病作为疾病终端，基于美国癌症协会开展的大气污染与人体健康队列研究的剂量—反应关系[13]，构建了适应中国高浓度的大气污染与过早死亡的相对危险因子 RR[14]，对 2013—2017 年我国 338 个地级及以上城市大气污染导致的过早死亡人数进行计算。

$$P_{\mathrm{ed}} = 10^{-5} \times [(\mathrm{RR} - 1) / \mathrm{RR}] \times f_p \times P_e \tag{1}$$

$$\mathrm{RR} = [(C+1)/(C+1)]^{\gamma} \tag{2}$$

---

① http://finance.sina.com.cn/roll/2019-01-11/doc-ihqhqcis5278849.shtml.

式中，P_{ed}——现状大气污染水平下造成的全死因过早死亡人数，万人；

f_p——现状大气污染水平下全死因死亡率，1/10 万；

P_e——城市暴露人口，万人；

RR——大气污染引起的全死因死亡相对危险归因比；

C——PM_{10}或$PM_{2.5}$的实际监测浓度水平；

C_0——其基线（清洁）的浓度水平，PM_{10}采用 15 μg/m^3，$PM_{2.5}$采用 10 μg/m^3；

γ——污染物变化 1 个单位引起健康终端变化的百分数，PM_{10}与过早死亡人数的剂量—反应关系为 0.072 17，$PM_{2.5}$为 0.075 723。

1.2 大气污染导致的预期寿命折损年

预期寿命折损年是指某疾病、某年龄组人群死亡者的期望寿命与实际死亡年龄之差的总和，即死亡所造成的寿命损失[15]。以期望寿命为基础，计算不同年龄死亡造成的预期寿命折损年。大气污染引起的过早死亡预期寿命折损年通过无大气污染的潜在折损年和城市实际的潜在折损年（考虑了大气污染）的差值进行计算，这也是当前研究环境污染风险对预期寿命影响的主要思路[16-19]。

$$PYLL_a = e_a - e_x \tag{3}$$

$$e_x = T_x / l_x$$

式中，$PYLL_a$——大气污染导致的预期寿命折损年；

e_a——无大气污染的预期寿命；

e_x——实际的预期寿命；

T_x——年生存总人数；

l_x——尚存人数。

年生存总人数和尚存人数都是通过寿命表进行计算，具体可参考人口学方面的相关文献[20-22]。无大气污染的预期寿命折损年计算，主要通过不同年龄结构的实际死亡人数扣减掉大气污染导致的不同年龄阶段的过早死亡人数后，进行预期寿命的计算。本研究根据第六次人口普查中不同年龄段呼吸系统疾病和心血管疾病的死亡结构，将大气污染导致的过早死亡人数进行不同年龄结构的分解。

期望寿命是计算上述指标的关键，通过寿命表进行计算。寿命表是一种根据特定人群的年龄组死亡率编制的统计表。假定有同时出生的一代人（10 万人），按照一定的年龄组死亡率先后死去，直到死亡为止，用寿命表方法可以计算出这一代人在不同年龄组的“死亡概率”“死亡人数”及其刚满某年龄时的“尚存人数”等指标（表 1）。

表 1　我国 2010 年第六次人口普查城市居民简略寿命统计

年龄组 X～/岁	平均人口数 $_nP_x$/人	实际死亡人数 $_nD_x$/人	年龄组死亡率 $_nM_x$	死亡概率 $_nQ_x$	尚存人数 l_x	死亡人数 $_nd_x$	生存人年数 $_nL_x$	生存总人年数 T_x	平均期望寿命 e_i
0～	5 375 279	15 904	0.003 0	0.003 0	100 000	296	99 749	8 078 756	80.79
1～	25 561 191	9697	0.000 4	0.001 5	99 704	151	398 514	7 979 008	80.03
5～	30 565 659	5300	0.000 2	0.000 9	99 553	86	497 549	7 580 494	76.15
10～	32 807 526	5964	0.000 2	0.000 9	99 467	90	497 107	7 082 945	71.21
15～	53 589 992	10 936	0.000 2	0.001 0	99 376	101	496 628	6 585 837	66.27
20～	71 058 518	18 001	0.000 3	0.001 3	99 275	126	496 061	6 089 209	61.34
25～	57 679 956	18 474	0.000 3	0.001 6	99 149	159	495 350	5 593 149	56.41
30～	56 010 957	25 046	0.000 4	0.002 2	98 991	221	494 401	5 097 799	51.50
35～	65 025 365	45 330	0.000 7	0.003 5	98 770	344	492 989	4 603 398	46.61
40～	63 786 496	70 321	0.001 1	0.005 5	98 426	541	490 777	4 110 410	41.76
45～	53 629 541	94 613	0.001 8	0.008 8	97 885	860	487 275	3 619 633	36.98
50～	39 186 388	123 132	0.003 1	0.015 6	97 025	1 512	481 345	3 132 358	32.28
55～	37 437 535	170 428	0.004 6	0.022 5	95 513	2 150	472 190	2 651 013	27.76
60～	26 036 917	195 791	0.007 5	0.036 9	93 363	3 446	458 202	2 178 823	23.34
65～	17 910 329	234 251	0.013 1	0.063 3	89 918	5 694	435 353	1 720 621	19.14
70～	14 777 260	347 803	0.023 5	0.111 1	84 224	9 361	397 716	1 285 269	15.26
75～	10 531 503	416 652	0.039 6	0.180 0	74 863	13 476	340 624	887 553	11.86
80～	5 762 828	386 359	0.067 0	0.287 1	61 387	17 624	262 874	546 929	8.91
85～	2 584 543	398 188	0.154 1	1.000 0	43 763	43 763	284 054	284 054	6.49

注：数据根据 2010 年中国第六次人口普查全国城市分年龄、性别的死亡人口状况整理。

简略寿命表（表 1）的编制步骤如下：

（1）年龄分组：0 岁组，1～4 岁，5 岁开始年龄组距为 5，85 岁及以上合并为最后一个年龄组。

（2）年龄组死亡率：按公式 $_nM_x$=$_nD_x$ /$_nP_x$ 求得。

（3）死亡概率：表示 X 岁尚存者在今后一年或 n 年内死亡的可能性。0～岁组死亡概率 Q_0 用婴儿死亡率代替。其他组 $_nQ_x = 2\times n\times {}_nM_x$/（2+$_nM_x$），$n$ 为年龄组距数，最后一组的死亡概率取 1。

（4）尚存人数与死亡人数：令 l_0=10 000，d_0=$l_0\times Q_0$，l_1= $l_0 - d_0$，$_nd_x$=$l_x\times{}_nQ_x$，l_x+n = l_x–$_nd$。

（5）生存人年数：0～岁组 l_0= l_1 + 0.15×d_0（系数 0.15 为我国的经验系数），$_nL_x$ = $n\times$（l_x+l_x+n）/2，最后一个年龄组的生存人年数 L_w =l_w/m_w，其中 l_w 为最后一组的尚存人数，m_w 为死亡统计中最后一组的死亡率。

（6）生存总人年数：T_x = T_x+n + $_nL_x$。

（7）平均期望寿命：e_x = T_x /l_x。

1.3 数据来源

本研究 74 个重点城市和 338 个地级及以上城市的环境质量监测数据主要来源于中国环境监测总站提供的《国家大气环境监测数据 2013—2017》，338 个地级及以上城市的城市人口数据来自《中国城乡建设统计年鉴 2013—2017》，现状全死因死亡率数据来自《中国统计年鉴 2014—2018》，不同年龄组过早死亡人数分解依据来自《中国卫生和计划生育统计年鉴 2014—2018》，中国高浓度的大气污染与过早死亡的相对危险因子 RR 相关参数来自《中国环境经济核算技术指南》[14]。

2 《大气十条》实施的大气环境质量改善情况

2017 年是《大气十条》的收官之年，《大气十条》通过产业结构与布局调整、能源清洁利用、工业污染治理、锅炉改造与治理、面源污染治理、机动车污染治理、监管能力建设共 7 个方面的政策措施的实施（表 2），确保了《大气十条》目标的完成。其中，钢铁淘汰落后产能 1.7 亿 t 以上，煤炭 8 亿 t 以上，燃煤火电机组实施超低排放改造，达到 7 亿 kW，占比达到了 71%。淘汰了燃煤小锅炉 20 多万台，淘汰黄标车、老旧车 2 000 多万辆。

表 2 《大气十条》实施的政策措施分类

一级政策措施		二级政策措施
《大气十条》实施的政策措施	1. 产业结构与布局调整	淘汰落后产能
		压缩过剩产能
		“散乱污”治理
		错峰生产
		企业搬迁
	2. 能源清洁利用	煤炭总量控制
		散煤清洁利用
		燃煤“双替代”
		油品升级及配套改造
		建筑节能管网改造
	3. 工业污染治理	电力行业脱硫脱硝除尘
		钢铁行业脱硫脱硝除尘
		水泥行业脱硫脱硝除尘
		玻璃行业脱硫脱硝除尘
		有色金属冶炼行业脱硫除尘
	4. 锅炉改造与治理	改电
		改气
		热泵
		其他清洁能源

	一级政策措施	二级政策措施
《大气十条》实施的政策措施	5. 面源污染治理	扬尘治理（建筑扬尘、道路扬尘、渣土扬尘）
		餐饮油烟治理
		秸秆燃烧治理
	6. 机动车污染治理	黄标车与老旧车淘汰
		新能源汽车
	7. 监管能力建设	应急能力、监测网格、执法监督（含督查巡查）、科技研发（大气专项、总理基金）等保障支出

《大气十条》实施 5 年来，大气环境质量得到了明显的改善和提升。全国 338 个地级及以上城市 PM_{10} 下降了 22.7%，京津冀地区 $PM_{2.5}$ 下降了 39.6%，长三角地区 $PM_{2.5}$ 下降了 34.3%，珠三角地区 $PM_{2.5}$ 下降了 27.7%，北京市 $PM_{2.5}$ 为 58 μg/m^3，达到了低于 60 μg/m^3 的目标。珠三角作为一个重点区域，整体达标，并且连续 3 年低于 35 μg/m^3。从我国 74 个重点城市和 338 个地级及以上城市的 $PM_{2.5}$ 监测数据可知，我国 $PM_{2.5}$ 浓度下降趋势明显（图 1）。74 个重点城市 $PM_{2.5}$ 从 2013 年的 72.2 μg/m^3 下降到 2017 年的 47.4 μg/m^3，降低了 34.3%。338 个地级及以上城市 $PM_{2.5}$ 从 2015 年的 50.3 μg/m^3 下降到 2017 年的 44.2 μg/m^3，降低了 12.1%。如果以 74 个重点城市为代表，对我国《大气十条》的实施对人均预期寿命的影响进行分析，势必会高估《大气十条》的实施效果，这也是芝加哥大学得出我国《大气十条》实施人均预期寿命增加 2.4 年的主要原因。

从我国重点区域来看，京津冀及周边地区“2+26”城市、东北地区和武汉等地区 2015—2017 年 $PM_{2.5}$ 年均浓度下降幅度较大（图 2）。其中，京津冀及周边地区“2+26”城市 $PM_{2.5}$ 年均浓度从 2015 年的 83.8 μg/m^3 下降到 2017 年的 69.8 μg/m^3，降低了 16.7%，武汉降低了 21%，东北降低了 18.7%。长株潭地区和汾渭平原 $PM_{2.5}$ 年均浓度均呈现小幅上升趋势，长株潭地区上升了 2.7%，汾渭平原上升了 11%。

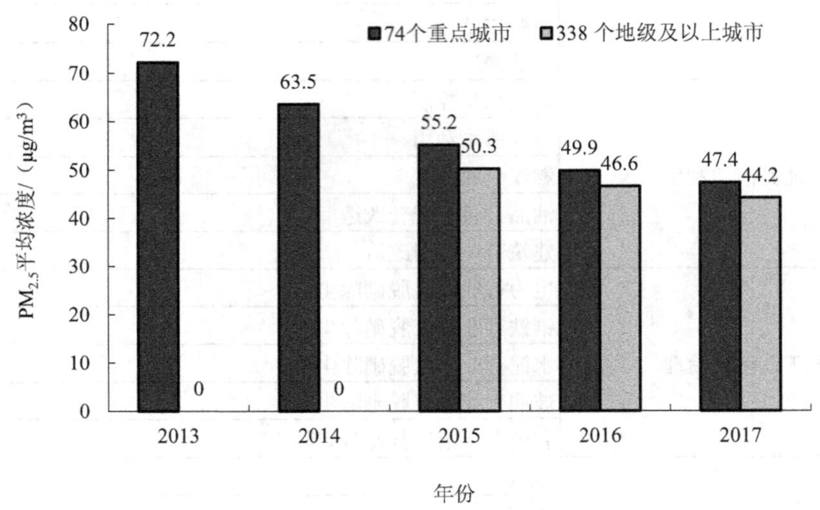

图 1　2013—2017 年我国 74 个重点城市和 338 个地级及以上城市 $PM_{2.5}$ 平均浓度

图 2　2015—2017 年我国重点区域 $PM_{2.5}$ 年均浓度

3 《大气十条》的实施对人均预期寿命的影响分析

3.1 《大气十条》实施期间大气污染导致的过早死亡人数评估

国际上普遍采用世界卫生组织（WHO）推荐的疾病负担法进行大气污染导致的人体健康损失评估。环境污染的健康暴露危害评价指标包括过早死亡人数、因污染增加的住院人数、门急诊人次、新生儿缺陷、工作日损失和早产等。由于环境污染很多情况下不会造成直接死亡，但会影响患者的生活质量。实际死亡年龄与预期寿命间的差距为环境污染造成的“过早死亡（premature death）时间”，对应的人数为过早死亡人数。需要注意的是，环境因素导致的健康归因危险度只有运用于群体情况才有意义，即“环境污染造成的过早死亡或发病”的计算具有概率特征。环境因素对健康效应的贡献率是在大量的调查实证数据基础上通过数学模型进行统计回归分析获得，这也是环境流行病学的基本原理。

世界银行、WHO 等国际组织利用疾病负担法，对中国的大气污染健康损失进行了评估。其中，世界银行得出 1995 年中国有 17.8 万人因 TSP（总悬浮颗粒物）污染导致过早死亡[23]，2003 年有 35.2 万人因 PM_{10} 导致过早死亡，超住院人数是 39.8 万人，新增 27.4 万人慢性支气管炎患者[24]。WHO 得出 2008 年中国有 47 万的过早死亡人数与大气污染物 PM_{10} 污染有关[25]。美国健康效应研究所（HEI）利用遥感反演数据，对 2010 年我国 $PM_{2.5}$ 导致的人体健康损失进行评估，得出 2010 年室外 $PM_{2.5}$ 污染导致 120 万人过早死亡[7]。

雷宇等 2015 年对我国《大气十条》实施的健康效益进行了预评估，提出《大气十条》

空气质量目标全面实现，可以避免城镇 8.9 万居民的过早死亡，减少 12 万人次住院治疗，以及 941 万人次的门诊和急诊病例[26]。本报告 2013—2014 年以 PM_{10} 为污染因子，2015—2017 年以 $PM_{2.5}$ 为污染因子，不考虑城市人口的变化，对我国 2013—2017 年地级及以上城市颗粒物年均浓度超过健康阈值的大气污染，引起的人体健康损失进行估算。结果显示我国颗粒物导致的城市地区过早死亡人数从 52.1 万人下降到 43.9 万人左右，《大气十条》实施促使我国大气污染引起的过早死亡人数减少 8.2 万人，大气污染导致的人体健康损失下降趋势明显（图 3）。

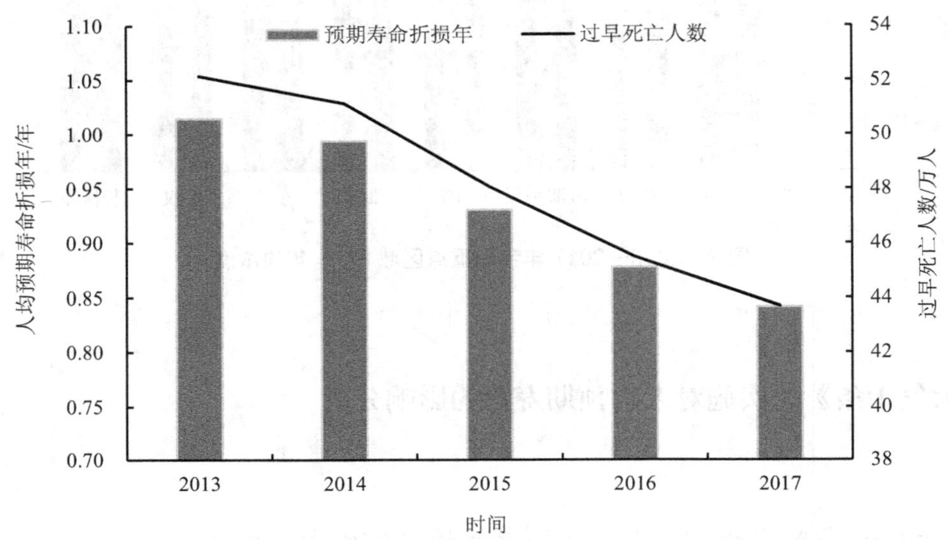

图 3 2013—2017 年大气污染导致的人均预期寿命折损年与过早死亡人数

从区域角度分析可知，我国东部地区城市过早死亡人数减少 4.8 万人，中部地区减少 1.4 万人，西部地区减少 2.0 万人。具体从省份看，我国城镇人口集聚且空气质量改善幅度较大的山东、江苏、河北、浙江等省份过早死亡人数减少量都在 0.5 万以上。我国西藏、宁夏和陕西等西部地区，《大气十条》实施的环境质量改善效果不明显。

3.2 《大气十条》实施对人均预期寿命的影响

大气污染导致的预期寿命折损年一直是学者们关注的热点问题。欧洲环境署专家 Anke Luekewille 指出，欧洲空气污染导致人口平均寿命缩短 8 个月[27]。阚海东研究得出 2000 年上海市大气污染物 PM_{10} 与 8 220 例居民超前死亡相关，同时，2000 年长期暴露于大气 PM_{10} 污染可使上海市各年龄层居民期望寿命减少 0.61～1.00 年[9]。2013 年，陈玉宇等以取暖分界的淮河为准，研究选取了淮河以北和淮河以南 90 个城市，收集了 1981—2000 年 90 个城市每日的总悬浮颗粒物浓度数据、各年龄段死亡率预期寿命和死于心肺疾病的数据，得出中央集中供暖使北方人均寿命比南方减少 5.5 年[10]，这一结果引起了人们的高度关注和质疑[11]。Pope 认为，陈玉宇等利用 TSP 作为颗粒物的评价指标，夸大了颗粒物对人体健康的影响，颗粒物对人体健康的影响主要来自细颗粒物 $PM_{2.5}$，而不是 TSP。根据美国的研究结果，100 μg/m^3 TSP 相当于 30 μg/m^3 的 $PM_{2.5}$。

根据原卫生部《健康中国 2020 战略研究报告》[28]，我国所有慢性病导致居民期望寿命损失为 13.2 年，《2010 年全球疾病负担报告》提出中国约 20%的早死可归因于包括空气污染在内的所有环境危险因素，按照这个比例推算我国由于大气污染导致的期望寿命损失最多不超过 2.6 年。本研究利用寿命表和大气污染导致的过早死亡人数，分别计算 2013 年、2014 年、2015 年、2016 年和 2017 年大气污染导致的预期寿命折损年。核算结果显示，我国大气污染导致的预期寿命损失在逐年下降，从 2013 年的 1.01 年下降到 2017 年的 0.85 年（图 3）。大气污染导致的预期寿命折损年有所下降，说明我国《大气十条》实施对环境质量的改善产生了积极效果。用 2013 年大气污染导致的预期寿命折损年与 2017 年大气污染导致的预期寿命折损年相减，计算《大气十条》实施对人均预期寿命的影响。2017 年大气污染导致的预期寿命折损年比 2013 年少 0.16 年，即《大气十条》的实施促使 2017 年人均预期寿命比 2013 年增加 0.16 年。

3.3 评估结果的合理性判断

芝加哥大学 Michael Greenstone、北京大学陈玉宇及希伯来大学 Averham Ebenstein 共同合作在 PNAS 上发表了两篇关于我国淮河流域取暖政策对预期寿命影响的文章，题目为 *Evidence on the impact of sustained exposure to air pollution on life expectancy from China's Huai River policy* [10]和 *New evidence on the impact of sustained exposure to air pollution on life expectancy from China's Huai River policy* [29]，第一篇文章提出我国中央集中供暖使北方人平均寿命减少 5.5 年，第二篇文章提出我国 PM_{10} 每增加 10 μg/m^3，预期寿命就会减少 0.64 年，$PM_{2.5}$ 浓度每增加 10 μg/m^3，预期寿命就会减少 0.98 年。2019 年，芝加哥大学能源政策研究所 Greenstone 教授在北京举办了《空气质量寿命指数报告》发布会，把 $PM_{2.5}$ 浓度每增加 10 μg/m^3，预期寿命就会减少 0.98 年作为空气质量寿命指数进行发布。这个指数主要通过断点回归统计模型，该方法研究不符合世界公认的流行病学因果推断原则。流行病学因果推断有着非常严格的原则和条件，其中前瞻性队列研究和随机对照试验（RCT）是获得因果关系结论的两种研究方法。本研究仅基于生态学假设，经过整理历史数据，通过统计学模型分析，无法排除“生态学谬误”的影响，统计学上的关联关系不应作为因果关系进行模型构建。

美国癌症协会 Pope 等利用流行病学因果推断方法，构建了大气污染物 $PM_{2.5}$ 和过早死亡之间的剂量-反应关系，这也是目前进行大气污染与人体健康损失评估中被广泛应用的基础研究之一。Pope 等就美国 1980—2000 年[30]及 2000—2007 年[31] $PM_{2.5}$ 浓度下降对人均预期寿命的影响的研究结果显示，美国 1980—2000 年 $PM_{2.5}$ 下降 10 μg/m^3，人均预期寿命增加 0.61 年，2000—2007 年 $PM_{2.5}$ 下降 10 μg/m^3，人均预期寿命增加 0.35 年。美国癌症协会的研究结果是基于低浓度 $PM_{2.5}$ 的统计分析结果，我国城市 $PM_{2.5}$ 浓度高于美国，大气污染浓度与人体健康之间的关系随浓度增加，不是简单的线性关系。阚海东比较了我国和欧美发达国家大气颗粒物污染对人群死亡率影响暴露—反应关系的大小，得出相同的变化浓度下，我国大气颗粒物污染对居民死亡率的影响远低于欧美发达国家，比欧美国家低60%～70%。

2013—2017 年，我国 338 个地级市 PM_{10} 年均浓度下降了 17 μg/m^3，推算我国 $PM_{2.5}$ 年均浓度下降了 10 μg/m^3 左右，2015—2017 年，我国 338 个地级市 $PM_{2.5}$ 年均浓度下降了 6 μg/m^3 左右。根据 Pope 等的研究结果，以及我国《大气十条》实施的浓度变化，得出《大气十条》的实施促使人均预期寿命增加在 0.3 年以内。本研究利用我国 338 个地级以上城市颗粒物监测数据和我国第六次人口普查数据，计算我国《大气十条》实施导致 2017 年比 2013 年人均预期寿命增加 0.16 年，在合理范围之内。

4 主要结论

《大气十条》自 2013 年实施以来，全国大气环境质量改善明显，全国 338 个地级市的 PM_{10} 浓度下降了 22.7%。74 个重点城市 $PM_{2.5}$ 从 2013 年的 72.2 μg/m^3 下降到 2017 年的 47.4 μg/m^3，降低了 34.3%。338 个地级以上城市 $PM_{2.5}$ 从 2015 年的 50.3 μg/m^3 下降到 2017 年的 44.2 μg/m^3，降低了 12.1%。

以颗粒物 PM_{10} 或 $PM_{2.5}$ 为污染因子，不考虑城市人口的变化，对我国 2013—2014 年地级及以上城市 PM_{10} 年均浓度超过 15 μg/m^3，2015—2017 年 $PM_{2.5}$ 年均浓度超过 10 μg/m^3 大气污染引起的人体健康损失估算结果显示，《大气十条》的实施促使我国城市地区过早死亡人数从 52.1 万人下降到 43.9 万人左右。《大气十条》的实施促使我国大气污染导致的过早死亡人数减少了 8.2 万人。其中，城市人口集聚且环境质量有所改善的东部地区，《大气十条》实施的环境效益更为显著。

利用城市居民简略寿命表，基于 2013—2017 年大气污染导致的过早死亡人数，对《大气十条》实施的人均预期寿命影响进行定量分析，得出我国城市地区 2017 年人均预期寿命比 2013 年增加 0.16 年。通过已有研究结果对比分析，得出我国《大气十条》实施导致的人均预期寿命增加少于 0.3 年，本研究的计算结果在合理范围之内。

参考文献

[1] 罗知，李浩然. “大气十条”政策的实施对空气质量的影响[J]. 中国工业经济，2018（9）：136-154.

[2] 中国科学院“大气灰霾追因与控制”专项总体组. “大气十条”实施以来京津冀 $PM_{2.5}$ 控制效果评估报告[J]. 中国科学院院刊，2015，30（5）：668-678.

[3] 王金南，雷宇，宁淼. 改善空气质量的中国模式：“大气十条”实施与评价[J]. 环境保护，2018，46（2）：7-11.

[4] 张伟，王金南，蒋洪强，等.《大气污染防治行动计划》实施对经济与环境的潜在影响[J]. 环境科学研究，2015，28（1）：1-7.

[5] 董战峰，高晶蕾，严小东，等. 重点区域大气污染防治行动计划实施的社会经济影响对比[J]. 环境

科学研究，2017，30（3）：380-388.

[6] 闫祯，金玲，陈潇君，等.京津冀地区居民采暖“煤改电”的大气污染物减排潜力与健康效益评估[J]. 环境科学研究，2018（10）：1-11.

[7] YANG G H，WANG Y，ZENG Y X，et al. Rapid health transition in China，1990-2010：findings from the Global Burden of Disease Study 2010[J]. Lancet，2013，381（9882）：1987-2015.

[8] MA G X，WANG J N，YU F，et al. Assessing the premature death due to ambient particulate matter in China's urban areas from 2004 to 2013[J]. Front. Environ. Sci. Eng.，2016，10（5）：1-10.

[9] 阚海东.上海市能源方案选择与大气污染的健康危险度评价及其经济分析[D]. 上海：复旦大学博士学位论文，2003.

[10] CHEN Y Y，EBENSTEIN A，GREENSTONE M，et al. Evidence on the impact of sustained exposure to air pollution on life expectancy from China's Huai River policy[J]. Proceedings of the National Academy of Sciences，2016：1-6.

[11] POPE C A III，DOCKERY D W. Air pollution and life expectancy in China and beyond[R]. www.pnas.org/cgi/doi/10.1073/pnas.1310925110.

[12] GREENSTONE M，SCHWARZ P. Air Quality Life Index™ Update：Is China Wining its War on Pollution？[R]. 2018. https：//epic.uchicago.edu/research/publications/aqli-update-china-winning-its-war-pollution.

[13] POPE C A，BURNETT R T，THUN M J，et al. Lung cancer，cardiopulmonary mortality，and long-term exposure to fine particulate air pollution[J]. J. Am. Med. Assoc. 2002，287：1132-1141.

[14] 於方，王金南，曹东，等. 中国环境经济核算技术指南[M]. 北京：中国环境科学出版社，2009.

[15] GAMO M，OKA T，NAKANISHI J. Estimation of the loss of life expectancy from cancer risk exposure to carcinogens using a life table[J]. Environmental Science，1996，9（1）：1-8.

[16] 李丽萍，王生.伤害导致潜在寿命损失的评价指标——潜在期望寿命损失年数[J]. 疾病控制杂志，2003，7（5）：448-450.

[17] SEMERL JS，SESOK J. Years of potential life lost and valued years of potential life lost in assessing premature mortality in Solvenia [J]. Croat Med J，2002，43（4）：439-445.

[18] 许海萍，张建英，张志剑，等. 预期寿命损失法定量评估区域环境健康风险[J]. 农业环境科学学报，2007，26（4）：1579-1584.

[19] 许海萍，张建英，张志剑，等. 致癌和非致癌环境健康风险的预期寿命损失评价法[J]. 环境科学，2007，28（9）：2148-2152.

[20] 陈家鼎，王静.关于期望寿命的估计[J]. 统计研究，2002（8）：43-45.

[21] 钟军，陈育德，饶克勤.健康预期寿命指标计算方法的研究[J]. 中国人口科学，1996，57（6）：11-16.

[22] WHO. WHO methods and data sources for life tables 1990-2015[R]. http：//www.who.int/gho/mortality_burden_disease/en/index.html. 2016.

[23] 世界银行. 碧水蓝天：中国的环境挑战[M]. 北京：中国财政经济出版社，1997.

[24] World Bank. Cost of pollution in China：economic estimates of physical damages[R]. http：//www. worldbank.org/eapenvironment. 2007.

[25] WHO. Country profile of environmental burden of disease：China，2009[R/OL]. http：//www.who.int/entity/quantifying_ehimpacts/national/countryprofi le/china.pdf（accessed Sept 1，2013）.

[26] 雷宇，薛文博，张衍燊，等. 国家《大气污染防治行动计划》健康效益评估[J]. 中国环境管理，2015（5）：50-53.

[27] European Environment Agency. Air quality in Europe-2012 report [M]. EEA，Copenhagen，2012.

[28]《健康中国 2020 战略研究报告》编委会. 健康中国 2020 战略研究报告[M]. 北京：人民卫生出版社，2012.

[29] EBENSTEIN A，FAN M Y，GREENSTONE M，et al. New evidence on the impact of sustained exposure to air pollution on life expectancy from China's Huai River policy[J]. PNAS，2017，39（26）：10384-10389.

[30] POPE C A III，EZZATI M，DOCKERY D W. Fine-particulate air pollution and life expectancy in the United States[J]. The New England Journal of Medicine，2009（22）：1-15.

[31] CORREIA A W，POPE C A III，DOCKERY DW，et al. The effect of air pollution control on life expectancy in the United States：an analysis of 545 US counties for the period 2000 to 2007[J]. Epiddemiology，2013，24（1）：23-31.

《打赢蓝天保卫战三年行动计划》实施的费用效益预评估[①]

Cost-benefit Pre-analysis of China's *Three-Year Plan on Defending the Blue Sky*

蒋洪强 张 静 张 伟 胡 溪 卢亚灵 马国霞 王彦超 郑 伟 彭 菲 王 克 贾璐宇[②]

摘 要 为了改善空气质量和保护公众健康，2018 年中国政府印发了《打赢蓝天保卫战三年行动计划》（以下简称《蓝天行动》）。本研究首先构建了一个适用于中国的费效分析框架，以《蓝天行动》产业结构调整、能源结构调整、交通运输结构调整、扬尘污染治理、工业污染治理、环境监管能力建设等 6 个方面政策的 21 项措施为对象，对全国及重点区域（京津冀及周边地区、长三角地区、汾渭平原）在 2018—2020 年的实施费用和效益进行预评估分析。结果显示，2018—2020 年《蓝天行动》实施的总费用为 7 799 亿元，按照支付意愿法计算死亡经济损失的大气环境质量改善效益为 7 809 亿元，效益与总费用相当。《蓝天行动》的实施将在增加 GDP、优化产业结构、促进就业等方面产生较大促进作用，预计对 GDP、税收、居民收入及就业的累计净贡献分别为 8 180 亿元、364 亿元、994 亿元和 57 万人。本研究的测算可以为中国制定类似的环境政策的实施提供参考，同时，为推进中国环境政策费用效益分析长效机制提供实践意义。

关键词 蓝天保卫战 费用-效益分析 健康效益 环境政策

Abstract The Chinese government launched a *Three- Year Plan on Defending the Blue Sky*（here in after referred to as the Air Plan Ⅱ） in June 2018 to improve air quality and safeguard public health. In this study，an analytical framework for cost- benefit analysis applicable to China was constructed , and 21 measures in six policy aspects of Air Plan Ⅱ were targeted as the study objects, including industrial structure adjustments, energy industrial structure adjustments, transportation structure adjustments, industrial pollution control, dust pollution control, and regulatory capacity building, and three key regions（Beijing-Tianjin-Hebei and surrounding areas，the Yangtze River Delta region，and Fenwei Plain）in China from 2018 to 2020 were pre-evaluated. The results showed that the total cost of implementation of the Air Plan Ⅱ would be RMB 779.9 billion. Using the willingness-to-pay method to calculate the economic loss of premature deaths，the benefits of air quality improvement would be RMB 780.9 billion，which

① 该项工作得到了美国能源基金会 G-1806-28027、G-1910-30324 项目的资助。

② 中国人民大学环境学院，北京，100872。

would be a little higher than the total cost. The implementation of Air Plan Ⅱ will promote GDP, optimize industrial structure, and promote employment. It was estimated that the cumulative net contribution to GDP, taxation, residents' income and employment would be RMB 818 billion, RMB 36.4 billion, and RMB 994 billion, and 57 million people, respectively. Estimations in this study can serve as a reference for China in formulating similar environmental policies. In addition, these estimations would be of practical significance for advancing the long- term effective mechanisms of a cost- benefit analysis of China's environmental policies.

Keywords Defending the Blue Sky, cost-benefit analysis, health benefits, environmental policy

打赢蓝天保卫战，是党的十九大做出的重大决策部署，是污染防治攻坚战的重中之重，事关满足人民日益增长的美好生活需要，事关全面建成小康社会，事关经济高质量发展和美丽中国建设。为加快改善环境空气质量，打赢污染防治攻坚战，国务院于 2018 年 6 月印发了《打赢蓝天保卫战三年行动计划》（以下简称《蓝天行动》）。《蓝天行动》的实施需要国家、地方乃至企业公众投入大量资金，科学评估《蓝天行动》实施的费用与效益可为政府后期制定相应的政策措施提供决策建议。本报告考虑了《蓝天行动》各项治理实施的费用、环境改善效果、碳协同减排效应、健康效益和其他效益、经济社会影响等，对费用-效益进行了全面预评估。

1 费用效益分析思路与方法

1.1 总体思路

1.1.1 治理措施分类

由于大气污染问题主要与能源消费方式、生产方式、交通运输方式及土地管理方式有关，通过《蓝天行动》相关治理措施的梳理，方案中主要围绕 4 个结构调整，即调整能源结构、调整优化产业结构、调整运输结构、调整用地结构，制定具体措施，各地方在具体操作层面所有区别。除了四大结构调整，各地区还对专项治污行动和监管能力、制度政策等保障方面提出了相关方案。本报告以《蓝天行动》实施的各项治理措施为对象，通过对全国及重点区域实施《蓝天行动》有关治理措施的梳理整合，主要从调整优化产业结构、调整能源结构、调整交通运输结构、扬尘污染治理、工业污染治理、大气环境监测和监控体系建设等 6 个方面进行评估。具体治理措施如表 1 所示。

表1 《蓝天行动》实施的治理措施分类

<table>
<tr><th>一级治理措施</th><th>二级治理措施</th><th>一级治理措施</th><th>二级治理措施</th></tr>
<tr><td rowspan="2">1. 调整优化产业结构</td><td>淘汰落后产能</td><td rowspan="3">4. 扬尘污染治理</td><td>施工扬尘监管</td></tr>
<tr><td>“散乱污”企业升级改造</td><td>道路扬尘整治</td></tr>
<tr><td rowspan="3">2. 调整能源结构</td><td>双替代</td><td>秸秆禁烧</td></tr>
<tr><td>燃煤小锅炉</td><td rowspan="3">5. 工业污染治理</td><td>重点行业污染治理</td></tr>
<tr><td>燃煤小火电</td><td>工业窑炉专项治理</td></tr>
<tr><td rowspan="6">3. 调整交通运输结构</td><td>老旧车淘汰</td><td>挥发性有机物专项治理</td></tr>
<tr><td>新能源汽车推广</td><td rowspan="5">6. 大气环境监测和监控体系建设</td><td>空气质量监测</td></tr>
<tr><td>油品质量升级</td><td rowspan="2">VOCs 排放重点源自动监控体系建设</td></tr>
<tr><td>排放标准提升</td></tr>
<tr><td>柴油货车深度治理改造</td><td>科技支撑</td></tr>
<tr><td>岸电建设</td><td>督察执法</td></tr>
</table>

1.1.2 费用-效益界定

《蓝天行动》实施的费用-效益主要包括费用、效益、经济社会影响3个部分。

（1）费用：包括《蓝天行动》实施的6个方面措施的相关费用，既有政府的投入，也有企业和公众的投入，从全社会系统的角度来考虑，不重复。

（2）效益：包括《蓝天行动》实施的环境改善效益（主要污染物减排、环境质量改善）、碳协同减排效益、健康效益和其他效益等（农业损失减少的效益、建筑损失减少的效益、清洁费用减少的效益）。

（3）经济社会影响：包括《蓝天行动》各项措施实施对宏观经济产生的影响，主要体现在GDP、产业结构、税收、居民收入及就业的净影响。

《蓝天行动》所产生的效益不仅包含了环境改善效果（主要污染物减排、环境质量改善）、碳协同减排效应、健康效益、推动产业结构调整升级等效益，还包括了监管能力提升、人民幸福感提升、推进转型升级、推动高质量绿色发展等社会效益。但监管能力提升、推动高质量绿色发展等社会效益往往缺乏数据难以量化或难以货币化，报告中的效益主要集中在环境改善效果、碳协同减排效应、健康效益和其他效益，在经济社会影响中包含了对产业结构调整升级的影响。在未来的研究中，可以针对以上局限问题开展进一步细化研究，提升研究的科学性和精准度。

1.1.3 评估范围与数据来源

时间范围：2018—2020年，基础年为2018年。对于固定资产、长期效益等，还考虑了不同固定资产的折旧和效益的折现，都统一到2018—2020年范围之中。

空间范围：全国范围及一些重点区域（包括京津冀及周边地区、长三角地区、汾渭平原），部分治理措施及费用分析以重点区域为主。

数据来源：《蓝天行动》《京津冀及周边地区2018—2019年秋冬季大气污染综合治理攻坚行动方案》《长三角地区2018—2019年秋冬季大气污染综合治理攻坚行动方案》《汾渭平原2018—2019年秋冬季大气污染综合治理攻坚行动方案》等。

1.2 费用分析思路

《蓝天行动》实施的费用测算从全社会整个系统的角度来考虑，既有政府的投入，也有企业和公众的投入，包含了2018—2020年全国及3个重点区域6项一级措施和21项二级措施费用，数据采用《蓝天行动》和三大重点区域攻坚行动方案，部分数据采用趋势外推的方法进行了预测。方法上多数措施的费用计算采用了系数法。

（1）调整优化产业结构

调整优化产业结构措施的费用主要包含由于淘汰落后产能、压减过剩产能的政府补助费用，“散乱污”企业的升级改造所需投入及重污染企业搬迁所需的投入等。由于数据缺失，不包括污染企业搬迁的费用。评估主要以钢铁、煤电、水泥及焦炭4个重点行业为主。“散乱污”企业升级改造费用主要包括该企业加装或改造大气污染治理设施所需增加的投资和运行费用，主要集中在京津冀及周边“2+26”城市。

（2）调整能源结构

《蓝天行动》提出加快调整能源结构，构建清洁低碳高效能源体系，具体包括有效推进北方地区清洁取暖、重点区域继续实施煤炭消费总量控制和开展燃煤锅炉综合整治等，这部分费用主要计算民用散煤清洁能源替代（双替代）、淘汰燃煤小锅炉和淘汰燃煤小火电机组三项内容。民用散煤清洁能源替代主要包括煤改电和煤改气两部分。

（3）调整交通运输结构

《蓝天行动》交通运输结构调整主要包括优化调整货物运输结构、加快车船结构升级、加快油品质量升级、强化移动源污染防治四个方面。本报告选择可计算的措施，主要包括老旧车淘汰、新能源汽车推广、油品质量升级、排放标准（国Ⅵ）、柴油货车深度治理改造、岸电建设等6个方面。老旧车淘汰主要是车辆残值损失（以补贴成本作为替代），新能源汽车推广主要是推广补贴成本，排放标准主要是新车排放标准的提升产生的成本增加，柴油货车深度治理改造主要是符合改造条件的货车加装装置所产生的成本，岸电建设主要是泊位的改造和船舶受电设施改造所产生的成本。

（4）工业污染治理

工业污染治理包括重点行业污染治理、工业窑炉专项治理和挥发性有机物专项治理等措施。重点行业污染治理具体包括电力行业超低排放及达标排放改造，钢铁行业超低排放改造，水泥行业提标改造，以及电力行业、建材行业、有色金属冶炼行业和燃煤锅炉无组织排放。工业窑炉专项治理主要测算工业窑炉取缔淘汰污染物减排量及有色金属冶炼行业窑炉升级改造、建材行业窑炉升级改造形成的费用成本。工业源VOCs污染整治的费用主要包括石化行业VOCs达标排放治理，以及化工、工业涂装、包装印刷和其他（电子、制鞋、纺织印染、木材加工等）行业VOCs综合治理的投入。

（5）扬尘污染治理

《蓝天行动》提出的面源污染治理，主要包括严格施工扬尘监管，加强道路扬尘综合整治、提高道路机械化清扫率，加强秸秆禁烧管控、提高秸秆综合利用率。

（6）大气环境监测和监控体系建设

从空气质量监测站点建设、VOCs 排放重点源自动监控体系建设、科技支撑、执法督查 4 个方面进行大气环境监测与监控体系建设部分的费用计算。

1.3 环境改善效益分析思路

（1）污染物减排

污染物减排量的测算包括调整优化产业结构减排量、调整能源结构减排量、调整交通运输结构减排量、扬尘污染治理减排量和工业污染治理减排量等。调整优化产业结构减排量包括淘汰落后产能、压减过剩产能减排量和“散乱污”治理减排量等。调整能源结构包括民用散煤清洁能源替代（“双替代”）、淘汰燃煤小锅炉和淘汰燃煤小火电机组三项措施。交通运输结构调整包括运输结构调整、老旧车淘汰、新能源汽车推广、油品质量升级、排放标准等。扬尘污染治理包括道路扬尘、施工扬尘和秸秆禁烧等。工业污染治理包括重点行业污染治理、工业窑炉专项治理、挥发性有机物专项治理等。

（2）环境质量改善

采用第三代空气质量模型进行环境质量改善效益估算。CMAQ 模式基本组成包括边界条件处理器 BCON、初始条件处理器 ICON、光解速率处理器 JPROC、气象-污染交互模块 MCIP 及化学传输主模块 CCTM。其中，MCIP 模块的主要功能是从 WRF 模式中提取风压温湿及网格等基本气象要素信息。CMAQ 模式需要的输入数据包括满足模型格式要求的排放清单、三维气象场。本报告根据清华大学 MEIC 清单及京津冀地区相关年份环境统计数据建立的污染物排放清单；三维气象场由 WRF 模式提供，通过气象-化学预处理模块 MCIP 转化为 CMAQ 模式所需的格式。

1.4 碳协同减排效益分析思路

本报告以《蓝天行动》每项治理措施为分析对象，通过每项措施设定的实施目标（来自 3 个重点区域 2018—2019 年秋冬季大气污染综合治理攻坚行动方案），如预计淘汰多少产能、预计“电代煤”“气代煤”实现多少户、预计锅炉改造多少蒸吨、预计老旧车黄标车淘汰多少辆以及新能源汽车推广多少辆等，从中计算出具体的二氧化碳减排量，即为《蓝天行动》带来的碳协同减排量。考虑到《蓝天行动》实施政策措施的具体细节及数据可得性，重点对政策措施实施中因数据允许可量化的碳协同减排效益进行计算。主要从调整优化产业结构、调整能源结构、交通运输结构调整 3 个方面，在全国和 3 个重点区域层面评估碳协同减排效益（表 2）。

表 2 《蓝天行动》实施的费用测算方法

一级政策措施	二级政策措施	测算范围界定	测算方法
1. 调整优化产业结构	淘汰落后产能	淘汰落后产能的政府补助费用	某行业淘汰或压减产能产值=淘汰产能量×产能利用率×产品价格淘汰或压减产能的政府补贴=总产值×补贴系数

一级政策措施	二级政策措施	测算范围界定	测算方法
	“散乱污”治理企业升级改造	“散乱污”企业的升级改造所需增加的投资和运行费用	某区域散乱污企业改造投入=某区域散乱污企业改造投入×（某区域小型规模工业企业数量/某区域小型规模工业企业数量）
2. 调整能源结构	燃煤“双替代”	居民“煤改气”“煤改电”成本，主要包括采暖设备投资费用、基础设施建设投资和年运行费用补贴	煤改电费用=改造户数×（单位电锅炉成本+政府补贴成本）； 煤改气费用=改造户数×（单位燃气锅炉成本+单位户数燃气管道改造成本+政府补贴成本）
	燃煤小锅炉	淘汰燃煤小锅炉	淘汰燃煤小锅炉成本=燃煤小锅炉的容量×单位投资成本
	燃煤小火电	淘汰燃煤小火电	淘汰燃煤小火电成本=小火电的机组装机容量×单位投资成本
3. 调整交通运输结构	老旧车淘汰	黄标车、老旧车淘汰补贴成本	黄标车、老旧车淘汰补贴成本=黄标车、老旧车淘汰数量×黄标车、老旧车淘汰补贴标准
	新能源汽车推广	新能源汽车推广补贴成本	新能源汽车推广补贴成本=新能源汽车推广数量×新能源汽车推广所产生的大气污染防治成本
	油品质量升级	油品升级增加的成本	油品升级增加的成本=汽油、柴油消费量×车用汽油、柴油占比×每吨汽油、柴油增加的成本
	排放标准提升	新车由国Ⅴ排放标准升级国Ⅵ排放标准的成本	排放标准提升增加的成本=轻型、重型汽油车/重型柴油车新车销售量×每辆轻型、重型汽油车/重型柴油车增加的成本
	柴油货车深度治理改造	对价值较高、车况较好的国Ⅲ中重型柴油货车进行深度治理改造的费用	柴油货车深度治理改造的成本=柴油货车改造量×每辆柴油货车改造成本
	岸电建设	包括沿海主要港口泊位改造费用、新的港口码头和机场岸电设施建设费用、船舶受电设施改造费用等。新的港口码头和机场岸电设施建设费用不好估计不计入在内	岸电建设成本=主要港口泊位改造成本+船舶受电设施改造成本； 主要港口泊位改造成本=内贸泊位×每个内贸泊位改造成本+外贸泊位×每个外贸泊位改造成本； 船舶受电设施改造=受电设施改造船舶数×每个船舶改造成本
4. 扬尘污染治理	施工扬尘监管	包括设置封闭式围挡、出入口冲洗平台、杜绝混凝土砂浆现场搅拌、物料堆放和装卸实施封闭或覆盖、开展数据监测和视频监控等设备的购置	施工工地扬尘污染治理成本=堆场治理成本×堆场数量+单个工地设备购置成本×工地数量
	道路扬尘整治	主要是各地政府提高道路机械化清扫水平而购置的环卫专用车辆以及运维费用，包括机械化设备购置费用、日常清扫除尘运行费用	设备购置成本=机械化设备单价×购置数量； 日常清扫成本=单位面积清扫费用×道路面积×清扫率
	秸秆禁烧	主要包括政府农业支持保护补贴、监控设备购置（无人机、“互联网+高架视频监控”系统等）费用、秸秆资源化利用设施建设（秸秆收储点、收储中心、沼气池等）	秸秆禁烧=农业补贴成本+资源化利用成本+监控设备单价×购置数量

一级政策措施	二级政策措施	测算范围界定	测算方法
5. 工业污染治理	重点行业污染治理	包括电力行业超低排放及达标排放改造，钢铁行业超低排放改造，水泥行业提标改造，以及电力行业、建材行业、有色金属冶炼行业和燃煤锅炉无组织排放	行业各项治理设施费用=新建治理设施的容量×单位投资成本×使用年限÷折旧年限； 无组织排放采取半封闭、防风网等措施治理投资
	工业窑炉专项治理	有色金属冶炼行业窑炉升级改造、建材行业窑炉升级改造形成的费用	治理设施成本=改造数量×单位成本×使用年限÷折旧年限
	挥发性有机物专项治理	石化行业 VOCs 达标排放治理及化工、工业涂装、包装印刷和其他（电子、制鞋、纺织印染、木材加工等）行业 VOCs 综合治理的投入	总投资=单位污染物减排量治理投入×减排量
6. 大气环境监测和监控体系建设	监测和监控体系建设	计算空气质量监测、VOCs 排放重点源自动监控体系建设、科技支撑、执法督察	经验与系数法估算

1.5 健康效益分析及其他效益分析思路

大气环境质量改善引起的健康效益是判断大气环境污染治理成效的重要手段。目前，我国大气环境质量整体还处于对人体健康等方面有环境退化损失的阶段，大气环境质量改善的健康效益通过大气环境污染损失减少进行核算。当年大气环境质量改善的环境效益通过上年大气环境质量下的环境污染损失减去当年大气环境质量下的环境污染损失。如果结果为正，说明大气环境质量有所改善，并产生了一定的环境效益。若结果为负，说明大气环境质量没有改善，环境损失程度加剧。在大气污染导致的人体健康效益核算时，主要采用 $PM_{2.5}$ 作为大气污染因子进行人体健康影响评价。在大气污染导致过早死亡人数价值量核算时主要采用支付意愿法进行核算，支付意愿法的过早死亡成本参数采用 OECD 报告。

大气环境质量改善除了给人体健康带来效益，还对农作物生产、室外建筑材料、清洁方面也将带来好处。本报告评估大气环境质量改善引起的其他效益主要包括农业作物减少损失、室外建筑材料减少损失和清洁成本减少损失 3 部分组成。

1.6 经济社会影响分析思路

《蓝天行动》实施的经济社会影响主要包括对宏观经济（GDP）、产业结构优化、税收及就业等方面产生的直接和间接的影响。本报告主要以淘汰和压减产能、环保投入及运行费作为测算对象，通过构建环境经济投入产出模型来计算。

2 费用核算结果

2.1 总费用及重点区域核算结果

测算表明，2018—2020 年，《蓝天行动》6 项措施预计实施的费用共计约 7 799 亿元。其中，调整优化产业结构的费用支出约 588 亿元（只计算淘汰落后产能、“散乱污”企业升级改造）、调整能源结构约 2 582 亿元、调整交通运输结构约 1 387 亿元、扬尘污染治理约 540 亿元、工业污染治理约 2 427 亿元、大气环境监测和监控体系建设约 274 亿元（表 3）。

表 3 《蓝天行动》实施的预计费用　　单位：亿元

一级措施	二级措施	费用	政府	企业	公众
1. 调整优化产业结构	淘汰落后产能	206.2	206.2		
	“散乱污”企业升级改造	382.2		382.2	
2. 调整能源结构	双替代	2 494.4	2 205.8		288.6
	燃煤小锅炉	20.3		20.3	
	燃煤小火电	67.5		67.5	
3. 交通运输结构调整	老旧车	225.0	225.0		
	新能源	63.1	63.1		
	油品升级	500.7			500.7
	排放标准上升	458.2			458.2
	柴油货车深度治理	85.7			85.7
	岸电建设	54.6	24.6	30.0	
4. 扬尘污染治理	施工扬尘监管	279.0	93.0	186.0	
	道路扬尘整治	135.0	135.0		
	秸秆禁烧	125.7	113.1	6.2	6.4
5. 工业污染治理	重点行业污染治理	461.0		461.0	
	工业窑炉专项治理	306.0		306.0	
	挥发性有机物专项治理	1 660.2	150.9	1 509.3	
6. 大气环境监测和监控体系建设	空气质量监测	21.8	21.8		
	VOCs 排放重点源自动监控体系建设	153.0	153.0		
	科技支撑	90.0	90.0		
	执法督察	9.6	9.6		
合计		7 799.2	3 491.0	2 968.5	1 339.7

从政府、企业和公众承担的费用情况看，政府承担约为 3 491 亿元，占总费用的 44.8%；企业承担约为 2 968.5 亿元，占总费用的 38.1%；公众承担的费用约为 1 339.7 亿元，占总费用的 17.2%，主要表现在燃煤“双替代”、油品升级及配套改造、机动车排放标准上升、

柴油货车深度治理等方面。

分重点区域来看，京津冀及周边地区《蓝天行动》实施的费用共计约为 1 872 亿元。其中，预计调整优化产业结构的费用 79.8 亿元、调整能源结构 1 012.9 亿元、调整交通运输结构 258.0 亿元、扬尘污染治理 69.9 亿元、工业污染治理 451.5 亿元（表 4）。

表 4　京津冀及周边地区《蓝天行动》实施的费用　　单位：亿元

一级措施	二级措施	费用	政府	企业	公众
1. 调整优化产业结构	淘汰落后产能	67.5	67.5		
	“散乱污”企业升级改造	12.3		12.3	
2. 调整能源结构	双替代	997.8	882.3		115.5
	燃煤小锅炉	6.1		6.1	
	燃煤小火电	9.0		9.0	
3. 交通运输结构调整	老旧车	29.9	29.9		
	新能源	2.2	2.2		
	油品升级	96.9			96.9
	排放标准	105.9			105.9
	柴油货车深度治理改造	20.6			20.6
	岸电建设	2.5	1.2	1.4	
4. 扬尘污染治理	施工扬尘监管	27.3	9.1	18.2	
	道路扬尘整治	20.4	20.4		
	秸秆禁烧	22.2	20.0	1.1	1.1
5. 工业污染治理	重点行业污染治理	133.0		133.0	
	工业窑炉专项治理	103.0		103.0	
	挥发性有机物专项治理	215.5	19.6	195.9	
合计		1 872.1	1 052.2	480.0	339.9

汾渭平原《蓝天行动》实施的费用共计约 715 亿元。其中，预计调整优化产业结构的费用支出 41.7 亿元、调整能源结构 328.5 亿元、调整交通运输结构 67.7 亿元、扬尘污染治理 44.4 亿元、工业污染治理 232.4 亿元（表 5）。

表 5　汾渭平原《蓝天行动》实施的费用　　单位：亿元

一级措施	二级措施	费用	政府	企业	公众
1. 调整优化产业结构	淘汰落后产能	9.0	9.0		
	“散乱污”企业升级改造	32.7		32.7	
2. 调整能源结构	双替代	325.2	287.6		37.6
	燃煤小锅炉	1.0		1.0	
	燃煤小火电	2.3		2.3	
3. 交通运输结构调整	老旧车	10.4	10.4		
	新能源	0.4	0.4		
	油品升级	22.0			22.0
	排放标准	28.7			28.7
	柴油货车深度治理改造	6.1			6.1

一级措施	二级措施	费用	政府	企业	公众
4. 扬尘污染治理	施工扬尘监管	10.8	3.6	7.2	
	道路扬尘整治	16.8	16.8		
	秸秆禁烧	16.8	15.12	0.82	0.86
5. 工业污染治理	重点行业污染治理	75.3		75.3	
	工业窑炉专项治理	50.0		50.0	
	挥发性有机物专项治理	107.1	9.7	97.4	
合计		714.6	352.7	266.7	95.3

长三角地区《蓝天行动》实施的费用共计约 1 176 亿元。其中，预计调整优化产业结构的费用支出 118.8 亿元、调整能源结构 11.6 亿元、调整交通运输结构 228.0 亿元、扬尘污染治理 123.7 亿元、工业污染治理 693.8 亿元（表 6）。

表 6 长三角地区《蓝天行动》实施的费用 单位：亿元

一级措施	二级措施	费用	政府	企业	公众
1. 调整优化产业结构	淘汰落后产能	20.6	20.6		
	“散乱污”企业升级改造	98.2		98.2	
2. 调整能源结构	双替代				
	燃煤小锅炉	4.9		4.9	
	燃煤小火电	6.8		6.8	
3. 交通运输结构调整	老旧车	10.7	10.7		
	新能源	2.9	2.9		
	油品升级	94.6			94.6
	排放标准	88.3			88.3
	柴油货车深度治理改造	15.3			15.3
	岸电建设	16.2	7.23	9	
4. 扬尘污染治理	施工扬尘监管	72.5	24.17	48.35	
	道路扬尘整治	32.9	32.9		
	秸秆禁烧	18.3	16.45	0.9	0.93
5. 工业污染治理	重点行业污染治理	192.0		192.0	
	工业窑炉专项治理	56.0		56.0	
	挥发性有机物专项治理	445.8	40.5	405.3	
合计		1 175.9	155.5	821.4	199.0

2.2 各治理措施费用评估结果

2.2.1 调整优化产业结构

测算显示，全国产业结构调整预计需要投入 588.4 亿元。其中，淘汰和压减产能预计需投入 206.2 亿元（主要为政府补贴费用），约占总费用的 35%；“散乱污”企业整治预计需要费用 382.2 亿元（主要为企业支出费用），约占总费用的 65%。从区域分布来看，京津冀及周边地区、汾渭平原及长三角地区的费用分别为 80 亿元、42 亿元、119 亿元，3 个区域合计为 240 亿元，约占全国总费用的 41%。另外，长三角地区和汾渭平原费用主要以治理“散乱污”费用为主，分别为 98 亿元和 33 亿元；而京津冀及周边地区则主要以淘汰和压缩产能为主，为 68 亿元，原因在于京津冀及周边地区在《大气十条》实施过程中已经基本完成“散乱污”企业整治工作（图 1）。

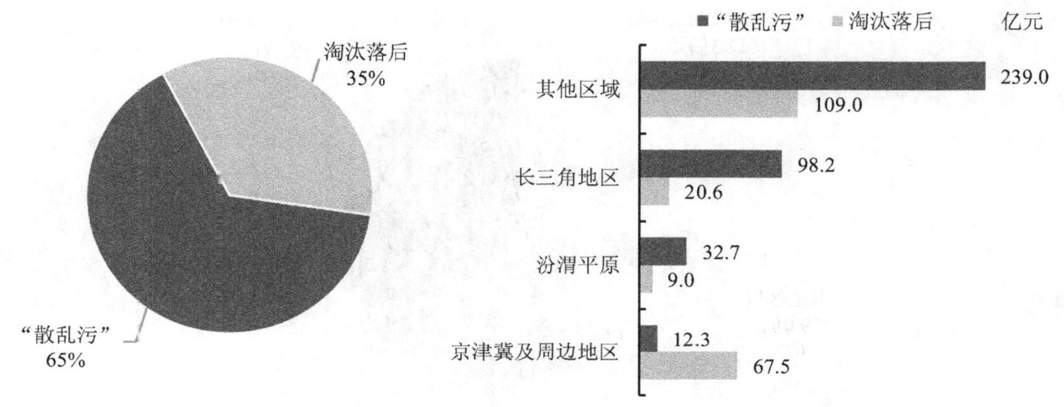

图 1　2018—2020 年开展全国产业结构调整优化费用

从淘汰和压减产能来看，费用约为 206.2 亿元。其中，主要以淘汰煤电政府补贴费用为主，占总费用的一半以上；其次是钢铁行业压减产能补贴，占总费用的 33%；水泥行业和焦炭行业压减产能所需费用分别占总费用的 11%和 3%。另外，从重点地区来看，京津冀及周边地区主要以煤电和钢铁行业的压减产能补贴费用为主，分别为 33.2 亿元和 28.8 亿元。另外，长三角地区压减煤电和钢铁费用分别为 7.5 亿元和 11.4 亿元（图 2）。

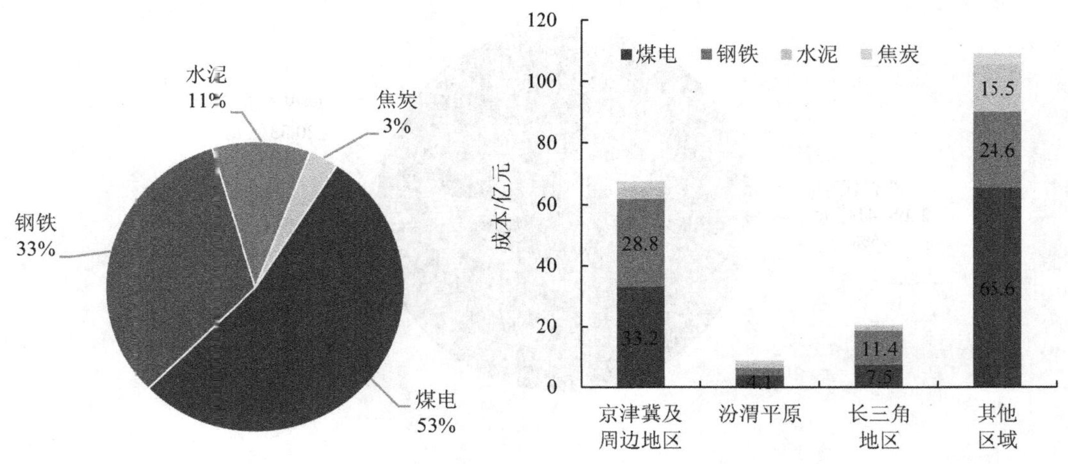

图 2　2018—2020 年重点区域分行业淘汰压减产能所需费用

从“散乱污”治理费用来看，《蓝天行动》预计“散乱污”治理费用 382 亿元（主要以企业升级改造费用为主）。其中，京津冀及周边地区由于已经于 2017 年前开展并基本完成，后续“散乱污”治理资金是 2017 年总量的 10%左右，即 12.3 亿元；汾渭平原“散乱污”治理需要费用 32.7 亿元，占“散乱污”治理总费用的 9%左右。长三角地区预计“散乱污”治理任务更重，根据估算需要约 98.2 亿元，占总费用的 26%。3 个重点区域“散乱污”治理共需 143 亿元，占全国总费用的 38%（图 3）。

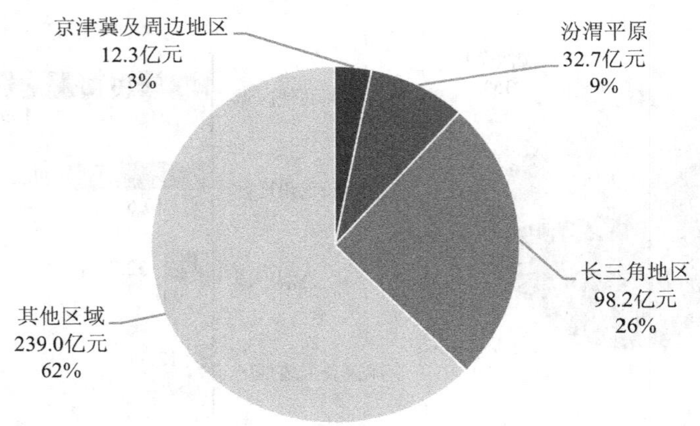

图 3 2018—2020 年全国重点区域“散乱污”治理费用

2.2.2 调整能源结构

全国继续调整能源结构所需费用为 2 582.24 亿元。其中，京津冀及周边地区所需费用约为 1 012.86 亿元，汾渭平原所需费用为 328.47 亿元，长三角地区需要用 11.63 亿元。具体见图 4。

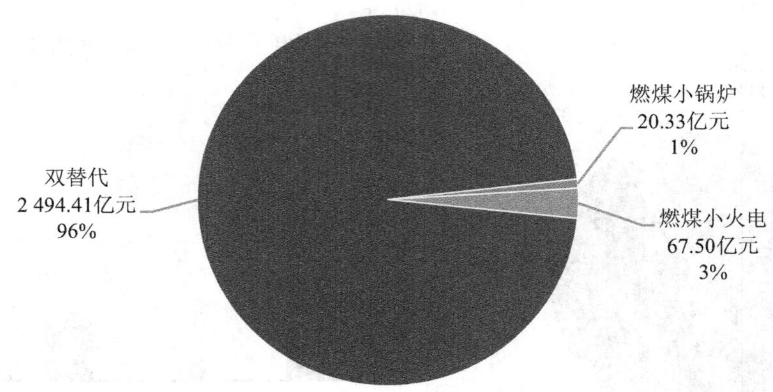

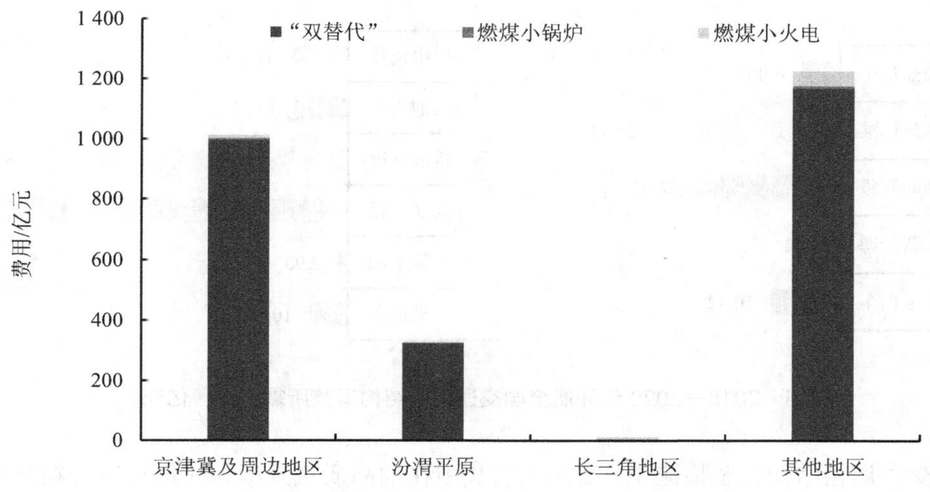

图 4　2018—2020 年调整能源结构污染治理所需费用

调整能源结构的费用主要以“双替代”措施为主（全国占比 96.6%）。从重点区域来看，京津冀及周边地区调整能源结构的费用较高，占全国的 1/3 以上；汾渭平原在全国占比为 12.7%。长三角地区由于未实行“双替代”措施，其费用远远低于全国平均水平。

2.2.3　交通运输结构调整

全国交通运输结构调整预计所需费用为 1 387 亿元。其中，京津冀及周边地区所需费用为 258 亿元；汾渭平原所需费用为 68 亿元；长三角地区所需费用为 228 亿元。具体见图 5。

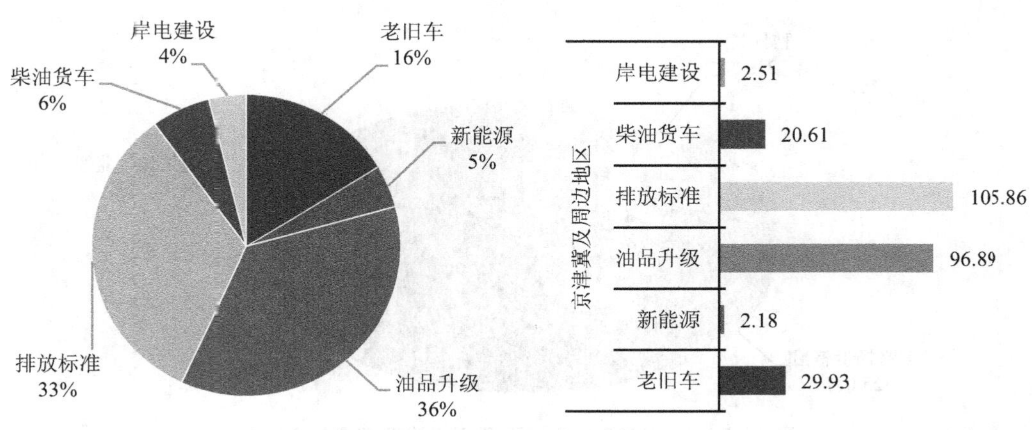

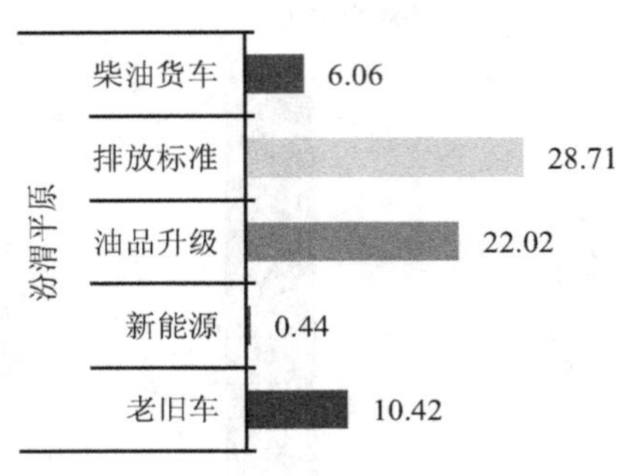

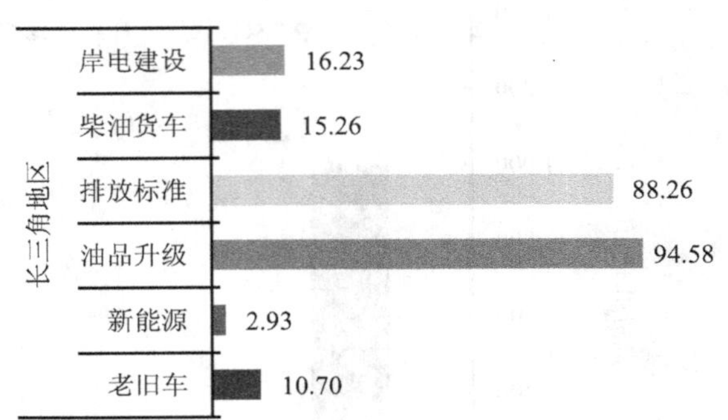

图 5　2018—2020 年开展全国交通运输结构调整所需费用（亿元）

在交通运输结构调整措施中，费用主要集中在油品质量升级和排放标准升级两项措施中，全国占比分别为 36.1%和 33.0%。新能源汽车推广、岸电建设、柴油货车深度治理改造 3 项措施的费用占比较低。

从重点区域来看，交通运输结构调整的费用主要集中于京津冀及周边地区和长三角地区（占比分别为 18.6%和 16.4%）。地区内的各措施费用分布比例与全国类似。

2.2.4　扬尘等面源污染治理

全国继续严格施工扬尘监管，加强道路扬尘综合整治、提高道路机械化清扫率，加强秸秆禁烧管控、提高秸秆综合利用所需费用为 539.66 亿元。其中，京津冀及周边地区所需费用为 69.92 亿元，汾渭平原所需费用为 11.45 亿元，长三角地区所需费用为 123.70 亿元，见图 6。

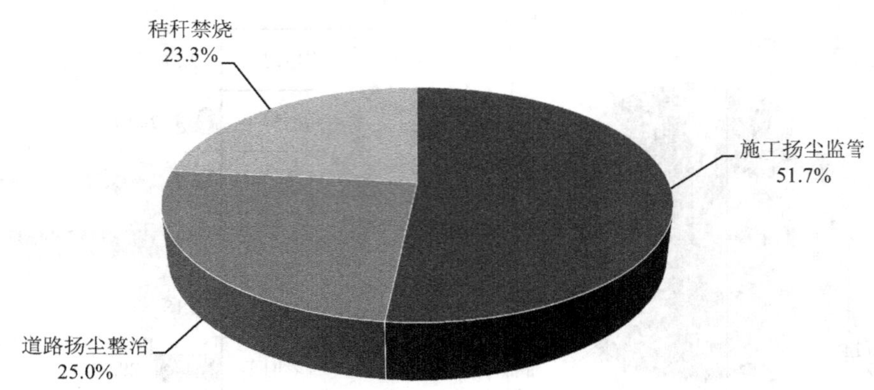

图 6　2018—2020 年全国面源污染治理资金投入

京津冀及周边地区约需投入 69.92 亿元。其中，施工扬尘监管、道路扬尘整治和秸秆禁烧的投入分别为 27.32 亿元、20.41 亿元和 22.19 亿元，分别占面源治理的 39.1%、29.2%和 31.7%（图 7）。

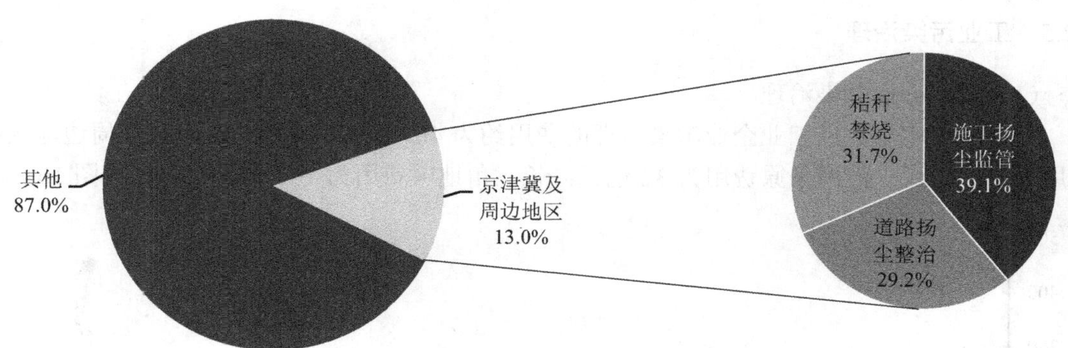

图 7　2018—2020 年京津冀及周边地区面源污染治理成本

在汾渭平原约需投入资金 11.45 亿元。其中，施工扬尘监管、道路扬尘整治和秸秆禁烧的投入分别为 4.19 亿元、3.99 亿元和 3.27 亿元，分别占面源污染治理的 36.6%、34.8% 和 28.6%（图 8）。

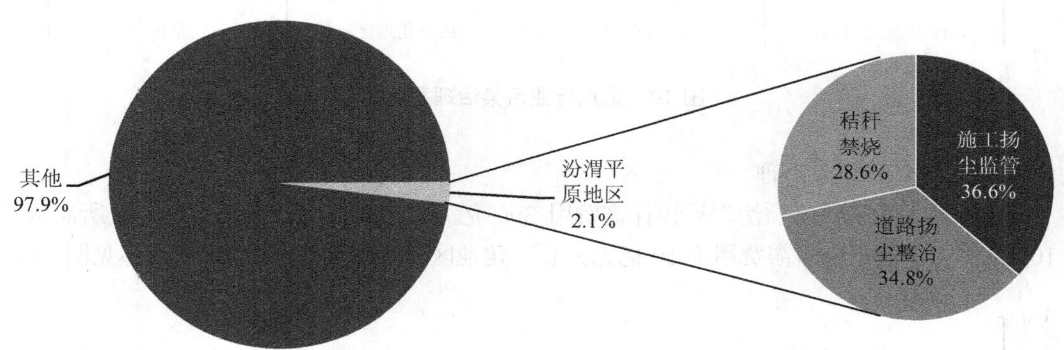

图 8　2018—2020 年汾渭平原面源污染治理成本

长三角地区约需投入资金 123.70 亿元。其中，施工扬尘监管、道路扬尘整治和秸秆禁烧的投入分别为 72.52 亿元、32.89 亿元和 18.28 亿元，分别占污染治理的 58.6%、26.6% 和 14.8%（图 9）。

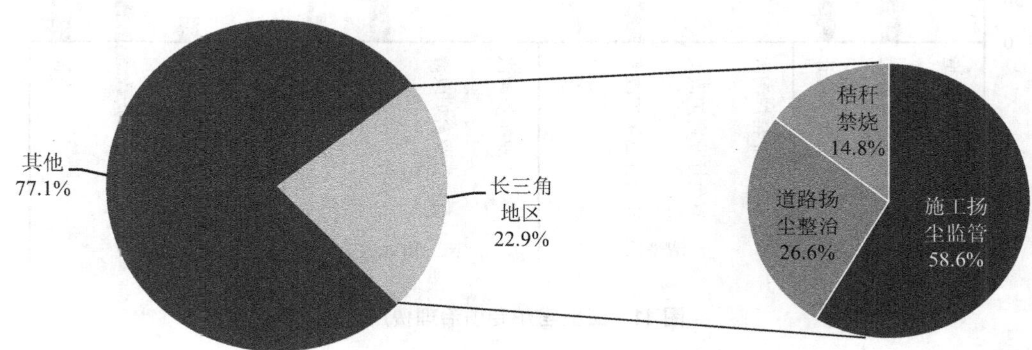

图 9　2018—2020 年长三角地区面源污染治理成本

2.2.5 工业污染治理

（1）重点行业污染治理

全国继续实施重点工业企业污染治理的费用约为 461 亿元。其中，京津冀及周边地区费用为 133 亿元；汾渭平原费用为 32 亿元；长三角地区费用为 102 亿元。具体见图 10。

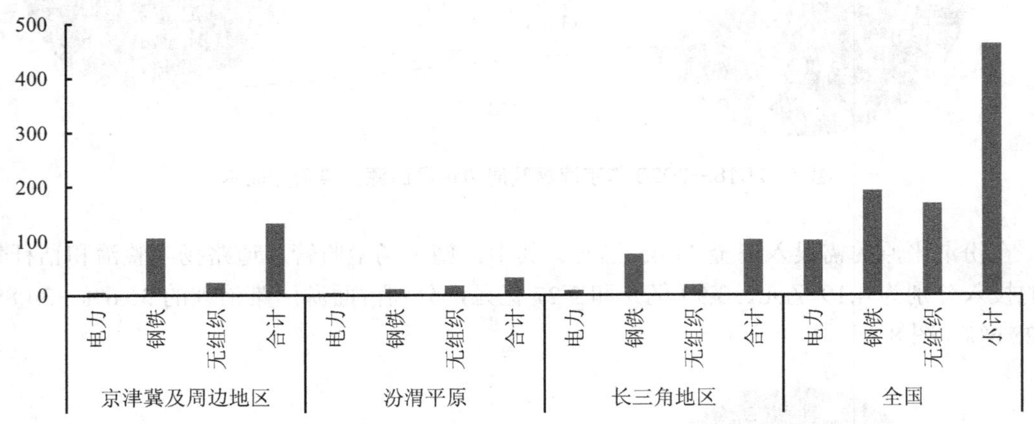

图 10 重点行业污染治理费用

（2）工业窑炉专项治理

全国开展工业窑炉专项治理后预计需费用 306 亿元。其中，京津冀及周边地区所需费用为 103 亿元；汾渭平原所需费用为 50 亿元；长三角地区所需费用为 56 亿元。具体见图 11。

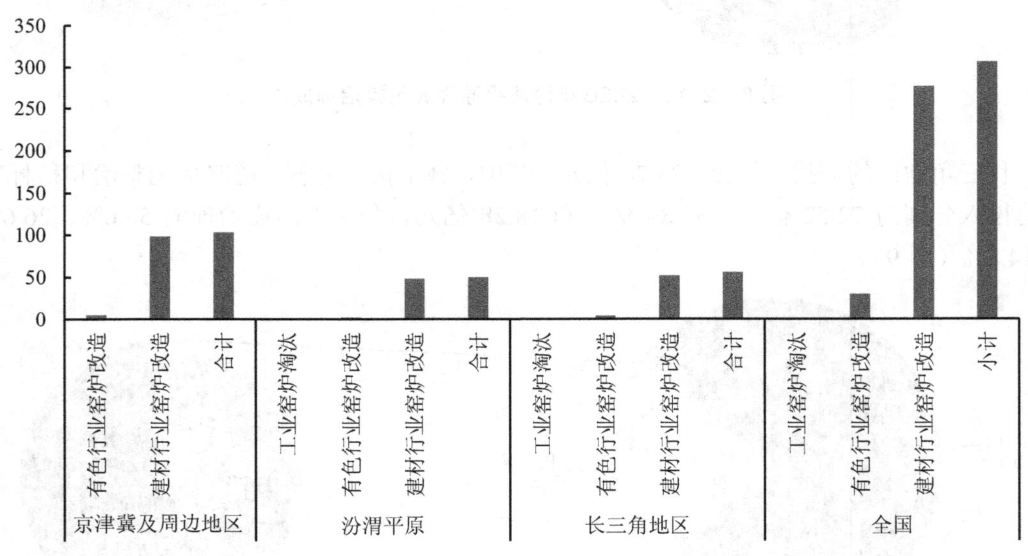

图 11 工业窑炉专项治理费用

（3）挥发性有机物专项治理

就全国而言，实施石化行业 VOCs 达标排放治理以及化工、工业涂装、包装印刷和其他行业 VOCs 综合治理，约需费用 1 509.3 亿元，所需中央财政补贴 150.9 亿元。石化行业约需费用 361.2 亿元，化工行业约需费用 593.4 亿元，工业涂装过程约需费用 270.9 亿元，包装印刷行业约需费用 116.1 亿元，其他行业约需费用 167.7 亿元。

京津冀及周边地区，VOCs 污染治理约需费用 195.9 亿元，占全国总费用的 13.0%。长三角地区，VOCs 污染治理约需费用 405.3 亿元，占全国总费用的 26.9%。汾渭平原，VOCs 污染治理约需费用 97.4 亿元，占全国总费用的 6.5%（表 7）。

表 7　工业源 VOCs 污染整治费用统计　　单位：亿元

行业	全国		京津冀及周边地区		长三角地区		汾渭平原	
	费用	补贴	费用	补贴	费用	补贴	费用	补贴
石化	361.2	36.1	53.6	5.4	95.8	9.6	16.8	1.7
化工	593.4	59.3	16.6	1.7	165.5	16.5	58.0	5.8
工业涂装	270.9	27.1	30.6	3.1	90.5	9.1	14.1	1.4
包装印刷	116.1	11.6	29.0	2.9	29.0	2.9	6.1	0.6
其他	167.7	16.8	66.0	6.6	24.5	2.4	2.5	0.2
合计	1 509.3	150.9	195.9	19.6	405.3	40.5	97.4	9.7

2.2.6　大气环境监测和监控体系建设

2018—2020 年，拟加强环境空气质量监测，优化调整扩展国控空气质量监测站点，新增区域站和城市站，在重点区域各城市和其他臭氧污染严重的城市开展环境空气质量 VOCs 监测，在重点区域建设国家大气颗粒物组分监测网、大气光化学监测网及大气环境天地空大型立体综合观测网等，预计加强监测能力建设共投入 21.81 亿元。全国工业 VOCs 排放重点源自动监控体系建设投资 153 亿元。2018—2020 年大气专项、总理基金等科技项目投入约 90 亿元。2018—2020 年的执法督察约 9.6 亿元。

3　环境改善效益评估结果

3.1　污染物减排量测算

汇总计算调整优化产业结构、调整能源结构、调整交通运输结构、扬尘污染治理、工业污染治理等不同措施实施后，预计全国及重点地区的主要大气污染物 SO_2、NO_x、PM、VOCs 减排量，结果见表 8。

表 8 《蓝天行动》实施主要污染物减排量评估 单位：万 t

地区	污染物减排量			
	SO_2	NO_x	PM	VOCs
京津冀及周边地区	73.3	117.2	131.0	54.0
长三角地区	61.19	81.94	81.50	72.77
汾渭平原	22.74	28.87	32.25	17.93
全国	270.14	416.02	379.15	294.89

就全国而言，通过调整优化产业结构、调整能源结构、调整交通运输结构、扬尘污染治理、工业污染治理等措施，预计 2018—2020 年，SO_2 减排 270.14 万 t，NO_x 减排 416.02 万 t，PM 减排 379.15 万 t，VOCs 减排 294.89 万 t（表 9）。

表 9 《蓝天行动》实施预计主要污染物减排量 单位：万 t

一级措施	二级措施	污染物减排量			
		SO_2	NO_x	PM	VOCs
1. 调整优化产业结构	淘汰落后产能	30.05	70.57	25.14	
	散乱污企业升级改造	85.44	11.91	21.97	
2. 调整能源结构	双替代	20.91	4.33	42.76	14.25
	燃煤小锅炉	19.62	6.41	25.82	8.64
	燃煤小火电	6.72	4.20	1.30	
3. 交通运输结构调整	老旧车		49.50	9.81	
	新能源		20.95	1.76	
	油品升级		34.93	2.83	
	排放标准		25.50	0.26	
	柴油货车深度治理改造		34.16	2.18	
	岸电建设		7.25	0.24	
4. 扬尘污染治理	施工扬尘监管			8.60	
	道路扬尘整治			19.80	
	秸秆禁烧			12.38	
5. 工业污染治理	重点行业污染治理	59.60	68.90	186.00	
	工业窑炉专项治理	47.80	77.40	18.30	
	挥发性有机物专项治理				272.00
合计		270.14	416.02	379.15	294.89

京津冀及周边地区，预计 2018—2020 年，SO_2 减排 73.3 万 t，NO_x 减排 117.2 万 t，PM 减排 131.0 万 t，VOCs 减排 54.0 万 t，占全国的比例分别为 27.1%、28.2%、34.6%和 18.3%（表 10）。

表 10 《蓝天行动》实施京津冀及周边地区预计主要污染物减排量 单位：万 t

一级措施	二级措施	污染物减排量			
		SO_2	NO_x	PM	VOCs
1. 调整优化产业结构	淘汰落后产能	10.64	19.83	7.77	
	散乱污企业升级改造	2.75	0.38	0.71	
2. 调整能源结构	双替代	8.36	1.73	17.10	5.70
	燃煤小锅炉	5.89	1.92	7.75	2.59
	燃煤小火电	0.47	1.15	0.23	
3. 交通运输结构调整	老旧车		6.59	1.31	
	新能源		0.72	0.06	
	油品升级		6.73	0.55	
	排放标准		5.94	0.06	
	柴油货车深度治理改造		8.76	0.56	
	岸电建设		0.33	0.01	
4. 扬尘污染治理	施工扬尘监管			0.84	
	道路扬尘整治			2.99	
	秸秆禁烧			2.19	
5. 工业污染治理	重点行业污染治理	22.1	34.8	77.4	
	工业窑炉专项治理	23.1	28.3	11.5	
	挥发性有机物专项治理				45.7
合计		73.3	117.2	131.0	54.0

汾渭平原，预计 2018—2020 年，SO_2 减排 22.74 万 t，NO_x 减排 28.87 万 t，PM 减排 32.25 万 t，VOCs 减排 17.93 万 t，占全国的比例分别为 8.4%、6.9%、8.5%和 6.1%（表 11）。

表 11 《蓝天行动》实施汾渭平原预计主要污染物减排量 单位：万 t

一级措施	二级措施	污染物减排量			
		SO_2	NO_x	PM	VOCs
1. 调整优化产业结构	淘汰落后产能	1.32	4.13	1.52	
	“散乱污”企业升级改造	7.30	1.02	1.88	
2. 调整能源结构	“双替代”	3.05	0.62	6.97	2.32
	燃煤小锅炉	0.94	0.31	1.24	0.41
	燃煤小火电	0.23	0.64	0.13	
3. 交通运输结构调整	老旧车		2.29	0.45	
	新能源		0.15	0.01	
	油品升级		1.60	0.13	
	排放标准		1.55	0.02	
	柴油货车深度治理改造		2.57	0.17	
4. 扬尘污染治理	施工扬尘监管			0.13	
	道路扬尘整治			0.59	
	秸秆禁烧			0.32	
5. 工业污染治理	重点行业污染治理	2.40	3.70	14.30	
	工业窑炉专项治理	7.50	10.30	4.40	
	挥发性有机物专项治理				15.20
合计		22.74	28.87	32.25	17.93

长三角地区，预计 2018—2020 年，SO_2 减排 61.19 万 t，NO_x 减排 81.94 万 t，PM 减排 81.50 万 t，VOCs 减排 72.77 万 t，占全国的比例分别为 22.0%、19.6%、20.6%和 24.2%（表 12）。

表 12 《蓝天行动》实施长三角地区预计主要污染物减排量 单位：万 t

一级措施	二级措施	污染物减排量			
		SO_2	NO_x	PM	VOCs
1. 调整优化产业结构	淘汰落后产能	3.87	7.00	2.85	
	"散乱污"企业升级改造	21.96	3.06	5.65	
2. 调整能源结构	"双替代"				
	燃煤小锅炉	4.71	1.54	6.20	2.07
	燃煤小火电	0.35	1.27	0.25	
3. 交通运输结构调整	老旧车		2.35	0.47	
	新能源		0.97	0.08	
	油品升级		6.42	0.52	
	排放标准		5.04	0.05	
	柴油货车深度治理改造		6.23	0.40	
	岸电建设		2.06	0.07	
4. 扬尘污染治理	施工扬尘监管			2.24	
	道路扬尘整治			4.82	
	秸秆禁烧			1.80	
5. 工业污染治理	重点行业污染治理	12.50	19.40	51.30	
	工业窑炉专项治理	17.80	26.60	4.80	
	挥发性有机物专项治理				70.70
合计		61.19	81.94	81.50	72.77

3.2 环境质量改善评估结果

通过实施《蓝天行动》的调整优化产业结构、调整能源结构、交通运输结构调整、扬尘污染治理、工业污染治理、大气环境监测和监控体系建设等措施后，相比 2015 年，预计 2020 年全国 $PM_{2.5}$ 浓度下降 16 μg/m^3，达到 34 μg/m^3（表 13）。其中，京津冀及周边地区、长三角地区、汾渭平原 $PM_{2.5}$ 年均浓度分别下降 29 μg/m^3、10 μg/m^3 和 8 μg/m^3，分别达到 55 μg/m^3、43 μg/m^3 和 53 μg/m^3。

表 13 《蓝天行动》空气质量改善预评估

地区	$PM_{2.5}$ 浓度/（μg/m³）						2020 年相比 2015 年下降/%
	2013 年	2015 年	2017 年	2018 年	2020 年浓度估计	相比 2015 年改善值	
京津冀及周边地区	117	84	68	60	55	29	34.8
长三角地区	67	53	49	44	43	10	18.9
汾渭平原	104	61	65	58	53	8	13.6
全国	72	50	43	39	34	16	31.0

注：2013 年、2015 年京津冀及周边地区、汾渭平原 $PM_{2.5}$ 年均浓度根据区域内有监测数据的城市的年均平均值计算得到。

《蓝天行动》的空气质量目标为“$PM_{2.5}$ 未达标地级及以上城市浓度比 2015 年下降 18%以上”。据估计，2020 年全国 $PM_{2.5}$ 浓度相比 2015 年下降 31.0%，下降幅度较大，满足计划目标要求。京津冀及周边地区、长三角地区、汾渭平原分别下降了 34.8%、18.9%和 13.6%，除汾渭平原外，预计其他地区均可超额完成行动的规划目标（图 12）。

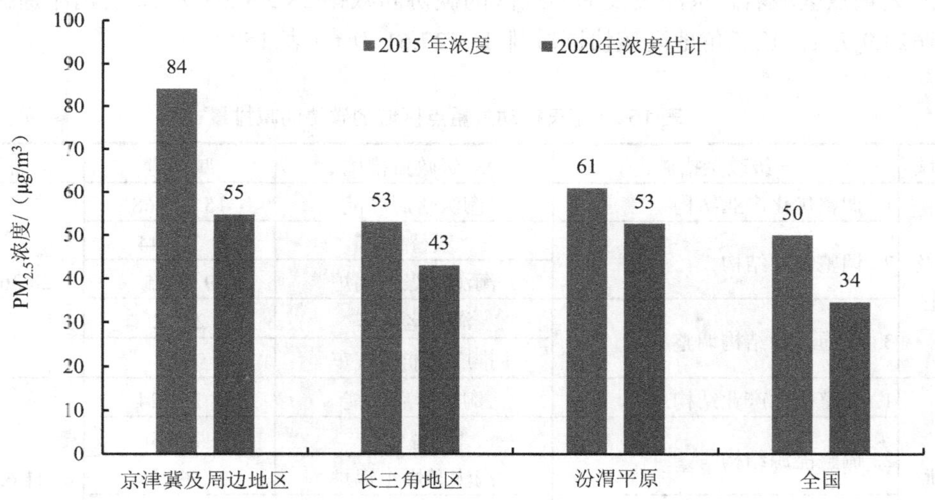

图 12 《蓝天行动》全国及重点地区空气质量改善预评估

4 碳协同减排效益评估结果

4.1 碳协同减排效益

考虑到数据可得性，重点对《蓝天行动》实施的调整优化产业结构、调整能源结构、调整交通运输结构 3 个措施，在全国和 3 个重点区域层面评估碳协同减排效益。评估表明，2018—2020 年，《蓝天行动》的 3 项措施实施的碳协同减排量预计为 78 811.23 万 t，其中，调整优化产业结构碳协同减排 34 845.23 万 t，燃煤双替代碳协同减排 8 410.83 万 t，淘汰燃煤小锅炉碳协同减排 32 585.01 万 t，淘汰老旧车碳协同减排 173.49 万 t，推广新能源汽车碳协同减排 2 796.67 万 t（表 14）。

表 14 《蓝天行动》措施实施的碳协同减排量 单位：万 t

一级措施	二级措施	碳减排量
1. 调整优化产业结构	淘汰落后产能	34 845.23
2. 调整能源结构	“双替代”	8 410.83
	淘汰燃煤小锅炉	32 585.01
3. 交通运输结构调整	淘汰老旧车	173.49
	推广新能源汽车	2 796.67
合计		78 811.23

分三大重点区域看，京津冀及周边地区的碳协同减排 28 366.08 万 t，汾渭平原碳协同减排 11 623.9 万 t，长三角地区碳协同减排 11 427.61 万 t（表 15）。

表 15 《蓝天行动》重点区域的碳协同减排量 单位：万 t

重点区域	一级政策措施	二级政策措施	减排量	合计
京津冀及周边地区	1. 调整优化产业结构	淘汰落后产能	15 106.68	28 366.08
	2. 调整能源结构	“双替代”	3 364.44	
		淘汰燃煤小锅炉	9 775.5	
	3. 交通运输结构调整	淘汰老旧车	22.92	
		推广新能源汽车	96.54	
汾渭平原	1. 调整优化产业结构	淘汰落后产能	8 281.24	11 623.9
	2. 调整能源结构	“双替代”	1 750.86	
		淘汰燃煤小锅炉	1 564.08	
	3. 交通运输结构调整	淘汰老旧车	7.98	
		推广新能源汽车	19.74	
长三角地区	1. 调整优化产业结构	淘汰落后产能	3 469.15	11 427.61
	2. 调整能源结构	“双替代”	0	
		淘汰燃煤小锅炉	7 820.4	
	3. 交通运输结构调整	淘汰老旧车	8.22	
		推广新能源汽车	129.84	

按照社会成本法，《蓝天行动》的三项措施实施的碳协同减排效益共计 6 691.07 亿元。其中，预计调整优化产业结构的碳协同减排效益 2 958.36 亿元，燃煤双替代的碳协同减排效益 714.10 亿元，淘汰燃煤小锅炉的碳协同减排效益 2 766.46 亿元，淘汰老旧车的碳协同减排效益 14.64 亿元，推广新能源汽车的碳协同减排效益 237.58 亿元（表 16）。

表 16 《蓝天行动（2018—2020 年）》措施实施的碳协同减排效益 单位：亿元

一级政策措施	二级政策措施	二级措施效益（亿元）
1. 调整优化产业结构	淘汰落后产能	2 958.36
2. 调整能源结构	“双替代”	714.10
	淘汰燃煤小锅炉	2 766.46
3. 交通运输结构调整	淘汰老旧车	14.64
	推广新能源汽车	237.58
合计		6 691.14

分三大重点区域看，预计京津冀及周边地区碳协同减排效益 2 408.28 亿元，汾渭平原碳协同减排效益 936.87 亿元，长三角地区碳协同减排效益 970.2 亿元（表 17）。

表 17 《蓝天行动（2018—2020 年）》重点区域碳协同减排效益汇总 单位：亿元

重点区域	一级措施	二级措施	效益	合计
京津冀及周边地区	1. 调整优化产业结构	淘汰落后产能	1 282.56	2 408.28
	2. 调整能源结构	“双替代”	285.64	
		淘汰燃煤小锅炉	829.94	
	3. 交通运输结构调整	淘汰老旧车	1.95	
		推广新能源汽车	8.20	
汾渭平原	1. 调整优化产业结构	淘汰落后产能	703.08	986.87
	2. 调整能源结构	“双替代”	148.65	
		淘汰燃煤小锅炉	132.79	
	3. 交通运输结构调整	淘汰老旧车	0.68	
		推广新能源汽车	1.68	
长三角地区	1. 调整优化产业结构	淘汰落后产能	294.53	970.2
	2. 调整能源结构	“双替代”	—	
		淘汰燃煤小锅炉	663.95	
	3. 交通运输结构调整	淘汰老旧车	0.70	
		推广新能源汽车	11.02	

4.2 协同减排效果评估

4.2.1 协同减排当量

为了评估各项减排措施对于 SO_2、NO_x、PM、VOCs、CO_2 等大气污染物和温室气体的综合减排效果，特构造协同减排当量指标 AP_{eq}，将减排效果归一化以反映多污染物协同减排的线性累积效果。计算公式如下：

$$AP_{eq} = \alpha S + \beta N + \gamma P + \delta V + \varepsilon C \tag{1}$$

式中，S、N、P、V、O——分别代表 SO_2、NO_x、PM、VOCs 和 CO_2 的减排量；

α、β、γ、δ、ε——分别为 SO_2、NO_x、PM、VOCs 和 CO_2 的效果系数（或权重值），通过环境税中污染当量值的倒数来获取不同污染物的权重值。

以 SO_2 的污染当量值倒数为基准，其他污染物的污染当量值倒数与之相比较，计算了协同减排当量指标 AP_{eq}，如表 18 所示。

表 18 各污染物的协同减排当量 单位：万 t

一级政策措施	二级政策措施	污染物减排量					
		SO_2	NO_x	PM	VOCs	CO_2	AP_{eq}
1. 调整优化产业结构	淘汰落后产能	30.05	70.57	25.14		34 845.23	1 853.94
2. 调整能源结构	“双替代”	20.91	4.33	42.76	14.25	8 410.83	478.85
	燃煤小锅炉	19.62	6.41	25.82	8.64	32 585.01	1 675.28
3. 交通运输结构调整	老旧车		49.5	9.81		173.49	62.49
	新能源		20.95	1.76		2 796.67	161.56
合计		70.58	151.76	105.29	22.89	78 811.23	4 232.12

通过协同减排当量指标 AP_{eq} 可以看出，调整优化产业结构中的淘汰落后产能在所核算的措施中具有最高的协同度，能最大化地协同减排碳与大气污染物，协同减排当量值为 1 853.94 万 t；其次是调整能源结构中的淘汰燃煤小锅炉，协同减排当量值为 1 675.28 万 t；交通运输结构调整的协同减排程度则远不及调整优化产业结构和能源结构，说明淘汰老旧车和推广新能源汽车的协同减排效果不太显著。

4.2.2 协同控制比

“协同控制比”是碳减排量与大气污染物减排量的比值，采用“协同控制比”这一系数来评估措施的协同减排效果，反映减少单位大气污染物的同时对碳的减排程度，比值越大，协同减排效果越好。构建大气污染物协同减排当量指标 AP_{eq}'来表示除 CO_2 外的大气污染物综合减排量，将减排效果归一化以反映多污染物协同减排的线性累积效果。计算公式如下：

$$AP_{eq}' = \alpha' S + \beta' N + \gamma' P + \delta' V \tag{2}$$

式中，S、N、P、V——分别代表 SO_2、NO_x、PM 和 VOCs 的减排量；

α'、β'、γ'、δ'——分别为 SO_2、NO_x、PM 和 VOCs 的效果系数（或权重值）。通过环境税中污染当量值的倒数来获取不同污染物的权重值。

以 SO_2 的污染当量值倒数为基准，其他污染物的污染当量值倒数与之相比较，计算了大气污染物协同减排当量指标 AP_{eq}'。

从“协同控制比”来看，《蓝天行动》的各项措施差异较大。淘汰燃煤小锅炉协同减排效果最好，高达 707.91；其次是淘汰落后产能、燃煤双替代、推广新能源汽车，最差的是淘汰老旧车，仅为 3.22。“协同控制比”表明了措施的协同减排效率，减少单位大气污染物的同时减少 CO_2 排放量越大，“协同控制比”越高（表 19、表 20）。

表 19　协同减排当量与协同控制比

一级政策措施	二级政策措施	污染物减排量/万 t						协同控制比
		SO_2	NO_x	PM	VOCs	AP_{eq}'	CO_2	CO_2/AP_{eq}'
1. 调整优化产业结构	淘汰落后产能	30.05	70.57	25.14		111.68	34 845.23	312.01
2. 调整能源结构	“双替代”	20.91	4.33	42.76	14.25	58.30	8 410.83	144.27
	燃煤小锅炉	19.62	6.41	25.82	8.64	46.03	32 585.01	707.91
3. 交通运输结构调整	老旧车		49.5	9.81		53.82	173.49	3.22
	新能源		20.95	1.76		21.72	2 796.67	128.76
合计		70.58	151.76	105.29	22.89	291.55	78 811.23	270.32

表 20　各项措施的碳协同减排效果排序

一级措施	二级措施	协同减排当量/万 t		协同控制比	
		AP_{eq}	排序	CO_2/AP_{eq}'	排序
1. 调整优化产业结构	淘汰落后产能	1 853.94	1	312.01	2
2. 调整能源结构	“双替代”	478.85	3	144.27	3
	燃煤小锅炉	1 675.28	2	707.91	1
3. 交通运输结构调整	老旧车	62.49	5	3.22	5
	新能源	161.56	4	128.76	4
合计		4 255.1	—	270.32	—

需要说明的是，在评估各项大气治理措施的碳协同减排效益的过程中，存在一些不确定性，导致得出的结果也具有不确定性。为简化计算，统一采用同一标准，不同情况未分类讨论，比如煤品未分类考虑，有关能源的碳排放系数选择标准单一，使得计算过程和结果具有一定的不确定性。

5　健康效益及其他效益核算结果

本报告以 2017 年和 2020 年的健康损失的差值，作为《蓝天行动》实施的健康效益，采用人力资本法和支付意愿法两种价值化核算方法，对《蓝天行动》健康效益进行核算。按照人力资本法计算的健康效益为 761.6 亿元，按照中国成渝地区调查的支付意愿费用，计算的《蓝天行动》实施的健康效益为 1 724.7 亿元，按照 OECD 支付意愿法计算的健康效益为 7 733.5 亿元（图 13），与总成本相当。

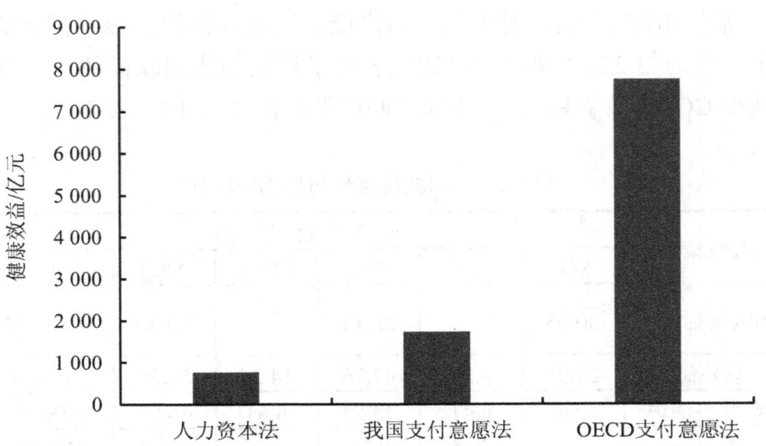

图 13　不同支付意愿的健康效益比较

《蓝天行动》实施后，由于大气环境质量有所改善，对农作物、建筑材料、清洁费用等方面带来的效益为 75.7 亿元，其中，农业减少的损失、建筑物减少的损失和清洁减少的损失分别为 8.8 亿元、14.9 亿元和 52.0 亿元（表 21）。

表 21　《蓝天行动》实施预计全国大气环境质量改善效益　　单位：亿元

省份	减少过早死亡人数/人	人力资本法健康效益	我国支付意愿法健康效益	OECD 支付意愿法健康效益	农业损失效益	建筑材料损失效益	清洁减少效益	人力资本法总效益	我国支付意愿法总效益	OECD 支付意愿法总效益
北京	911	35.2	41.8	178	0	0	0	35.2	41.8	178
天津	623	25	28.9	122.1	0	0	0	25	28.9	122.1
河北	1 985	33.9	85.5	382.2	4.6	0	0.8	39.3	90.9	387.6
山西	1 017	15.6	43	195.1	1.3	0	0	16.9	44.3	196.4
内蒙古	781	19.2	33.8	150.5	0	0	1.7	20.9	35.4	152.2
辽宁	1 452	30.9	61.4	278.5	1.9	0	3.3	36.1	66.6	283.7
吉林	759	18.9	32.6	146.1	0	0	0.5	19.4	33.2	146.7
黑龙江	1 084	20	46	208	0	0	1	21	47	209
上海	1 050	41.7	47.2	204.2	0	0	0	41.7	47.2	204.2
江苏	2 706	87	120	524.5	0	5.7	15.6	108.3	141.2	545.8
浙江	1 903	41.7	81.1	365.6	0	0.4	8.4	50.5	89.9	374.4
安徽	1 625	26.9	69.9	312.9	0	1.8	0	28.7	71.7	314.7
福建	1 273	0	53.2	243.5	0	0	0	0	53.2	243.5
江西	1 239	16.4	51.9	237.2	0	1.7	4	22.1	57.5	242.8
山东	2 952	67.7	127.5	568.9	0.9	0	0	68.6	128.4	569.8
河南	2 308	49	100.5	445.6	0	0	0	49	100.5	445.6
湖北	1 706	31	73.1	328.1	0	0.2	0.7	31.9	74	329
湖南	1 838	29.3	77.6	352.4	0	1.9	1.9	33.1	81.5	356.3
广东	3 893	47.8	165.7	747.7	0	1.4	1.7	50.9	168.8	750.7
广西	1 190	18.8	50	227.9	0	0.9	3.2	22.9	54	232

省份	减少过早死亡人数/人	人力资本法健康效益	我国支付意愿法健康效益	OECD 支付意愿法健康效益	农业损失效益	建筑材料损失效益	清洁减少效益	人力资本法总效益	我国支付意愿法总效益	OECD 支付意愿法总效益
海南	273	0	11.1	51.9	0	0	0	0	11.1	51.9
重庆	969	16.1	41	185.9	0	0	6.4	22.5	47.4	192.3
四川	2 066	32.1	87.7	396.5	0	0.7	0	32.8	88.4	397.3
贵州	823	7	33.9	157	0	0.3	0.4	7.7	34.6	157.7
云南	1 129	1.1	46.5	215.3	0	0	0	1.1	46.5	215.3
西藏	53	0	2.1	10	0	0	0	0	2.1	10
陕西	1 053	23.3	46.1	203.4	0	0	0.9	24.2	46.9	204.3
甘肃	602	8.7	25.1	115	0.1	0	0.8	9.6	26	115.9
青海	157	3.4	6.7	30.2	0	0	0	3.4	6.7	30.2
宁夏	195	3.5	8.3	37.4	0.1	0	0.4	4	8.8	37.9
新疆	578	10.5	25.4	111.8	0	0	0.4	10.9	25.7	112.2
全国	40 193	761.6	1 724.7	7 733.5	8.8	14.9	52	837.3	1 800.4	7 809.3

环境健康评估结果存在一定的不确定性。第一，在估计人群平均暴露水平时仅采用 $PM_{2.5}$ 年均浓度作为评价指标，未考虑 $PM_{2.5}$ 浓度长期和短期内的时间变异，研究结果未给出健康效益估计的置信区间，仅给出其点估计值。第二，现有流行病学证据难以估计不同污染物的独立效应，本研究选用 $PM_{2.5}$ 作为空气污染水平的评价指标，未考虑 O_3、SO_2 和 NO_2 及其他污染物的影响，会低估大气污染治理引起的人体健康效益。第三，大气污染与健康结局之间的暴露—反应关系系数具有一定的区域特征，总体来看，欧美国家的主要大气污染因子的慢性暴露—反应关系系数比中国高，而中国南方地区的大气污染暴露—反应系数应较北方高。本报告全国都采用统一的剂量—反应关系，没有考虑区域特征。第四，大气污染导致过早死亡价值核算有人力资本法和支付意愿法，采用不同的价值评估方法，核算的结果差异较大。

6 经济社会影响分析结果

6.1 经济社会影响的净贡献

利用环境经济投入产出模型，综合考虑了淘汰落后产能、压减过剩产能的负面影响和投资、消费带动经济增长的正面贡献的情况下，测算经济和社会主要指标的影响。评估表明，2018—2020 年，《蓝天行动》实施预计对我国 GDP、税收、居民收入及就业岗位的累积净贡献分别为 8 180 亿元、364 亿元、994 亿元和 56.9 万个，GDP 的投入产出比约为 1.05，即蓝天行动实施每投入 1 万元将带动 GDP 新增 1.05 万元（表 22）。

表 22 《蓝天行动》实施对宏观经济影响的净贡献

类型	GDP/亿元	税收/亿元	居民收入/亿元	就业岗位/万个
淘汰落后产能的负面影响	–1 282	–209	–406	–3.4
投资与消费拉动正面贡献	9 462	573	1 400	60.3
净贡献	8 180	364	994	56.9

从重点区域来看，《蓝天行动》实施预计对京津冀及周边地区的宏观经济带动作用最为明显，将拉动 GDP 增加 1 792 亿元、增加税收 61 亿元、增加居民收入 182 亿元、新增就业岗位 13 万个（表 23）。

表 23 《蓝天行动》实施对重点区域的宏观经济影响的净贡献

区域	GDP/亿元	税收/亿元	居民收入/亿元	就业岗位/万个
京津冀及周边地区	1 792	61	182	13
汾渭平原	814	42	110	5
长三角区域	1 265	60	154	9
其他区域	4 308	199	547	30
合计	8 180	364	994	57

6.2 淘汰和压减产能对经济的影响

《蓝天行动》实施 3 年期间，电力、钢铁、水泥、焦炭等行业淘汰和压减产能导致 GDP 减少 1 282 亿元，税收减少 209 亿元，居民收入减少 406 亿元，新增失业人口约 3.4 万人。其中，钢铁行业的淘汰和压减产能对 GDP 影响最大，累计达到 866 亿元（表 24）。

表 24 淘汰和压减产能对宏观经济的影响（负面）

行业	淘汰和压减产能	影响 GDP/亿元	影响税收/亿元	影响居民收入/亿元	影响就业/万人
电力	1 200 万 kW	47	8	14	0.1
钢铁	12 000 万 t	866	141	296	2.3
水泥	39 270 万 t	283	46	85	0.8
焦炭	4 000 万 t	85	14	11	0.2
合计	—	1 282	209	406	3.4

6.3 大气治理投资和消费的经济贡献

《蓝天行动》实施需要全社会大气污染治理相关投资 3 765.9 亿元，同时带动居民汽车消费、采暖锅炉等消费 3 827.1 亿元。预计上述投资和消费将拉动全国 GDP 累计增加约 9 462 万亿元，增加税收 573 亿元，居民收入增加 1 400 亿元，新增非农就业为 60 万人（表 25）。

表 25 《蓝天行动》实施对宏观经济的贡献作用（3 年累计）

措施	新增投资/亿元	新增消费/亿元	GDP/亿元	税收/亿元	居民收入/亿元	就业/万人
散乱污升级改造	382.2	—	475.3	29.2	69.4	3.0
双替代	—	2 494.4	3 111.5	186.6	460.6	20.6
燃煤锅炉清洁改造	87.8	—	109.0	6.6	15.8	0.7
工业治理改造升级	2 427.2	—	3 018.3	185.3	440.9	18.8
油品升级及配套改造	—	958.9	1 191.4	72.7	173.1	7.4
岸电建设	54.6	—	69.3	4.2	11.3	0.5
老旧车、新能源车以及柴油货车	—	373.8	463.5	28.6	66.2	2.9
扬尘及面源治理	539.7	—	675.9	41.2	102.4	4.4
监管与科技能力建设	274.4	—	347.4	18.7	60.3	2.1
合计	3 765.9	3 827.1	9 462	573	1 400	60

本研究中对经济社会影响的分析采用的是 2012 年投入产出表，为静态模型，但各年份间产业结构、相关系数均存在动态变化，因此可能对结果带来一定的不确定性。需要说明的是，采用投入产出模型对经济影响分析属于局部均衡模型，没有考虑相关环保投资机会成本。

7 费用效益综合评估分析

7.1 分区域的效益—费用对比分析

京津冀及周边地区、汾渭平原和长三角地区 3 个重点区域的健康及其他效益，与各区域的总费用如表 26、图 14 所示。

根据评估结果，长三角地区效益费用比较高，为 1.22。京津冀及周边地区、汾渭平原重点区域效益/费用值均小于 1，说明政策措施施行的费用大于产生的效益，体现出随着大气污染的深度治理，环境质量改善幅度减小，污染治理的回报率逐步降低。

表 26 重点区域健康及其效益的费效比

地区	总效益/亿元	总费用/亿元	效益/费用
京津冀及周边地区	1 703.1	1 872.1	0.91
汾渭平原	400.7	714.6	0.56
长三角地区	1 439.1	1 175.9	1.22
全国	7 809.3	7 799.2	1.00

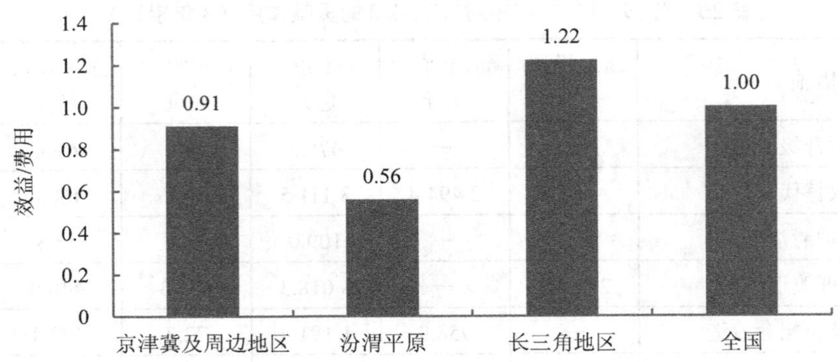

图 14　重点区域健康及其效益的费效比

7.2　各项措施的效益-费用对比分析

通过不同措施对污染物的削减费用、效益比较，来评估不同措施的减排效果，如表 27、图 15 所示。其中，产业结构调整优化的费效比最高，每投入 1 万元带来的健康效益等环境改善的收益为 2.53 万元。工业污染治理的费效比排第二，每投入 1 万元带来的健康效益等环境改善的收益为 1.73 万元。而调整能源结构、交通运输结构调整、扬尘污染治理的费效比小于 1，即费用大于效益，扬尘污染治理费效比最低仅为 0.22。

表 27　各项措施的费效比分析

一级措施	二级措施	污染当量/万 t	污染物减排强度/（kg/万元）	二级措施效益/费用	一级措施效益/费用
1. 调整优化产业结构	淘汰落后产能	117.45	570	3.69	2.53
	散乱污企业升级改造	112.55	294	1.91	
2. 调整能源结构	“双替代”	61.18	25	0.16	0.30
	燃煤小锅炉	48.34	2 381	15.41	
	燃煤小火电	12.09	179	1.16	
3. 交通运输结构调整	老旧车	56.61	252	1.63	0.88
	新能源	22.86	362	2.34	
	油品升级	38.07	76	0.49	
	排放标准	26.96	59	0.38	
	柴油货车深度治理改造	36.96	431	2.79	
	岸电建设	7.74	142	0.92	
4. 扬尘污染治理	施工扬尘监管	3.94	14	0.09	0.22
	道路扬尘整治	9.08	67	0.44	
	秸秆禁烧	5.68	45	0.29	
5. 工业污染治理	重点行业污染治理	220.58	478	3.10	1.73
	工业窑炉专项治理	140.18	458	2.97	
	挥发性有机物专项治理	286.32	172	1.12	

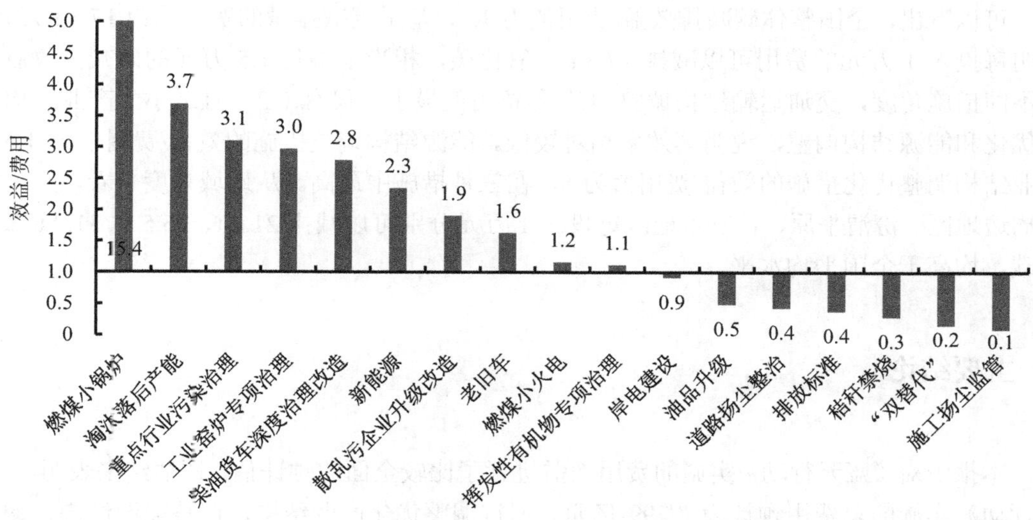

图 15 各项措施的费效比对比分析

7.3 碳协同减排的效益—费用对比分析

对碳减排产生协同效益的措施主要包括产业结构优化调整、能源结构调整和交通运输结构调整 3 类。根据碳协同减排量核算结果，计算重点区域各类措施的碳协同减排效应的效益/费用比值，如表 28 所示。

表 28 碳减排效益/费用比值

地区	措施	碳协同减排量/万 t	碳减排效益/亿元	费用/亿元	碳减排量/费用/（t/万元）	效益/费用
京津冀及周边地区	产业结构调整优化	15 106.7	1 282.6	79.8	189.3	16.1
	能源结构调整	13 139.9	1 115.6	1 012.9	13.0	1.1
	交通运输结构调整	119.5	10.1	258.0	0.5	0.04
	合计	28 366.1	2 408.3	1 350.7	21.0	1.8
汾渭平原	产业结构调整优化	8 281.2	703.1	41.7	198.6	16.9
	能源结构调整	3 314.9	281.4	328.5	10.1	0.9
	交通运输结构调整	27.7	2.4	67.7	0.4	0.03
	合计	11 623.9	986.9	437.9	26.5	2.3
长三角地区	产业结构调整优化	3 469.2	294.5	118.8	29.2	2.5
	能源结构调整	7 820.4	664.0	11.6	674.2	57.2
	交通运输结构调整	138.1	11.7	228.0	0.6	0.1
	合计	11 427.6	970.2	358.4	31.9	2.7
全国	产业结构调整优化	34 845.2	2 958.4	588.4	59.2	5.0
	能源结构调整	40 995.8	3 480.6	2 582.2	15.9	1.3
	交通运输结构调整	2 970.2	252.2	1 387.3	2.1	0.2
	合计	78 811.2	6 691.1	4 557.9	17.3	1.5

可以看出，全国整体碳减排效益/费用值为 1.5，基于碳减排量的费效比为 17.3 t/万元，说明每投入 1 万元的费用可以减排 17.3 t 二氧化碳，相当于得到 1.5 万元的碳减排效益。从不同措施角度，交通运输结构调整的效益/费用值最小，仅有 0.2，且远小于产业结构调整优化和能源结构调整，说明其效率相对较低。能源结构调整措施的效益/费用值为 1.5，产业结构调整优化措施的效益/费用值为 5，在三种措施中最高。从地域角度来看，京津冀及周边地区、汾渭平原、长三角地区每投入 1 万元分别可以减排 21.0 t、26.5 t、31.9 t 二氧化碳，均高于全国平均水平。

8 主要结论

本报告对《蓝天行动》实施的费用效益进行了比较全面的预评估。评估结果表明，《蓝天行动》实施的总费用预计为 7 799 亿元。通过调整优化产业结构、调整能源结构、调整交通运输结构、扬尘污染治理、工业污染治理等措施，预计 SO_2 减排量约为 270 万 t，NO_x 减排量约为 416 万 t，PM 减排量约为 379 万 t，VOCs 减排量约为 295 万 t，同时可带来碳排放量减少 7.88 亿 t，使得 $PM_{2.5}$ 浓度从 2017 年的 43 $\mu g/m^3$ 降低到 2020 年的 34 $\mu g/m^3$。

按照 OECD 支付意愿法计算的大气环境质量改善效益为 7 809.3 亿元，按碳社会成本法估算的碳协同减排效益为 6 691.14 亿元，即《蓝天行动》每投入 1 万元可以带来 1 万元的健康效益及其他效益、1.5 万元的碳减排效益。其中，京津冀及周边地区每投入 1 万元可以带来 0.91 万元的健康效益、1.5 万元的碳减排效益。长三角地区每投入 1 万元可以带来 1.22 万元的健康效益、2.7 万元的碳减排效益。汾渭平原每投入 1 万元可以带来 0.56 万元的健康效益、2.3 万元的碳减排效益。

《蓝天行动》的实施将在拉动 GDP 增加、优化升级产业结构、促进就业等方面对宏观经济产生较大促进作用。在综合考虑《蓝天行动》淘汰落后产能、压减过剩产能的负面影响和环保投资、消费带动经济增长的正面贡献的情况下，《蓝天行动》实施 3 年间，累计对我国 GDP、税收、居民收入及就业岗位的净贡献分别为 8 180 亿元、364 亿元、994 亿元和 57 万个（表 29）。

需要特别说明的是，本报告由于数据来源的限制，成本范围、效益范围等不全面，技术方法和参数系数选取较为宏观，评估结果具有较大的不确定性，需要在未来的研究中进一步加强。首先，在成本的计算过程中，还需要了解独立于《蓝天行动》政策的其他因素带来资金的使用和增长，比如技术进步和产业结构调整、经济增长本身带来的成本增加。其次，方法上多数措施成本的计算采用了系数法，但油品价格、电力行业计算单位投资等系数用的是全国统一的系数，各省份并没有区别开来，下一步可以选择差别化的系数，以更好地体现各省之间的差异。最后，对《蓝天行动》收益的评估范围有限。《蓝天行动》所产生的效益不仅包含了环境改善效果、碳协同减排效应、健康效益和清洁、经济结构等效益，还包括了监管能力提升、人民幸福感提升等社会效益，但此种效益往往难以量化。在未来的研究中，可以针对以上局限问题开展进一步细化研究，提升研究的科学性和精准度。

表 29 全国及重点区域实施《蓝天行动》费用效益预评估结果

项目	京津冀及周边地区	汾渭平原	长三角地区	全国
总费用/亿元	1 872.1	714.6	1 175.9	7 799.2
总效益/亿元	1 703.1	400.7	1 439.1	7 809.3
碳协同减排效益/亿元	2 408.28	986.87	970.2	6 691.14
环境改善效果				
SO_2 减排量/万 t	73.3	22.74	61.19	270.14
NO_x 减排量/万 t	117.2	28.87	81.94	416.02
PM 减排量/万 t	131	32.25	81.5	379.15
VOCs 减排量/万 t	54	17.93	72.77	294.89
碳协同减排量/万 t	28 366.08	11 623.9	11 427.61	78 811.23
$PM_{2.5}$ 浓度相比 2015 年下降率/%	34.8	13.6	18.9	31
经济社会贡献				
拉动 GDP 增加量/亿元	1 792	814	1265	8 180
增加税收/亿元	61	42	60	364
增加居民收入/亿元	182	110	154	994
新增就业岗位/万个	13	5	9	57

参考文献

[1] ALBERINI A，CROPPER M，KRUPNICK A，et al. Does the value of statistical life vary with age and health status？ Evidence from the U. S. and Canada [J]. Journal of Environmental Economics and Management，2004，48：769-792.

[2] HENDRIKS C A，WORRELL E，DE JAGER D，et al. Emission reduction of greenhouse gases from the cement industry Citeseer[R]. Netherland：International Energy Agency（IEA）. 2002.

[3] GBD MAPS Working Group. Burden of disease attributable to coal-burning and other air pollution sources in China [R]. 2016.

[4] OECD. The Cost of Air Pollution：Health Impacts of Road Transport[M]. OECD Publishing，2014. http：//dx.doi.org/10.1787/9789264210448-en.

[5] ZHOU J，WANG J，JIANG H，et al. Cost-benefit analysis of yellow-label vehicles scrappage subsidy policy：a case study of Beijing-Tianjin-Hebei region of China [J]. Journal of Cleaner Production，2019：232，94-103.

[6] 董战峰，王军锋，璩爱玉，等. OECD 国家环境政策费用效益分析实践经验及启示[J]. 环境保护，2017，45（Z1）：93-98.

[7] 冯相昭，毛显强. 我国城市大气污染防治政策协同减排温室气体效果评价——以重庆为案例[M]. 北京：社会科学文献出版社. 2018.

[8] 国家气候战略中心. 2011 年和 2012 年中国区域电网平均二氧化碳排放因子[R]. 2014.

[9] 韩颖，李廉水，孙宁．中国钢铁工业二氧化碳排放研究[J]. 南京信息工程大学学报（自然科学版），2011，3（1）：53-57.

[10] 毛显强，邢有凯，胡涛，等．中国电力行业硫、氮、碳协同减排的环境经济路径分析[J]. 中国环境科学，2012，32（4）：748-756.

[11] 田春秀，刘志强，张晶杰，等．实施火电厂超低排放面临的问题及政策建议[J]. 中国环境报，2016-01-21.

[12] 王宏亮，薛建明，许月阳，等. 电力领域主要温室气体排放情况及控制策略研究[J]. 华电技术，2014，36（10）：56-58，62，79.

[13] 严玉廷，刘晶茹，丁宁，等. 中国平板玻璃生产碳排放研究[J]. 环境科学学报，2017，37(8)：3213-3219.

[14] 於方，王金南，曹东，等．中国环境经济核算技术指南[M]. 北京：中国环境科学出版社，2009.

[15] 曾贤刚，蒋妍. 空气污染健康损失中统计生命价值评估研究[J]. 中国环境科学，2010，30(2)：284-288.

[16] 张伟，王金南，蒋洪强，等.《大气污染防治行动计划》实施对经济与环境的潜在影响[J]. 环境科学研究，2015，28（1）：1-7.

[17] 中国-东盟环境保护合作中心，菜鸟网络科技有限公司. 电商物流绿色化发展 2017 年度报告[R]. 2017.

[18] 中国质量认证中心．中国钢铁生产企业温室气体排放核算方法与报告指南（试行）解析[M]. 北京：煤炭工业出版社，2017.

北方地区冬季清洁取暖试点实施评估研究

Study on the Implementation Evaluation of Clean Heating Pilot City in Northern China

何 军 宋玲玲 武娟妮 逯元堂 程 亮 王兆苏 高 军 陈 鹏

摘 要 本研究总结了北方地区冬季清洁取暖试点工作组织实施、任务进展、补贴政策、能源保障和试点工作成效，分析在中央财政政策、技术路线、能源供应保障、补贴政策、项目管理、投融资等方面存在的诸多困难与问题，并提出政策建议。建议优化中央财政支持政策、加强技术指导、加强天然气供应保障、加大农村配电网投入、提高可再生能源供暖比例、推进农村建筑节能改造、创新建设运维一体化模式、优化运行补贴政策、促进绿色金融产品和服务落地，从而促进清洁取暖可持续发展。

关键词 清洁取暖 试点城市 “煤改气” “煤改电” 可再生能源供暖 补贴政策

Abstract The study summarized the organization and implementation, task progress, subsidy policy, energy security and performance of clean heating pilot city in northern China, and analyzed the difficulties and problems existing in central financial policy, technical route, energy supply guarantee, subsidy policy, project management, investment and financing. The study also put forward the corresponding policy suggestions of optimizing the central financial support policy, strengthening technical guidance, strengthening the natural gas supply security, increasing investment in rural power distribution network, increasing the proportion of renewable energy heating, promoting the construction of rural construction energy conservation, innovating the integrated mode of construction, operation and maintenance, optimizing the subsidy policy for operation, promoting green financial products and services, thereby promoting the sustainable development of clean heating.

Keywords clean heating, pilot city, coal-to-gas, coal-to-electricity, renewable energy heating, subsidy policy

为贯彻落实习近平总书记在中央财经领导小组第 14 次会议上关于“推进北方地区冬季清洁取暖”重要讲话精神和 2017 年政府工作报告“坚决打好蓝天保卫战”重点工作任

务，财政部、住房和城乡建设部、环境保护部、国家能源局于 2017 年 5 月启动中央财政支持北方地区冬季清洁取暖试点工作（以下简称“试点工作”），重点支持京津冀及周边地区大气污染传输通道“2+26”城市，并通过竞争性评审确定了天津、石家庄、唐山、保定、廊坊、衡水、太原、济南、郑州、开封、鹤壁、新乡等首批 12 个试点城市。2018 年，试点工作扩大范围至京津冀及周边地区大气污染防治传输通道“2+26”城市、张家口市和汾渭平原城市，并通过竞争性评审确定了邯郸、邢台、张家口、沧州、阳泉、长治、晋城、晋中、运城、临汾、吕梁、淄博、济宁、滨州、德州、聊城、菏泽、洛阳、安阳、焦作、濮阳、西安、咸阳第二批 23 个城市。两批试点共计 35 个城市。

试点工作重点针对城区及城郊，积极带动农村地区，从“热源侧”和“用户侧”两方面实施清洁取暖改造。在热源侧，重点围绕解决散煤燃烧问题，按照“宜气则气，宜电则电，宜煤则煤，宜油则油，宜热则热”“以气定改”“先立后破”等原则，推进燃煤供暖设施清洁化改造，包括清洁燃煤集中供暖、煤改气、煤改电、热泵供暖、地热供暖、生物质供暖、太阳能供暖、工业余热供暖等清洁取暖方式。在用户侧，推进用户端建筑能效提升，严格执行建筑节能标准，实施既有建筑节能改造，积极推动超低能耗建筑建设，推进供热计量收费。中央财政奖补资金采取“先预拨、后清算”的方式下达，每年上半年财政部会同住房和城乡建设部、生态环境部、国家能源局等部门对试点城市上年度试点工作开展绩效评价，并清算奖补资金，绩效评价主要内容包括试点城市冬季清洁取暖目标实现程度及政策成效、奖补资金管理使用情况、为实现目标制定的政策和采取的措施等。

自试点工作推进以来，各试点城市周密部署、完善相关政策制度、加大资金投入，积极推进清洁化改造目标及任务的实现，在供暖用能结构、空气质量改善等方面取得了显著成绩。同时，试点工作在中央财政政策、技术路线、能源供应保障、价格政策、项目管理、投融资等方面仍存在一些亟待解决的困难与问题。本研究基于首批试点城市 2017 年度绩效评价情况（评价时间范围为 2017 年 6 月至 2018 年 4 月）、第二批试点城市备案实施方案及有关调研、清洁取暖有关课题研究成果等，总结北方地区清洁取暖试点工作实施进展和成效，分析存在的困难与问题，并提出相关建议。

1 试点工作进展情况

1.1 组织实施管理

各试点城市均成立了清洁取暖领导小组，由市政府领导担任小组组长，住建、发改、环保、财政、规划、国土、农业、质监、安监等部门，以及各县（区）主要领导为领导小组成员，牵头部门负责整体协调、统筹安排和督导调度，各职能部门各司其职，分别负责推进清洁取暖相关领域的具体工作。

建立各项工作机制，推进清洁取暖试点工作。一是制定联席会议制度，定期召集相关部门和各县（区）研究工作进度和问题。二是制定月报、例会制度，定期调度工作进度，排名评先。三是建立目标责任考核制度，出台清洁取暖考核专项实施方案，将清洁取暖目标和重点工作完成情况纳入领导班子和领导干部年度考核。四是制定第三方评估机制，定期评估清洁化改造目标完成情况和工作成效。

完善各项管理制度，规范项目实施。一是制定资金管理办法，全面规范清洁取暖财政补贴资金使用管理，如《廊坊市气代煤电代煤财政补贴资金管理办法》《唐山市北方地区冬季清洁取暖试点城市财政补助资金管理办法》（唐财建〔2017〕132 号）、《晋中市城中村接入集中供热工程补贴资金管理办法》（市财城〔2017〕139 号）、《晋中市城区热源替代补贴资金管理办法》（市财城〔2017〕140 号），对补贴标准、资金管理、职责分工、监督检查等内容提出了明确的要求，确保资金使用安全有效、管理规范。二是提高项目实施质量，部分城市完善项目招投标、工程验收等制度。鹤壁市印发《鹤壁市冬季清洁取暖试点城市项目招投标工作指导意见（试行）》，规范清洁取暖项目招投标程序及要求，提出工作纪律及资料管理要求；廊坊、石家庄、鹤壁、济南等多个城市均提出清洁取暖项目竣工验收办法，规范竣工验收条件、验收内容、验收程序等。

部分试点城市加强安全监管。一方面，完善安全监管制度。如廊坊市印发《电代煤工程运行维护和安全管理指导意见》《气代煤工程安全运营二十条强化措施》《农村气代煤后期运行管理指导意见》等。另一方面，加大人力投入。为确保“煤改气”项目运行安全，廊坊市建立“两员”制度，按照每 300 户配备一名村街协管员的标准，全市共配备农村“煤改气”企业安全巡查员 1 391 名、村街协管员 3 978 名，负责日常巡查和入户解决隐患。

1.2 补贴政策情况

试点城市均制定了清洁取暖补贴政策，以“煤改气”和“煤改电”补贴政策为主，包括设备补贴和运行补贴。

在设备补贴方面，补贴比例普遍在 50%以上，“煤改气”设备各地最高补贴上限为 2 000～8 000 元，“煤改电”设备各地最高补贴上限为 2 000～27 000 元。天津、太原等个别城市对不同的电采暖设备制定了不同的补贴标准，体现技术差异性。

在运行补贴方面，气价补贴为 0.5～1.4 元/m^3，最高补贴 400～2 400 元，参见表 1；电价补贴为 0.1～0.3 元/（kW·h），最高补贴 400～2 400 元，参见表 2。为了降低财政负担，部分试点城市正在探索“补初装不补运行”，第二批试点城市的焦作、濮阳、咸阳均制定了“不补运行费用”的政策。第一批试点城市的鹤壁从示范第二年起也不再对运行费用进行补贴。

此外，根据《关于北方地区清洁供暖价格政策的意见》（发改价格〔2017〕1684 号）的要求，大部分试点城市制定了阶梯价格和峰谷价格优惠政策。阶梯气价方面，天津等城市取消了“煤改气”用户采暖季阶梯气价，部分城市增加了采暖期阶梯气价一档气量，如鹤壁对“煤改气”用户增加阶梯气价一档气量 100 m^3。阶梯电价方面，天津等城市取消了“煤改电”用户采暖季阶梯电价，部分城市增加了采暖期阶梯电价一档电量，如鹤壁对“煤改电”用户阶梯电价一档电量增加 300 kW·h。在阶梯电价的基础上，12 个试点城市在采暖季均叠加了峰谷电价，除河南各市外，均适当延长了谷段时间（不超过 2 h）；太原市扩大销售侧峰谷电价差，将谷段价格下调了 0.03 元/（kW·h）。

表 1　2018 年试点城市“煤改气”补贴政策

	省份	试点城市	设备补贴		运行补贴		
			设备补贴比例/%	最高补贴金额/元	气价补贴/(元/m^3)	最高补贴量/m^3	最高补贴价/(元/户)
第一批	天津		100	6 200	1.2	1 000	1 200
	河北	石家庄	70	2 700	1.4	1 200	1 680
		唐山	70	2 700	1	1 200	1 200
		保定	70	2 700	1	1 200	1 200
		廊坊	70	2 700	1	1 200	1 200
		衡水	70	2 700	1	1 200	1 200
	山西	太原	补贴一台 26 kW 及以下的燃气壁挂炉		1.1	2 182	2 400
	山东	济南		2 000	1	1 200	1 200
	河南	郑州	100	3 500	1	600	600
		开封	70	2 000	1	900	900
		鹤壁	50	2 500*	1	600	600
		新乡	70	3 500	1	600	600
第二批	河北	邯郸	70	2 700	0.8	1 200	960
		邢台	70	2 700	0.8	1 200	960
		张家口	70	2 700	0.8	1 200	960
		沧州	70	2 700	0.8	1 200	960
	山西	阳泉		2 000	0.5	900	450
		长治		3 000			2 400
		晋城	最高 6 500 元				
		晋中		4 000	1	1 120	1 120
		运城	一次性补贴 2 000 元				
		临汾		7 500	1	900	900
		吕梁		8 000	1	2 400	2 400
	山东	淄博		2 700			1 200
		济宁	80	最高 6 000 元			
		滨州		5 000	1	1 200	1 200
		德州		4 000			1 000
		聊城		5 000			1 000
		菏泽		4 000	1	1 000	1 000
	河南	洛阳	50	2 000			400
		安阳	60	3 500	1	600	600
		焦作		4 500	—	—	—
		濮阳	70	3 500	—	—	—
	陕西	西安	60	3 000	1	1 000	1 000
		咸阳		5 000	—	—	—

注：*此补贴标准是根据 2017 年 3 月 30 日鹤壁市印发的《关于印发鹤壁市 2017 年“煤改电”“煤改气”工作实施方案的通知》（鹤环攻坚办〔2017〕47 号）。但在被确定为试点城市之后，鹤壁市加大了补贴力度。根据 2018 年 4 月鹤壁市印发的《鹤壁市清洁取暖试点城市示范项目资金奖补政策》，在热源侧方面，农村热源测清洁化改造中财政补助标准为 3 000 ~ 6 000 元/户，居民承担 1 000 ~ 2 500 元/户，其中低温空气源热风机补助标准为 3 000 ~ 6 000 元/户，居民承担 1 100 ~ 2 500 元/户。

表 2　2018 年试点城市“煤改电”补贴政策

<table>
<tr><th rowspan="2"></th><th rowspan="2">省份</th><th rowspan="2" colspan="2">试点城市</th><th colspan="2">设备补贴</th><th colspan="3">运行补贴</th></tr>
<tr><th>设备补贴比例/%</th><th>最高补贴金额/元</th><th>电价补贴/[元/(kW·h)]</th><th>最高补贴量/（kW·h）</th><th>最高补贴价/（元/户）</th></tr>
<tr><td rowspan="14">第一批</td><td rowspan="2">天津</td><td colspan="2">空气源热泵</td><td>100</td><td>25 000</td><td>0.2</td><td>8 000</td><td>1 600</td></tr>
<tr><td colspan="2">蓄热式电暖器</td><td>100</td><td>4 400</td><td>0.2</td><td>8 000</td><td>1 600</td></tr>
<tr><td rowspan="5">河北</td><td colspan="2">石家庄</td><td>85</td><td>7 400</td><td>0.2</td><td>10 000</td><td>2 000</td></tr>
<tr><td colspan="2">唐山</td><td>85</td><td>7 400</td><td>0.2</td><td>10 000</td><td>2 000</td></tr>
<tr><td colspan="2">保定</td><td>85</td><td>7 400</td><td>0.2</td><td>10 000</td><td>2 000</td></tr>
<tr><td colspan="2">廊坊</td><td>85</td><td>7 400</td><td>0.2</td><td>10 000</td><td>2 000</td></tr>
<tr><td colspan="2">衡水</td><td>85</td><td>7 400</td><td>0.2</td><td>10 000</td><td>2 000</td></tr>
<tr><td rowspan="2">山西</td><td rowspan="2">太原</td><td>空气源热泵</td><td>93</td><td>27 000</td><td>0.2</td><td>12 000</td><td>2 400</td></tr>
<tr><td>蓄热式电暖器</td><td>88</td><td>14 000</td><td>0.2</td><td>12 000</td><td>2 400</td></tr>
<tr><td>山东</td><td colspan="2">济南</td><td></td><td>2 000</td><td>0.2</td><td>6 000</td><td>1 200</td></tr>
<tr><td rowspan="4">河南</td><td colspan="2">郑州</td><td>100</td><td>3 500</td><td>0.2</td><td>3 000</td><td>600</td></tr>
<tr><td colspan="2">开封</td><td>70</td><td>2 000</td><td>0.3</td><td>3 000</td><td>900</td></tr>
<tr><td colspan="2">鹤壁</td><td>50</td><td>2 500*</td><td>0.2</td><td>3 000</td><td>600</td></tr>
<tr><td colspan="2">新乡</td><td>70</td><td>3 500</td><td>0.2</td><td>2 100</td><td>420</td></tr>
<tr><td rowspan="25">第二批</td><td rowspan="4">河北</td><td colspan="2">邯郸</td><td>85</td><td>7 400</td><td>0.12</td><td>10 000</td><td>1 200</td></tr>
<tr><td colspan="2">邢台</td><td>85</td><td>7 400</td><td>0.12</td><td>10 000</td><td>1 200</td></tr>
<tr><td colspan="2">张家口</td><td>85</td><td>7 400</td><td>0.12</td><td>10 000</td><td>1 200</td></tr>
<tr><td colspan="2">沧州</td><td>85</td><td>7 400</td><td>0.12</td><td>10 000</td><td>1 200</td></tr>
<tr><td rowspan="7">山西</td><td colspan="2">阳泉</td><td></td><td>2 500</td><td>0.1</td><td>10 000</td><td>1 000</td></tr>
<tr><td colspan="2">长治</td><td></td><td>20 000</td><td>0.2</td><td>12 000</td><td>2 400</td></tr>
<tr><td colspan="2">晋城</td><td colspan="5">最高 6 500 元</td></tr>
<tr><td colspan="2">晋中</td><td colspan="5">无</td></tr>
<tr><td colspan="2">运城</td><td colspan="5">一次性补贴 2 000 元</td></tr>
<tr><td colspan="2">临汾</td><td></td><td>10 500</td><td>0.18</td><td>5 556</td><td>1 000</td></tr>
<tr><td colspan="2">吕梁</td><td></td><td>24 000</td><td></td><td></td><td>2 000</td></tr>
<tr><td rowspan="6">山东</td><td colspan="2">淄博</td><td></td><td>5 700</td><td></td><td></td><td>1 200</td></tr>
<tr><td colspan="2">济宁</td><td>80</td><td colspan="4">最高 5 000 元</td></tr>
<tr><td colspan="2">滨州</td><td></td><td>4 600</td><td>0.2</td><td>6 000</td><td>1 200</td></tr>
<tr><td colspan="2">德州</td><td></td><td>4 000</td><td></td><td></td><td>1 000</td></tr>
<tr><td colspan="2">聊城</td><td></td><td>6 500</td><td></td><td></td><td>1 000</td></tr>
<tr><td colspan="2">菏泽</td><td></td><td>4 000</td><td></td><td></td><td>1 000</td></tr>
<tr><td rowspan="4">河南</td><td colspan="2">洛阳</td><td>50</td><td>2 000</td><td></td><td></td><td>400</td></tr>
<tr><td colspan="2">安阳</td><td>60</td><td>3 500</td><td>0.2</td><td>3 000</td><td>600</td></tr>
<tr><td colspan="2">焦作</td><td></td><td>4 500</td><td>—</td><td>—</td><td>—</td></tr>
<tr><td colspan="2">濮阳</td><td>70</td><td>3 500</td><td>—</td><td>—</td><td>—</td></tr>
<tr><td rowspan="2">陕西</td><td colspan="2">西安</td><td>60</td><td>3 000</td><td>0.25</td><td>4 000</td><td>1 000</td></tr>
<tr><td colspan="2">咸阳</td><td></td><td>5 000</td><td>—</td><td>—</td><td>—</td></tr>
</table>

注：*此补贴标准是根据 2017 年 3 月 30 日鹤壁市印发的《关于印发鹤壁市 2017 年“煤改电”“煤改气”工作实施方案的通知》（鹤环攻坚办〔2017〕47 号）。但在被确定为试点城市之后，鹤壁市加大了补贴力度。根据 2018 年 4 月鹤壁市印发的《鹤壁市清洁取暖试点城市示范项目资金奖补政策》，在热源侧方面，农村热源测清洁化改造中财政补助标准为 3 000～6 000 元/户，居民承担 1 000～2 500 元/户，其中低温空气源热风机补助标准为 3 000～6 000 元/户，居民承担 1 100～2 500 元/户。

1.3 资金投入情况

试点城市资金投入主要包括 3 部分：中央财政资金、地方财政资金和社会资金。对于纳入试点范围的城市，中央财政每年安排定额奖补资金，直辖市每年 10 亿元，省会城市每年 7 亿元，地级城市每年 5 亿元，汾渭平原城市每年 3 亿元，连续支持 3 年[1]。针对首批 12 个试点城市，2017 年中央财政奖补资金投入 60 亿元；2018 年试点城市扩大到 35 个，中央财政奖补资金投入 139.2 亿元。地方配套方面，根据首批试点城市 2017 年度绩效评价情况，12 个试点城市共投入 226.29 亿元，是中央财政资金的 3.8 倍。社会投入了大量资金，但是在绩效评价过程中发现，由于社会资本投资实施的项目缺乏跟踪调度，投资和项目实施情况不能完全掌握，所以整体社会资金投入不明确，只能通过个别城市来反映。以天津市为例，2017 年共投入 156.29 亿元，其中，中央财政资金 8 亿元，地方财政资金 51.52 亿元，社会资金 96.77 亿元。

1.4 投融资模式

清洁取暖主要依赖政府直接投入，或以特许经营方式压给热力、燃气、电力企业。部分试点城市创新投融资模式，积极吸引社会资本、政策性贷款资金，降低政府投入压力。

成立投资基金支持清洁取暖项目。河南天伦燃气集团有限公司等发起成立了“煤改气投资基金”，基金设立项目控股公司，由项目控股公司使用基金提供的资金、政府补贴、政策性银行和金融机构提供的长期资金，投向河南省乡镇“煤改气”及天然气上下游产业链项目上。石家庄蓝天环境治理产业转型参与石家庄农村“煤改气”项目，通过蓝天基金投资控股燃气主管网，管网建设、终端运营引入中国燃气、新奥燃气等全国性燃气运营商，解决投资资金不足、管网建设散乱少、后期运营安全性等问题。保定市利用国际金融组织贷款 10 亿元人民币，设立保定市蓝天基金作为引导基金，以不低于 1∶3 的杠杆比例募集社会资本，发起设立蓝天基金子基金，基金总规模不低于 40 亿元人民币，主要投向于保定市范围内农村“煤改气”、“煤改电”、集中供热项目、新能源产业和节能减排项目，以及与此相关的推动生态环境改善、经济结构调整、产业转型升级的项目。

利用政策性贷款，降低融资成本。长治市利用亚洲开发银行资金在长子县实施农村地区清洁取暖综合技术试点，试点推行空气源热泵热水机、空气源热泵热风机、生物质锅炉、石墨烯 4 种取暖方式。2018 年，山东济南清洁取暖项目获亚洲开发银行 4 亿美元贷款支持，主要用于济南市中央商务区区域能源工程、商河冬季清洁取暖无煤化示范县项目、济南西部外热入济废热利用及多能互补清洁用能项目。

1.5 能源供应保障

1.5.1 天然气供应保障

根据首批 12 个试点城市 2017 年度绩效评价结果，保定、唐山、新乡、鹤壁在 2017—2018 年采暖期用气高峰时，存在单日最大 16 万～860 万 m^3 的天然气供应缺口，主要通过增购液化天然气、压非保民等措施，保障居民采暖用气。在天然气应急储备方面，根据国家要求，市级政府应建立本地区日均 3 天以上用气量的应急储备能力，城镇燃气企业储气能力应达到年合同销售量 5%以上，但是截至 2018 年 4 月，两个层面的天然气应急储备均差距较大。市级政府应急储气能力建设严重滞后，除唐山、郑州、开封拥有少量储气能力外，其余 9 个试点城市尚未建成政府应急储气设施；城镇燃气企业储气能力也严重不足，衡水、济南的城镇燃气企业尚无储气能力，其余 10 个试点城市储气能力占年合同销售量的比例平均为 1%，远达不到国家要求。

为解决天然气稳定供应问题，2017—2018 年采暖期过后，国家和地方层面大力推进天然气产供储销体系建设工作。在国家层面，国家能源主管部门及国内三大石油公司启动了天然气保障计划，包括：国内自产气的增储上产，建立了 3 亿 m^3 的调峰清单，并落实到具体用户；在全球范围内多方筹措天然气资源；推动管道互联互通以增强资源的串换能力，11 项管网互联互通工程陆续建设投入，截至 2018 年 11 月，向北方供暖地区输气能力达到 6 000 万 m^3/d，其中南气北送 3 000 万 m^3/d。在地方层面，各省积极推进供暖季供用气合同签署，编制省级天然气储气设施建设规划，推进应急储气调峰建设，组织落实可中断供用气合同，建立天然气保供应急预案等。

1.5.2 电力供应保障

当前广大农村地区电网容量偏低，不能满足“煤改电”项目高负荷电力要求。试点城市先确定好农村电网改造计划，再安排“煤改电”项目，户均电网容量提升有所保障，一般不存在电力供应保障方面的问题。以鹤壁为例，通过城区、浚县、淇县农村电网升级改造，户均容量由 1.5 kVA 提升到了 7 kVA，满足“煤改电”项目需求。

1.6 任务完成进展

2017 年 5 月—2018 年 4 月，第一批 12 个试点城市合计完成清洁取暖改造面积 7.25 亿 m^2、改造户数 683.91 万户，分别超额完成 5.95 亿 m^2 和 514.54 万户的改造目标。其中，城区完成清洁取暖改造面积 2.88 万 m^2、改造户数 289.15 万户；城乡接合部、所辖县及农村地区完成清洁取暖改造面积 4.37 万 m^2、改造户数 394.75 万户。城区清洁取暖改造任务完成情况较好，12 个试点城市清洁取暖改造面积、改造户数均超额完成。城乡接合部、所辖县及农村地区相对较差，天津、唐山、廊坊、太原、济南、郑州、鹤壁、新乡等 8 个试点城市的改造任务超额完成，其余 4 个城市的任务完成率为 30%～98%，参见图 1、图 2。

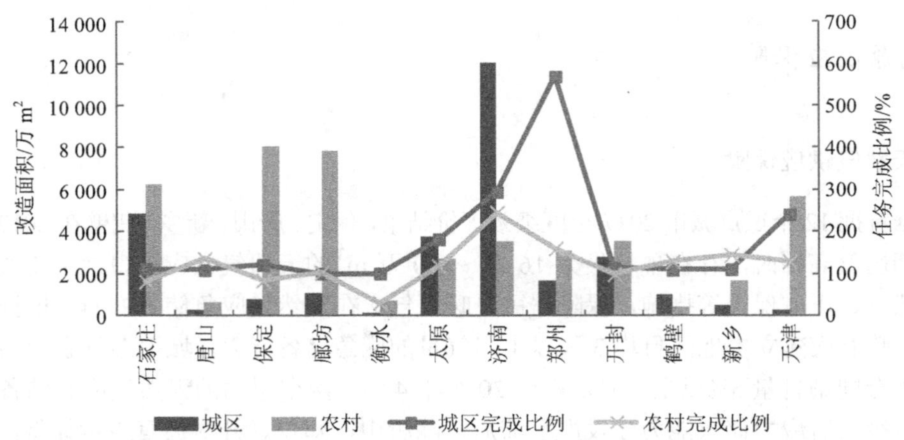

图 1　试点城市清洁取暖改造面积完成情况

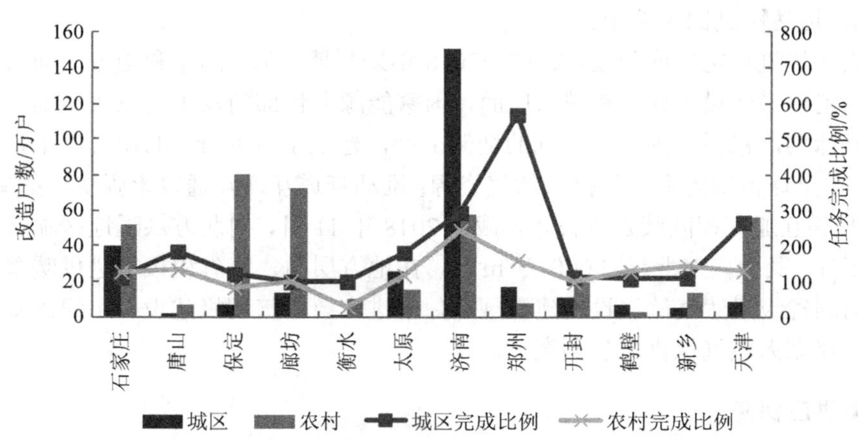

图 2　试点城市清洁取暖改造户数完成情况

11 个试点城市（天津 2017 年未设建筑节能改造任务）合计完成建筑节能改造面积 1 217.31 万 m^2，改造户数 13.78 万户，目标完成率分别为 27%和 29%。其中，城区完成建筑节能改造面积 892.28 万 m^2，改造户数 10.84 万户，目标完成率分别为 35%和 36%；城乡接合部及所辖县完成建筑节能改造面积 240.93 万 m^2，改造户数 2.17 万户，目标完成率分别为 22%和 20%；农村地区完成建筑节能改造面积 84.09 万 m^2，改造户数 0.77 万户，目标完成率均为 10%。在城区，仅唐山、济南的改造面积和改造户数均超额完成任务，廊坊的改造面积超额完成任务，石家庄、保定、郑州未开展相关任务，其余 6 个城市的任务完成率为 12%～64%。在城乡接合部及所辖县，仅唐山、济南、鹤壁完成任务，保定、太原、郑州未开展相关任务，其余 5 个城市的任务完成率为 12%～69%。在农村，除太原未设相关任务外，仅济南和鹤壁超额完成任务，石家庄、唐山、保定、衡水、开封未开展相关任务，其余 3 个城市的任务完成率为 3%～68%。

1.7 试点初见成效

1.7.1 清洁取暖率显著提高

第一批 12 个试点城市 2017 年合计完成清洁取暖改造面积 7.25 亿 m^2、改造户数 683.91 万户，清洁取暖率显著提升。经过改造，试点城市城区清洁取暖率平均提升 13.3 个百分点，天津、唐山、保定、衡水、太原、济南、郑州、新乡 8 个城市城区清洁取暖率达到 100%，参见图 3。试点城市城乡接合部、所辖县及农村地区清洁取暖率平均提升 25.3 个百分点，天津、唐山、廊坊、太原、济南、郑州、鹤壁、新乡 8 个试点城市的改造任务均超额完成，廊坊的清洁取暖率达到 100%，石家庄、太原、济南、开封等试点城市的清洁取暖率达到 60% 以上，参见图 4。

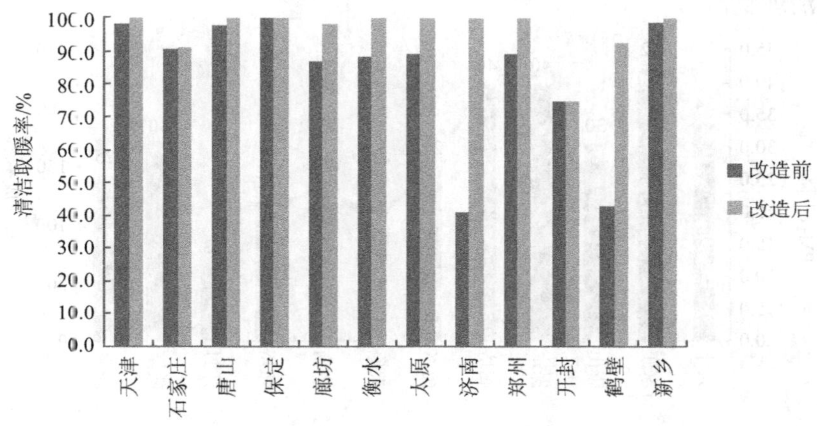

图 3　改造前后试点城市城区清洁取暖率比较

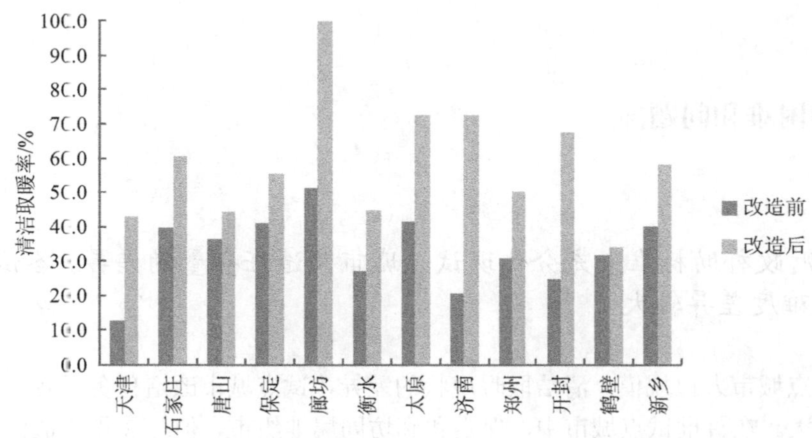

图 4　改造前后试点城市城乡接合部、所辖县及农村地区清洁取暖率比较

1.7.2 空气质量显著改善

2017—2018 年秋冬季，12 个试点城市 $PM_{2.5}$ 平均浓度从 2016 年的 109.5 μg/m^3 下降到 76.4 μg/m^3，下降幅度为 30%。由图 5 可见，石家庄、廊坊、保定 3 个城市 $PM_{2.5}$ 浓度下降幅度高达 40%以上（含）；天津、唐山、鹤壁 3 个城市 $PM_{2.5}$ 浓度下降幅度在 30%～40%；太原、新乡、衡水、济南、郑州 5 个城市 $PM_{2.5}$ 浓度下降幅度在 20%～30%；开封市 $PM_{2.5}$ 浓度下降幅度为 12%。12 个试点城市均不同程度地超额完成 2017—2018 年秋冬季生态环境部下达的 $PM_{2.5}$ 下降目标，廊坊、保定、新乡、石家庄、鹤壁、衡水完成率超过 150%（含），唐山、天津、济南完成率介于 130%～150%，开封、郑州、太原完成率介于 100%～130%。受试点城市空气质量改善的有利影响，2017 年冬季京津冀地区 $PM_{2.5}$ 浓度实现大幅下降，2017 年，京津冀及其他“2+26”城市全年 $PM_{2.5}$ 平均浓度同比下降 11.7%，重污染天数下降 28.8%。（研究表明，散煤替代对京津冀地区 2017 年大气环境质量改善的贡献仅次于“散乱污”企业清理整治。）

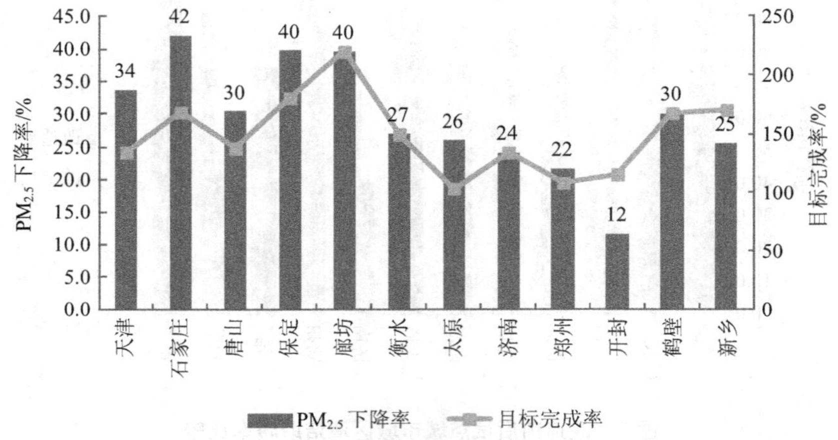

图 5 2017—2018 年秋冬季试点城市 $PM_{2.5}$ 浓度下降情况

2 存在的困难和问题

2.1 中央财政补助标准未充分体现试点城市改造任务量的差异，各试点城市间实施难度差异较大

由于试点城市人口规模、清洁取暖现状的差异，试点城市改造任务量各不相同，部分城市差距较大。在首批试点城市中，保定和廊坊同属地级市，但是 3 年改造任务量分别为 246.6 万户、84.95 万户，前者是后者的 2.9 倍。在第二批 23 个试点城市中，改造任务量最大的地级市为邯郸，3 年计划改造 132.71 万户，改造任务量最低的是阳泉，3 年清洁取暖

改造任务量为 16.16 万户，前者是后者的 8.2 倍。

各试点城市能够享受到中央财政补贴力度差异较大。中央财政支持北方地区冬季清洁取暖采取分档定额补助，直辖市 10 亿元/年、省会城市 7 亿元/年、地级城市 5 亿元/年，汾渭平原城市 3 亿元/年，连续支持 3 年。由于试点城市改造任务差距很大，导致每户能够获得中央财政的补贴额度差距大。在第二批 23 个试点城市中，3 年平均每户可获得的中央财政补贴为 2 393 元，其中，每户可获得补贴最高的是阳泉，由于人口少、任务量小，每户可获得的中央财政补贴高达 9 282 元，每户可获得补贴最低的是西安，由于人口多、任务量大，每户可获得的中央财政补贴为 425 元，各城市每户获得中央财政额度情况详见图 6。

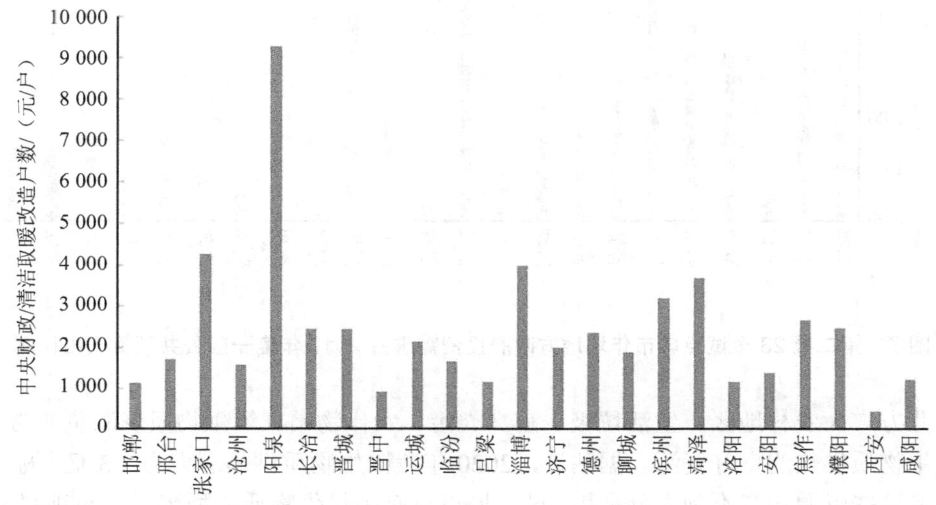

图 6　第二批 23 个试点城市中央财政分摊到清洁取暖改造的补贴额度

各试点城市政府投资需求、投资压力差异较大。根据第二批 23 个试点城市备案实施方案，试点城市的地方政府总体投资需求平均为 26.32 亿元，最高 58.35 亿元（长治），最低 3.6 亿元（淄博）。用试点城市年均地方政府投资需求占 2017 年度一般公共预算支出的比例，反映清洁取暖投资压力大小。结果显示，平均比例为 2.61%，长治最高，为 7.25%，清洁取暖投资压力相对较大，淄博最低，为 0.27%，投资压力相对较小（图 7）。

2.2　多数清洁取暖技术路线针对性不足，未充分体现因地制宜原则

部分试点城市结合自身条件，探索了有益的清洁取暖技术路线。如济南围绕“拆、替、改、换、联、引”6 条实施路径，实施了燃煤锅炉淘汰改造、双替代供暖、既有建筑节能改造、中深层地热清洁供暖、能源互联、“外热入济”余热利用等多种模式。唐山围绕用足用好丰富余热资源，积极探索钢铁企业高炉冲渣水废热利用、电厂循环水余热利用等多种模式。鹤壁充分结合当地气候条件，选择居民可承受性相对较好的空气源热风机技术。但多数城市清洁取暖技术路线选择往往忽略当地资源、经济、基础设施等因素，缺少对当地实际特点的深入分析，技术针对性不强。多数试点城市选择的技术路径较为类似，在城

区、县城主要实施燃煤集中供热、燃气锅炉等，往往忽视工业余热、污水厂水源、地热等资源的利用，在城乡接合部、农村地区则以“双替代”为主，未充分结合当地资源量、基础设施、老百姓承受能力等进行针对性设计。

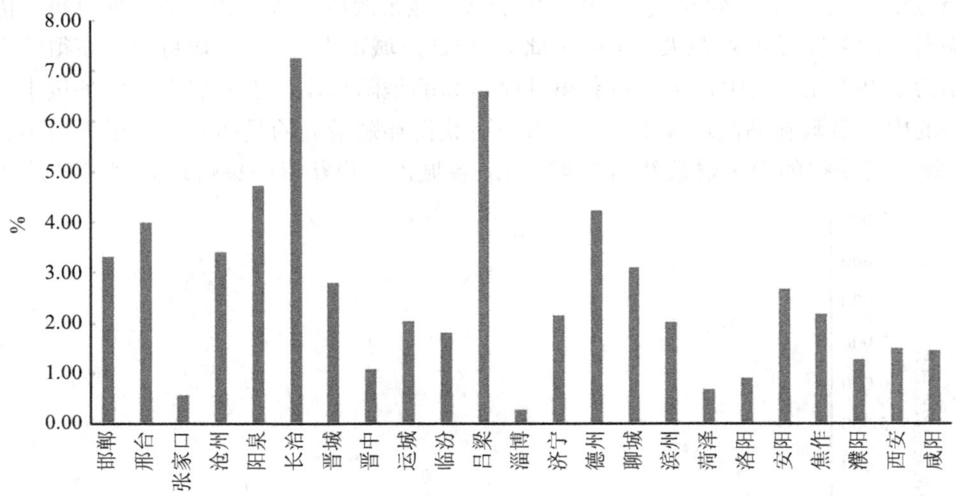

图 7　第二批 23 个试点城市年均地方政府投资需求占 2017 年度一般公共预算支出比例

在北方广大农村地区，生活垃圾、畜禽粪污、农作物秸秆等生物质资源量非常丰富，是发展生物质供热的良好资源。据估计，2020 年我国生物质供热潜力为 1.3 亿 t 标准煤，但是目前这些资源却得不到充分利用，试点城市只有少量生物质成型燃料供热项目。比如，开封市杞县是农业大县，素有“中原粮仓”之美称，耕地 133 万亩，又是“全国生猪调出大县”，全县各类规模化、标准化畜禽养殖达 6 000 多家，生猪饲养量 100 万头以上。据估算，全县农作物生物质资源量 73 万 t [2]，若其中 5%的比例用于生物质成型燃料生产，产成率按 85%计算，可生产生物质成型燃料 3.1 万 t，相当于 1.55 t 标准煤，可供 1 万多户村民冬季取暖；畜禽粪污若用于沼气生产，按 100 万头生猪饲养量计算，平均日生产沼气量 10 万 m^3，可供 5 000 户左右居民冬季取暖。然而，2017 年，杞县农村地区未实施任何生物质供暖项目[2]，2018 年，也仍以“双替代”为主，“煤改气”和“煤改电”合计任务量为 1.5 万户 [3]。

2.3　大规模实施“煤改气”工程引起冬季天然气供应紧张、价格上涨

我国能源资源禀赋是富煤缺油少气，2017 年，一次能源消费结构中，天然气消耗占比 6.6%，天然气对外依存度达 38%。2018 年上半年天然气对外依存度提高至 43.3%。同时，我国天然气储备设施建设滞后，国家层面，国内天然气储备只能维持 10 天左右的消耗，工作气量仅占我国天然气年消费量的 2.8%（2015 年数据），远低于当前世界调峰应急储备能力 10%的平均水平；城市层面，试点城市城镇燃气储备能力均未达到 3 天的要求；企业层面，大部分城镇燃气企业的应急储备能力未达到 5%合同量的要求，现有储备能力仅能

发挥临时调峰作用，应急保供能力不足。

2017年，京津冀晋鲁豫等省（市）实施大规模“煤改气”“煤改电”，合计超过600万户，其中“煤改气”超过70%。由于大规模“煤改气”的推行，加之工业生产、燃气发电、化工等领域用气需求较快增长，2017年我国天然气市场需求出现爆发式增长，全年消费量折合增量为354亿m^3，尤其是自11月开始北方地区逐渐进入采暖季之后，市场需求持续维持高位，再加上部分气源的不稳定因素、储气设施能力不足的影响，导致全国出现大范围供应短缺，冬天全国天然气缺口达到113亿m^3，已经高于气荒标准[4]①。从城市来看，部分试点城市天然气供应在供暖期存在较大缺口，如在冬季天然气需求最大时，石家庄存在108万m^3/d的缺口，虽然政府采取了“压非保民”措施，但是部分居民温暖过冬仍受到一定影响（图8）。

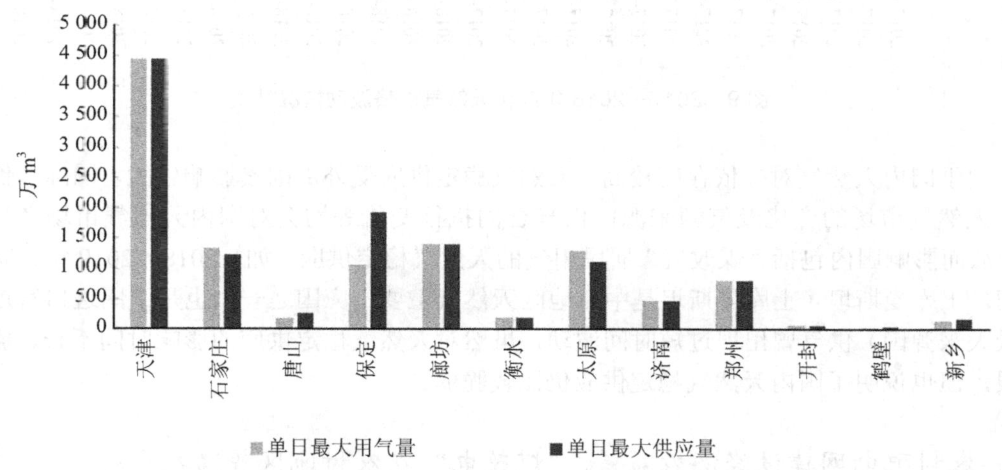

图8　2017年12试点城市天然气最大日需求量与最大供应量对比

伴随“气荒”而来的就是天然气价格的上涨。我国目前天然气定价存在两种制度，一个是由政府基准定价的管道气，另一个是不受管制的液化天然气。2017年采暖季，受价格管制的各地管道气基价涨幅接近10%～20%，完全由市场定价的液化天然气价格短时间内出现暴涨，从4 000元/t一度涨到1万元/t，之后由于有关部门采取一系列措施，努力缓解天然气供需紧张的局面，液化天然气价格才出现了回落，截至2017年12月下旬，大部分地区液化天然气价格降至8 000多元/t，但仍远高于非采暖季[5]。2018年，国家在冬季天然气供应方面做了很多努力，缓解了冬季供应压力，但仍难以避免冬季液化天然气价格的上涨。根据国家发展改革委运行监测数据，冬季12月京津冀鲁等7个主要消费地区液化天然气市场成交价平均在5 000元/t左右，高于夏季平均水平（图9）。

① 在2018年11月29日北京举办的第六届中国天然气发展大会上，国家发展改革委价格监测中心高级经济师刘满平表示，若国内天然气消费年增长量在200亿m^3之内，那么天然气供应是绝对安全的，当消费年增长量在200亿～300亿m^3，供应处于相对安全，而年增长量超过350亿m^3时，局部地区可能陷入“气荒”。

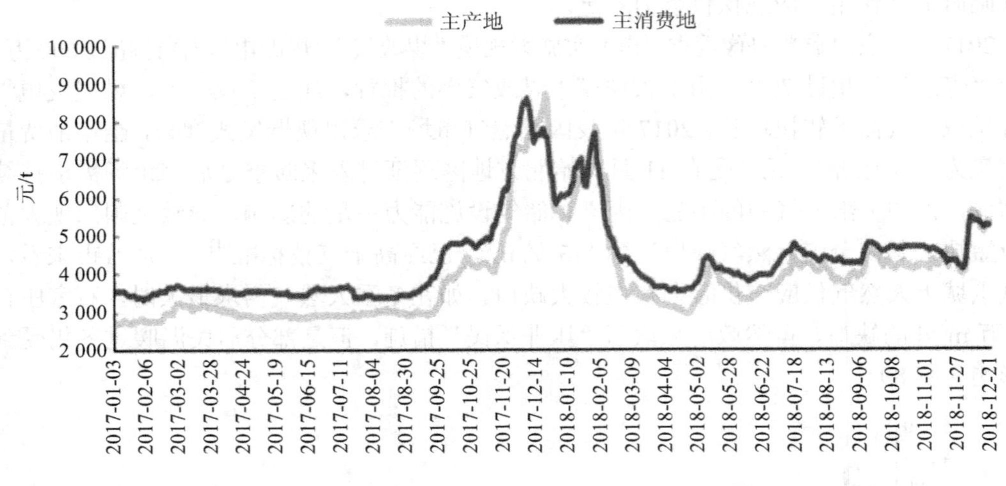

图 9　2017—2018 年液化天然气价格波动情况[6] ①

由于国内天然气对外依存度较高，天然气稳定供应受外部因素影响较大，国际油价市场、天然气市场的变化及气源来源国供气合同执行变化等均会对国内天然气市场产生影响，从而影响国内包括“煤改气”居民用气的天然气稳定供应。如，2018—2019 年采暖季期间，土库曼斯坦（土库曼斯坦是中亚地区天然气主要供应国之一，也是中国进口管道气的最大来源国）供气曾出现过短时间波动，虽然对天然气稳定供应的影响时间不长、影响有限，但也说明了国内天然气稳定供应仍比较脆弱。

2.4　农村配电网建设经济效益差，“煤改电”在农村地区普遍推广难

农村配电网改造项目经济效益差，主要依靠国家和电网公司投资建设。为满足“煤改电”用户冬季供暖需求，农村电网户均配变容量需从 1～2 kVA 提高到 5～7 kVA（根据国家电网有限公司印发《配电网“煤改电”建设改造技术原则》，“煤改电”用户的户均配变容量标准应提高到 5～7 kVA），但最大负荷只发生在冬季且属于间接性负荷，年运行时间在 1 000 h 左右，远远不能达到配电网改造项目的技术经济要求，因此农村配电网建设项目经济效益差、投资回收期长。因此，农村配电网建设改造主要依靠国家电网公司投资、建设和运营，中央财政提供部分建设补贴。

电网项目投资高、中央财政补贴有限，制约“煤改电”技术应用。相比“煤改气”配套输气管网建设，“煤改电”配套电网升级改造投资大。根据试点城市备案实施方案及绩效自评项目资料，“煤改气”配套输气中低压管线建设一般户均投资 0.4 万～1 万元，而电网升级改造户均投资在 1 万～2 万元，若大规模实施“煤改电”工程，仅配套电网建设部分的投资需求就很高。以张家口为例，根据《河北省张家口市冬季清洁取暖试点城市实施方案（2018—2021 年）》，张家口市充分利用当地风电资源，在农村地区主要实施“煤改电”

① 主产地包括陕西、内蒙、山西、四川、宁夏；主消费地包括北京、天津、河北、山东、河南、江苏、广东；价格为液化天然气成交价。

工程，为此，3 年配套电网升级改造投资需求为 52 亿元，占冬季清洁取暖项目总投资的 45%。相对配电网的高投资需求，中央财政对农村配电网的投资有限。2018 年，全国农村电网升级改造中央预算内投资不足 100 亿元，国家电网“煤改电”配套电网 10 kV 及以下工程投资仅 152.23 亿元[7]，远低于“煤改电”工程投资需求，制约了“煤改电”技术的应用。

2.5 建筑能效提升项目重视不够、推进慢、补助少，特别在农村地区严重滞后

虽然国家政策要求从“热源侧”和“用户侧”两个方面实施清洁取暖改造，但是实际上，相比“热源侧”的清洁取暖改造，“用户侧”的建筑能效提升项目重视不够、推进慢、补助少，特别是农村地区严重滞后。

在筹划实施方案时，多数试点城市忽视建筑能效提升项目，导致建筑能效提升任务量远低于清洁取暖改造任务量。根据第二批试点城市示范目标表，23 个试点城市 3 年合计计划完成清洁取暖改造面积 18.37 亿 m^2，而建筑能效提升改造任务为 1.78 亿 m^2，仅是前者的 9.7%。

在实施过程中，建筑能效提升项目普遍推进较慢，任务完成率低于清洁取暖改造项目。首批试点城市 2017 年度绩效评价结果显示，多数试点城市完成了 2017 年度清洁取暖改造任务，而建筑能效提升项目完成改造面积约为清洁取暖改造面积的 2%，除济南外，其他 10 个城市均未完成当年任务目标（天津 2017 年未设建筑节能改造任务目标）。

此外，建筑能效提升项目主要分布在试点城市的城区和县城，农村地区建筑能效提升项目较少。首批 12 个试点城市中，只有 6 个城市开展了农村住房改造，合计完成改造户数 1 万户，占全部改造量的 7.7%，远低于城区和县城改造量。但相比城区和县城，广大农村地区建筑结构保温性能和气密性较差，建筑能效低，取暖过程中热量损耗较大，更需要开展建筑节能改造。

相比“热源侧”补助资金规模，建筑能效提升项目补助资金规模较少。例如，2018 年河北省下达各市“热源侧”补助资金 56.7 亿元，在建筑能效提升方面仅 4 500 万元。试点城市在使用中央财政补助资金时，也是将资金重点用于“热源侧”方面，即使在重视建筑能效提升的鹤壁市，2017 年分配给建筑能效提升项目的资金仅 5 536 万元，占中央补助资金的 13.8%。

2.6 部分试点城市监管力度有待加强、重任务完成轻系统设计

部分试点城市监管力度有待加强。虽然各试点城市均建立了冬季清洁取暖试点工作领导小组，安排部署相关工作，推动试点示范工作，但部分城市项目管理和资金管理统筹协调力度不够，虽然建立了资金管理办法等制度文件，但是大多数项目实施单位未遵照执行，市级部门不能及时调度项目实施进度及制度执行有关情况，监督管理力度有待加强。

一些试点城市重任务完成轻系统设计，工作重点主要放在完成工程项目和任务量上，缺乏对各环节的细化指导管理，存在资金投入浪费现象。例如，某城市“煤改电”初始投

资财政补贴 85%，最高不超过 7 400 元。由于该市缺乏全市统一指导文件、验收考核办法，部分乡镇在实施时直接按照最高补贴标准购置设备，未充分结合农户取暖房间面积大小。一方面，造成了投资浪费，部分房间设备长期闲置，整个采暖季使用率偏低；另一方面，由于设备容量过大，也造成了使用成本不必要的增加。另外，部分用户不懂得如何使用设备，只要启动设备使用电量就明显过高，出现担心费用过高而返烧煤的现象。此外，多数试点城市重点关注建设环节，对后续运维缺乏统筹考虑，部分农村地区出现“屋内温度过低，无人给解决”等问题。

2.7 部分试点城市地方配套资金到位较低，财政补贴压力普遍较高

受地方财力影响，试点城市资金到位率普遍偏低。清洁取暖是民生工程，设备投入成本比较高，严重依赖财政补贴，尤其农村地区清洁取暖项目，需要大量财政补贴资金投入。但受地方财力影响，部分试点城市地方配套资金到位率不高。根据首批试点城市 2017 年度绩效评价结果，12 个试点城市平均地方财政资金到位率为 65.35%（根据《北方地区冬季清洁取暖试点城市绩效评价办法》，财政资金到位率为地方财政资金实际到位额除以地方承诺财政资金到位额，资金数据核算期限为 2017 年 5 月至 2018 年 4 月），衡水、开封、济南、保定 4 个城市的地方财政资金到位率不到 30%，参见图 10。

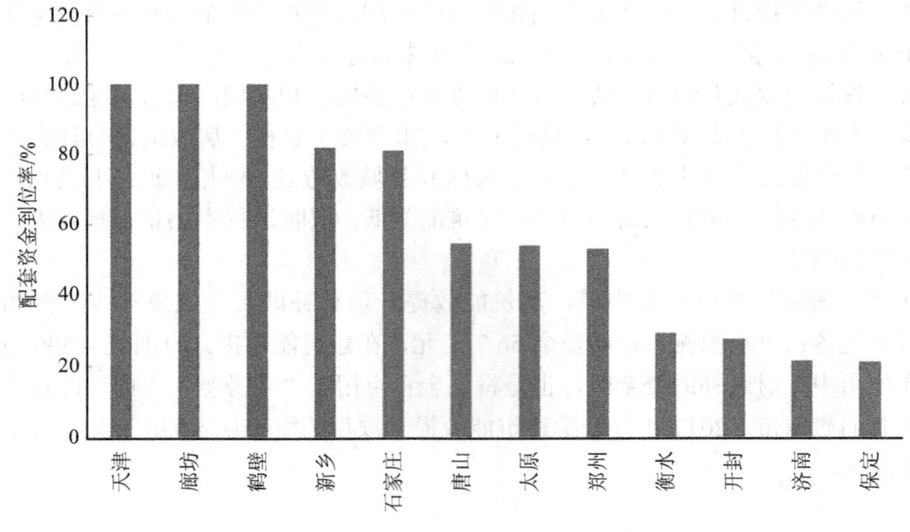

图 10 试点城市 2017 年度地方财政配套资金到位率

随着试点工作的推进，地方财政补贴压力将持续加大。根据农村清洁取暖改造户数（由于无法做到区分，部分城市的农村改造户数包含了县城数据）和 2018 年运行补贴上限，对试点城市运行补贴资金占财政收入的比值做初步测算，结果如图 11 所示，2017 年首批 12 个试点城市运行补贴支出占当年一般公共预算收入的比例为 0.05%～3.67%，平均为 0.97%，如果完成 3 年示范期所有农村改造任务，且沿用 2018 年补贴水平，补贴支出占城市一般公共预算收入的比例为 0.16%～12.09%，平均为 3.31%。以保定市为例，2017 年完

成“双替代”72.8 万户，按照保定市运行补贴政策，运行补贴资金超过 9 亿元/年，加上后续将完成城乡接合部、所辖县及农村地区改造 239.72 万户的目标，未来每年运行补贴资金将超过 30 亿元，占政府一般公共预算收入的 12.6%（2017 年，保定市一般公共预算收入为 238.4 亿元）。

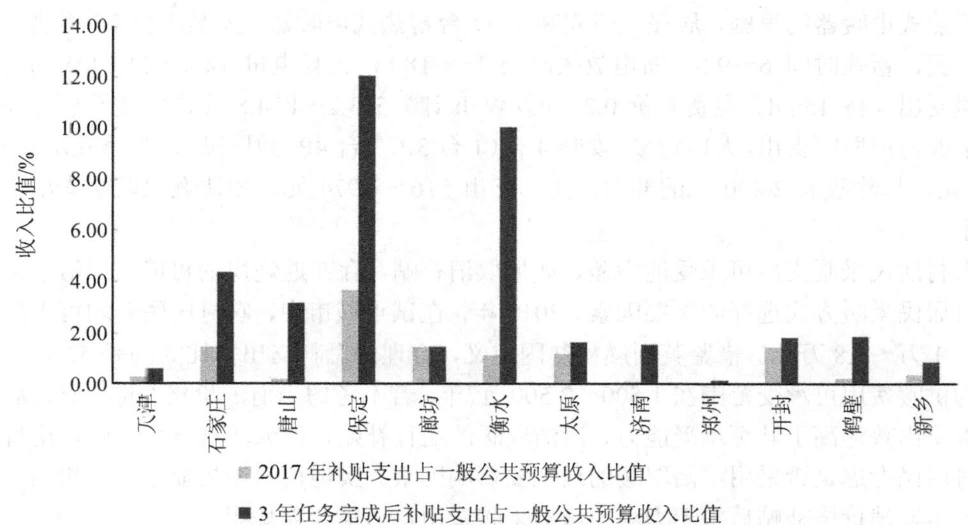

图 11　首批试点城市清洁取暖运行补贴占一般公共预算收入比值

2.8　清洁取暖使用成本普遍上涨，上涨幅度差异性较大，取消补贴后，农村居民采暖支出可承受能力差

相比散煤采暖，农村地区清洁取暖使用成本较高，即使享受价格补贴之后，农村居民采暖支出仍普遍上涨。以天津、德州和衡水的 8 个村庄 77 户“煤改气”样本为例，“煤改气”居民政府补贴后采暖费用平均增加 874 元，其中有 59 户实际取暖支出在“煤改气”后有所提高，占总样本的 76.6%。以北京和衡水的 4 个村庄 47 户“煤改电”样本为例，“煤改电”后采暖费用平均增加 1 333.1 元（补贴后），有 43 户实际取暖支出在“煤改电”后有所提高，占总样本的 91.5%。

受家庭经济因素影响，农村居民采暖支出上涨幅度差异较大。对于经济条件较好的家庭，在享受政府气价、电价补贴后，采暖费用仍会增加很多。由于燃气采暖设备或电采暖设备可以随时启停和调节温度，经济条件相对较差的家庭通过灵活使用采暖设备降低采暖温度或采暖时长，使得采暖支出上涨幅度偏低或与原燃煤采暖支出相差不大。以天津、德州和衡水的 8 个村庄 77 户“煤改气”样本为例，在实际取暖支出有所提高的 59 户中，增长幅度最小为 33 元，最大为 3 250 元。以北京和衡水的 4 个村庄 47 户“煤改电”样本为例，在实际取暖支出有所提高的 43 户中，增长幅度最小为 250 元，最大为 3 000 元。

不同技术使用成本存在差异，但却享受相同或基本相同的价格补贴，使得实施不同技术改造后的居民之间成本上涨幅度差异较大。例如，同样是“煤改电”技术，实施空气源热泵热水机后，采暖支出增加幅度较大，而采用蓄热式电暖器，采暖支出上涨幅度偏小。根据长治市长子县东郭村入户调研数据，实施空气源热泵热水机改造后，每天运行成本约 50 元，采暖费用支出约 7 500 元，扣除 2 400 元的最高补贴计算，每年实际供暖费支出约 5 100 元，远高于原燃煤采暖支出。根据长治市老顶山旅游开发区老巴山村入户调研数据，采用蓄热式电暖器的家庭，居民一般安装 1～4 台蓄热式电暖器，安装 1 台 3P 蓄热式电暖器的居民，蓄热时间 6～9 h，断电放热时间 15～18 h，日耗电量 14.4～21.6 kW·h，采暖季取暖支出（按 150 d、电费谷价 0.27 元/kW·h 计）583.2～874.8 元，即使不享受补贴，也低于改造前取暖支出，人口较多、安装 4 台（1 台 3P，3 台 4P）的居民，采暖季支出 2 916～4 374 元，扣除政府 2 400 元的补贴，实际支出 516～1 974 元，相比燃煤取暖支出上涨幅度较小。

农村居民采暖支出可承受能力差，如果取消补贴，存在返烧煤的可能。清洁取暖成本是农村居民采暖方式选择的重要因素。2018 年，在试点城市中，农村居民人均可支配收入范围为 1 万～1.8 万元。借鉴英国燃料贫困定义，合理的燃料支出占比大约是 5%，农村居民户均供暖费用可承受范围在 1 500～2 500 元/年，若不考虑当前的价格补贴，农村居民清洁取暖支出普遍高于其可承受能力。清洁取暖的运行补贴，如天然气气价补贴、电价补贴是农村居民考虑是否采用清洁取暖的最主要影响因素。实地调研结果显示，有相当一部分村民表示取消价格补贴后将无力承担清洁采暖费用，可能会返烧煤。

2.9 试点城市运行补贴政策缺乏针对性、精准性设计

运行补贴标准未充分考虑不同技术类型使用成本的差距。在同一取暖温度设置条件下，以全空间、全时间模式运行考虑，直热式电暖器使用成本较高，其次是燃气壁挂炉，空气源热泵（热水机、热风机）和蓄热式电采暖使用成本相对较低。由于使用成本的差距，为了获得相同的补贴效果，制定运行补贴标准时应对不同技术区别对待。但现有补贴标准未体现不同技术类型差异性，试点城市不同“煤改电”享受相同的补贴标准。相比“煤改电”补贴，“煤改气”补贴有的城市高、有的城市低。

运行补贴政策缺乏精准性设计，存在“搭便车”现象。根据《国家发展改革委关于印发北方地区清洁供暖价格政策意见的通知》（发改价格〔2017〕1684 号），国家对于采暖用电量有明确规定，并且对采暖用电量提出了优惠政策，只有对合理的居民采暖用电量才能按照一档阶梯价格执行，其余全部执行居民阶梯电价。但在各地政策设计过程中，电价补贴在各地存在“搭便车”现象，即获得优惠的不仅仅是取暖季的采暖用电，取暖季的非采暖用电，甚至非采暖期间的生活用电也同样享受了优惠。天津市对于采暖季的所有用电都取消了阶梯电价。尽管河北省在省政策文件中要求对“煤改电”用户的采暖季采暖用电取消阶梯电价，但唐山、衡水在采暖季取消了所有“煤改电”用户的阶梯电价，保定和廊坊在全年取消了“煤改电”用户的阶梯电价。济南扩大了“煤改电”用户全年的阶梯电价一档范围（由每月 210 kW·h 增加到每月 710 kW·h），河南各市在采暖季扩大了阶梯电价一档的范围（由每月 180 kW·h 增加到 280 kW·h）。同样，在气价补贴方面也存在“搭便车”现象。由于居民每月会有一定数额的生活用气，仅石家庄在政策中强调了取消采暖用气的

阶梯价格。天津、衡水取消了“煤改气”用户采暖季所有用气的阶梯气价，唐山、保定、廊坊、太原、济南甚至取消了“煤改气”用户全年的阶梯气价。

2.10 清洁取暖市场化机制尚未建立，金融支持形式单一，存在融资难、融资贵问题

清洁取暖市场化机制尚未建立。《关于开展中央财政支持北方地区冬季清洁取暖试点工作的通知》（财建〔2017〕238号）明确提出，尽快形成“企业为主、政府推动、居民可承受”的清洁取暖模式，但从目前实际运作来看，清洁取暖主要依靠政府推动，依赖政府直接投入，部分地区开展以特许经营或政府和社会资本合作（PPP）模式引入社会资本（如热力、电力、燃气企业）投资建设和运维。但总体而言，由于清洁供暖项目盈利水平较低，市场积极性不高，社会资本尤其是民间资本较少进入该领域。“企业为主、政府推动、居民可承受”的运营模式尚未真正建立起来。

金融支持形式单一，融资难、融资贵。市场上虽然存在绿色信贷、投资基金、政策性贷款、融资租赁等较为丰富的金融支持工具，但是金融支持清洁供暖的主要力量仍是银行信贷。这主要是因为清洁供暖项目普遍存在前期投资费用巨大、投资回收期较长的特征，以短期盈利为目的的融资工具缺乏进入该领域的积极性。而对于银行信贷部分，由于清洁供暖项目资产多为供暖管网等地下资产，不易估价和变现，不符合有效抵押物要求，因而缺乏抵押物成为清洁供暖项目获得商业银行贷款的重要制约因素。此外，企业融资难和融资贵具有明显的结构性特征，与国有企业相比，民营企业的融资条件更为严苛。据银行统计数据，2017年，山西省清洁供暖企业的贷款加权平均利率为7.52%，比全省平均水平高0.74个百分点，但县域清洁供暖企业的贷款加权平均利率达到8%～10%，有的甚至高达12%[8]。

3 政策建议

3.1 财政支持清洁取暖试点政策，提高政策协同性和精准性

优化中央财政支持北方地区冬季清洁取暖补贴标准。建议不再按照直辖市、地级市和汾渭平原分档划定补贴标准，而是按照清洁取暖改造类型、改造规模、城市财政资金压力等情况，进一步细化补贴标准，确保对地方补贴的公平性。同时，强化奖罚机制，根据年度绩效评价结果，对评价结果为“优”的给予奖励资金，对评价结果为“差”的暂停补贴资金发放。

研究识别清洁取暖细分领域的可商业化程度，根据可商业化程度，将清洁取暖领域细分为可商业化、基本上可商业化、不可商业化三种，细化财政支持领域，优化支持方式。对于可商业化的领域，市场化成熟、商业模式清晰，能够实现项目盈利，完全可以利用市

场化手段吸引社会资本投资，中央财政对此类项目不予补贴；对于基本上可商业化的领域，这类项目虽然尚不完全具备商业化条件，但只要出台一些政策，比如政策性贷款、信贷债券资金与股权资金组合、财政贴息、财政担保等，项目就能够实现可持续性、盈利性，就能够运营下去，中央财政应优化支持方式，与金融支持政策建立协同性，促进项目的商业化运作；对于不可商业化的领域，中央财政应重点直接支持此类项目发展。通过以上不同措施，提高财政支持政策的精准性。

3.2 编制技术选择指南、优化城市供暖规划，指导清洁取暖技术选择

编制农村地区清洁取暖技术选择指南。2017 年 12 月，国家发展改革委联合能源局等十部门印发了《北方地区冬季清洁取暖规划》（2017—2021 年），明确了清洁取暖的技术范畴、不同技术类型的发展目标及保障措施，同时要求编制地方清洁取暖规划。但规划期限较短，对国家供暖结构趋势变化缺乏预测，对地方清洁取暖技术路线选择指导意义有限。鉴于农村地区暴露出来的“煤改气”“煤改电”问题，应研究编制农村地区清洁取暖技术选择指南，进一步细化不同地区不同对象的清洁取暖技术路线。根据资源、气候、经济等条件将北方地区划分为不同的片区，结合国家能源中长期规划、乡村振兴发展规划，确定不同片区农村清洁取暖主流技术路线，以及相应的政策支持。例如，在内蒙古、甘肃等风光电资源丰富、亟须消纳风光电的区域，应以发展“煤改电”为主，鉴于当前“弃风弃光”和“煤改电”的瓶颈问题，国家及地方政府应给与这些地区支持“煤改电”发展的具体政策，促进清洁能源推广应用和冬季清洁取暖的双赢。同时，细化研究农村不同取暖对象的取暖需求特点，建立适合的清洁取暖技术路线。例如，考虑到农村中小学“煤改电”项目最大负荷主要发生在白天，能够与农村居民家庭用电形成很好的互补，电网公司只要投入少量资金开展微增容改造，就能满足中小学“煤改电”项目电力负荷要求，因此，中小学白天用电需求高的公共机构应优先实施“煤改电”改造。

将城市供暖规划统筹纳入地方规划体系。将城市供暖规划纳入城市发展规划、环境保护规划、能源发展规划，统筹规划，做好供暖与区域能源体系、城市能源体系的衔接和融合，在城镇新区建设、旧城改造、产业园（区）建设、新农村建设的规划建设过程中，将供暖作为一项重要内容。目前，各试点城市清洁取暖规划编制内容与实施方案差异不大，规划期较短，对供暖中长期发展指导不足。各城市应深入开展辖区内冬季取暖基本情况调查，根据区位特点、资源条件、用能模式等因素，在充分整合政策资源的前提下，因地制宜地制定清洁取暖专项规划，分区域推进、分类型实施，确保北方地区冬季清洁取暖的综合效果[9]。

3.3 完善“以气定改”政策，加快天然气输配与储存设施建设，提高天然气供应保障能力

完善“以气定改”政策。目前，国家层面和城市层面均缺乏中长期供暖结构预期，影响短期供暖结构调整和技术的选择。建议在国家层面，根据中长期能源发展规划、可再生

能源发展规划、供暖发展规划等，确定中长期国家天然气消费结构、供暖结构；在城市层面，应根据区域内中长期能源规划、供暖规划确定天然气消费结构、天然气供暖规模上限，并结合现状确定"煤改气"中长期改造目标上限及区域分布。

加快天然气输配与储存设施建设。按照《国务院关于促进天然气协调稳定发展的若干意见》（国发〔2018〕31 号）、《关于加快储气设施建设和完善储气调峰辅助服务市场机制的意见》（发改能源规〔2018〕637 号）要求，试点城市统筹推进地方政府和城镇燃气企业储气能力建设。可根据中长期能源发展规划，统筹储备设施建设规模及建设进度，并实施储气设施集约化规模化运营。对于近期储气项目，应加快推进项目实施，实现储备能力建设要求。

3.4 加大农村配电网基础设施投入，充分利用市场手段吸引社会资本投入，解决农村"煤改电"推广难的问题

加大重点区域农村配电网改造资金投入。加大国家在农村配电网基础设施资金投入，重点支持"2+26"城市、汾渭平原的"煤改电"项目实施配电网升级改造，确保实施进度满足"煤改电"项目需求。同时，做到政策补助的精准性，重点支持农村居民"煤改电"配套电网项目。

将农村配电网项目与工业园区配电网整合一起招聘社会资本。根据《中共中央 国务院关于进一步深化电力体制改革的若干意见》（中发〔2015〕9 号），以及 2016 年 10 月 11 日国家发展改革委、国家能源局发布的《有序放开配电网业务管理办法》，国家对市场放开配电网业务，鼓励社会资本投资、建设、运营增量配电网业务，通过竞争创新，为用户提供安全、方便、快捷的供电服务。但农村电网项目的经济效益差，社会资本不愿投资。相反，工业园区配电网项目经济效益好，社会资本投资的积极性较高。因此，建议地方充分利用国家配电网市场放开政策，在充分开展技术经济分析的基础上，按照"肥瘦搭配"原则，将农村电网项目与工业园区配电网等项目打包招聘社会资本，解决部分农村电网投资问题。

加大电力市场交易，优先支持弃风、弃光、弃水的电力上网，优先将低价电力售给"煤改电"项目。目前，国家在积极推进电力市场化交易，参与电力市场交易的发电企业上网电价由用户或售电主体与发电企业通过协商、市场竞价等方式自主确定。相比政府指导价，交易电价相对较低。根据国家能源局官网相关数据，2016 年全国电力直接交易约 8 000 亿 kW·h，电价平均降低 6.4 分/（kW·h）。因此，建议充分利用国家政策大力发展电力市场交易，并优先支持弃风、弃光、弃水区域可再生能源电力上网，降低配电网购电成本，并优先将此低价电力销售给"煤改电"配电网公司，提高农村电网运营经济性，增加项目吸引力。

3.5 加大关键技术示范，创新供热模式，完善激励政策，提高可再生能源供暖比例

加大关键技术示范，因地制宜推广可再生能源供暖技术应用[10]。目前，在可再生能源

供暖领域，生物质能和地热能技术较为成熟，可再生能源电力供热尚处于示范阶段。各城市应结合当地可再生能源资源现状，分区域分类型加大技术示范。在城区和县城集中供暖未覆盖地区，结合当地可再生能源资源，大力推动太阳能、地热能、生物质锅炉等可再生能源供暖应用技术与模式，建设分布式区域能源供热站解决供暖需求。在人口密集的中小城镇、城乡接合部等相对独立的地区，通过可再生能源与化石能源耦合、可再生能源系统集成等模式，建立一批区域能源站示范工程，提供优质区域能源服务。在农村地区，优先支持可再生能源电采暖、生物质成型燃料供暖等分户式供暖技术模式，并结合农村环境整治、乡村振兴规划研究以生活垃圾、畜禽粪污、农作物秸秆为原料的沼气生产供热技术。另外，大力推进冷热需求建筑的可再生能源冷热联供技术模式。

专栏 1　贵安新区云谷分布式能源中心“1+3”多能互补冷热联供模式[11]

贵安新区云谷分布式能源中心项目采用“1+3”多能互补（1 是天然气，3 分别是水源热泵、太阳能光热、空气动力储能等可再生能源）方式，依托智慧管理技术形成能源综合利用，为总建筑面积约 50 万 m^2 的建筑物提供夏季制冷、冬季制热、全年生活热水以及电力等能源需求。项目具备占比面积小、投资规模小、经济效益高等特点。云谷分布式能源中心总投资 1.6 亿元，按照 20 年计，项目税后内部收益率 14.81%。

创新可再生能源供热应用模式。创新可再生能源电力供热机制，在消纳可再生能源电力的同时提供供暖服务，探索可再生能源热电协同发展。在热电联产厂、区域能源站等供热系统中，试点和推广短期蓄热和季节性储热等蓄热技术，为电力系统和热力系统提供灵活性，优化电力系统和热力系统的生产与供应能力。

实施财政补贴、金融等激励政策。目前，除了空气源热泵系统之外，其他可再生能源供暖系统均需要一定的政策支持才具备技术经济性[12]。建议针对城市地区和农村地区的不同条件和需求，研究设计不同类型可再生能源供暖的定价机制、补贴机制，提高项目的针对性和经济性。加大财税金融支持力度，对于可再生能源供热企业给予一定的税收优惠和金融支持。进一步开放供暖市场准入，大力支持有实力、有信誉的民营企业进入清洁供暖领域。

专栏 2　国外可再生能源供暖支持政策

德国强制规定新建建筑物必须使用可再生能源供热和供应热水。

2009 年德国颁布《可再生能源热法案》[13]，旨在到 2020 年将可再生能源在供热方面的比例提高到 14%。该法案强制规定，新建建筑物必须使用可再生能源供热和供应热水。虽然该法案仅适用于新建筑物，但它为德国各州制定既有建筑物政策留出了空间。该法案要求新建建筑物的所有者使用一定比例的可再生能源进行供暖（水和空间供暖），最低百分比取决于所使用的可再生能源技术。根据德国监测报告[14]，2017 年，德国在供热和供应热水中可再生能源占比已达到 13.2%（2009 年比例为 10.8%），其中，主要以生物质能源为主。

丹麦对生物质供暖免征燃料税、对可再生能源供暖企业给予直接补贴。

丹麦对区域供暖使用的化石燃料需要征收燃料税，但生物质燃料免税，使得生物质供暖成本相比天然气供暖和电力供暖成本要低，因而丹麦的区域供暖企业对使用生物质燃料有着很大的积极性，2014 年，生物质占区域供热燃料总量的比例已达到 40%以上[15]。另外，丹麦政府对采用热电联产电和可再生能源的企业给予一定金额的补贴。例如，利用生物质燃料发电将可以按每兆瓦时领取 20 欧元的补贴。

英国对可再生能源供热给予直接补贴。

英国可再生能源供热激励计划[16]，是一项提供财政激励措施的政府计划，旨在目前以化石燃料为主的行业加大可再生能源供热力度，即通过提供财政激励措施来消除某些障碍，如高昂的前期成本和运营经费。可再生能源供热激励计划分为两个阶段：第1阶段于2011年11月提出，用于工业、商业和公共行业领域的非住宅设施，可再生能源供热补贴规定了每千瓦产热的补贴金额，补贴年限为20年，每季度支付一次；第2阶段于2014年4月推出，应对住宅可再生能源供热激励计划，主要对水源热泵、空气源热泵、太阳能热水供暖、生物质锅炉供暖和生物质炉具供暖等技术类型给予费用补贴，补贴年限为7年，每季度支付一次。受补贴政策影响，可再生能源供热发展较快，2017年，可再生能源供热量为5 222 ktoe（千吨石油当量），相比2014年的2 916.6 ktoe增长了79%，其中，主要以生物质供热增长量为主[17]。

3.6 完善技术标准，实施经济激励，推进农村建筑节能改造

完善技术标准和规范。目前，农村的建筑节能工作尚未纳入国家建筑节能标准的强制管理范围，我国现有建筑节能领域的政策法规和技术标准主要是面向城市的，大量的农村建筑工程基本上游离在技术标准和规范的效力之外，严重影响农村节能建筑的质量和保温节能效果[18]。因此，建议进一步完善农村住宅规划设计规范和标准，如修订《严寒和寒冷地区农村住房节能技术导则》、农村节能建筑的技术规范、既有农房能效提升技术导则等。另外，在完善标准和规范基础上加强标准与规范的实施监管，对于新建农房纳入新建管理体系，按照《农村居住建筑节能设计标准》（GB/T 50824—2013）标准建设，既有农房按照修订后的《严寒和寒冷地区农村住房节能技术导则》等标准建设。

实施经济激励政策。“十三五”期间，在国家层面除了清洁取暖试点补助资金，没有其他专项资金给予建筑能效提升项目补助。为促进农村地区建筑节能改造，建议对实施节能改造的农村住房实施经济鼓励政策，激励农村地区建设节能建筑的热情。对于低收入家庭，可借鉴美国房屋节能改造援助计划，建立房屋节能改造专项资金，通过直接补贴提高住房能源效率，从而减少家庭能源开支。对于普通或较高收入家庭，可借鉴波兰建筑能效补贴政策建立专门的建筑节能改造基金，对给予实施建筑节能改造的居民贷款资助及利息补贴。

专栏3 美国居民住宅能效改造补助政策

针对居民住宅的取暖和能效改造，美国主要有能源部的房屋节能改造援助计划、居住建筑节能改造（标识能源之星的房屋性能）。

房屋节能改造援助计划[19]是一项帮助低收入家庭通过改善他们住房的能源效率来减少这些家庭能源开支的项目。自1977年实施以来，已成为美国能源部开展的一项最大的全国民用建筑节能项目。它面向低收入家庭，截至2018年年底已经向670万家庭提供了援助服务。能源部直接向各州、哥伦比亚特区、美国海外属地和印第安部落政府提供资金。然后这些接受资金的政府部门再与当地接受资金的机构和组织签约，这些机构和组织是1 000多家当地提供具体房屋保温改造的社区行动机构和非营利组织。经过专业培训的援助人员可使用计算机能源评估手段和先进的诊断式设备，来确定适合每户家庭的最具性价比的服务。常见的服务包括安装保温、管道密封，调整和维修供暖和冷却系统，解决漏风问题等。能源部提供的信息表明，接受房屋保温改造服务的家庭每年能源支出平均减少大约437美元，即每投资一美元就会获得1.67美元的回报。

居住建筑节能改造项目：该项目最初是由美国环境保护局制定，目前由美国能源部负责管理。通过该项目，能源部可以与在当地运行该项目的地方项目发起人合作。发起人包括州政府、市政府和公用事业单位。发起人招聘符合条件的承包商来进行房屋综合性评估，覆盖供热与制冷设备、管道、窗户、保温、空气渗透/通风，以及对任何燃烧天然气的家电的安全性检查。房屋节能改造完成后，承包商需要再次评估房屋的性能，并说明该房屋采取了哪些具体的方式来实现预定的能源节约。所有参与的承包商都需要由第三方进行质量保证审查，确保项目符合标准且为房主交付优质工程。截至2018年年底约有20万栋房屋参加了该项目，改造项目的平均工作成本为9 000美元。就全国范围而言，在项目中的消费者支出总计达到约20亿美元。项目发起人在32个州都已经积极行动，并通过节能为承包商和房主提供多样的激励措施，如现金返还及项目融资的利率降低，消费者节能的平均成本为0.05美元/（kW·h）。

专栏4　波兰建筑能效补贴政策

为了提高建筑能效并扩大区域供暖面积，合理使用国家资金，波兰国家住房与城市发展署和内政部、财政部以及商业银行共同联手，一同运作，联合支持建筑节能改造。波兰对现有的建筑和供热系统进行改造，通过审核后，节能改造中使用的费用大部分由BGK银行（波兰国家发展银行）提供贷款（80%），该银行负责管理国家建筑基金，房主负责支付剩余20%的节能改造费用。在建筑回收期的7年之内，房主只需偿付借贷及利息的75%，剩余的25%由BGK银行使用国家建筑基金支付，此举大大提高了房产主对于建筑节能改造的参与性和投资积极性。

3.7　系统性的管理制度，创新建设运维一体化模式，强化执行监管和进度调度

强化管理制度的系统性。提高清洁取暖工作认识，建立系统思维，统筹考虑清洁取暖项目确定、招投标、项目实施、竣工验收等全过程项目管理制度，并加强项目管理和资金管理统筹协调力度。

建立建设运维一体化模式。打破“建设只管建设、运维只管运维”的模式，创新项目组织实施机制，结合不同项目特点通过DBO（设计—建设—运行）、EPC+O（设计—采供—施工—运行一体化管理）或PPP等模式将项目的建设和运维一起招标，中标企业不仅要承担设备供应，而且应按合同期限要求提供运维服务，同时加强对中标企业供货设备质量及运维服务质量监管，提高项目质量，解决后续运维无人监管的问题。

强化执行监管和进度调度。在地方层面，严格落实各项管理制度执行，强化对项目执行情况的过程监管和调度。在中央层面，建立季报制度，要求试点城市按季度报送项目进度、资金使用、任务完成等情况，及时掌握试点进展及存在的问题等。

3.8　优化供暖运行补贴政策，提高补贴政策的精准性

运行补贴政策应体现技术类型、经济条件的差异化。以“在同样取暖情况下，清洁取暖比燃煤取暖的费用增长在居民可承受范围内”为原则，制定差异化的长效运行补贴机制。由于不同采暖技术的成本不同，如“电采暖”包含空气源热泵热水机、空气源热泵热风机、直热式电暖器、蓄热式电暖器、电热膜等多种类型设备，不同设备类型的取暖成本存在差

异，不宜采用“一刀切”的补贴方式，应借鉴国外的做法对不同采暖技术提出差异化的补贴政策。另外，我国北方地区不同城市之间、不同村镇之间以及不同家庭之间收入等都存在差异，各试点城市应在充分调查居民收入基础上，根据采暖用户收入分布情况，针对不同收入制定差异化的价格补贴政策。

专栏 5　英国可再生能源供热激励计划奖补政策[16]

英国可再生能源供热激励计划于 2014 年 4 月 9 日实施，旨在提供财政激励措施，鼓励住户和企业使用可再生生物质能源。如果用户参与国内可再生能源热激励计划，并安装生物质锅炉等可再生能源供热系统后，用户可提出补贴申请，经审核通过后，则国内可再生能源热激励电价将按季度支付给用户，为期 7 年。不同能源的补贴电价不同，按可再生能源发电的“便士/（kW·h）”的固定费率计算，奖补政策见下表：

供热系统	补贴/［便士/（kW·h）］
生物质锅炉	12.2
太阳能	19.2
地源热泵	18.8
空气源热泵	7.3

制定低收入人群的运行补贴政策。低收入人群家庭生活压力大，对生活成本增加的敏感度大。目前，部分试点城市对城镇低收入群体和农村建档立卡的贫困户，减免居民采暖付费，但是从实际情况来看，政策覆盖度较低。借鉴美国低收入家庭能源援助计划，扩大低收入群体覆盖度，针对低收入人群制定专门的运行补贴政策，在不增加采暖费用支出的前提下，保障其享受清洁取暖的利益。

综合多种价格优惠政策。冬季清洁供暖工作面临的重大挑战就是如何实现不依赖财政补贴而可持续发展。从长期来看，随着补贴逐步减少，宜出台更多非现金激励政策，合力降低清洁采暖成本。如合理制定采暖期“煤改电”用户的阶梯电价和峰谷电价、“煤改气”用户的阶梯气价，使得电网公司、电力公司、天然气供应企业、政府、居民共同承担清洁取暖增加的成本。同时，应注重优惠政策的精准性，确保优惠政策被用于清洁取暖改造后的供暖支出，避免“搭便车”现象。

专栏 6　美国低收入家庭能源援助计划[20]

美国低收入家庭能源援助计划（LIHEAP）通过提供联邦政府资助的方式，帮助低收入家庭解决如家庭能源账单、住房维修以应对气候变化等能源开销的问题。LIHEAP 将低收入家庭定义为收入低于卫生和公众服务部贫困指导值的 150%或州收入中位数的 60%的家庭；同时，如果至少有一名家庭成员接受贫困家庭的临时援助（TANF），补充担保收入（SSI），补充营养援助计划（SNAP）时，该家庭将自动符合 LIHEAP 的援助条件。各州具体制定本州的援助政策。

美国最寒冷的州之一明尼苏达州具体政策如下表：

能源	50% SMI	40% SMI	35% SMI	30% SMI	25% SMI
木煤生物质油	23%	34.5%	46%	57.5%	69%
丙烷或蒸汽	20.7%	31.1%	41.4%	51.8%	62.1%
天然气	17.3%	25.9%	34.5%	43.1%	51.8%
电	10.7%	16%	21.4%	26.7%	32.1%
最小支付=100 美元，最多支付=1 400 美元					

注：SMI 为州平均收入。

例如，一个家庭前 3 个月的收入为 3 000 美元，处于本州平均收入的 25%～30%，且以使用天然气为主要采暖方式，则根据第 4 行第 5 列，该家庭将获得其总取暖费用 43.1%的补助，具体取暖费用从运营商获得。

美国俄勒冈州取暖补助政策如下：

俄勒冈州根据家庭的能源负担（家庭年平均能源消费支出除以家庭年收入）不同给予 20%～35%不同程度的补贴，最低补贴和最高补贴分别为 200 美元和 550 美元。

能源负担	补贴
≤11%	能源消费的 20%
11%～40%（含）	能源消费的 25%
40%～80%（含）	能源消费的 30%
＞80%	能源消费的 35%

另外，各地政府可以在一些特殊的情况下调整补贴，比如房主得到了大量补贴金的同时收取包含取暖费的房租，或在补贴家庭需支付超过 70%的取暖费时提供补充援助。

3.9 促进绿色金融产品和服务的落地，提供多渠道融资支持

丰富绿色金融产品和服务，解决清洁供暖项目融资难、融资贵的问题。通过再贷款、专业化担保、财政贴息等措施加大对清洁供暖项目的支持力度，降低清洁供暖企业融资成本。支持清洁供暖企业发行绿色债券，创新抵押融资模式，丰富抵押品种类和范围。支持符合条件的清洁供暖企业上市融资和再融资，动员风险投资基金等市场化资金参与清洁供暖投资。大力发展清洁能源产业投资基金，建议国家尽快设立绿色发展基金，并下设清洁能源子基金，用于清洁取暖项目的低息贷款、融资担保、股权投资等。合理运用融资租赁、证券化等金融工具，为清洁供暖企业多渠道融资创造条件。研究建立贷款风险补偿机制，鼓励地方设立基础设施民间投资基金，引导金融资源流向民营企业。引导商业银行提供与现金流特征和风险特征相适应的一揽子金融支持方案。

专栏 7 长治市平顺县西沟村艺校“煤改电”工程融资租赁案例

长治市平顺县西沟村艺校“煤改电”工程，2018 年实施完成，采用 4 套大型空气源热泵热水机给西沟村艺校供暖。项目投资 80 万元，由于平顺县财政压力紧张，工程采用融资租赁模式实施，由县财政统一租赁设备，租期 15 年，每年租金共计 5.8 万元，15 年后设备归属县财政。

解决部分金融产品操作难的问题。如探索农村清洁取暖设备政策性贷款方式。目前，农村清洁取暖设备运作较为分散，未实现集中、统一管理运作，不仅后期运营维护费用和成本高昂，而且不满足政策性银行贷款要求。建议创新资产管理方式，将分散的设备集中起来运作和管理，以取得政策性银行信贷支持，提供低成本贷款，减轻政府财政补贴压力，同时降低运维费用。

参考文献

[1] 财政部，住房和城乡建设部，环境保护部，国家能源局.关于开展中央财政支持北方地区冬季清洁取暖试点工作的通知：财建〔2017〕238 号[EB/OL].（2017-05-16）[2019-01-15]. http：//jjs.mof.gov.cn/zhengwuxinxi/zhengcefagui/201705/t20170519_2604217.html.

[2] 开封市人民政府. 开封市冬季清洁取暖实施方案（2017—2019 年）[R]. 2018.

[3] 开封市人民政府办公室. 开封市 2018 年电供暖、气供暖实施方案（汴政办〔2018〕71 号）[EB/OL].（2018-07-12）[2019-01-15]. http：//www.kaifeng.gov.cn/sitegroup/root/html/8a28897b42116313014211a651ef01b9/4b819ecee89a42218e4896436f4fbab5.html.

[4] 国家能源局天然气司. 中国天然气发展报告 2018[R]. 北京：石油工业出版社，2017.

[5] 刘满平. 2017 年天然气行业回顾——气改、气价、气荒[EB/OL].（2018-01-19）[2019-01-15]. http：//www.china-gas.org.cn/qyzh/2018-01-19/3752.html.

[6] 国家发展改革委. 本周 LNG 价格小幅涨跌——LNG 价格监测周报[EB/OL].（2018-12-29）[2019-01-15.] http：//jgjc.ndrc.gov.cn/Detail.aspx？newsId=6362&TId=706.

[7] 国家电网公司. 公司提前完成 2018 年“煤改电”配套电网 10 千伏及以下工程建设任务[EB/OL].（2018-11-05）[2019-01-15]. http：//www.sgcc.com.cn/html/sgcc_main/col2017021449/2018-11/05/20181105102138085500001_1.shtml.

[8] 杨娉. 关于绿色金融支持清洁供暖的调查分析[J]. 金融纵横，2017（3）：11-14.

[9] 侯隆澍，刘幼农，梁传志，等. 北方地区冬季清洁取暖的思考与建议[J]. 建设科技，2017（10）：12-15.

[10] 胡润青，窦克军. 我国北方地区可再生能源供暖的思考与建议[J]. 中国能源，2017，39（11）：25-27，32.

[11] 蓝虹. 贵安新区金融支持清洁供暖试点方案[R]. 长治市：金融支持北方地区冬季清洁取暖试点会议，2018-11.

[12] 胡润青. 可再生能源供热市场和政策研究[M]. 北京：中国环境出版社，2016.

[13] International Energy Agency. Renewable Energies Heat Act（EEWärmeG）[EB/OL]. https：//www.iea.org/policiesandmeasures/pams/germany/name-24388-en.php.

[14] Bundesministerium für Wirtschaft und Energie. Erneuerbare Energien in Zahlen：Nationale und internationale Entwicklung im Jahr 2017[R]. 2018.

[15] 丹麦能源署. 丹麦区域供暖的政策与规划[EB/OL]. http：//www.docin.com/p-1536854085.html.

[16] Domestic Renewable Heat Incentive [EB/OL]. http：//www.domesticrenewableheatincentive.co.uk/.

[17] Department for Business，Energy & Industrial Strategy. Digest of UK Energy Statistics（DUKES）：renewable sources of energy [EB/OL]. [2018-07]. https：//www.gov.uk/government/statistics/renewable-sources-of-energy-chapter-6-digest-of-united-kingdom-energy-statistics-dukes.

[18] 孙晓冰. 新农村建筑节能法律政策研究[J]. 中国人口・资源与环境，2013，23（S2）：444-447.

[19] U.S. Department of Health and Human Services. Low Income Home Energy Assistance Program [EB/OL]. [2019-01-15]. https：//www.acf.hhs.gov/ocs/programs/liheap.

[20] U.S. Department of Health and Human Services. State Low-income Energy Assistance Snapshots [EB/OL]. [2019-01-15]. https：//liheapch.acf.hhs.gov/snapshots.htm.

《IPCC 2006 年国家温室气体清单指南 2019 修订版》评估*

Analysis of the *2019 Refinement to the 2006 IPCC Guidelines for National Greenhouse Gas Inventories*

蔡博峰 朱松丽[①] 于胜民[②] 董红敏[③] 张称意[④] 王长科[④]
朱建华[⑤] 高庆先[⑥] 方双喜[⑦] 潘学标[⑧] 郑循华[⑨]

摘 要 《IPCC 2006 年国家温室气体清单指南 2019 修订版》于 2019 年 5 月 12 日在日本京都联合国政府间气候变化专门委员会第四十九次全会上正式通过。该方法学体系对全球各国的温室气体清单编制都具有深刻和显著的影响。本研究解读了该指南产生的背景、过程，重点分析了指南 5 卷（总论，能源，工业过程和产品使用，农业、林业和土地利用，废弃物）具体修订的内容，初步评估了对中国温室气体清单编制和排放核算的潜在影响，最后提出中国温室气体清单建设的政策建议。

关键词 温室气体清单指南 修订 评估

Abstract The *2019 Refinement to the 2006 IPCC Guidelines for National Greenhouse Gas Inventories* was officially adopted at the 49th IPCC Plenary Session in Kyoto, Japan on May 12, 2019. The methodology system in this guideline has a profound and significant impact on the Greenhouse Gas (GHG) inventories of all countries around the world. This paper interpreted the background and process of the guideline, focusing on the specific refinements of the five volumes (General, Energy, Industrial Processes and Product Use, Agriculture, Forestry and Other Land Use, Waste). The potential impacts of

* 原文刊登于《环境工程》2019 年第 37 卷第 8 期。

① 国家发展和改革委员会能源研究所，北京，100038。
② 生态环境部国家应对气候变化战略研究和国际合作中心，北京，100038。
③ 中国农业科学院农业环境与可持续发展研究所，北京，100081。
④ 中国气象局国家气候中心，北京，100081。
⑤ 中国林业科学研究院森林生态环境与保护研究所，北京，100091。
⑥ 中国环境科学研究院，北京，100012。
⑦ 中国气象局气象探测中心，北京，100081。
⑧ 中国农业大学资源与环境学院，北京，100083。
⑨ 中国科学院大气物理研究所，北京，100029。

this guideline on the GHG inventories and emissions estimation of China was analyzed and assessed, and policy recommendations for China's GHG inventories development was proposed as well.

Keywords guidelines for greenhouse gas inventories, refinement, assessment

2019 年 5 月 12 日，IPCC（联合国政府间气候变化专门委员会）第四十九次（IPCC-49）全会[①]通过了《IPCC 2006 年国家温室气体清单指南 2019 修订版》（*2019 Refinement to the 2006 IPCC Guidelines for National Greenhouse Gas Inventory*）（以下简称《2019 清单指南》）（图 1）。《2019 清单指南》是在《2006 IPCC 国家温室气体清单指南》（*2006 IPCC Guidelines for National Greenhouse Gas Inventory*）（以下简称《2006 清单指南》）上的重要进步，为世界各国建立国家温室气体清单和减排履约提供最新的方法和规则，其方法学体系对全球各国都具有深刻和显著的影响。

图 1 IPCC 第四十九次（IPCC-49）全会现场

① 共有包括中国和中国政府代表在内的 127 个国家的 383 个政府代表参加了 IPCC-49 全会。

1 指南修订背景

1.1 IPCC 基本情况

IPCC 是经联合国大会批准，1988 年由世界气象组织（WMO）和联合国环境规划署（UNEP）联合建立的政府间组织，秘书处在 WMO 日内瓦总部，现有 195 个成员国。IPCC 是 UNFCCC（《联合国气候变化框架公约》）和全球应对气候变化的核心技术支撑机构，在全球应对气候变化过程中发挥了决定性作用。IPCC 下设 3 个工作组和清单工作组（WG Ⅰ：评估气候与气候变化科学现状；WG Ⅱ：评估气候变化影响及适应；WG Ⅲ：评估减缓气候变化的行动和对策；TFI：国家温室气体清单工作组）（图 2），每个工作组的每份报告都会对全球应对气候变化产生显著且深刻的影响。

图 2 IPCC 组织结构

《2019 清单指南》之前，IPCC 最新发布的报告是《全球升温 1.5℃特别报告》（2018 年 10 月 8 日发布），对全球未来温室气体排放提出了更加严格的要求，开启了全球减排的新格局。本次正式通过的《2019 清单指南》（2019 年 5 月 12 日通过）是继《全球升温 1.5℃特别报告》之后的另一重磅成果，揭开了世界各国温室气体清单的新范式和新规则。

1.2 《2006 清单指南》存在的问题

《联合国气候变化框架公约》要求所有缔约方采用缔约方大会议定的可比方法，定期编制并提交所有温室气体人为源排放量和吸收量国家清单。IPCC 的清单方法学指南，成为世界各国编制国家清单的技术规范（不同国家会在 IPCC 清单指南的基础上根据国情略有调整）。

IPCC 第 1 版清单指南是《IPCC 国家温室气体清单指南》（1995 年），但很快被《IPCC 国家温室气体清单（1996 修订版）》（以下简称《1996 清单指南》）取代，并在此基础上出版了与《1996 清单指南》配合使用的《2000 年优良做法和不确定性管理指南》和《土地利用、土地利用变化和林业优良做法指南》。我国国家清单主要采用《1996 清单指南》和《土地利用、土地利用变化和林业优良做法指南》，部分采用《2006 清单指南》。《2006 清单指南》是在整合《1996 清单指南》《2000 年优良做法和不确定性管理指南》和《土地利用、土地利用变化和林业优良做法指南》的基础上，构架了更新、更完善但更复杂的方法学体系。由于其复杂性和支撑数据较难获得，一直没有得到发展中国家的使用。在发达国家使用《2006 清单指南》的过程中，也发现了不少问题和不足，对更新清单指南产生了强烈需求。主要表现在：

（1）2006 年之后，IPCC 陆续出版了两个增补指南：《2006 年 IPCC 国家温室气体清单指南 2013 年增补：湿地》（以下简称《湿地增补指南》）和《2013 年京都议定书补充方法和良好做法指南》（简称《京都议定书补充方法指南》），这两个增补指南都需要在国家清单指南中充分体现出来。

（2）2006 年以来，新的生产工艺和技术不断出现，带来新的排放特征，需要在国家清单编制中有所体现。同时，随着科研人员对温室气体排放认知能力的提升和科学研究的进展，更加精细化的排放因子和核算方法学逐渐被公开发表，清单指南需要充分纳入最新科学研究成果。

（3）2011 年德班会议授权启动特别工作组谈判，对 2020 年后适用于所有缔约方的“议定书”“其他法律文件”或“经同意的具有法律效力的成果”进行磋商，最晚于 2015 年完成谈判并于 2020 年开始实施。为配合拟议的全球统一协定，IPCC 有意在 2020 年前出版一份综合的、能全面反映最新进展并且适用于所有缔约方的“统一”清单方法学指南。

1.3 《2019 清单指南》出台过程

1.3.1 背景和程序

2015 年 1 月 30 日到 2 月 27 日，IPCC 国家温室气体清单工作组（TFI）首先组织了网上调查工作，广泛征集《2006 年清单指南》的修订意向，共征集到全球 243 位专家的 987 条意见。

2016 年 8 月，增补大纲会议在白俄罗斯明斯克市举行，会议通过了工作大纲、工作计划和写作大纲。

2016 年 10 月，IPCC 第四十四次（IPCC-44）全会通过了最终决定，授权 TFI 组织方法学指南修订编写，终稿将提交至 2019 年全会讨论。2016 年 11 月—2017 年 2 月，TFI 开始征集作者，《2019 清单指南》编写工作正式开始。

1.3.2 中国作者

《2019 清单指南》是 IPCC 迄今发布的所有报告中，中国作者参与度最高的。《2019 清单指南》共 5 卷，每卷都有中国作者参与撰写，具体情况见表 1。

表 1 《2019 清单指南》中国作者

姓名	单位	主要贡献
方双喜	中国气象局气象探测中心	第 1 卷 LA
于胜民	生态环境部国家应对气候变化战略研究和国际合作中心	第 2 卷 LA
朱松丽	国家发展和改革委员会能源研究所	第 2 卷 LA
蔡博峰	生态环境部环境规划院	第 3 卷 CLA
董红敏	中国农业科学院农业环境与可持续发展研究所	第 4 卷 CLA
潘学标	中国农业大学资源与环境学院	第 4 卷 LA
王长科	中国气象局国家气候中心	第 4 卷 LA
张称意	中国气象局国家气候中心	第 4 卷 LA
郑循华	中国科学院大气物理研究所	第 4 卷 LA
朱建华	中国林业科学研究院森林生态环境与保护研究所	第 4 卷 LA
高庆先	中国环境科学研究院	第 5 卷 LA

注：CLA：每卷主要作者召集人；LA：主要作者。

1.3.3 撰写和评审

《2019 清单指南》撰写工作历时 2 年，中间经过 2 次全球专家文件评审、2 次各国政府文件评审和 1 次各国政府现场评审（表 2），其中每次评审都会收到大量评审意见和建议[例如仅 2018 年第 2 次（7 月 2 日—9 月 9 日）各国专家和政府评审，就收到 4 106 条评审意见]，为保证《2019 清单指南》的科学性、公正性、合理性和全球适用性奠定了坚实的基础。

表 2 《2019 清单指南》编写过程

时间	形式	主要内容
2017 年 6 月 1 日	第 1 次作者会议	讨论生成第 0 稿（ZOD*）
2017 年 9 月 1 日	第 2 次作者会议	形成第 1 稿（FOD**）
2017 年 11 月 1 日	作者内部评审	作者之间的评审
2017 年 12 月—2018 年 2 月	全球专家审评	10 周时间
2018 年 4 月 1 日	第 3 次作者会议	根据专家意见修改 FOD，形成第 2 稿

时间	形式	主要内容
2018 年 6 月 25 日	文献引用截止日期	在此日期前被同行评审期刊接受或发表的文章可以被引用
2018 年 7 月 2 日—9 月 9 日	各国政府和专家审评	10 周时间
2018 年 10 月 1 日	第 4 次作者会议	依据政府和专家意见修改，形成最终稿
2019 年 1 月 28 日—3 月 24 日	各国政府审评	各国政府评审
2019 年 5 月 12 日	IPCC 第 49 次全会	接受/采纳

注：*ZOD 为第零稿；**FOD 为第一稿。

2 核心内容和对中国的影响

根据 IPCC-44 全会决议，《2019 清单指南》并不是一个独立指南，需要和《2006 清单指南》联合使用，即《2019 清单指南》并未取代《2006 清单指南》，而是修订、补充和完善了《2006 清单指南》。因此，《2019 清单指南》和《2006 清单指南》在结构上完全一致，都分为 5 卷，分别为第 1 卷（总论）、第 2 卷（能源）、第 3 卷（工业过程和产品使用）、第 4 卷（农业、林业和土地利用）和第 5 卷（废弃物）（图 3）。

《2019 清单指南》是迄今最精细化和专业化的温室气体清单指南，加之需要与《2006 清单指南》联合使用，导致清单指南体量和内容庞大（2019 年和 2006 年两版指南的页数分别为 2 080 页和 1 980 页，合计 4 060 页），对各国清单编制者来说，学习、理解、熟悉和使用清单指南都是一个艰巨的工作。

以下分析和评估内容，仅针对《2019 清单指南》在《2006 清单指南》基础上更新和修改的内容，对于《2006 清单指南》中未做改动的内容不再赘述。

2.1 第 1 卷“总论”

第 1 卷“总论”（General Guidance and Reporting）主要内容是国家温室气体清单方法学中的共性问题，例如排放因子和活动水平获取、清单质量及清单管理等。《2019 清单指南》相比《2006 清单指南》，在活动水平获取及不确定性分析等方面都进行了较大修订。此外，《2019 清单指南》提出温室气体清单和其他清单的关系，认为协同建设国家温室气体和大气污染物清单具有重要意义。在 IPCC-49 全会上，针对第 1 卷中利用大气浓度反演温室气体排放量的方法及其在《2019 清单指南》中的文字表述进行了多次讨论，凸显了各国对于这种新方法的重视。

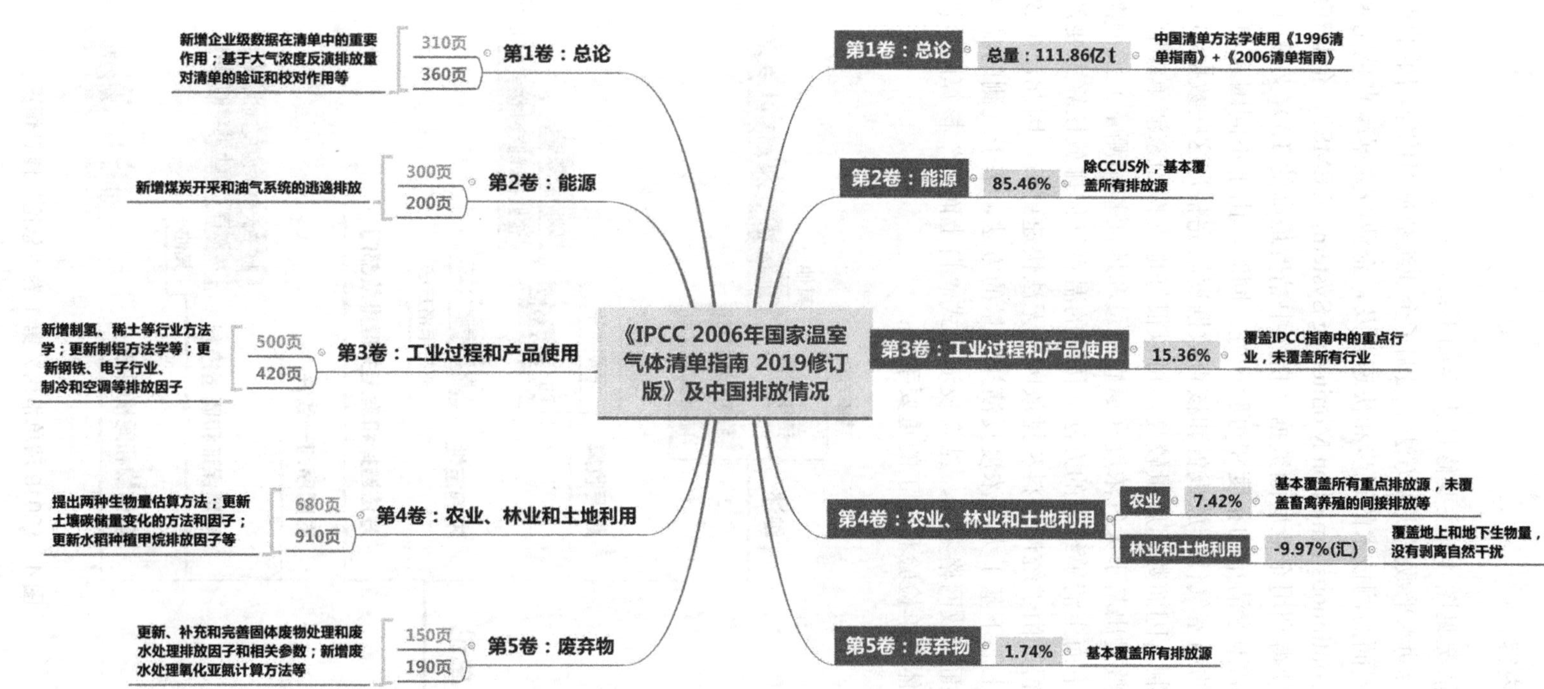

图3 《2019清单指南》总体框架和中国排放情况

注：页数按照英文原版计。

2.1.1 主要修订内容

本卷的修订情况见图 4，主要修订内容如下：

（1）完善了活动水平数据获取方法，强调了企业级数据对国家清单的重要作用。2006 年以来，随着企业层面监测技术的进步和快速普及，企业级数据越来越完善，例如烟气排放连续监测系统（Continuous Emission Monitoring System，CEMS）、企业在线能源/环境直报系统等的使用，使得利用企业层面数据（指南中精度最高的 T3）支撑国家清单成为可能，并且会极大地提高国家清单的精度和可验证性。同时，由于不同国家和区域碳市场的快速发展，企业层面的温室气体排放报告和核查数据逐渐完整，这些数据都经过多方核查并纳入碳交易市场机制，因而数据质量较高，可以很好地支持国家清单编制。

（2）首次完整提出基于大气浓度（遥感测量和地面基站测量）反演温室气体排放量、进而验证传统自下而上清单结果的方法。传统的温室气体排放核算主要是通过排放因子和活动水平计算获得，由于统计资料和排放因子无法快速更新，因此，排放数据存在一定的时间滞后性。自上而下基于大气浓度反演排放量的方法，基于观测的温室气体浓度和气象场资料，利用地面排放网格定标，结合反演模式“自上而下”核算区域源汇及变化状况，成为国家温室气体清单检验和校正的重要手段。

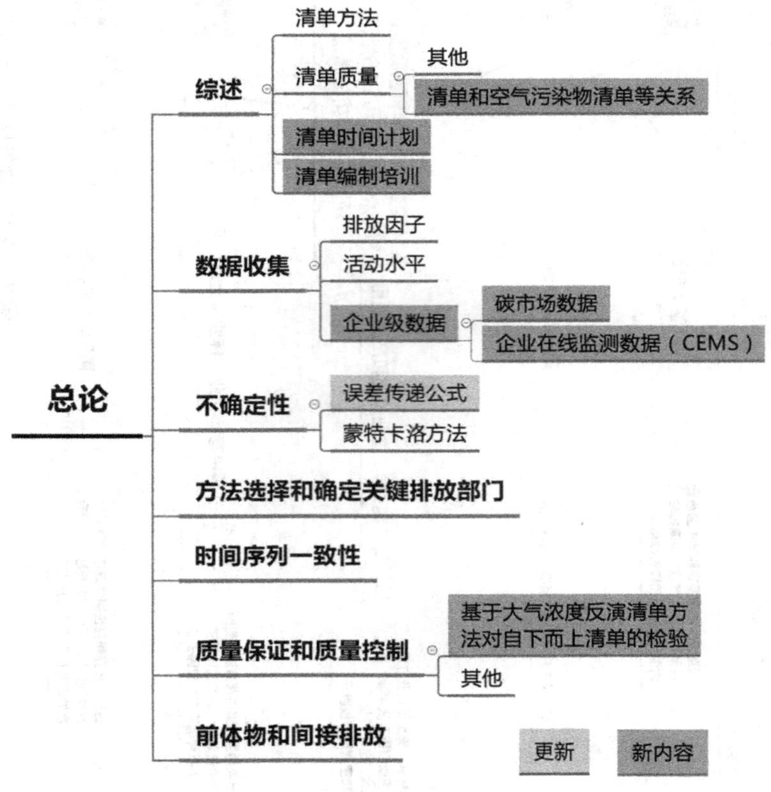

图 4 《2019 清单指南》第 1 卷“总论”修订情况

2.1.2 对中国的影响

（1）为中国在企业层面建设温室气体清单提供了理论和方法指导，为生态环境部开展应对气候变化和大气环境质量改善的协同管理指明了方向。原环境保护部（现生态环境部）已经组织开展了大量基于排放源的温室气体核算和空间网格化工作，为在企业层面开展清单建设奠定了坚实的基础，并在排放源和空间网格基础上为应对气候变化和大气环境质量改善的协同管理提供了有力支撑。运行良好的碳交易市场数据能为编制各级清单提供最有力的支持。我国碳市场试点已经运行多年，全国碳市场也已经启动，希望能继续推动碳市场建设和运行，不断扩大覆盖面，从企业碳核查的角度为国家数据库提供支撑。

（2）有利于推进中国自主碳卫星（TanSat）的研发和应用，提高中国温室气体排放空间化建设和定量反演能力。2016 年 12 月，中国自主碳卫星（TanSat）在酒泉卫星发射基地成功发射升空并在轨运行，成为继日本 GOSAT 和美国 OCO-2 后国际上第 3 颗具有高精度温室气体探测能力的卫星。随着温室气体观测网络的不断完善以及反演模式应用的不断进步，国际上出现大量成功的案例，例如，Ogle 等（2016）在美国中部地区的研究发现，基于二氧化碳浓度观测的反演结果与源清单方式具有较好的一致性；Bergamaschi 等（2018）对欧洲 28 个国家的甲烷排放进行了核算，并与源清单结果进行比对，发现基于“自上而下”的核算方式结果明显高于 IPCC 基于源清单统计的结果，可能存在因为湿地等自然源排放所引起的误差；Say 等（2016）对英国 HFC—134a 进行“自上而下”的核算，发现与源清单统计结果存在较大差异，其研究证明有必要对 IPCC 的源清单方法中汽车空调等的排放因子进行修订，并将“自上而下”观测结果报送 UNFCCC。

基于观测浓度的源汇评估正逐渐成为独立于源清单的另一种重要核算手段。IPCC 将浓度观测作为源清单核算的重要验证手段纳入《2019 清单指南》，并作为一般方法学报告的重要内容，未来该方式必将进一步发展。此外，世界气象组织（WMO）正在积极推进全球温室气体综合信息系统（IG3IS）计划，该计划旨在结合全球大气观测结果和反演模式，评估全球和区域温室气体源汇及变化情况，为政策制定者提供减排评估。

2.2 第 2 卷“能源”

《2006 清单指南》中关于能源燃烧的清单方法学相对成熟，《2019 清单指南》修订全部针对逃逸排放，即在能源的开采、加工转换、运输和终端消费过程出现的泄漏、排空和火炬燃烧排放等。相比化石燃料燃烧，逃逸环节的排放源细碎分散、排放特征复杂、监测和控制难度大，因此不确定性较大。《2006 清单指南》发布以来，化石燃料开采和加工等环节的技术系统发生了重大变革，尤以非常规油气开采技术发展为突出代表，《2019 清单指南》在这些方面做出了重要修订。

2.2.1 主要修订内容

本卷的修订情况见图 5，主要修订内容如下：

（1）油气系统排放因子得到全面更新，新生产工艺和技术及之前被忽略的环节得到了充分体现。《2006 清单指南》中对于油气系统提供了分别适用于发达国家和发展中国家的两套排放因子体系，这两套体系中的很多数据本身是一致的，但不确定性范围有区别，针对发展中国家的数据通常被赋予了更高的不确定性上限。此次更新中，两张表合二为一，但为部分排放源提供了基于技术分类的不同缺省值。非常规油气开采技术、近海油气开采和运输、液化天然气接收站、煤气输配和加气逃逸等环节的排放源和排放因子都得到了补充，排放因子体系的完整性得到提升。在常规天然气开采环节，提供了基于天然气产量和井口数量的排放因子；并明确指出，如果条件具备，基于井口数量的核算方法更加准确。

（2）煤炭生产逃逸排放源及排放因子得到补充，增补了煤炭井工开采和露天开采的二氧化碳逃逸排放核算方法和排放因子。增补的排放因子来源相对广泛。例如，井工开采二氧化碳逃逸排放因子参考了澳大利亚、日本、捷克、斯洛伐克、斯洛文尼亚、俄罗斯、乌克兰、中国、印度和南非等国文献；露天开采二氧化碳逃逸排放因子参考了澳大利亚、日本、哈萨克斯坦和南非等国数据。

（3）其他燃料加工转换过程逃逸排放得到适当增补。对“固体燃料到固体燃料”的加工转换，新增木炭/生物炭生产过程和炼焦生产过程的温室气体逃逸排放核算方法和排放因子。新增煤制油及天然气制油过程的温室气体逃逸排放核算方法和排放因子。其中，煤制油过程考虑了二氧化碳、甲烷和氧化亚氮 3 种温室气体，提出了多级别核算方法学并提供了排放因子；天然气制油过程只考虑了二氧化碳逃逸排放，提出多级别核算方法学并提供了排放因子。

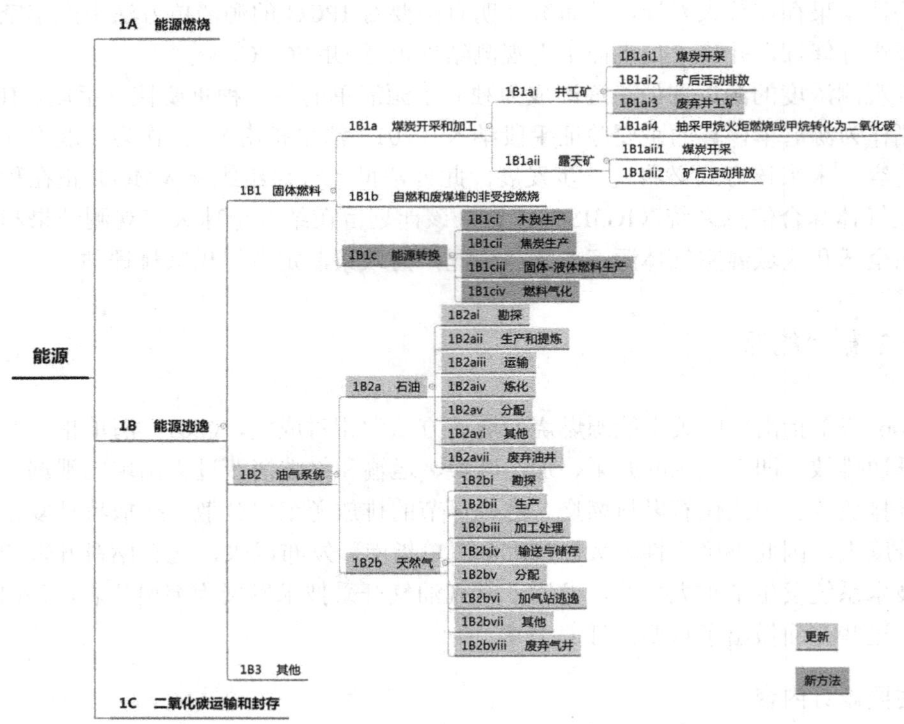

图 5 《2019 清单指南》第 2 卷“能源”修订情况

（4）为煤炭勘探、露天废弃煤矿、生物质燃料颗粒、生物质制油和生物质制气等排放源提供了核算方法学开发的基础，但不作为正式指南。在指南编写的全球专家/政府评审及IPCC 第 49 次全会审议过程中，专家和学者普遍认同当前的研究和数据基础仍不能揭示上述排放源的温室气体逃逸排放特征、影响因素和不确定性，暂无法形成一套可靠的核算方法学，尤其难以提出恰当的、有代表性的默认排放因子，因此仅提供概念性的方法学并置于指南附录中，以供各国参考或作为今后方法学开发的基础。

2.2.2 对中国的影响

能源领域更加精细化和完整的清单指南，会影响我国排放清单的完善性，不可避免地导致中国纳入核算报告范围的温室气体排放量进一步增加。我国作为最大的煤炭生产消费国、第二大石油消费国、煤制油/煤制气大国和天然气生产/消费/进口量大国，能源生产、加工和输配等各个环节的温室气体逃逸排放量不容小觑。针对我国逃逸排放清单中缺失的环节，按照《2019 清单指南》提供的排放因子，经简单计算可以发现，此次增补对我国排放量的影响至少在千万吨以上，仅井工开采二氧化碳排放一项就将增加排放4 000 万 t。

2.3 第 3 卷“工业过程和产品使用”

2.3.1 主要修订内容

本卷的修订情况见图 6，主要修订内容如下：

（1）新增制氢和稀土等行业的方法学，建立了当前最为完整的工业过程温室气体排放核算体系。传统石化和化工行业的制氢一直存在，但氢大部分作为中间产品，氢作为终端能源产品在近年才得到广泛发展和应用。未来氢能有着很好的发展和市场应用前景，因此，《2019 清单指南》将制氢作为一个独立行业，提供温室气体核算方法。稀土行业之前由于数据匮乏，一直缺少温室气体（四氟化碳、六氟化二碳和二氧化碳）排放核算方法学和相应的排放因子，因此，IPCC 多次提出要建立稀土行业排放方法。《2019 清单指南》提出了相对较为完整的稀土生产温室气体清单方法学，弥补了全球工业过程温室气体排放的一个空白。

（2）更新铝生产行业的核算方法和排放因子。《2006 清单指南》中的铝生产温室气体排放的“阳极效应”仅针对“高压阳极效应”（HVAE），主要排放四氟化碳和六氟化二碳。而随着对铝生产温室气体排放认知的提升，发现生产过程中在低压情况下，也会产生相当量的四氟化碳和六氟化二碳，因此，《2019 清单指南》的“阳极效应”包括“高压阳极效应”（HVAE）和“低压阳极效应”（LVAE）。同时，全面修改和完善了核算方法，提出基于阳极效应持续时间和企业现场测量等更加完善与精细化的核算方法。

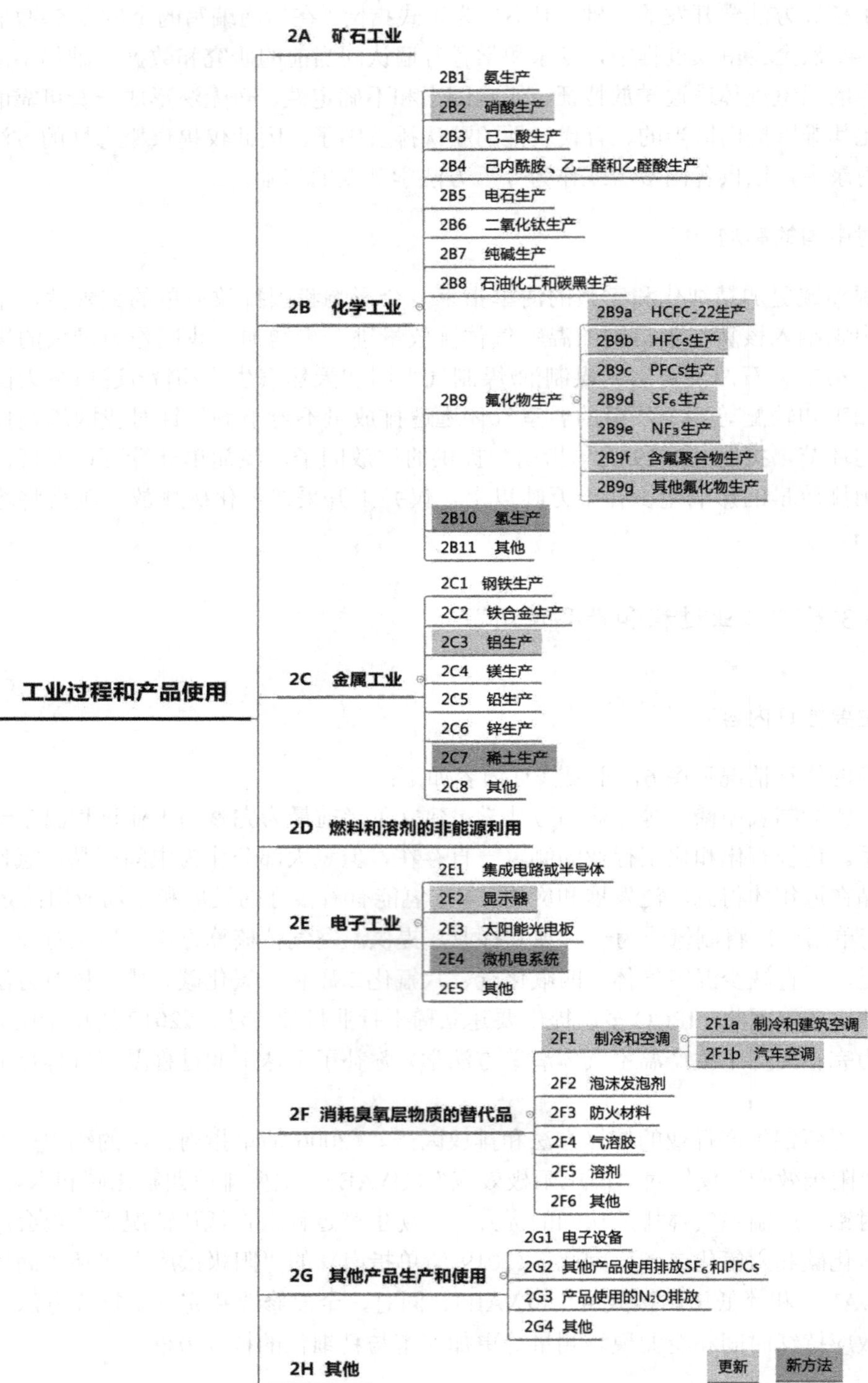

图 6 《2019 清单指南》第 3 卷“工业过程和产品使用”修订情况

（3）进一步完善钢铁行业核算方法和排放因子，但钢铁行业排放中的能源和工业过程排放分配问题，并未得到较为理想的解决。钢铁生产中的能源产品（如冶金焦等）既发挥化学品作用（还原剂），又发挥能源作用（供热），其排放是归属能源排放还是工业过程排放，是《2019 清单指南》修订过程中一个争议焦点。在第 3 卷作者撰写过程中常常就此展开激烈讨论，但最终根据《2019 清单指南》修订原则，所有类似过程都归属为工业过程排放。冶金焦、焦炉煤气、高炉煤气和转炉煤气等，只要是在钢铁企业内部使用，都计为工业过程排放，即钢铁生产中，基本上所有的能源燃烧（除了炼焦）都被归结为工业过程排放。这一方法在全球评审中，问题和异议较多，但受限于《2019 清单指南》修改权限，本次钢铁工业过程排放问题未能得到较为理想的解决。

（4）为纺织、皮革和造纸行业氟化物使用导致含氟温室气体排放提供了核算方法学开发的基础，增加了 IPCC 第 4 次和第 5 次评估报告中确定但未纳入方法学指南中的温室气体（如全氟聚醚等）。纺织、皮革和造纸等行业已经比较广泛地使用含氟化合物，但当前尚未有比较完善和成熟的含氟温室气体排放方法学和排放因子。《2019 清单指南》只能建立方法学基础，为下一版指南奠定基础。《2019 清单指南》纳入了最新出现的一些含氟温室气体核算方法，例如，个别全氟化碳气体和全氟聚醚（PFPMIE）等；同时，针对制冷和空调的核算方法也做了进一步完善。

2.3.2 对中国的影响

澄清国际对中国稀土温室气体排放的严重误解，有利于科学、客观地评估中国稀土行业的温室气体排放。中国是稀土生产大国，2016 年全球稀土产量为 12.6 万 t，其中中国生产 10.5 万 t，占比高达 83%。国际专家 Hanno Vogel 等认为，稀土生产的温室气体排放因子较高，达到 700 kg 二氧化碳当量/kg 钕（Nd），全球稀土生产温室气体排放量会达到 8 000 万 t，中国稀土生产行业温室气体排放量达到 7 000 万 t，是非常重要的一个温室气体排放行业。这是 IPCC 采纳稀土进入《2019 清单指南》的一个重要原因。

《2019 清单指南》的稀土温室气体排放方法学和排放因子，全部采用中国研究人员基于 FTIR 连续监测和时间积分采样（在实验室使用高精度 Medusa GC-MS 离线分析）两种方法的测量结果数据（论文发表于国际期刊 *Resources，Conservation and Recycling* 和 *Atmospheric Pollution Research*），所得到的不同技术和稀土金属产品的排放因子，被纳入《2019 清单指南》，四氟化碳排放因子为 146.1 g 四氟化碳/t 稀土（Dy-Fe），35.8 g 四氟化碳/t 稀土（Nd）。

采用《2019 清单指南》方法，即便排放因子最高的 Dy-Fe 稀土生产，排放因子也仅为 0.97 t 二氧化碳当量/t 稀土（Dy-Fe），同等稀土产品（Nd）的排放因子仅为 0.24 t 二氧化碳当量/t 稀土（Nd），是 Hanno Vogel 等提出的排放因子的万分之三。按照《2019 清单指南》排放因子，中国稀土生产的温室气体排放量不会超过 10 万 t 二氧化碳当量。

2.4 第 4 卷“农业、林业和土地利用”

关于第 4 卷，在 IPCC-49 全会上各国代表的问题较多，主要集中在年度变化、生物质炭（biochar）和水淹地（flooded lands）等问题上，其中就年度变化和水淹地问题还专门成立了专题讨论组（contact groups）进行深入讨论。

2.4.1 主要修订内容

本卷的修订情况见图 7，主要修订内容如下：

（1）细化核算矿质土壤碳储量变化的方法和因子，新增生物质炭添加到草地和农田有机碳储量年变化量的核算方法。针对现有的矿质土壤碳默认值法，新开发了更少活动水平数据需求的方法 2（Tier 2）专用模型——三库稳定态碳模型，以产量数据为基础来评估农田土壤的碳输入，同样也适用于草地、林地、湿地和居住用地。增加了以观测为基础的方法 3（Tier 3），并列举了澳大利亚、芬兰、日本和美国等 4 国的例子。生物质炭是近年来的一个研究热点，生物质炭添加到矿质土中，有机碳年变化等于生物质炭添加量、生物质炭有机碳含量和有机碳残留系数三者的乘积。

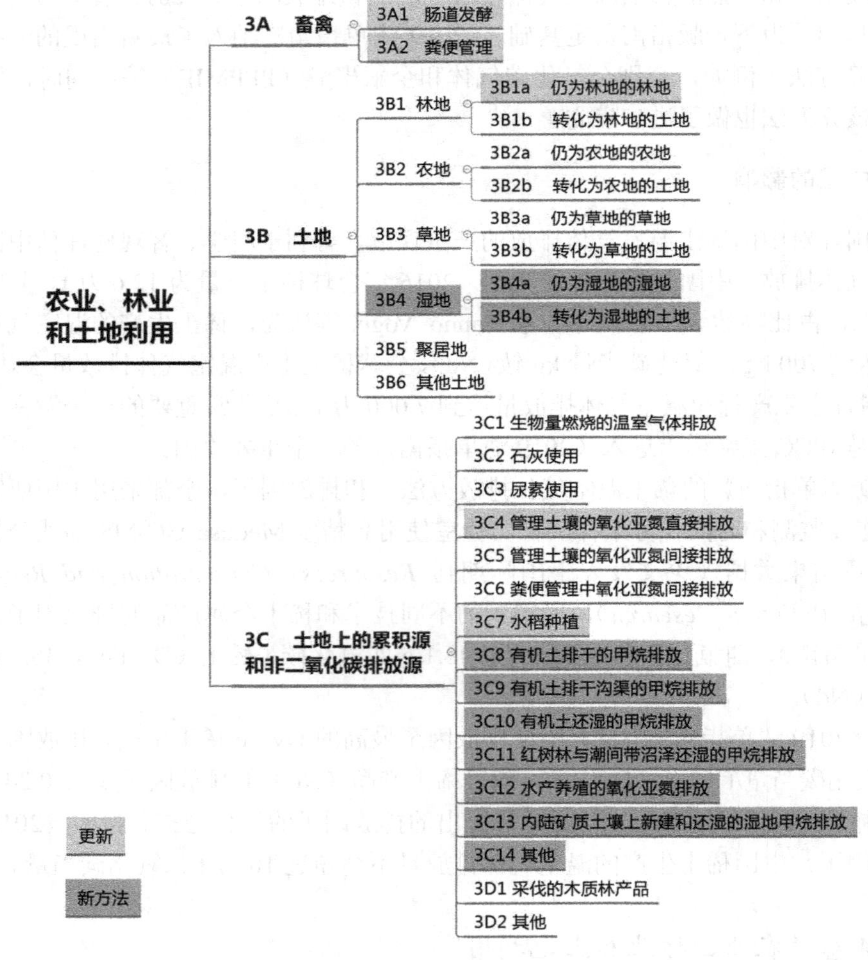

图 7 《2019 清单指南》第 4 卷“农业、林业和土地利用”修订情况

（2）新增两种生物量碳储量变化的核算方法，包括“异速生长模型”法和“生物量密度图”法。这两种方法均作为方法 2（Tier 2）的推荐方法，同时也可以作为方法 3 的组成部分。异速生长模型（或异速生长方程）反映了生物质某些变量之间的定量关系，可以用于单木、植被类型或林分水平上的林木蓄积、生物量和碳储量定量评估。目前已针对广域的物种、生境、区域和环境条件开发出了大量的异速生长模型。但是相对于《2006 清单指南》中已有的生物量排放因子法（BEFs），《2019 清单指南》异速生长模型的方法有可能精度更低。如果采用异速生长模型方法替代以往方法或者经验模型的方法，则需要对时间序列的碳储量进行回算。而且异速生长模型可能会随时间发生变化，例如，改变人工林的间伐模式，其不同时间点的异速生长关系也会发生改变，此时则需要更新异速生长模型。目前已有许多国家基于遥感和样地实测数据，构建了国家至全球尺度的生物量密度图。运用该方法需要建立符合国情的高质量生物量密度图。现有的大区域生物量密度图可能与国家特有定义的森林、生物量碳库等数据不一致，因而在核算国家或区域尺度碳储量及其变化时，可能会存在较大的系统误差。

（3）提出区分人为和自然干扰影响的通用方法指南。《2019 清单指南》强调了清单编制的年际变化，尽可能地将人为活动导致的温室气体排放/清除量与自然干扰的影响区分开来，并给出了如何区分人为和自然干扰影响的通用方法指南。造成温室气体排放和清除发生年际间巨大变化的主要原因包括：①自然干扰，如火灾、虫害、风暴和冰暴等，这些都会引起大量的直接排放；②气候变化，如温度、降水、干旱和极端事件，影响光合作用和呼吸作用；③人为活动强度的变化，包括森林采伐、土地利用和土地利用变化。评估被管理土地上自然干扰对排放/清除的影响，通常包括如下步骤：①量化被管理土地上的总排放/清除量；②国家特有的“自然干扰”定义；③量化自然干扰导致的排放/清除量。

（4）更新和完善核算管理土壤氧化亚氮排放方法和排放因子。更新了核算管理土壤氧化亚氮直接排放的排放因子，更新核算作物残留物（包括固氮作物和牧草更新）中的氮归还给土壤的公式，更新土壤氧化亚氮间接排放的默认值、挥发和淋溶系数。

（5）更新和完善畜牧业肠道发酵和粪便管理甲烷排放因子。肠道甲烷排放针对动物生产力水平不同，提供了高、低生产力水平下的排放因子。粪便管理部分的甲烷排放因子提供了以粪便挥发性固体含量为基础的计算方法和排放因子，补充更新了沼气工程排放计算方法。

（6）新建“水淹地”温室气体排放与移除核算方法。在《2006 清单指南》中，针对湿地的指南，仅限于有管理的泥炭地。在《2019 清单指南》中，IPCC 提供了包括水库和塘坝等水淹地的排放与移除核算方法指南。指南将水淹地分为两个主要类型，即仍为水淹地的水淹地（对水库而言，是指人工建坝拦蓄后一直为水淹地达到 20 年以上）和转化为水淹地的土地（由其他土地利用转化为水淹地的时间不足 20 年或仅有 20 年）。对这两个类型水淹地的温室气体排放与移除均提供方法学。将全球仍为水淹地的水淹地和转化为水淹地的土地这两个类型，根据其所处气候带（共划分为 6 个气候带）分别给出排放因子。在处理人类活动引起的水库二氧化碳排放时，《2019 清单指南》认为，在建坝后 20 年，水库的二氧化碳排放主要是上游含碳物质转化而来，为了避免双重计算，不再提供指南。对于此类水库的甲烷排放，《2019 清单指南》中将其分成水面扩散与气泡排放、坝下出水口的脱气排放两部分，并按 6 个气候带给出了相应的排放因子。

2.4.2 对中国的影响

（1）生物质炭利用方法学将积极推动我国农田增产、温室气体减排和污染物控制的协同管理。生物质炭施用于土壤可大幅提升土壤碳库，并因其结构性质有利于农田土壤固持养分、提高养分利用率和改善微生物生境，从而达到提高土壤质量而促进作物增产的双赢效果。生物质炭施入土壤后也有减排甲烷和二氧化碳等温室气体的作用。国际上对将农田废弃物制成生物质炭施用于土壤作为农业增汇减排的一种关键途径的呼声越来越高。我国农业每年产生大量作物秸秆，如果露天焚烧，会产生和排放大量的黑炭、挥发性有机物、有机碳、一氧化碳和二氧化碳等。秸秆焚烧不仅会造成环境污染、增加温室气体的排放，而且还会导致土壤肥力下降。近年来，我国对生物质炭的开发利用越来越多，《2019 清单指南》新增生物质炭添加到草地和农田时有机碳储量年变化量的核算方法，有利于推动我国农田生物质炭的使用和在温室气体减排中发挥积极作用。

（2）推动我国区分并量化人类活动和自然干扰对温室气体排放/清除影响，加强森林保育和减排增汇的协同作用。区分并量化人类活动和自然干扰对温室气体排放/清除影响，是长期以来的重大科学挑战。区分自然干扰导致的影响，有助于更加准确地量化人为活动和人为减排行动对于温室气体排放/清除的贡献。《2019 清单指南》提到，采用“储量平衡法”评估时，如果数据是基于多年间隔期的定期监测，那么则无法评估直接和间接人为影响，也无法区分自然变化和自然干扰的影响。这需要有逐年连续的监测数据，才可以解释这些因素的影响。而采用“损益法”评估时，也只有基于气候变化动态模型，才能区分直接/间接人为活动和自然干扰对活生物质碳库、死有机质碳库和土壤有机碳库的影响。这需要有逐年的森林管理、土地利用变化和自然干扰数据。而基于固定的排放因子、经验产量表和气候不变的假设，则难以区分这些因素。目前，我国林业清单评估主要采用排放因子法，未考虑人为活动（如采伐）和自然干扰（如火灾和病虫害）对生长和死亡的影响，也未考虑气候变化的影响。同时，我国也缺少逐年监测的森林管理、土地利用变化和自然干扰数据。因此，现阶段难以在清单编制中区分和量化人为和自然干扰对温室气体排放/清除的影响。《2019 清单指南》的发布，将推动我国区分并量化人类活动和自然干扰对温室气体排放/清除影响，加强森林保育和减碳增汇的协同作用。

（3）推动我国提高畜禽生产力、废弃物资源利用和温室气体减排的协同作用。用不同废弃物管理下挥发性固体含量为基础计算甲烷排放因子替代动物头数为基础的排放因子，将区别不同粪便管理方式的减排贡献，有利于推动低排放管理方式的推广应用。我国缺少粪便中挥发性固体含量的数据，以及不同粪便管理甲烷排放潜力转化系数，建议加强畜牧业温室气体排放的监测和核算，发挥废弃物资源利用和奶业振兴等计划的协同减排作用。

（4）加强我国水淹地温室气体排放核算，有利于我国水电业、水产养殖业的技术进步与高质量发展。《2019 清单指南》提供水淹地清单方法学，将会完善我国清单排放源，有利于水电和水产养殖业的科学发展。近年来，我国为了防灾、减灾、防洪抗旱，以及调整能源结构实现绿色发展，积极开展水库和水电站建设，拥有了一大批大型水库与水电站。从现有研究文献看，无论是大型水库、大坝还是小型池塘、水坝，都是二氧化碳、甲烷和氧化亚氮等温室气体的排放源，很少能够作为吸收汇。以前因缺乏可用的核算方法，此类水库、大坝和池塘的温室气体排放量世界各国都没有列入国家清单进行统计。随着《2019清单指南》正式发布，此类土地的温室气体排放量必将逐步纳入国家清单体系。我国也会将水库、大坝和池塘等温室气体排放纳入国家清单体系中，作为国家自主贡献中的一部分。对水淹地温室气体排放与移除科学认识的清晰化和精准化，有利于我国水电业和水产养殖业的技术进步与高质量发展。

2.5 第 5 卷“废弃物”

2.5.1 主要修订内容

本卷的修订情况见图 8，主要修订内容如下：

（1）更新固体废物产生量、成分和管理程度相关参数，增加主动曝气半有氧管理的填埋场甲烷排放方法学。废弃物的产生随时间而变化，废弃物的成分是影响固体废物处理温室气体排放的主要因素之一，受文化程度、经济发展水平、气候和能源消耗等因素的影响。指南更新了固体废物的产生率、成分和管理程度参数，增补了不同废弃物成分的可降解有机碳值，更新了可降解有机碳默认值的不确定性，并增加了计算主动曝气半有氧管理的填埋场甲烷排放的一阶衰减方法（FOD），提供了排放因子。

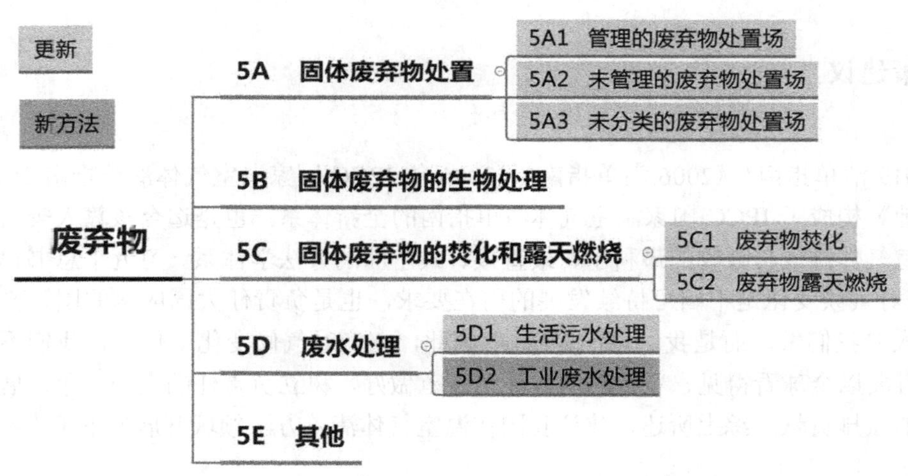

图 8 《2019 清单指南》第 5 卷“废弃物”修订情况

（2）更新废弃物焚烧处理的氧化因子，增补焚烧新技术的排放因子。《2006 清单指南》中焚烧的氧化因子都来自日本的实验研究结果，《2019 清单指南》更新了氧化因子，增补并说明了热解、气化和等离子体等焚烧新技术的甲烷和氧化亚氮的排放因子。

（3）增加污泥碳和氮含量信息，更新计算方法和排放因子。《2006 清单指南》指出，在一些国家，污泥包含在城市固体废物和工业废弃物中，在计算排放时提供的方法中，有的国家默认污泥的甲烷排放为零，有的国家计算中甚至污水处理是负排放。《2019 清单指南》增加了污泥的碳含量和氮含量信息，并给出了 DOC 区域默认值，各国必须核算从废水处理中产生的污泥量（质量）。更新计算污泥处理的甲烷和氧化亚氮排放方法，增加了排放因子。

（4）增加工业废水处理氧化亚氮排放计算方法，更新废水处理系统的排放因子。废水处理过程中，增加了工业废水处理氧化亚氮排放计算方法，以核算集中式污水处理厂的氧化亚氮排放。此外，更新了排放到自然水环境的废水的氧化亚氮排放因子，并更新了排放到自然水环境的污水中氧化亚氮排放的计算，以反映处理过程中氮的去除；更新了不同处理类型和不同处理过程的甲烷修正因子；增补与大型污水处理厂相连的化粪池系统的排放量核算方法，同时新增化粪池系统的排放因子。更新排放到自然水环境的废水甲烷排放因子，并引入了排放到水库、湖泊和河口的新排放因子。

2.5.2 对中国的影响

推动清单编制更精细、更全面，对我国统计体系支持清单建设提出更加严格的要求。废弃物处理的温室气体排放指南更加全面，使得计算更加精细和全面。热解和气化等焚烧新技术在我国也有应用，污泥处理也在全国范围内有应用，但是具体的统计数据还没有完全跟上，统计体系没有进行更新，所以相关基础数据在我国很难获取，这对于新指南应用过程中的清单编制工作是一个挑战。需要尽快跟进指南方法学，更新我国的相关统计方法，以获取计算所需的相应统计数据。

3 政策建议

《2019 清单指南》《2006 清单指南》《2006 年 IPCC 国家温室气体清单指南 2013 年增补：湿地》构成了 IPCC 国家温室气体清单指南的全新体系，也是迄今核算人类活动所导致的温室气体排放与吸收的最科学、最直接、最全面的方法学体系。习近平总书记明确指出："应对气候变化是中国可持续发展的内在要求，也是负责任大国应尽的国际义务，这不是别人要我们做，而是我们自己要做。"因此，在应对气候变化工作上，我们不仅要做好，而且要以全球看得见、看得清的方法和规范做好，树立负责任的大国形象，展现我们对全球的减排贡献。综上所述，建议我国在温室气体清单方法领域开展如下工作：

3.1 快速适应并开始使用《2019 清单指南》方法和规则，加强国家、省级和城市等各级清单的标准化、规范化和一体化，避免和减少由于清单方法体系不一致导致的减排政策误判和人力、物力资源浪费

《2019 清单指南》是 IPCC 组织了全球 197 名温室气体清单领域的顶级专家历时 2 年完成的研究成果，其间又经历了 2 次全球专家文件评审、2 次各国政府文件评审和 1 次各国政府现场评审（IPCC-49 全会），体系完整、结构严密（避免了各种漏算、错算和重复计算及边界不清、分类模糊的情况）、方法内容详尽且代表了最新科学认知和技术进展，排

放因子更加精细化，排放因子和活动水平的分类也更加科学和合理（例如改变《2006 清单指南》以发达国家和发展中国家分类提供排放因子，而以不同技术水平分类提供排放因子），非常有利于支持我国温室气体清单的精细化、精准化工作。快速适应并开始使用《2019 清单指南》方法和规则，是我国应对气候变化和建立温室清单的不二选择。

我国目前温室气体清单编制主要参考《1996 清单指南》，尚未开始全面使用《2006 清单指南》。从目前形势看，《1996 清单指南》已属淘汰之列，建议我国快速适应并开始使用《2019 清单指南》方法和规则，增加中国清单数据与发达国家清单数据的可对比性，减少国际社会对中国清单数据的质疑。同时，加强国家、省级和城市等各级清单方法学的标准化、规范化和一体化，避免和减少由于清单方法体系不一致导致的减排政策误判和人力、物力资源浪费。

3.2 加强国家、省级和城市层面清单排放因子和活动水平的公开化和透明化，建立国家温室气体排放因子公开数据库和动态更新机制，支撑规范化、体系化的温室气体排放清单建设

《2019 清单指南》特别强调精细化的排放因子应用以及科学文献支持，对我国温室气体清单的透明度建设提出了进一步要求。我国能源领域的煤炭热值和含碳量数据的本地化工作已经取得长足进展，但关于石油和天然气的工作依然不到位；我国排放清单中的煤炭碳氧化率多采用低于 100%的氧化率数据，有些设备的氧化率数据甚至低于 90%，这些数据多来自内部测试资料，并无公开的文献支持，在接受国际磋商与分析时一定程度上有“低估”排放之嫌。

《2019 清单指南》尽管最大限度地更新和完善了排放因子数据，但在一些领域，仍然缺乏完整、有效并且有科学文献支持的排放因子。例如煤炭勘探过程中的甲烷和二氧化碳的排放因子非常缺乏，对于作为煤炭生产大国的中国，有着非常显著的影响。我国作为大国，几乎覆盖了所有种类的排放源类型和工业技术，并且在排放清单很多领域做出了大量科学研究和基础贡献，但数据公开性较低，国际社会甚至是 IPCC 指南都无法采信和使用。不透明的排放因子和活动水平数据，会导致中国在今后的全球应对气候变化和低碳发展中越来越被动，并且会越来越受到国际社会和发达国家的影响。

建议全面公开中国国家温室气体清单排放因子和活动水平数据，选择性公开省级和城市层面的数据，推进国家清单的可对比性、透明性、完整性和准确性。建立国家温室气体排放因子公开数据库和动态更新机制，鼓励国际社会使用和引用我国排放因子数据库，逐渐通过我国自己建设的排放因子影响全球温室气体清单编制和排放核算，从温室气体清单这一最为基础和核心的方面引领和影响全球应对气候变化。

3.3 建立国家温室气体清单专项基金，建立温室气体清单编制机构的培训机制和规范化管理制度，推动和保障清单编制机构的资质化和人员的职业化，以适应清单指南越来越专业化、精细化和复杂化。鼓励中国研究人员参与 IPCC 各项工作，从国际规则角度影响全球气候变化

从《2019 清单指南》现状和未来发展趋势看，温室气体清单编制工作越来越趋于专业

化、精细化（《2019 清单指南》英文全文长达 2 080 页），因而清单编制的专业化要求会越来越高。我国目前国家清单依然处于“国际社会有支持就提交、支持不到位就不提交”的状态，影响到清单编制工作的常态化和清单队伍的专业化。这种状态一是与国内低碳建设的形势不吻合；二是不利于建立稳定的数据渠道和部门合作机制，三是不利于对大量中国排放数据进行及时矫正。在《巴黎协定》框架下，我国自主递交序列国家清单的压力越来越大，亟须提前部署，通过建立国家温室气体清单专项基金，建立稳定的数据流通渠道，逐步改变目前清单编制工作中“一事一议”、拿调研函奔走各部委收集数据的状况。

建议建立温室气体清单编制机构的培训和规范化管理制度，推动和保障清单编制机构的资质化和人员的职业化，以适应清单指南越来越专业化、精细化和复杂化的要求。同时，鼓励中国科研人员参与 IPCC 各项工作，从国际规则角度影响全球应对气候变化。

3.4 加强温室气体清单空间化研究和建设，推进基于大气浓度（尤其是遥感监测浓度）反演温室气体排放量的技术和方法，提高排放核算的时效性，自主研究和建立针对全球典型国家的温室气体排放快速报告体系

从《2019 清单指南》中可以明显看出，基于大气浓度（遥感测量和地面基站测量）反演温室气体排放量，从而验证传统自下而上清单结果的方法会越来越重要。地面高空间分辨率的温室气体排放空间网格数据建设是大气浓度反演的基础数据和定标数据。高空间分辨率温室气体排放网格数据是遥感数据（GOSAT 和 OCO-2 等温室气体观测卫星数据）定量反演的关键，欧美等国家和区域都已经建立了较为成熟的自下而上二氧化碳/温室气体网格系统（如 EDGAR 和 FFDAS 等），并在科学研究、减排实践和政策制定中发挥了重要作用。下一步国际社会利用大气浓度（遥感测量和地面基站测量）等数据反演中国温室气体排放量、检验和核对我国提交的温室气体结果，已成必然。

我国目前的温室气体清单时效性较差，最新对外公开的清单为 2012 年清单，无法满足国际社会甚至是国内研究和管理的需求，导致国际社会充斥大量非官方中国温室气体排放估算结果。建议加强温室气体清单空间化研究和建设，建设高空间分辨率温室气体排放网格数据库，以此数据库和遥感数据为基础，大力推进基于大气浓度（尤其是遥感监测浓度）反演温室气体排放量的技术和方法，全面提高清单的时效性。自主研究和建立针对全球典型国家（包括欧美发达国家、“一带一路”国家和南南合作国家）的温室气体排放快速报告体系，充分利用国产卫星数据和高空间分辨率温室气体排放网格数据，快速反演全球和典型国家温室气体排放量，在全球气候变化谈判、履约和合作中，做到知己知彼，充分掌握话语权，提高主动性。

高空间分辨率温室气体排放网格也有利于和遥感数据紧密结合，从而获得连续稳定时间序列的土地利用和土地利用变化数据，定期监测和报告各类与土地利用相关的人为活动、管理模式和自然干扰发生情况，从而支持农业、林业和土地利用清单编制，并且有利于在清单编制中区分人为活动和自然干扰的影响，准确评价人为活动和人为减排措施导致的温室气体排放/清除量。

参考文献

[1] IPCC. 2019 Refinement to the 2006 IPCC Guidelines for National Greenhouse Gas Inventory[R]. 2019.

[2] IPCC. 2006 IPCC Guidelines for National Greenhouse Gas Inventory[R]. 2006.

[3] 朱松丽，蔡博峰，朱建华，等. IPCC 国家温室气体清单指南精细化的主要内容和启示[J]. 气候变化研究进展，2018，14（1）：86-94.

[4] UNFCCC. Revision of the UNFCCC reporting guidelines on annual inventories for Parties included in Annex I to the Convention（Decision 24/CP.19）[EB/OL]. [2017-01-20]. http：//unfccc.int/resource/docs/2013/cop19/eng/10a03. pdf#page=2.

[5] 张称意，巢清尘，袁佳双，等.《对 2006 IPCC 国家温室气体清单指南的 2013 增补：湿地》的解析[J]. 气候变化研究进展，2014，10（6）：440-443.

[6] IPCC. Co-Chairs Summary of IPCC Expert Meeting for Technical Assessment of IPCC Inventory Guidelines（Energy，IPPU，Waste Sectors）[EB/OL]. [2017-06-21]. 2015. http：//www.ipcc-nggip.iges.or.jp/meeting/pdfiles/1506_Summary_TA-EIW.pdf.

[7] IPCC. Co-Chairs Summary of IPCC Expert Meeting for Technical Assessment of IPCC Inventory Guidelines（AFOLU Sector）[EB/OL].（2015）[2017-06-21]. http：//www.ipcc-nggip.iges.or.jp/meeting/pdfiles/1507_Summary_TA-AFOLU.pdf.

[8] IPCC. Co-Chairs Summary of IPCC Expert Meeting for Technical Assessment of IPCC Inventory Guidelines：follow-up on specified issues from the 2015 expert meetings[EB/OL].（2016）[2017-06-21]. http：//www.ipcc-nggip.iges.or.jp/meeting/pdfiles/1604_Summary_TA-followup-2015issues.pdf.

[9] IPCC. Co-Chairs Summary of IPCC Expert Meeting for Technical Assessment of IPCC Inventory Guidelines（Cross-sectoral issues）[EB/OL].（2016）[2017-06-21]. http：//www.ipcc-nggip.iges.or.jp/meeting/pdfiles/1604_Summary_TA-Cross-sectoral.pdf.

[10] IPCC. Report of IPCC Scoping Meeting for a Methodology Report（s）to refine the 2006 IPCC Guidelines for National Greenhouse Gas Inventories[EB/OL].（2016）[2017-06-21]. http：//www.ipcc-nggip.iges.or.jp/public/mtdocs/pdfiles/1608_Minsk_Scoping_Meeting_Report.pdf.

[11] IPCC. Decision IPCC/XLIV-5. Sixth Assessment Report（AR6） Products，Outline of the Methodology Report（s）to refine the 2006 Guidelines for National Greenhouse Gas Inventories[EB/OL].（2017）[2017-06-20]. http：//www.ipcc.ch/meetings/session44/p44_decisions.pdf.

[12] IPCC Expert Meeting. Fugitive Emissions of Greenhouse Gases from Oil and Natural Gas Systems[EB/OL].（2013）[2017-06-20]. http：//www.ipcc-nggip.iges.or.jp/meeting/meeting.html.

[13] OGLE S，DAVIS K，LAUVAUX T，et al. An approach for verifying biogenic greenhouse gas emissions inventories with atmospheric CO_2 concentration data[J]. Environmental Research Letters，2016，10（3）：1-11.

[14] BERGAMASCHI P，KARSTENS U，MANNING A，et al. Inverse modelling of European CH_4 emissions during 2006-2012 using different inverse models and reassessed atmospheric observations[J]. Atmospheric

Chemistry and Physics，2018，18（2）：901-920.

[15] SAY D，MANNING A J，O'DOHERTY S，et al. Re-Evaluation of the UK's HFC-134a emissions inventory based on atmospheric observations[J]. Environmental Sciences and Technology，2016，50，11129-11136.

2017年度上市公司环境信息披露评估报告

Evaluation Report on Environmental Information Disclosure of Listed Companies in 2017

葛察忠　李晓亮　李婕旦　贾　真　郑玉雨　吴嗣骏　王　青　胡　睿

张　炳[①]　汤亚茹[①]　吴　爽[①]

摘　要　在我国经济高速发展的进程中，环境污染问题日益严峻，受到越来越广泛的社会关注。环境保护需要政府、企业及公众多方面的共同参与，而其前提是对环境信息的充分知情。企业作为一个既有社会服务功能，也有盈利功能的经济组织，有义务履行其社会责任，披露环境相关信息。根据企业受托责任理论，企业的经营者既是企业股东的受托人，承担经济受托责任，也是企业利益相关者的受托人，承担环境和社会受托责任，应履行相应的环境保护和环境污染治理的义务，并对此进行说明和报告。企业环境信息披露行为可以提升企业的环境守法意愿和守法认识，也可以帮助管理部门和机构投资者及时准确地掌握污染主体排污和污染治理的真实情况，并通过市场行为反馈激励污染主体加强污染管控、提升环境绩效；对公众而言，信息披露有助于拓宽信息获取途径，从而提升公众对环境问题的认识、加强公众对决策的参与，最大限度地调动社会公众参与环境监督的积极性。

关键词　信息强制性披露　上市公司　重大环境行政处罚

Abstract　In the process of China's rapid economic development, the problem of environmental pollution was becoming more and more serious, and had been paid more and more attention. Environmental protection needs the joint participation of government, enterprises and the public, and its premise is to fully know the environmental information. As an economic organization with both social service function and profit-making function, enterprises have the obligation to fulfill their social responsibility and disclose environmental-related information. According to the theory of corporate fiduciary responsibility, the manager of an enterprise was not only the trustee of the shareholders of the enterprise, but also the trustee of the stakeholders of the enterprise. He should undertake the environmental and social fiduciary responsibility, fulfill the corresponding obligations of environmental protection and environmental pollution control, and explain and report on it. Corporate environmental information disclosure behavior

① 南京大学环境管理与政策研究中心，南京，210023。

can enhance the willingness and awareness of environmental law-abiding; it can also help the management department and institutional investors to timely and accurately grasp the real situation of pollutant discharge and pollution control，and encourage the polluters to strengthen pollution control and improve environmental performance through market behavior feedback. As for the public，information disclosure helps to broaden the access to information so as to enhance public awareness of environmental issues，strengthen public participation in decision-making，and maximize the enthusiasm of the public to participate in environmental supervision.

Keywords mandatory information disclosure，listed company，major environmental administrative punishment

1 研究背景

上市公司的环境信息披露是环境信息披露制度的重要组成部分。截至 2016 年年底，我国 3 200 余家上市公司年产值近 30 万亿元，总市值逾 52 万亿元；其中，重污染行业上市公司 2 052 家，占主板上市公司总数的 62.45%。这些上市公司既是我国国民经济的主力军，也是污染排放的重要贡献者。督促上市公司真实、有效地披露环境信息，不仅可以培养上市公司环境守法意识、促进企业改进环境表现，更有助于保护投资者利益，提升上市公司质量，优化资本市场结构。

国外对上市公司环境信息披露早有要求。美国是最早确立专门的上市公司环境信息披露制度的国家，早在 20 世纪 70 年代就已出现零星的环境信息披露。目前，美国关于上市公司环境信息披露的法律法规有《S-K 规则》《应急计划和社区知情权法》《有毒化学物质排放清单》《92 号财务会计报告》《作为经营管理手段的环境会计：基本概念及术语》等。香港关于上市公司环境信息披露的主要法律法规有《主板上市规则》《创业板上市规则》。2015 年 12 月，港交所发布了《环境、社会及管治（ESG）报告指引》修订版，对在港交所挂牌的上市公司提出 ESG 信息披露要求，将环境管治报告由原来的“建议披露”级别提高至“一般披露责任”级别，即从“自愿性发布”上升至“不遵守就解释”（comply or explain）的半强制性规定，并明确了需要披露的“关键绩效指标”（KPI）。这也使港交所成为 ESG 信息披露方面全球领先的交易机构。

自 2006 年《环境统计管理办法》发布以来，我国也已出台了一系列法律法规以促进企业环境信息披露制度的发展。2015 年，新修订的《中华人民共和国环境保护法》实施，其中专章强调了环境信息公开和公众参与，要求重点排污单位如实向社会公开环境信息，以基本法的形式明确了“信息公开与公众参与”的地位。在上市公司环境信息披露方面，早在 2007 年，证监会就发布了《上市公司信息披露管理办法》，规定上市公司及其子公司受到重大行政处罚（包括重大环境行政处罚）后须披露临时报告。2015 年，中共中央和国务院印发的《生态文明体制改革总体方案》要求“建立上市公司环保信息强制性披露机制”。2016 年，中央深改小组会议审议通过的《关于构建绿色金融体系的指导意见》，全面部署了绿色金融的改革方向，并由我国首次倡导将绿色金融纳入 G20 议程。该意见专门明确要“逐步建立和完善上市公司和发债企业强制性环境信息披露制度”。2017 年，中国人民银行、环境保护部等 7 部委印发《〈关于构建绿色金融体系的指导意见〉的分工方案》，要求“到 2020 年 12 月底前，证监会适时修订上市公司定期报告内容与格式准则，强制要求所有上市公司披露环境信息”。相应地，证监会于 2016 年 12 月 9 日发布了《公开发行证券的公司信息披露内容与格式准则第 2 号——年度报告的内容与格式》（2016 年修订）和《公开发行证券的公司信息披露内容与格式准则第 3 号——半年度报告的内容与格式》（2016 年修订），明确规定属于环境保护部门公布的重点排污单位的上市公司在年报和半年报中需要强制性披露的 9 项环境信息；2017 年 12 月 26 日，证监会再次对这两份文件进行修订，在原有规定的基础上增加了 3 项上市公司应披露的环境信息，并要求“重点排污单位之外的公司可以参照上述要求披露其环境信息，若不披露的，应当充分说明原因”。与此同时，上市公司环境信息披露监管的力度也不断增强，上峰水泥、山西三维等上市公司环境信息披露违规案件引起了社会的广泛关注。

然而，尽管近年来上市公司环境信息披露制度逐步建立完善，监管力度也不断加强，但是上市公司环境信息披露的形式、内容、监管等方面仍存在诸多问题。不完善的环境信息披露影响了公众对于企业环境表现的认知和掌握，削弱了公众参与企业环境公共监督的能力，同时也使得市场对于污染企业的反馈力度有所降低，在一定程度上为污染企业继续排污、忽视环境规制以攫取经济利益带来了激励。基于这一认识，当前对于上市公司信息环境披露的工作要着眼于加强监管和规制，同时建立和完善上市公司环境信息披露制度。近年来，国内学者对社会信息披露的研究以钢铁、制药、电力等重污染行业居多[1-3]，在评估环境信息披露现状方面，对上市公司合规性披露的评估方法与指标体系也不尽相同[4-8]。因此，评估上市公司的环境信息披露程序、内容及其环境表现，完善上市公司环境信息披露制度体系，对推动上市公司更有效地披露环境信息和促进企业改善环境表现具有重要现实意义。

在此背景下，本报告在 2016 年对上市公司定期报告中所披露的常规环境信息的合规性评估工作的基础上，跟踪了评估证监会和环境部近 1～2 年推动上市公司环境信息披露工作的进展与成效。针对沪深 A 股中属重点排污单位的上市公司及其重要子公司，收集分析其 2017 年年度报告中披露的环境信息，参照《公开发行证券的公司信息披露内容与格式准则第 2 号——年度报告的内容与格式》（2016 年修订）要求，对上市公司定期报告环境信息披露合规性进行跟踪评价；根据环监局所统计的各级环保部门环境行政处罚数据，整理 2017 年上市公司重大环境行政处罚信息，对比上市公司定期报告及临时报告中所披露的信息，评估上市公司重大环境行政处罚信息披露的真实性与完整性。通过对比上市公司 2016—2017 年度环境信息披露状况，识别现有上市公司环境信息披露制度的效果与不足。结合主要发达国家与交易所关于上市公司环境信息披露的国际经验，根据上市公司所处不同地域的发展水平、环保要求，不同行业的污染水平等差异，从上市公司环境信息披露的内容和方式、社会监督、反馈整改机制等方面提出上市公司环境信息披露制度改进的政策建议；推动上市公司 ESG 报告体系的建立，促进上市公司环境信息披露行为与上市公司环境表现的改善。

2 评估方案

本报告从定期报告环境信息披露和重大环境行政处罚信息披露两个方面评估上市公司 2017 年环境信息披露水平。具体评估方法如下。

2.1 上市公司定期报告环境信息披露状况跟踪评估

本次评估选择沪深两市母公司属于 2018 年重点排污监控单位的上市公司为评估对象，共 377 家公司。其中，仅母公司属于重点监控单位的上市公司 232 家，母公司属于重点监控单位且至少有一家子公司属于重点监控单位的上市公司共 145 家。评估的时间范围为 2017 年，主要评估公司的 2017 年年度报告中披露的环境信息。报告的主要来源包括上市公司自身的官方网站、证券交易所网站和其他财经网站。上市公司按法规规定须在证券交易所网站披露定期报告。在交易所网站上可以找到几乎所有公司的年报和半年报，以及上市公司有披露的社会责任报告。大部分上市公司的官方网站会披露年度报告和半年度报告，部分上市公司不在官方网站上披露信息，只在证券交易所网站披露。除官网和证券交易所网站外，上市公司还会通过其他财经类网站如巨潮资讯网、中国证券网等披露信息。

根据《公开发行证券的公司信息披露内容与格式准则第 2 号——年度报告的内容与格式》要求，上市公司须在定期报告中披露 12 项常规环境信息：①主要污染物及特征污染物的名称；②排放方式；③排放口数量；④排放口分布情况；⑤排放浓度和总量；⑥超标排放情况；⑦执行的污染物排放标准；⑧核定的排放总量；⑨防治污染设施的建设和运行情况；⑩建设项目环境影响评价及其他环境保护行政许可情况；⑪突发环境事件应急预案；⑫环境自行监测方案。每项赋 1 分，共 12 分。

2.2 上市公司重大环境行政处罚信息披露状况评估

目前我国还没有全国统一的重大行政处罚判断标准，但由于实行重大行政处罚备案制度，部分省市已在其重大行政处罚备案规定中对重大行政处罚进行了定义，但有针对环保行政处罚规定的较少。在省级重大行政处罚备案规定中，仅《山西省重大行政处罚决定备案办法》中针对重大环境行政处罚做出了明确定义。山西省的部分地级市（如吕梁市、运城市）进一步规范了市级重大行政处罚备案制度，但对重大环境行政处罚的定义与《山西省重大行政处罚决定备案办法》中相同。此外，《攀枝花市环境保护重大行政处罚备案制度》中也对重大环境行政处罚进行了定义。具体的规定如表 1 所示。

表 1　部分地区对重大环境行政处罚的定义

地区	重大行政处罚判别标准	文件名称
山西省	（一）对公民、法人或者其他组织处以较大数额罚款或者没收同等数额的违法所得和非法财物； （二）责令停产停业； （三）吊销许可证或者企业营业执照； （四）10 日以上的行政拘留或者其他限制人身自由的行政处罚。 环保行政处罚的较大数额罚款是指，省级环保部门罚款 30 万元、市级环保部门罚款 20 万元，县级环保部门罚款 10 万元	《山西省重大行政处罚决定备案办法》
攀枝花市	“重大环境行政处罚决定”是指环境保护行政主管部门依照环境保护法律、法规、规章作出责令停止生产或使用、吊销许可证或者较大数额罚款。 “较大数额罚款”是指对个人处以 5 000 元以上罚款、对法人或者其他组织处以 50 000 元以上罚款	《攀枝花市环境保护重大行政处罚备案制度》

对于没有明确规定重大环境行政处罚标准的地区，本报告在梳理相关规定的基础上构建重大环境行政处罚判别标准。若某一地方性政策文件中规定了重大行政处罚的判别标准，但没有针对重大环境行政处罚的规定，则认为该地区未明确规定重大环境行政处罚标准，仅将该文件作为构建重大行政处罚判别标准的参考。目前，我国法律、政策规范中涉及“重大行政处罚”词条的，部门规章 1 部，地方政府规章 11 部，地方规范性文件 67 部、地方工作文件 23 件。在总结这些政策法规的基础上，本报告构建的重大环境行政处罚判别标准如表 2 所示。

表 2　重大环境行政处罚判别标准

地区	处罚级别	判别标准
山西省	省级	1）责令停产停业；2）吊销许可证或执照；3）处以 30 万元以上罚款；4）对主要责任人行政拘留 10 日以上
山西省	市级	1）责令停产停业；2）吊销许可证或执照；3）处以 20 万元以上罚款；4）对主要责任人行政拘留 10 日以上
山西省	县级	1）责令停产停业；2）吊销许可证或执照；3）处以 10 万元以上罚款；4）对主要责任人行政拘留 10 日以上
攀枝花市	市级、县级	1）责令停产停业；2）吊销许可证或执照；3）处以 5 万元以上罚款
其他地区	省级、市级、县级	1）在行政处罚决定书中告知听证权利；2）责令停产停业；3）吊销许可证或执照；4）处以 10 万元以上罚款；5）对主要责任人行政拘留

本报告评估所有上市公司 2017 年临时报告和定期报告中披露的环保重大行政处罚信息。上市公司环境行政处罚信息来自环监局统计数据，上市公司报告通过证券交易所网站和上市公司官网查找。按照上述重大行政处罚判别标准判断统计各上市公司一年内受到的重大环境行政处罚数量，并对 2017 年有受到重大环境行政处罚的上市公司的信息披露情况进行评估。评分方法如下：

（1）若公司有受到重大行政处罚，但临时报告与定期报告都未披露：得 0 分。

（2）若公司有受到重大行政处罚，且临时报告中有披露信息：①若临时报告中披露了报告期内所受的全部行政处罚信息，得 4 分；②若临时报告未披露全部行政处罚信息但所披露的行政处罚信息数量占该上市公司在报告期内所受的行政处罚总数的 70%（含 70%）以上，得 3 分；③若临时报告中所披露的行政处罚信息数量占该上市公司在报告期内所受的行政处罚总数的 50%以上（70%以下，含 50%），得 2 分；④若临时报告中所披露的行政处罚信息数量不足该上市公司在报告期内所受的行政处罚总数的 50%，得 1 分；⑤若临时报告中披露了行政处罚信息后，定期报告中又披露了临时报告网页链接，加 1 分；⑥若临时报告中所披露的行政处罚信息较为详细，包括具体的时间、地点、处罚内容、处罚金额及后续整改信息，可加 0.5 分，最多不超过 5 分。

（3）若公司有受到重大行政处罚，但临时报告未披露信息，定期报告中有披露：①若定期报告中披露了报告期内所受的全部行政处罚信息，得 4 分；②若定期报告未披露全部行政处罚信息但所披露的行政处罚信息数量占该上市公司在报告期内所受的行政处罚总数的 70%以上（含 70%），得 3 分；③若定期报告中所披露的行政处罚信息数量占该上市公司在报告期内所受的行政处罚总数的 50%以上（70%以下，含 50%），得 2 分；④若定期报告中所披露的行政处罚信息数量不足该上市公司在报告期内所受的行政处罚总数的 50%，得 1 分；⑤若定期报告中所披露的行政处罚信息较为详细，包括具体的时间、地点、处罚内容、处罚金额及后续整改信息，可加 0.5 分；⑥若定期报告中仅披露行政处罚信息索引（非上市公司临时报告索引），则在原得分基础上扣 1 分，最低不低于 1 分。

（4）若公司有受到重大行政处罚，且临时报告与定期报告都有披露，但披露数不同：按披露数量较多的一类评分。

2.3 上市公司环境信息披露综合评估

基于以上上市公司定期报告环境信息披露状况跟踪评估和重大环境行政处罚信息披露评估结果，对属于重点排污监控单位的上市公司 2017 年的环境信息披露状况进行综合评估。上市公司环境信息披露综合评估包括定期报告环境信息披露合规性和重大环境行政处罚信息披露两部分，满分为 100 分。

（1）定期报告环境信息披露：评估上市公司年报中应披露的 12 项常规环境信息的披露情况，评分方法与本文 2.1 部分相同，占满分的 60%。

（2）重大环境行政处罚信息披露：评估上市公司 2017 年收到环保部门重大行政处罚的信息披露情况，占满分的 40%。若某一上市公司 2017 年未受到重大环境行政处罚，则认为该上市公司此项满分；若某一上市公司 2017 年有受到重大环境行政处罚，则评分方法与本文 2.1 部分相同。

上市公司环境信息披露综合得分计算公式如下：

上市公司环境信息披露综合得分=定期报告环境信息披露得分×5+重大环境行政处罚信息披露得分×8

3 上市公司定期报告环境信息披露状况跟踪评估结果

3.1 整体结果

上市公司定期报告环境信息披露的均分为 8.83（满分 12 分），标准差为 4.26。有 45 家公司得分为 0，占比约为 12%；有 154 家公司得分为满分，占比约为 40%，是 0 分公司数量的 3 倍多。以 3 分及 3 分以下为信息披露严重不达标标准，10 分及 10 分以上为公司环境信息披露的合格标准，2017 年不达标的公司占比为 18.3%，达标公司占比约为 65%；2017 年环境信息披露情况整体较好，但是得分为满分的公司依然不足一半，仍有提升空间。此外，公司信息披露存在两极分化现象，得分为 0 和满分的公司超过了总数的一半（图 1）。

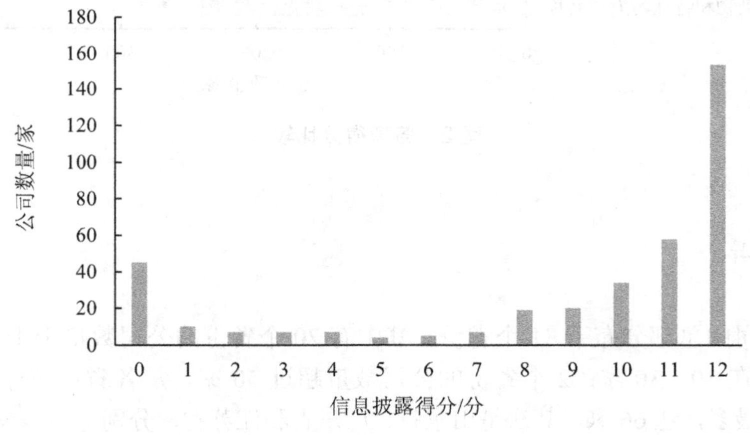

图 1 整体得分情况

3.2 各项得分比较

总体来看，各项指标披露的公司数量占比分布均在 65%～84%；有 3 项指标披露的公司数量占比低于 70%；7 项披露的公司数量占比在 70%～80%；2 项披露的公司数量占比超过 80%，各指标之间差距较小。12 项指标中“执行的污染物排放标准”的披露情况最好（图 2），有 84%的公司披露；其次是“防治污染设施的建设和运行情况”，有 83%的公司披露。披露情况最差的指标是“排放口分布情况”，有 65%的公司披露；其次分别是“核定的排放总量”和“建设项目环评及其他行政许可情况”，分别有 67%和 69%的公司披露。此外，从年报来看，虽然“突发环境事件应急预案”指标得分较高，但是大部分公司只是含糊地说有备案，很少有披露具体方案的情况。“建设项目环境影响评价及其他环境保护行政许可情况”和“自行监测”也面临同样的问题。因此相关部门需引起重视，对环境信息披露内容与形式有更明确的要求。

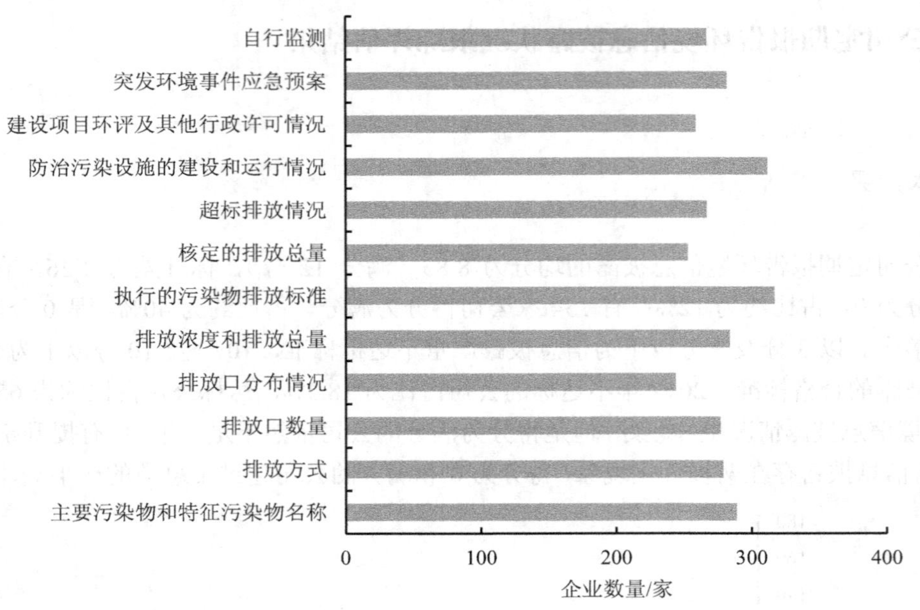

图 2　各项得分比较

3.3　地区差异

377 家公司的总部分布于 31 个省份。其中有 20 个省份的公司数量少于 10 家；9 个省份的公司数量在 10～30 家；2 个省份的公司数量超过 50 家。从各省份统计结果来看，浙江省公司数量最多，达 66 家，其次是山东省、广东省和江苏省，分别有 50 家、29 家、28 家公司。西藏、广西、青海 3 个省份的公司数量仅为 1 家、2 家和 2 家。分东部（辽宁、北京、天津、河北、山东、江苏、上海、浙江、福建、广东、广西、海南）、中部（山西、内蒙古、吉林、黑龙江、安徽、江西、河南、湖北、湖南）、西部（陕西、甘肃、青海、宁夏、新疆、四川、重庆、云南、贵州、西藏）来看，东部公司数量最多，共有 250 家公司；中部其次，有 72 家公司；西部最少，仅 55 家。

有 14 个省份得分超过全国平均分 8.83 分，17 个省份得分低于全国平均分。有两个省份均分低于 3 分，有 19 个省份均分得分在 3～10 分，有 10 个省份均分在 10 分以上。从各省份得分情况来看，山西平均分最高，为满分；西藏、陕西、海南、上海 4 个省（市）的披露情况较差，均分均在 5 分以下。在公司数量超过 20 家的 4 个省份中，广东、浙江、山东的平均分都低于全国总均分。分地区来看，东部均分 8.68，中部均分 9.89 分，西部均分 8.16 分。从得分分布来看，东部、中部、西部得 0 分的公司分别有 34 家、3 家和 8 家；中部 0～3 分公司占比最小，10～12 分公司占比最高（图 3）。总体来看，中部地区信息披露情况最好。

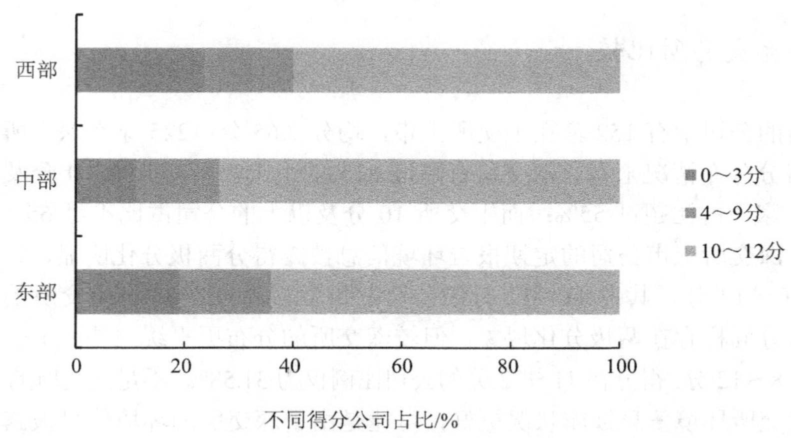

图 3 各地区定期报告环境信息披露得分分布

3.4 公司性质差异

本次评估中，有超过 65%的上市公司为私企（246 家），34%为地方普通国企（127 家），1%为央企（4 家）。由于本次评估的上市公司中央企数量较少，将所有国企（央企和普通国企）与私企环境信息披露状况进行对比。就环境信息披露平均得分而言，国企与私企的得分相差不大，分别为 8.88 分和 8.81 分。从得分分布情况来看，国企、私企性质公司的环境信息披露高分比例分别为 62%和 67%，其低分比例分别为 18%和 19%，但私企得 0 分的比例较高（15.04%），且超过国企（6.11%）的 2 倍（图 4）。这说明私企中一些公司的环保意识亟须提高，政府需要重点关注这些 0 分公司，加强对其环境信息披露状况的监管。

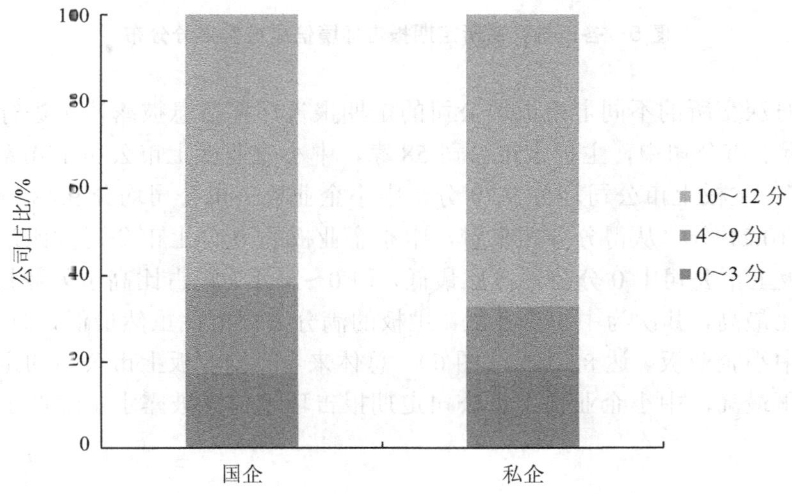

图 4 国企、私企定期报告环境信息披露得分分布

3.5 不同证券交易所比较

本次评估的公司中有 152 家在上交所上市，均分 7.65 分；225 家在深交所上市；均分 9.70 分。从得分分布情况来看，深交所有超过 81%的上市公司得分为 10 分及以上，其中满分的有 124 家，占比超过 55%；而上交所 10 分及以上的公司占比不足 65%，满分的仅 30 家。此外，深交所上市公司的定期报告环境信息披露得分两极分化明显，绝大部分公司的得分都在 10～12 分，其中 11～12 分的公司占到了总数的近 3/4。上交所的定期报告环境信息披露得分同样存在两极分化现象，但较深交所的分布更平缓一些。上交所大部分上市公司得分在 8～12 分；得分在 11～12 分的公司比例仅为 31.58%，不足深交所的一半（图 5）。总体来看，深交所环境信息披露状况更好，可能是由于深交所的环境信息披露监管较上交所更为严格，也可能与 2018 年环境规划院专门与深交所进行 2 次座谈交流有关。政府应督促上交所完善其监督管理机制，监督公司按规定披露环境信息。

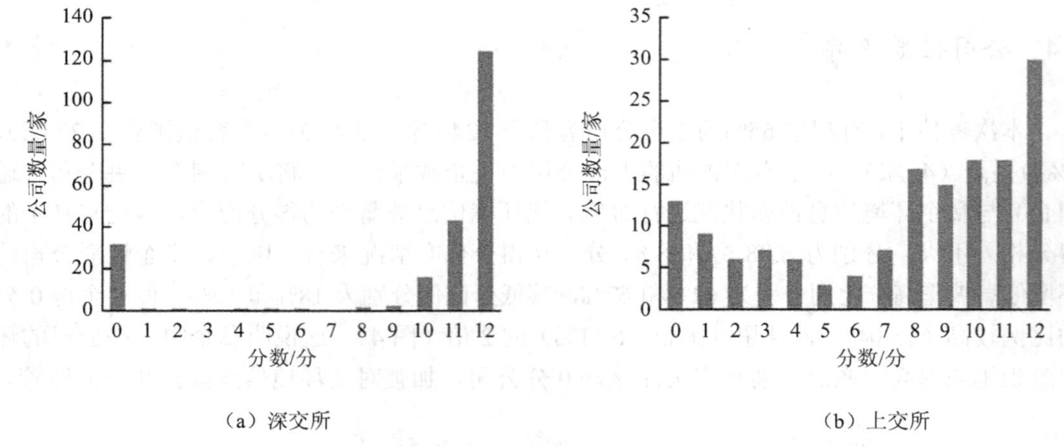

图 5　各证券交易所定期报告环境信息披露得分分布

进一步对深交所的不同上市板块公司的定期报告环境信息披露情况进行分析比较。225 家深交所上市公司中，主板上市公司 58 家，中小企业板上市公司 124 家，创业板上市公司 43 家；主板上市公司均分 9.79 分，中小企业板上市公司均分 9.48 分，创业板上市公司均分 10.21 分。从得分分布来看，中小企业板的 0 分上市公司占比最高，其次为创业板；主板上市公司中 0 分公司占比最低，但 0～3 分公司占比高于创业板。创业板的满分公司占比最高，其次为中小企业板；主板的满分公司占比虽然最低，但 10～12 分公司占比高于中小企业板，达 82.76%（图 6）。总体来看，创业板上市公司的定期报告环境信息披露水平最高，中小企业板上市公司定期报告环境信息披露水平略低于主板，但二者相差不大。

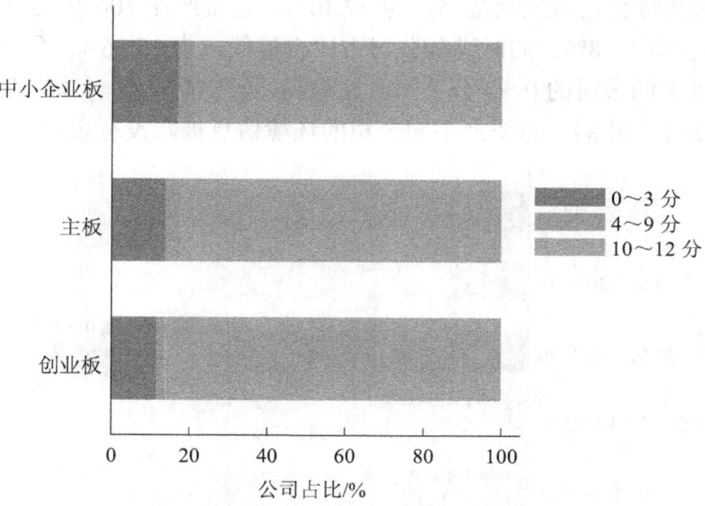

图 6 深交所不同上市板块定期报告环境信息披露得分分布

3.6 公司经营状况分析

根据 2017 年营业收入将所评估的 377 家公司分为收入低于 10 亿元（60 家）、10 亿～20 亿元（83 家）、20 亿～50 亿元（113 家）、50 亿～100 亿元（57 家）和 100 亿元以上（64 家）5 类，分别进行统计分析。2017 年营业收入在 10 亿元以下的公司均分最低，仅 8.53 分。从 10 亿元以下到 50 亿～100 亿元，随着营业收入的增加，均分也逐步增加；营业收入在 50 亿～100 亿元的上市均分最高，达 9.09 分。营业收入 100 亿元以上均分有所回落（8.84 分）。营业收入在 20 亿元以上的 3 类公司均分都超过了总均分（8.83 分），而营业收入在 20 亿元以下的两类公司的均分都没有达到总均分。从得分分布来看，随着营业收入的提高，各类公司中得分在 3 分及 3 分以下的公司所占比例呈下降趋势。收入在 50 亿～100 亿元的公司中满分公司的占比最高，达 45.61%；收入低于 10 亿元的公司中满分公司占比仅次于收入在 50 亿～100 亿元的公司，为 45%。满分公司占比最低的一类为收入超过 100 亿元的公司（图 7）。总体来看，营业收入在 20 亿元以上的公司的定期报告环境信息披露表现优于营业收入在 20 亿元以下的公司；其中营业收入在 50 亿～100 亿元的上市公司定期报告环境信息披露水平最高，无论是均分还是得分分布情况都明显好于其他 4 类公司，但营业收入与信息披露得分之间并不存在明显的相关关系。

根据 2017 年年底总资产将所评估的 377 家公司分为总资产 20 亿元以下（74 家）、20 亿～50 亿元（122 家）、50 亿～100 亿元（91 家）和超过 100 亿元（90 家）4 类，分别进行统计分析。从均分来看，4 类公司中均分最高的是总资产在 50 亿～100 亿元的公司，均分为 9.25 分，这也是 4 类公司中唯一均分超过了全体上市公司总均分的一类；其次为总资产超过 100 亿元的公司，均分为 8.81 分；总资产少于 20 亿元的上市公司信息披露均分最低，仅有 8.64 分。从得分分布来看，总资产在 20 亿元以下的公司中 0 分公司占比最高，达 16.22%；同时满分公司占比也最高，为 47.30%。总资产在 100 亿元以上的公司中 0 分公司占比最低，仅有 7.78%；同时满分公司占比也最低，为 35.56%。从分数段分布来看，资产在 20 亿元以下的公司的 0～3 分公司占比最高，资产在 50 亿～100 亿元的公司的 10～12 分公司占比最高（图 8）。总资产不同公司的环境信息披露没有表现出明显的规律。

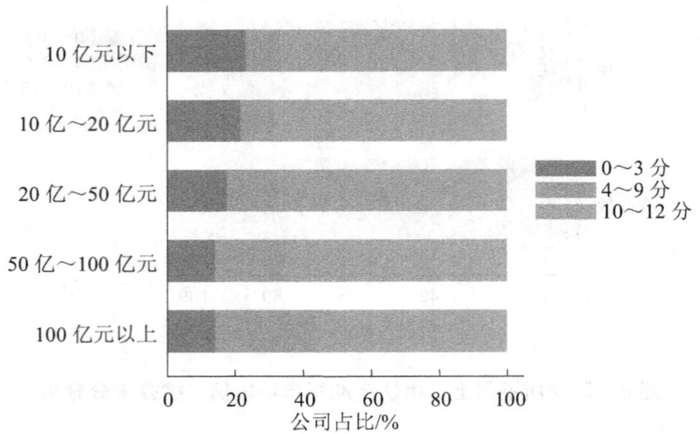

图 7　2017 年不同营业收入公司得分分布

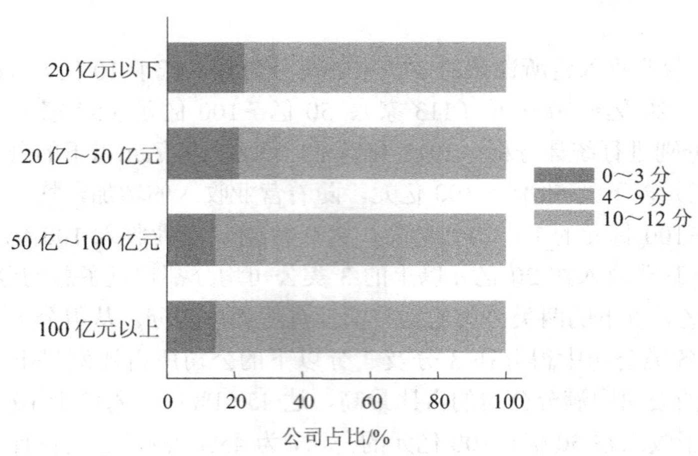

图 8　不同资产公司得分分布

根据 2017 年 12 月 31 日收盘时的市值将所评估的 377 家公司分为总市值低于 50 亿元（111 家）、50 亿～100 亿元（128 家）和 100 亿元以上（138 家）3 类。3 类公司中总市值在 50 亿元以下的公司均分最高，为 9.11 分；其次为市值超过 100 亿元的公司，均分 8.93 分；市值在 50 亿～100 亿元的公司均分最低，为 8.49 分。从得分分布来看，市值在 50 亿～100 亿元的公司的 0 分公司占比最高、满分公司占比最低；这类公司中 0～3 分的公司占比也最高，10～12 分的公司占比最低。市值低于 50 亿元的公司的 0 分公司占比最低、满分公司占比最高；这类公司 10～12 分公司所占比例也显著高于另外两类公司，达 71.18%。总体来看，市值 50 亿元以下的公司的定期报告环境信息披露最好，市值 50 亿～100 亿元的公司信息披露水平最低（图 9）。

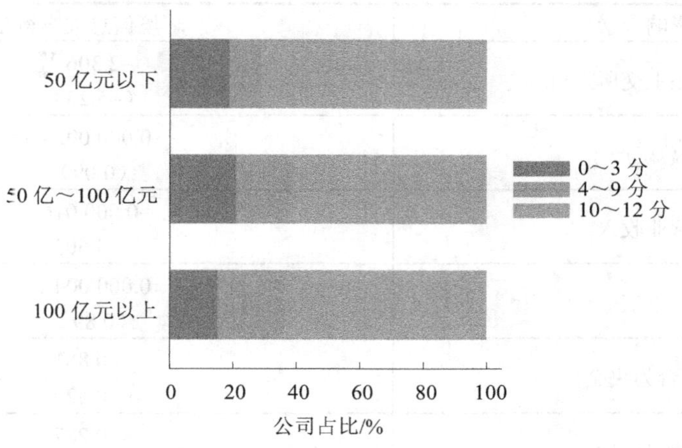

图 9　不同市值公司得分分布

3.7　各因素对公司得分影响分析

为更好地分析不同因素对上市公司环境信息披露情况的影响，采用以下模型对结果进行回归分析。

$$S_{it} = \alpha + \beta_1 X_i + \beta_2 Z_i + \beta_3 P_i + \beta_4 C_i + \beta_5 R_i + \delta_c + \delta_d + \varepsilon_{it}$$

式中，S_{it}——上市公司 i 在第 t 年的评估得分；

X_i——公司性质（央企、国企、私企）；

Z_i——上市公司上市的证券交易所（上交所、深交所）；

P_i——公司总资产，这里选择截至 2017 年 12 月 31 日的总资产，百万元；

C_i——公司的市值，这里选取 2017 年 12 月 31 日的公司市值，百万元；

R_i——公司 2017 年的营业收入，百万元；

δ_c——地区固定效应，控制到省份层面；

δ_d——行业固定效应，控制到行业门类；

ε_{it}——残差项。

表 3 为回归分析的结果。在各因素中，仅有上市公司所在的证券交易所对其环境信息披露得分有显著影响。与此前分类分析结果类似，上交所的上市公司环境信息披露水平低于深交所。在控制了公司总资产、年营业收入、市值、公司性质及地区固定效应、行业固定效应后，上交所上市公司比深交所上市公司的环境信息披露得分低 2.306 分，而且该结果在 0.01 的统计水平上显著。除了所在证券交易所，其他因素对上市公司环境信息披露水平的影响都不显著。

表 3　各因素对公司得分影响分析

影响因素	环境信息披露得分
是否在上交所上市	-2.306^{***} （−5.23）
总资产	0.000 002 03 （0.09）
营业收入	−0.000 016 3 （−0.60）
市值	0.000 004 50 （0.89）
是否为央企	−0.881 （−0.42）
是否为私企	−0.287 （−0.60）
常数项	9.822^{***} （3.09）
样本量	377

注：括号中的为 t 统计值。

$^{*}p<0.1$，$^{**}p<0.05$，$^{***}p<0.01$。

3.8　2016 年与 2017 年比较

两年的得分都呈现出两极分化的趋势，但 2016 年的得分分布比 2017 年更加平均一些（图 10），2017 年得分在 1～7 分的公司占比都不足 3%。2016 年的公司得分主要集中在较低的分数段中，60.23%的上市公司得分都在 0～3 分，得分中位数为 2 分，下四分位数为 0 分；2017 年的得分主要集中在较高的分数段，65.25%的上市公司得分都在 10～12 分，得分中位数为 11 分，上四分位数为满分 12 分。2016 年的 0 分公司占比达 29.55%，而 2017 年仅有 11.54%；2016 年的满分公司占比仅有 15.91%，而 2017 年提高到了 40.81%。无论是从得分的分布趋势还是 0 分、满分公司占比来看，2017 年的上市公司定期报告环境信息披露水平较 2016 年都有明显的提高。

上市公司 2017 年年报中要求披露的 12 项环境指标中，有 9 项与上市公司 2016 年年报须披露的指标相同。这 9 项指标均分的分布趋势大体相似，但 2017 年各项指标的披露情况都明显优于 2016 年（图 11）。两年披露最好的 3 项指标均为防治污染设施的建设和运行情况、执行的污染物排放标准、主要污染物和特征污染物名称；披露水平最低的指标都是排放口分布情况。但 2017 年的各项指标均分差异较 2016 年显著缩小。2016 年均分最高与均分最低的指标的均分差值达 0.45 分，而 2017 年的差值仅有 0.19 分。这主要是由于 2017 年各项指标披露都较好，披露最差的指标均分也有 0.65 分。从各项指标的两年均分差值来看，均分提高最少的一项指标是防治污染设施的建设和运行情况。2016 年该项指标的披露均分已达 0.66 分，因而 2017 年的提升空间较小。均分提高最多的指标是排放口数量，其次为排放口分布情况、超标排放情况和排放方式，这 4 项指标的 2017 年均分都提高了 0.4 分以上。这 4 项指标也是 2016 年披露情况最差的。

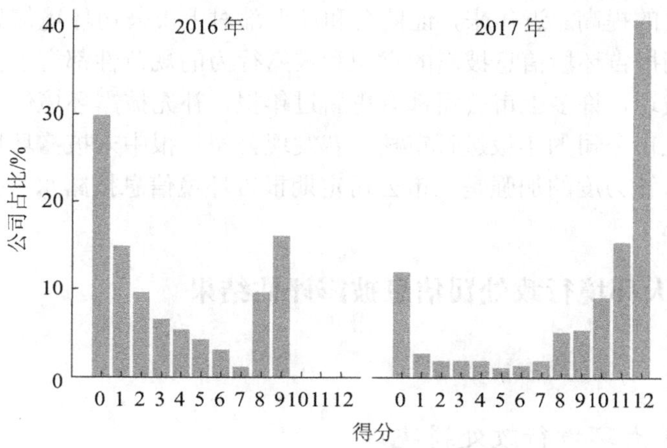

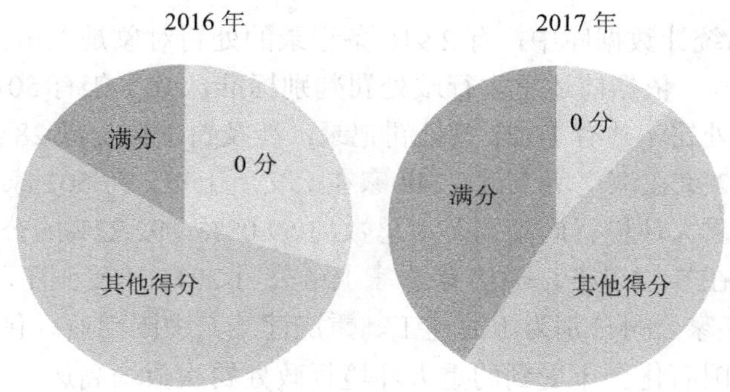

图 10 2016 年与 2017 年得分分布对比

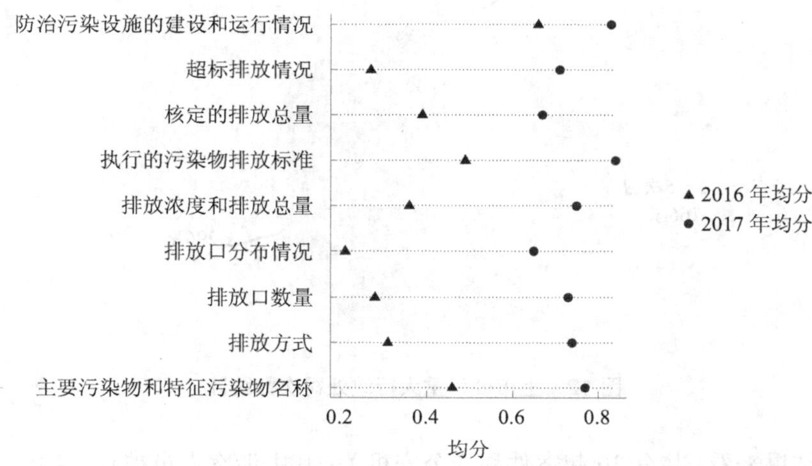

图 11 2016 年与 2017 年各项得分对比

总体来看，2017 年上市公司定期报告环境信息披露情况较 2016 年有了很大的改善，得分的分布从集中在低分段变成了集中在高分段，两年都有要求披露的 9 项指标的披露公司比例都有了显著的提高。近年来，证监会和环保部对上市公司环境信息披露工作十分重视，上市公司定期报告环境信息披露的意识和披露行为的规范性都有了显著的改善。在评估过程中我们还发现，许多上市公司都有更新过年报、补充披露环境信息，这主要是由于证券交易所会对上市公司的年报进行审核，若发现公司年报中未披露环境信息，会要求该公司补充披露。监管力度的加强是上市公司定期报告环境信息披露水平提高的重要原因。

4 上市公司重大环境行政处罚信息披露评估结果

4.1 上市公司重大环境行政处罚统计

2017 年环监局统计数据库中，有 2 916 条记录的处罚对象是上市公司及其子公司，共涉及 885 家上市公司。依据前述重大行政处罚判别标准，2017 年有 501 家上市公司受到了环保部门重大行政处罚，共有 1 121 条处罚记录，涉及罚款总金额 28 979 万元。这 501 家上市公司中，有 252 家在深交所上市，249 家在上交所上市。在 501 家上市公司中，有 296 家全年仅受到一次重大环境行政处罚，占总数的 59.08%。92.22%的公司 2017 年受到的重大行政处罚次数都在 5 次以下，但仍有 5 家上市公司 2017 年受到了环保部门重大行政处罚 10 次以上，这 5 家公司分别为上海建工、重庆建工、中国铝业、包钢股份、中国石化。其中包钢股份和中国石化全年受到的重大环境行政处罚次数均高达 37 次（图 12）。

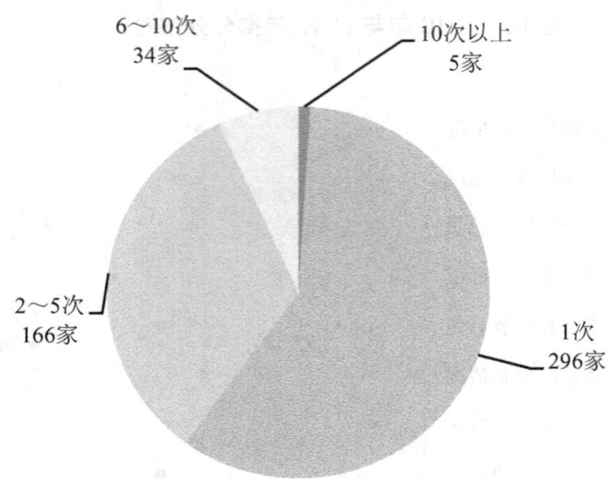

图 12 上市公司重大行政处罚次数统计

就处罚结果来看，共有 30 起案件移送公安机关；其中涉案人员被行政拘留的有 26 起，涉案上市公司 24 家。连续按日处罚的案件有 18 起，涉案上市公司 14 家。从单次罚款额来看，单次罚款超过 100 万元的处罚共 42 起，涉案公司 30 家；其中罚款额超过 500 万元的案件4起，被罚对象分别为惠天热电的子公司沈阳市第二热力供暖公司、三峡新材的母公司湖北三峡新型建材股份有限公司、山西焦化的母公司山西焦化集团有限公司、蓝光发展的子公司成都龙泉驿蓝光和骏置业有限公司。绝大部分公司全年的罚款总额在100万元以下，罚款额超过100万元的上市公司共59家，其中中国石化和三峡新材两家上市公司全年缴纳的罚款额超过了1 000万元（图13）。

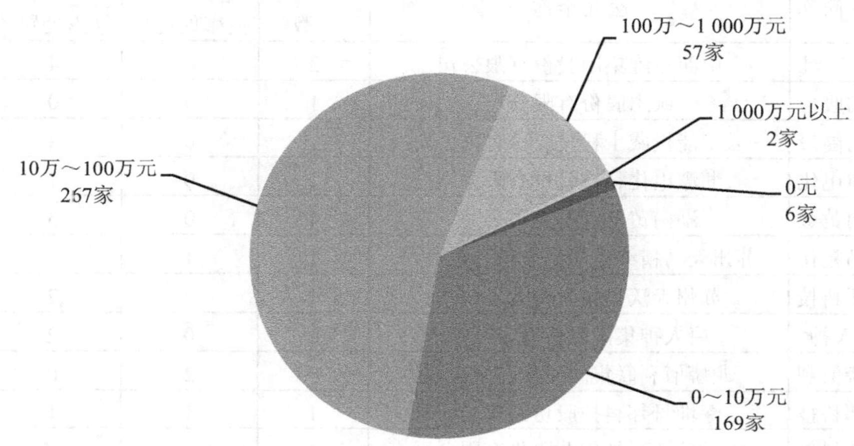

图13 上市公司重大行政处罚罚款统计

上市公司受到重大环境行政处罚的原因主要有“违反大气污染防治管理制度”“违反水污染防治管理制度”“违反固体废物管理制度”“超标或超总量排污、违反限期治理制度”“违反建设项目‘三同时’及验收制度”“违反环境影响评价制度”“不正常使用或者擅自拆除、闲置污染处理设施”等。上市公司2017年最主要的环境违法行为是“违反大气污染防治管理制度”，其次为“超标或超总量排污、违反限期治理制度”（表4）。

表4 处罚原因及处罚次数统计

处罚原因	处罚次数
违反大气污染防治管理制度	359
违反水污染防治管理制度	137
违反固体废物管理制度	84
超标或超总量排污、违反限期治理制度	212
违反建设项目“三同时”及验收制度	195
违反环境影响评价制度	119
不正常使用或者擅自拆除、闲置污染处理设施	35

4.2 上市公司环境行政处罚披露评估总体结果

总体来看，上市公司环境行政处罚信息披露严重不足。依据前述重大行政处罚判别标准，2017年受到环保部门重大行政处罚的上市公司共501家，这些公司中仅有21家在定期报告或临时报告中披露了环境行政处罚信息，披露占比仅为 4.19%。在有信息披露的 21 家公司中，得满分的仅有 3 家，分别为天马精化、丹邦科技和博汇纸业（表 5）。

表 5 有重大环境行政处罚信息披露的公司得分

代码	名称简称	公司全称	重大处罚次数	临时报告披露处罚数	定期报告披露处罚数	得分
000755.SZ	*ST 三维	山西三维集团股份有限公司	3	0	4	4.5
000990.SZ	诚志股份	诚志股份有限公司	1	0	0	4.5
002053.SZ	云南能投	云南能投威士科技股份有限公司	1	0	2	4.5
002125.SZ	湘潭电化	湘潭电化科技股份有限公司	2	0	1	2.5
002155.SZ	湖南黄金	湖南黄金股份有限公司	4	0	3	3.5
002453.SZ	天马精化	苏州天马精细化学品股份有限公司	1	1	1	5
002564.SZ	天沃科技	苏州天沃科技股份有限公司	1	0	2	4.5
002567.SZ	唐人神	唐人神集团股份有限公司	2	0	2	4.5
002601.SZ	龙蟒佰利	龙蟒佰利联集团股份有限公司	3	2	0	2.5
002618.SZ	丹邦科技	深圳丹邦科技股份有限公司	1	1	1	5
600123.SH	兰花科创	山西兰花科技创业股份有限公司	4	0	25	4
600319.SH	亚星化学	潍坊亚星化学股份有限公司	4	0	1	1.5
600586.SH	金晶科技	山东金晶科技股份有限公司	5	1	0	1.5
600688.SH	上海石化	中国石化上海石油化工股份有限公司	2	0	19	4
600691.SH	阳煤化工	阳煤化工股份有限公司	9	0	17	3
600702.SH	沱牌舍得	四川沱牌舍得酒业股份有限公司	1	1	0	4.5
600966.SH	博汇纸业	山东博汇纸业股份有限公司	2	4	17	5
601600.SH	中国铝业	中国铝业股份有限公司	18	0	1	1.5
603009.SH	北特科技	上海北特科技股份有限公司	1	0	1	4.5
603188.SH	亚邦股份	江苏亚邦染料股份有限公司	2	0	2	4.5
603328.SH	依顿电子	广东依顿电子科技股份有限公司	1	1	0	4.5

若某一上市公司得分为 5 分，说明该公司依据相关法规完整、详细地披露了 2017 年所受的重大环境行政处罚情况，不仅在处罚后发布了相关的临时报告，披露了详细的行政处罚信息，在定期报告中也提供了临时报告的索引；得分在 4 分及 4 分以上（不足 5 分）说明上市公司较完整地披露了该公司 2017 年所受到的重大环境行政处罚信息，但在信息披露方式、信息详细程度方面还存在一定问题，如未发布临时报告，未披露具体的处罚时间、地点、处罚内容、处罚金额及后续整改等信息。本报告以得分在 4 分及 4 分以上（包括 5 分）作为上市公司重大环境行政处罚信息披露合格的标准，合格公司共 14 家，仅占所有受到重大环境行政处罚的公司的 2.79%；有信息披露但不合格的公司共 7 家，占所有受到重大环境行政处罚的公司的 1.40%（图 14）。

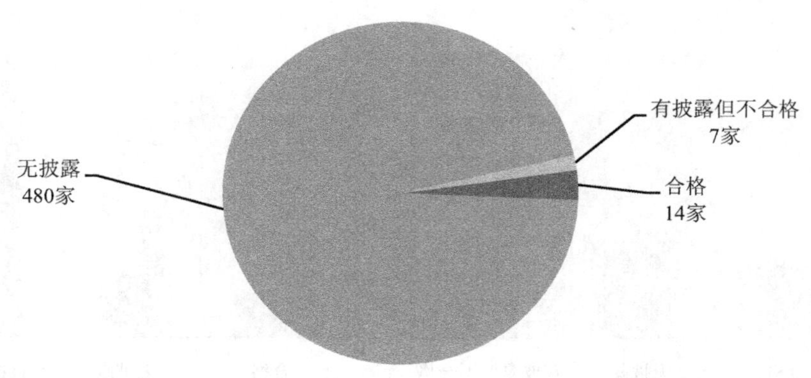

图 14 行政处罚信息披露结果统计

完成评估后，我们随机选择了几家罚款总额超过 100 万元的上市公司进行了电话采访。这几家上市公司的信息披露部门工作人员均表示，罚款数百万元对于本上市公司而言无足轻重，只有罚款超过公司总资产的 10%时他们才认为是需要披露的重大行政处罚。目前，证监会及上交所、深交所均未对“重大行政处罚”的罚款标准做出明确规定，但上交所《股票上市规则》中规定，“上市公司应当及时披露涉案金额超过 1 000 万元，并且占公司最近一期经审计净资产绝对值 10%以上的重大诉讼、仲裁事项”，可能部分上市公司也以此规定作为是否需要披露行政处罚的标准。证监会及上证券交易所应尽快出台对重大环境行政处罚的明确标准，督促上市公司依法披露重大行政处罚信息，杜绝相关公司推卸责任的情况。此外，少数公司在 2018 年发布临时报告对 2017 年的环境行政处罚信息进行了补充披露，如西部黄金等，这说明上市公司的环境信息披露意识正在不断加强。

4.3 处罚结果分析

平均而言，受罚较多、处罚较重的上市公司更可能有相关的处罚信息披露，但未必合格。相较于未披露重大环境行政处罚信息的上市公司，有信息披露的上市公司的平均受处罚次数和被罚款总额都更高。有信息披露的 21 家上市公司平均受罚次数 3.24 次，平均罚款总额为 103.96 万元；而无披露的公司平均受罚次数 2.19 次，平均罚款总额为 55.82 万元。有信息披露但不合格的上市公司的平均受处罚次数和被罚款总额都显著高于合格的上市公司。此外，2017 年受罚最多、罚款额最高的几家上市公司环境行政处罚披露情况也都很差。全年受到重大环境行政处罚 10 次以上的 5 家公司中，仅有中国铝业 1 家披露了相关信息，且并未合格，得分仅为 1.5 分；其余 4 家均无环境行政处罚信息披露。全年被罚总额超过 500 万元的上市公司共 10 家，全部没有环境行政处罚信息披露（图 15）。

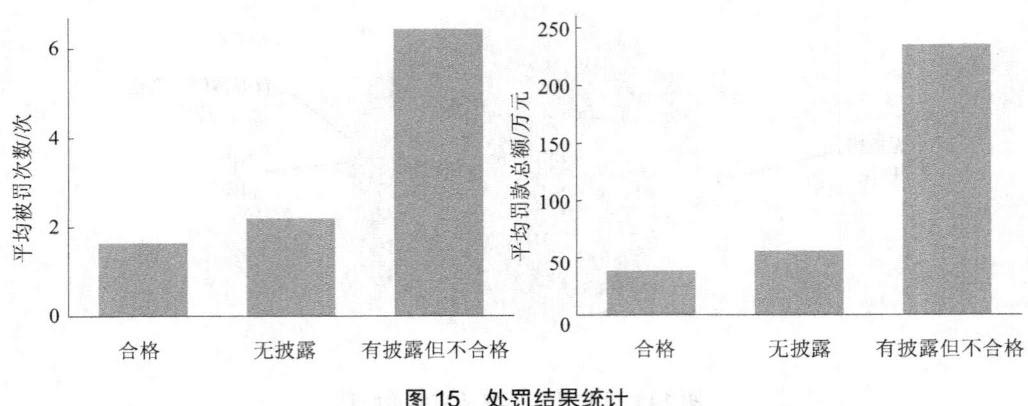

图 15 处罚结果统计

4.4 分行业分析

本次评估的 501 家上市公司共分布于 15 个不同的行业门类（依据证监会《上市公司行业分类指引（2012 修订）》进行分类），其中有 65.67%的公司属于制造业。披露了重大环保行政处罚信息的公司仅分布于制造业和采矿业两个行业，这可能与行业特点有关。相较于其他行业，重污染行业受到的政府监管与社会关注更多，因此更可能披露其环境信息；而绝大部分重污染行业都属于制造业与采矿业，所以制造业和采矿业的信息披露情况相对更好（图 16）。

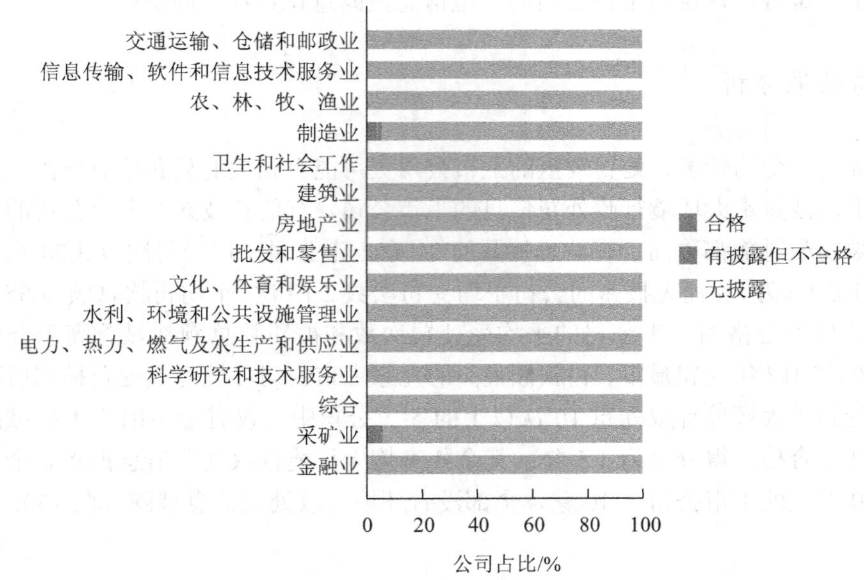

图 16 不同行业门类重大行政处罚信息披露情况

4.5 地区差异分析

这 501 家公司分布于 31 个省（区、市），其中广东省公司数量最多，共 51 家，其次是江苏、浙江、上海、北京、山东。有信息披露的 21 家公司分布于上海、云南、北京、四川、山东、山西、广东、江苏、江西、河南、湖南 11 个省市，合格的 14 家上市公司分别位于上海、云南、四川、山东、山西、广东、江苏、江西、湖南 9 个省市。满分的 2 家上市公司分别位于江苏和广东（表 6）。

表 6　不同省份重大行政处罚信息披露情况

省份	合格公司数	有披露但不合格公司数量	无披露公司数量	公司总数	披露公司占比/%
上海	2	0	38	40	5.00
云南	1	0	6	7	14.29
内蒙古	0	0	7	7	0.00
北京	0	1	38	39	2.56
吉林	0	0	6	6	0.00
四川	1	1	22	24	8.33
天津	0	0	7	7	0.00
宁夏	0	0	1	1	0.00
安徽	0	0	13	13	0.00
山东	1	2	36	39	7.69
山西	2	0	13	15	13.33
广东	2	0	49	51	3.92
广西	0	0	3	3	0.00
新疆	0	0	20	20	0.00
江苏	3	0	43	46	6.52
江西	1	0	5	6	16.67
河北	0	0	13	13	0.00
河南	0	1	16	17	5.88
浙江	0	0	45	45	0.00
海南	0	0	4	4	0.00
湖北	0	0	18	18	0.00
湖南	1	2	9	12	25.00
甘肃	0	0	8	8	0.00
福建	0	0	14	14	0.00
西藏	0	0	2	2	0.00
贵州	0	0	5	5	0.00
辽宁	0	0	14	14	0.00
重庆	0	0	10	10	0.00
陕西	0	0	4	4	0.00
青海	0	0	4	4	0.00
黑龙江	0	0	7	7	0.00
总计	14	7	480	501	4.19

分东部、中部、西部来看，2017 年受到重大环境行政处罚的 501 家公司中有 312 家分布在东部，占公司总数的 62.28%；中部公司数量为 104 家，占总数的 20.76%；西部地区公司数最少，仅有 85 家，占比仅有 16.97%。就重大环境行政处罚披露情况而言，中部的有披露公司占比最高，达 6.73%；中部地区的合格公司占比也最高，为 3.85%。东部地区和西部地区的有信息披露公司占比相同，都为 3.53%；但东部地区的合格公司占比略高于西部，东部的合格公司占比为 2.56%，西部合格公司占比为 2.35%（图 17）。总体来看，中部的上市公司重大环境行政处罚信息披露情况最好；东部和西部的上市公司重大环境行政处罚信息披露水平差别不大，东部略好于西部。

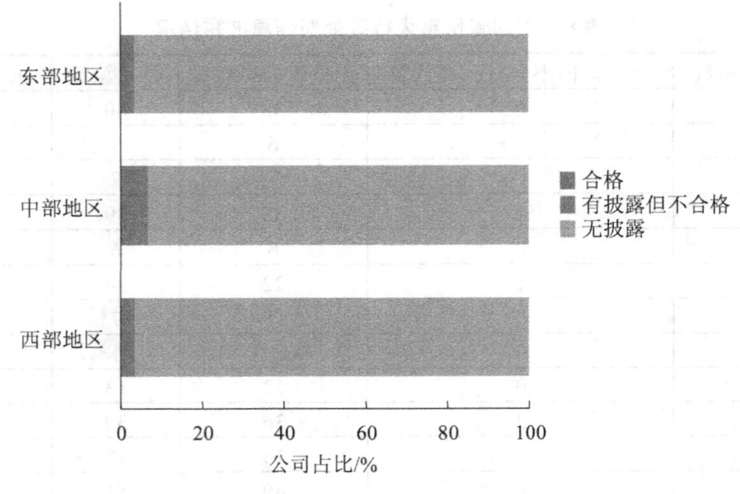

图 17　不同地区重大行政处罚信息披露情况

4.6　不同证券交易所比较

在 2017 年受到重大环境行政处罚的 501 家公司中，有 252 家在深交所上市，其中有 10 家披露了重大环保行政处罚信息；249 家在上交所上市，其中有 11 家披露了重大环保行政处罚信息。两家证券交易所的合格公司数量相同，都为 7 家。两家证券交易所的重大环境行政处罚信息披露水平整体相近（图 18）。

对深交所的不同板块上市公司的重大行政处罚信息披露情况做进一步比较。在 252 家深交所上市公司中，主板上市公司 85 家，中小企业板 135 家，创业板 32 家。创业板公司全部未披露重大环境行政处罚信息。主板公司中有 2 家重大环境行政处罚信息披露合格，占比为 2.35%。中小企业板公司中有信息披露的公司共 8 家，占比为 5.93%；其中有 5 家重大环境行政处罚信息披露合格，占比为 3.70%（图 19）。总体来看，在深交所上市公司中，中小企业板的上市公司重大环境行政处罚披露情况最好，其次是主板上市公司，创业板上市公司披露情况最差。

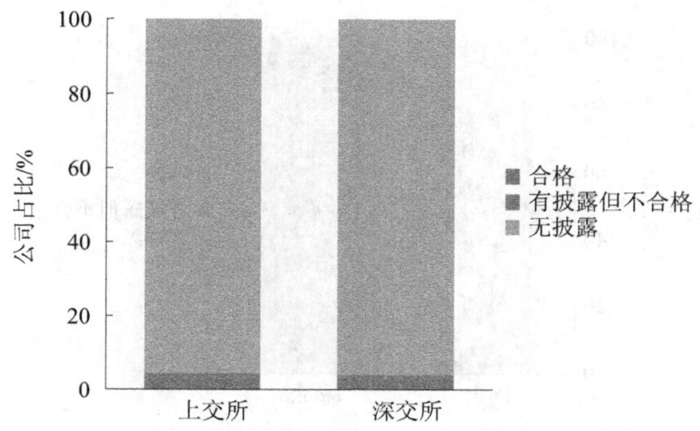

图 18　不同证券交易所重大行政处罚信息披露情况

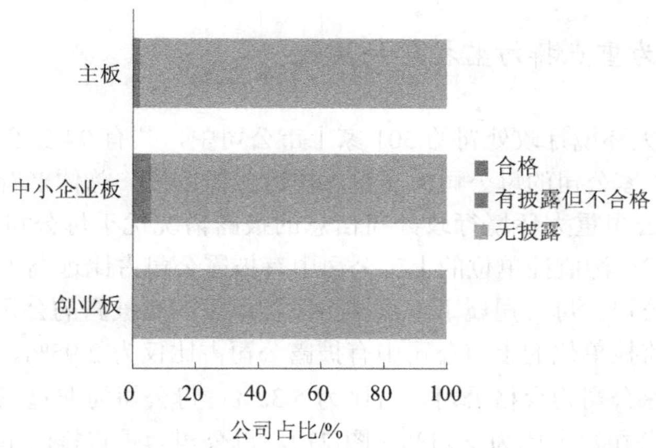

图 19　深交所不同上市板块重大行政处罚信息披露情况

4.7　公司性质分析

2017 年受到重大环境行政处罚的 501 家上市公司中，有 5 家为央企，252 家为普通国企，244 家为私企。由于央企数量较少，将央企与普通国企合并进行分析，将上市公司分为国企和私企两类。总体来看，私企的重大环境行政处罚信息披露情况优于国企。在 257 家国企中，共有 9 家公司披露了重大环境行政处罚信息，其中 5 家为合格公司，有信息披露的公司占比为 3.50%，合格公司占比为 1.95%；私企中披露公司占比为 4.92%，合格公司占比为 3.69%（图 20）。

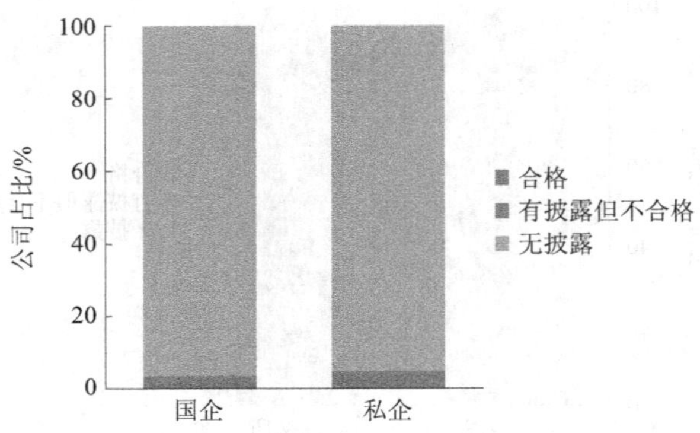

图 20　国企、私企重大行政处罚信息披露情况

4.8　母公司是否为重点排污监控单位比较

2017 年受到重大环境行政处罚的 501 家上市公司中，共有 94 家公司的母公司为重点排污监控单位，407 家公司的母公司为非重点排污监控单位。总体来看，母公司为重点排污监控单位的上市公司重大环境行政处罚信息的披露情况优于母公司为非重点排污监控单位。母公司为重点排污监控单位的上市公司中有披露公司占比远高于母公司为非重点排污监控单位的上市公司。母公司属于重点排污监控单位的有披露的公司占比为 9.57%；母公司为非重点排污监控单位的上市公司中有披露公司占比仅为 2.95%。母公司为重点排污单位的公司中有 5 家公司为合格公司，占比为 5.32%；母公司为非重点排污单位的上市公司中有 9 家为合格公司，占比为 2.21%（图 21）。母公司为重点排污单位的上市公司的合格公司占比仍然显著高于母公司为非重点排污单位的合格公司占比。

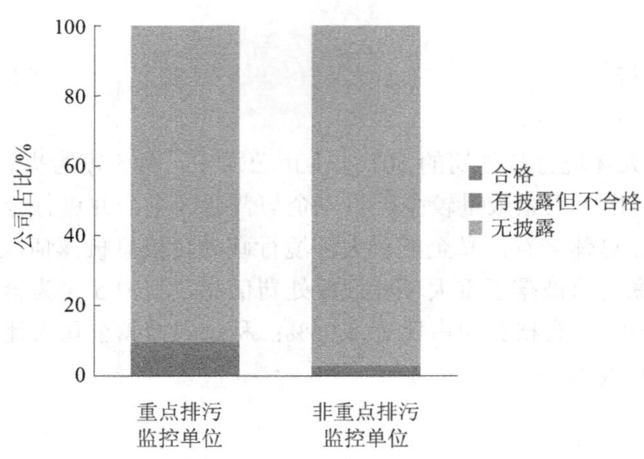

图 21　母公司是否为重点排污监控单位重大行政处罚信息披露情况比较

母公司为重点排污监控单位的上市公司的重大环境行政处罚信息的披露情况优于母公司为非重点排污监控单位的上市公司，可能由于环保部门对重点排污监控单位的监管更加严格，社会对这些公司的环境表现关注也更多；重点监控单位自身由于受到的监管压力和社会舆论压力更大，其环保意识相较于非重点排污监控单位可能更高；而上市公司的信息披露工作主要由母公司负责，若母公司所受到的外部信息披露压力较大、环保意识及信息披露意识更高，上市公司的环境信息披露水平也会更高。对上市公司受处罚次数和罚款总额的统计发现，母公司为重点监控单位的上市公司环境表现也优于母公司为非重点监控单位的上市公司。母公司为重点排污监控单位的上市公司 2017 年受到的重大环境行政处罚平均次数为 1.83 次，平均罚款总额为 57.39 万元；母公司为非重点排污单位的上市公司 2017 年受到的重大环境行政处罚平均次数为 2.33 次，平均罚款总额为 57.95 万元。全年被罚次数超过 10 次的 5 家上市公司的母公司均为非重点排污监控单位，罚款总额超过 500 万元的 10 家上市公司中仅有 1 家母公司为非重点排污监控单位。这从另一个角度说明了母公司为重点排污监控单位的上市公司的环保意识更强、环保相关工作做得更好。

4.9 公司 2017 年经营状况统计

以 2017 年 12 月 31 日的收盘市值为准，合格公司的平均市值最低，仅有 126.11 亿元；有披露但不合格的公司平均市值为 244.44 亿元，约为合格公司平均市值的 2 倍；无披露的公司平均市值最高，达 324.86 亿元。合格公司的总市值仅占 501 家公司的 1.11%。不合格公司（包括有披露但不合格和无披露）的市值占比高达 98.89%，其中无信息披露的公司市值占比也达到了 97.82%。合格公司、有披露但不合格公司和无披露的公司的总资产差距比市值差距更大。截至 2017 年 12 月 31 日，合格公司的平均资产仅有 109.51 亿元；有披露但不合格的公司平均资产为 404.94 亿元，接近合格公司的 4 倍；无环境行政处罚信息披露的上市公司平均资产高达 1 018.54 亿元，接近合格公司平均资产的 10 倍。合格公司的总资产仅占总数的 0.31%，不合格公司（包括有披露但不合格公司和无披露的公司）的总资产占比高达 99.69%，其中无信息披露的公司资产占比达到了 99.11%（图 22）。总体来看，公司规模越大、现金流越多，环境信息披露水平越低。这可能由于环境行政处罚手段通常为罚款，公司规模越大，环保部门所处的罚款对公司而言越不重要，公司披露相关信息的意识越差。

对上市公司的股票、债券的发行状况进行统计，以评估上市公司未披露重大环境行政处罚信息这一违规行为是否有对其经济活动带来影响，相关的股票、债券数据来自 Wind 金融数据库。无披露公司 2017 年共发行股票 4 323 783 万股（表 7），平均每个公司发行 9 008 万股；增发总额达 27 992 490 万元；而环境行政处罚信息披露合格 14 家上市公司 2017 年年度股票增发总数仅有 3 469 万股，平均每个公司发行 248 万股，不足未披露公司的平均股票增发量的 1/10。以上市公司年度财务报表中发行债券的总现金收入来表征公司的债券发行状况，合格公司的 2017 年债券发行总收入为 99 400 万元，平均债券发行收入为 7 100 万元；有披露但不合格的公司 2017 年债券发行总收入为 350 000 万元，平均债券发行收入为 5 亿元，是合格公司的 7 倍多；无披露公司的年发行债券总收入 30 223 560 万元，平均债券发行收入 6.30 亿元，是合格公司的近 9 倍。

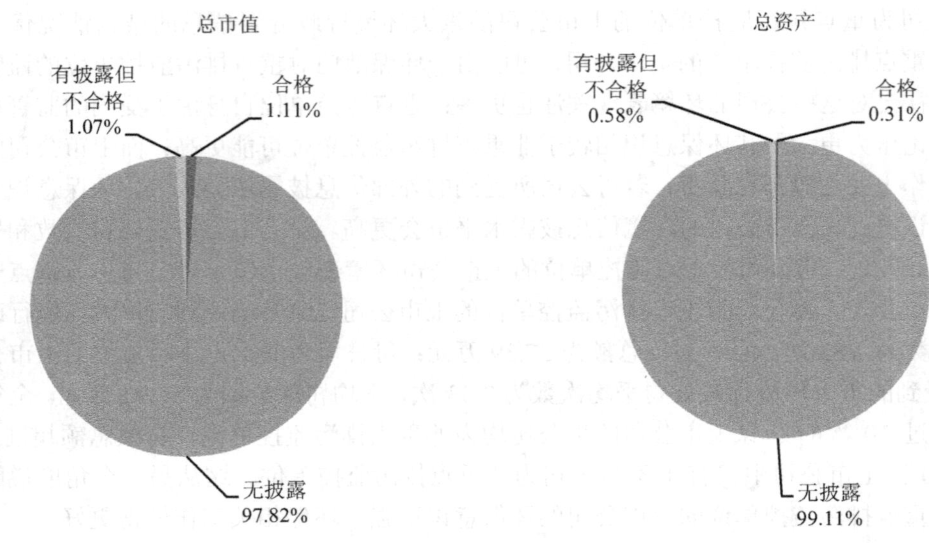

图 22　公司经营状况统计

表 7　股票、债券发行情况统计

	年股票增发量/百万股	年股票增发总额/百万元	年发行债券收入/百万元
合格公司	34.69	263.96	994.00
有披露但不合格公司	0.00	0.00	3 500.00
无披露的公司	43 237.83	279 924.90	302 235.60

5　上市公司环境信息披露综合评估

5.1　整体结果

上市公司环境信息披露综合评估均分为 74.8 分。公司得分主要分布在 40～60 分及 80～100 分，尤其是 80～100 分的公司数较多，且满分公司很多，上市公司环境信息披露综合水平总体较好。40 分以下的公司较少，但仍有部分公司得分为 0。上市公司的综合得分中位数为 85 分，上四分位数为满分 100 分，下四分位数为 55 分。综合得分为 100 分的上市公司共 117 家，占总数的 31.03%；得分在 80 分及 80 分以上的公司共 121 家，占比达 58.62%。30 分以下公司仅有 18 家，占比不足 5%；但仍有 10 家公司综合得分为 0，即未披露任何环境信息。若上市公司的综合得分在 60 分以上，则说明该公司定期报告环境信息和重大环境行政处罚信息披露得分都不为 0，即该公司定期报告环境信息和重大环境行政处罚信息都有披露，或有定期报告环境信息披露、未受到重大行政处罚。本次评估得到 60 分以上（不包含 60 分）的上市公司共 231 家，占公司总数的 61.27%（图 23）。

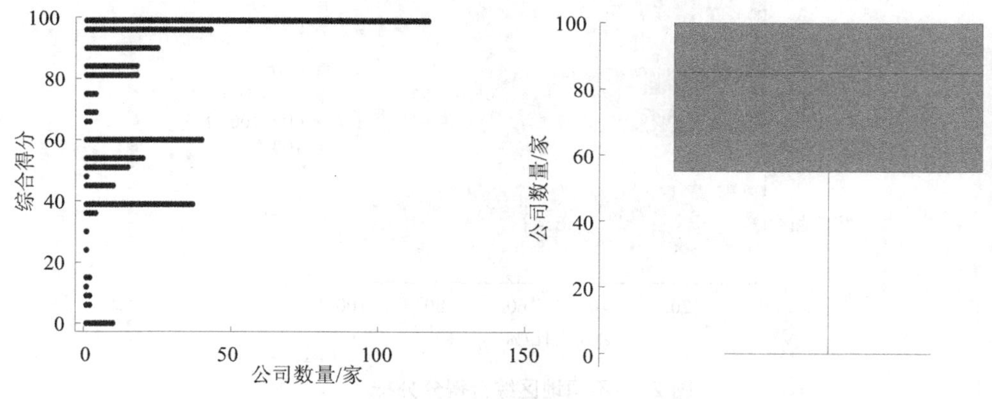

图 23　综合得分分布

总体来看，上市公司环境信息披露综合情况较好，但主要原因在于 3/4 以上属于重点监控单位的上市公司 2017 年并未受到环保部门的重大行政处罚，即行政处罚信息披露得分默认为满分。在受到重大行政处罚的上市公司中，有信息披露的公司不足 10%。对受到重大行政处罚和未受到重大行政处罚的公司分别统计，未受处罚的公司均分为 84.1 分，而受到处罚的公司均分仅有 46.9 分。由此可以推断，若这 377 家上市公司全部受到重大行政处罚，综合得分会大幅下降，本报告所得到的综合得分较公司实际信息披露情况偏高。

5.2　地区差异分析

分地区来看，中部地区的平均得分最高，达 79.88 分；其次是东部地区，均分为 74.44 分；西部地区的均分最低，仅 69.84 分。得分分布方面，中部地区的 0 分公司最少，仅有 1 家；东部地区的 0 分公司数最多，但由于东部地区的公司总数也最多，其 0 分公司占比（2.82%）仍低于西部地区（3.64%）。中部地区的 60 分以上公司占比和满分公司占比也高于东部和西部地区。中部地区共有满分公司 28 家，占比为 37.84%；60 分以上（含 100 分）公司共 52 家，占比为 70.27%。东部地区得满分的上市公司共 74 家，占东部地区公司总数的 29.84%；60 分以上（含 100 分）公司 151 家，占比为 60.89%。西部地区满分公司共 15 家，占比为 20.27%；60 分以上（含 100 分）公司共 28 家，占比为 50.91%（图 24）。总体来看，中部地区的上市公司环境信息披露综合水平最高，其次是东部地区，西部地区的信息披露水平最低。

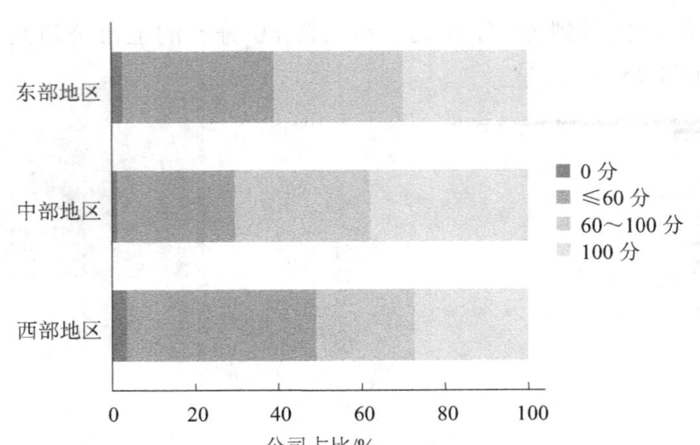

图 24　不同地区综合得分分布

5.3　不同证券交易所比较

总体来看，深交所上市的上市公司环境信息披露水平略高于上交所（图 25）。就均分而言，深交所均分为 79.23 分，上交所均分为 68.34 分。从得分分布来看，上交所的满分公司仅有 19 家，占比为 12.5%；深交所的满分公司有 98 家，占比为 43.56%。深交所的 60 分以上（含 100 分）公司也更多，共 147 家，占比为 65.33%；上交所的 60 分以上（含 100 分）公司占比仅为 55.26%。但上交所的 0 分公司比深交所更少，仅有 2 家。从图 25 中可以看出，上交所的上市公司的得分分布更为平均，而深交所的得分分布更为集中，大部分公司的综合得分都在 80 分以上。

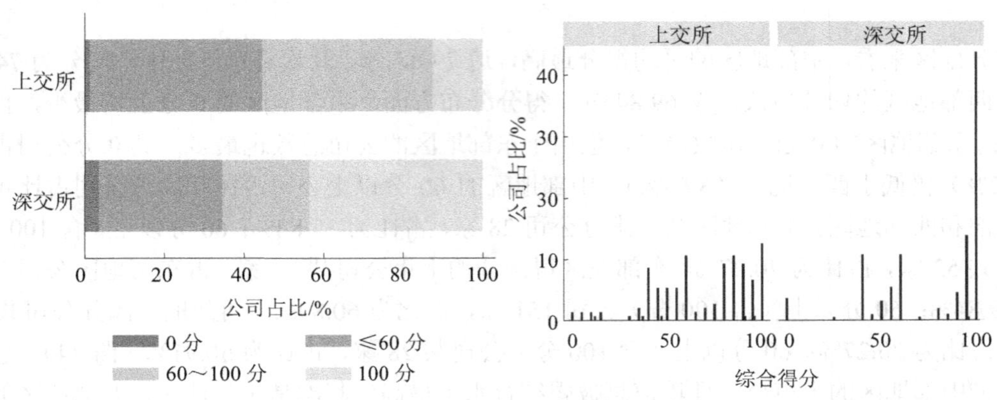

图 25　不同证券交易所综合得分分布

进一步对深交所的不同上市板块公司的环境信息披露综合得分进行分析比较。主板上市公司综合得分均分为 76.78 分，中小企业板上市公司均分为 76.73 分，创业板上市公司均分为 90.12 分。仅就深交所而言，环境信息披露综合水平最高的依然是创业板。主板和中小企业板公司环境信息披露综合水平较为相近。中小企业板公司的均分略高于主板公司，100分公司及60分以上公司占北也更高，但主板上市公司中的0分公司占比显著小于中小企业板（图26）。

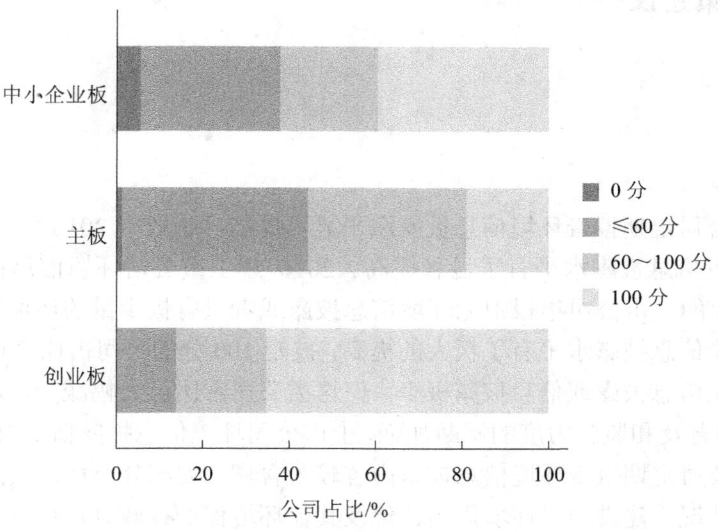

图26　深交所不同上市板块综合得分分布

5.4　公司性质分析

总体来看，私企的环境信息披露水平略高于国企。就均分而言，私企均分为76.22分，国企均分为72.24分。从得分分布来看，国企中满分公司仅33家，占比为25.19%；私企中100分公司有84家，占比为34.15%。私企中60分以上公司（含100分）比例也更高，共158家，占比为64.23%；国企中60分以上（含100分）的公司共77家，占比为58.79%。但国企中的0分公司比私企中略少，仅有3家，占比为2.29%；私企中0分公司有7家，占比为2.85%（图27）。国企的得分分布更为平均，而私企的得分分布更为集中，得分为40分、60分、95分或100分的公司很多。

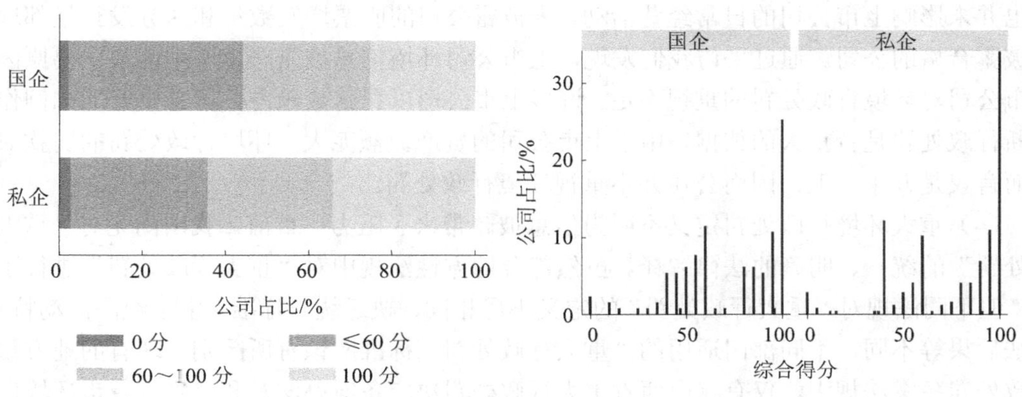

图27　国企、私企综合得分分布

6 结论及政策建议

6.1 结论

（1）上市公司定期报告环境信息披露水平显著提高。相较于2016年，2017年上市公司定期报告环境信息披露水平有了显著提高。2016年上市公司环境信息披露水平整体较差，有半数以上的上市公司年报中无环境信息披露或者只有极少量的环境信息披露。2017年上市公司环境信息披露水平有了极大的提高，披露100分的公司占比高达40.85%；虽然仍有部分公司无信息披露或信息披露极少，但这类公司占比已大幅减少。这说明随着时间的推进、政策的普及和监管力度的不断加强，上市公司环境信息披露情况有了极大的改善。

（2）上市公司定期报告环境信息披露内容较为含糊。大部分公司在披露防治污染设施的建设和运行情况、建设项目环境影响评价及其他环境保护行政许可情况、突发环境事件应急预案及环境自行监测方案4项环境信息时，都披露得较为含糊。尤其是后3项，许多公司仅简单提及有获得建设项目环境影响评价许可、有编制突发环境事件应急预案及环境自行监测方案，并无具体信息披露。这样的信息披露既不能反映上市公司的实际环境表现，也无助于公众尤其是投资者实行监督权。除上述4项指标外，上市公司须披露的其他环境指标也存在不明确的情况。例如排放方式，《公开发行证券的公司信息披露内容与格式准则第2号——年度报告的内容与格式》中并没有明确说明是指连续排放、间断排放，或是有组织排放、无组织排放；或是排放口分布，《公开发行证券的公司信息披露内容与格式准则第2号——年度报告的内容与格式》中也并没有说明是指排放口的绝对地理位置还是相对位置、应精确到什么程度，而在实际披露时，很多公司只简单说明“厂区内”，这同样是无效的信息披露。

（3）上市公司重大环境行政处罚披露严重不足。有相关信息披露的公司不足受到重大环保行政处罚的公司占总数的5%，合格公司数仅占2.79%。没有披露重大环境行政处罚信息也并未影响上市公司的日常经营活动，未披露公司的股票增发数量和债券发行量都远高于披露合格的公司。通过采访我们发现，上市公司环境信息披露严重不足的最主要原因是上市公司对环境行政处罚的重视不足。许多上市公司以罚款数额占公司总资产的比例作为判断行政处罚是否重大的依据，由于上市公司的资产数额庞大，环境行政处罚的罚款对公司而言仅是九牛一毛，因而公司并不重视环境行政处罚。

（4）重大环境行政处罚定义不明为信息披露带来了阻力。目前，我国尚无对“重大行政处罚”的统一、明确的法律解释。虽然部分地方性法规中对“重大行政处罚”进行了定义，但不同法规对“重大行政处罚”的定义不尽相同，缺乏统一标准。由于经济活动特点、违法后果等不同，不同部门适用的“重大行政处罚”标准应该有所区别。现有的地方重大行政处罚备案法规中，仅有《山西省重大行政处罚决定备案办法》和《攀枝花市环境保护重大行政处罚备案制度》对“重大环境行政处罚”做了针对性的规定。重大行政处罚的界定不明对上市公司强制性环保行政处罚信息披露带来了很大的阻力。一方面，公司不清楚在什么样的情况下需要进行信息披露；另一方面，在受到环保部门处罚后，公司也可以以“不知道是否属于重大行政处罚”作为不披露的借口。在对公司的采访中我们发现，未披露重大环境行政处罚信息的公司通常在面对质疑时都会回应“这不属于重大处罚”。缺乏明确的法律依据也为环保部门及证券监管部门的监管带来了不便。

6.2 政策建议

（1）完善上市公司定期报告环境信息披露指标。明确每一条指标的内容，尤其是那些较为含糊的指标。例如，可以规定上市公司在防治污染设施的建设和运行情况一项必须明确披露新建设施数量和设施稳定运行时间；建设项目环境影响评价及其他环境保护行政许可情况一项必须披露审批编号，或提供环保部门审批公告的网页链接；突发环境事件应急预案及环境自行监测方案等信息若是篇幅太长不便于在年报或半年报中披露，可以要求披露相关的网页链接。此外，还应对披露的指标进行调整，减少含糊信息的披露要求，重点要求上市公司披露一些明确的、更能反映公司实际环境表现的信息，如排污费缴纳情况、全年受到的环保部门行政处罚情况等。

（2）重点关注重大环境行政处罚信息披露工作。从本报告的评估结果来看，我国的上市公司定期报告环境信息披露现已达到了较好的水平，但重大行政处罚信息披露仍然严重不足，环保部门和证券监管部门可以将接下来的上市公司环境信息披露工作重心由定期报告环境信息的定期披露转移到环境行政处罚的披露上来。相关部门应尽快出台并完善上市公司环境行政处罚信息披露规定，明确惩罚措施；同时加大上市公司环境行政处罚信息披露的监管力度，定期对被处罚公司的信息披露情况进行核查。此外，环保部门和证券监管部门还应加强联动，实现信息共享。由环保部门共享上市公司行政处罚信息，证券监管部门共享公司报告披露信息，从而更好地对上市公司环境信息披露工作进行监管。

（3）明确重大环境行政处罚定义。上市公司重大环境行政处罚信息披露严重不足的一个重要原因是，并未意识到公司受到了重大行政处罚。为促进公司更好地披露环境信息，环保部门应尽快出台对“重大行政处罚”的明确定义，并做好对公司的通知工作，提高公司对环境行政处罚的重视程度；或是修改信息披露要求，要求上市公司披露全部行政处罚信息。除此之外，环保部门也可以考虑修改行政处罚量裁标准。对上市公司而言，即便被罚款数百万元、上千万元，也并不会影响公司的正常运营。因此，环保部门在对上市公司进行处罚时可以更多地采用责令停产停业、对主要责任人实施行政拘留等手段，提高环境行政处罚对上市公司的影响程度和威慑力度。

参考文献

[1] 张妍，张慧文．重污染行业上市公司的碳信息披露研究——基于沪市重污染行业社会责任报告的数据[J]. 商业会计，2016（24）：29-32.

[2] 张长江，李冰倩．煤炭行业上市公司环境绩效信息披露研究——基于社会责任报告[J]. 煤炭经济研究，2014，34（12）：18-23.

[3] 戴洁，钱美尹，任煊静，等．上海市上市公司环境绩效及碳信息披露研究——基于社会责任报告的视角[J]. 生态经济，2017，33（12）：87-92.

[4] 中国环境新闻工作者协会．中国上市公司环境责任信息披露评价报告（2015 年）[R]. 2015.

[5] 王建明．环境信息披露、行业差异和外部制度压力相关性研究——来自我国沪市上市公司环境信息披露的经验证据[J]. 会计研究，2008（6）：54-62.

[6] 沈洪涛．公司特征与公司社会责任信息披露——来自我国上市公司的经验证据[J]. 会计研究，2007（3）：9-16.

[7] 颉茂华，刘艳霞，王晶．企业环境管理信息披露现状、评价与建议——基于 72 家上市公司 2010 年报环境管理信息披露的分析[J]. 中国人口·资源与环境，2013，23（2）：136-143.

[8] 吴沅修．重污染行业上市公司环境信息披露研究[D]. 北京：中国财政科学研究院，2017.

房地产行业上市公司环境信息披露状况评估及技术指引研究

Study on the Evaluation and Technical Guidance of Listed Companies in Real Estate Industry

葛察忠　李晓亮　李婕旦　贾 真　郑玉雨　吴嗣骏　王 青　冀云卿
杨 巍[①]　宋 菁[①]　童 谣[①]　唐晓歌[①]　袁婧雯[①]　赵俊峰[①]

摘　要　本研究选取非制造业中在环境影响、产业特性、示范带动效应等方面均具有典型意义的细分行业——房地产行业为例，建立了环境信息披露“合规性”分析框架与评估方法，并以A股房地产行业上市公司为例进行实证分析，识别了问题、提出了完善建议。主要结论如下：一是督促和引导房地产等非制造业类上市公司合规披露、有效披露环境信息具有重大理论与现实意义；二是提出“两类主体、五大问题、三大职责、十六项指标”的房地产环境信息披露合规评估框架与指标体系，评估发现该行业整体环境信息披露水平虽不如重点排污上市公司，但合规披露意识与能力初步具备，披露形式合规程度尚可，但实质、有效信息极少；三是建议在重点要求非制造业类上市公司披露其对产业链（价值链）上控制污染与保护生态的贡献与要求的基础上，发挥非制造业类上市公司的重要角色与独特作用，全力打造生态文明建设全社会行动体系。

关键词　房地产　环境信息披露　环境信息披露评估　信息披露评估指标

Abstract　In this paper，the real estate industry，a typical subdivision of non-manufacturing industry in terms of environmental impact，industrial characteristics，demonstration and driving effect，was selected as an example. The analysis framework and evaluation method of compliance of environmental information disclosure were established. Taking listed companies in A-share real estate industry as an example，problems were identified and suggestions for improvement were put forward. The main conclusions are as follows: Firstly，it is of great theoretical and practical significance to urge and guide the real estate and other non-manufacturing listed companies to make effective and compliant environmental information disclosure. Secondly，“Two kinds of main body，five kinds of questions，three kinds of responsibilities，16 kinds of indicators” of the real estate environment letter compliance assessment

① 中国节能皓信环境顾问集团有限公司，香港，999077。

framework and index system was put forward. In the evaluation，it is found that although the overall environmental credibility level of the industry is not as good as that of the listed companies with key pollution discharge，but the awareness and ability of compliance disclosure are preliminary，the compliance degree of disclosure form is acceptable，but the substance and effective information is very few. Thirdly，it is suggested to give full play to the important role and unique role of non-manufacturing listed companies on the basis of focusing on requiring them to disclose their contributions and requirements for pollution control and ecological protection on the industrial chain (value chain)，and to build the whole social action system for ecological civilization construction.

Keywords real estate industry，environmental information disclosure，assessment of environmental information disclosure，index of environmental information disclosure

《关于构建绿色金融体系指导意见的分工方案》要求到 2020 年 12 月底之前，所有上市公司均需强制披露环境信息。从研究与政策实践情况来看，制造业类（传统污染类企业）上市公司的环境信息披露定位目标、内容指标、政策要求、评估方法、披露现状均已有较系统的研究[1-6]，但长期以来由于对非制造业类行业环境污染问题的重要性、认识深度和分析框架有所欠缺，研究与实践不足，导致在强制性环境信息披露政策即将全面实施的当前，非制造业类上市公司环境信息披露的关注起点、披露内容、规范形式均远未达成共识，披露“合规性”程度既未开展现状评估、未来也较难进行系统跟踪，有可能使未来该领域强批制度流于形式、无法取得预期实效。而且，从排放占比、贡献潜力、间接影响、示范带动作用等方面看，非制造业对于生态文明建设同样具有重要意义，其强制性披露制度应予以深入系统研究。因此，本研究选取非制造业（非重点排污单位）中在环境影响、产业特性、示范带动效应等方面均具有典型意义的细分行业——房地产行业为例，建立了环境信息披露“合规性”评估框架与评估方法，并以 A 股房地产行业上市公司为例进行实证分析，识别了问题、提出了完善建议。

1 研究背景

1.1 房地产行业环境信息披露的意义

房地产行业自身经济规模大、碳排放量大、大气污染严重、生态破坏较为严重。一是房地产行业产业规模大。2018 年房地产业增加值达 59 846 亿元，对 GDP 的贡献率达到 6.65%，属国民经济支柱型产业。二是房地产行业碳排放量大。根据 2009 年哥本哈根世界气候大会统计数据，全球碳排放量的 19.9%来自中国，而中国碳排放量的 40%（相当于全球 8%的碳排放量）来自房地产建筑业。三是在房地产开发、建设、运营过程中引发大气污染。房地产施工期路面和道路运输物料产生的大量扬尘，建筑物内外墙涂料涂装产生的大量 VOCs，建筑物拆除阶段产生的大量烟尘和建筑垃圾，同时机械设备和加热、加工设备燃料带来的尾气排放等都会引起大气污染。四是房地产产业链有可能带来严重生态破坏。砂石等原材料开采破坏河道，矿产资源开采造成水土流失以及生物种类灭绝；选址不当或不合规破坏生态，如浙江、四川、福建等多地发现水源地违建项目，威胁饮用水安全。

房地产通过产业链（价值链）串联起的上下游相关行业与企业数量众多，资源能源消耗量、污染物排放量均较大。一是房地产上下游产业链条长、涉及行业与企业较多、全产业链物质吞吐量（通量）大。房地产消耗大量的钢材、合金、水泥、混凝土、玻璃、石材、瓷砖、涂料、地板、保温材料、阻燃材料，乃至动力机械，产业链（价值链）涉及关联行业与企业主体非常多。二是产业链相关行业资源能源消耗量较高。房地产产业链相关行业消耗大量能源资源，据统计，与房地产相关的能源使用占全球能源总消耗量的 40%[7]；在房地产主要原料消费中，建筑用钢占钢材消费比例超过 50%，水泥消耗占 60%～70%，全寿命周期能耗占全国的 40%～50%[8]。三是产业链相关行业污染物排放量大。房地产自身虽不属于重污染行业，但其上游行业多为重污染行业，电力、建材、钢铁是废气排放最多的 3 个行业[9]，其他大部分原料均是高能耗、高资源消耗、高排放及温室气体排放的产品。

以房地产为代表的非制造业上市公司对规范上游行业环境行为、引导环保投资、促进绿色技术创新等具有非常重要的督促与引导作用。一是对规范上游行业环境行为发挥重要作用。以房地产行业为例，阿拉善生态协会（SEE）发起“中国房地产行业绿色供应链行动”，自 2016 年 6 月发起至 2019 年 5 月，已有 99 家房地产企业自愿加入该计划，承诺只采购钢铁和水泥等行业环保“白名单”中企业所生产的产品，该计划对规范上游行业环境行为，推动违规供应商做出积极回应和整改，提升关联企业环境表现发挥了重要作用。二是房地产及全产业链企业节能减排需求倒逼环保技术创新。房地产通过产业链（价值链）串联起的众多污染重、能耗高的行业与企业，且处于产业链关键节点以及靠近消费端的重要环节，其对于自身和供货商的环境表现、环境绩效等方面的基本合规有更高的标准，不仅督促相关企业强化环保管理做到基本守法，同时能够有力督促企业通过环保技术创新主动持续提升环境绩效。三是引导绿色投资。一方面，对于产业链产品采购与流通起到引导作用，推动产业链企业优先采购环保绩效较优的供应商的产品与服务；另一方面，引导银行、保险、证券等投资机构，增强对于环保绩效较优的投资标的的投资意愿。

房地产等非制造业在环境信息披露的理论框架、指标内容、披露规范、现实进展、合规程度等方面缺乏基础研究、系统梳理和明确界定。一是非制造业类上市公司行业广、数量多、经济规模大。截至 2018 年 9 月，非制造业类上市公司数量达 1 446 家，涉及国民经济 17 大行业门类、53 大二级行业大类，营业收入占所有上市公司的近 60%。二是环境信息披露的目标定位、指标内容、披露规范等缺乏研究。长久以来，我国环境监管与履行强制性环境信息披露义务的企业基本是隶属于制造业中的重点污染行业及属于重点排污单位的企业，其披露出发点、重点和指标内容主要是围绕说明其自身（直接）厂界内的环境影响，同时也已形成明确有共识的披露规范及技术指引；而房地产等非制造业其自身、直接、厂界内的环境影响相对较小，而其间接环境影响大、对于其他相关主体节能减排有贡献潜力，但由于未进行系统理论梳理，所以研究与实践层面未形成共识。三是对环境信息披露合规性现状尚未开展系统评估。一方面，尚无相应的法定披露文件与义务，暂未形成评估基点；另一方面，学术界对房地产行业的环境信息披露研究兴趣相对较弱，研究重点主要集中在钢铁、制药、电力等重污染行业[10-12]。

从发达经济体交易所管理经验看，一般均针对房地产业制定专门的信息披露技术规范，并大力推动相关工作。国际范围内较多机构与组织专门针对房地产行业编制专门的可持续表现披露指引，包括但不局限于全球报告倡议组织制定的《GRI G4 行业披露指引——建造业与地产业》①、德国金融分析师协会（DVFA）与欧洲金融分析师联合会（EFFAS）联合发布的《KPIs for ESG 3.0 指引》②以及美国可持续会计准则委员会制定的《可持续会计准则——建筑材料》③与《可持续会计准则——地产持有与开发》④等。

1.2 国内外房地产行业环境信息披露现状

国内自 2003 年由国家环境保护总局颁布《关于企业环境信息公开的公告》，规定列入各省、自治区、直辖市环保部门定期公布的超标准排放污染物或者超过污染物排放总量规定限额的污染严重的公司，应当公布规定公开的环境信息后，逐步建立健全公司环境信息公开体系。对于上市公司，相关监管部门也对环境信息披露做出要求：2006 年，深交所刊发《上市公司社会责任指引》，鼓励公司自愿披露社会责任报告；2008 年，上交所刊发《关于加强上市公司社会责任承担工作的通知》及《上市公司环境信息披露指引》，鼓励上市公司在披露公司年报的同时，也要披露公司的社会责任报告；2016 年，中国证监会出台《公开发行证券的公司信息披露内容与格式准则第 2 号——年度报告的内容与格式》（2016 年修订），规定重点排污单位应披露排污信息、防止污染措施，建设项目环境影响评价及其他环境保护行政许可情况等信息，并在 2017 年再次做出修订，要求除重点排污单位外的上市公司也应披露相关的环境信息，或解释不进行环境信息披露的理由。

可以看出，监管部门在针对重点污染行业上市公司的环境信息披露方面做出了明确的规定，且强制要求重点排污单位披露环境信息，重污染行业上市公司披露环境信息的体系基本完善。而现有针对重点排污单位适用的披露指标，对房地产等非重点污染行业上市公司来说适用性不高，且并未建立针对非重点污染行业上市公司的环境信息披露体系，加之披露要求并未强制化，地产等非重点污染行业的环境信息披露体系亟须建立。

针对非重点污染行业上市公司中的地产行业，监管机构亦尚未出台行业性的统一信息披露标准。有个别省份的相关机构，例如广东省房地产行业协会编制了《广东省房地产企业社会责任指引》，但尚未在全国范围内广泛应用。

国际范围内较多机构与组织已建立地产行业特有的可持续表现披露指引。通过综合考虑披露指引的适用性、认可度以及对国内地产行业披露的可操作性，主要选择全球报告倡议组织制定的《GRI G4 行业披露指引——建造业与地产业》、德国金融分析师协会（DVFA）与欧洲金融分析师联合会（EFFAS）联合发布的《KPIs for ESG 3.0 指引》以及美国可持续

① https://www.globalreporting.org/resourcelibrary/GRI-G4-Construction-and-Real-Estate-Sector- Disclosures.pdf.

② http://www.effas-esg.com/wp-content/uploads/2011/07/KPIs_for_ESG_3_0_Final.pdf.

③ https://www.sasb.org/wp-content/uploads/2014/06/NR0401_ProvisionalStandard_Construction Materials.pdf.

④ https://www.sasb.org/wp-content/uploads/2016/03/IF0402_REOD_IT_Standard.pdf.

会计准则委员会制定的《可持续会计准则——建筑材料》与《可持续会计准则——地产持有与开发》。

通过初步分析可以得出，地产行业由于自身涵盖开发、设计、建造、运营及其他服务等子行业，各指引均体现出针对不同环境要素与影响程度细分不同子行业，以确定特征披露指标的趋势；同时，各指引均针对温室气体排放与能源消耗总量做出详细要求，而对于地产行业中建造子行业，则进一步对废弃物总量、废气排放与原材料使用等指标做出披露要求。值得一提的是，德国《KPIs for ESG 3.0 指引》考虑到公司不同的发展程度，订立不同的披露等级以确保公司可循序渐进地提升披露质量，并进一步提升公司环境表现。

综上所述，国内针对地产行业的环境信息披露体系建立尚未成熟，与国际水平存在差距，可积极考虑借鉴国际经验，结合国内实际情况建立更系统、更明确、更具行业特色的环境信息披露指引。

1.3 研究内容

针对上述该领域研究中的需求、问题与欠缺，本研究选取非制造业中在环境影响、产业特性、示范带动效应等方面均具有典型意义的细分行业——房地产行业为例，提出房地产行业环境信息披露评估的理论分析框架，梳理分析国内对于房地产等非制造业现有的引导性环境信息披露规范文件，提出建立了环境信息披露“合规性”分析框架、评估方法和指标体系，并以 A 股房地产行业上市公司为例进行实证分析，识别了其信息披露的进展与现状、特征与问题，提出了进一步促进其环境信息披露规范性、全面性、真实性、有效性的建议。最后，梳理发达经济体在房地产行业上市公司环境信息披露方面的制度要求与规范标准，结合国内相关指标内容披露的可行性、难易程度等，编制提出了《房地产行业上市公司环境信息披露技术指引（初稿）》，可供生态环境部联合证监会分行业制定房地产等相关非制造领域环境信息披露准则与技术指引时参考使用。研究内容及相关逻辑关系如图 1 所示。

2 房地产行业上市公司环境信息披露情况评估方法

2.1 评估对象

选择沪深两市 130 家房地产行业上市公司作为评估对象，数据来源为上市公司 2017 年度报告、2017 年度社会责任报告（包括环境责任报告）、上市公司临时报告及上市公司官方网站上公布的环境信息。130 家房地产上市公司名单见附件。

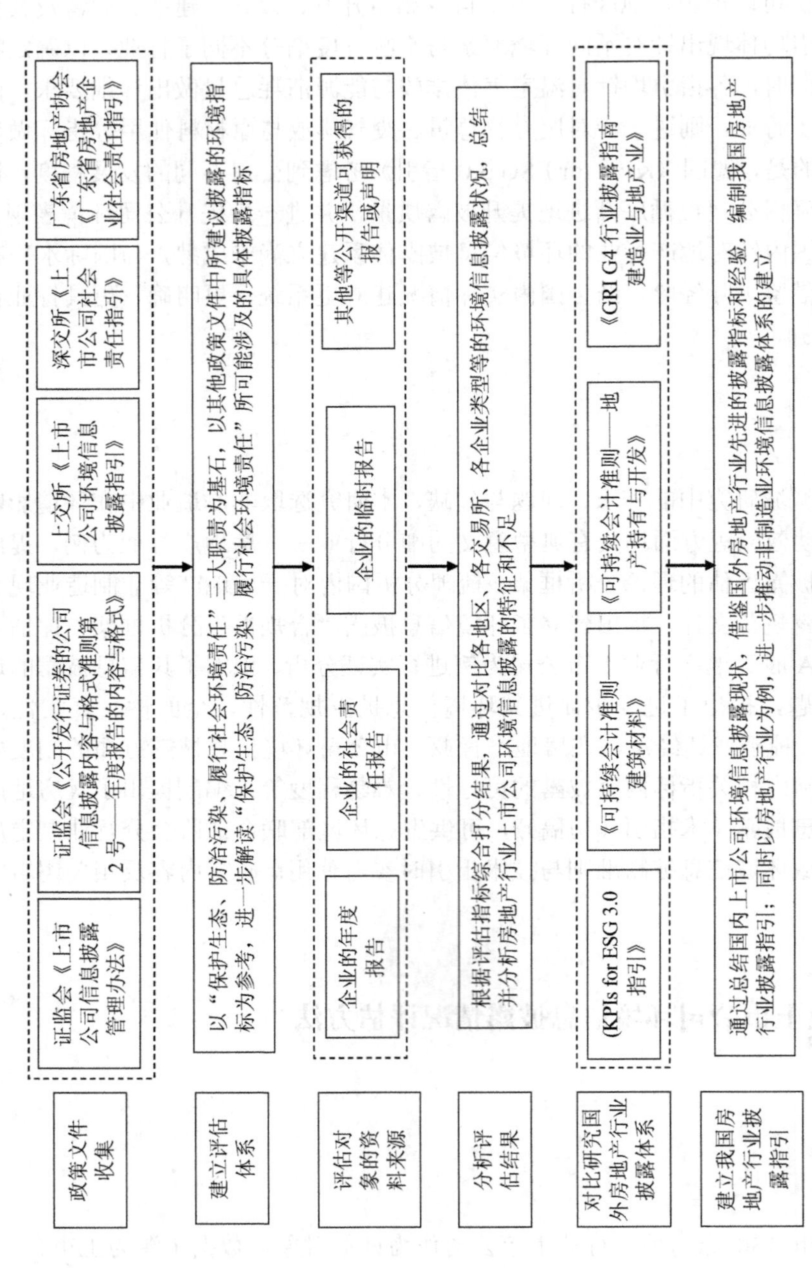

图1 主要研究内容与框架

2.2 构建评估框架体系和指标内容

由于国内现行环境信息披露政策中尚未有针对房地产行业的法定披露要求作为直接依据和基础，为使评估框架体系更具现实意义，本研究在构建评估框架过程中从理论与实践两个方面出发，一方面基于以房地产行业全生命周期、全产业链（价值链）涉及的主要生态和环境问题和对全产业链（价值链）关联主体在应对和改善生态与环境问题的贡献潜力作为理论框架构建基点；另一方面，基于国内现有环境信息披露的一般政策及具体指标进行分析与归类，并参考了研究人员自身的专业判断，共同作为实践基点，研究提出房地产行业环境信息披露的“两类主体、五大问题、三大职责”的分析框架。该评估框架体系用于评价地产类上市公司的环境信息披露表现，并为下一步建立房地产行业环境信息披露指引提供参考。

2.2.1 理论分析框架

在充分考虑非制造业相关行业产业共性和房地产行业产业特性的基础上，以房地产行业全生命周期、全产业链（价值链）涉及的主要生态和环境问题为依据，分析房地产企业对全产业链（价值链）关联主体在应对和改善生态和环境问题的贡献潜力，提出房地产行业环境信息披露的“两类主体、五大问题、三大职责”的分析框架，具体有：①两类主体是指房地产企业自身、上下游产业链（价值链）关联企业；②根据第 1 章中的背景分析，厘清房地产行业存在的五大问题：房地产行业自身生态破坏较严重、空气污染严重、碳排放量大，关联上下游行业污染物排放量大、资源能源消耗量大；③结合理论分析，将应披露的环境问题进行适当归并，形成保护生态防治污染、履行环境责任三大职责，如图 2 所示。

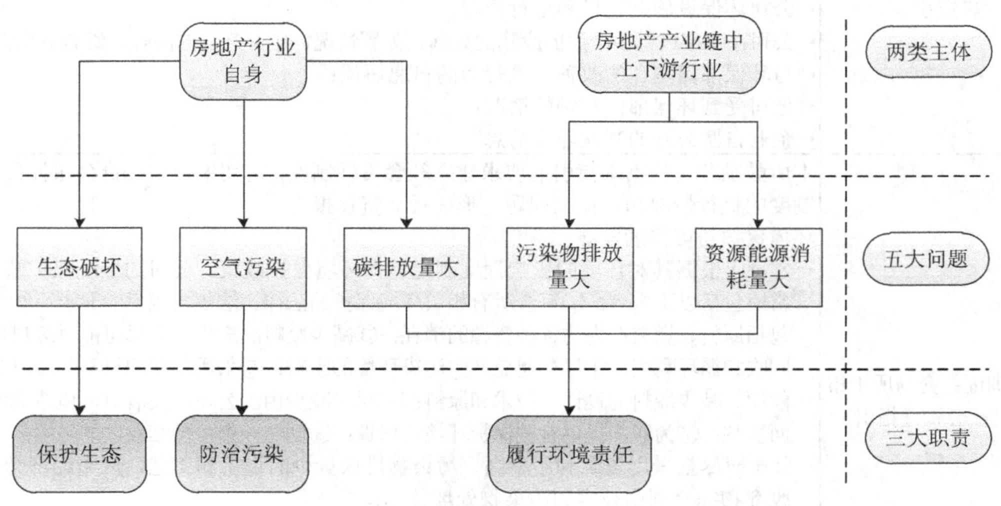

图 2 房地产行业环境信息披露理论分析框架

2.2.2 国内环境信息披露政策的具体要求

本节主要对《企业事业单位环境信息公开办法》《公开发行证券的公司信息披露内容与格式准则第2号——年度报告的内容与格式》《上海证券交易所上市公司环境信息披露指引》《深圳证券交易所上市公司社会责任指引》等环保监管和证券监管领域与环境信息披露披露相关的强制性与引导性的通用型信息披露规范，以及《广东省房地产企业社会责任指引》等专门针对房地产行业的环境信息披露规范，对其环境信息披露要求的框架分类、具体指标设置进行总结分析，如表1所示。从已有的强制性和引导性的环境信息披露规范来看，基本上也是从保护生态、防治污染、履行环境责任三大职责来设计披露框架，政策实证分析与理论分析结果基本相符。

表1 国内房地产行业相关环境信息披露政策及主要披露内容要求总结

政策文件	规定披露的具体内容
《企业事业单位环境信息公开办法》	自愿公开有利于保护生态、防治污染、履行社会环境责任的相关信息
《公开发行证券的公司信息披露内容与格式准则第2号——年度报告的内容与格式》	鼓励公司自愿披露有利于保护生态、防治污染、履行环境责任的相关信息。 环境信息核查机构等第三方机构对公司环境信息存在核查、鉴定、评价的，鼓励公司披露相关信息
《上海证券交易所上市公司环境信息披露指引》	上市公司可以根据自身需要，在公司年度社会责任报告中披露或单独披露如下环境信息： • 公司环境保护方针、年度环境保护目标及成效； • 公司年度资源消耗总量； • 公司环保投资和环境技术开发情况； • 公司排放污染物种类、数量、浓度和去向； • 公司环保设施的建设和运行情况； • 公司在生产过程中产生的废物的处理、处置情况，废弃产品的回收、综合利用情况； • 与环保部门签订的改善环境行为的自愿协议； • 公司受到环保部门奖励的情况； • 企业自愿公开的其他环境信息
《深圳证券交易所上市公司社会责任指引》	本所鼓励公司根据本指引的要求建立社会责任制度，定期检查和评价公司社会责任制度的执行情况和存在的问题，形成社会责任报告 环境保护与可持续发展 • 公司应根据其对环境的影响程度制定整体环境保护政策。公司的环境保护政策通常应包括以下内容：①符合所有相关环境保护的法律、法规、规章的要求；②减少包括原料、燃料在内的各种资源的消耗；③减少废料的产生，并尽可能对废料进行回收和循环利用；④尽量避免产生污染环境的废料；⑤采用环保的材料和可以节约能源、减少废料的设计、技术和原料；⑥尽量减少由于公司的发展对环境造成的负面影响；⑦为职工提供有关保护环境的培训；⑧创造一个可持续发展的环境； • 公司应尽量采用资源利用率高、污染物排放量少的设备和工艺，应用经济合理的废弃物综合利用技术和污染物处理技术； • 排放污染物的公司，应依照国家环保部门的规定申报登记。排放污染物超过国家或者地方规定的公司应依照国家规定缴纳超标准排污费，并负责治理； • 公司应定期指派专人检查环保政策的实施情况，对不符合公司环境保护政策的行为应予以纠正，并采取相应补救措施

政策文件	规定披露的具体内容
《广东省房地产企业社会责任指引》	房地产企业可参照本指引定期向社会发布《企业社会责任报告》 环境保护的责任： • 房地产开发企业应在经营战略中制定环境保护策略及操作规程，与环保部门签订改善环境行为的自愿协议； • 房地产开发企业在土地开发中应注意生态环境保护和土地集约、经济、合理利用，积极采用新技术、新工艺、新材料，按照国家产业政策和环境保护政策的要求，建设绿色节能产品； • 房地产企业应当积极参与政府和行业协会组织的标准认证及评奖工作； • 房地产企业宜支持并参与社会公共环境保护的宣传和实践活动，力所能及地提供人力、物力、财力以及技术支持和援助； • 房地产企业宜引导上下游合作企业注重环境保护

2.2.3 构建房地产行业环境信息披露评估体系

基于 2.2.1 节构建的分析框架，同时梳理分析国内对于房地产等非制造业现有的引导性环境信息披露规范文件（表 1），提出房地产行业上市公司环境信息披露虚拟合规性评估方法及指标体系。具体有：一是国内针对重点排污单位的强制性环境信息披露框架，以及国内外针对房地产行业的引导性环境信息披露规范性文件中，多采用“披露有利于保护生态、防治污染、履行环境责任的相关信息”作为评估要求，所以前述构建的理论框架符合政策实践；二是深入分析本研究提出的房地产企业自身与产业链主要产业产生的生态与环境问题，以及重要的控污潜力与节点，提出备选的具体披露指标，将指标项归类到三大职责。最终形成“保护生态、防治污染、履行环境责任”三大职责、16 项具体指标要求的评估框架，如表 2 所示。

表 2　房地产行业环境信息披露评估框架

三大职责	规定披露指标
保护生态	• 降低营运对环境及生态资源的重大影响的政策，或遵守与保护生态相关的法律、法规等资料； • 公司为保护生态所采取的措施； • 是否有制定定性或定量目标； • 描述在保护生态方面所取得的成果
防治污染	• 有关废气及温室气体排放、向水及土地排污的政策；或遵守与防治污染相关的法律、法规等资料； • 公司排放污染物种类、数量、浓度和去向； • 公司在生产过程中产生的废物的处理、处置情况，废弃产品的回收、综合利用情况； • 公司为防治污染所采取的措施； • 是否有制定定性或定量目标； • 描述在防治污染方面所取得的成果
履行环境责任	• 公司年度资源消耗总量； • 公司环保投资和环境技术开发情况； • 公司环保设施的建设和运行情况； • 与环保部签订的改善环境行为的自愿协议； • 公司受到环保部门奖励的情况； • 是否有负面环境信息的披露（如环境处罚等公司受到环保部门奖励的情况； • 上述要求之外的信息披露

2.3 评估细则

本研究按照构建的评估框架，将三大职责细分为共 16 个具体要求项，并就房地产上市公司在 2017 年年度报告、2017 年社会责任报告及官方网站上披露相关环境信息与否进行评分。若披露相关内容得 1 分，若未披露则不得分，每家公司得分为 0～16 分。评分具体细则如表 3 所示。

表 3 评估细则

具体要求	评估细则
保护生态	
1. 降低营运对环境及生态资源的重大影响的政策；或遵守与保护生态相关的法律、法规等资料	描述在保护生态方面遵守法律法规、内部政策名称或内部政策描述，任何披露一项即得分（如本公司积极保护，遵守相关的法律法规）
2. 为保护生态所采取的措施	公司提及在保护生态方面采取了措施（如本公司植树）或具体描述措施的实行情况均得分
3. 为保护生态所制定的定性或定量目标	定性目标（如本公司致力于保护生态）或定量目标（披露具体的数字目标皆算定量目标）均得分
4. 描述在保护生态方面所取得的成果	定性成果（如环境得到改善、员工环保意识得到了增强）或定量成果均得分
防治污染	
1. 有关废气及温室气体排放、向水及土地排污的政策；或遵守与保护生态相关的法律、法规等资料	描述在防治污染方面遵守法律法规、内部政策名称或内部政策描述，任何披露一项即得分（如公司遵守相关法律法规或制定了与防治污染相关的内部政策）
2. 排放污染物种类、数量、浓度和去向	公司披露主要排放的污染物种类，排放数量、浓度或去向中的任意一项即得分，解释并无相关排放情况也得分。排放物种类须说明具体的排放物名称，仅公布排放类别（如废气、废水等）不得分
3. 在生产过程中产生的废物的处理、处置情况，废弃产品的回收、综合利用情况	公布废物处理及处置情况、废弃产品回收、综合利用情况的任意一项均得分。提及公司在废物处理、回收及综合利用方面的政策或描述等也得分
4. 为防治污染所采取的措施	公司提及在防治污染方面采取了措施（如为了减少、控制、防治污染所采取的措施）或具体描述措施的实行情况均得分
5. 为防治污染所制定的定性或定量目标	定性目标（如本公司致力于减少污染排放）或定量目标（披露具体的数字目标皆算定量目标）均得分
6. 描述在防治污染方面所取得的成果	定性成果（如污染排放减少）或定量成果均得分
履行环境责任	
1. 年度资源消耗总量	公布任意一项资源消耗总量（如能源、水资源或原材料等）可得分，消耗总量须有具体的数字与单位，公布二氧化碳排放总量可得分
2. 环保投资和环境技术开发情况	有环保投资或环境技术开发情况的描述即得分

具体要求	评估细则
3. 环保设施的建设和运行情况	有环保设施的建设或运行情况的描述即得分。公司提及已建设环保措施或环保措施运行正常等描述均得分
4. 与环保部签订的改善环境行为的自愿协议	有与环保部门签订的改善环境行为的自愿协议相关描述即得分
5. 受到环保部门奖励的情况	公司公布环境部门颁发奖励的具体名称，或描述（如获得环保部门奖励等）均得分
6. 是否有负面环境信息的披露	公司公布是否受到环境处罚，是否有超标排放情况及其他负面环境信息任意一项均得分。公司公布没有相关负面环境信息（如报告期内未收到环境处罚等）也得分

3 2017年度房地产行业上市公司环境信息披露评估结果与结论

3.1 评估结果

3.1.1 整体评估结果

本次评估的房地产行业上市公司共130家，环境信息披露的平均分为3.78分（满分16分），最高得分为13分，最低得分为0分。130家公司整体得分情况如表4和图3所示。

表4 整体得分情况统计

得分	公司数	公司占比/%
0	51	39.2
1	3	2.3
2	5	3.8
3	12	9.2
4	8	6.2
5	11	8.5
6	5	3.8
7	6	4.6
8	9	6.9
9	6	4.6
10	5	3.8
11	6	4.6
12	1	0.8
13	2	1.5
14	0	0.0
15	0	0.0
16	0	0.0

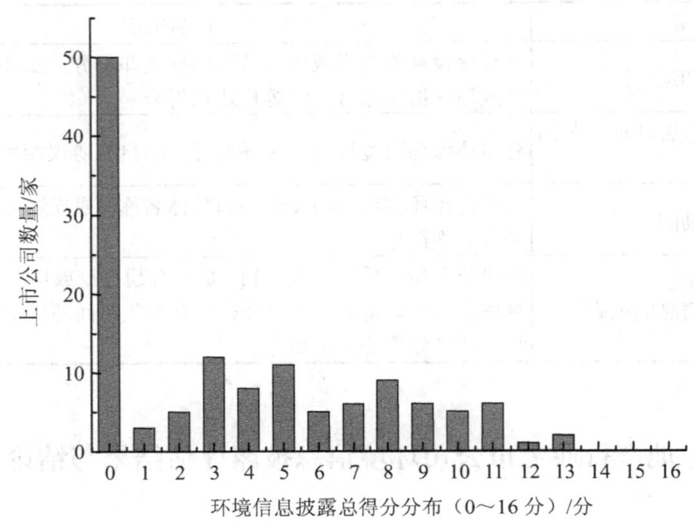

图 3　房地产行业上市公司环境信息披露总得分分布及企业数量

在保护生态、防治污染、履行环境责任三大职责均披露相关内容（即每个方面至少披露了 1 项指标）的上市公司为 52 家，占总数的 40.0%；完全未通过年报、企业社会责任报告、临时报告及官方网站披露本研究评估细则中涉及的环境信息（以下简称相关环境信息）的上市公司为 51 家，占总数的 39.2%，具体情况如表 5 和图 4 所示。总体来看，2017 年房地产行业大部分上市公司并未主动参考相关指引进行相对全面的环境信息披露。

表 5　三大职责遵守情况统计

满足方面	公司数量/家	公司占比/%
未披露	51	39.2
披露 1 方面	10	7.7
披露 2 方面	17	13.1
披露 3 方面	52	40.0

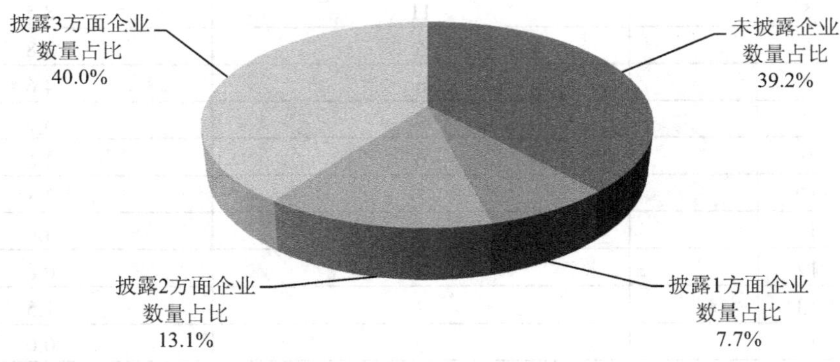

图 4　房地产行业上市公司环境信息披露三大职责完整度及企业数量占比情况

保护生态、防治污染、履行环境责任三大职责平均披露情况如表6所示，可以看到保护生态此方面披露情况最好，平均得分为1.62分（满分4分），防治污染方面次之，履行社会责任方面披露情况最差，平均得分仅为0.89分（满分6分）。

表6　三大职责平均分

单位：分

保护生态（满分4分）	防治污染（满分6分）	履行环境责任（满分6分）
1.62	1.24	0.89

总体来看，虽暂时无强制性披露要求、暂时无严格规范的信息披露技术要求，但是，房地产行业上市公司已开始参照现行政策与指引披露其环境表现信息，初步具备了这方面的意识和能力，也开展了实际工作。当然，整体披露水平距离基本的形式合规还具有较大差距，披露的全面性、规范性、有效性等方面欠缺与差异更大，实质的真实性暂时更是无从判断。推动与强化该方面工作，有一定基础和比较大希望，但是存在的困难和问题还很多。

3.1.2　发布方式分析

130家房地产行业的上市公司，披露相关环境信息的渠道分为以下几种：通过企业社会责任报告披露环境信息、通过年报及临时报告披露环境信息，以及通过公司官方网站披露环境信息。39.2%的公司未通过上述渠道中的任何一种披露环境信息，48.5%的公司会通过单一途径披露相关环境信息，少数公司（12.3%）会通过以上2种或以上方式披露相关环境信息。通过各种形式披露环境信息的公司的数量、比例、平均分数以及三大职责平均分数如表7所示。

表7　不同发布方式公司环境信息披露表现

发布方式		总体表现				三大职责平均得分/分		
		公司数量/家	整体占比/%	平均得分/分	中位数	保护生态（4分满分）	防治污染（6分满分）	履行环境责任（6分满分）
未披露		51	39.2	0	0	0	0	0
单一披露渠道	仅通过企业社会责任报告	31	23.8	7.13	7.00	3.16	2.23	1.74
	仅通过年报	27	20.8	4.56	4.00	1.78	1.78	1.00
	仅通过官网	5	3.8	2.60	2.00	2.20	0.20	0.20
多重披露渠道	通过年报及社会责任报告	11	8.5	8.64	9.00	3.36	3.27	2.00
	通过年报及官方网站	1	0.8	5.00	5.00	3.00	0.00	2.00
	通过社会责任报告及官方网站	2	1.5	6.00	6.00	3.50	1.50	1.00

对通过不同渠道披露环境信息的公司的平均得分情况进行专门分析（图 5），可以看到，年报与社会责任报告是上市公司披露环境信息的主要渠道；从各披露方式的得分情况来看，通过多重披露渠道披露环境信息的公司的平均得分（8.19 分）要高于选择单一披露渠道的公司的平均得分（5.67 分）；选择单一披露渠道的公司中，通过企业社会责任报告披露环境信息的公司平均得分（7.13 分）较高，远领先于选择通过年报（平均得分 4.56 分）以及通过公司官方网站（平均得分 2.60 分）披露相关环境信息的公司；在选择多重披露渠道的公司中，在年报、企业社会责任报告以及公司官方网站上均披露了相关环境信息的 2 家公司平均得分较高（9.5 分）。以上结果表明，尽可能选择多种披露渠道披露环境信息体现了公司对环境信息披露的重视程度，而且该类公司其披露完整度与质量均更高。

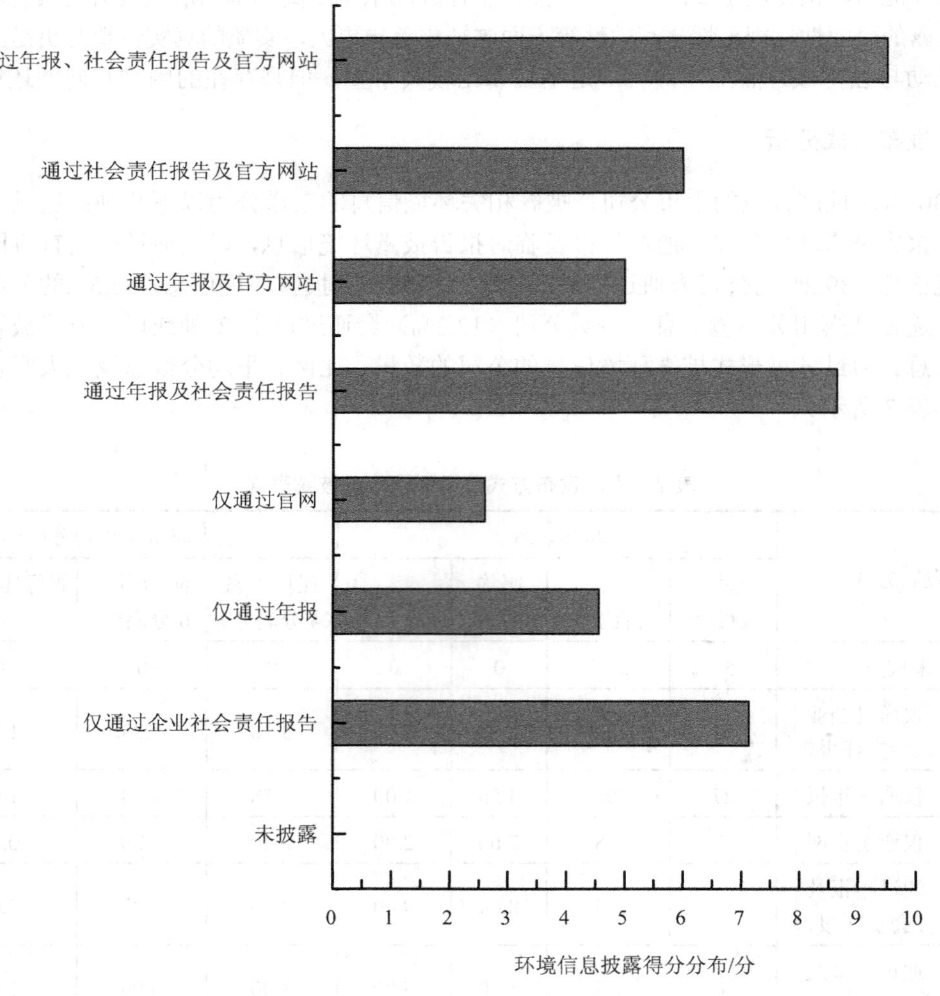

图 5　房地产行业上市公司不同发布方式环境信息披露平均得分情况

对通过不同渠道披露环境信息的公司在三大职责分别的披露情况进行专门分析（表8），可以看到，通过多重渠道披露的公司三大职责披露的完整性，明显好于通过单一渠道披露的公司的披露情况；在单一披露渠道中，企业社会责任报告和年报2种方式披露的完整性与质量，显著超过仅通过公司官网披露的情况，而且，仅通过公司官网披露的公司中仅少数公司披露了防治污染及履行环境责任两方面内容（20%），说明公司倾向于仅在官方网站上披露其有关保护生态相关工作的信息以宣传公司正面形象，其他潜在负面信息（如排污情况等）非常不倾向于通过官网披露。

表8　已披露相关环境信息公司中不同发布方式披露方面占比

已披露相关环境信息公司的发布方式情况			层面披露公司数量					
			保护生态		防治污染		履行环境责任	
发布方式		公司数量/家	披露该方面内容的公司数量/家	占比/%	披露该方面内容的公司数量/家	占比/%	披露该方面内容的公司数量/家	占比/%
单一披露渠道	仅通过企业社会责任报告	31	31	100.0	24	77.4	27	87.1
	仅通过年报	27	26	96.3	22	81.5	19	70.4
	仅通过官网	5	5	100.0	1	20.0	1	20.0
多重披露渠道	通过年报及社会责任报告	11	11	100.0	10	90.9	10	90.9
	通过年报及官方网站	1	1	100.0	0	0.0	1	100.0
	通过社会责任报告及官方网站	2	2	100.0	1	50.0	2	100.0
	通过年报、社会责任报告及官方网站	2	2	100.0	2	100.0	2	100.0

3.1.3　地域与交易所差异分析

纳入研究的130家房地产行业上市公司分布于23个省（区、市），其中广东最多（28家），其次是上海（20家）、北京（18家）以及浙江（15家），其他地区的公司数量均在10家以下，具体分布情况如表9所示。

表 9　各地区相关环境信息披露情况汇总

地区	公司数量/家	平均得分/分	披露环境信息公司占比/%
北京	18	3.2	66.7
天津	6	2.2	50.0
重庆	4	0.0	0.0
上海	20	3.7	55.0
安徽	3	1.3	33.3
福建	3	8.0	100.0
广东	28	4.3	64.3
广西	1	2.0	100.0
贵州	1	8.0	100.0
海南	3	3.3	33.3
河北	3	5.0	66.7
湖北	4	5.3	75.0
吉林	3	2.0	33.3
江苏	5	9.6	100.0
江西	1	0.0	0.0
辽宁	1	3.0	100.0
山东	2	6.0	100.0
陕西	2	1.5	50.0
四川	2	5.0	50.0
云南	3	1.7	33.3
浙江	15	3.6	73.3
甘肃	1	0.0	0.0
西藏	1	0.0	0.0

分省份的三大职责披露平均得分以及总得分如表 10 和图 6 所示，可以看出，江苏、福建和贵州属于披露信息公司的比例高（100%披露）、同时三大职责披露得分均值较高、同时披露总体得分也属最高；山东属于披露信息公司的比例高（100%披露）、同时披露总体得分较高，但三大职责披露得分均值一般；重庆、江西、甘肃、西藏属于上市公司数量较少、同时信息“零披露”；广东、上海、江苏、北京则属于上市公司数量最多的前 4 个省市，但是其披露信息公司的比例以及总体得分情况均属于中游行列。

表 10　各地区已披露环境信息公司的层面得分

各地区环境信息披露层面表现（得分仅计算已披露环境信息的公司）				
地区	披露环境信息企业占比/%	层面平均得分/分		
		保护生态（满分 4 分）	防治污染（满分 6 分）	履行环境责任（满分 6 分）
北京	66.7	2.5	1.2	1.1
天津	50.0	2.3	1.7	0.3
重庆	0.0	—	—	—
上海	55.0	3.2	1.7	1.8
安徽	33.3	1.0	2.0	1.0
福建	100.0	3.3	3.0	1.7
广东	64.3	2.7	2.2	1.7
广西	100.0	2.0	0.0	0.0
贵州	100.0	3.0	3.0	2.0
海南	33.3	4.0	4.0	2.0
河北	66.7	3.5	2.5	1.5
湖北	75.0	1.3	3.3	2.3
吉林	33.3	2.0	3.0	1.0
江苏	100.0	3.4	3.8	2.4
江西	0.0	—	—	—
辽宁	100.0	3.0	0.0	0.0
山东	100.0	2.5	2.0	1.5
陕西	50.0	1.0	1.0	1.0
四川	50.0	4.0	4.0	2.0
云南	33.3	4.0	0.0	1.0
浙江	73.3	2.1	1.7	1.1
甘肃	0.0	—	—	—
西藏	0.0	—	—	—

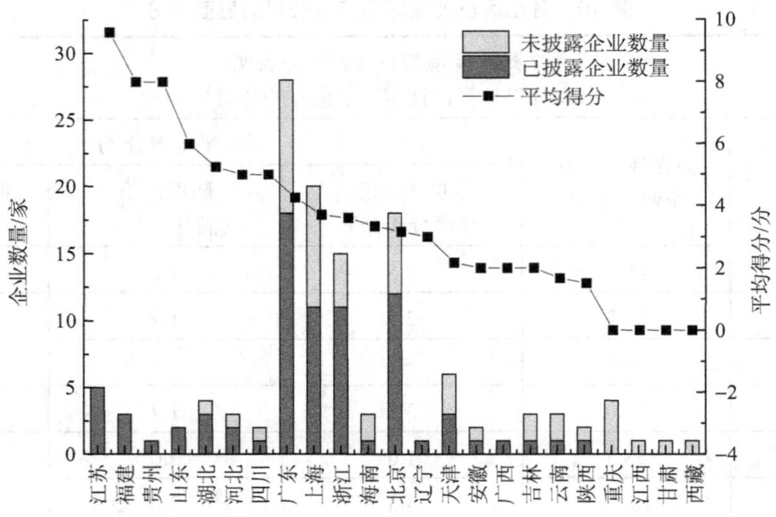

图 6　房地产行业上市公司不同省份环境信息披露企业数量与平均得分情况

纳入研究的 130 家房地产行业上市公司中有 70 家在上交所上市，60 家在深交所上市。上交所上市公司披露环境信息的比率（65.7%）以及平均得分（4.2 分）要高于深交所上市公司（表 11 和图 7）。

表 11　各交易所公司环境信息披露得分

总体表现				
交易所	公司数量/家	平均得分/分	中位数	披露环境信息公司占比/%
上交所	70	4.2	4.0	65.7
深交所	60	3.3	2.0	55.0

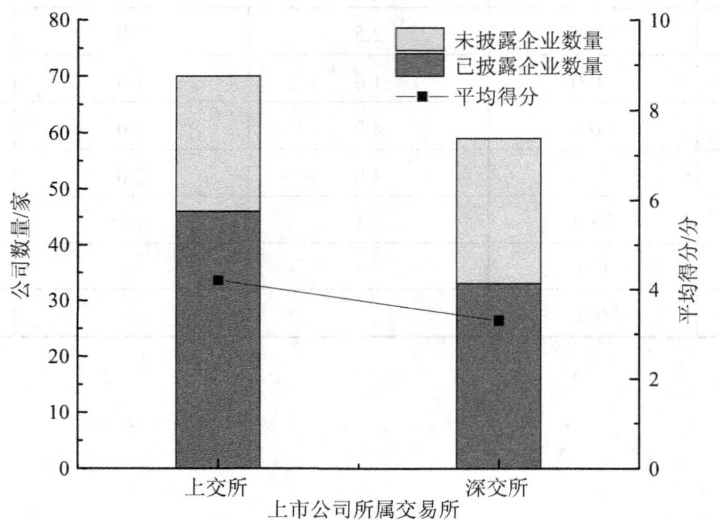

图 7　房地产行业上市公司不同交易所环境信息披露企业数量与平均得分情况

对已披露环境信息的公司而言，上交所上市公司在保护生态与履行环境责任两个层面的披露表现（平均得分分别为 2.8 分与 1.6 分）均优于深交所上市公司（平均得分分别为 2.4 分与 1.3 分）；而深交所上市公司在防治污染方面的披露表现（平均得分 2.2 分）要好于在上交所上市公司（防治污染方面平均得分 1.9 分），如表 12 所示。

表 12　各交易所已披露环境信息公司的层面得分

各交易所环境信息披露层面表现（得分仅计算已披露环境信息的公司）				
交易所	披露环境信息企业占比/%	层面平均得分/分		
		保护生态（满分 4 分）	防治污染（满分 6 分）	履行环境责任（满分 6 分）
上交所	65.7	2.8	1.9	1.6
深交所	55.0	2.4	2.2	1.3

3.1.4　市值差异分析

市值[①]较大的公司信息披露平均得分较高，披露环境信息的公司占比也较高（表 13 和图 8）。平均市值超过 500 亿元的 8 家企业全部披露了环境信息，不存在零披露，且平均得分最高，说明市值较高的公司对环境信息的管理及披露更加完善。

表 13　不同市值公司环境信息披露得分

总体表现			
市值区间	公司数量/家[②]	平均得分/分	披露环境信息企业占比/%
50 亿元以下	19	1.63	36.8
50 亿～80 亿元	27	2.78	51.9
80 亿～130 亿元	34	4.03	58.8
130 亿～200 亿元	22	3.94	63.6
200 亿～500 亿元	19	4.79	84.2
500 亿元及以上	8	8.38	100.0

① 市值数据为各公司 2017 年 1 月 1 日至 2017 年 12 月 31 日的平均市值。

② 市值统计中共在样本中分析了 129 家地产企业的得分情况，因南都物业（603506）为 2018 年 2 月上市，缺乏与其他企业同方法统计的 2017 年市值数据，因此该公司未纳入此分析中。

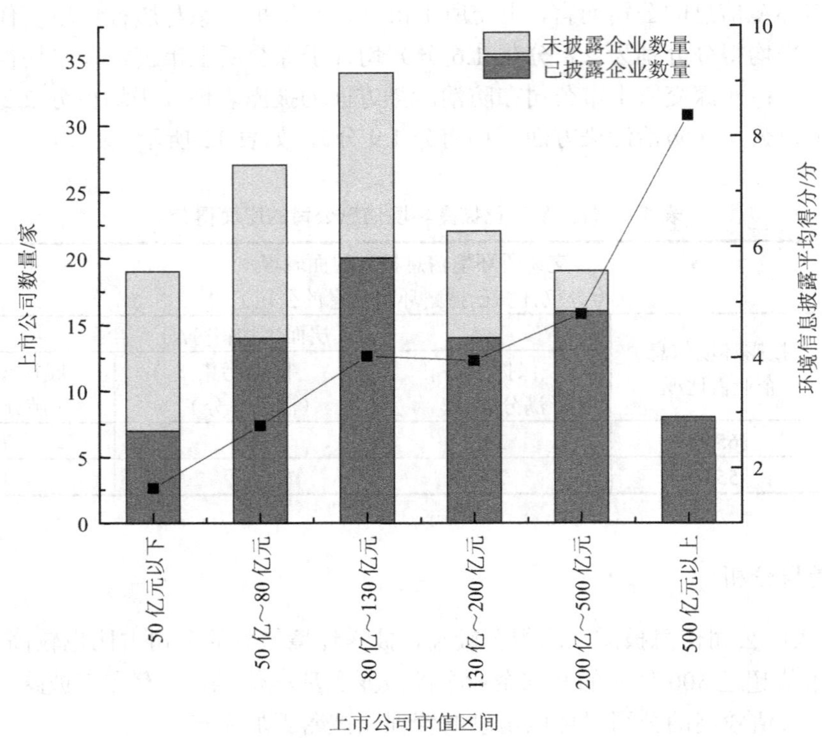

图 8 房地产行业上市公司不同市值区间环境信息披露企业数量与平均得分情况

3.1.5 业务板块分析

通过分析 130 家上市公司于 2017 年年报中的主营业务章节的内容，本研究将房地产行业上市公司的主营业务板块主要归类为房地产开发与销售、房地产运营、施工建造业务以及其他业务（与房地产相关度较低的其他业务板块）。以下为涉及各业务板块的公司数目、平均得分以及按业务板块划分的层面得分表现。

分业务板块情况来看，各板块披露平均得分差别不大，施工建造业务板块的公司平均得分（5.05 分）高于其他板块，披露环境信息的企业占比（71.4%）最高，如表 14 和图 9 所示，说明企业在施工建造业务方面披露的公司数量虽然不高，但是在披露的完整度与合规性方面表现较好。

表 14 业务板块环境信息披露得分

总体表现			
涉及业务板块类别	企业数量/家	平均得分/分	披露环境信息企业占比/%
房地产开发与销售	120	3.93	63.3
房地产运营	74	4.05	64.9
施工建造业务	21	5.05	71.4

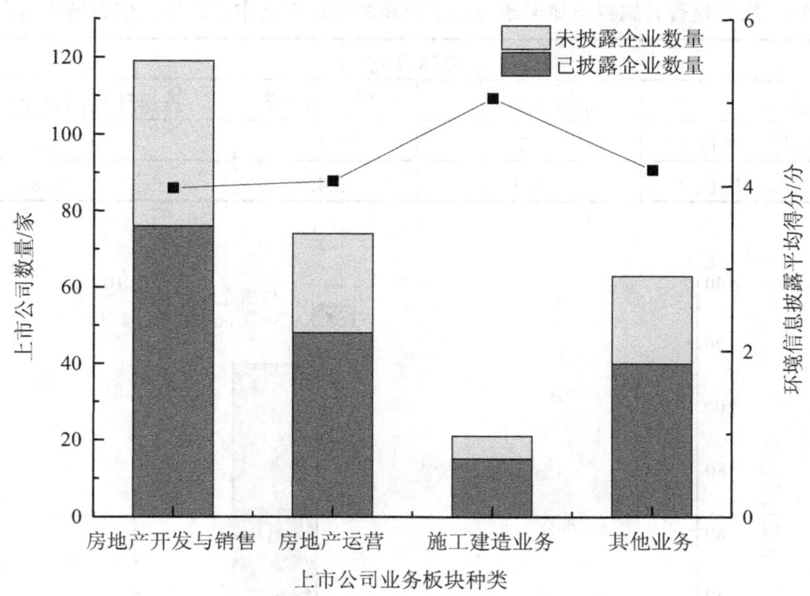

图 9　房地产行业上市公司不同业务板块环境信息披露企业数量与平均得分情况

从三大职责分别的披露情况来看，施工建造业务板块也是最好的，其在保护生态、防治污染、履行环境责任三个方面得分分别为 2.93 分、2.33 分和 1.80 分，在各板块、各方面中都是最高的，如表 15 所示。

表 15　各业务板块已披露环境信息公司的层面得分

各业务板块环境信息披露层面表现（得分仅计算已披露环境信息的公司）				
涉及业务板块类别	披露环境信息企业占比/%	层面平均得分/分		
		保护生态（满分 4 分）	防治污染（满分 6 分）	履行环境责任（满分 6 分）
房地产开发与销售	63.3	2.66	2.07	1.49
房地产运营	64.9	2.81	1.92	1.52
施工建造业务	71.4	2.93	2.33	1.80

3.1.6　是否属重点排污单位分析

因为既往履行环境信息披露的责任主体主要是属于重点排污单位的上市公司及其重要子公司，相关政策监督与技术引导也是围绕它们展开的，所以，对属于非重点排污单位的上市公司进行区分研究，对于评估既往政策效果、研究下步政策重点具有重要指导意义。具体来说：上述 130 家房地产行业上市公司中，有 12 家公司旗下有属于重点排污单位的子公司，该 12 家公司平均得分（7.33 分）远高于旗下无重点排污单位的公司（3.48 分），且已披露企业数量占比（91.7%）也远高于后者（59.3%），如表 16 和图 10 所示。

表 16 旗下是否有属重点排污单位的子公司的房地产上市公司环境信息披露得分

总体表现			
企业类别	企业数量/家[①]	平均得分/分	披露环境信息企业占比/%
旗下有重点排污单位	12	7.33	91.7
旗下无重点排污单位	114	3.45	58.8

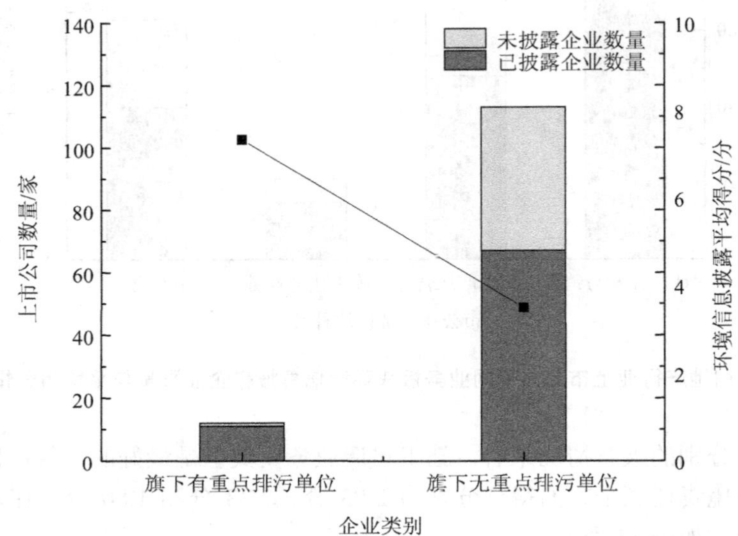

图 10 房地产行业上市公司不同企业类别环境信息披露企业数量与平均得分情况

从三大职责分别披露情况来看，旗下有属于重点排污单位子公司的上市公司，其保护生态方面披露情况（2.36 分）与旗下无重点排污单位的公司披露情况（2.70 分）接近，而防治污染与履行环境责任两大方面披露情况远远好于旗下无重点排污单位的公司披露情况（3.55 分与 1.79 分，2.09 分和 1.37 分），如表 17 所示。

表 17 已披露环境信息的重点排污单位得分情况

旗下有/无重点排污单位公司的环境信息披露层面表现（得分仅计算已披露环境信息的公司）				
企业类别	披露环境信息企业占比/%	层面平均得分/分		
		保护生态（满分 4 分）	防治污染（满分 6 分）	履行环境责任（满分 6 分）
旗下有重点排污单位	91.7	2.36	3.55	2.09
旗下无重点排污单位	58.8	2.70	1.79	1.37

① 此统计中共分析了 126 家公司的环境信息披露得分，因有 4 家公司并未披露自身旗下是否有重点排污单位，因此不被列入此分析结果范围。

从上述情况可以看出，《公开发行证券的公司信息披露内容与格式准则第 2 号——年度报告的内容与格式》（2017 年修订）（以下简称《2 号准则》）在推动属重点排污单位的上市公司及其重要子公司在披露防治污染类信息方面效果显著，房地产行业虽暂时尚无整体的行业性环境信息披露政策要求与指引，但是，受到《2 号准则》要求属重点排污单位的上市公司及其重要子公司披露防治污染类信息的影响，所以其守法意愿与披露意识较强，也间接使其房地产母公司披露更多防治污染类环境信息。

3.2 评估结论

（1）2017 年房地产行业的大部分上市公司并未主动参考相关指引进行全面环境信息披露。房地产行业上市公司环境信息披露主体责任与意识有待加强，但企业环境信息披露的整体情况存在明显的两极分化。

（2）就发布方式来看，近半数公司会通过单一途径披露相关环境信息，仅一成公司会通过 2 种或以上方式披露环境信息。

（3）上交所上市公司的环境信息披露占比高于深交所上市的公司，平均得分亦较高。

（4）就市值差异来看，市值较大的公司在环境信息披露的平均得分较高，披露环境信息的公司占比亦较高。市值较高的公司对环境信息的管理及披露更加完善，更倾向通过全面的披露环境信息以更好回应各利益相关方的关注。

（5）就业务板块来看，在涉及施工建造业务的已披露环境信息的公司中，防治污染方面的披露情况优于涉及其他业务板块公司。在房地产开发与销售以及房地产运营两个业务板块中，污染防治并非重要环境影响且适用性不强，披露情况较差。

（6）旗下有重点排污单位的公司披露环境信息的情况大幅优于旗下未有重点排污单位的公司，《2 号准则》中对于重点排污单位的环境信息强制披露政策初见成效。

（7）政策法规对房地产行业上市公司在环境信息披露方面的明确程度较低、适用程度不一、难易程度差距较大，加之仍缺乏针对地产行业环境信息披露的技术文件及指引，难以真实评判房地产行业上市公司环境信息披露合规情况、环境信息披露绩效优劣等诸多方面的重要信息。

4 房地产行业环境信息披露指引编制

4.1 现有披露框架指标的可操作性分析

由于房地产行业上市公司并未有现行的行业性环境信息披露具体要求，而根据以上评估框架虽能一定程度反映各公司的环境信息披露表现，但有部分指标项存在以下问题，如描述过于概括、行业适用程度较低、披露要求难易程度较高等，且该框架并未涵盖适合房地产行业上市公司披露环境信息的所有指标，尤其是具体的行业性指标。

本研究将针对房地产行业上市公司对各指标披露优劣情况的内在原因进行分析，同时结合保护生态、防治污染和履行环境责任三大职责的具体指标，在指标的明确程度、适用程度及难易程度等方面进行进一步探讨。

4.1.1 整体披露情况较好指标分析

根据本研究评估结果，整体披露最多的三项指标依次为降低营运对环境及生态资源的重大影响的政策或遵守的法律法规、公司为保护生态所采取的措施及公司为防治污染所采取的措施。

本研究认为该三项指标在环境信息披露方面适用程度较高，且对于公司的披露难度较低，因此公司在选择披露环境信息时，会优先对该等指标进行披露。本研究亦发现，在此三项披露中，公司在保护生态及防治污染所采取的措施指标披露上所披露的内容较为明确具体，可披露采取的具体措施，且部分公司会披露相应成果；而对于降低营运对环境及生态资源的重大影响的政策或遵守的法律法规指标，只有少数公司会披露内部政策或遵守法律法规的名称或具体内容，且在披露该项内容的少数公司中，大部分是由于公司上市口径中涉及重点排污类型的业务而需要强制性进行披露。大部分公司对该项指标的披露停留在较为模糊的层面，如“本公司遵守相关法律法规”或“本公司致力于环境保护”等概括性描述。

4.1.2 整体披露情况较差指标分析

根据本研究评估结果，整体披露最少的三项依次为与环保部门签订的改善环境行为的自愿协议、公司年度资源消耗总量及公司为防治污染所制定的定性或定量目标。

本研究认为，该三项指标的披露情况不理想的主要原因是，公司本身在以上方面的环境表现关注度不够以及公司未意识到披露以上环境信息对公司的重要性。对与环保部门签订的改善环境行为的自愿协议一项，在房地产行业受到环境方面关注较低的现状下，房地产行业上市公司对此项披露较差的情况具有合理性；对于公司年度资源消耗总量一项，房地产上市公司，尤其当涉及物业管理与运营业务时，由于建筑物运营能耗较大，该指标适用程度较高；对于防治污染所制定的定性或定量目标一项，由于目标制定与披露难度较大，加之防治污染在房地产行业关注度较低，适用程度相对较低的情况下，披露情况较差亦具有合理性。

4.1.3 三大职责整体披露情况分析

本研究发现，在保护生态、污染防治及履行环境责任三大职责中，保护生态方面整体披露情况相对较好，防治污染与履行环境责任两方面披露情况相当。

本研究认为，保护生态方面涉及的披露适用程度较高，披露指标要求更概括，且由于公司在日常管理中对环境管理政策的制定有一定基础，所以披露难度较小，披露情况较好。同时，对房地产行业而言，在土地利用与开发建造过程中，对环境有较大的影响与破坏的可能性较高，因此该方面的披露指标适用程度较高。此外，为进一步提升公司在此方面的披露质量，可考虑提高披露指标描述的明确程度。

在防治污染方面，披露指标要求更明确，上市公司须描述在防治污染方面的法律法规或政策措施，因此披露情况不如保护生态方面好。此外，在防治污染方面对排放污染物与废物处理等更细化的披露项的披露难易程度较高，而该等指标的披露情况较差也是防治污染方面整体披露情况不如保护生态方面的原因。在防治污染方面，大部分在排放污染物情况等指标项披露较好的公司均由于其公司业务中包含有重点排污的板块，而对于传统房地产行业（不包含重点排污的板块），排放污染物与废物处理等防治污染方面的环境信息披露适用程度与披露难易程度可进一步探讨。

在履行环境责任方面，披露指标要求的明确程度整体较高，但部分披露指标要求的难易程度较高，如年度资源消耗总量、与环保部门签订的改善环境行为的自愿协议、公司收到环保部门奖励的情况等，房地产行业公司本身在该等方面的关注程度与投入资源较少，披露情况相应较差具有合理性。加之个别指标披露的信息（如是否有负面环境信息披露一项）本身存在影响公司形象的风险，因此大部分公司选择不披露。但此类指标由于披露难易程度较低，且受到投资人与公众的普遍关注，可考虑建立更具强制性的披露指引要求公司进行披露。

综上所述，以三大职责为框架的评估体系应做出提升。主要考虑方面有：从框架设定上考虑房地产行业公司披露的适用程度；每个方面下的具体要求可因应房地产行业现有情况区分不同的难易程度；提升每个披露指标描述的明确程度；增加房地产行业性特有披露指标。

4.1.4 三大职责下具体指标披露情况分析

（1）保护生态方面

保护生态方面共 4 项指标，下面从指标适用性和可行性两方面进行分析，其中指标适用性是对相应指标的披露公司数量和披露公司占比进行描述，可行性是指从明确程度、适用程度和难易程度三个维度来剖析指标的可操作性。具体分析见表 18。

从表 18 中可以看出，保护生态方面的披露指标内容的适用程度均较高，但由于房地产行业中仍有不同业务分类，可考虑进一步提升披露指标在不同业务方面的适用程度；部分指标需要进一步提高披露内容的明确程度，以使披露内容本身更有意义；同时，可考虑将难易程度较高的披露指标要求分阶段（如分定性、定量两个阶段）实施，并提供足够的披露指引。

（2）防治污染方面

防止污染方面共 4 项指标，下面从指标适用性和可行性两方面进行分析，具体分析见表 19。

从表 19 中可以看出，防治污染方面的大部分披露指标内容的适用程度一般，主要原因在于房地产行业下不同分类的业务对环境污染的重要性存在差异。对建造业务而言，防治污染方面的披露指标适用程度较高；对于物业开发与管理方面，对环境污染的适用程度较低，而在能耗管理方面适用程度较高，因此，防治污染方面的披露指标须进一步探讨适用程度后再进行明确。此外，防治污染方面由于有较多定量披露指标，披露较困难，可考虑将较困难的披露指标要求分阶段（如分为建造业、其他业务两个阶段）实施。

表 18 保护生态方面指标适用性与可行性分析

指标披露情况总结			指标可操作性分析		
披露指标内容	披露公司数量/家	披露公司比例/%	明确程度	适用程度	难易程度
1. 降低营运对环境及生态资源的重大影响的政策；或遵守与保护生态相关的法律、法规等资料	67	84.81	明确程度较低。较多公司选择以“本公司遵守相关法律法规”或“本公司致力于环境保护”等类似描述对该项指标进行披露	适用程度较高。房地产行业的公司主要业务都涉及该部分的内容披露	难易程度较低。大部分房地产行业公司都有内部政策，并均须遵守相关法律法规的要求
2. 为保护生态所采取的措施	64	81.01	明确程度较高。较多公司都根据政策内容，进一步披露在环评要求、建筑节能、绿色建筑技术应用等方面的内容	适用程度较高。房地产行业的公司主要业务都涉及该部分的内容披露	难易程度较低。大部分房地产行业公司都按照自身政策采取相应措施，并进行披露
3. 为保护生态所制定的定性或定量目标	33	41.77	明确程度一般。披露该项内容的公司大部分以愿景等定性目标的方式进行披露，只有极少部分公司披露定量目标	适用程度较高。房地产行业公司的不同业务都可以设定不同范畴的环境相关目标	难易程度较高。需要房地产行业公司分析自身影响较大的环境方面，并考虑可操作性以设定目标
4. 描述在保护生态方面所取得的成果	47	59.49	明确程度一般。大部分公司披露描述性成果，如“环境得到改善”或“减少了对环境的影响”等，部分公司披露绿色建筑评级结果等方面内容。定量披露成果多见于个案分析的结果	适用程度较高。房地产行业公司的不同业务都可以根据设定的不同范畴的环境相关目标，进一步披露取得成果	难易程度一般。披露定性成果较容易，但定性成果本身意义不大；披露定量成果较困难，尤其是明确披露范围的情况下

表 19 防治污染方面指标适用性与可行性分析

指标披露情况总结			指标可操作性分析		
披露指标内容	披露公司数量/家	披露公司比例/%	明确程度	适用程度	难易程度
1. 有关废气及温室气体排放、向水及土地排污的政策；或遵守与防治污染相关的法律、法规等资料	40	50.63	明确程度一般。与保护生态方面相比，明确了披露内容的范畴，较多公司选择以“本公司遵守《中华人民共和国大气污染防治法》”或“本公司致力于防治污染”等类似概括性描述对该项指标进行披露	适用程度一般。房地产行业公司的建造业务较为适用，而针对房地产开发或运营而言，适用性须进一步探讨	较容易。大部分房地产行业公司都有内部相关政策，并须遵守相关法律法规的要求

指标披露情况总结			指标可操作性分析		
披露指标内容	披露公司数量/家	披露公司比例/%	明确程度	适用程度	难易程度
2. 排放污染物种类、数量、浓度和去向	11	13.92	明确程度较高。值得注意的是，披露该项指标的公司大部分为上市口径中包含重点排污单位的公司	适用程度较低。房地产行业公司中的建造业务较为适用，但披露指标的设定须进一步探讨；开发与运营业务的排放对于此等业务的环境影响重要性须进一步探讨	较困难。房地产行业中的建造业务由于受到管理水平局限，收集计算所排放污染物的数量有一定困难
3. 在生产过程中产生的废物的处理、处置情况，废弃产品的回收、综合利用情况	24	30.38	明确程度较高。大部分公司选择披露废物处置的政策，危险废物处理的合规性，以及废物再利用的情况	适用程度较高。房地产行业公司的不同业务都可以披露不同范畴的废物处置及利用情况	难易程度一般。由于该指标对于房地产行业较为重要，大部分公司开始重视废物管理相关工作，但该部分的管理，尤其是定量统计需要一定的资源投入
4. 为防治污染所采取的措施	49	62.03	明确程度较高。较多公司都已根据政策内容，进一步披露在节能减排、工程管理、绿色出行等方面的内容	适用程度一般。房地产行业公司建造业务与该指标内容披露较为相关。开发与运营业务的防治污染措施对此等业务的环境影响重要性须进一步探讨	较容易。大部分房地产行业公司都按照自身政策采取相应措施，并进行披露
5. 为防治污染所制定的定性或定量目标	7	8.86	明确程度一般。披露该项内容的公司极少，大部分以愿景等定性目标的方式进行披露，未发现有公司披露定量目标	适用程度一般。房地产行业公司建造业务与该指标内容披露较为相关。开发与运营业务的防治污染目标对此等业务的环境影响重要性须进一步探讨	较困难。房地产行业公司须首先考虑分析在防治污染方面影响的重要性，再确定是否需要设定目标
6. 描述在防治污染方面所取得的成果	30	37.97	明确程度一般。大部分公司披露描述性成果，如“达到了降尘的目的”或“减少了污染物排放”等。定量披露成果多见于重点排污单位环保设施运营的减排成果	适用程度一般。房地产行业公司建造业务与该指标内容披露较为相关。开发与运营业务的防治污染成果对此等业务的环境信息披露适用程度须进一步探讨	难易程度一般。披露定性成果较容易，但定性成果本身意义不大；披露定量成果较困难，尤其是在明确披露范围的情况下

（3）履行环境责任方面

履行不境责任方面共 6 项指标，下面从指标适用性和可行性两方面进行分析，具体分析见表 20。

从表 20 中可以看出，在履行环境责任方面，环保设施的建设和运行情况指标的适用程度较高，且披露较容易，可考虑与环保投资披露指标结合进行披露；年度资源消耗总量与负面环境信息的披露两项指标情况大部分披露指标内容的适用程度较高且明确程度较高，但披露较困难，可考虑从政策实行方面进行推动；与环保部门签订的改善环境行为的自愿协议与受到环保部门奖励的情况可进一步考虑在房地产行业的适用程度。

表 20　履行责任方面指标适用性与可行性分析

指标披露情况总结			指标可操作性分析		
披露指标内容	披露公司数量/家	披露公司比例/%	明确程度	适用程度	难易程度
1. 年度资源消耗总量	5	6.33	明确程度较高	适用程度较高。房地产行业公司的不同业务均适用，且针对房地产开发或运营而言，是较重要指标	较困难。该披露指标的管理，尤其是定量统计需要一定资源的投入
2. 环保投资和环境技术开发情况	37	46.84	明确程度一般。针对该项指标，大部分公司均选择披露在节能设备（如冷水机组等）及环保物料使用等方面的投入，披露类型较一致	适用程度一般。房地产行业公司中对环保投资的披露集中在采购节能设备及材料方面。对于环境技术开发部分的适用性须进一步探讨	较容易。绿色建筑的兴起使房地产行业公司对环保投资的比例增加，披露指标内容也较为正面，进行环保投资的公司披露意愿较强
3. 环保设施的建设和运行情况	43	54.43	明确程度较高。该披露指标借鉴于重点排污单位环境信息披露要求，大部分公司倾向将此项披露指标与环保投资结合披露	适用程度较高。房地产行业公司的不同业务都可以披露不同范畴的环保设施建设和运行情况	较容易。与环保投资披露指标相似，该披露指标内容也较为正面，公司披露意愿较强
4. 与环保部门签订的改善环境行为的自愿协议	3	3.80	明确性较高	适用程度较低。由于房地产行业受到环境方面的关注较低，与环保部门签订改善自愿协议的公司也较少。可对该指标的适用程度进行进一步探讨	较困难。该指标对于房地产公司的实施难度较大
5. 受到环保部门奖励的情况	9	11.39	明确性较高	适用程度一般。由于房地产行业受到环境方面的关注较低，受到环保部门的奖励情况较少。可对该指标的适用程度进行进一步探讨	难易程度一般。房地产行业受到环保部门的奖励情况较少为客观事实，但从房地产行业披露奖励情况来看，房地产行业对环境奖励披露的意愿较强
6. 是否有负面环境信息的披露	19	24.05	明确性较高	适用程度较高。房地产行业公司受到环境处罚的情况较为普遍，尤其是开发与建造业务，且该指标披露的信息对公司影响较大	较困难。由于该指标的披露，尤其是环境处罚方面，对公司各方面负面影响较大，公司均会选择不披露。披露该项指标需要强制性政策要求的配合

（4）其他环境信息披露方面

除三大职责下的具体指标披露情况外，本研究也发现房地产行业上市公司披露的环境信息中，额外信息披露主要集中在绿色施工、绿色建筑开发、土地利用、环境培训及环境宣传等方面。该情况说明房地产行业自身对此等环境信息的关注度较高，可考虑引导并规范房地产行业上市公司对该等信息的披露。

4.2 国际经验的总结与借鉴

4.2.1 国外房地产行业环境信息披露体系

（1）全球报告倡议组织《GRI G4 行业披露指南——建造业与地产业》

该指引由全球报告倡议组织制定，在 GRI G4 一般报告框架的基础上，针对建造业与地产业在可持续发展方面可考虑披露的指标做出了详细规定与解释。

在 GRI G4 一般报告框架的基础上，《GRI G4 行业披露指南——建造业与地产业》在材料、能源、水资源、生物多样性、排放物、污水与废物、产品与服务以及交通物流 8 个环境方面提出了额外的行业性要求，同时新增土地污染与修复方面对建造业与地产业的要求。由此可见，全球报告倡议组织认为在以上方面，房地产行业引起的环境影响较大，需进行进一步披露。关于各方面可考虑详细披露的指标，详见表 21。

表 21 GRI G4 建造业与地产业环境层面披露指标总结

指标类别	具体指标
材料	减少原材料使用的政策与措施 选择材料和供应商的政策与措施 材料使用量 可回收材料的使用量
能源	能源管理政策与措施 能源使用量 减少能源使用量的措施及量化成果 减少产品或提供服务的能源需求 建筑能耗强度
水资源	水资源管理政策与措施 用水量及取水来源 会被缺水显著影响的水源 用水量中回收再利用的比例 建筑用水强度
生物多样性	关于减低建造和运营过程中对生物多样性影响的政策 描述活动对生态保护区或具有高生物多样性保护价值地区的影响 栖息地的保护与保留
排放物	碳管理政策 直接与间接温室气体排放量 减少温室气体排放量的措施及量化成果 建筑温室气体排放强度/建造及重新开发项目温室气体排放强度

指标类别	具体指标
废水与废弃物	避免和减低废弃物产生的政策 废水排放总量与去向 按种类与处置方式分类的废弃物总量
产品与服务	在全生命周期中减少对环境与人类健康影响的政策 在房地产运营或建造过程中降低对环境影响的程度
交通物流	减少或避免原材料物流运输的政策 描述运输原材料或人力过程对环境造成的重大影响
土地污染与修复	土地评估与修复计划与管理的政策 识别土地污染风险 修复土地污染的策略与计划

在材料方面，由于建造业使用的材料数量较多，是行业显著的环境影响因素，针对材料使用的管理与减量化措施，以及材料使用量化程度等指标适用程度与明确程度较高，且建造业在日常成本控制中亦对材料管理方面有一定基础，披露难易程度较低。

在能源方面，建造业与地产运营均消耗较多能源，是地产行业显著的环境影响因素。建立能源管理的政策，度量能源的使用量，审视能源使用效率，减少能源的使用等指标适用程度与明确程度较高。但由于地产行业在能源管理方面的整体水平有待加强，故可考虑首先披露能源使用量，采取减少能源消耗的措施等指标，最终逐步建立能源管理体系。

在水资源方面，情况与能源方面类似，指标的明确程度与适用程度较高，而考虑到难易程度方面，亦可从披露水资源使用量与减少水资源消耗的措施出发，逐步建立水资源管理体系。

在生物多样性方面，由于房地产行业在建造过程中，可能对生物多样性造成潜在威胁，由于该过程不可逆且造成社会影响较大，对房地产行业上市公司带来的环境与社会风险较大，故该等指标适用程度较高。但由于房地产行业对生物多样性的认识较少且重视程度较低，故指标应考虑其明确程度与难易程度，以确保房地产行业上市公司可以对指标进行适当披露。

在排放物、废水与废物方面，由于我国现有政策与指标体系已较为成熟，故可延续披露。值得注意的是，温室气体披露项对于房地产行业尤为重要，故应纳入披露指标中。

在产品与服务方面，持续减低建造与运营过程的全生命周期中对环境影响较重要，但投入成本较大，且对于现阶段的房地产行业环境信息披露较困难，故可考虑在今后纳入披露要求中。

在交通物流方面，由于建造过程中涉及大量原材料运输，该过程对空气排放与能源使用等环境方面影响较大，而该部分对于建造业本身与成本管理的方向具有一致性，故披露该等指标的明确程度、适用程度均较高，且披露较容易。

在土地污染与修复方面，由于环境影响评价的要求，房地产行业公司对该方面有一定认识，故明确程度较高。且由于房地产建造对土地的影响较为显著，故适用程度较高。在制定披露指标时，应着重考虑指标的难易程度，使公司能够有针对性地进行信息披露。

（2）德国金融分析师协会《KPIs for ESG 3.0 指引》

《KPIs for ESG 3.0 指引》由德国金融分析师协会与欧盟金融分析师协会联合出版。为了使环境、社会及管治报告可以作为投资人士的分析基础，该指引针对环境、社会及管治报告的披露工作，做出了具体的规定和建议。

《KPIs for ESG 3.0 指引》认为，环境、社会及管治工作的重要组成部分是包含公司范围内与环境、社会及管治相关的所有规划和监督过程的内部报告。为了监控目标是否实现，公司应选择适用于环境、社会及管治范围内的统一的关键绩效指标，并定期整理，向环境、社会及管治委员会每年汇报一次。

环境、社会及管治报告应在结构清晰的流程和数据收集体系的基础上进行编制，保留数据审验痕迹和质量控制机制（如批准程序、自动合理性检查等）。如果环境、社会及管治信息是由外部进行汇报，公司应遵循德国金融师分析协会原则，如相关性、透明性、连续性和时效性，以报告出高质量的环境、社会及管治报告中的关键绩效指标。具体原则解释如下：

相关性：公司披露的信息应是基于读者的相关需求，满足投资者和金融分析师在报告范围、细节、频率和完整性的期望。当该公司控制的所有单位或对该公司有重要影响的单位都包含在数据收集体系中时，可认为环境、社会及管治报告的关键绩效指标披露工作是完整的。环境、社会及管治报告中的披露边界，例如供应商及其环境、社会及管治表现，或客户使用的产品对环境、社会及管治工作产生的影响，应清晰地在报告中表述。

透明性：环境、社会及管治报告中的信息是一致和透明的，它们应是可以量化，解释充分并可与其他组织进行比较的。因此，当报告边界、范围或报告披露期发生重大改变时，公司在环境、社会及管治报告中披露的关键绩效指标应进行明确说明。公司披露的关键绩效指标必须准确（即没有重大错误）、合理且明确，并不得与公司其他的文件（包括年报）或公认的经济事实发生冲突。公司应在环境、社会及管治报告中，说明哪些数据是被估算的或者是基于何种假设和方法，同时提供这些信息的来源。

连续性和时效性：公司所提供的信息应具有时效性，并不断更新反映其最新发展的报告或内容。在环境、社会及管治报告中的信息不应出现上下文不衔接和急剧变化的情况。建议披露关键绩效指标的环境、社会及管治报告与公司的财务报告保持同步，以帮助读者了解公司的业绩或财务状况。

在准备环境、社会及管治报告过程中所应用的信息、数据和其他指定的内容应可被记录、分析和披露，以便这些材料能够经得起内部和外部的审核。由合格第三方进行独立的审计是提高环境、社会及管治报告中关键绩效指标可信度的有效方式，同时，独立审验亦能够提高目标群体对于环境、社会及管治报告中信息的接受度。

在《KPIs for ESG 3.0 指引》中，环境、社会及管治报告的披露工作分为三个等级，分别是入门级（范围 I）、中级（范围 II）、高级（范围 III）。入门级代表公司应该披露的最低标准。当公司没有披露入门级中的关键绩效指标时，应该提供解释。针对房地产行业，《KPIs for ESG 3.0 指引》将公司的类型详细划分为房地产持有与开发、房地产服务业以及建造业（表 22～表 24）。

表 22 《KPIs for ESG 3.0 指引——房地产持有与开发》环境层面披露指标

关键绩效指标	范围	具体指标
能源效率	I	能源消耗总量
温室气体排放	I	温室气体排放总量（范围 1，范围 2）
废物（范围 1）	II	废物总量，t
排放权	II	在报告期末，拥有的欧盟排放权总数
	II	交易排放权的总收入（支出）占收入的百分比
直接建筑能源消耗	II	建筑用电总量，kW·h
	II	建筑天然气消耗总量，m^3
	II	替代能源消耗总量，kW·h
	II	年度供暖/制冷成本，€
绿色建筑认证	II	旗下拥有或管理建筑中获得 LEED、BREEAM、GBCA、ABGR、HQE 占总房产的比例
水资源消耗	II	耗水量，m^3
	III	地下水消耗量，m^3

表 23 《KPIs for ESG 3.0 指引——房地产服务业》环境层面披露指标

关键绩效指标	范围	具体指标
能源效率	I	能源消耗总量
	I	温室气体排放总量（范围 1，范围 2）
	II	废物总量，t

表 24 《KPIs for ESG 3.0 指引——建造业》环境层面披露指标

关键绩效指标	范围	具体指标
能源效率	I	能源消耗总量
温室气体排放	I	温室气体排放总量（范围 1，范围 2）
大气污染物排放	II	二氧化碳、氮氧化物、硫氧化物、挥发性有机化合物的总排放量，10^6 t
废物（范围 1）	II	废物总量，t
废物（范围 2）	II	回收的废物占总废物的百分比
分包	II	分包或第三方承包交付的工作量占总工作量的百分比
	II	用于支付已完成分包工作的货币量
废物（范围 3）	III	危险废物总量，t
废物（范围 4）	III	根据环境重要性（TRI、PRTR 和 EPER）等级 1，排放至土壤中的废物最主要的两大成分
	III	根据环境重要性（TRI、PRTR 和 EPER）等级 2，排放至土壤中的废物最主要的两大成分
水资源消耗	III	单位产品（如以吨计算）耗水量，m^3

根据《KPIs for ESG 3.0 指引》的关键绩效指标内容可看出，对于房地产行业的三个子行业而言，范围 I 披露项均为能源消耗总量与温室气体排放总量，主要是由于房地产业主要的营运活动均有巨大的能源消耗同时伴随大量的温室气体排放，因此范围 I 中的关键绩

效指标的明确程度与适用程度均较高。与此同时，能源消耗与碳排放是房地产业运营成本的重要组成部分，故披露难易程度较低。

对于房地产持有与开发子行业，范围II的关键指标主要集中在废物总量、与能源消耗和碳排放相关的建筑能源表现、绿色建筑认证情况以及耗水量。该等指标的明确程度与适用程度均较高，但由于涉及业务及其下游的管理，所以难易程度较高。

房地产服务业在《KPIs for ESG 3.0 指引》中地产相关行业中属于对环境影响较低的子行业，故所需披露的关键绩效指标较少。范围II中废物总量亦是运营过程中产生的主要排放物，关键绩效指标的明确程度与适用程度均较高。统计废物总量需要在运营中额外增加管理成本，但统计方法简单，故披露难易程度一般。

由于建造业子行业在业务过程中在污染物排放方面对环境的影响较大，在范围II中需披露关于大气污染物与废物两方面的排放信息。该等关键绩效指标的明确程度与适用程度均较高，但由于建造业业务本身管理水平限值，难易程度较高。范围III中则进一步针对废物对环境的影响，设定关键绩效指标，并要求公司披露耗水强度。

（3）美国可持续会计准则委员会《可持续会计准则——建筑材料》《可持续会计准则——地产持有与开发》

该准则由可持续会计准则委员会制定，是包含披露指引和可持续议题的会计标准。该准则识别了具有实质性的行业议题，制定了标准化的可持续指标以方便公司披露和汇报。

通过研究分析，该准则与地产行业相关的部分为《可持续会计准则——建筑材料》及《可持续会计准则——地产持有与开发》。其中，《可持续会计准则——建筑材料》部分从地产行业的上游作为切入点，在与建筑材料生产与使用等环节给出披露指标。其指标体系更偏向对环境的直接影响，包括温室气体排放、大气污染物排放、能源使用量、水资源使用量、废物排放及生物多样性影响六大方面（表 25）。整体披露体系与披露指标与《GRI G4 行业披露指南——建造业与地产业》较为相似，故此处不再赘述。

表 25 《可持续会计准则——建筑材料》环境层面披露指标

指标类别	具体指标
温室气体排放	监管计划下范围 1 的温室气体排放及占比 描述减少排放和完成相关减排目标的长期和短期战略或计划，并对这些目标的绩效进行分析
空气质量	大气污染物的排放量： NO_x（不包括 N_2O）、SO_x、颗粒物（PM）、二噁英/呋喃、挥发性有机化合物（VOCs）、多环芳烃（PAHs）和重金属
能源管理	总耗能量，以及①购买电力，②可替代能源，③可再生能源占比
水资源管理	水消耗总量及其回用水百分比，与在基线水压力高或较高的地区用水百分比
废物管理	运营产生的废物量、危险废物的百分比和回收百分比
生物多样性影响	描述环境管理政策及针对敏感地区的具体措施 受破坏的陆地面积及其修复百分比

《可持续会计准则——地产持有与开发》部分则更多强调管理方面的披露，例如能源管理、水资源管理、对租户可持续表现的管理以及对气候变化的适应。该等指标方面更有利于从事地产运营与管理的地产行业上市公司对自身可持续表现进行回顾与提升，同时更有利于对自身环境风险的评估与预防（表 26）。

表 26 《可持续会计准则——地产持有与开发》环境层面披露指标

指标类别	具体指标
能源管理	能源消耗强度（每楼面面积） 能源消耗总量 电力消耗量及电力消耗组成（包括电网、可再生能源等） 同比能源消耗的变化情况
水资源管理	在缺水地区的建筑用水强度（按每楼面面积） 同比水资源消耗的变化情况 描述水资源管理风险及降低风险的策略与实践
租户在可持续方面影响的管理	租户安装用电量与用水量独立计量仪器的占比 描述计量、激励机制与提升租户可持续影响的措施
气候变化的适应	描述气候变化带来的风险及降低风险的策略

在能源管理方面，披露指标与《GRI G4 行业披露指南——建造业与地产业》较为相似；在水资源管理方面，其具体指标更强调水资源压力较大的地区在水资源使用方面的风险管理与预防，其明确程度与适用程度较高，而难易程度较高，可考虑在今后进行披露；在租户在可持续方面影响的管理方面，强调地产持有与运营过程对租户的管理，其明确程度与适用程度较高，且为地产行业上市公司对自身业务管理提出了新角度，但需在披露指标的制定时考虑可操作性；在气候变化的适应方面，本研究发现对气候变化的适应已是国际地产行业考虑的热点，由于全球变暖，海平面上升及极端天气等因素，气候变化对地产行业带来的风险不容忽视，该指标的适用程度较高，但由于地产行业对气候变化的认识较少且重视程度较低，故指标应考虑其明确程度与难易程度，以确保地产行业上市公司可以对指标进行适当披露。

4.2.2 对国内房地产行业环境信息披露的启示和建议

总结发达国家在房地产行业上市公司环境表现方面的规定的特点，主要有：①按照《GRI G4 行业披露指南——建造业与地产业》，环境信息应从材料、能源、水资源、生物多样性、排放物、污水与废物、产品与服务以及交通物流、土地污染与修复 9 个指标层面进行披露；②根据《KPIs for ESG 3.0 指引》，披露指标分为入门级（范围Ⅰ）、中级（范围Ⅱ）、高级（范围Ⅲ），并将公司的类型详细划分为房地产持有与开发、房地产服务业以及建造业三类；③《可持续会计准则——建筑材料》披露指标与《GRI G4 行业披露指南——建造业与地产业》较为相似；④《可持续会计准则——地产持有与开发》强调管理方面的披露，包括能源管理、水资源管理、租户在可持续方面影响的管理和气候变化适应 4 个方面。

国际上房地产环境信息披露相关指引，对我国推进与提升相关工作的启示主要有：

①由于地产行业自身涵盖开发、设计、建造、运营及其他服务等子行业，可考虑按照环境要素与影响程度的不同更细致地区分不同子行业的特征披露指标；②考虑到地产行业不同企业的发展程度不同，可通过订立不同的披露等级以确保企业可循序渐进地提升披露质量，并进一步提升企业环境表现；③对于最为相关与基础的地产行业重点环境披露指标（如开发与运营子行业的温室气体排放与能源消耗总量等，又如建造子行业的废弃物总量、废气排放与原材料使用等）应制定强制披露要求，对该等指标进行披露。

4.3 房地产行业上市公司环境信息披露技术指引（初稿）框架

综合考虑房地产行业上市公司环境信息披露合规性评估框架、披露状况评估结果，以及各项相关指标披露状况差异、披露必要性、指标的明确程度、适用程度、难易程度，并参考房地产行业环境信息披露指标的国际经验的基础上，提出《房地产行业上市公司环境信息披露技术指引》的编制思路与文件初稿，对披露主体、披露范围、披露原则、分级分类、披露内容、具体指标、计算依据等内容进行了规定，供证券与环保部门制定相关技术规范时参考使用。

附件 1　房地产行业上市公司环境信息披露技术指引（初稿）

第一条　为引导地产行业上市公司积极履行保护环境的社会责任，落实可持续发展及科学发展观，促进地产行业上市公司重视并改善环境保护工作，根据我国相关法律法规，结合地产行业的行业特色及实际情况，编制了本《房地产行业上市公司环境信息披露技术指引（初稿）》。

第二条　本指引的设计思路是以《企业事业单位环境信息公开办法》和《公开发行证券的公司信息披露内容与格式准则第 2 号》中鼓励企业从“保护生态、防治污染、履行社会责任”的三大层面出发，将《上海证券交易所上市公司环境信息披露指引》《深圳证券交易所上市公司社会责任指引》和《广东省房地产企业社会责任指引》中建议企业披露的环境信息内容按照三大层面进行分类。通过逐条比对地产企业环境信息披露合规情况，分析各层面下环境披露指标的“明确程度”“适用程度”和“难易程度”，明确了与地产行业相关并具有可操性的指标。此外，本指引亦通过参考大量国外地产行业环境信息披露标准，总结借鉴了国际优秀披露体系和指标，合理增添我国政府部门关注的环境信息，如“环境违法违规事件”，进一步完善了本指引的披露要求和相关指标。

第三条　属于中国证券监督管理委员会行业分类中房地产行业的企业，适用于本指引。

第四条　地产行业根据本指引进行相关环境信息披露工作时，应遵循以下汇报原则：

重要性原则：地产行业上市公司披露的环境信息应全面反映企业对环境的影响以及所取得的环境管理成果。对于有可能影响利益相关方的判断或影响时，应重点说明；对于次要内容，可适当简化。

客观性原则：地产行业上市公司披露的环境信息应是真实可信，没有偏见且是可以证实的，不应出现误导性陈述或使用难懂晦涩的方式进行表达。

一致性原则：地产行业上市公司应遵循相同的统计原则和计算方法，使得其披露的环境信息在不同年度和不同企业之间更有可比性。

时效性原则：地产行业上市公司所披露的信息应具有时效性，及时更新反映公司最新发展和重大举措的内容。

第五条 为了让本指引适用于不同发展阶段和环境信息披露范围的地产行业上市公司，本指引将各关键绩效指标划分为三个不同的披露级别，分别是Ⅰ级（入门级）、Ⅱ级（中级）和Ⅲ级（最高级）。各地产行业上市公司可结合自身需求选择披露级别。

Ⅰ级：表示地产行业上市公司应披露的最低要求，若企业未能对相关披露指标及其内容进行披露，需解释未汇报原因并阐述未来披露计划。

Ⅱ级和Ⅲ级：Ⅱ级和Ⅲ级在报告披露细节和精准度等方面的要求均有所不同。这两个级别对环境信息披露的要求均高于Ⅰ级，企业应结合自身实际情况进行级别选择。

第六条 本指引根据“房地产开发与销售”“房地产运营”和“建造业”业务板块的特点，进一步细分了该三类板块下披露的具体指标。地产行业上市公司在报告中应根据年报口径说明自身主营业务类别，并陈述是否涉及“房地产开发与销售”“房地产运营”或“建造业”业务板块类别。针对所涉及的业务板块，地产行业上市公司应说明每板块下上市公司选取的披露级别，并根据该级别的披露要求，披露对应业务的具体指标内容。

第七条 所有地产行业上市公司应在报告中披露以下指标。

披露级别	具体指标
Ⅰ	对公司有重大影响的、与保护生态相关的法律法规
Ⅰ	为降低自身业务对环境及生态资源的影响而制定的政策
Ⅰ	环境违法违规行为

第八条 涉及房地产开发与销售业务板块的地产行业上市公司应根据选择的披露级别，披露以下指标。

披露级别	具体指标
Ⅱ	在环保投资范畴所动用的资源（如金钱或时间）及取得成果（如取得绿色建筑认证等）
Ⅱ	描述在保护生态方面所采取的措施
Ⅱ	在采购物资及聘用供应商时，与环境相关的管理惯例以及有关惯例的执行与监察方法
Ⅲ	描述在保护生态方面所制定的定量目标与目标完成情况
Ⅲ	在土地储备、规划及设计、建设及验收等工作中，为减少因环境因素而造成公司运营风险而制定的政策及措施

第九条 涉及房地产运营业务板块的地产行业上市公司应根据选择的披露级别，披露以下指标。

披露级别	具体指标
I	为降低房地产运营过程中对环境影响的执行措施及成果，包括但不限于以下方面： • 资源能源使用 • 废弃物管理 • 温室气体排放 • 污染物排放
II	排放物及资源使用情况，包括但不限于以下指标： • 水、能源和其他原材料：使用量及使用强度 • 有害及无害废弃物：种类、产生量、产生强度及回收量 • 温室气体：排放量及排放强度 • 大气污染物：种类、排放量及排放强度
II	在采购物资及聘用供应商时，与环境相关的管理惯例以及有关惯例的执行与监察方法
III	为降低房地产运营过程中对环境影响而制定的定量目标及目标达成情况，包括但不限于以下方面： • 资源能源使用 • 废弃物管理 • 温室气体排放 • 污染物排放
III	管理业主及租户在环境影响方面的情况，如： • 业主及租户安装用电量与用水量独立计量仪器的占比 • 提升业主及租户环境表现的措施、计量与激励机制

第十条 涉及建造业业务板块的地产行业上市公司应根据选择的披露级别，披露以下指标。

披露级别	具体指标
I	环境应急预案编制、修订、培训及演练活动情况
I	为降低房地产建造过程中对环境影响的执行措施及成果，包括但不限于以下方面： • 废弃物管理 • 污水及大气污染物排放 • 噪声排放 • 原材料、资源能源使用 • 温室气体排放
II	排放物及资源使用情况，包括但不限于以下指标： • 有害及无害废弃物的种类、产生量及回收量 • 污水的排放量及排放去向 • 大气污染物的种类及排放量 • 噪声的超标排放情况 • 水及能源的使用量 • 温室气体的排放量

披露级别	具体指标
II	分包或第三方承包交付的工作量占总工作量的百分比
II	在采购物资及聘用供应商时，与环境相关的管理惯例以及有关惯例的执行与监察方法
III	为降低房地产运营过程中对环境影响而制定的定量目标及目标达成情况，包括但不限于以下方面： • 废弃物管理； • 污水及大气污染物排放； • 噪声排放； • 原材料、资源能源使用； • 温室气体排放

附件 2　A 股主板房地产行业上市公司名单

序号	股票代码	股票简称	公司名称
1	000002	万科 A	万科企业股份有限公司
2	000006	深振业 A	深圳市振业（集团）股份有限公司
3	000007	全新好	深圳市全新好股份有限公司
4	000011	深物业 A	深圳市物业发展（集团）股份有限公司
5	000014	沙河股份	沙河实业股份有限公司
6	000029	深深房 A	深圳经济特区房地产（集团）股份有限公司
7	000031	中粮地产	中粮地产（集团）股份有限公司
8	000036	华联控股	华联控股股份有限公司
9	000042	中洲控股	深圳市中洲投资控股股份有限公司
10	000043	中航地产	中航地产股份有限公司
11	000046	泛海控股	泛海控股股份有限公司
12	000056	皇庭国际	深圳市皇庭国际企业股份有限公司
13	000069	华侨城 A	深圳华侨城股份有限公司
14	000402	金融街	金融街控股股份有限公司
15	000502	绿景控股	绿景控股股份有限公司
16	000514	渝开发	重庆渝开发股份有限公司
17	000517	荣安地产	荣安地产股份有限公司
18	000534	万泽股份	万泽实业股份有限公司
19	000537	广宇发展	天津广宇发展股份有限公司
20	000540	中天金融	中天金融集团股份有限公司
21	000558	莱茵体育	莱茵达体育发展股份有限公司
22	000560	昆百大 A	昆明百货大楼（集团）股份有限公司
23	000573	粤宏远 A	东莞宏远工业区股份有限公司

序号	股票代码	股票简称	公司名称
24	000608	阳光股份	阳光新业地产股份有限公司
25	000615	京汉股份	京汉实业投资股份有限公司
26	000616	海航投资	海航投资集团股份有限公司
27	000620	新华联	新华联文化旅游发展股份有限公司
28	000631	顺发恒业	顺发恒业股份公司
29	000656	金科股份	金科地产集团股份有限公司
30	000667	美好置业	美好置业集团股份有限公司
31	000668	荣丰控股	荣丰控股集团股份有限公司
32	000671	阳光城	阳光城集团股份有限公司
33	000691	亚太实业	海南亚太实业发展股份有限公司
34	000718	苏宁环球	苏宁环球股份有限公司
35	000732	泰禾集团	泰禾集团股份有限公司
36	000736	中交地产	中交地产股份有限公司
37	000797	中国武夷	中国武夷实业股份有限公司
38	000838	财信发展	财信国兴地产发展股份有限公司
39	000863	三湘印象	三湘印象股份有限公司
40	000886	海南高速	海南高速公路股份有限公司
41	000897	津滨发展	天津津滨发展股份有限公司
42	000918	嘉凯城	嘉凯城集团股份有限公司
43	000926	福星股份	湖北福星科技股份有限公司
44	000965	天保基建	天津天保基建股份有限公司
45	000979	中弘股份	中弘控股股份有限公司
46	000981	银亿股份	银亿股份有限公司
47	001979	招商蛇口	招商局蛇口工业区控股股份有限公司
48	002016	世荣兆业	广东世荣兆业股份有限公司
49	002077	大港股份	江苏大港股份有限公司
50	002133	广宇集团	广宇集团股份有限公司
51	002146	荣盛发展	荣盛房地产发展股份有限公司
52	002147	新光圆成	新光圆成股份有限公司
53	002208	合肥城建	合肥城建发展股份有限公司
54	002244	滨江集团	杭州滨江房产集团股份有限公司
55	002285	世联行	深圳世联行地产顾问股份有限公司
56	002305	南国置业	南国置业股份有限公司
57	002314	南山控股	深圳市新南山控股（集团）股份有限公司
58	002377	国创高新	湖北国创高新材料股份有限公司
59	200160	东沣 B	东沣科技集团股份有限公司
60	200168	舜喆 B	广东舜喆（集团）股份有限公司

序号	股票代码	股票简称	公司名称
61	600007	中国国贸	中国国际贸易中心股份有限公司
62	600048	保利地产	保利发展控股集团股份有限公司
63	600052	浙江广厦	浙江广厦股份有限公司
64	600053	九鼎投资	昆吾九鼎投资控股股份有限公司
65	600064	南京高科	南京高科股份有限公司
66	600067	冠城大通	冠城大通股份有限公司
67	600077	宋都股份	宋都基业投资股份有限公司
68	600094	大名城	上海大名城企业股份有限公司
69	600158	中体产业	中体产业集团股份有限公司
70	600159	大龙地产	北京市大龙伟业房地产开发股份有限公司
71	600162	香江控股	深圳香江控股股份有限公司
72	600173	卧龙地产	卧龙地产集团股份有限公司
73	600177	雅戈尔	雅戈尔集团股份有限公司
74	600185	格力地产	格力地产股份有限公司
75	600208	新湖中宝	新湖中宝股份有限公司
76	600215	长春经开	长春经开（集团）股份有限公司
77	600223	鲁商置业	鲁商置业股份有限公司
78	600225	*ST 松江	天津松江股份有限公司
79	600239	云南城投	云南城投置业股份有限公司
80	600240	华业资本	北京华业资本控股股份有限公司
81	600246	万通地产	北京万通地产股份有限公司
82	600266	北京城建	北京城建投资发展股份有限公司
83	600322	天房发展	天津市房地产发展（集团）股份有限公司
84	600325	华发股份	珠海华发实业股份有限公司
85	600340	华夏幸福	华夏幸福基业股份有限公司
86	600376	首开股份	北京首都开发股份有限公司
87	600383	金地集团	金地（集团）股份有限公司
88	600393	粤泰股份	广州粤泰集团股份有限公司
89	600466	蓝光发展	四川蓝光发展股份有限公司
90	600503	华丽家族	华丽家族股份有限公司
91	600510	黑牡丹	黑牡丹（集团）股份有限公司
92	600515	海航基础	海航基础设施投资集团股份有限公司
93	600533	栖霞建设	南京栖霞建设股份有限公司
94	600555	海航创新	海航创新股份有限公司
95	600565	迪马股份	重庆市迪马实业股份有限公司
96	600604	市北高新	上海市北高新股份有限公司
97	600606	绿地控股	绿地控股集团股份有限公司

序号	股票代码	股票简称	公司名称
98	600622	光大嘉宝	光大嘉宝股份有限公司
99	600638	新黄浦	上海新黄浦置业股份有限公司
100	600639	浦东金桥	上海金桥出口加工区开发股份有限公司
101	600641	万业企业	上海万业企业股份有限公司
102	600649	城投控股	上海城投控股股份有限公司
103	600657	信达地产	信达地产股份有限公司
104	600658	电子城	北京电子城投资开发集团股份有限公司
105	600663	陆家嘴	上海陆家嘴金融贸易区开发股份有限公司
106	600665	天地源	天地源股份有限公司
107	600675	中华企业	中华企业股份有限公司
108	600683	京投发展	京投发展股份有限公司
109	600684	珠江实业	广州珠江实业开发股份有限公司
110	600696	*ST 匹凸	上海岩石企业发展股份有限公司
111	600708	光明地产	光明房地产集团股份有限公司
112	600716	凤凰股份	江苏凤凰置业投资股份有限公司
113	600724	宁波富达	宁波富达股份有限公司
114	600730	中国高科	中国高科集团股份有限公司
115	600732	ST 新梅	上海新梅置业股份有限公司
116	600733	SST 前锋	成都前锋电子股份有限公司
117	600736	苏州高新	苏州新区高新技术产业股份有限公司
118	600743	华远地产	华远地产股份有限公司
119	600748	上实发展	上海实业发展股份有限公司
120	600773	西藏城投	西藏城市发展投资股份有限公司
121	600791	京能置业	京能置业股份有限公司
122	600807	天业股份	山东天业恒基股份有限公司
123	600817	*ST 宏盛	西安宏盛科技发展股份有限公司
124	600823	世茂股份	上海世茂股份有限公司
125	600848	上海临港	上海临港控股股份有限公司
126	600890	中房股份	中房置业股份有限公司
127	601155	新城控股	新城控股集团股份有限公司
128	601588	北辰实业	北京北辰实业股份有限公司
129	603506	南都物业	南都物业服务股份有限公司
130	900957	凌云 B 股	上海凌云实业发展股份有限公司

参考文献

[1] 李晓亮，陆俐呐，林爱军．我国企业环境信息公开政策制定与执行的进展与问题[J]．环境保护，2016，44（18）：48-52.

[2] 房巧玲，宫道通．新三板上市公司环境信息披露现状研究——以医药制造业为例[J]．财会通讯，2018（16）：14-19.

[3] 赵海燕，张山，杨柳．化学制品行业环境信息披露的影响因素分析[J]．会计之友，2018（5）：23-27.

[4] 刘学之，高玮璘，李永亮，等．京津冀地区制造业企业网络环境信息披露研究——以 2015 年上市公司为例[J]．环境保护，2016，44（16）：46-49.

[5] 林英晖，吕海燕，马君．制造企业碳信息披露意愿的影响因素研究——基于计划行为理论的视角[J]．上海大学学报（社会科学版），2016，33（2）：115-125.

[6] 余婷，段显明，葛察忠，等．基于重点排污单位的上市公司环境信息披露现状分析[J]．中国环境管理，2018，10（6）：107-112.

[7] 中国建筑节能协会．中国建筑耗能研究报告（2017）[R]. 2017.

[8] United Nations Environment. Sustainable buildings[EB/OL]. [2019-05-20]. https：//www. unenvironment. org/explore-topics/resource-efficiency/what-we-do/cities/sustainable-buildings.

[9] 中国产业信息网．2017 年中国工业大气治理固定资产投资规模、达标率及工业废气排放总量分析[EB/OL]. [2019-05-30]. http：//www. chyxx.com/industry/201711/580334.html.

[10] 张妍，张慧文．重污染行业上市公司的碳信息披露研究——基于沪市重污染行业社会责任报告的数据[J]．商业会计，2016（24）：29-32.

[11] 张长江，李冰倩．煤炭行业上市公司环境绩效信息披露研究——基于社会责任报告[J]．煤炭经济研究，2014，34（12）：18-23.

[12] 戴洁，钱美尹，任煊静，等．上海市上市公司环境绩效及碳信息披露研究——基于社会责任报告的视角[J]．生态经济，2017，33（12）：87-92.

2017 年全国经济生态生产总值（GEEP）核算研究报告

Research Report on National Gross Economic-Ecological Product（GEEP）Accounting in 2017

王金南　於　方　马国霞　彭　菲　杨威杉

摘　要　本文在多年关于绿色国民经济核算体系的理论和实践探索研究的基础上，构建了经济-生态生产总值（GEEP）综合核算体系，对 2017 年我国 31 个省（区、市）的经济-生态生产总值进行核算。核算表明，2017 年我国生态环境退化成本为 2.9 万亿元，扣除生态环境退化成本的“金山银山”绿色 GDP 为 81.8 万亿元。生态系统提供的“绿水青山”GEP 价值为 85.9 万亿元。经济生态生产总值（GEEP）为 141.8 万亿元，是 GDP 的 1.7 倍。

关键词　GEEP　生态系统调节服务　生态破坏成本　污染损失成本

Abstract　On the basis of many years of theoretical and practical research on green national economic accounting system, this paper constructed a comprehensive accounting system of gross economic-ecological product (GEEP), which accounted for the GEEP of 31 provinces （autonomous, municipality regions) in 2017. In 2017, the cost of ecological environment degradation in China was 2.9 trillion yuan, and the green GDP after deducting the cost of ecological environment degradation was 81.8 trillion yuan. The GEP value provided by ecosystem was 85.9 trillion yuan. According to the accounting, GEEP was 141.8 trillion yuan in 2017, which was 1.7 times GDP.

Keywords　GEEP, ecosystem regulation service, ecological damage cost, environmental degradation cost

1　经济生态生产总值核算框架体系

1.1　经济生态生产总值核算的意义

GDP 作为考察宏观经济的重要指标，是对一国总体经济运行表现做出的概括性衡量。

但现行的国民经济核算体系存在一定的局限性，一是它没有反映经济增长的资源环境代价；二是不能反映经济增长的效率、效益和质量；三是没有完全反映生态系统对经济增长的贡献度和福祉，没有包括经济增长的全部社会成本；四是不能反映社会财富的总积累以及社会福利的变化。

为此，国际上从 20 世纪 70 年代开始研究建立绿色国民经济核算体系，它在传统的 GDP 核算体系中扣除自然资源耗减成本和污染损失成本，以期更真实地衡量经济发展成果和国民经济福利。联合国统计署（UNSD）于 1989 年、1993 年、2003 年和 2013 年先后发布并修订了《综合环境与经济核算体系（SEEA）》，为建立绿色国民经济核算总量、自然资源和污染账户提供了基本框架。本研究遵从 SEEA 框架体系，自 2006 年以来，持续开展绿色 GDP 1.0（GGDP）研究，定量核算我国经济发展的生态环境代价，完成了 2004—2017 年共 14 年的年度环境经济核算报告，有力地推动了我国绿色国民经济核算体系研究。

当前，我国非常重视生态文明建设，逐步放弃唯 GDP 考核目标。党的十八大提出把资源消耗、环境损害、生态效益等指标纳入经济社会发展评价体系，党的十九大进一步强调加快生态文明体制改革，建设美丽中国，推进绿色发展，着力解决突出环境问题，加大生态系统保护力度，改革生态环境监管体制，践行“绿水青山就是金山银山”的理念，坚持节约资源和保护环境的基本国策，实行最严格的生态环境保护制度。绿色 GDP 核算扣除了经济系统增长的资源环境代价，并没有把生态系统为经济系统提供的全部生态福祉都进行核算，只做了“减法”，没有做“加法”，无法体现“绿水青山就是金山银山”的绿色理念。

2015 年，环境保护部启动了绿色 GDP 2.0 版本，开展了生态系统生产总值（GEP）的核算，对生态系统每年提供给人类的生态福祉进行全部核算，包括产品供给服务、生态调节服务、文化服务三个方面。但 GEP 只是从生态系统的角度考虑，单独把生态系统为经济系统提供的福祉全部进行核算，并没有把生态系统和经济系统完全纳入同一核算体系。为了把资源消耗、环境损害、生态效益纳入社会经济发展评价体系，本研究在绿色 GDP 1.0 和绿色 GDP 2.0 版本的基础上，构建经济生态生产总值（GEEP）综合核算指标。

GEEP 是在经济系统生产总值的基础上，考虑人类在经济生产活动中对生态环境的损害和生态系统对经济系统的福祉。GEEP 既考虑了人类活动产生的经济价值，也考虑了生态系统每年给经济系统提供的生态福祉，还考虑了人类为经济系统付出的生态环境代价。GEEP 是一个有增有减、有经济有生态的综合指标。GEEP 同时考虑了人类活动和生态环境对经济系统的贡献，纠正了以前只考虑人类经济贡献或生态贡献的片面性。这一指标把“绿水青山”和“金山银山”统一到一个框架体系下，是“两山论”的集成，是践行“绿水青山就是金山银山”理念的重要支撑。与 GDP 相比，GEEP 更有利于实现地区可持续发展，是相对更为科学的地区绩效考核指标。

本报告由生态环境部环境规划院完成，环境质量数据由中国环境监测总站和中科院遥感与数字地球研究所提供。感谢生态环境部、国家统计局等部委与中国宏观经济学会等机构有关领导对本研究一直以来给予的指导和帮助。

专栏 1　2017 年经济生态生产总值核算数据来源

2017 年核算主要以环境统计和环境监测等数据为依据，对 2017 年全国 31 个省（区、市）的环境退化成本、生态破坏损失及其占 GDP 的比例、物质流、GEP、GEEP 进行核算。报告基础数据来源包括《中国统计年鉴 2018》《中国城市建设统计年鉴 2017》《中国卫生统计年鉴 2017》《中国农村统计年鉴 2017》《中国矿业年鉴 2017》《中国国土资源年鉴 2017》《中国能源统计年鉴 2017》《中国口岸年鉴 2017》《2008 中国卫生服务调查研究——第四次家庭健康询问调查分析报告》《中国环境状况公报 2017》以及 31 个省（区、市）2017 年度统计年鉴，环境质量数据由中国环境监测总站提供，全国 10 km×10 km 网格的 $PM_{2.5}$ 遥感卫星反演浓度数据由中国科学院遥感与数字地球研究所提供。

生态破坏损失核算基础数据主要来源于第八次全国森林资源清查（2009—2013 年）、第二次全国湿地调查（2009—2013 年）、全国 674 个气象站点数据、中国农业科学院 MODIS/NDVI 遥感数据、《中国土壤志》、美国 NASA 网站数字高程数据、全国草原监测报告、国家价格监测中心、碳排放交易价格、市场调查以及相关研究数据。

生态系统生产总值核算中，土地利用类型图来源于中国科学院资源科学数据中心（http://www.redc.cn）、温度和降雨量数据来自中国气象数据网（http://data.cma.cn/）、NPP 数据来自美国 NASA EOS/MODIS 2016 年 MOD17 A3 数据集（http://www.ntsg.umt.edu/ project/MOD17）、NDVI 数据来源于美国国家航空航天局（NASA）的 EOS/MODIS 数据产品（http://e4ftl01.cr.usgs.gov）、土壤类型数据来源于中科院南京土壤研究所等。

1.2　经济生态生产总值核算框架

经济生态生产总值（gross economic-ecological product，GEEP）是在经济系统生产总值的基础上，考虑人类在经济生产活动中对生态环境的损害和生态系统对经济系统的福祉。即在绿色 GDP 核算的基础上，增加生态系统给人类提供的生态福祉。其中，生态环境的损害主要用人类活动对生态系统的破坏成本和环境退化成本表示，生态系统对人类的福祉用 GEP 表示，由于 GEP 中的产品供给服务和文化服务价值已在 GDP 中进行了核算，为避免重复，需进行扣除（图 1）。经济生态生产总值的概念模型如式（1）所示。

$$
\begin{aligned}
GEEP &= GGDP + GEP - (GGDP \cap GEP) \\
&= (GDP - EnDC - EcDC) + (EPS + ERS + ECS) - (EPS + ECS) \\
&= (GDP - EnDC - EcDC) + ERS
\end{aligned}
\tag{1}
$$

式中，GGDP（green gross domestic product）——绿色 GDP；

GEP（gross ecosystem product）——生态系统生产总值；

GGDP∩GEP——GGDP 与 GEP 的重复部分；

GDP（gross domestic product）——国内生产总值；

EnDC（environmental damage cost）——环境退化成本；

EcDC（ecological degradation cost）——生态破坏成本；

ERS（ecosystem regulation service）——生态系统调节服务；

EPS（ecosystem provision service）——生态产品供给服务；

ECS（ecosystem culture service）——生态系统文化服务。

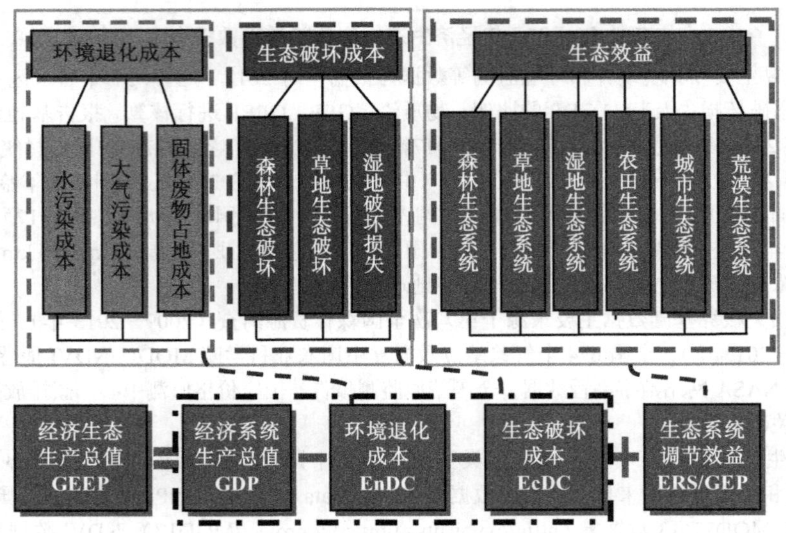

图 1　生态经济系统生产总值核算框架体系

1.3　经济生态生产总值核算指标

根据 GEEP 核算框架体系，GEEP 核算的关键指标是生态破坏成本、环境退化成本和生态系统调节服务。这三个指标涉及生态、环境、生态环境经济学以及遥感技术应用等多个学科的交叉。如何对生态破坏成本、环境退化成本和生态生产总值进行价值量核算，是计算 GEEP 的关键和难点。

1.3.1　环境退化成本核算指标

环境退化成本是指排放到环境中的各种污染物对人体健康、农业、生态环境等导致的环境污染损失成本。环境退化成本主要包括大气污染导致的退化成本、水污染导致的退化成本、固体废物占地三个方面的成本［见式（2）］。其中，大气污染导致的环境退化成本主要包括大气污染导致的人体健康损失、种植业产值损失、室外建筑材料腐蚀损失、生活清洁费用增加成本四部分。水污染导致的环境退化成本主要包括水污染导致的人体健康损失、污水灌溉导致的农业损失、水污染造成的工业用水额外治理成本、水污染造成的城市生活经济损失以及水污染导致的污染型缺水等指标（表 1）。环境退化成本具体指标的核算方法，请参考《中国环境经济核算技术指南》。

$$EnDC = AEnDC + WEnDC + SEnDC \tag{2}$$

式中，EnDC——环境退化成本；

AEnDC——大气污染退化成本；

WEnDC——水污染失成本；

SEnDC——固体废物占地损失成本。

表 1　环境退化成本核算具体内容和方法

危害终端		核算方法
大气污染	人体健康损失	修正的人力资本法/疾病成本法
	种植业产量损失	市场价值法
	室外建筑材料腐蚀损失	市场价值法或防护费用法
	生活清洁费用增加成本	防护费用法
水污染	人体健康损失	疾病成本法/人力资本法
	污灌造成的农业损失	市场价值法或影子价格法
	工业用水额外处理成本	防护费用法
	城市生活用水额外处理成本	防护费用法
	水污染引起的家庭洁净水成本	市场价值法
	污染型缺水损失	影子价格法
固体废物占地		机会成本法

1.3.2　生态破坏损失核算指标

生态破坏损失核算指标是指生态系统生态服务功能因人类不合理利用，导致的生态服务功能损失的核算。该指标是在生态系统调节服务核算的基础上，考虑不同生态系统的人为破坏率，对森林、草地、湿地三大生态系统的生态破坏成本进行核算［见式（3）］。本研究在进行 2017 年生态破坏损失时，以森林超采率作为森林生态系统的人为破坏率，森林超采率通过第八次全国森林资源清查获得的森林超采量和森林蓄积量计算而得。湿地人为破坏率根据第二次全国湿地资源调查结果，利用湿地重度威胁面积占湿地总面积的比例进行计算。草地人为破坏率根据 2017 年全国草原监测报告六大牧区省份及全国重点天然草原平均牲畜超载率进行计算。

$$\mathrm{EcDC}=\sum_{i=1}^{3}\mathrm{ERS}_i\times\mathrm{HR}_i \tag{3}$$

式中，EcDC——生态破坏成本；

i——草地、森林和湿地三大生态系统；

ERS_i——草地、湿地和森林三大生态系统的生态调节服务；

HR_i——草地、森林和湿地三大生态系统的人为破坏率。

1.3.3　生态系统生产总值核算指标

生态系统生产总值（GEP）是分析与评价生态系统为人类生存与福祉提供的产品与服务的经济价值。GEP 是生态系统产品价值、调节服务价值和文化服务价值的总和。根据生态系统服务功能评估的方法，GEP 可以从生态系统功能量和生态经济价值量两个角度进行核算。生态系统功能量的获取需要借助遥感影像解译数据，本报告利用中科院地理所解译的 2017 年空间分辨率 1 km 的土地利用数据，并结合 MODIS NDVI 数据，对我国 2017 年 31 个省（区、市）核算的森林、湿地、草地、荒漠、农田、城市、海洋七大生态系统 GEP 进行核算，具体指标和生态系统见表 2。由于生态系统提供的生态产品供给服务和生态文化服务已经在GDP中有所体现，为避免重复，GEEP只对生态系统给经济系统提供的生态调节服务价值进行核算［见式（4)]。

表2 不同生态系统生态服务功能核算方法

指标	功能量核算方法	价值量核算方法
产品供给	统计调查法	市场价值法
气候调节	蒸散模型法	替代成本法
固碳功能	固碳机理模型法	替代成本法
释氧功能	释氧机理模型法	替代成本法
水质净化功能	污染物净化模型法	替代成本法
大气环境净化	污染物净化模型法	替代成本法
水流动调节	水量平衡法	替代成本法
病虫害防治	统计调查法	替代成本法
土壤保持功能	通用水土流失方程（RUSLE）	替代成本法
防风固沙功能	修正风力侵蚀模型（REWQ）	替代成本法
文化服务功能	统计调查法	旅行费用法

$$ERS=CRS+WRS+SMS+WPSF+CFOR+WCS+ACS+EDIP \quad (4)$$

式中，ERS——生态调节服务；

CRS——空气调节服务；

WRS——水流动调节服务；

SMS——土壤保持功能；

WPSF——防风固沙功能；

CFOR——固碳释氧功能；

WCS——水质净化功能；

ACS——大气环境净化；

EDIP——病虫害防治。

2 2017年环境退化成本核算

环境退化成本又称污染损失成本，它是在目前的治理水平下，生产和消费过程中所排放的污染物对环境功能、人体健康、作物产量等造成的实际损害，利用人力资本法、直接市场价值法、替代费用法等环境经济方法评估计算得出的环境退化价值。基于损害的环境退化成本可以对环境污染损失做出更加科学和客观的评价。

在本核算体系框架下，环境退化成本按污染介质包括大气污染、水污染和固体废物污染造成的经济损失；按污染危害终端包括人体健康经济损失、工农业（工业、种植业、林牧渔业）生产经济损失、水资源经济损失、材料经济损失、土地占用丧失生产力引起的经济损失、污染事故经济损失和对生活造成影响的经济损失。

2.1 水环境退化成本

2017 年，我国水环境退化成本为 9 128.5 亿元，占总环境退化成本的 42.6%，水环境退化指数为 1.08%。在水环境退化成本中，污染型缺水造成的损失最大。2017 年全国污染型缺水量达到 1 127 亿 m^3，占 2017 年总供水量的 24.2%，污染已经成为我国缺水的主要原因之一，对我国的水环境安全构成严重威胁，成为制约经济发展的一大要素。其次是水污染对农业生产造成的损失，2017 年为 1 536.2 亿元。2017 年水污染造成的城市生活用水额外治理和防护成本为 603.4 亿元，工业用水额外治理成本为 448.2 亿元，农村居民健康损失为 382.2 亿元（图 2）。

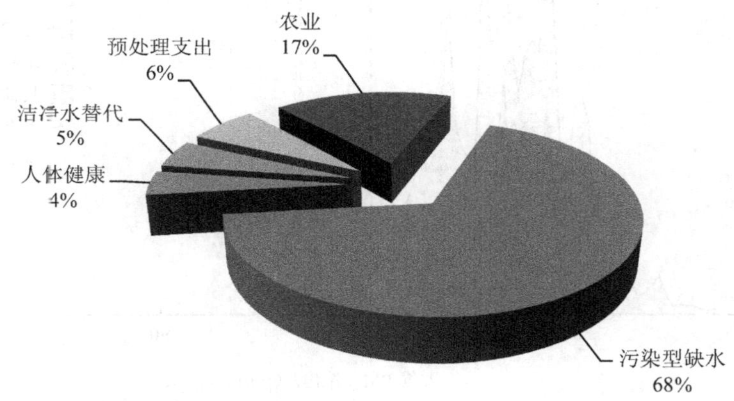

图 2 各种水环境退化占总水环境退化比重

2017 年，东部、中部、西部三个地区的水环境退化成本分别为 4 656.3 亿元、2 020 亿元和 2 252 亿元。东部地区的水环境退化成本最高，约占水污染环境退化成本的 51%，占东部地区 GDP 的 1.0%；中部和西部地区的水环境退化成本分别占总水环境退化成本的 24.3%和 24.7%，分别占地区 GDP 的 1.1%和 1.34%。

2.2 大气环境退化成本

2017 年是《大气污染防治行动计划》实施的收官之年，空气质量改善目标和重点工作任务全面完成。全国 338 个地级及以上城市 PM_{10} 平均浓度比 2013 年下降 22.7%，京津冀、长三角、珠三角区域 $PM_{2.5}$ 平均浓度比 2013 年分别下降 39.6%、34.3%、27.7%，北京市 $PM_{2.5}$ 平均浓度从 2013 年的 89.5 $\mu g/m^3$ 降至 58 $\mu g/m^3$。根据遥感影像反演 $PM_{2.5}$ 数据显示，京津冀地区、长三角地区、成渝地区、汾渭平原污染相对严重。2017 年，京津冀地区 $PM_{2.5}$ 年均浓度为 51 $\mu g/m^3$，成渝地区为 37 $\mu g/m^3$，汾渭平原为 52 $\mu g/m^3$。需要注意的是，新疆 $PM_{2.5}$ 浓度比较高的地区是塔克拉玛干沙漠，受沙尘天气影响，导致解译结果偏高，阿克苏地区、和田地区、阿拉尔市、喀什地区、图木舒克市等地区都超过 70 μg/m^3，局部网格超过 100 μg/m^3。把 $PM_{2.5}$ 浓度和暴露人口结合起来进行分析，我国只有 24.6%的人口居住在 $PM_{2.5}$ 浓度低于 35 μg/m^3 的国家空气质量二级标准以下，75.4%的人口暴露在国家空气质量二级标准以上，其中，暴露在 $PM_{2.5}$ 浓度为 35～50 μg/m^3 中的人口占比为 40.2%，暴露在 $PM_{2.5}$ 浓度为 50～70 μg/m^3 中的人口占比为 30.7%，暴露在超过 70 μg/m^3 中的人口占比为 4.5%，比 2016 年降低了 7.1 个百分点，主要分布在京津冀和汾渭平原（图 3）。

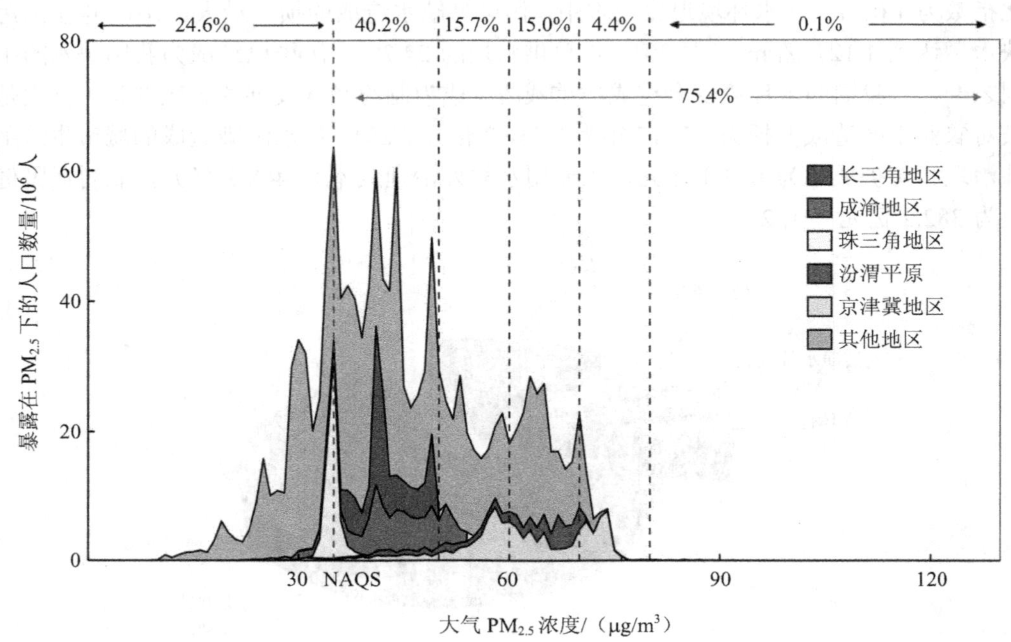

图 3　我国重点区域 $PM_{2.5}$ 不同浓度下的人口分布比例

利用中国科学院遥感与数字地球研究所提供的 2017 年 $PM_{2.5}$ 遥感影像反演数据（图 3），并结合网格化的人口和人均 GDP 等数据，以 10 km 网格为核算单元，对全国范围的大气污染导致的人体健康损失进行核算。结果显示，2017 年，我国大气污染导致的过早死亡人数为 81.3 万人，比 2016 年降低 12.8%。利用 338 个地级及以上城市 $PM_{2.5}$ 监测数据，计算我国城市地区大气污染导致的过早死亡人数为 48.8 万人。

在大气污染各项损失中，人体健康损失最大。2017 年我国大气环境退化成本为 12 565.1 亿元，占总环境退化成本的 56.5%，大气环境退化指数为 1.48%。大气污染导致的人体健康损失为 10 428.4 亿元，占大气环境退化成本的 83%。在 SO_2 减排政策的作用下，大气环境污染造成的农业损失大幅下降。2017 年农业减产损失为 71.4 亿元，比 2016 年减少 19%，农业减产损失仅占大气环境退化成本的 1%（图 4）。材料损失为 74.33 亿元，比 2016 年减少 25%。随着车辆和建筑物的快速增加，额外清洁费用增速较快，从 2006 年的 416.4 亿元增加到 2017 年的 1 991 亿元，年均增长 7.2%。

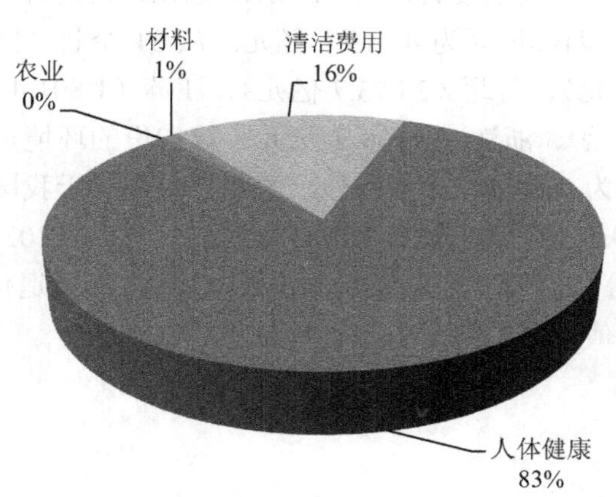

图 4　各种大气环境退化占总大气环境退化比重

2017 年，东部、中部、西部三个地区的大气环境退化成本分别为 6 921.9 亿元、3 318.4 亿元和 2 324.8 亿元。大气环境退化成本最高的仍然是东部地区，占大气总环境退化成本的 45.3%，占东部地区 GDP 的 1.47%；中部和西部地区的大气环境退化成本分别占大气总环境退化成本的 25.4%和 18.5%，这两个地区的大气环境退化成本占地区 GDP 的比重分别为 1.6%和 1.4%。就省份而言，江苏（1 302.6 亿元）、山东（1 178.6 亿元）、广东（1 122.6 亿元）、河南（800.9 亿元）、浙江（695.1 亿元）、河北（594.7 亿元）6 个省的大气环境退化较高，占全国大气环境退化成本的 45.0%。甘肃（100.5 亿元）、宁夏（49.4 亿元）、青海（31.7 亿元）、海南（32.6 亿元）、西藏（5.3 亿元）等省（区）大气环境退化相对较低，占全国大气环境退化比例的 1.7%。

2.3　固体废物侵占土地损失成本

2017 年，全国工业固体废物侵占土地约 21 535.4 万 m^2，丧失土地的机会成本约为 379.7 亿元。生活垃圾侵占土地约 2 421.9 万 m^2，丧失的土地机会成本约为 65.9 亿元，比上年减少 14.6%。两项合计，2017 年全国固体废物侵占土地造成的环境退化成本为 445.1 亿元，占总环境退化成本的 2.0%。2017 年，东部、中部、西部三个地区的固体废物环境退化成本分别为 149.1 亿元、153.8 亿元、142.1 亿元。

2.4　环境退化成本

2017 年我国环境退化成本为 22 256.5 亿元，比 2016 年增加 4.5%，环境退化成本增速有所放缓。在总环境退化成本中，大气环境退化成本和水环境退化成本是主要的组成部分，2017 年这两项损失分别占总退化成本的 56.5%和 41%，固体废物侵占土地退化成本和污染事故造成的损失分别为 445.1 亿元和 117.8 亿元，分别占总退化成本的 2.0%和 0.53%。

从空间角度看，我国区域环境退化成本呈现自东向西递减的空间格局（图 5）。2017

年，我国东部地区的环境退化成本较大，为 11 727.4 亿元，占总环境退化成本的 53.0%，中部地区为 5 692.2 亿元，西部地区为 4 719.1 亿元。从 31 个省（区、市）的环境退化成本来看，山东（2 253.4 亿元）、河北（2 073.7 亿元）、江苏（1 801.4 亿元）、河南（1 779.2 亿元）、广东（1 422.2 亿元）、浙江（1 166.9 亿元）等省份的环境退化成本较高，合计占全国环境退化成本的比重为 47.4%。除河南外，这些省份都位于我国东部沿海地区。云南（283.1 亿元）、新疆（269.5 亿元）、宁夏（200.8 亿元）、青海（103.7 亿元）、西藏（56.9 亿元）、海南（49.3 亿元）等省份的环境退化成本较低，合计占环境退化成本的比重为 4.4%。这些省份除环境质量本底值较好的海南省外，都位于西部地区。

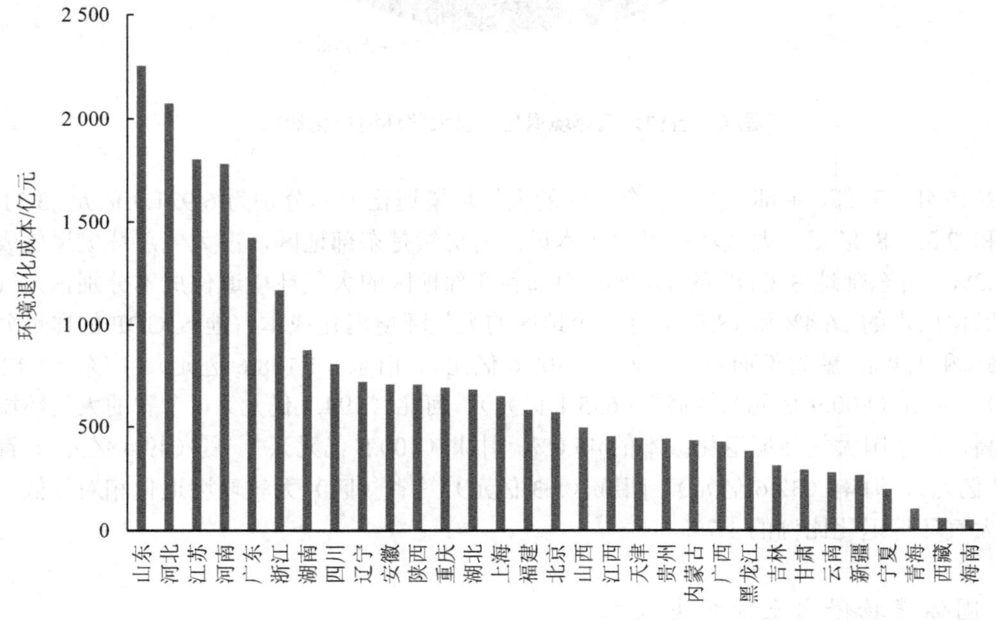

图 5　2017 年 31 个省（区、市）环境退化成本空间分布

3　2017 年生态破坏损失核算

生态系统可以按不同的方法和标准进行分类，本报告按生态系统特性将生态系统划分为 5 类，即森林生态系统、草地生态系统、湿地生态系统、农田生态系统和海洋生态系统。由于尚未掌握农田生态系统和海洋生态系统的基础数据及相关参数，本报告仅核算了森林生态系统、草地生态系统和湿地生态系统 3 类生态系统的生态调节服务损失。

专栏 2　生态破坏损失核算说明

首先，报告利用中国科学院地理所解译的 2016 年空间分辨率 1 km 的土地利用数据，结合 MODIS NDVI 数据进行不同生态系统不同生态功能指标的实物量计算。

其次，在不同生态系统生态服务功能实物量核算的基础上，通过不同生态系统服务功能实物量与不同生态系统人为破坏率的乘积，进行不同生态系统生态破坏实物量核算。

其中，森林生态系统根据第八次全国森林资源清查结果，核算了我国森林生态系统在固碳释氧、水流动调节、土壤保持、大气净化、防风固沙 5 种生态调节服务的功能量，利用森林超采率（根据第八次全国森林资源清查获得的森林超采量和森林蓄积量计算得到）计算不同生态功能的森林损失功能量，再利用价值量方法将损失功能量转换为损失价值量。

湿地生态系统根据第二次全国湿地资源调查结果，核算了我国湿地生态系统在固碳释氧、水流动调节、土壤保持、水质净化、大气净化 5 种生态调节服务的功能量，利用湿地重度威胁面积占湿地总面积的比例计算不同生态功能的湿地损失功能量，再利用价值量方法将损失功能量转换为损失价值量。

草地生态系统核算了固碳释氧、水流动调节、土壤保持、大气净化、防风固沙 5 种生态调节服务的功能量，利用草地人为破坏率（根据 2017 年全国草原监测报告六大牧区省份及全国重点天然草原平均牲畜超载率计算获得）计算不同生态功能的草地损失功能量，再利用价值量方法将损失功能量转换为损失价值量。

3.1　森林生态破坏损失

第八次全国森林资源清查（2009—2013 年）结果显示，我国现有森林面积 2.08 亿 hm^2，森林覆盖率为 21.63%，活立木总蓄积 164.33 亿 m^3。森林面积和森林蓄积分别位居世界第 5 位和第 6 位，人工林面积居世界首位。与第七次全国森林资源清查（2004—2008 年）相比，森林面积增加 1 223 万 hm^2，森林覆盖率上升 1.27 个百分点，活立木总蓄积和森林蓄积分别增加 15.20 亿 m^3 和 14.16 亿 m^3。总体看来，我国森林资源进入了数量增长、质量提升的稳步发展时期。这充分表明，党中央、国务院确定的林业发展和生态建设一系列重大战略决策，实施的一系列重点林业生态工程，取得了显著成效。但是我国森林资源总量相对不足、质量不高、分布不均的状况仍未得到根本改变，林业发展还面临着巨大的压力和挑战。

根据第八次全国森林资源清查结果，森林面积增速开始放缓，现有未成林造林地面积比上次清查减少 396 万 hm^2，仅有 650 万 hm^2。同时，现有宜林地质量好的仅占 10%，质量差的多达 54%，且 2/3 分布在西北和西南地区。2017 年，我国森林生态破坏损失达到 1 329.5 亿元，占 2017 年全国 GDP 的 0.16%。从损失的各项功能看，固碳释氧、水流动调节、土壤保持、防风固沙、大气净化、气候调节功能损失的价值量分别为 268.8 亿元、567.5 亿元、275.0 亿元、2.5 亿元、2.6 亿元和 213 亿元（图 6）。其中，水流动调节损失所造成的破坏损失最大，占森林总损失的 42.7%。

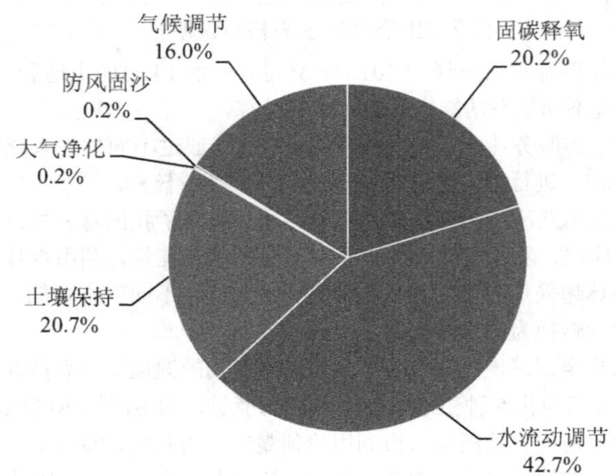

图 6　森林生态破坏各项损失占比

从森林生态破坏损失的地域分布看，2017 年湖南省森林生态破坏的经济损失最大，为 454.9 亿元，其森林超采率为 4.7%；其次是江西、广东、黑龙江、贵州、广西、云南等地，森林生态破坏的经济损失均超过 50 亿元，这些省份除云南、广西的森林超采率小于 1%以外，其他省份的森林超采率都大于 1%，其中江西的森林超采率为 2.0%，广东为 1.7%，贵州为 1.5%，黑龙江为 1.2%；青海、上海、北京、宁夏、天津等地森林生态破坏损失较小；内蒙古、福建、海南、陕西等地森林超采率为 0，森林生态系统破坏损失为 0。总体来看，中国森林生态破坏损失主要分布在东南和西南地区，西北各省区森林生态破坏损失相对较小（图 7）。云南、广西主要由于森林资源比较丰富，核算得到的生态系统服务功能量较大，所以其生态破坏的损失价值也较高；江西、广东、贵州等省则是由于森林超采率较高，造成森林生态破坏的损失价值增高；西北各省在退耕还林政策的影响下，森林超采率普遍较低，森林生态破坏损失较小。

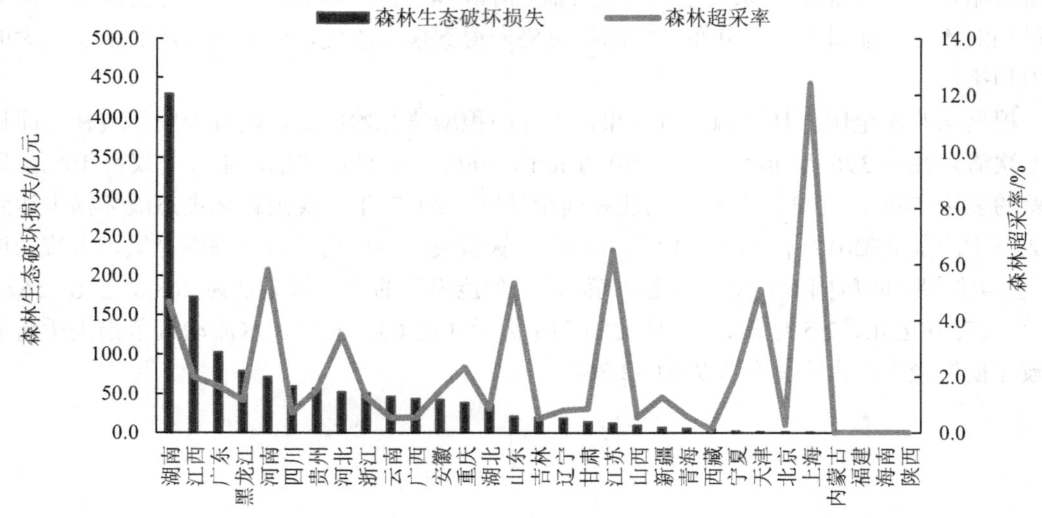

图 7　2017 年 31 个省（区、市）的森林生态破坏经济损失和人为破坏率

3.2 湿地生态破坏损失

第二次全国湿地资源调查（2009—2013 年）结果表明，全国湿地总面积为 5 360.26 万 hm^2，湿地率为 5.58%。自然湿地面积为 4 667.47 万 hm^2，占总湿地面积的 87.37%；人工湿地面积为 674.59 万 hm^2，占总湿地面积的 12.63%。自然湿地中，近海与海岸湿地面积为 579.59 万 hm^2，占 12.42%；河流湿地面积为 1 055.21 万 hm^2，占 22.61%；湖泊湿地面积为 859.38 万 hm^2，占 18.41%；沼泽湿地面积为 2 173.29 万 hm^2，占 46.56%。调查表明，目前我国河流、湖泊湿地沼泽化，河流湿地转为人工库塘等情况突出，湿地受威胁压力进一步增大，威胁湿地生态状况的主要因子已从 10 年前的污染、围垦和非法狩猎三大因子，转变为现在的污染、过度捕捞和采集、围垦、外来物种入侵及基建占用五大因子，这些造成了我国自然湿地面积削减、功能下降。

本报告所指湿地生态破坏是指在人类活动的干扰下，由于人为因素造成的湿地生态系统的生态服务功能退化，污染、过度捕捞和采集、围垦、外来物种入侵及基建占用均为人为因素，因此，以湿地重度威胁面积占湿地总面积的比例指标作为湿地生态系统的人为破坏率。根据核算结果，2017 年湿地生态破坏损失达到 4 469.1 亿元，占 2017 年全国 GDP 的 0.53%。湿地的固碳释氧、水流动调节、土壤保持、防风固沙、水质净化、大气净化、气候调节功能损失的价值量分别为 1.7 亿元、522.5 元、3.2 亿元、0.6 亿元、35.9 亿元、0.3 亿元和 3 904.9 亿元。在湿地生态破坏造成的各项损失中，气候调节的损失贡献率最大，占总经济损失的 87.4%（图 8）。

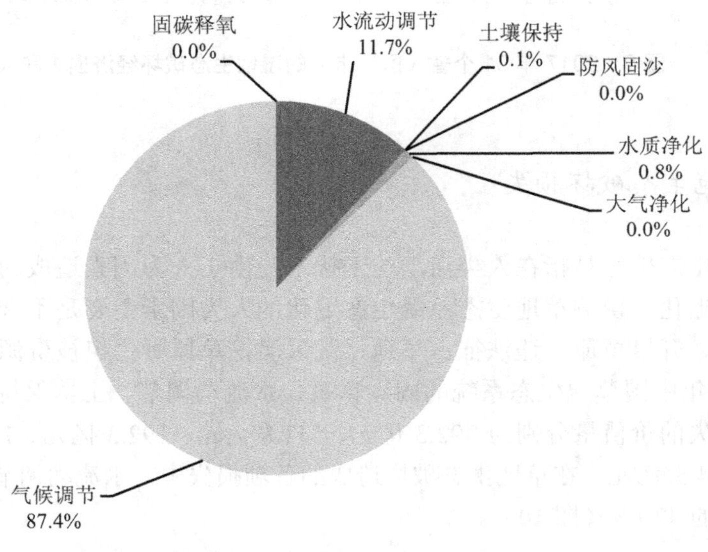

图 8 湿地生态破坏各项损失占比

受自然条件影响，湿地类型的地理分布表现出明显的区域差异。从湿地生态破坏损失的地域分布看，2017 年青海省湿地生态破坏损失最高，为 1 636.9 亿元，占湿地总损失的 36.6%，其中气候调节服务功能损失最高，为 1 460.7 亿元，主要由于青海省湿地资源丰富。

根据核算结果，青海湿地生态系统价值位于全国第4位，同时青海省的重度威胁面积占湿地总面积的比例较高，为4.06%，位于全国第4位。湖南、河北、辽宁、江苏、四川等省的生态破坏损失也较高，均高于300亿元，其中河北、湖南、四川、辽宁由于重度威胁面积占湿地总面积的比例较高（分别为4.69%、4.60%、2.22%、4.05%），分别位于全国第1位、第2位、第8位、第5位（图9）。西藏、重庆、黑龙江湿地生态系统破坏损失较低，均小于2亿元。

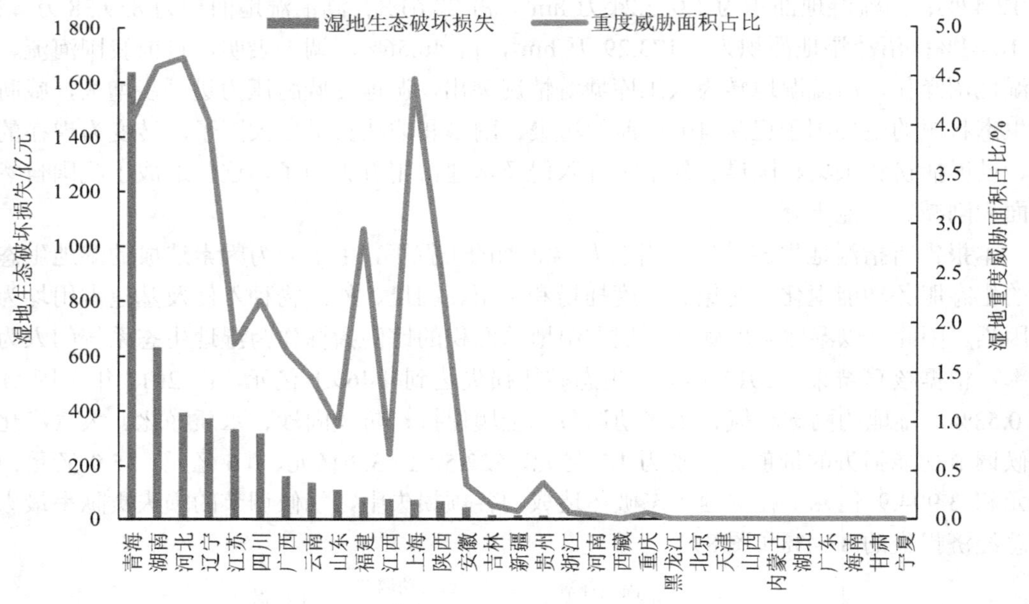

图9 2017年31个省（区、市）的湿地生态破坏经济损失和人为破坏率

3.3 草地生态破坏损失

草地生态破坏是指在人类活动的干扰下，由于人为因素造成的草地生态系统的生态服务功能退化。影响草地生态系统生态退化的人为因素主要是不合理的草地利用，包括过度放牧、开垦草原、违法征占草地、乱采滥挖草原野生植被资源等。报告核算结果显示，2017年中国草地生态系统的固碳释氧、水流动调节、土壤保持、防风固沙、大气净化功能损失的价值量分别为392.3亿元、511.8亿元、192.3亿元、114.2亿元和3.9亿元，合计1 214.5亿元。在草地生态破坏造成的各项损失中，水流动调节的贡献率最大，占总经济损失的42.1%（图10）。

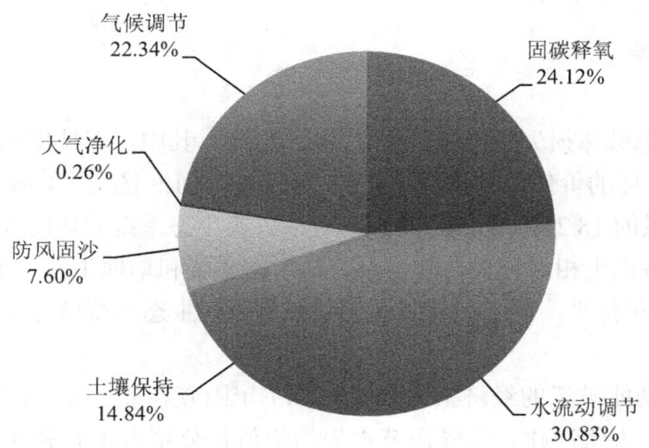

图 10 草地生态破坏各项损失占比

从草地生态破坏损失的地域分布看，西藏、新疆、内蒙古、青海、四川、云南等省（区）的草地生态破坏相对较为严重，对应的草地生态破坏损失分别为 294.0 亿元、189.4 亿元、186.3 亿元、155.7 亿元、135.9 亿元和 106.6 亿元。其中，四川、内蒙古、西藏和新疆的草原人为破坏率均高于其他省份（3.7%），分别为 4.17%、3.91%、4.62%和 4.37%。同时，四川固碳释氧损失量较大，内蒙古、西藏、新疆的水流动调节损失较大。宁夏、山东、河南、浙江、吉林、海南、辽宁、江苏、北京、天津、上海等地草地生态破坏相对较轻，草地生态破坏损失小于 10 亿元。总体来看，西北、西南地区是中国草地生态破坏损失的高值区域，主要表现为草地净初级生产力的下降和草地面积的减少（图 11）。

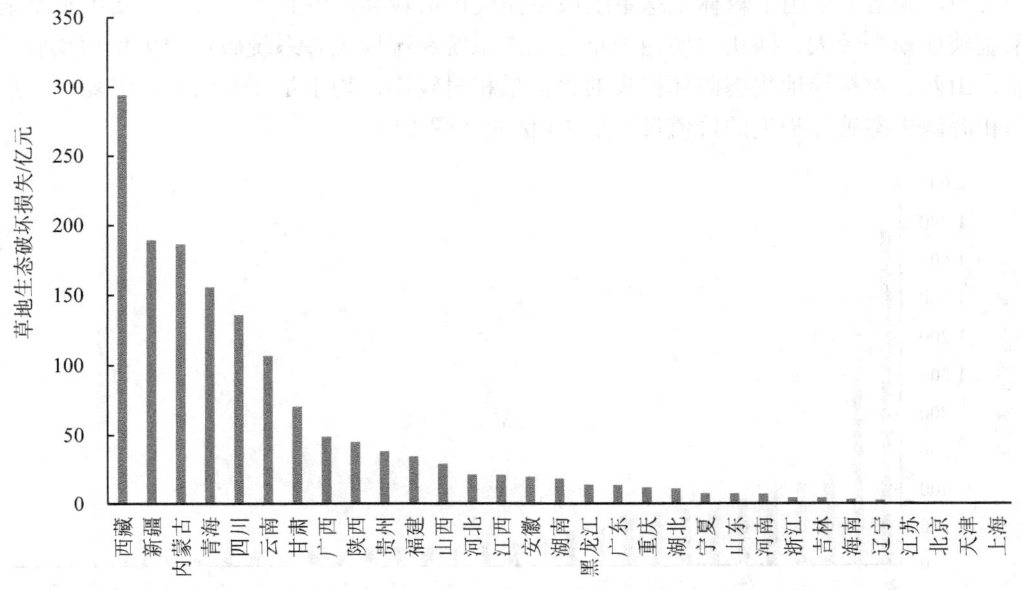

图 11 2017 年 31 个省（区、市）的草地生态破坏经济损失

3.4 总生态破坏损失

2017 年，中国生态破坏损失的价值量为 7 300.5 亿元。其中，森林生态系统、草地生态系统、湿地生态系统破坏的价值量分别为 1 329.5 亿元、1 501.9 亿元、4 469.1 亿元，分别占生态破坏损失总价值量的 18.2%、20.6%、61.2%。从各类生态系统破坏的经济损失来看，湿地生态系统破坏的经济损失相对较大，其次是森林生态系统和草地生态系统。2017 年生态破坏损失基本与 2016 年持平，其中，森林生态系统和草地生态系统破坏略有下降，湿地生态系统破坏略有上升。

从各类生态服务功能破坏的经济损失来看，2017 年固碳释氧、水流动调节、土壤保持、防风固沙、水质净化、大气净化、气候调节损失的价值量分别占生态破坏损失总价值量的 8.7%、21.3%、6.9%、1.6%、0.5%、0.1%和 61.0%。其中，气候调节功能破坏损失的价值量相对较大，其次是水流动调节和固碳释氧，环境净化（水质、大气）破坏损失的价值量相对较小。生态破坏会对生态系统的气候调节、水流动调节、固碳释氧和土壤保持等生态服务功能产生影响，进而破坏生态系统的稳定性。

我国生态破坏损失主要分布在西部地区。2017 年，西部地区生态破坏损失为 3 909.5 亿元，占全部生态破坏损失的 53.6%。中部地区为 1 723.2 亿元，东部地区为 1 667.7 亿元。从各省（区、市）生态破坏损失的价值量看，2017 年青海生态破坏损失价值最高，为 1 795.4 亿元，主要由于青海湿地人为破坏率较高，导致湿地生态系统损失价值较高，占其总生态破坏损失的 91.2%；湖南、四川、河北、辽宁、江苏、西藏等地生态破坏损失的价值量相对较大，分别为 1 105.0 亿元、495.6 亿元、442.7 亿元、389.3 亿元、344.5 亿元和 300.9 亿元，其中，湖南主要由于森林生态系统破坏损失价值较高，黑龙江、河北主要由于湿地生态系统破坏损失较大，四川主要由于草地生态系统和湿地生态系统破坏损失价值均较高。湖北、山西、吉林等地生态破坏损失的价值量相对较小，均不足 50 亿元；宁夏、北京、天津和海南生态破坏损失的价值量不足 10 亿元（图 12）。

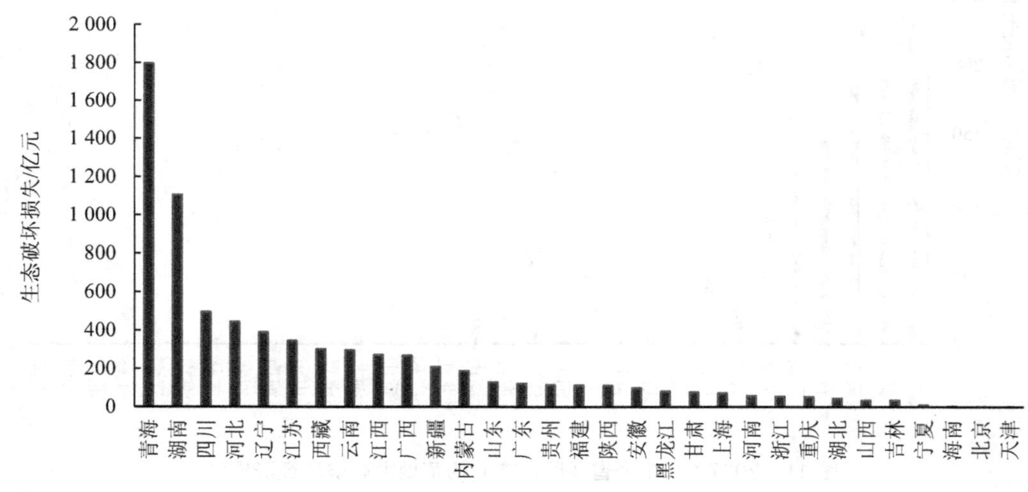

图 12 2017 年生态破坏损失空间分布

4 2017 年 GEP 核算

4.1 生态系统面积与净初级生产力指标分析

根据土地利用类型图划分了六大生态系统，分别为森林生态系统、草地生态系统、农田生态系统、湿地生态系统、城镇生态系统、荒漠生态系统。我国生态系统面积 2017 年与 2016 年基本一致。草地总面积为 264.77 万 km^2，占生态系统的 28.0%；森林总面积为 224.95 万 km^2，占比为 23.8%；农田面积为 178.84 万 km^2，占比为 18.9%；湿地总面积为 41.44 万 km^2，占比为 4.4%；城镇面积为 25.55 万 km^2，占比为 2.7%；荒漠面积为 209.59 万 km^2，占比为 22.2%（图 13）。从空间分布来看，森林主要集中在云南、黑龙江、内蒙古、四川、西藏、广西等省份；草地主要集中在西藏、新疆、内蒙古、青海等省份。

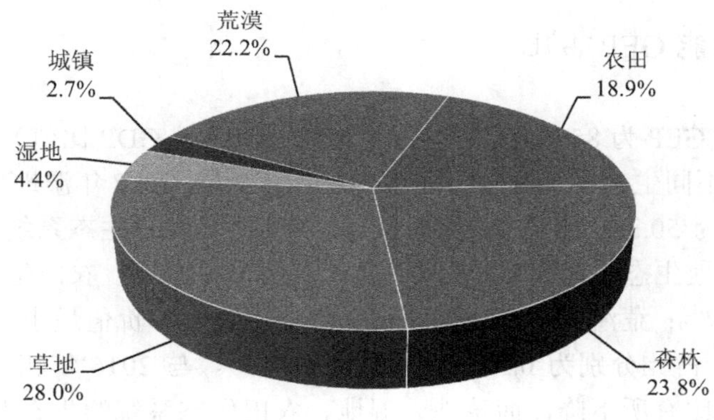

图 13 2017 年不同生态系统面积占比

净初级生产力（Net Primary Productivity，NPP）是生态系统中绿色植被用于生长、发育和繁殖的能量值，也是生态系统中其他生物成员生存和繁衍的物质基础。面积是反映不同生态系统的数量指标，净初级生产力是反映不同生态系统质量的重要指标。2017 年，我国森林生态系统 NPP 为 15.26 亿 t，占比为 47.9%；农田生态系统 NPP 为 7.69 亿 t，占比为 24.1%；草地生态系统 NPP 为 6.07 亿 t，占比为 19.0%；荒漠、湿地和城镇生态系统 NPP 相对较少，占比分别为 3.9%、2.5%和 2.5%（图 14）。从单位生态系统面积的 NPP 指标来看，森林和农田生态系统相对最高，分别为 678.3 t/km^2 和 429.8 t/km^2；草地和湿地生态系统单位面积的 NPP 分别为 229.2 t/km^2 和 193.4 t/km^2；荒漠生态系统单位面积的 NPP 最小。从 31 个省（区、市）NPP 的空间分布看，云南（3.67 亿 t）、四川（2.53 亿 t）、黑龙江（2.35 亿 t）、西藏（2.31 亿 t）、广西（2.30 亿 t）、内蒙古（1.93 亿 t）、广东（1.50 亿 t）等省份的 NPP 相对最高，占全部 NPP 的比重为 52.1%。

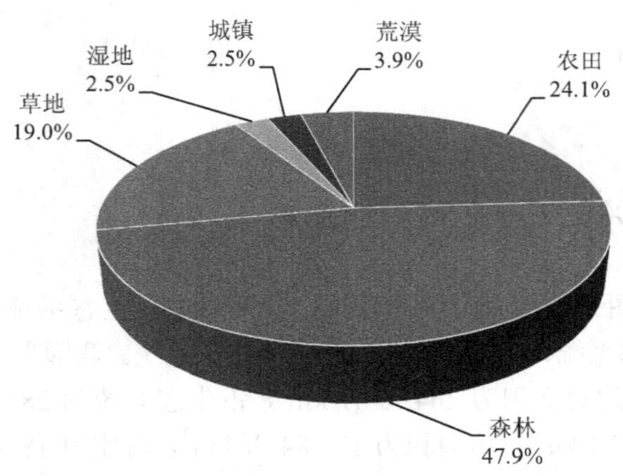

图 14　2017 年不同生态系统 NPP 占比

4.2　不同生态功能 GEP 占比

2017 年，我国 GEP 为 85.9 万亿元，绿金指数（GEP 与 GDP 比值）为 1.0。2016 年绿金指数为 0.98。从不同生态系统提供的生态服务价值来看，2017 年湿地生态系统的生态服务价值相对最大，为 50.3 万亿元，占比为 67.3%；其次是森林生态系统，为 10.0 万亿元，占比为 13.3%；草地生态系统为 6.87 万亿元，占比为 9.19%；农田生态服务价值为 6.5 万亿元，占比为 8.7%；荒漠和城市生态系统提供的生态服务价值最小，分别为 0.25 万亿元和 0.01 万亿元，占比分别为 0.33%和 0.01%（表 3）。与 2016 年相比，森林、荒漠、城市生态服务量占比有所下降，而草地、湿地、农田生态系统的生态服务价值占比有所增加。从全部生态系统提供的不同生态服务价值来看，2017 年，全部生态系统提供的产品供给服务为 14.69 万亿元，占比为 17.1%；调节服务为 60.1 万亿元，占比为 69.9%；文化服务为 7.95 万亿元，占比为 10.8%。在调节服务中，气候调节服务价值最大，为 42.5 万亿元；其次是水流动调节，为 9.9 万亿元，固碳释氧价值合计为 3.34 万亿元。与 2016 年相比，调节服务和文化服务的生态服务价值占比有所增加，供给服务占比有所下降。在调节服务中，水流动调节和固碳释氧功能占比有所下降，而气候调节服务价值占比有所增加（图 15）。

表 3　不同生态系统的生态服务价值量　　单位：亿元

指标	森林	草地	湿地	耕地	城市	荒漠	海洋	合计
产品供给	1 210.3	31 912.7	46 183.0	59 034.0	—	—	8 554.0	146 893.9
气候调节	18 713.2	8 025.3	398 701.7	×	×	×	—	425 440.2
固碳释氧	24 192.4	8 954.1	207.2	×	×	0.0	—	33 353.8
水质净化	—	—	2 302.8	—	—	—	—	2 302.8
大气环境净化	204.7	103.8	25.6	203.0	40.5	45.2	—	622.9

指标	森林	草地	湿地	耕地	城市	荒漠	海洋	合计
水流动调节	32 260.3	11 477.3	55 526.0	—	—	—	—	99 263.6
病虫害防治	74.3	×	×	—	—	—	—	74.3
防风固沙	281.5	2 652.1	48.2	170.9	19.2	2 430.3	—	5 602.3
土壤保持	22 572.4	5 600.1	244.6	5 627.9	0.0	0.0	—	34 045.0
文化服务	—	—	—	—	—	—	—	111 796.3

注：文化服务无法分解到不同生态系统，只有合计。大气环境净化服务以不同生态系统的面积为依据进行分解。×表示未评估，—表示不适合评估。

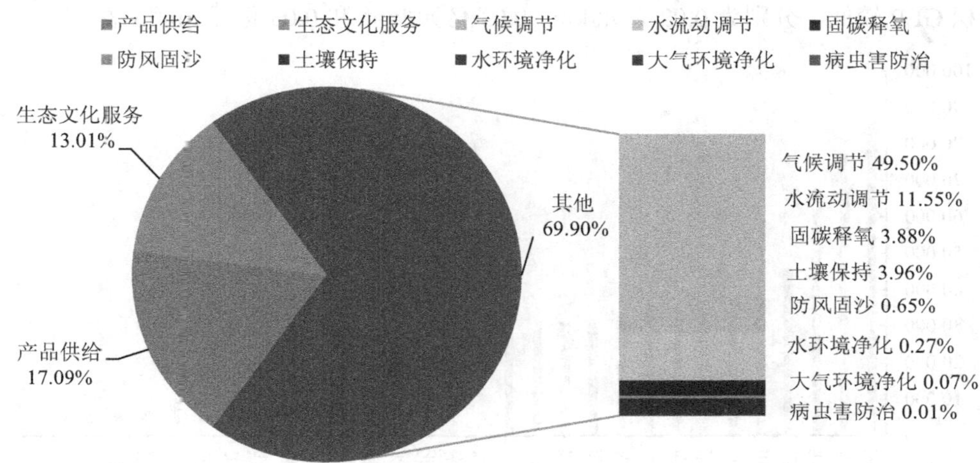

图 15 不同生态服务功能价值占比

4.3 不同省份 GEP 核算

2017 年，全国 GEP 较高的省份包括华北地区的内蒙古、东北地区的黑龙江、青藏高原的西藏和青海、西南地区的四川。除此之外，华东地区的江苏，华南地区的广东，华中地区的湖南、湖北等地的 GEP 也都相对较高。西北地区的宁夏、华北地区的北京和天津、华东地区的上海、华南地区的海南等省份的 GEP 则相对较低。

从各省（区、市）GEP 排序情况来看，西藏 GEP 最高，达到 8.6 万亿元，与 2016 年相比增加 2.49 万亿元；其次是内蒙古，GEP 为 8.2 万亿元，与 2016 年相比，增加 2.42 万亿元；黑龙江 GEP 为 6.8 万亿元，比 2016 年增加 1.15 万亿元。青海、四川、湖北、广东和湖南的 GEP，均在 3.5 万亿～4.6 万亿元。新疆的 GEP 总值由 2016 年的 3.5 万亿元下降到 2017 年 3.11 万亿元，下降幅度全国最大。GEP 位于 2.0 万亿～3.5 万亿元的省份有云南、广西、新疆、江西、山东、安徽、河南、河北、浙江；GEP 位于 1.0 万亿～2.0 万亿元的省份有吉林、辽宁、福建、贵州、陕西、甘肃；重庆、山西、海南、北京、天津、上海和宁夏 7 个省份的 GEP 低于 1 万亿元（图 16）。

GEP 总值较高的省份中，湿地生态系统、森林生态系统提供的 GEP 和单位面积 GEP

都相对较高。黑龙江、内蒙古、西藏、青海、四川湿地生态系统提供的 GEP 最高，分别占总 GEP 的 84.3%、85.9%、86.1%、89.2%和 50.8%（图 17～图 21）。与 2016 年相比，内蒙古、西藏、青海等省份湿地生态系统提供的 GEP 比例均有一定程度的上升，黑龙江和四川湿地生态系统提供的 GEP 比例基本不变，其他省份湿地生态系统提供的 GEP 比例变化不大。从单位面积 GEP 来看，GEP 总值最高的 5 个省份中，湿地单位面积提供的 GEP 都是最高的。西藏、黑龙江、内蒙古、青海和四川湿地单位面积 GEP 分别为 0.81 亿元/km^2、1.11 亿元/km^2、1.09 亿元/km^2、0.87 亿元/km^2 和 1.91 亿元/km^2，四川湿地单位面积的 GEP 最大。西藏草地单位面积 GEP 为 0.01 亿元/km^2，相对较低。内蒙古、黑龙江和西藏森林单位面积 GEP 较低，分别为 0.02 亿元/km^2、0.03 亿元/km^2 和 0.03 亿元/km^2（表 4）。

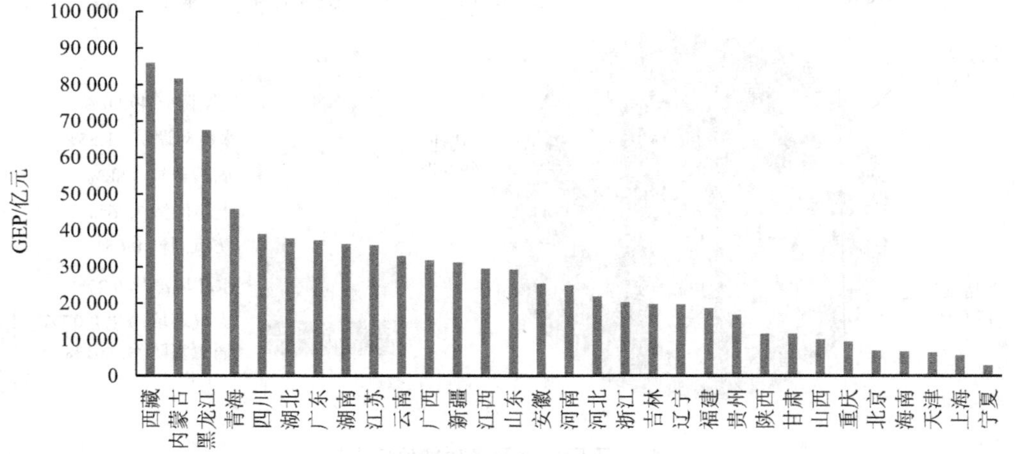

图 16　2017 年全国 31 个省（区、市）的 GEP

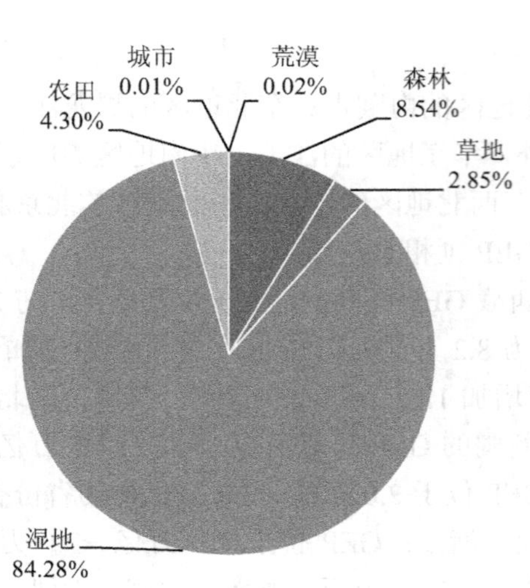

图 17　黑龙江不同生态系统价值占比

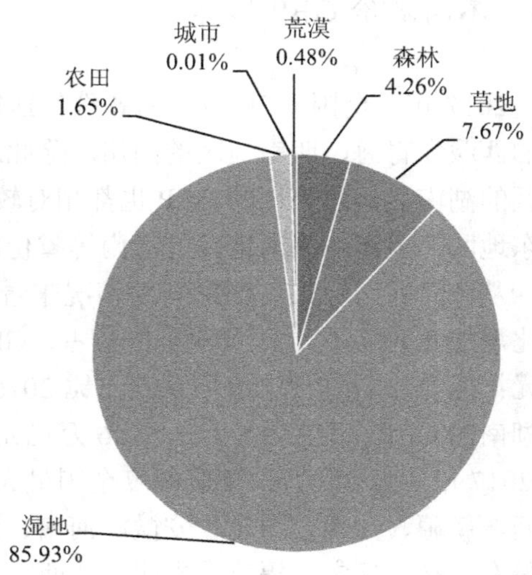

图 18　内蒙古不同生态系统价值占比

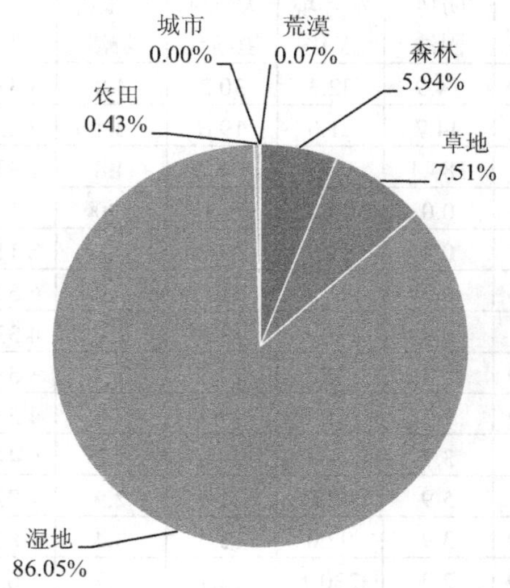

图 19　西藏不同生态系统价值占比

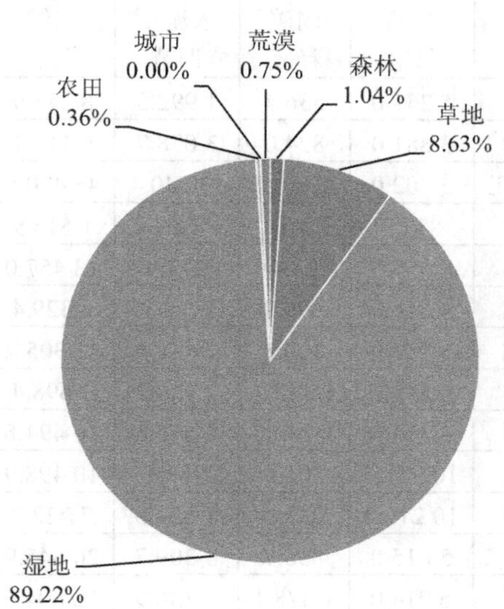

图 20　青海不同生态系统价值占比

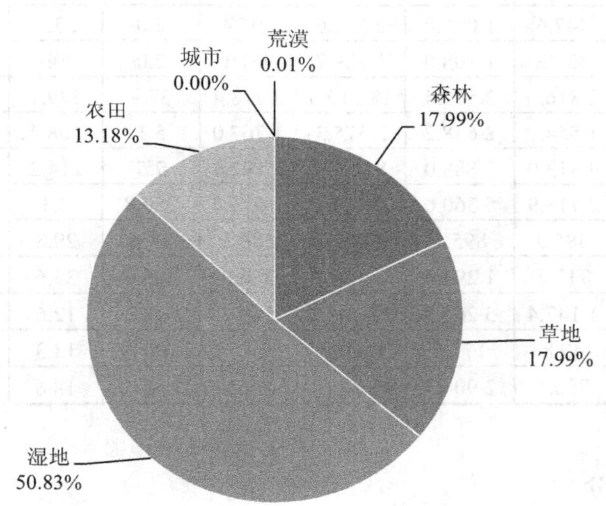

图 21　四川不同生态系统价值占比

表 4　2017 年 31 个省（区、市）不同生态服务功能价值核算　　单位：亿元

省份	产品供给	固碳释氧	水流动调节	气候调节	土壤保持	防风固沙	水环境净化	大气环境净化	病虫害防治	文化服务
北京	1 925.0	82.5	187.5	746.4	22.9	0.8	1.6	2.9	0.2	3 827.6
天津	1 221.0	4.9	136.6	2 530.1	3.9	0.2	3.7	4.9	0.0	2 408.0
河北	7 636.0	482.5	1 155.2	7 981.7	172.5	19.0	8.4	24.4	3.0	4 298.7
山西	2 233.0	386.6	879.6	2 484.5	197.8	15.4	1.8	34.3	1.1	3 753.4
内蒙古	4 858.0	2 135.6	12 347.9	58 301.3	380.8	1 077.7	42.4	58.5	8.0	2 410.1

省份	产品供给	固碳释氧	水流动调节	气候调节	土壤保持	防风固沙	水环境净化	大气环境净化	病虫害防治	文化服务
辽宁	5 251.0	536.4	1 992.5	8 276.9	213.3	14.9	32.3	30.2	4.8	3 318.7
吉林	3 881.0	824.0	3 078.7	9 112.1	268.3	44.7	21.0	19.6	2.4	2 455.6
黑龙江	5 202.0	2 181.5	11 540.4	46 430.6	501.4	184.1	95.1	24.7	4.8	1 336.3
上海	837.0	1.1	36.2	1 515.9	2.8	0.0	24.2	9.8	0.0	3 139.5
江苏	8 955.0	37.4	213.9	18 457.0	62.4	0.4	71.3	29.2	0.1	8 113.7
浙江	4 618.0	696.9	2 574.4	4 329.4	1 327.4	0.7	95.3	21.0	1.2	6 526.1
安徽	5 951.0	406.3	2 602.6	11 305.7	622.5	0.9	130.4	13.8	2.7	4 337.9
福建	6 841.0	1 233.3	2 037.2	2 698.4	2 121.0	0.8	145.6	20.5	2.2	3 558.1
江西	4 354.0	1 288.5	6 674.6	10 494.6	1 941.9	2.1	122.8	19.2	3.3	4 534.6
山东	10 981.0	105.6	973.4	10 498.9	155.2	3.7	21.6	29.5	0.2	6 440.0
河南	10 217.0	232.0	1 627.0	7 722.7	218.9	5.9	42.0	21.9	2.9	4 725.7
湖北	5 815.0	836.7	5 309.7	20 645.9	1 231.9	3.9	92.0	13.0	3.4	3 859.8
湖南	6 914.0	1 478.1	7 336.9	12 894.6	2 374.9	2.7	230.1	13.7	3.7	5 021.1
广东	8 968.0	1 736.5	3 590.9	12 296.6	2 174.2	3.9	108.0	46.4	2.2	8 395.1
广西	5 814.0	2 900.3	6 753.2	8 279.7	3 736.5	3.4	273.5	20.8	3.0	3 906.0
海南	1 427.0	447.6	1 096.0	2 562.6	394.4	2.0	23.4	3.3	0.1	568.4
重庆	2 622.0	321.3	1 108.0	1 989.7	961.1	2.0	20.1	11.9	2.1	2 310.0
四川	8 668.0	2 816.0	3 572.4	13 519.6	3 778.4	57.9	279.1	13.9	6.2	6 246.1
贵州	3 236.8	1 554.7	2 658.2	2 575.3	1 767.0	5.1	108.4	16.4	1.5	4 981.9
云南	4 958.8	4 813.0	3 888.0	8 958.9	5 192.1	7.5	214.2	25.2	5.4	4 845.4
西藏	202.0	2 713.9	5 360.0	73 813.2	2 613.7	980.8	8.3	1.5	2.5	265.3
陕西	3 364.0	484.9	895.1	2 869.7	586.3	11.5	29.8	24.3	3.2	3 369.1
甘肃	2 379.3	717.7	1 294.4	5 326.4	386.0	365.9	35.6	19.1	1.1	1 106.0
青海	542.0	1 147.4	5 266.9	37 508.2	529.2	618.8	12.6	5.4	0.5	267.4
宁夏	865.0	49.8	171.4	1 488.6	17.7	18.4	13.3	16.9	0.0	194.6
新疆	6 157.0	700.8	2 904.7	17 825.1	88.5	2 147.1	18.6	26.7	2.4	1 276.1

4.4 主要指标分析

（1）气候调节

2017 年，气候调节总价值为 42.5 万亿元，占 GEP 总价值的 49.5%。其中，森林生态系统气候调节价值为 1.9 万亿元，占气候调节总价值的 4.4%；草地生态系统为 0.8 万亿元，占气候调节总价值的 1.9%；湿地生态系统为 39.9 万亿元，占气候调节总价值的 93.7%（图 22）。全国气候调节价值较高的省份有 6 个，分别为西藏（7.4 万亿元）、内蒙古（5.8 万亿元）、黑龙江（4.6 万亿元）、青海（3.8 万亿元）、湖北（2.1 万亿元）。而华东大部、华北地区的气候调节价值相对较小（图 23）。在全国气候调节价值较高的省份中，与 2016 年相比，西藏增加 2.9 万亿元，青海增加 0.2 万亿元，黑龙江增加 1 万亿元，内蒙古增加 2.5 万亿元。

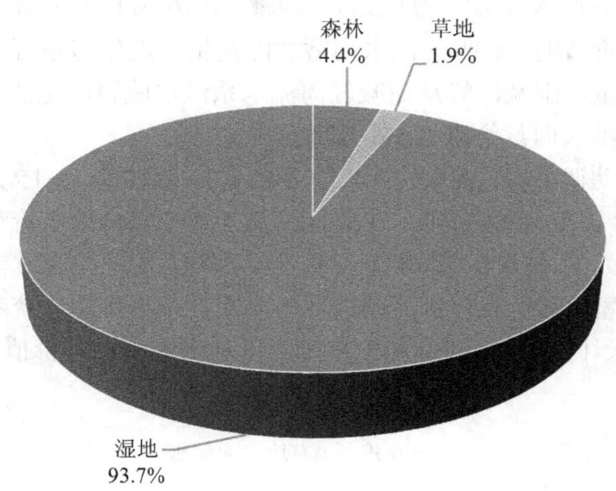

图 22　各生态系统气候调节价值占比

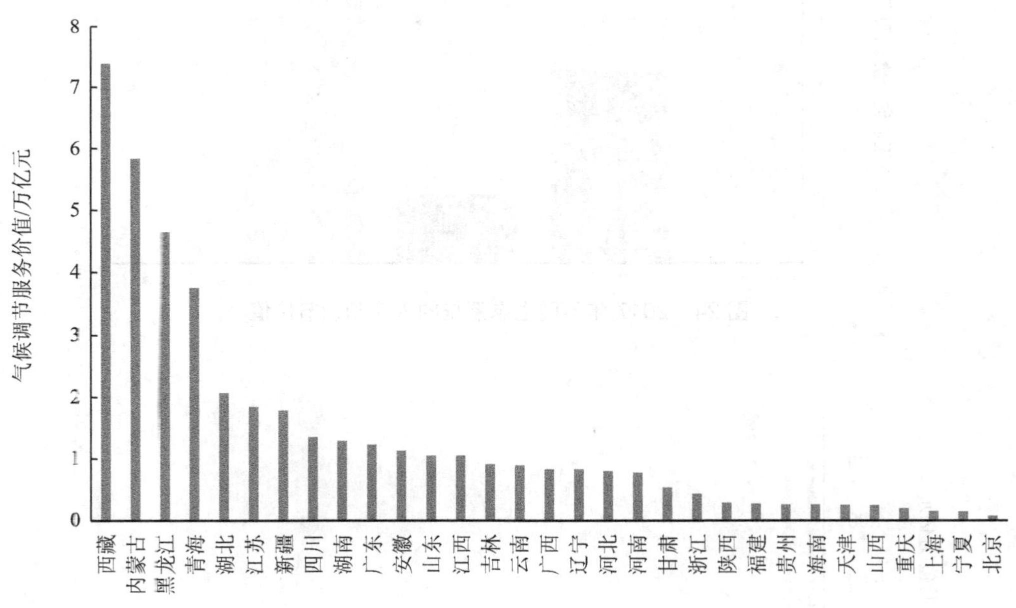

图 23　2017 年我国 31 个省（区、市）生态系统气候调节价值

（2）水流动调节

水流动调节由水源涵养和洪水调蓄两部分组成。其中，水源涵养价值是生态系统通过吸收、渗透降水，增加地表有效水的蓄积，有效涵养土壤水分、缓和地表径流和补充地下水、调节河川流量而产生的生态效应。本报告主要计算了森林生态系统和草地生态系统的水源涵养价值，2017 年，我国森林生态系统和草地生态系统的水源涵养价值为 4.4 万亿元（图 24），其中，森林生态系统的水源涵养价值为 3.2 万亿元，草地生态系统的水源涵养价值为 1.2 万亿元，我国水源涵养呈现自东南向西北递减的空间趋势，湖南（0.563 万亿元）、

江西（0.562 万亿元）、广西（0.47 万亿元）、西藏（0.26 万亿元）等省份水源涵养价值较大，占全国水源涵养价值的 42.3%。洪水调蓄功能是指湿地生态系统（湖泊、水库、沼泽等）通过蓄积洪峰水量，削减洪峰从而减轻河流水系洪水威胁产生的生态效应。2017 年，我国湿地生态系统的洪水调蓄价值为 5.6 万亿元。

从各省份的水流动调节看，内蒙古（1.23 万亿元）、黑龙江（1.15 万亿元）、湖南（0.73 万亿元）、广西（0.68 万亿元）、江西（0.67 万亿元）5 个省份的水流动调节价值最大，占到全国各省（区、市）的 45.0%。这 5 个省份中，内蒙古、黑龙江水流动调节主要来自湿地生态系统的洪水调蓄，其他省份水流动调节主要来自森林生态系统和草地生态系统的水源涵养价值。上海、天津、北京、江苏和宁夏等省份的水流动调节价值相对较低，均在 0.03 万亿元以下（图 25）。

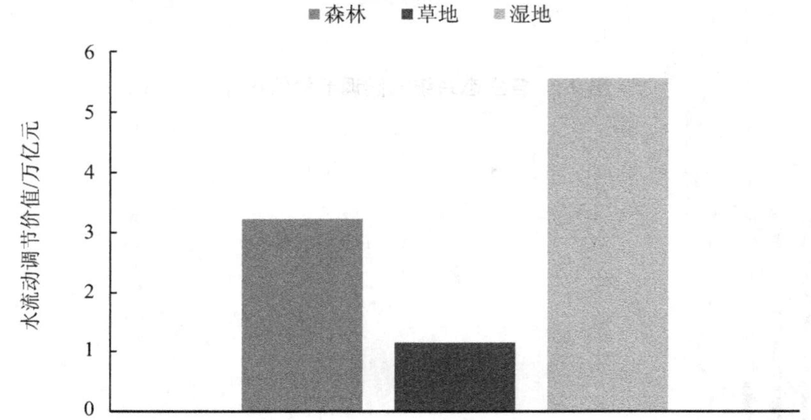

图 24　2017 年不同生态系统的水流动调节价值

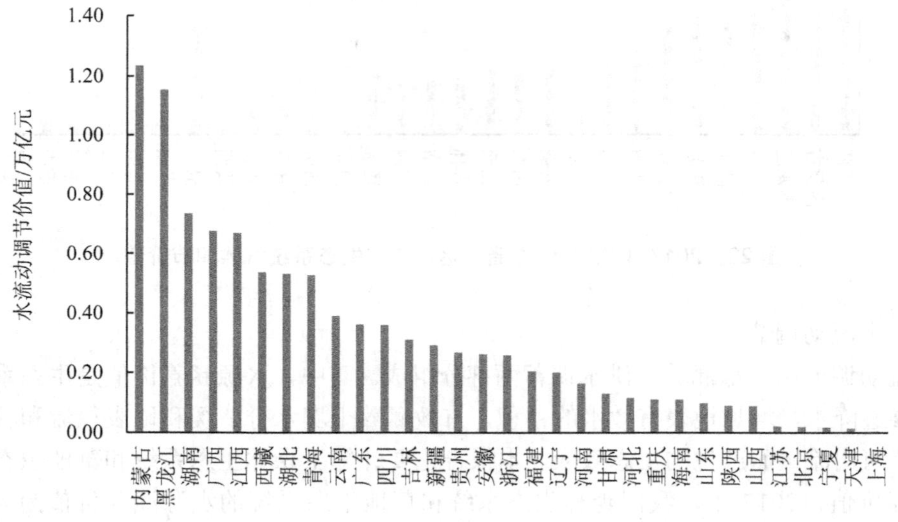

图 25　2017 年我国 31 个省（区、市）水流动调节价值

（3）固碳释氧

2017 年，我国生态系统共固碳 33.8 亿 t，释放氧气 25.06 亿 t，其中，森林生态系统固碳 24.53 亿 t，释放氧气 18.17 亿 t；草地生态系统固碳 9.08 亿 t，释放氧气 6.73 亿 t；湿地生态系统固碳 0.21 亿 t，释放氧气 0.16 亿 t。利用 2017 年各省份的碳交易价格计算固碳价值量，全国生态系统固碳价值量为 986.7 亿元。云南（142.4 亿元，14.4%）、广西（85.8 亿元，8.7%）、四川（83.3 亿元，8.4%）、西藏（80.3 亿元，8.1%）、黑龙江（64.5 亿元，6.5%）、内蒙古（63.2 亿元，6.4%）和广东（51.4 亿元，5.2%）等地的固碳价值量较大，占我国固碳总价值量的 57.9%。而上海（0.03 亿元，0.003%）、天津（0.14 亿元，0.01%）、江苏（1.11 亿元，0.11%）、宁夏（1.47 亿元，0.15%）和北京（2.44 亿元，0.25%）等地的固碳价值量则相对较少，其总和占比仅为 0.53%左右。

按照《森林生态系统服务功能评估规范》（GB/T 38582—2020）中推荐的氧气价格，按照 CPI 折算到 2017 年，得到全国生态系统释氧价格为 32 367.1 亿元。云南（4 670.6 亿元，14.4%）、广西（2 814.5 亿元，8.7%）、四川（2 732.7 亿元，8.4%）、西藏（2 633.7 亿元，8.1%）、黑龙江（2 117.0 亿元，6.5%）、内蒙古（2 072.4 亿元，6.4%）和广东（1 685.1 亿元，5.2%）等地的释氧价值量较大，占我国释氧总价值量的 57.9%。而上海（1.1 亿元，0.003%）、天津（4.7 亿元，0.01%）、江苏（36.3 亿元，0.11%）、宁夏（48.3 亿元，0.15%）和北京（80.1 亿元，0.25%）等地的释氧价值量相对较少，其总和占比仅为 0.53%左右。

我国生态系统固碳释氧的价值量之和，其分布与 NPP 密切相关，固碳释氧价值量较高的地区主要分布在森林密集地区，如长江沿岸及长江以南的大部分地区、东北部分地区的固碳释氧价值量较高（图 26）。

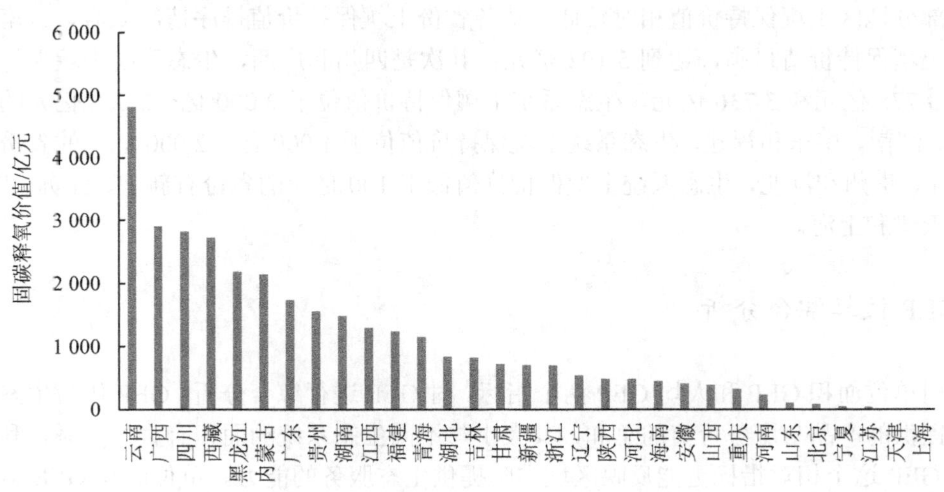

图 26　2017 年各省（区、市）固碳释氧价值

（4）土壤保持

我国降雨集中，山地丘陵面积比重较大，是世界上土壤侵蚀最严重的国家之一，我国每年约 50 亿 t 泥沙流入江河湖海，其中 62%左右来自耕地表层，森林生态系统和农田生态系统对土壤保持发挥着重要作用。2017 年，生态系统土壤保持功能价值为 3.40 万亿元，占 GEP 比重的 3.96%，与 2016 年相比占比下降 1.04%。其中，森林生态系统为 2.3 万亿元，占比为 66.3%；草地生态系统为 0.6 万亿元，占比为 16.4%；湿地生态系统为 0.02 万亿元，占比为 0.7%（图 27）。

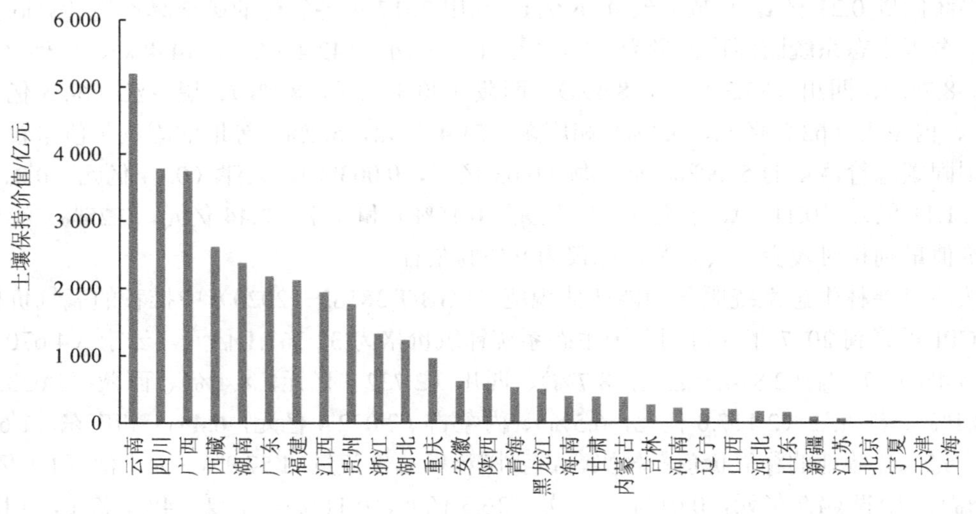

图 27 2017 年我国 31 个省（区、市）土壤保持价值

全国土壤保持价值较高的省份有 7 个，分别是西南地区的四川、广西、西藏和云南，华南地区的湖南、广东和福建。除此之外，江西和贵州也有相对较高的土壤保持价值，而华北大部分地区土壤保持价值相对较低。从各省份土壤保持价值排序情况来看，云南的生态系统土壤保持价值最高，达到 5 192 亿元；其次是四川和广西，生态系统土壤保持价值分别为 3 778 亿元和 3 736 亿元。生态系统土壤保持价值位于 2 000 亿～3 000 亿元的省份有西藏、湖南、广东和福建，生态系统土壤保持价值位于 1 000 亿～2 000 亿元的省份有江西、浙江、贵州和湖北，生态系统土壤保持价值低于 100 亿元的省份有新疆、江苏、宁夏、北京、天津和上海。

4.5 GEP 核算综合分析

采用单位面积 GEP 和人均 GEP 两个指标，对 GEP 进行综合分析。GEP 作为生态系统为人类提供的产品与服务价值的总和，其大小与不同生态系统的面积有直接关系，利用单位面积 GEP 这个相对指标更能反映区域实际提供生态服务的能力。单位面积 GEP 最高的省份主要有上海（8 835.9 万元/km^2）、天津（5 587.0 万元/km^2）、北京（4 046.2 万元/km^2）、江苏（3 503.0 万元/km^2）、广东（2 073.4 万元/km^2），上海、北京、天津等省份的 GEP 虽然相对较小，但因其面积也比较小，导致其单位面积的 GEP 相对较高。与 2016 年相比，黑龙江、内蒙古的单位面积 GEP 有所增加，增加量超过 200 万元/km^2。单位面积 GEP 最低的省份主要有新疆（187.6 万元/km^2）、甘肃（256.0 万元/km^2）、宁夏（427.1 万元/km^2）等西部地区（图 28）。

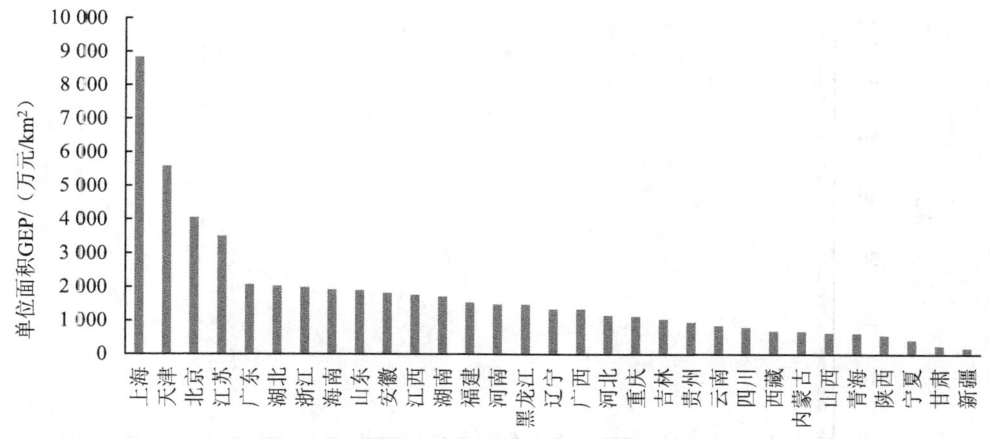

图 28　31 个省（区、市）单位面积的 GEP 核算

人口相对较少，但自然生态系统提供的生态服务相对较大的西部地区，其人均 GEP 相对较高。人均 GEP 较高的省份主要有西藏（255.1 万元/人）、青海（76.8 万元/人）、内蒙古（32.3 万元/人）、黑龙江（17.8 万元/人）、新疆（12.7 万元/人）。与 2016 年相比，内蒙古、黑龙江、西藏、青海的人均 GEP 均有一定程度的增加，新疆的人均 GEP 有一定程度的下降。人均 GEP 较低的省份主要有上海（2.3 万元/人）、河南（2.6 万元/人）、山西（2.7 万元/人）、河北（2.9 万元/人）、山东（2.9 万元/人）（图 29）。从绿金指数（GEP/GDP）来看，绿金指数大于 1 的省份有 15 个，与 2016 年保持一致，主要分布在西部地区。绿金指数较高的省份主要有西藏（65.6）、青海（17.5）、内蒙古（5.1）、黑龙江（4.2）。西藏和青海位于我国青藏高原，经济发展相对较弱，但生态服务价值相对较大。绿金指数小于 0.5 的省份主要有上海（0.18）、北京（0.24）、天津（0.34）、浙江（0.39）、山东（0.40）、广东（0.42）、江苏（0.42）和重庆（0.48）（图 30）。

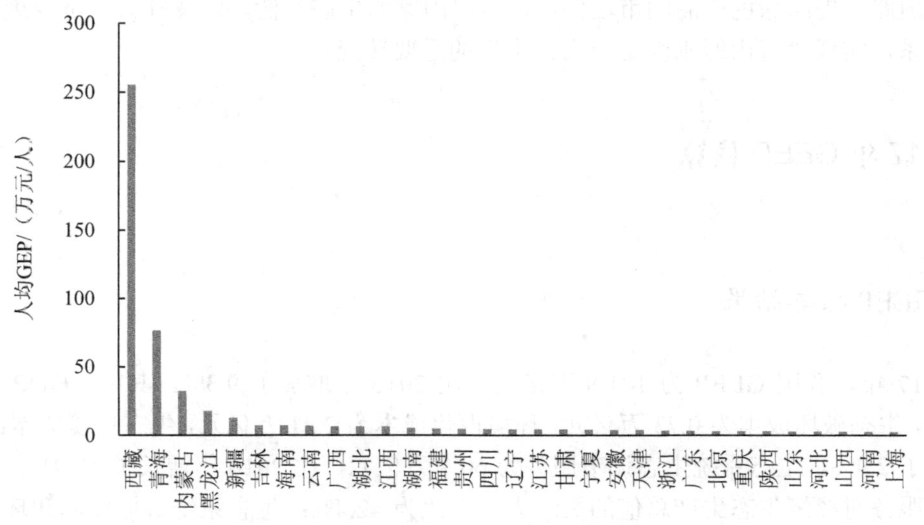

图 29　31 个省（区、市）人均 GEP 核算

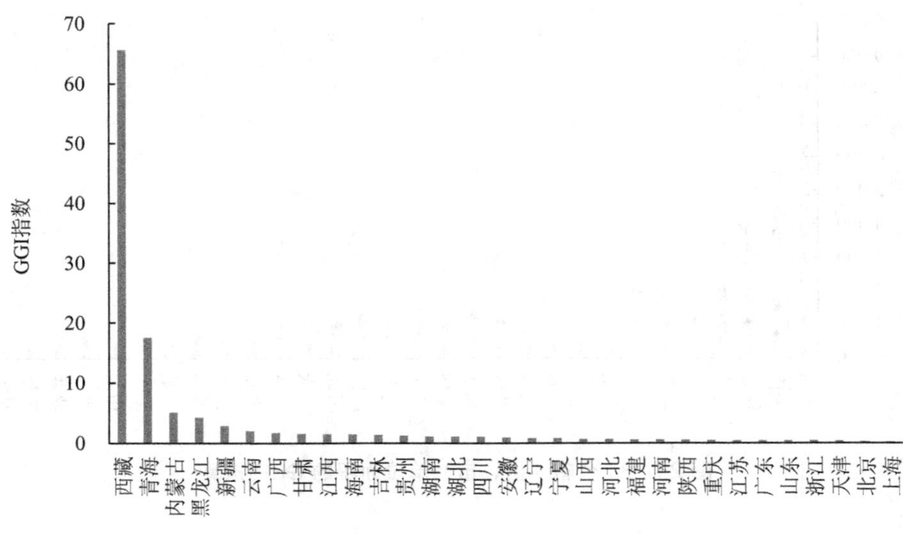

图 30　31 个省（区、市）GGI 指数

从 GEP 核算的角度看，大小兴安岭森林生态功能区、三江源草原草甸湿地生态功能区、藏东南高原边缘森林生态功能区、若尔盖草原湿地生态功能区、南岭山地森林及生物多样性生态功能区、呼伦贝尔草原草甸生态功能区、科尔沁草原生态功能区、川滇森林及生物多样性生态功能区、三江平原湿地生态功能区等国家重点生态功能区的生态服务价值相对较大，但按照主体功能区划要求，这些地区都是限制开发区，其社会经济发展水平严重受限。其中，以西藏和青海为主体的生态功能区，无论 GEP 总值还是人均 GEP，都相对较高。但其经济落后，西藏和青海绿金指数（GGI）分别为 65.6 和 17.5，远远高于其他省份（图 30）。这些地区需以 GEP 核算价值为基础，像保护眼睛一样保护生态环境，像对待生命一样对待生态环境。同时，也需要寻找变生态要素为生产要素，变生态财富为物质财富的道路，提高绿色产品的市场供给，争取国家的生态补偿，转变社会经济发展的考核评估体系，实现“青山绿水就是金山银山”的重要转变。

5　2017 年 GEEP 核算

5.1　GEEP 核算结果

2017 年，我国 GEEP 为 141.8 万亿元，比 2016 年增加了 9.3%。其中，GDP 为 84.7 万亿元，生态破坏成本为 0.73 万亿元，环境退化成本为 2.21 万亿元，生态环境成本比 2016 年增加了 2.4%。生态系统生态调节服务为 60.1 万亿元，比 2016 年增长了 10.9%。生态系统调节服务对经济生态生产总值的贡献大，占比为 42.4%；生态系统破坏成本和环境退化成本占比约为 2.1%。

从相对量来看，2017 年我国单位面积 GEEP 为 1 476.0 万元/km^2，人均 GEEP 为 10.2 万元，是人均 GDP 的 1.7 倍。西藏、青海、内蒙古和黑龙江是我国人均 GEEP 最高的省份，这 4 个省份的人均 GEEP 都超过 20 万元/人（图 31）。这四个省份的人均 GEEP 是其人均 GDP 的倍数都超过了 4.8 倍，尤其是西藏和青海，其人均 GEEP 是人均 GDP 的倍数都超过了 10 倍。除黑龙江外，其他 3 个省份都分布在我国西部地区，属于地广人稀、生态功能突出，但生态环境脆弱敏感的地区。

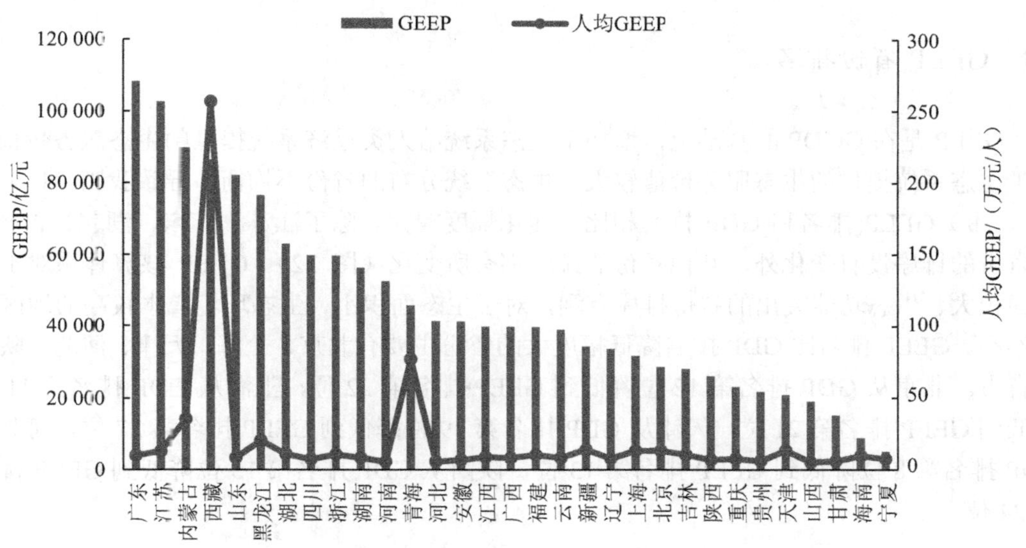

图 31　2017 年我国 31 个省（区、市）GEEP 与人均 GEEP

5.2　GEEP 空间分布

从东中西三个区域来看，2017 年，我国东部、中部和西部地区 GDP 占全国 GDP 比重分别为 60.4%、26.6%和 21.6%。而东部、中部和西部地区 GEEP 占全国 GEEP 比重分别为 43.9%、29.7%和 38.3%。我国西部地区的 GEEP 占比明显高于其 GDP 占比。西部地区不仅是大江大河的源头，更是我国重要的生态屏障区，第一批国家重点生态功能区中，有 67%都分布在西部地区。西部地区生态系统提供的生态服务较大，环境退化成本相对较低。我国环境退化成本主要分布在东部地区，占比为 52.7%，西部地区占比为 21.2%。在一正一负的拉锯下，西部地区的经济生态系统生产总值提高很大，占比已接近东部地区。我国广东、江苏、山东、浙江等东部省份的 GEEP 较大，占比为 27.8%。

党的十九大报告提出，中国特色社会主义进入新时代，我国社会主要矛盾已经转化为人民日益增长的美好生活需要和不平衡不充分的发展之间的矛盾。我国经济发展不平衡，区域之间经济差异较大。按照联合国有关组织提出的基尼系数规定，低于 0.2，收入绝对平均；0.2～0.3，收入比较平均；0.3～0.4，收入相对合理；0.4～0.5，收入差距较大；0.5 以上，收入差距悬殊。基尼系数假定一定数量的人口按收入由低到高顺序排队，分为人数相等的 n 组，从第 1 组到第 i 组人口累计收入占全部人口总收入的比重为 w_i，利用定积分的定义对洛伦兹曲线的积分（面积 B）分成 n 个等高梯形的面积之和进行计算。本报告以 31 个省（区、市）GDP 和人口两个指标，计算我国区域基尼系数，2017 年基于 GDP 计算的区域基尼系数为 0.51，基于 GEEP 计算的区域基尼系数为 0.49。如果采用 GEEP 对一个地区的生态经济生产总值进行核算，我国的区域差距将趋于缩小。当然，这个前提是把生态系统的生态调节服务的价值市场化。

5.3 GEEP 省份排名

GEEP 是在 GGDP 的基础上，增加了生态系统给人类经济系统提供的生态服务价值。由于生态系统提供的生态服务价值较大，生态系统分布的省份不均衡，导致我国 31 个省（区、市）GEEP 排名和 GDP 排名相比，变化幅度较大。除了江苏、广东、湖北、吉林 4 个省份的排序没有变化外，其他省份的排序都有所变化（图 32）。GEEP 核算体系对于生态面积大、生态功能突出的省份排序有利，对于生态面积小、生态环境成本较高的地区排序不利。GEEP 排名比 GDP 排名降低幅度大的省份主要有北京、上海、天津、河北、陕西等省市。北京从 GDP 排名第 12 位降低到 GEEP 排名第 22 位，上海从 GDP 排名第 11 位降低到 GEEP 排名第 21 位，天津从 GDP 排名第 19 位降低到 GEEP 排名第 27 位，河北从 GDP 排名第 8 位降低到 GEEP 排名第 13 位，陕西从 GDP 排名第 15 位降低到 GEEP 排名第 24 位。

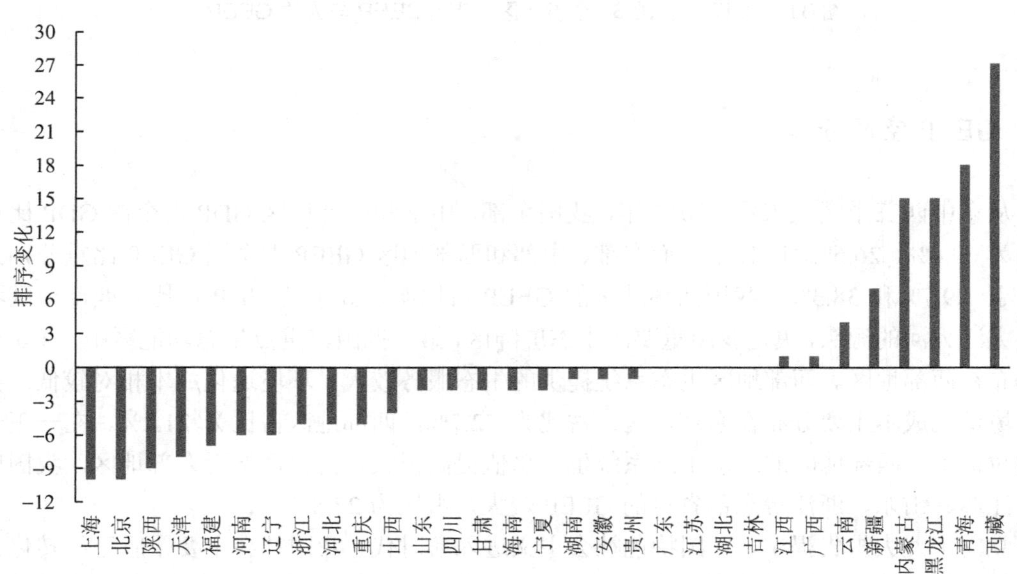

图 32　2017 年我国 31 个省（区、市）GEEP 排序相对 GDP 排序变化情况

内蒙古、黑龙江、云南、青海、西藏等省份都是我国重要的生态功能区，生态面积大，生态功能突出。这些省份 GEEP 的核算结果都远高于其 GDP。其中，云南 GEEP 是 GDP 的 2.4 倍，内蒙古 GEEP 是 GDP 的 5.6 倍，新疆 GEEP 是 GDP 的 3.1 倍，青海 GEEP 是 GDP 的 17.5 倍，西藏 GEEP 是 GDP 的 65.9 倍。这些省份的 GEEP 排名比 GDP 排名有较大幅度增加。内蒙古从 GDP 排名第 18 位上升到 GEEP 排名第 3 位，黑龙江从 GDP 排名第 21 位上升到 GEEP 排名第 6 位，青海从 GDP 排名第 30 位上升到 GEEP 排名第 12 位，西藏从 GDP 排名第 31 位上升到 GEEP 排名第 4 位。

进一步以全国 31 个省（区、市）人口和 GDP 均值、人口和 GEEP 均值作为原点，构建 GDP 和 GEEP 相对人口的散点象限分布图（图 33 和图 34）。通过对比图 33 和图 34 中省份的象限变化情况可知，除河北由图 33 第一象限变成图 34 第二象限外，图 33 第一象限的经济和人口大省，在图 34 中仍分布在第一象限，说明这些省份经济生态生产总值仍高于全国平均水平。图 33 第三象限的西藏、黑龙江、内蒙古、青海变为图 34 的第四象限，4 个省份在生态调节服务正效益的拉动下，其经济生态生产总值超过了全国平均水平。北京和上海的 GDP 超过全国平均水平，但其经济生态生产总值低于全国平均水平。

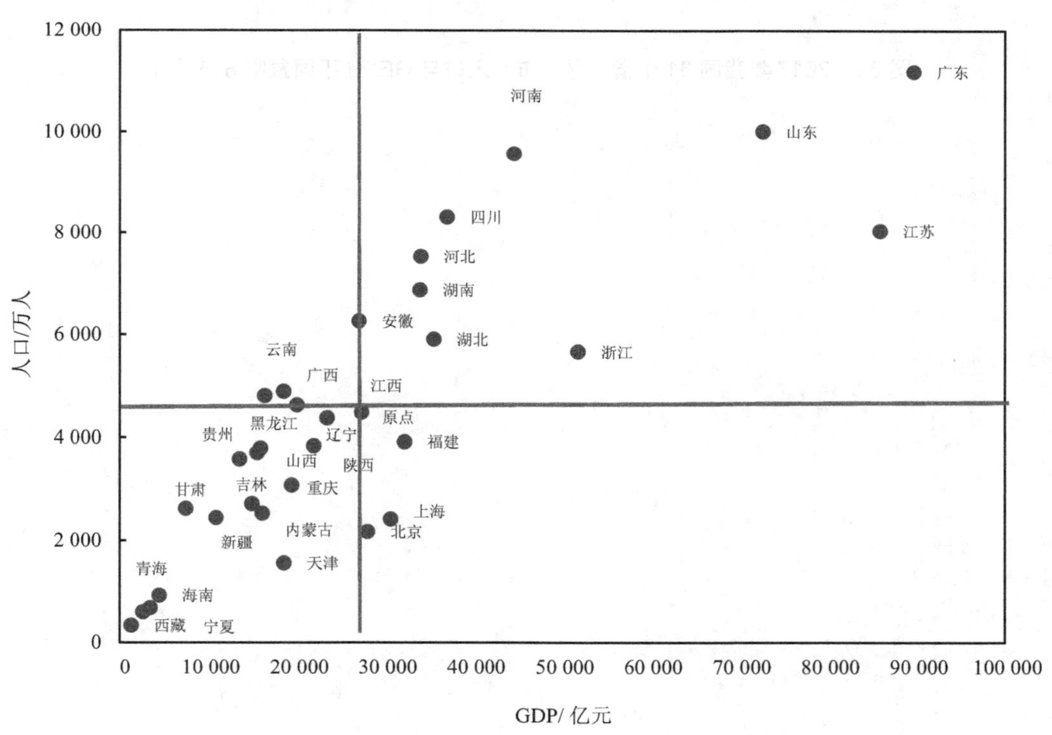

图 33　2017 年我国 31 个省（区、市）人口与 GDP 不同象限分布情况

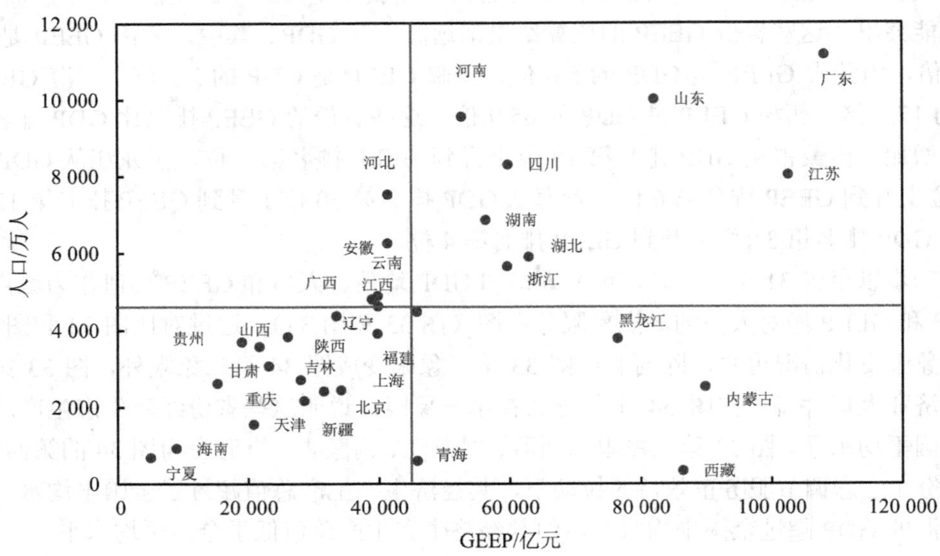

图 34　2017 年我国 31 个省（区、市）人口与 GEEP 不同象限分布情况

附录　2017 年各地区核算结果

地区	省份	GDP/亿元	环境退化成本/亿元	环境退化指数/%	生态环境成本/亿元	生态环境成本指数/%	绿色GDP/亿元	GEP/亿元	生态调节服务/亿元	绿金指数	GEEP/亿元
东部地区	北京	28 014.9	567.5	1.9	568.9	2.03	27 446.0	6 797.6	1 045.0	0.2	28 491.0
	天津	18 549.2	445.0	2.4	446.0	2.40	18 103.2	6 313.3	2 684.3	0.3	20 787.5
	河北	34 016.3	2 073.7	3.1	2 516.5	7.40	31 499.9	21 781.5	9 846.8	0.6	41 346.7
	辽宁	23 409.2	721.1	3.1	1 110.4	4.74	22 298.9	19 670.9	11 101.2	0.8	33 400.1
	上海	30 633.0	647.0	1.9	717.9	2.34	29 915.1	5 566.6	1 590.1	0.2	31 505.2
	江苏	85 869.8	1 801.4	2.2	2 145.9	2.50	83 723.9	35 940.4	18 871.7	0.4	102 595.5
	浙江	51 768.3	1 166.9	1.5	1 220.7	2.36	50 547.5	20 190.5	9 046.4	0.4	59 594.0
	福建	32 182.1	579.8	2.3	692.5	2.15	31 489.5	18 658.3	8 259.2	0.6	39 748.7
	山东	72 634.2	2 253.4	6.6	2 381.1	3.28	70 253.1	29 209.2	11 788.2	0.4	82 041.3
	广东	89 705.2	1 422.2	2.9	1 542.8	1.72	88 162.4	37 321.7	19 958.6	0.4	108 121.0
	海南	4 462.5	49.3	0.9	52.4	1.17	4 410.1	6 524.8	4 529.4	1.5	8 939.6
	小计	471 245.0	11 727.4	2.7	13 395.1	2.84	457 850.0	207 974.8	98 720.9	0.4	556 570.5
	全国占比	55.6	53.0	—	45.5	—	56.0	24.2	16.4	—	39.2
中部地区	山西	15 528.4	494.2	3.5	528.4	3.40	15 000.1	9 987.5	4 001.1	0.6	19 001.1
	吉林	14 944.5	316.7	2.1	350.5	2.35	14 594.0	19 707.4	13 370.8	1.3	27 964.8
	黑龙江	15 902.7	383.8	2.4	464.5	2.92	15 438.2	67 500.9	60 962.6	4.2	76 400.8
	安徽	27 018.0	707.6	3.7	804.6	2.98	26 213.4	25 373.8	15 084.9	0.9	41 298.3
	江西	20 006.3	452.0	2.5	723.8	3.62	19 282.6	29 435.5	20 546.9	1.5	39 829.5
	河南	44 552.8	1 779.2	3.9	1 835.8	4.12	42 717.0	24 816.0	9 873.3	0.6	52 590.3
	湖北	35 478.1	680.4	2.3	724.7	2.04	34 753.4	37 811.3	28 136.5	1.1	62 889.9
	湖南	33 903.0	878.2	2.7	1 983.2	5.85	31 919.7	36 269.9	24 334.8	1.1	56 254.5
	小计	207 334.0	5 692.2	3.0	7 415.5	3.58	199 918	250 902.2	176 310.8	1.2	376 229.1
	全国占比	24.5	25.7	—	25.2	—	24.4	29.2	29.3	—	26.5

地区	省份	GDP/亿元	环境退化成本/亿元	环境退化指数/%	生态环境成本/亿元	生态环境成本指数/%	绿色GDP/亿元	GEP/亿元	生态调节服务/亿元	绿金指数	GEEP/亿元
西部地区	内蒙古	16 096.2	433.8	2.3	620.0	3.85	15 476.2	81 620.2	74 352.1	5.1	89 828.3
	广西	18 523.3	427.7	2.1	695.2	3.75	17 828.0	31 690.3	21 970.3	1.7	39 798.3
	重庆	19 424.7	690.4	2.6	742.6	3.82	18 682.2	9 348.1	4 416.1	0.5	23 098.3
	四川	36 980.2	810.8	2.2	1 306.4	3.53	35 673.8	38 957.6	24 043.5	1.1	59 717.3
	贵州	13 540.8	440.2	3.6	553.4	4.09	12 987.4	16 905.2	8 686.6	1.2	21 674.0
	云南	16 376.3	283.1	2.0	578.8	3.53	15 797.6	32 908.6	23 104.4	2.0	38 901.9
	西藏	1 310.9	57.0	4.8	357.8	27.30	953.1	85 961.1	85 493.8	65.6	86 446.9
	陕西	21 898.8	705.7	3.4	815.7	3.72	21 083.1	11 638.0	4 904.9	0.5	25 988.0
	甘肃	7 459.9	296.5	4.2	373.3	5.00	7 086.6	11 631.6	8 146.3	1.6	15 232.9
	青海	2 624.9	103.7	3.7	1 899.1	72.35	725.8	45 898.5	45 089.1	17.5	45 814.9
	宁夏	3 443.6	200.8	6.1	209.1	6.07	3 234.5	2 835.7	1 776.1	0.8	5 010.5
	新疆	10 882.0	269.5	2.4	477.1	4.38	10 404.8	31 146.9	23 713.8	2.9	34 118.7
	小计	168 562.0	4 719.1	3.0	8 628.6	5.12	159 933.0	400 541.9	325 696.9	2.4	485 630.0
	全国占比	19.9	21.3	—	29.3	—	19.6	46.6	54.2	—	34.2
	全国	847 140.0	22 139.0	2.6	29 439.1	3.48	817 701.0	859 418.8	600 728.6	1.0	1 418 429.6

注：环境退化成本中的污染事故损失是全国总量数据，缺少分地区数据，所以附表中的环境退化成本未包含污染事故损失。

我国民营企业参与污染防治状况调查研究

Investigation on the Participation of Private Enterprises in Pollution Prevention and Control in China

李 新 秦昌波 容 冰 关 杨 储成君 杨丽阁 万 军 宇 凯[①] 赵东民[①] 马占利[①]

摘 要 生态文明建设是关系到中华民族永续发展的根本大计，也是全面建成小康社会能否得到人民认可的关键。党的十九大把污染防治作为决胜全面建成小康社会的三大攻坚战之一，对建设生态文明和美丽中国做出了全面部署。民营企业作为我国生态环境治理的责任主体，是打好打赢污染防治攻坚战、推动环保事业发展不可或缺的中坚力量，也是全面提升产业绿色发展、促进高质量发展的重要载体。本研究通过对民营企业进行抽样调查，反映民营企业对污染防治的认识，了解和掌握民营企业参与污染防治的基本情况，收集民营企业对污染防治的意见建议，为下一步创新工作机制、完善政策支持、增强服务手段，组织引导民营企业打好污染防治攻坚战提供参考。

关键词 生态文明建设 民营企业 污染防治

Abstract Ecological civilization construction is fundamental to the sustainable development of the Chinese nation, and is also the key to the success of building a moderately prosperous society in all respects. The 19th National Congress of the Communist Party of China took pollution prevention and control as one of the three key battles to secure a decisive victory in building a moderately prosperous society in all respects, and made comprehensive plans for building an ecological civilization and a Beautiful China. As the main body of responsibility for China's ecological and environmental governance, private enterprises are the indispensable force for winning the battle against pollution and promoting the development of environmental protection, as well as an important carrier to comprehensively promote the green development of the industry and promote high-quality development. Through the sampling survey of private enterprises, the results of this study reflects their understanding and participation in pollution prevention and control, as well as relevant opinions and suggestions, so as to provide a reference for further innovation of work mechanism, improvement of policy support, enhancement of service means, and organization and guidance of private enterprises in tackling pollution prevention and control.

Keywords ecological civilization construction, private enterprises, pollution prevention and control

① 中华全国工商联合会，北京，100035。

1 调查总体情况

1.1 调查问卷设计、收集与整理

调查问卷基于深入了解民营企业对污染防治攻坚认识、污染治理状况、治污需求及建议等议题展开研究设计，主要涵盖了企业基本信息以及 22 项调查题目。全国工商联联合各省（区、市）工商联，组织各地民营企业参与问卷调查填写。共收集全国 30 个省（区、市）2 644 份反馈结果，经录入、整理、筛选，最终确认有效调查问卷 2 586 份，有效率达到 97.8%。

1.2 调查问卷的区域、行业分布

从区域分布来看，中东部地区问卷发放收集数量较多。根据企业所属地区的统计结果，河南（203 份）、浙江（194 份）、山东（180 份）在有效问卷数中的占比相对较高，分别达到了 7.8%、7.5%、7.0%。江苏（165 份）、上海（148 份）、湖南（119 份）、陕西（99 份）等 10 个省份的有效份数占比为 4%～7%。福建（83 份）、广西（50 份）、贵州（36 份）等 14 个省份有效份数占比为 1%～3%。青海（25 份）、海南（22 份）、西藏（21 份）、宁夏（14 份）的有效份数在 25 份及以下，占比不超过 1%。

从行业分布来看，调查企业中“排污型”企业占比较高。调查企业中有 83.9%的企业属于“排污型”企业，其中建筑业、非金属矿物制品业、农副食品加工业、化学原料和化学制品业的受访企业数量占比均为 6%～7%。金属制品业，电气机械和器材制造业，食品制造业，汽车制造业，计算机、通信和其他电子设备制造业，纺织服装、服饰业等 15 个行业受访企业占比为 1.5%～4%。服务业大行业中的餐饮、工程设计与施工、机动车、电子产品和日用产品修理等行业等仍涉及环境污染问题（图 1）。

从企业资产规模来看，超过半数企业资产规模在 0.1 亿～5 亿元之间。受访企业资产规模在 1 亿～5 亿元、5 000 万～1 亿元、1 000 万～5 000 万元的占比分别为 23.0%、11.9%、20.2%。资产规模在 100 万～1 000 万元、5 亿～1 000 亿元的受访企业占比分别为 15.3%、14.9%，6.4%的受访企业资产规模在 100 万元以下（图 2）。

从污染类型来看，涉及大气和固体废物污染的受访企业占比较高，涉及生态破坏问题的占比较少。在样本分析中，40%的企业存在大气和固体废物污染问题，25%的企业存在水污染、噪声污染和其他环境污染问题，13.2%的企业存在危险废物污染问题，5%的企业存在土壤污染问题，2.7%的企业存在生态破坏问题（图 3）。

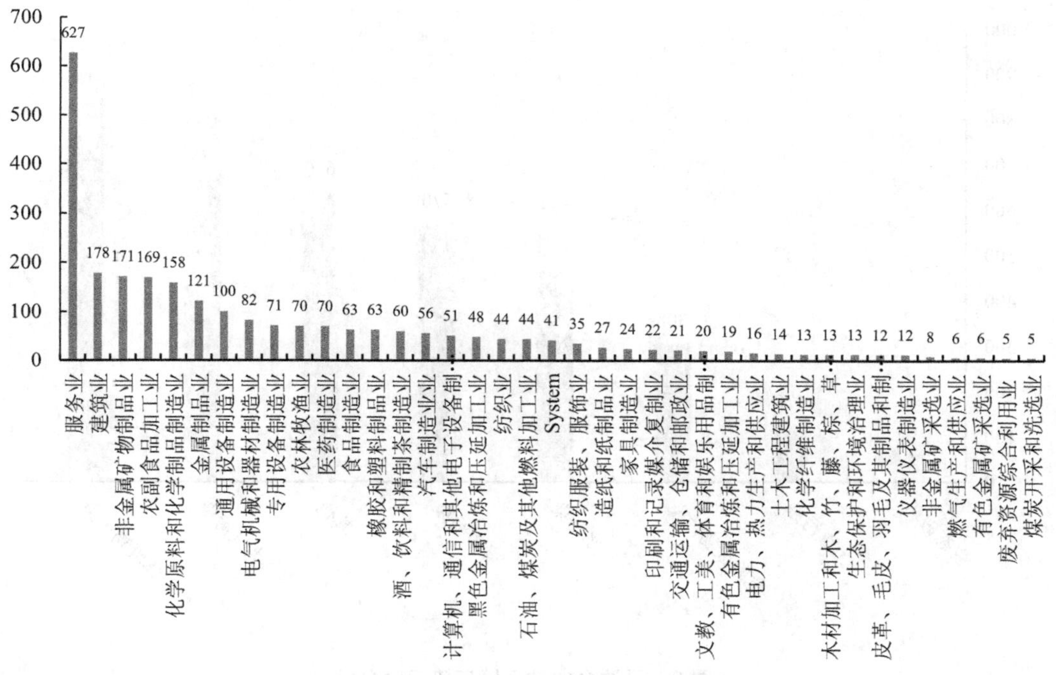

图 1　受访企业的行业分布

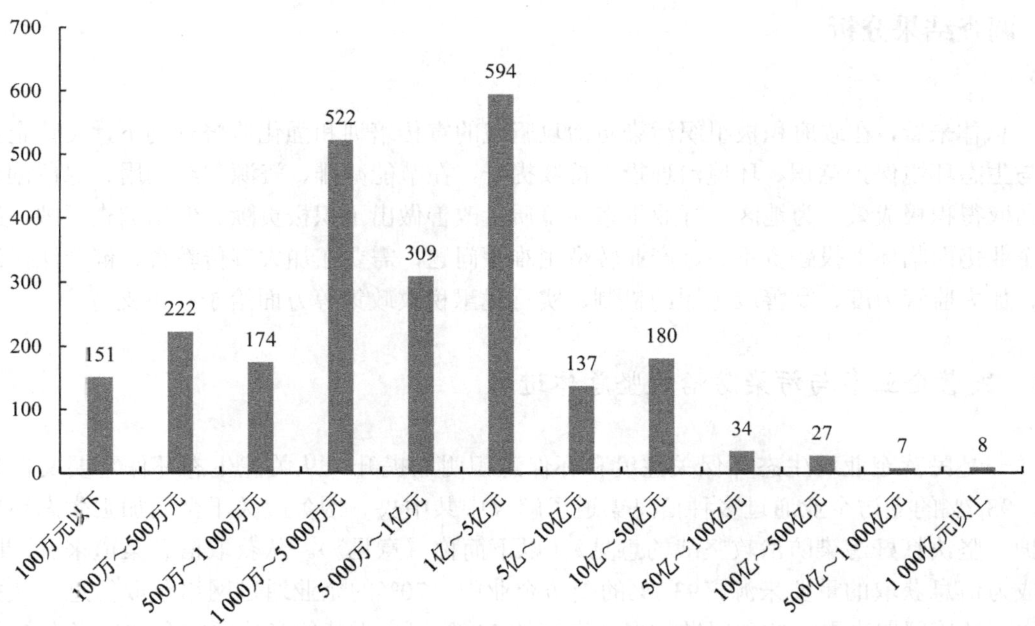

图 2　受访企业的资产规模情况

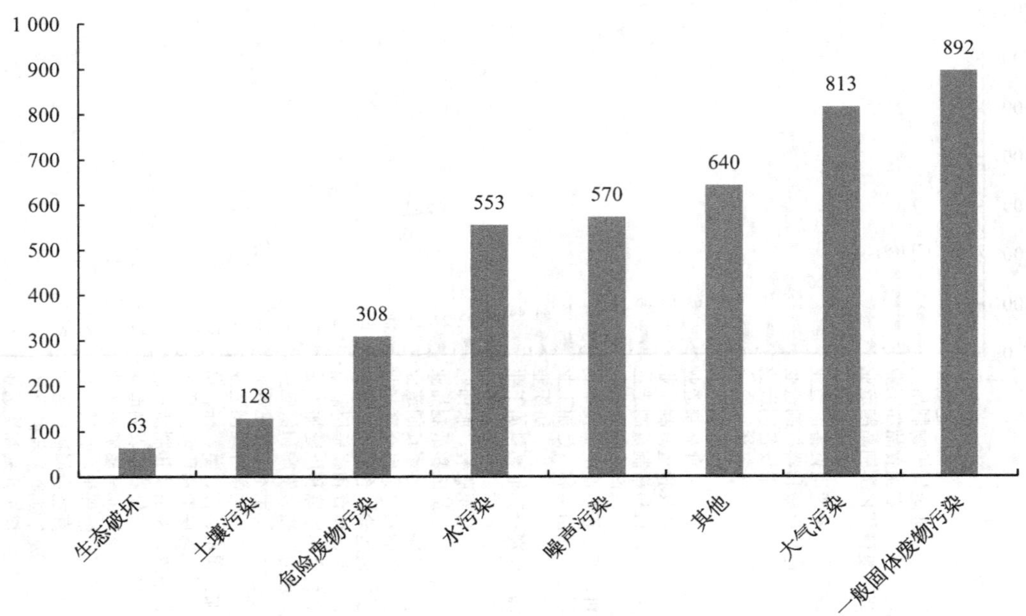

图 3 受访企业的环境污染问题分析

2 调查结果分析

总体来看，在政府积极组织污染防治攻坚战的宣传培训和强化监督行动下，民营企业参与生态环境保护意识、环境治理投入持续提升，在节能减排、资源节约利用、绿色创新方面取得积极成效，为地区、行业生态环境质量改善做出了积极贡献。但据调查反映，民营企业仍面临环保投融资不足、产业转型困难等问题，需要在加大宣传教育、健全法律法规、加大监管力度、完善政企履约机制、实行优惠税收政策等方面给予政策支持。

2.1 民营企业参与污染防治攻坚总体进展

一是民营企业对生态环保关注度和环保意识明显提升。从关注生态环保重要文件来看，93.7%的受访企业通过多种信息渠道了解《中共中央 国务院关于全面加强生态环境保护 坚决打好污染防治攻坚战的意见》（以下简称《意见》）。从获取信息渠道来看，网络成为信息获取的重要来源，93.7%的受访企业中，70%的企业通过网络获取信息。从关注生态环境问题来看，此项问题的多选率高达 308%，高于其他多选题的多重选择率 2 倍左右，充分反映了受访民营企业不仅仅局限于关注单个环境要素污染问题，而是对各类环境污染问题均较为关注。其中，关注大气、水资源破坏、垃圾污染、土壤污染问题的民企分别占到了 80.8%、76.0%、49.0%、40.2%（图 4）。

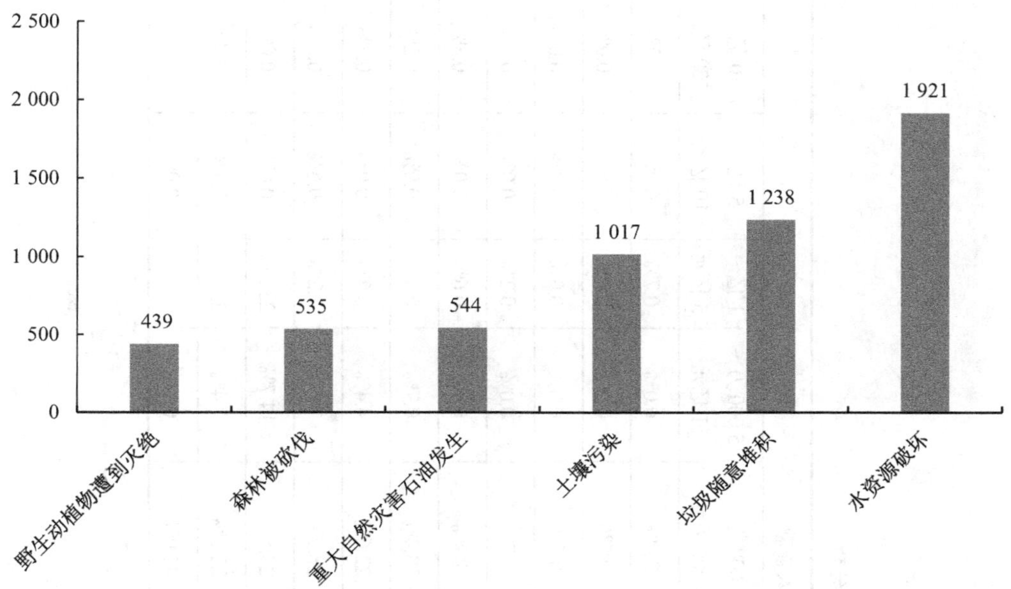

图 4 受访企业最关注的环境污染问题分析

二是环境治理资金投入普遍增加。约 80%的受访企业近几年环保成本上升比例处于 0～50%之间，其中 56.9%的受访企业环保成本上升比例在 0～20%，23%的受访企业环保成本上升比例为 20%～50%。这些数据也反映出受访企业的资产规模越大，其环保成本金额投入也越大（表 1）。从行业类型来看，环保行业和污染排放量较大的工业行业环保治理投入普遍高于其他行业，如统计中有色金属冶炼和压延加工业，非金属和有色金属矿采选业，皮革、毛皮、羽毛及其制品和制鞋业，石油、煤炭及其他燃料加工业，黑色金属冶炼和压延加工业，化学纤维制造业，化学原料和化学制品制造业，纺织业，生态保护和环境治理业，废弃资源综合利用业等 11 个行业中，有超过 55%的受访企业环保成本上升比例在 20%以上。

三是企业环境治理与绿色创新取得积极成效。绝大多数受访企业能实现污染物达标排放，积极使用清洁能源，遵守国家资源和能耗规定，建立健全产品创新机制、主动披露环保信息并接受节能环保监督（表 2）。其中，60%～80%的受访企业能建立减排制度和达标排放，在资源节约与利用方面能做到使用清洁、可再生能源和环保材料，以及资源使用和能耗符合国家规定。50%的受访企业能做到建立绿色办公、建筑物节能的措施、依法回收处理废旧产品、对废旧产品进行综合再利用，在绿色产品创新方面建立健全产品创新机制和主动披露环保信息，接受节能环保监督。约 30%的受访企业能做到和设立节能设备改造及控制污染物排放的专项资金、采取引导产业链接能的措施，追求零排放、进行碳补偿、研发绿色产品、推行生态设计，致力打造绿色供应链等方面。

表 1　受访企业资产规模和环保投入交叉表分析

资产规模	受访企业 2017 年环保投入金额										
	5 万元以下	5 万～10 万元	10 万～50 万元	50 万～100 万元	100 万～500 万元	500 万～1 000 万元	1 000 万～5 000 万元	5 000 万～1 亿元	1 亿～5 亿元	5 亿～10 亿元	10 亿～200 亿元
100 万元以下	78.1%	7.3%	7.9%	0.0%	2.6%	0.7%	2.0%	0.0%	0.7%	0.0%	0.7%
100 万～500 万元	64.9%	7.7%	17.6%	5.9%	3.2%	0.0%	0.5%	0.0%	0.0%	0.5%	0.0%
500 万～1 000 万元	54.0%	9.2%	21.3%	6.3%	7.5%	1.7%	0.0%	0.0%	0.0%	0.0%	0.0%
1 000 万～5 000 万元	28.7%	9.8%	30.0%	10.0%	16.0%	3.3%	1.7%	0.0%	0.2%	0.0%	0.4%
5 000 万～1 亿元	24.3%	4.9%	23.6%	13.9%	25.6%	4.5%	1.9%	0.3%	0.6%	0.0%	0.3%
1 亿～5 亿元	18.9%	5.1%	15.8%	11.8%	28.3%	8.6%	10.4%	0.7%	0.3%	0.0%	0.2%
5 亿～10 亿元	11.7%	2.9%	8.8%	7.3%	33.6%	7.3%	22.6%	4.4%	0.7%	0.0%	0.7%
10 亿～50 亿元	17.2%	0.0%	8.3%	2.8%	17.2%	10.6%	28.9%	7.2%	7.2%	0.6%	0.0%
50 亿～100 亿元	14.7%	0.0%	0.0%	0.0%	11.8%	11.8%	23.5%	14.7%	23.5%	0.0%	0.0%
100 亿～500 亿元	7.4%	0.0%	7.4%	0.0%	14.8%	0.0%	22.2%	7.4%	22.2%	7.4%	11.1%
500 亿～1 000 亿元	28.6%	0.0%	0.0%	0.0%	14.3%	14.3%	42.9%	0.0%	0.0%	0.0%	0.0%

表 2 企业在环境治理、资源利用、绿色创新方面的结果分析

企业在治污减排方面已做到的		
措施	数量/个	占比/%
建立减排制度	1 531	61.6
设立控制污染物排放资金	627	25.2
达标排放	1 797	72.3
实现年度减排量	837	33.7
追求零排放、进行碳补偿	602	24.2
其他	258	10.4
合计	5 652	227.3
企业在资源节约与利用方面已做到的		
措施	数量/个	占比/%
资源使用和能耗符合国家规定	2 030	79.8
使用清洁、可再生能源和环保材料	1 753	68.9
设立节能设备改造的专项资金	762	30
建立绿色办公、建筑物节能的措施	1 307	51.4
依法回收处理废旧产品	1 355	53.3
对废旧产品进行综合再利用	1 306	51.3
采取引导产业链接能的措施	639	25.1
其他	99	3.9
合计	9 251	363.7
企业在绿色产品创新方面已做到的		
措施	数量/个	占比/%
建立健全产品创新机制	1 374	55.3
研发绿色产品，推行生态设计	1 115	44.9
致力打造绿色供应链	1 023	41.2
主动披露环保信息，接受节能环保监督	1 332	53.6
建设绿色工厂	884	35.6
其他	240	9.7
合计	5 968	240.3

2.2 政府指导支持民营企业污染治理情况

一是政府组织污染防治培训宣传效果较好。83.4%的受访企业在当地政府部门组织下，参加过企业参与污染防治方面的培训，同时 93.7%的企业对《意见》有一定程度的了解。对“企业是否听过《意见》”和“政府是否组织企业参加污染方面的防治培训”两组因素变量在 SPSS 中进行肯德尔和斯皮尔曼相关性分析显示，两者相关系数近似为 1，说明政府组织培训宣传对企业了解污染防治攻坚战具有显著的推动作用（表 3）。但部分地区组织受访企业进行污染防治培训宣传的力度相对较弱，如天津市、海南省、上海市、北京市、辽宁省、吉林省、陕西省、宁夏回族自治区、西藏自治区企业参训率不足 80%（表 4）。

表 3　政府组织污染防治培训宣传对企业了解《意见》的相关性分析

			企业是否听过《意见》	政府是否组织企业参加污染防治方面的培训
肯德尔相关性分析	企业是否听过《意见》	相关性系数	1.000	0.524**
		显著性（双侧）	0.000	0.000
		N	30	30
	政府是否组织企业参加污染防治方面的培训	相关性系数	0.524**	1.000
		显著性（双侧）	0.000	0.000
		N	30	30
斯皮尔曼相关性分析	企业是否听过《意见》	相关性系数	1.000	0.701**
		显著性（双侧）	0.000	0.000
		N	30	30
	政府是否组织企业参加污染防治方面的培训	相关性系数	0.701**	1.000
		显著性（双侧）	0.000	0.000
		N	30	30

** 相关性在 0.01 水平上显著（双侧）。

表 4 政府组织受访企业参加污染防治培训的结果分析

地区	企业是否听过《意见》		政府是否组织企业参加污染防治方面的培训	
	有	没有	有	没有
山东省	97.8%	2.2%	96.6%	3.4%
青海省	100.0%	0.0%	96.0%	4.0%
河南省	98.5%	1.5%	95.5%	4.5%
四川省	97.5%	2.5%	92.1%	7.9%
江苏省	93.8%	6.2%	90.9%	9.1%
重庆市	92.7%	7.3%	89.7%	10.3%
浙江省	96.4%	3.6%	89.5%	10.5%
广东省	98.1%	1.9%	88.7%	11.3%
山西省	95.5%	4.5%	87.7%	12.3%
福建省	92.7%	7.3%	87.5%	12.5%
云南省	98.0%	2.0%	85.7%	14.3%
安徽省	95.5%	4.5%	85.7%	14.3%
湖北省	97.3%	2.7%	85.5%	14.5%
内蒙古自治区	95.9%	4.1%	84.9%	15.1%
湖南省	95.0%	5.0%	83.5%	16.5%
贵州省	88.6%	11.4%	82.9%	17.1%
河北省	85.8%	14.2%	82.6%	17.4%
江西省	94.0%	6.0%	82.6%	17.4%
黑龙江省	98.2%	1.8%	82.1%	17.9%
新疆维吾尔自治区	97.1%	2.9%	81.8%	18.2%
广西壮族自治区	94.0%	6.0%	81.6%	18.4%
天津市	95.2%	4.8%	78.4%	21.6%
海南省	85.7%	14.3%	76.2%	23.8%
上海市	86.4%	13.6%	72.2%	27.8%
北京市	91.7%	8.3%	70.2%	29.8%
辽宁省	85.0%	15.0%	69.3%	30.7%
吉林省	82.5%	17.5%	67.9%	32.1%
陕西省	89.8%	10.2%	67.4%	32.6%
宁夏回族自治区	85.7%	14.3%	53.8%	46.2%
西藏自治区	90.0%	10.0%	52.6%	47.4%

二是污染防治分类指导持续推进，普遍未感受到不当环保执法问题。80%的受访企业在政府环保执法过程中未经历过“一律关停”“先停再改”等简单粗暴的执法行为，但部分地区、部分行业提出面临环保执法行为不当的问题。从区域看，宁夏、山西、江西、湖南、江苏、西藏、北京、上海等省市提出政府存在简单粗暴式环保执法行为的企业占比相对较高（图 5）。从行业看，环境污染较重的行业企业对环保执法不当的问题较为敏感，如非金属矿采选业中 50%的受访企业认为政府在环保执法过程中存在不当环保执法的问题，此类行业“散乱污”企业较多，违规生产、违法排污等问题较为突出（图 6）。

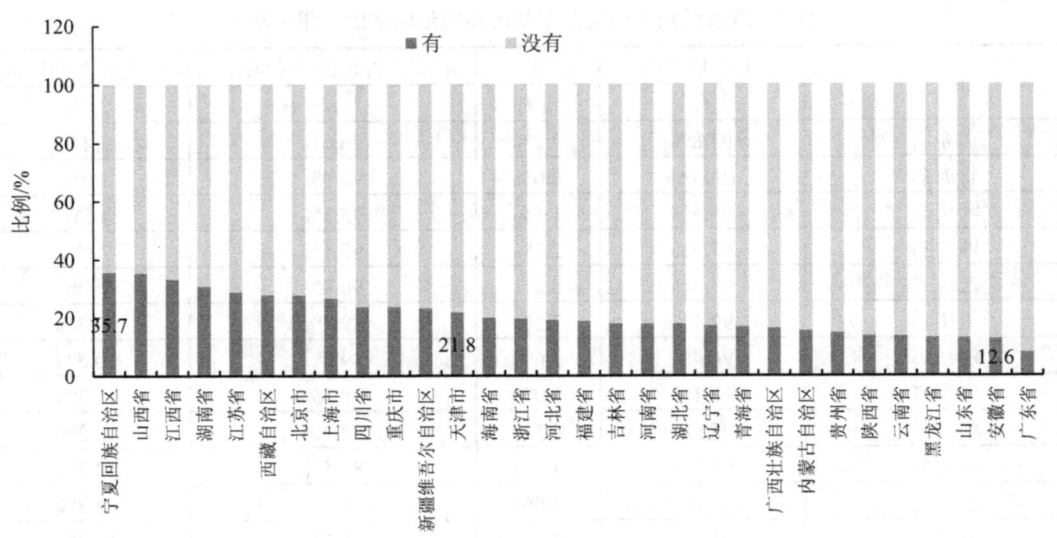

图 5　受访企业对政府不当环保执法的区域分析

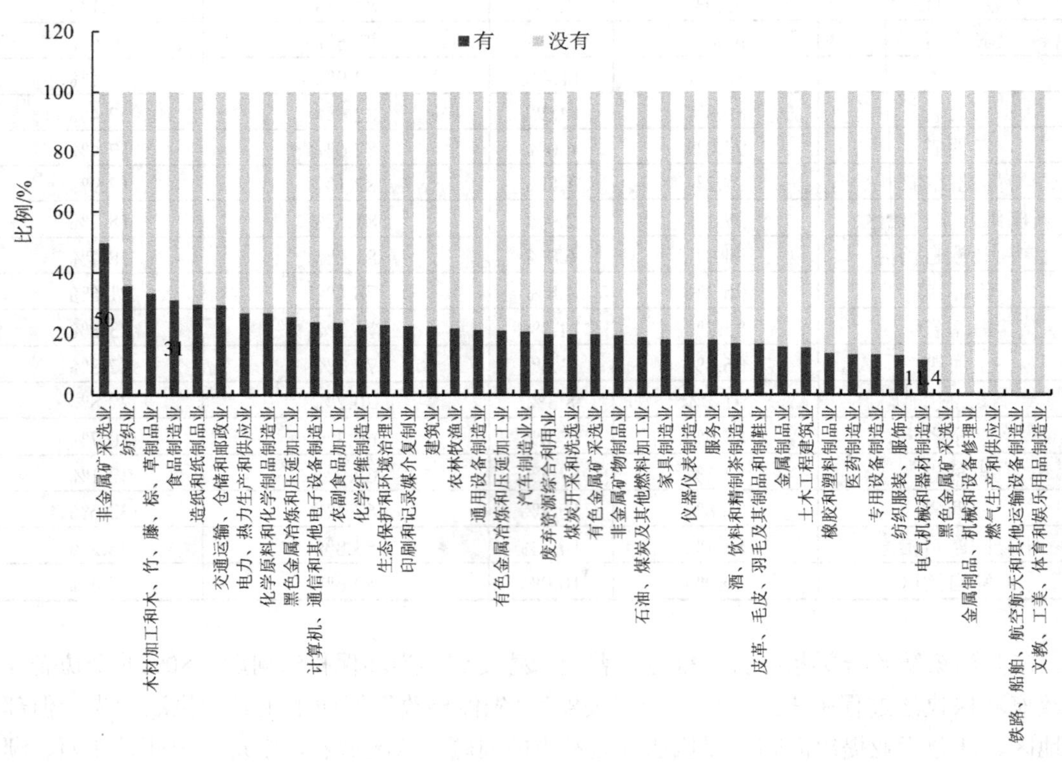

图 6　受访企业对政府不当环保执法的行业分析

三是环保督察执法力度较大，有效推动企业污染治理责任落实。此次受访企业中有71.4%的企业接受了环保督察执法，其中有67.4%的企业接受了0～5次以下的环保检查，有81.6%的受访企业在2018年接受了0～10次的环保检查。从受访企业所在地区来看，2018

年大气和水专项重点监督检查的省市中受访企业接受环保检查次数明显较高，其中河南省、河北省、山东省、内蒙古自治区接受检查的次数平均在 20 次左右（图 7）。从行业属性来看，有色金属冶炼和压延加工业、煤炭开采和洗选业、非金属矿采选业、造纸和纸制品业中有 50%左右的企业接受了 20 次以上的环保检查（图 8）。

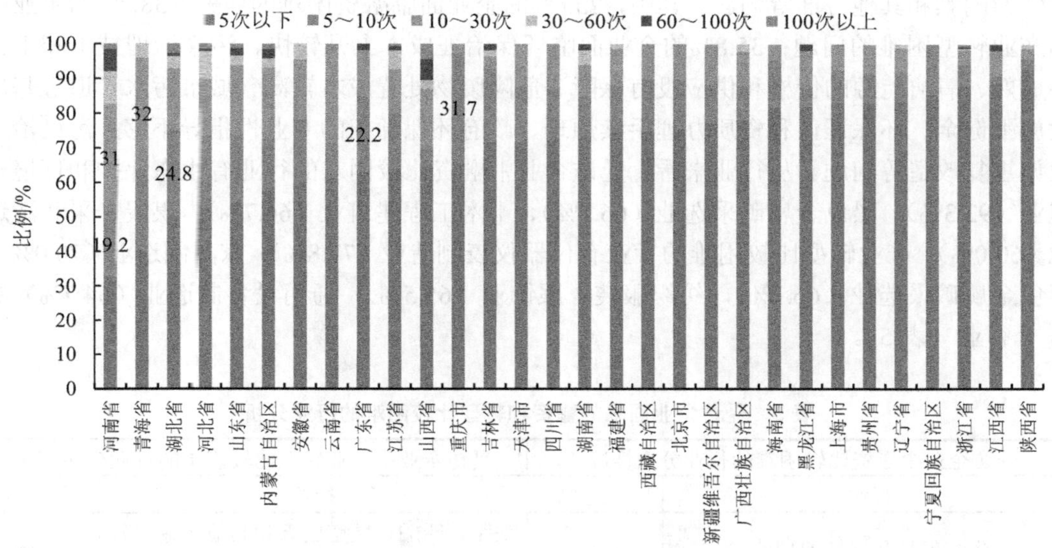

图 7　受访企业接受政府环保检查次数的区域分析

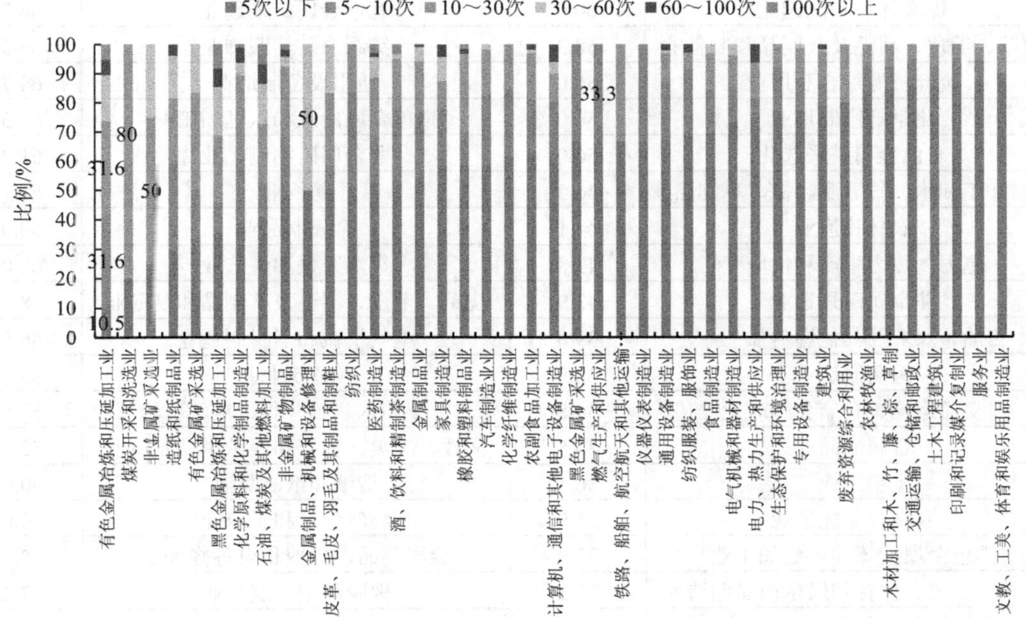

图 8　受访企业接受政府环保检查次数的行业分析

2.3 民营企业反映污染治理存在的突出问题

一是企业融资与产业转型困难仍是突出问题。64.3%的受访企业在环境治理中面临产业转型困难和其他方面等问题。其中，25.6%的企业面临融资困难的问题；38.7%的企业面临产业转型困难的问题；35.8%的企业面临环保治理成本上升较快、污染治理技术和工艺不成熟、清洁能源的价格和供应没有保障、危险废物处置成本较高、城市污水管道等基础设施不健全、环保证件和资质办理手续烦琐、政府环保部门的专业性指导不够，污染治理设施重复改造等问题。从行业来看，受访企业中融资比较困难的行业有生态保护和环境治理业（92.3%）、黑色金属矿采选业（66.7%）、土木工程建筑业（66.7%）、煤炭开采和洗选业（60.0%）。产业转型比较困难的行业有仪器仪表制造业（77.8%），家具制造业（70.0%），有色金属矿采选业（66.7%），纺织服装、服饰业（65.5%），通用设备制造业（64.7%）等11个行业（表5）。

表5 受访企业面临的融资和转型比较困难的行业分析

受访企业中融资比较困难的行业分布情况		受访企业中产业转型比较困难的行业分布情况	
行业	占比/%	行业	占比/%
生态保护和环境治理业	92.3	铁路、船舶、航空航天和其他运输设备制造业	100.0
黑色金属矿采选业	66.7	仪器仪表制造业	77.8
土木工程建筑业	66.7	家具制造业	70.0
煤炭开采和洗选业	60.0	有色金属矿采选业	66.7
皮革、毛皮、羽毛及其制品和制鞋业	58.3	纺织服装、服饰业	65.5
废弃资源综合利用业	50.0	通用设备制造业	64.7
化学纤维制造业	50.0	黑色金属冶炼和压延加工业	61.5
有色金属矿采选业	50.0	非金属矿物制品业	61.2
木材加工和木、竹、藤、棕、草制品业	46.2	纺织业	61.1
农林牧渔业	44.1	金属制品业	60.9
电力、热力生产和供应业	43.8	煤炭开采和洗选业	60.0
非金属矿采选业	42.9	皮革、毛皮、羽毛及其制品和制鞋业	58.3
石油、煤炭及其他燃料加工业	39.0	电气机械和器材制造业	56.5
医药制造业	38.9	建筑业	55.9
交通运输、仓储和邮政业	36.8	木材加工和木、竹、藤、棕、草制品业	53.8
金属制品业	36.5	文教、工美、体育和娱乐用品制造业	52.9
纺织业	36.1	造纸和纸制品业	50.0
农副食品加工业	35.9	燃气生产和供应业	50.0
黑色金属冶炼和压延加工业	35.9	金属制品、机械和设备修理业	50.0
文教、工美、体育和娱乐用品制造业	35.3	橡胶和塑料制品业	47.2
化学原料和化学制品制造业	35.2	汽车制造业	47.2
造纸和纸制品业	34.6	食品制造业	47.1
燃气生产和供应业	33.3	酒、饮料和精制茶制造业	44.0

受访企业中融资比较困难的行业分布情况		受访企业中产业转型比较困难的行业分布情况	
行业	占比/%	行业	占比/%
食品制造业	33.3	农副食品加工业	43.8
仪器仪表制造业	33.3	专用设备制造业	42.4
非金属矿物制品业	32.9	印刷和记录媒介复制业	42.1
家具制造业	30.0	石油、煤炭及其他燃料加工业	41.5
建筑业	28.9	计算机、通信和其他电子设备制造业	40.0
橡胶和塑料制品业	28.3	化学原料和化学制品制造业	38.0
酒、饮料和精制茶制造业	26.0	电力、热力生产和供应业	37.5
汽车制造业	24.5	交通运输、仓储和邮政业	36.8
服务业	24.2	服务业	36.2
纺织服装、服饰业	24.1	有色金属冶炼和压延加工业	33.3
通用设备制造业	22.4	农林牧渔业	30.5
有色金属冶炼和压延加工业	22.2	医药制造业	27.8
专用设备制造业	22.0	土木工程建筑业	25.0
电气机械和器材制造业	18.8	生态保护和环境治理业	23.1
印刷和记录媒介复制业	15.8	化学纤维制造业	20.0
计算机、通信和其他电子设备制造业	13.3	非金属矿采选业	14.3
金属制品、机械和设备修理业	0.0	黑色金属矿采选业	0.0
铁路、船舶、航空航天和其他运输设备制造业	0.0	废弃资源综合利用业	0.0

从受访企业所在地区分布情况来看，融资比较困难的受访企业占比较高的地区有青海省（60.9%），贵州省（55.2%）、广西壮族自治区（51.1%）。产业转型比较困难的地区有海南省（70.6%）、重庆市（60.0%）、陕西省（60.0%）、江苏省（60.0%）（表 6）。

表 6　受访企业面临的融资和转型比较困难的地区分析

受访企业中融资比较困难的地区分布情况		受访企业中产业转型比较困难的地区分布情况	
地区	占比/%	地区	占比/%
青海省	60.9	海南省	70.6
贵州省	55.2	重庆市	60.0
广西壮族自治区	51.1	陕西省	60.0
黑龙江省	44.4	江苏省	60.0
江西省	43.3	云南省	57.4
云南省	42.6	福建省	56.8
内蒙古自治区	41.8	湖南省	55.9
山西省	41.4	西藏自治区	55.0
西藏自治区	40.0	上海市	54.3
吉林省	39.2	安徽省	51.3
福建省	37.8	湖北省	49.0

受访企业中融资比较困难的地区分布情况		受访企业中产业转型比较困难的地区分布情况	
地区	占比/%	地区	占比/%
山东省	37.1	天津市	48.1
重庆市	34.3	广东省	48.0
湖南省	31.2	青海省	47.8
陕西省	31.1	黑龙江省	46.7
河南省	30.8	河南省	46.5
广东省	30.0	四川省	45.7
河北省	28.8	广西壮族自治区	44.7
宁夏回族自治区	28.6	江西省	43.3
新疆维吾尔自治区	28.6	山东省	42.5
湖北省	26.0	吉林省	41.2
四川省	25.7	内蒙古自治区	40.3
北京市	25.6	河北省	38.1
辽宁省	25.3	山西省	36.8
浙江省	22.2	辽宁省	32.9
天津市	21.5	浙江省	32.3
安徽省	21.2	新疆维吾尔自治区	32.1
江苏省	20.7	北京市	30.8
海南省	17.6	宁夏回族自治区	28.6
上海市	12.9	贵州省	24.1

二是污染治理零排放、专项减排资金等高水平治理要求难以满足。多数企业能实现达标排放，但是对设立专项污染物排放控制资金、追求零排放和碳补偿等方面参与较少。60%～70%的企业在治污减排方面能做到建立减排制度和达标排放，仅有 25%的企业做到设立控制污染物排放资金、追求零排放、进行碳补偿、实现年度减排量等。且该选题的选项多重响应率仅为 227.3%，平均每个选项的企业选择率为 37.8%，表明受访企业在治污减排方面能做到举措有限。

三是企业绿色技术创新、绿色产业链仍较为薄弱。企业在绿色产品创新方面，参与研发设计绿色产品、健全产品创新机制等做法不多。约 52.5%的企业可以做到建立健全产品创新机制和主动披露环保信息，接受节能环保监督；42%左右的企业能做到研发绿色产品、推行生态设计，致力打造绿色供应链；35.6%的企业能实现建设绿色工厂的举措。从区域来看，宁夏回族自治区、西藏自治区在建立健全产品创新机制方面的占比低于各地区平均值 22.5%，其中宁夏回族自治区在研发绿色产品，推行生态设计方面的占比为 8.7%，低于其他地区的平均值约 200%。江西省的企业在主动披露环保信息，接受节能环保监督方面占比仅为 10%，低于其他地区平均值约 230%。广东省、广西壮族自治区、辽宁省、宁夏回族自治区、新疆维吾尔自治区致力打造绿色供应链的占比相对较低。贵州省、海南省的企业在建设绿色工厂方面的占比相对较低，低于其他地区平均值 100%～200%（图 9）。

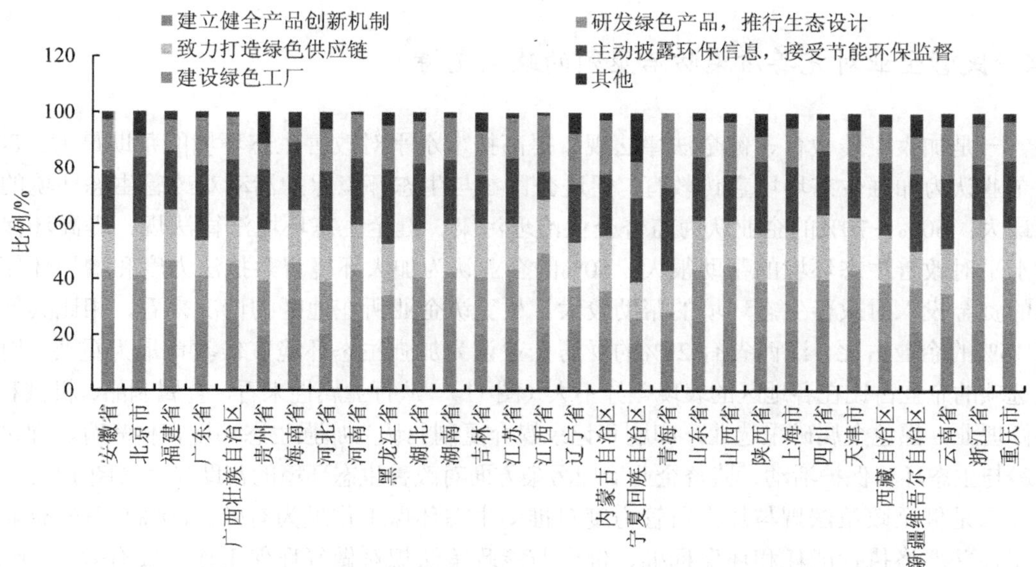

图 9　受访企业在绿色产品创新方面能做到的举措地区分析

四是垃圾焚烧、PX 等环境健康风险类项目的“邻避”问题依然存在。根据问卷结果，浙江省、北京市、宁夏回族自治区等地区有 30%～40%的受访企业认为垃圾焚烧项目建设、PX 等石化项目建设仍然存在“邻避”问题（图 10）。并提出通过科学规划，合理布局，加大环境健康风险类项目的监管力度，建立健全信息公布机制，落实民众对环境健康风险类项目的知情权、表达权、监督权和决策权等措施建议，避免“邻避”问题的产生。

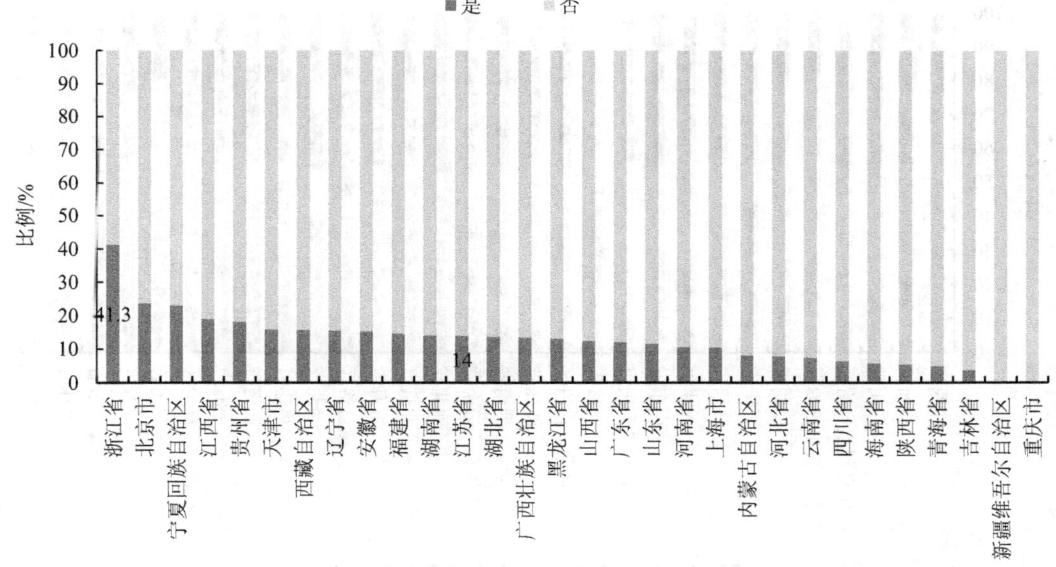

图 10　民营企业对“邻避”问题的分析

2.4 民营企业对完善污染防治亟须的政策支持

一是加大宣传教育、健全法律法规、提高技术水平对改善生态环境的帮助最大。80%的企业认为加强生态环境宣传教育、促进公民参与生态环境保护活动对改善生态环境的帮助最大；60%～70%的企业认为监督企业治理污染、健全生态环境法律法规、提高环保技术水平对改善生态环境的帮助很大；50%的企业认为加大环境督察执法力度和增加环保方面的资金投入对改善生态环境的帮助较大。从受访企业所在地区的情况来看，相比其他地区15%的企业占比，江西省有21%的受访企业认为加强生态环境宣传教育最为重要，而其他选项的企业占比在各地区的表现差异不大（图11）。从行业属性来看，金属制品、机械和设备修理业，黑色金属矿采选业，印刷和记录媒介复制业认为加强生态环境宣传教育、促进公民参与生态环境保护活动、监督企业治理污染方面对改善生态环境的帮助最大（图12）。

二是健全政策法规与加大监管力度对推动生态环保工作最为有效。80%左右的企业认为完善并严格执行能耗和环保标准、健全节能政策法规对做好环保工作比较有效。70%的企业认为健全节能环保政策体系、节能保障机制，如节能税收优惠政策、能源价格改革等举措；加大节能监督管理力度，突出抓好重点行业和企业；淘汰落后生产能力，加快实现高耗能企业的能量梯级循环利用等举措有效。50%左右的企业认为加大研发力度，促进节能环保技术进步，加大宣传力度能有效推动环保工作。

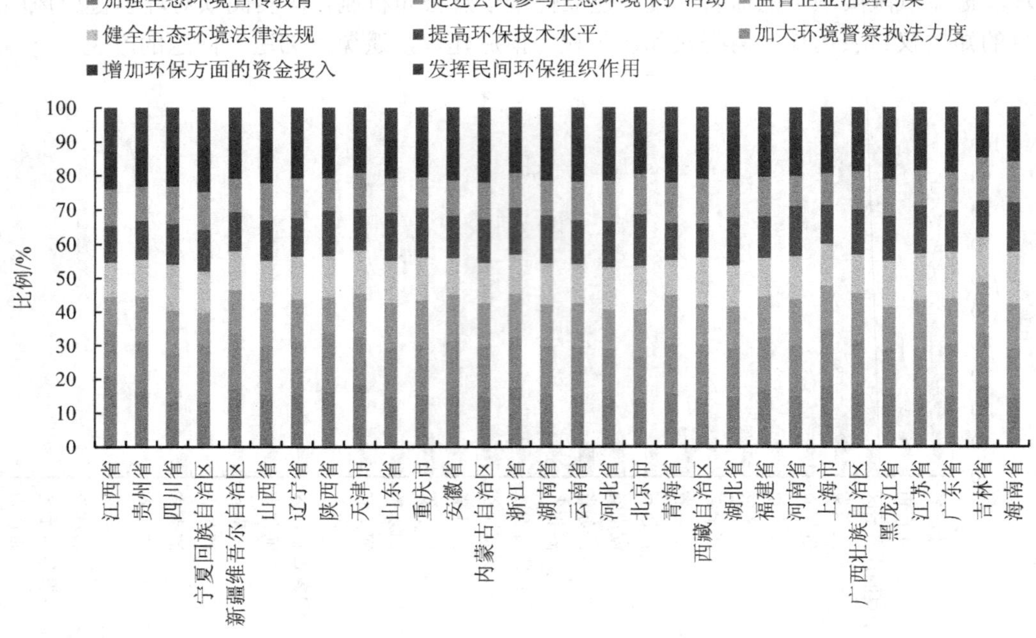

图11 受访企业对环境治理需求的分析

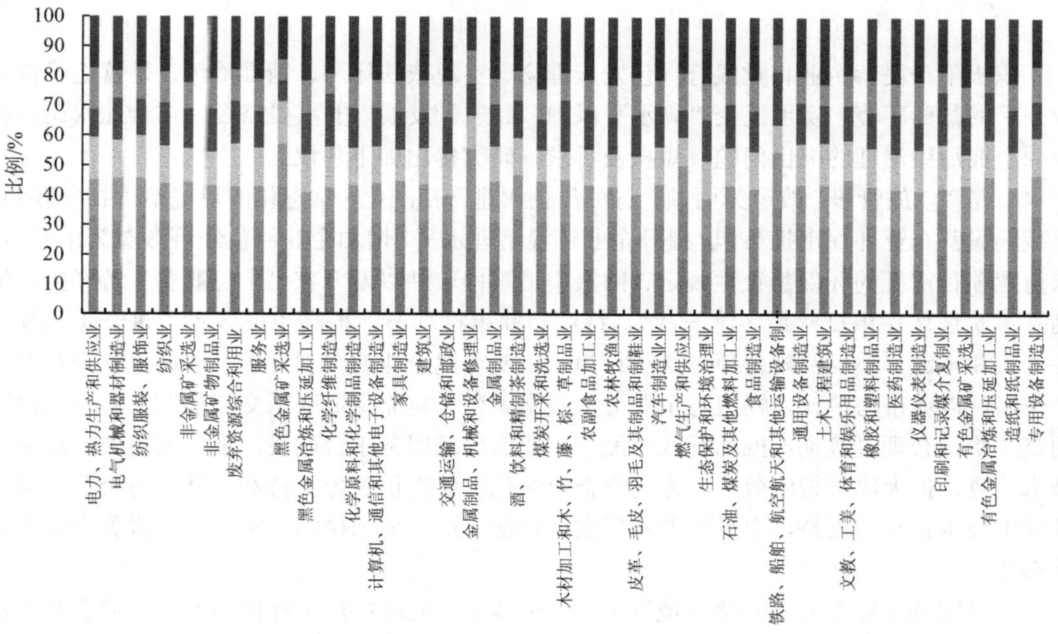

图 12 受访企业认为对生态环境改善帮助最大的措施行业分析

三是民营企业对完善政企履约机制、税收优惠等政策的需求较大。70%的企业认为在污染防治攻坚战中，政府应提高环境治理参与各方的合作体系建设；建立健全污染防治攻坚战中政府与企业信用履约机制、风险共担机制和过程管理体系；亟须更加优惠的税收减免政策；加快环保产业成果转化、完善产品认定标准，并推动新技术的广泛应用等支持。60%的企业认为加快环保产业的成果转化、完善产品认定标准，并推动新技术的广泛应用也需要一定的政府支持。

四是企业治污服务需求集中在拓宽企业融资渠道、加强帮扶指导等领域。从企业反映的政府支持建议来看，主要集中在帮助企业降低环境治理成本、搭建更多交流平台上。一是民营企业希望通过推进绿色金融政策实施、降低环境税费、提供优惠政策，解决环境治理中面临的治污设施的基础建设资金困难和投融资困难等问题。二是通过分批、分行业有针对性地开展与污染防治攻坚战相关的政策制度、法规标准、技术方案等培训交流会，让企业在了解政策、落实政策、享受政策方面落到实处。同时，也提出希望工商联作为民营企业的指导组织可以更密切联系企业，定期到企业访问，实地观察、有针对性地提出细节上的问题，并协助企业开展污染防治。

3 政策建议

积极推动民营企业自觉践行绿色发展理念、实现依法排污、精准治污，是营造民营企业公平的营商环境、实现民企“高水平保护、高质量发展”的重要路径。结合此次调查反映的企业污染治理的突出问题、短板及诉求，研究提出如下建议。

一是以“放管服”改革为引领，与民营企业建立精准化、常态化的环境治理指导联系。以减轻民营企业环保审批负担、提升企业环境治理水平、增加企业绿色经济效益为出发点，以前置项目审批的环保禁止性规定、网上申请报件取件以及专家“上门服务”等举措，推动基本实现环保审批“最多跑一次”，持续精简审批环节，提高审批效率。进一步增强服务意识和本领，不仅要规范环境执法行为，还要重视企业的合理诉求。通过建立企业服务工作组，以城市为单元，畅通与企业日常联络渠道、建立定期联系交流机制，对相关问题的整改给予合理过渡期，推动行业对民营企业的信息服务平台建设，推广国内外先进绿色技术信息，扩大决策智库效应，为民营企业绿色发展提供智力支持和帮助，为企业污染治理提供技术指导与支持，引导企业积极实现守法生产、依法排污，实现环保服务企业工作常态化。

二是实施工业企业差别化环境管理。实施基于企业环境信用评价制度的工业企业差别化环境管理。按行业、按地区、按类别细化完善企业环境信用评价制度，采取环境违法违规行为年度记分制，设置企业污染治理黑名单（严重环境失信企业）、黄名单、红名单（存在不同程度环境问题的企业）、蓝名单、绿名单、白名单等（不同类型的环保标杆企业）。探索企业污染治理和环境保护征信信息与企业融资信息对接平台构建，将企业环境信用信息纳入国家、省（区、市）、地市公共信用平台和征信服务平台，记入信用档案，通报发改、工信、投融资等相关部门机构，作为项目审批、融资信贷、招标投标等工业生产活动的依据，并向全社会公开。对纳入污染治理蓝名单、绿名单、白名单的企业，给予对应的环保优惠政策，如不实施错峰生产或应急减排、降低增值税、所得税等税率和社保费率、项目审批和融资贷款优先、用能和物流价格优惠等政策；对纳入污染治理黄名单、红名单的企业，进行重点监管，并视具体整改情况调整其信用等级。

三是“完善市场机制”与“规范环境执法”双推动，避免简单粗暴的环境治理与监管，营造良好的公平竞争环境。全面推行“双随机、一公开”的监管方式，进一步规范环境行政处罚自由裁量权的适用和监督工作。加强大数据、云计算、人工智能等新技术在反环境执法监管中的运用。推进不同部门间执法监管平台的开放共享，加强对相关数据信息的整合、分析和研判，形成执法监管合力。对重点区域、重点行业、群众投诉反映强烈、违法违规频次高的企业加密监管频次，对守法意识强、管理规范、守法记录良好的企业减少监管频次，严格禁止监管“一刀切”，充分保障合法合规企业权益。坚决清除一切妨碍市场公平竞争的规定和做法，在市场准入、审批许可、经营运行、招投标、资源要素配置等方面，规范和限制平台组织对商家限制交易、排他性交易行为。加强规制平台组织利用数据信息优势对消费者采取的掠夺性定价、歧视性定价等行为。严厉打击滥收费用、强迫交易、搭售商品、附加不合理交易条件等限制竞争和垄断行为。减少涉及经营资质、许可及评级等方面的行政审批、核准、认证项目。加快建设全流程、一体化政务服务在线平台，提高市场准入审批效率。使各类企业在同等的市场环境里同台竞技，实现资源最优配置，促进民营企业公平参与市场经济发展。

四是推进第三方环保企业培育，推动节能环保产业高质量发展。针对污染物治理等环保服务需求旺盛、企业布局集中度相对较低的行业和区域，如手工制品、纺织、家具制造、农副食品加工等民营和小微企业，以及生活污水、生活垃圾、餐饮油烟等收集难度较大的生活污染源，可推动从事“环境医院”“一厂一策”和生活污水垃圾收集、运输、处理处置等精细化环境治理服务的第三方环保企业发展纳入“散、乱、污”集群整治、产业集约化发展和美丽城乡建设总体谋划。通过按成效补贴、基金支持、税费减免、审批和融资优先等优惠措施，鼓励第三方环境污染治理企业采取“治污承包制”“分片责任制”“政府指导，第三方服务”等模式发展，探索引导第三方环保技术、资本、人才进入工业污染和生活污染治理细分领域。积极培育壮大一批民营环保龙头企业，提高为流域、城镇、园区、企业系统解决环境问题的方案和综合服务能力，提高环保服务市场的整体竞争力。

五是加大对环保 PPP 项目支持，积极推动实现政府与企业相互信任与依法履约。制定实施 PPP 项目全生命周期法律顾问制度，规范财政部门 PPP 项目全生命周期管理，防范化解 PPP 项目全生命周期各类现实和潜在风险。制定《环境保护领域政府和社会资本合作依效付费管理办法》，推进建立环境 PPP 项目依效付费机制。加强 PPP 项目绩效考评，将污染物达标排放、环境质量状况、公众满意度、设施稳定运行情况等作为重要指标。加大对运营维护效果的绩效考核，将绩效评价结果与政府全部付费（可用性付费与运营绩效付费）相挂钩，实行优质优价。鼓励建立环保 PPP 项目和政府、企业环境治理项目第三方担保支付平台，推动地方政府、国有企业依法严格履约，防止拖欠民营企业环保工程款。建立环保部门与财政、发改等部门的联审机制，在环保 PPP 项目实施方案与物有所值评估审查等环节强化环保部门的参与。向社会公开污染治理绩效结果、服务费用支付情况等，接受公众监督，建立公平、公开、透明的市场环境，提高供给方服务质量与效率，保障优质环境治理服务供给商利益。

六是创新绿色金融产品及配套保障措施，帮助企业解决污染治理融资不足的难题。加大国家级、省（区、市）级、地市级绿色生态产业发展基金、企业绿色发展基金、企业绿色升级改造基金等设立力度，拓展基金支持覆盖范围，采取低息贷款、股权投资、以奖代补等投入方式，重点支持环保政府和社会资本合作项目、环境污染第三方治理项目融资。探索设立绿色保险创新试验区和试点，推动金融机构创新绿色金融产品，发展绿色信贷。推动落实环保专用设备企业所得税、第三方治理企业所得税等优惠政策。在长江中、上游地区以及河南、广西等承接沿海地区产业转移力度较大，工业污染治理和企业环保能力建设需求较大的地区，探索保险资金支持绿色产业发展和工业企业绿色发展的新路径。打造民营企业区域性绿色银行或金融信用平台，研究设立面向民营小微企业的政策性绿色银行，建立以污染治理和环境保护行为为重要参考的民营企业绿色融资能力评价机制，为企业绿色发展提供更大的助力。

参考文献

[1] 生态环境部，全国工商联. 关于支持服务民营企业绿色发展的意见[EB/OL]. 2019. http://www.mee.gov.cn/xxgk2018/xxgk/xxgk03/201901/t20190121_690273.html.

[2] 杨汉东.调查问卷设计中应把握的几个关键环节[J]. 统计与决策，2009，13（13）：191.

[3] 叶向. 统计数据分析基础教程：基于 SPSS 和 Excel 的调查数据分析[M]. 北京：中国人民大学出版社，2010.

[4] 林淑贤. SPSS 统计分析法在调查研究中的应用[J]. 南方论刊，2016（12）：57-58.

[5] 王金南. 激活环保产业新动力 推动经济高质量发展[N]. 中国环境报，2018-09-07.

[6] 李新，秦昌波，穆献中. 生态环境保护推动高质量发展的路径机制分析[J]. 环境保护，2018，46（1）：52-55.

环境治理投资

◆ 中国农村环境治理资金需求与筹措研究
◆ 改革开放以来全国生态保护修复支出账户核算研究报告
◆ 2019 年全国各省（区、市）政府工作报告分析
◆ 我国入河排污口整治基本思路及其技术要点分析

中国农村环境治理资金需求与筹措研究

Research of the Funding Needs and Financing of China's Rural Environmental Management

程 亮　徐顺青　陈 鹏　高 军　刘双柳　龙 凤　袁子林

摘　要　为加快补齐我国农村环境基础设施短板，实现乡村振兴战略和农业农村污染防治攻坚战确定的目标任务，围绕资金需求，分区域，分领域，考虑存量和新增、建设和运行，分别测算了农村污水、垃圾治理及厕所改造三大领域的建设与运行资金需求。结合当前已有资金渠道和政策措施，提出资金筹措建议。

关键词　农村污水　农村垃圾　厕所改造　资金

Abstract　In order to speed up the shortcomings of rural environmental infrastructure and realize the goals and tasks determined by the rural revitalization strategy and the agricultural and rural pollution prevention and control battle, this article focused on funding needs in sub-regions, and sub-fields, and took into consideration the stock and new additions, construction and operation, respectively. The capital needs for construction and operation in three major areas of rural sewage, garbage treatment and toilet renovation were estimated, respectively. Combining the existing funding channels and policy measures, this article put forward detailed fund-raising suggestions.

Keywords　rural sewage，rural garbage，toilet renovation，funds

农村人居环境改善是实施乡村振兴战略的一项重要任务。党中央、国务院发布多项政策文件推进农村环境治理。2018 年 2 月，中共中央办公厅、国务院办公厅印发《农村人居环境整治三年行动方案》（以下简称《行动方案》），要求“以建设美丽宜居村庄为导向，以农村垃圾、污水治理和村容村貌提升为主攻方向，加快补齐农村人居环境突出短板”。2018 年 11 月，生态环境部、农业农村部联合印发《农业农村污染治理攻坚战行动计划》（环土壤〔2018〕143 号，以下简称《行动计划》），进一步明确了农业农村污染治理的总体要求、行动目标、主要任务和保障措施。2018 年 12 月，中央农办等部门印发《农村人居环境整治村庄清洁行动方案》（农社发〔2018〕1 号）、《关于推进农村“厕所革命”专项行动的指导意见》（农社发〔2018〕2 号），要求开展村庄清洁行动和农村“厕所革命”专项行动。为支撑以上文件落实，围绕资金需求，开展农村污水、垃圾、厕所治理资金需求测算，并提出资金筹措方案，为基本解决农村环境问题提供技术支撑。

1 农村生活污水治理

1.1 现状情况

根据《城乡建设统计年鉴》，截至 2017 年，全国共有行政村 52.6 万个，其中，1 000 人以上的行政村 28.0 万个，500～1 000 人的行政村 15.4 万个，500 人以下的行政村 9.3 万个，东部、中部、西部地区行政村分布详细情况见表 1。农村常住人口约为 6.75 亿人，其中，东部地区 2.38 亿人，中部地区 2.14 亿人，西部地区 2.22 亿人，全国农村居民人均可支配收入为 12 363 元/年，约为城镇居民家庭人均可支配收入的 1/3，城乡收入差距仍然较大，二元经济现象依然存在，除经济差距外，环境基础设施与城镇也存在一定差距。

表 1 2017 年全国村庄和人口分布情况

地区	行政村个数/个				常住人口/万人
	合计	500 人以下	500～1 000 人	1 000 人以上	
东部地区	195 468	38 031	60 498	96 939	23 828
中部地区	172 128	29 398	48 300	94 430	21 436
西部地区	158 564	25 146	44 865	88 553	22 252
全国合计	526 160	92 575	153 663	279 922	67 516

2016 年年末①，全国对生活污水进行处理的行政村比例达到 20%，较 2013 年（9.1%）增长了 10.9 个百分点，虽有较大幅度的增长，但仍有 80%的行政村未开展生活污水治理行动。从地区分布情况来看，2016 年东部地区对生活污水进行治理的行政村比例为 34.1%，明显高于中部地区的 13.3%和西部地区的 12.4%（表 2）。

表 2 2013—2016 年行政村生活污水治理情况

年份	对生活污水进行治理的行政村比例/%			
	东部地区	中部地区	西部地区	全国平均
2013	20.6	4.4	4.5	9.1
2014	21.1	4.6	5.3	10.0
2015	23.6	5.2	6.4	11.4
2016	34.1	13.3	12.4	20.0

① 未找到公开数据公布的最新农村污水处理的行政村比例，暂以 2016 年为基准年。

1.2 治理目标

2015 年以来，多个文件提出农村环境治理的目标。《水污染防治行动计划》和《农村环境整治“十三五”规划》均提出，到 2020 年，新增完成环境综合整治的建制村 13 万个。2018 年 2 月，《行动方案》提出的农村生活污水治理目标为：到 2020 年，东部地区、中西部城市近郊区等有基础、有条件的地区，农村生活污水治理率明显提高；中西部有较好基础、基本具备条件的地区，生活污水乱排乱放得到管控；地处偏远、经济欠发达等地区，在优先保障农民基本生活条件基础上，实现人居环境干净整洁的基本要求。2018 年 11 月，生态环境部、农业农村部联合印发的《行动计划》提出加快推进农村生活污水治理，其中农村生活污水治理的目标与《行动方案》提出的目标相一致。

鉴于以上目标未设定定量比例，本研究分以下三种情景开展农村污水治理资金需求测算。

情景一：对生活污水进行治理的行政村比例，东部、中部、西部地区均为 100%；

情景二：对生活污水进行治理的行政村比例，东部地区为 90%，中部、西部地区均为 80%；

情景三：对生活污水进行治理的行政村比例，东部地区为 80%，中部、西部地区均为 70%。

基于现状，三种情景下，东部、中部、西部地区在 2019—2020 年需开展治理的行政村比例及个数情况详见表 3。

表 3　不同情景下东部、中部、西部地区拟开展治理的行政村比例及个数情况

情景类别		东部地区	中部地区	西部地区
情景一	治理目标/%	100.0	100.0	100.0
	治理差距/%	56.9	80.7	82.4
	需开展治理的行政村个数/个	130 707	125 481	125 621
情景二	治理目标/%	90.0	80.0	80.0
	治理差距/%	46.9	60.7	62.4
	需开展治理的行政村个数/个	112 861	92 145	93 677
情景三	治理目标/%	80.0	70.0	70.0
	治理差距/%	36.9	50.7	52.4
	需开展治理的行政村个数/个	95 016	75 478	77 704

1.3 测算方法

农村污水治理资金需求采用单位生产能力估算法，根据国家或部门地区制定的技术经济指标或已建的同类工程的造价指标乘以拟实现的建设目标，估算农村污水治理资金需求。计算公式为

$$Y_2=Y_1/X_1\times X_2\times \mathrm{CF} \quad (1)$$

式中，Y_2——总投资需求；

Y_1——已建类似工程的投资额；

X_1——已建类似工程的污水处理能力；

X_2——拟实现污水处理能力目标；

CF——不同时期、不同地点的定额、单价、费用变更的综合调整系数。

1.4 测算依据

根据 2013 年 11 月 11 日环境保护部发布的《农村生活污水处理项目建设与投资指南》，农村集中污水处理厂（站）基础设施建设总投资参考标准（含预处理系统、生化处理系统及辅助配套系统）见表 4。

表 4 农村集中污水处理厂（站）投资标准

工艺	出水标准（GB 18918—2002）	吨水投资/元			
		处理规模＜100 m³/d	处理规模为 101～500 m³/d	处理规模为 501～1 000 m³/d	处理规模为 1 001～5 000 m³/d
传统活性污泥法	一级 B	3 500～4 300	3 100～3 800	2 800～3 500	2 400～3 100
	二级	3 100～4 000	2 800～3 500	2 400～3 200	2 100～2 600
A/O	一级 B	3 600～4 500	3 200～3 900	2 900～3 600	2 500～3 200
	二级	3 200～4 200	2 900～3 600	2 500～3 300	2 200～2 700
A^2/O	一级 B	3 800～4 700	3 200～4 000	3 100～3 600	2 500～3 200
	二级	3 100～4 000	3 000～3 800	2 700～3 300	2 400～2 900
氧化沟法	一级 B	3 600～4 500	3 200～4 000	2 900～3 600	2 500～3 300
	二级	3 200～4 200	2 900～3 600	2 500～3 500	2 200～3 000
生物接触氧化法	一级 B	3 600～4 500	3 200～4 000	2 900～3 600	2 500～3 200
	二级	3 200～4 200	2 900～3 600	2 500～3 200	2 200～2 500
SBR 法	一级 B	3 600～4 500	3 200～4 000	2 900～3 600	2 500～3 200
	二级	3 200～4 200	2 900～3 600	2 500～3 200	2 200～2 500
MBR 法	一级 B	4 500～5 500	4 200～5 300	3 800～4 500	3 000～4 000
	二级	4 200～5 200	4 000～5 000	3 500～4 500	2 800～3 500

农村生活污水分散式处理工程投资参考标准见表 5。

表 5 农村生活污水分散式处理工程投资参考标准

工艺	吨水投资/元			
	处理规模＜1 m³/d	处理规模为 2～4 m³/d	处理规模为 5～9 m³/d	处理规模＞10 m³/d
小型人工湿地	2 800～3 700	2 600～3 300	2 600～3 200	2 300～2 900
土地处理	2 600～3 300	2 200～2 900	2 000～2 600	2 000～2 400
稳定塘	2 300～3 300	2 300～2 600	2 000～2 400	1 900～2 400
净化沼气池	2 600～5 200	2 600～3 900	1 900～3 300	600～2 000
小型一体化污水处理装置	32 000～39 000	19 500～28 000	13 000～22 000	1100～15 000

另外，研究组调研了浙江省湖州市各区县的农村污水治理，其生活污水主要采用纳管

进厂处理和自建集中、分散式污水处理设施两种模式，其中自建一体化污水处理设施主要涉及的 7 种工艺的投资情况如下：

（1）A/O（A^2/O）+人工湿地处理技术：吴兴区妙西镇石山村，采用组合型 A/O+人工湿地处理技术，日处理量 20 m^3，接入农户 74 户，终端建设投资 2 500 元/户，出水执行《城镇污水处理厂污染物排放标准》一级 B 标准。吨水投资为 9 250 元。

（2）厌氧+人工湿地技术：德清县钟管镇蠡山村三仙桥，采用厌氧+人工湿地污水处理技术，日处理量 10 m^3，接入农户 28 户，终端建设投资 3 000 元/户，出水执行《城镇污水处理厂污染物排放标准》一级 B 标准。吨水投资为 8 400 元。

（3）PKA 湿地污水处理技术：南浔区南浔镇柏树村周家浒，采用 PKA 污水处理技术，日处理量 10 m^3，接入农户 40 户，终端建设投资 1 600 元/户，出水执行《城镇污水处理厂污染物排放标准》一级 B 标准。吨水投资为 6 400 元。

（4）日本净化槽污水处理技术：长兴县水口乡徽州庄村，采用日本净化槽污水处理技术，日处理量 2 m^3，接入农户 5 户，终端建设投资 7 500 元/户，出水执行《城镇污水处理厂污染物排放标准》一级 A 标准。吨水投资为 18 750 元。

（5）复合介质生物滤池污水处理技术：南浔区双林镇花城村武庄兜，上海交大复合介质生物滤池污水处理技术，日处理量 15 m^3，接入农户 60 户，终端建设投资 1 600 元/户，出水执行《城镇污水处理厂污染物排放标准》一级 B 标准。吨水投资为 6 400 元。

（6）PEZ 高效污水处理技术：安吉县报福镇洪家村，采用 PEZ 污水处理技术，日处理量 30 m^3，接入农户 102 户，终端建设投资 3 500 元/户，出水执行《城镇污水处理厂污染物排放标准》一级 B 标准。吨水投资为 11 900 元。

（7）MBR 污水处理技术：南浔区千金镇金城村姚家兜，采用 MBR 污水处理技术，日处理量 10 m^3，接入农户 36 户，终端建设投资 2 500 元/户，出水执行《城镇污水处理厂污染物排放标准》一级 A 标准。吨水投资为 9 000 元。

参考以上投资标准，按照集中式处理投资 3 500～4 000 元/t、分散式处理设施（小型人工湿地、土地处理、稳定塘、净化沼气池）投资 2 500～3 000 元/t、小型一体化污水处理装置投资 20 000～22 000 元/t 开展总投资需求测算。污水收集系统建设投资与终端设施投资比例为 2∶1。

1.5 建设资金需求

1.5.1 污水排放量测算

农村生活污水排放量需结合当地居民用水现状、生活习惯、经济条件等情况酌情确定，《农村生活污水处理项目建设与投资指南》提供的污水量参考值如表 6 所示。

表 6 农村地区居民生活污水量参考值 单位：L/（人·d）

类型	南方	北方
村庄（人口≤5 000 人）	45～110	35～80

参考以上标准，东部地区按照南方地区居民生活污水量平均值 80 L/（人·d）、中部、西部地区按照北方地区居民生活污水量平均值 60 L/（人·d）开展估算。根据以下公式确定东部、中部、西部地区全覆盖新增污水排放量。

$$Q_{污水排放量}=人口数\times人均污水排放量$$
$$=(E_{500人以下}\times P_1+E_{500\sim1000人}\times P_2+E_{1000人以上}\times P_3)\times E_{排放} \quad (2)$$

式中，$E_{500人以下}$——500 人以下的行政村数量；

$E_{500\sim1000人}$——500～1 000 人的行政村数量；

$E_{1000人以上}$——1 000 人以上的行政村数量；

P_1——500 人以下的行政村的平均人口数量，暂取 250 人；

P_2——500～1 000 人的行政村的平均人口数量，暂取 750 人；

P_3——1 000 人以上的行政村的平均人口数量，以 2017 年总人口数量、前两档（500 人以下、500～1 000 人）人口数量和 1 000 人行政村数量计算得到。

$E_{排放}$——人均污水排放量，东部地区为 80 L/（人·d），中部、西部地区为 60 L/（人·d）。

根据式（2），计算得到：情景一治理目标下，需新增污水处理能力 3 150 万 t/d；情景二治理目标下，需新增污水处理能力 2 454 万 t/d；情景三治理目标下，需新增污水处理能力 2 019 万 t/d。三种情景下，东部、中部、西部地区及各省（市、区）需新增污水处理能力情况分别见表 7、表 8。

表 7　不同情景下东部、中部、西部地区需新增污水处理能力　　单位：万 t/d

情景类别	东部地区	中部地区	西部地区	合计
情景一新增污水处理能力	1 157	955	1 038	3 150
情景二新增污水处理能力	983	698	773	2 454
情景三新增污水处理能力	809	569	641	2 019

表 8　不同情景下各省（区、市）需新增污水处理能力　　单位：万 t/d

序号	地区	情景一新增污水处理能力	情景二新增污水处理能力	情景三新增污水处理能力
1	北　京	14.6	10.9	7.2
2	天　津	15.1	13.2	11.2
3	河　北	296.0	261.3	226.6
4	山　西	88.1	67.6	57.4
5	内蒙古	60.1	47.1	40.6
6	辽　宁	116.6	103.0	89.4
7	吉　林	67.5	53.1	45.9
8	黑龙江	78.8	61.7	53.2
9	上　海	9.1	5.4	1.8
10	江　苏	110.8	82.6	54.4
11	浙　江	16.3	16.3	16.3
12	安　徽	150.5	106.1	83.8
13	福　建	44.1	30.6	17.1

序号	地区	情景一新增污水处理能力	情景二新增污水处理能力	情景三新增污水处理能力
14	江　西	114.7	83.6	68.0
15	山　东	327.1	287.5	247.8
16	河　南	221.0	154.8	121.6
17	湖　北	82.6	57.0	44.3
18	湖　南	151.6	113.7	94.8
19	广　东	179.9	148.5	117.0
20	广　西	174.2	128.8	106.1
21	海　南	27.7	23.7	19.8
22	重　庆	58.2	41.9	33.7
23	四　川	214.4	156.2	127.1
24	贵　州	109.8	82.5	68.9
25	云　南	156.2	118.0	98.9
26	西　藏	0.0	0.0	0.0
27	陕　西	86.5	63.1	51.4
28	甘　肃	89.4	68.9	58.6
29	青　海	18.9	14.6	12.5
30	宁　夏	16.3	12.1	10.0
31	新　疆	53.4	39.8	33.0
合计		3 149.7	2 453.7	2 018.6

1.5.2　污水处理设施分布

根据村庄人口数量，农村污水治理按照表 9 的比例分布分别选取集中式、分散式和小型一体化处理设施。

表 9　选取的污水处理设施分布情况　单位：%

设施类型	500 人以下村庄	500～1 000 人村庄	1 000 人以上村庄
集中污水处理厂（站）比例	25	60	75
分散式处理设施比例	50	30	20
小型一体化污水处理装置	25	10	5
合计	100	100	100

1.5.3　建设资金需求测算

基于测算方法、各污水处理设施投资依据、污水排放量和污水处理设施分布情况，得出不同情景目标下污水处理设施建设资金需求（表 10）

（1）情景一目标下农村污水治理总资金需求为 4 119.4 亿～4 685.3 亿元，其中，东部地区资金需求为 1 537.0 亿～1 747.3 亿元，中部地区资金需求为 1 239.1 亿～1 409.7 亿元，西部地区资金需求为 1 343.3 亿～1 528.3 亿元。

（2）情景二目标下农村污水治理总资金需求为 3 215.0 亿～3 656.4 亿元，其中，东部地区资金需求为 1 307.9 亿～1 486.8 亿元，中部地区资金需求为 905.9 亿～1 030.6 亿元，西部地区资金需求为 1 001.2 亿～1 139.1 亿元。

（3）情景三目标下农村污水治理总资金需求为 2 648.2 亿～3 011.7 亿元，其中，东部地区资金需求为 1 078.8 亿～1 226.3 亿元，中部地区资金需求为 739.3 亿～841.0 亿元，西部地区资金需求为 830.1 亿～944.4 亿元。

表 10　不同情景下东部、中部、西部地区农村污水治理建设资金需求　单位：亿元

类别	投资标准	东部	中部	西部	合计
情景一	低投资标准测算的需求	1 537.0	1 239.1	1 343.3	4 119.4
	高投资标准测算的需求	1 747.3	1 409.7	1 528.3	4 685.3
情景二	低投资标准测算的需求	1 307.9	905.9	1 001.2	3 215.0
	高投资标准测算的需求	1 486.8	1 030.6	1 139.1	3 656.4
情景三	低投资标准测算的需求	1 078.8	739.3	830.1	2 648.2
	高投资标准测算的需求	1 226.3	841.0	944.4	3 011.7

从表 11 不同情景目标下各省（区、市）农村污水治理设施建设资金需求可知，需求排在前 3 位的是山东、河北、河南，其中，山东建设资金需求为 350 亿～530 亿元，河北建设资金需求为 300 亿～450 亿元，河南建设资金需求为 160 亿～290 亿元；资金需求排在后 3 位的是上海、北京、宁夏，其中，上海建设资金需求为 2 亿～13 亿元，北京建设资金需求为 10 亿～22 亿元，宁夏建设资金需求为 13 亿～25 亿元。

表 11　不同情景目标下各省（市、区）农村污水治理资金需求　单位：亿元

序号	地区	情景一		情景二		情景三	
		低投资标准测算的需求	高投资标准测算的需求	低投资标准测算的需求	高投资标准测算的需求	低投资标准测算的需求	高投资标准测算的需求
1	北　京	20	22	15	17	10	11
2	天　津	21	24	18	21	16	18
3	河　北	398	452	351	399	305	346
4	山　西	129	146	99	112	84	95
5	内蒙古	81	93	64	72	55	62
6	辽　宁	146	167	129	147	112	128
7	吉　林	87	99	69	78	59	68
8	黑龙江	101	115	79	90	68	78
9	上　海	11	13	7	8	2	3
10	江　苏	138	158	103	118	68	77
11	浙　江	22	25	22	25	22	25
12	安　徽	189	215	133	152	105	120
13	福　建	57	65	40	45	22	25
14	江　西	148	168	108	123	88	100
15	山　东	461	524	405	460	349	397
16	河　南	285	324	199	227	157	178
17	湖　北	107	122	74	84	58	65
18	湖　南	193	219	144	164	120	137

序号	地区	情景一		情景二		情景三	
		低投资标准测算的需求	高投资标准测算的需求	低投资标准测算的需求	高投资标准测算的需求	低投资标准测算的需求	高投资标准测算的需求
19	广　东	226	257	186	212	147	167
20	广　西	218	248	161	183	133	151
21	海　南	36	41	31	35	26	29
22	重　庆	73	84	53	60	42	48
23	四　川	283	322	206	235	168	191
24	贵　州	140	159	105	120	88	100
25	云　南	196	224	148	169	124	141
26	陕　西	113	129	83	94	67	76
27	甘　肃	119	136	92	105	78	89
28	青　海	27	30	21	23	18	20
29	宁　夏	21	24	15	18	13	15
30	新　疆	71	81	53	60	44	50
合计		4 119	4 685	3 215	3 656	2 648	3 012

1.6 运行费需求

据调研，2018 年浙江省湖州市累计建设污水处理终端 7 081 套，覆盖 774 个行政村，年运维资金约 7 000 万元，单个行政村运维费用约 9 万元，以此作为东部地区生活污水处理运维费用参考标准，考虑到地区差异，中部、西部地区下调 10%，按照单个行政村运维费用约 8.1 万元/a 开展测算。不同情景目标下年运行费需求为 334.1 亿～455.5 亿元，详见表 12、表 13。

表 12　不同情景治理目标下东部、中部、西部地区农村污水运行费需求　　单位：亿元

情景类别	运行费类别	东部地区	中部地区	西部地区	合计
情景一	新增运行费	117.6	101.6	101.8	321.0
	存量运行费	63.4	33.4	27.6	124.4
	合计	181.1	135.0	129.4	445.5
情景二	新增运行费	101.6	74.6	75.9	252.1
	存量运行费	63.4	33.4	27.6	124.4
	合计	165.0	108.0	103.5	376.5
情景三	新增运行费	85.5	61.1	62.9	209.6
	存量运行费	63.4	33.4	27.6	124.4
	合计	149.0	94.5	90.6	334.1

表 13　不同情景治理目标下各省（区、市）农村污水运行费需求　　单位：亿元

序号	地区	情景一			情景二			情景三		
		新增运行费	存量运行费	合计	新增运行费	存量运行费	合计	新增运行费	存量运行费	合计
1	北京	1.3	2.0	3.3	1.0	2.0	2.9	0.6	2.0	2.6
2	天津	2.1	0.6	2.7	1.8	0.6	2.4	1.6	0.6	2.1
3	河北	33.2	5.7	38.9	29.3	5.7	35.0	25.4	5.7	31.1
4	山西	18.4	3.0	21.4	14.1	3.0	17.1	12.0	3.0	15.0
5	内蒙古	8.2	0.7	8.9	6.4	0.7	7.1	5.6	0.7	6.2
6	辽宁	8.4	1.4	9.8	7.5	1.4	8.9	6.5	1.4	7.9
7	吉林	6.9	0.5	7.4	5.4	0.5	5.9	4.7	0.5	5.2
8	黑龙江	7.2	0.6	7.8	5.7	0.6	6.2	4.9	0.6	5.5
9	上海	0.3	1.0	1.4	0.2	1.0	1.2	0.1	1.0	1.1
10	江苏	5.0	7.8	12.8	3.8	7.8	11.6	2.5	7.8	10.3
11	浙江	2.0	18.4	20.5	2.0	18.4	20.5	2.0	18.4	20.5
12	安徽	8.8	4.2	12.9	6.2	4.2	10.4	4.9	4.2	9.1
13	福建	3.9	8.0	11.9	2.7	8.0	10.7	1.5	8.0	9.5
14	江西	11.5	4.1	15.6	8.4	4.1	12.5	6.8	4.1	10.9
15	山东	49.7	10.6	60.3	43.7	10.6	54.3	37.7	10.6	48.3
16	河南	23.3	11.6	34.9	16.3	11.6	27.9	12.8	11.6	24.4
17	湖北	10.2	5.6	15.8	7.0	5.6	12.6	5.5	5.6	11.1
18	湖南	15.4	3.8	19.2	11.5	3.8	15.4	9.6	3.8	13.4
19	广东	9.4	7.0	16.4	7.7	7.0	14.7	6.1	7.0	13.1
20	广西	8.8	2.7	11.5	6.5	2.7	9.2	5.4	2.7	8.0
21	海南	2.2	0.9	3.1	1.9	0.9	2.8	1.6	0.9	2.5
22	重庆	5.0	2.0	7.0	3.6	2.0	5.6	2.9	2.0	4.9
23	四川	27.4	9.8	37.2	20.0	9.8	29.8	16.3	9.8	26.0
24	贵州	9.7	2.3	12.0	7.3	2.3	9.6	6.1	2.3	8.4
25	云南	9.3	2.1	11.4	7.0	2.1	9.1	5.9	2.1	8.0
26	陕西	10.8	3.8	14.5	7.8	3.8	11.6	6.4	3.8	10.2
27	甘肃	11.3	1.7	13.0	8.7	1.7	10.4	7.4	1.7	9.1
28	青海	3.0	0.4	3.4	2.3	0.4	2.7	2.0	0.4	2.3
29	宁夏	1.4	0.4	1.9	1.1	0.4	1.5	0.9	0.4	1.3
30	新疆	6.9	1.8	8.6	5.1	1.8	6.9	4.3	1.8	6.1
合计		321.0	124.5	445.5	252.0	124.5	376.5	210.0	124.5	334.1

2 农村生活垃圾治理

2.1 现状情况

2016 年年末，全国对生活垃圾进行治理的行政村个数为 34.2 万个[①]，比例达到 65%，较 2013 年增长 28.4 个百分点，虽有较大幅度的增长，但仍有 35%的行政村没有生活垃圾收集处理设施。从地区分布情况来看，2016 年东部地区对生活污垃圾进行治理的行政村比例为 84.4%，远高于中部地区的 50.1%和西部地区的 47.9%（表 14）。

表 14 2013—2016 年行政村生活垃圾覆盖率情况 单位：%

年份	对生活垃圾进行治理的行政村比例			
	东部地区	中部地区	西部地区	全国
2013	64.6	27.2	21.0	36.6
2014	68.8	30.8	32.1	48.2
2015	82.2	46.4	45.0	62.2
2016	84.4	50.1	47.9	65.0
平均	75.0	38.6	36.5	53.0

2.2 治理目标

按照《行动方案》和《行动计划》，农村生活垃圾治理的目标是：到 2020 年，东部地区、中西部城市近郊区等有基础、有条件的地区，基本实现农村生活垃圾处置体系全覆盖；中西部有较好基础、基本具备条件的地区，力争实现 90%左右的村庄生活垃圾得到治理；地处偏远、经济欠发达等地区，在优先保障农民基本生活条件的基础上，实现人居环境干净整洁的基本要求。

根据以上目标，本研究按照东部地区行政村生活垃圾设施覆盖比例 100%、中西部地区行政村生活垃圾设施覆盖比例 90%开展测算。基于 2016 年现状和 2015—2016 年垃圾覆盖增长率，得出东部、中部、西部地区 2017 年、2018 年对生活污水进行治理的行政村比例，2018 年东部、中部、西部地区行政村比例分别为 92.6%、60.8%、59.8%。由此，要达到以上目标，东部、中部、西部地区分别需要开展 3 万个、4.9 万个、4.3 万个共计 12.2 万个行政村垃圾治理。

2.3 测算方法

农村垃圾收集处置设施资金需求采用单位生产能力估算法，根据国家或部门地区制定

① 未找到公开数据公布的 2017 年或 2018 年的农村垃圾治理的行政村比例，暂以 2016 年为基准年。

的技术经济指标或已建的同类工程的造价指标乘以拟实现的工程建设目标，估算农村垃圾收集处置资金需求。计算公式为

$$Y_2=Y_1\times X_1 \tag{3}$$

式中，Y_2——总投资需求；

Y_1——单个村庄垃圾收集处置体系投资额；

X_2——需开展治理的行政村个数。

2.4 测算依据

农村生活垃圾收集处置体系建设内容包括农村生活垃圾收集和转运，根据 2013 年 11 月 11 日环境保护部发布的《农村生活垃圾分类、收运和处理项目建设与投资指南》，农村生活垃圾收集和转运设施投资参考标准见表 15、表 16。

表 15 农村生活垃圾收集设施投资参考标准

序号	处理能力/t	项目	单位	数量	投资/万元
1		户用垃圾桶	个	120～200	0.24～0.5
2		公用垃圾桶/箱/池	个	12～20	0.24～0.8
3	＜0.5	垃圾收集站/池	个	1	0.8～1.0
4		专用垃圾收集车	辆	1	0.08～0.12
5		垃圾清扫工具	套	1	0.008～0.01
6		户用垃圾桶	个	120～333	0.24～0.8
7		公用垃圾桶/箱/池	个	12～33	0.24～1.32
8	0.5～1.0	垃圾收集站/池	个	1	1.0～1.2
9		专用垃圾收集车	辆	2	0.16～0.24
10		垃圾清扫工具	套	2	0.016～0.02
11		户用垃圾桶	个	200～3 333	0.4～8.33
12		公用垃圾桶/箱/池	个	200～333	4.0～13.3
13	＞1.0	垃圾收集站/池	个	2～3	1.7～3.1
14		专用垃圾收集车	辆	3～20	0.2～2.4
15		垃圾清扫工具	套	3～20	0.02～0.2

表 16 农村生活垃圾转运设施投资参考标准

序号	处理能力/t	项目	单位	数量	投资/万元
1		垃圾转运站	套	1	2～4
2	＜5	垃圾转运集装箱	个	1	0.4～0.7
3		垃圾转运车	个	1	3.0～4.5
4		垃圾转运站	套	1	8～12
5	5～30	垃圾转运集装箱	个	2～6	0.8～4.2
6		垃圾转运车	个	2～6	6～27
7		压缩装置	套	1	45～50

参考以上投资标准，收集转运设施投资水平按照以下标准开展测算：处理能力小于 0.5 t 的收集设施 1.5 万～2 万元；处理能力为 0.5～1.0 t 的收集设施 2.5 万～3 万元；处理能力大于 1.0 t 的收集设施 15 万～20 万元；转运设施小于 5 t 的按照 6 万～10 万元测算，5～30 t（含压缩装置）的按照 60 万～85 万元测算，5～30 t（不含压缩装置）的按照 20 万～40 万元测算。

2.5 建设资金需求

2.5.1 治理村庄分布

根据 2017 年东部、中部、西部地区各档人口数量占比情况和农村垃圾治理目标，得到东部、中部、西部地区需开展农村垃圾治理的行政村个数情况（表 17）。

表 17 东部、中部、西部地区开展垃圾治理行政村分布 单位：个

类别	500 人以下村庄	500～1 000 人村庄	1 000 人以上村庄	合计
东部地区开展垃圾治理行政村个数	5 326	8 677	15 586	29 589
中部地区开展垃圾治理行政村个数	9 175	11 977	27 587	48 739
西部地区开展垃圾治理行政村个数	6 631	12 482	24 312	43 425

2.5.2 收集转运设施分布

根据村庄人口数量，农村垃圾治理按照表 18 设定比例分别选取不同规模的收集转运设施。

表 18 农村垃圾收集转运设施分布情况 单位：%

设施类别	规模类别	500 人以下村庄	500～1 000 人村庄	1 000 人以上村庄
收集设施	＜0.5 t	20	10	5
	0.5～1.0 t	60	20	10
	＞1.0 t	20	70	85
转运设施	＜5 t	80	10	10
	5～30 t（不含压缩装置）	15	60	50
	5～30 t（含压缩装置）	5	30	40

2.5.3 建设资金需求测算

基于不同规模的收集转运设施投资标准、设施分布和拟治理的村庄数量，得出农村垃圾治理建设资金需求为 512.3 亿～776.6 亿元。其中，东部地区建设资金需求为 123.4 亿～187.2 亿元，中部地区资金建设需求为 203.8 亿～308.6 亿元，西部地区建设资金需求为 185.1 亿～280.8 亿元。各省（区、市）农村垃圾治理建设资金需求情况见表 19。

表 19 各省（区、市）农村垃圾治理建设资金需求情况 单位：亿元

序号	地区	低投资标准测算的需求	高投资标准测算的需求
1	北 京	0.5	0.8
2	天 津	0.3	0.4
3	河 北	70.7	107.6
4	山 西	41.6	63.2
5	内蒙古	16.3	24.8
6	辽 宁	20.0	30.1
7	吉 林	21.4	32.4
8	黑龙江	28.4	43.0
9	上 海	0.1	0.2
10	江 苏	1.1	1.6
11	浙 江	3.3	4.9
12	安 徽	5.6	8.4
13	福 建	9.8	14.8
14	江 西	9.9	15.0
15	山 东	5.5	8.3
16	河 南	48.0	72.7
17	湖 北	5.2	7.9
18	湖 南	43.7	66.0
19	广 东	11.4	17.1
20	广 西	5.9	8.9
21	海 南	0.7	1.1
22	重 庆	9.3	14.0
23	四 川	5.8	8.7
24	贵 州	32.4	49.1
25	云 南	29.5	44.4
26	陕 西	28.0	42.5
27	甘 肃	34.1	52.0
28	青 海	8.0	12.2
29	宁 夏	3.5	5.4
30	新 疆	12.4	18.9
总计		512.3	776.6

2.6 运行费需求

根据《农村生活垃圾分类、收运和处理项目建设与投资指南》，农村生活垃圾收集项目运行成本平均为 2 万元/a，小于 5 t/d 的转运项目运行成本平均为 5 万元/a，处理能力为 5～30 t/d 的转运项目（含压缩装置）运行成本平均为 80 万元/a。考虑存量，农村生活垃圾运行费用约为 1 600 亿元/a，详情见表 20、表 21。

表 20　东部、中部、西部地区生活垃圾运行费情况　　单位：亿元

类别	东部地区	中部地区	西部地区	合计
新增运行费	89.0	147.3	133.7	370.0
存量运行费	501.7	371.0	363.9	1 236.6
运行费合计	590.7	518.2	497.6	1 606.5

表 21　各省（区、市）农村垃圾运行费情况　　单位：亿元

序号	地区	新增运行费	存量运行费	合计
1	北　京	0.4	9.3	9.7
2	天　津	0.2	7.8	8.0
3	河　北	50.7	72.3	123.0
4	山　西	29.2	33.5	62.7
5	内蒙古	11.6	18.8	30.4
6	辽　宁	14.7	23.7	38.4
7	吉　林	15.5	13.0	28.5
8	黑龙江	20.6	9.6	30.2
9	上　海	0.1	4.9	5.0
10	江　苏	0.8	49.2	50.0
11	浙　江	2.3	62.4	64.7
12	安　徽	4.1	49.7	53.8
13	福　建	7.1	35.2	42.3
14	江　西	7.2	52.9	60.1
15	山　东	3.9	172.9	176.8
16	河　南	34.9	104.7	139.6
17	湖　北	3.8	59.2	63.0
18	湖　南	32.0	48.3	80.3
19	广　东	8.3	53.8	62.1
20	广　西	4.3	44.8	49.1
21	海　南	0.5	10.2	10.7
22	重　庆	6.8	23.0	29.8
23	四　川	4.2	134.4	138.6
24	贵　州	23.6	25.0	48.6
25	云　南	21.6	25.5	47.1
26	陕　西	20.3	37.3	57.6
27	甘　肃	24.5	22.8	47.3
28	青　海	5.6	4.6	10.2
29	宁　夏	2.6	4.9	7.5
30	新　疆	8.7	22.8	31.5
总计		370.0	1 236.6	1 606.6*

注：* 因小数点进位原因，与表 20 中的结果略有差异。

3 农村“厕所革命”

3.1 现状情况

2004 年，中央财政设立农村改厕转移支付项目，推广建造无害化卫生厕所，提出了三格化粪池式、双瓮式、三联沼气池式、粪尿分集式、双坑交替式及完整下水道水冲式卫生厕所 6 种模式。2009 年又将农村改厕纳入深化医改重大公共卫生服务项目予以大力推进。2004 年以来，中央财政累计投入 83.8 亿元，新建、改造 2 126.3 万户农村厕所。在一些基础条件比较好、居住比较集中的农村地区，具有完整上下水的水冲式卫生厕所已经基本普及。

2015 年 7 月 16 日，习总书记在吉林省延边州调研时，了解到一些村民还在使用传统的旱厕。他指出，随着农业现代化步伐加快，新农村建设也要不断推进，要来场“厕所革命”，让农村群众用上卫生的厕所。

农村改厕工作已取得一定成效，截至 2019 年，全国 53.5%的村庄已完成或部分完成改厕，近一半农户进行了卫生厕所改造。农村改厕取得了一定进展，卫生厕所量少的状况有所缓解，相关疾病发生、流行得到一定控制，农民群众文明卫生素质有所提升。

3.2 治理目标

中央农办、农业农村部等七部委《关于推进农村“厕所革命”专项行动的指导意见》（农社发〔2018〕2 号）明确提出厕所治理目标为：到 2020 年，东部地区、中西部城市近郊区等有基础、有条件的地区，基本完成农村户用厕所无害化改造，厕所粪污基本得到处理或资源化利用，管护长效机制初步建立；中西部有较好基础、基本具备条件的地区，卫生厕所普及率达到 85%左右，达到卫生厕所基本规范，贮粪池不渗不漏、及时清掏；地处偏远、经济欠发达等地区，卫生厕所普及率逐步提高，实现如厕环境干净整洁的基本要求。到 2022 年，东部地区、中西部城市近郊区厕所粪污得到有效处理或资源化利用，管护长效机制普遍建立。地处偏远、经济欠发达等其他地区，卫生厕所普及率显著提升，厕所粪污无害化处理或资源化利用率逐步提高，管护长效机制初步建立。

3.3 建设资金需求

3.3.1 农村“厕所革命”任务量估算

根据七部委联合发布的《关于推进农村“厕所革命”专项行动的指导意见》（农社发〔2018〕2 号），明确任务要求，全面摸清底数，是落实指导意见的重要工作内容。当前及今后一段时间，各地需落实对各类厕所数量和改厕标准的任务要求，组织开展农村厕所现状大摸底。因农村“厕所革命”任务量难以准确测算，现有较为可靠的测算依据为各省（区、市）公开发布的《农村人居环境整治三年行动实施方案（2018—2020 年）》《“厕所革命”三年行动计划（2018—2020 年）》。

本研究依据各省（区、市）公开发布的农村人居环境综合整治行动实施方案及农村“厕所革命”行动计划，粗略估算 2019—2020 年农村“厕所革命”任务量。经研究，全国拟新建 165.2 万座农村卫生厕所，改造厕所 2 913.4 万座，其中东部地区新建 63.6 万座农村卫生厕所，改造厕所 1 100.2 万座；中部地区新建 100.4 万座农村卫生厕所，改造厕所 918.8 万座；西部地区新建 1.2 万座农村卫生厕所，改造厕所 894.4 万座。各省（区、市）具体任务量情况详见表 22。

表 22　各省（区、市）农村“厕所革命”任务量

序号	省（区、市）	任务量	来源
1	北京	逐步消灭三类以下公厕，计划到 2020 年，公厕等级达标率达到 100%。截至 2019 年，全市现有公厕 19 008 座，其中，三类以下公厕 1729 座，农村地区有 1 523 座，占 88%	北京市“厕所革命”三年行动计划
2	天津	新建 2.4 万座无害化卫生户厕	天津市积极推进“厕所革命”新闻报道
3	河北	2018 年、2019 年分别完成厕所改造总任务量的 1/3，2020 年年底在基本完成厕所改造任务的基础上提升粪污无害化处理水平，卫生厕所普及率达到 85%以上。2018 年全省完成“双创双服”活动 49 万座农村厕所改造任务（估算改建任务量 147 万座）	河北省农村人居环境整治三年行动实施方案（2018—2020 年）、河北省农村改厕三年行动实施方案（2018—2020 年）
4	山西	36.1 万座农村厕所的改造工作	新闻：每户 1 000 元！山西农村“厕所革命”补贴来了！
5	内蒙古	到 2020 年，完成 65 万户改厕任务，农村牧区卫生厕所普及率达到 85%以上	内蒙古自治区农村牧区人居环境整治三年行动实施方案（2018—2020 年）
6	辽宁	到 2020 年农村卫生厕所普及率达到 85%。2015 年，计划改造农村卫生厕所 3.6 万座，力争实现全省卫生厕所普及增长率达 3%，农村卫生厕所普及率达到 66.92%（估算改建任务量 21.7 万座）	辽宁省推进“厕所革命”实施方案（2018—2020 年）
7	吉林	到 2018 年年底，完成 20 万户农村卫生厕所改造。2019 年完成 30 万户农村卫生厕所改造。2020 年，农村卫生厕所阶段性改造任务基本完成，生活垃圾治理水平总体提升（估算改建任务量 50 万座）	吉林省农村人居环境整治三年行动实施方案（2018—2020 年）
8	黑龙江	全省 3 年内力争完成农村户厕改建 80 万户	黑龙江省农村人居环境整治三年行动实施方案（2018—2020 年）
9	上海	改建农村无害化卫生户厕 99 万户	粗略估算 2017 年农村户数 [2 418 万×（1–0.877）/3]
10	江苏	从 2018 年起，每年建设农村无害化卫生户厕 20 万座，到 2020 年基本完成农村户厕无害化建设改造（估算新建任务量 60 万座）	江苏省农村人居环境整治三年行动实施方案（2018—2020 年）

序号	省（区、市）	任务量	来源
11	浙江	截至 2017 年年底，全省共创建国家卫生乡镇 58 个、省级卫生乡镇 574 个，农村无害化卫生厕所普及率为 96.65%。浙江省决定 2018 年完成农村厕所改造 5 万座，新建、改扩建景区厕所 2 000 座	新闻：推进“厕所革命” 浙江农村无害化卫生厕所普及率达 96.65% 新闻：关于农村厕所革命，你怎么看？
12	安徽	到 2020 年，农村生活垃圾无害化处理率达到 70%以上，所有乡镇政府驻地和美丽乡村中心村的生活污水治理设施全覆盖，完成自然村 210 万常住农户卫生厕所改造	安徽省农村人居环境整治三年行动实施方案（2018—2020 年）
13	福建	到 2020 年，全省新增 37.5 万户农户改厕	福建省进一步推进“厕所革命”行动计划的通知
14	江西	农户改厕 112.5 万座；乡村公厕新建 3 732 座，改建 2 040 座	江西省“厕所革命”三年攻坚行动任务清单
15	山东	2018 年，全部乡镇基本完成农村无害化卫生厕所改造；2019 年，全部涉农街道基本完成农村无害化卫生厕所改造；2020 年，全部乡镇（涉农街道）内 300 户以上自然村基本完成农村公共厕所无害化建设改造。山东省农村厕所改造工作起步于 2016 年，经费来源于省“村镇建设”专项资金，省、市、县三级财政每级为农户的厕所改造补贴 300 元，共 900 元。计划从 2016 年到 2018 年，每年改造 220 万户、三年时间共改造 660 万户	山东省农村人居环境整治三年行动实施方案（2018—2020 年） 文献：山东省农村厕所改造情况的调研报告
16	河南	继续推动农村户用厕所改造作业，力求 2019 年度改造 300 万户农村户用无害化卫生厕所	新闻：河南“厕所革命”已经落实，建造公测 1 万座，男女比例 2∶3
17	湖北	新建 200 万户农户无害化厕所，改造提升 130 万户农户厕所，实现农村无害化厕所全覆盖	湖北省“厕所革命”三年攻坚行动计划（2018—2020 年）
18	湖南	2018 年开展农村厕所情况摸底调查，完成 100 万户卫生厕所改造（新建）。2019 年，按照摸底数据，完成应改造任务的 50%；2020 年全面完成全省农村卫生厕所改造（新建）任务	湖南省农村人居环境三年行动实施方案（2018—2020 年）
19	广东	2019 年全省仍有 105 万户农户未能使用无害化卫生厕所。未来三年，广东还将新建农村公厕 1 万座，到 2020 年实现城乡文明公厕全覆盖，农村无害化卫生户厕普及率达 100%	新闻：“厕所革命”新三年，广东将再建 1.6 万多座公厕
20	广西	推动农村新建住房全面配套无害化卫生厕所和农村户用厕所无害化改造，确保全区农村无害化卫生厕所普及率保持在 90%以上，在行政村所在自然村或集中连片 300 户以上的自然村、集贸市场、中小学校、乡村旅游景区等人群聚集地区，建设或改造 2 000 座以上公共厕所	广西壮族自治区农村人居环境整治三年行动方案（2018—2020 年）
21	海南	2020 年，所有乡镇至少参照《城市公共厕所设计标准》（CJJ 14—2016）新建或改造公厕 1 座。合理选择改厕模式，完成 24.85 万户农户厕所无害化改造，同步实施厕所粪污治理，2018—2020 年每年分别完成 20%、35%、45%的任务量	海南省农村人居环境整治三年行动方案（2018—2020 年）

序号	省（区、市）	任务量	来源
22	重庆	新增改厕任务 79.5 万户，到 2020 年全市卫生厕所普及率达到 85%	重庆市农村人居环境整治三年行动实施方案（2018—2020 年）
23	四川	完成 3 696 座乡村公共厕所新建、改建，推进农村户用厕所改造，完成 5 305 座农村公共厕所的新建和改造任务。基本实现农村户用卫生厕所普及率达到 85%以上	四川省农村人居环境整治三年行动实施方案（2018—2020 年）、《四川省人民政府办公厅关于进一步推进全省“厕所革命”工作的意见》解读
24	贵州	到 2020 年，全省建设改造农村户用卫生厕所 173 万户，其中 2018 年建设改造 70 万户	贵州省推进“厕所革命”三年行动计划（2018—2020 年）
25	云南	改造建设农村无害化卫生户厕 250 万座	云南省“厕所革命”三年行动计划（2018—2020 年）
26	西藏	西藏大力推进“厕所革命”项目建设，计划到 2018 年年底建成 1 934 座	新闻：西藏大力推进“厕所革命”项目建设　计划到今年年底建成 1 934 座
27	陕西	大力开展农村户用卫生厕所建设和改造，同步实施厕所粪污治理。2018 年年底，农村无害化卫生厕所普及率提高到 45%，2019 年年底，农村无害化卫生厕所普及率提高到 65%以上，2020 年年底，农村无害化卫生厕所户数累计超过 600 万户、普及率接近 85%（估算任务量改建 240 万座）	陕西省农村人居环境整治三年行动方案（2018—2020 年）
28	甘肃	2018 年，甘肃将启动“厕所革命”新三年计划，全省将再新建、改建标准化厕所 1 974 座，“厕所革命”将加速从景区拓展到全域、从城市拓展到农村、从封闭走向开放，切实改善游客如厕体验，增强文明意识	新闻：2018 年甘肃将启动“厕所革命”新三年计划
29	青海	农牧民（含藏传佛教寺院僧侣）户用卫生厕所 19.05 万座	新闻：2018 青海“厕所革命”全面启动，当年建设任务 62 373 座 1 亿元省级奖补资金已安排
30	宁夏	到 2020 年完成农村改厕 30 万户	新闻：宁夏“厕所革命”，数百万农民在期待
31	新疆	2018—2020 年，全区将再建旅游厕所 653 座	—

3.3.2　农村厕所新建或改造投资参考单价

（1）财政补贴额度

为推进农村“厕所革命”，部分省份推出了农村改厕补贴政策。如吉林省出台了《吉林省农村厕所改造奖补资金管理办法》（吉财建〔2016〕621 号），对地方政府改造农村厕所意愿较强的市县和对成片改造且数量较大的市县给予重点支持，依据吉林省住建厅对年度农村厕所改造任务完成情况的验收结果，省财政按每户 4 000 元标准及验收合格数量，对市县给予补助。其他省份补贴标准多集中在 600～4 000 元。可收集整理到的部分省份补贴资金标准见表 23。

表 23　部分省份农村厕所改造财政补贴标准　单位：元

序号	省份	补贴标准
1	山东	每户至少 800 元，有些县市已经到每户 900 元
2	山西	每户补助为 600～2 000 元
3	吉林	按每户 4 000 元的标准补助
4	河南	每户补助为 600～2 000 元，各个县市补助标准不同
5	浙江	2014 年开展五水共治，各个县市补助标准不同，连同化粪池改造、管网建设和末端污水处理设备，最高标准每户 2 万元，一般在 4 000 元以上
6	福建	一般地区每户 600 元，最高 3 000 元
7	江西	每户补助 1 200 元，以建设和完善“两池一洗”（化粪池、便池、冲洗设备）为主要内容
8	广东	农村污水系统统一改造，美丽乡村每村资金一般不低于 300 万元，高的 1 000 多万元，平均每户污水处理改造不低于 3 000 元
9	海南	每户不低于 1 600 元，贫困户每户 3 200 元

（2）工程招标单价

研究过程中还参考了农村厕所改造的公开招标公告，如新乐市推进农村“厕所革命”建设项目招标公告确定的 11 个乡镇 657 座农村厕所进行改造，预算金额 170 万元，单价约 2 587 元；再如长春市农安县 2018 年农村厕所改造项目招标公告确定的工程造价和投资单价（表 24）。从招标价来看，单座厕所改造造价在 2 500～4 000 元。

表 24　长春市农安县 2018 年农村厕所改造项目招标公告

标段	乡镇/指标/户	工程造价/万元	投资单价/（元/座）
施工 01 标	龙王乡/1 241	496.734 2	4 002.69
施工 02 标	三岗镇/1 223	489.529 4	4 002.69
施工 03 标	小城子乡/1 104	441.897 2	4 002.69
施工 04 标	前岗乡/1 320	528.355 4	4 002.69
施工 05 标	开安镇/1 090	436.293 5	4 002.69
施工 06 标	三盛玉镇/1 209	483.925 5	4 002.69
施工 07 标	华家镇/861、伏龙泉镇/320	472.718 1	4 002.69
施工 08 标	黄鱼圈乡/313、青山乡/1 000	525.553 6	4 002.69
施工 09 标	合隆镇/424、烧锅镇/649	429.488 7	4 002.69
施工 10 标	杨树林乡/634、高家店镇/570	481.924 1	4 002.69
施工 11 标	靠山镇/891、新农乡/610	600.804 2	4 002.69
施工 12 标	哈拉海镇/1 123、永安乡/350	589.596 7	4 002.69
施工 13 标	农安镇/440、巴吉垒镇/418、万金塔乡/210	427.487 6	4 002.69

（3）本研究中投资单价确定

综合考虑农村厕所改革中财政补贴标准和实际招标价格，本研究中以厕所改造投资 2 500～3 500 元/座为测算标准。新建厕所参照相关公开报道，取 6 000～7 000 元/座为测算标准。

3.3.3 建设资金需求测算结果

根据治理目标，2019—2020 年全国新建 165.2 万座农村卫生厕所，改造厕所 2 913.4 万座。综合考虑农村厕所改革中财政补贴标准和实际招标价格，以改造投资 2 500～3 500 元/座为测算标准。新建厕所参照相关公开报道，取 6 000～7 000 元/座为测算标准。

另外，农村厕所新建和改造与农村污水治理设施建设有一定的交叉重复，设定有 10%的投资需求通过农村污水处理设施建设解决。以此测算，农村厕所革命投资需求为 744.7 亿～1 021.8 亿元。其中东部地区投资需求为 281.9 亿～386.6 亿元，中部地区投资需求为 260.9 亿～352.7 亿元，西部地区投资需求为 201.9 亿～282.5 亿元。各省（区、市）新建和改造厕所投资需求见表 25。

表 25 各省（区、市）新建和改造厕所投资需求 单位：亿元

序号	地区	治理资金需求（低）	治理资金需求（高）
1	北京	0.04	0.05
2	天津	0.58	0.80
3	河北	35.56	48.79
4	山西	8.73	11.98
5	内蒙古	15.72	21.57
6	辽宁	5.25	7.20
7	吉林	12.09	16.60
8	黑龙江	19.35	26.55
9	上海	23.95	32.86
10	江苏	14.51	19.91
11	浙江	1.26	1.73
12	安徽	50.80	69.70
13	福建	9.07	12.45
14	江西	27.35	37.53
15	山东	159.65	219.06
16	河南	72.57	99.57
17	湖北	31.45	43.15
18	湖南	24.19	33.19
19	广东	25.64	35.18
20	广西	0.05	0.07
21	海南	6.01	8.25
22	重庆	28.30	38.83
23	四川	0.22	0.30
24	贵州	41.85	57.42
25	云南	60.47	82.98
26	陕西	58.06	79.66
27	甘肃	0.05	0.07
28	青海	4.61	6.32
29	宁夏	7.26	9.96
30	新疆	0.02	0.02
合计		744.7	1 021.8

4 资金筹措分析

4.1 总资金需求

4.1.1 建设资金总需求

根据上述测算，完成农村污水垃圾治理和厕所改造总建设资金需求为 4 000 亿～6 500 亿元。其中，农村污水治理建设资金需求为 2 650 亿～4 690 亿元，占比约为 70%；农村垃圾治理建设资金需求为 510 亿～780 亿元，占比约为 13%；厕所改造建设资金需求为 750 亿～1 020 亿元，占比约为 17%。

分省（区、市）来看，建设资金总需求排名前 3 位的依次是山东省、河北省、河南省，需求金额分别为 515 亿～751 亿元、411 亿～609 亿元、277 亿～496 亿元。资金需求排在后 3 位的依次是北京市、天津市、浙江省，需求金额分别为 10 亿～23 亿元、16 亿～25 亿元、27 亿～32 亿元。

各情景目标下，东部、中部、西部地区建设资金总需求见表 26。各省（区、市）建设资金总需求见表 27～表 29。

表 26 东部、中部、西部地区农村环境治理建设资金需求汇总 单位：亿元

情景类别	环境治理类别	投资标准	东部地区	中部地区	西部地区	合计
情景一	农村污水	低投资标准测算的需求	1 537.0	1 239.1	1 343.3	4 119.4
		高投资标准测算的需求	1 747.3	1 409.7	1 528.3	4 685.3
	农村垃圾	低投资标准测算的需求	123.4	203.8	185.1	512.3
		高投资标准测算的需求	187.2	308.6	280.8	776.6
	改厕	低投资标准测算的需求	281.9	260.9	201.9	744.7
		高投资标准测算的需求	386.6	352.7	282.5	1 021.8
	总计	低投资标准测算的需求	1 942.3	1 703.8	1 730.3	5 376.4
		高投资标准测算的需求	2 321.1	2 071.0	2 091.6	6 483.7

情景类别	环境治理类别	投资标准	东部地区	中部地区	西部地区	合计
情景二	农村污水	低投资标准测算的需求	1 307.9	905.9	1 001.2	3 215.0
		高投资标准测算的需求	1 486.8	1 030.6	1 139.1	3 656.4
	农村垃圾	低投资标准测算的需求	123.4	203.8	185.1	512.3
		高投资标准测算的需求	187.2	308.6	280.8	776.6
	改厕	低投资标准测算的需求	281.9	260.9	201.9	744.7
		高投资标准测算的需求	386.6	352.7	282.5	1 021.8
	总计	低投资标准测算的需求	1 713.2	1 370.6	1 388.2	4 472.0
		高投资标准测算的需求	2 060.6	1 691.9	1 702.4	5 454.8
情景三	农村污水	低投资标准测算的需求	1 078.8	739.3	830.1	2 648.2
		高投资标准测算的需求	1 226.3	841.0	944.4	3 011.7
	农村垃圾	低投资标准测算的需求	123.4	203.8	185.1	512.3
		高投资标准测算的需求	187.2	308.6	280.8	776.6
	改厕	低投资标准测算的需求	281.9	260.9	201.9	744.7
		高投资标准测算的需求	386.6	352.7	282.5	1 021.8
	总计	低投资标准测算的需求	1 484.1	1 204.0	1 217.1	3 905.2
		高投资标准测算的需求	1 800.1	1 502.3	1 507.7	4 810.1

注：情景一生活污水行政村覆盖比例：东部、中部、西部地区均为 100%；情景二生活污水行政村覆盖比例：东部地区 90%，中部、西部地区 80%；情景三生活污水行政村覆盖比例，东部地区 80%、中部、西部地区 70%。生活垃圾：东部地区 100%、中部、西部地区 90%；厕所改造：东部地区基本全覆盖，中部、西部地区 85%。

表 27 情景一各省（区、市）农村环境治理建设资金需求汇总 单位：亿元

序号	地区	农村污水		农村垃圾		改厕		合计	
		低投资标准测算的需求	高投资标准测算的需求	低投资标准测算的需求	高投资标准测算的需求	低投资标准测算的需求	高投资标准测算的需求	低投资标准测算的需求	高投资标准测算的需求
1	北京	19.5	22.2	0.5	0.8	0.0	0.1	20.1	23.0
2	天津	20.9	23.7	0.3	0.4	0.6	0.8	21.7	24.9
3	河北	398.1	452.4	70.7	107.6	35.6	48.8	504.4	608.8
4	山西	128.7	145.9	41.6	63.2	8.7	12.0	179.0	221.1
5	内蒙古	81.4	92.5	16.3	24.8	15.7	21.6	113.4	138.9
6	辽宁	146.5	166.8	20.0	30.1	5.2	7.2	171.7	204.1
7	吉林	87.4	99.5	21.4	32.4	12.1	16.6	120.9	148.4
8	黑龙江	101.3	115.2	28.4	43.0	19.4	26.6	149.0	184.7
9	上海	11.4	13.0	0.1	0.2	23.9	32.9	35.5	46.0
10	江苏	138.4	157.7	1.1	1.6	14.5	19.9	154.0	179.2
11	浙江	22.2	25.2	3.3	4.9	1.3	1.7	26.7	31.8
12	安徽	189.1	215.4	5.6	8.4	50.8	69.7	245.5	293.5
13	福建	57.0	64.9	9.8	14.8	9.1	12.4	75.8	92.1
14	江西	148.0	168.4	9.9	15.0	27.4	37.5	185.3	221.0
15	山东	461.4	523.6	5.5	8.3	159.7	219.1	626.6	751.0
16	河南	284.7	324.0	48.0	72.7	72.6	99.6	405.3	496.3
17	湖北	107.4	122.2	5.2	7.9	31.4	43.1	144.0	173.2
18	湖南	192.6	219.2	43.7	66.0	24.2	33.2	260.4	318.4
19	广东	225.9	257.3	11.4	17.1	25.6	35.2	262.9	309.6
20	广西	217.7	248.0	5.9	8.9	0.0	0.1	223.6	256.9
21	海南	35.8	40.7	0.7	1.1	6.0	8.2	42.5	50.0
22	重庆	73.4	83.6	9.3	14.0	28.3	38.8	111.0	136.4
23	四川	283.4	322.2	5.8	8.7	0.2	0.3	289.4	331.3
24	贵州	140.1	159.4	32.4	49.1	41.8	57.4	214.3	265.9
25	云南	196.3	223.6	29.5	44.4	60.5	83.0	286.3	351.0
26	陕西	113.1	128.7	28.0	42.5	58.1	79.7	199.2	250.9
27	甘肃	119.4	135.7	34.1	52.0	0.0	0.1	153.5	187.8
28	青海	26.6	30.1	8.0	12.2	4.6	6.3	39.1	48.6
29	宁夏	20.8	23.7	3.5	5.4	7.3	10.0	31.6	39.0
30	新疆	71.1	80.8	10.1	15.4	0.0	0.0	81.3	96.3
汇总		4 119.4	4 685.3	510.0	773.2	744.7	1 021.7	5 374.1	6 480.2

表 28 情景二各省（区、市）农村环境治理建设资金需求汇总 单位：亿元

序号	地区	农村污水		农村垃圾		改厕		合计	
		低投资标准测算的需求	高投资标准测算的需求	低投资标准测算的需求	高投资标准测算的需求	低投资标准测算的需求	高投资标准测算的需求	低投资标准测算的需求	高投资标准测算的需求
1	北　京	14.6	16.6	0.5	0.8	0.0	0.1	15.1	17.4
2	天　津	18.2	20.7	0.3	0.4	0.6	0.8	19.1	21.9
3	河　北	351.4	399.3	70.7	107.6	35.6	48.8	457.7	555.7
4	山　西	98.8	112.0	41.6	63.2	8.7	12.0	149.1	187.2
5	内蒙古	63.8	72.5	16.3	24.8	15.7	21.6	95.8	118.9
6	辽　宁	129.4	147.4	20.0	30.1	5.2	7.2	154.6	184.7
7	吉　林	68.8	78.2	21.4	32.4	12.1	16.6	102.2	127.2
8	黑龙江	79.3	90.3	28.4	43.0	19.4	26.6	127.1	159.8
9	上　海	6.8	7.8	0.1	0.2	23.9	32.9	30.9	40.8
10	江　苏	103.2	117.6	1.1	1.6	14.5	19.9	118.8	139.1
11	浙　江	22.2	25.2	3.3	4.9	1.3	1.7	26.7	31.8
12	安　徽	133.3	151.8	5.6	8.4	50.8	69.7	189.7	229.9
13	福　建	39.6	45.0	9.8	14.8	9.1	12.4	58.4	72.3
14	江　西	107.8	122.6	9.9	15.0	27.4	37.5	145.1	175.2
15	山　东	405.4	460.1	5.5	8.3	159.7	219.1	570.6	687.5
16	河　南	199.4	226.9	48.0	72.7	72.6	99.6	319.9	399.1
17	湖　北	74.1	84.3	5.2	7.9	31.4	43.1	110.8	135.4
18	湖　南	144.5	164.4	43.7	66.0	24.2	33.2	212.3	263.6
19	广　东	186.4	212.3	11.4	17.1	25.6	35.2	223.4	264.7
20	广　西	161.0	183.4	5.9	8.9	0.0	0.1	166.9	192.3
21	海　南	30.7	34.9	0.7	1.1	6.0	8.2	37.4	44.3
22	重　庆	52.8	60.1	9.3	14.0	28.3	38.8	90.3	112.9
23	四　川	206.5	234.8	5.8	8.7	0.2	0.3	212.4	243.8
24	贵　州	105.3	119.8	32.4	49.1	41.8	57.4	179.6	226.3
25	云　南	148.3	168.9	29.5	44.4	60.5	83.0	238.2	296.3
26	陕　西	82.5	93.8	28.0	42.5	58.1	79.7	168.5	216.0
27	甘　肃	91.9	104.5	34.1	52.0	0.0	0.1	126.1	156.6
28	青　海	20.6	23.4	8.0	12.2	4.6	6.3	33.2	41.9
29	宁　夏	15.4	17.6	3.5	5.4	7.3	10.0	26.3	32.9
30	新　疆	53.1	60.4	10.1	15.4	0.0	0.0	63.3	75.8
汇总		3 215.0	3 656.4	510.0	773.2	744.7	1 021.7	4 469.6	5 451.3

表 29 情景三各省（区、市）农村环境治理建设资金需求汇总 单位：亿元

序号	地区	农村污水		农村垃圾		改厕		合计	
		低投资标准测算的需求	高投资标准测算的需求	低投资标准测算的需求	高投资标准测算的需求	低投资标准测算的需求	高投资标准测算的需求	低投资标准测算的需求	高投资标准测算的需求
1	北 京	9.6	10.9	0.5	0.8	0.0	0.1	10.2	11.8
2	天 津	15.5	17.7	0.3	0.4	0.6	0.8	16.4	18.9
3	河 北	304.8	346.3	70.7	107.6	35.6	48.8	411.1	502.7
4	山 西	83.8	95.0	41.6	63.2	8.7	12.0	134.1	170.2
5	内蒙古	55.0	62.5	16.3	24.8	15.7	21.6	87.0	108.8
6	辽 宁	112.3	127.9	20.0	30.1	5.2	7.2	137.5	165.2
7	吉 林	59.4	67.6	21.4	32.4	12.1	16.6	92.9	116.6
8	黑龙江	68.4	77.8	28.4	43.0	19.4	26.6	116.1	147.3
9	上 海	2.3	2.6	0.1	0.2	23.9	32.9	26.4	35.7
10	江 苏	68.0	77.5	1.1	1.6	14.5	19.9	83.6	99.0
11	浙 江	22.2	25.2	3.3	4.9	1.3	1.7	26.7	31.8
12	安 徽	105.4	120.0	5.6	8.4	50.8	69.7	161.8	198.2
13	福 建	22.1	25.2	9.8	14.8	9.1	12.4	41.0	52.4
14	江 西	87.7	99.8	9.9	15.0	27.4	37.5	125.0	152.3
15	山 东	349.5	396.6	5.5	8.3	159.7	219.1	514.6	624.0
16	河 南	156.7	178.3	48.0	72.7	72.6	99.6	277.3	350.6
17	湖 北	57.5	65.4	5.2	7.9	31.4	43.1	94.2	116.5
18	湖 南	120.4	137.1	43.7	66.0	24.2	33.2	188.3	236.2
19	广 东	147.0	167.4	11.4	17.1	25.6	35.2	184.0	219.7
20	广 西	132.7	151.1	5.9	8.9	0.0	0.1	138.6	160.1
21	海 南	25.6	29.1	0.7	1.1	6.0	8.2	32.3	38.5
22	重 庆	42.4	48.3	9.3	14.0	28.3	38.8	80.0	101.1
23	四 川	168.0	191.0	5.8	8.7	0.2	0.3	174.0	200.1
24	贵 州	87.9	100.0	32.4	49.1	41.8	57.4	162.2	206.5
25	云 南	124.2	141.5	29.5	44.4	60.5	83.0	214.2	268.9
26	陕 西	67.2	76.4	28.0	42.5	58.1	79.7	153.2	198.6
27	甘 肃	78.2	88.9	34.1	52.0	0.0	0.1	112.4	141.0
28	青 海	17.6	20.0	8.0	12.2	4.6	6.3	30.2	38.5
29	宁 夏	12.8	14.5	3.5	5.4	7.3	10.0	23.6	29.8
30	新 疆	44.1	50.1	10.1	15.4	0.0	0.0	54.2	65.5
汇总		2 648.2	3 011.7	510.0	773.2	744.7	1 021.7	3 902.9	4 806.6

4.1.2 运行费用总需求

在运行费用需求方面，考虑厕所改造运行费用基本为农户自行负担，未开展运维费用测算，实现设定目标情境下，考虑新增和存量，污水垃圾治理总运行费用约 2 000 亿元/a。从各省（区、市）来看，总运行费用排在前 3 位的是山东、四川、河南，总运行费平均约为 231 亿元/a、17Ͻ 亿元/a、169 亿元/a。排在后 3 位的分别是上海、宁夏、天津，总运行费平均约为 6 亿元/a、9 亿元/a、10 亿元/a（表 30）。

表 30 各省（区、市）污水垃圾年运行费用合计情况　　单位：亿元/a

序号	地区	情景一运行费用合计	情景二运行费用合计	情景三运行费用合计
1	北 京	12.9	12.5	12.2
2	天 津	10.7	10.4	10.1
3	河 北	161.9	158.0	154.1
4	山 西	84.1	79.8	77.7
5	内蒙古	39.4	37.6	36.7
6	辽 宁	48.2	47.3	46.3
7	吉 林	35.9	34.4	33.7
8	黑龙江	38.0	36.4	35.7
9	上 海	6.4	6.2	6.1
10	江 苏	62.8	61.6	60.3
11	浙 江	85.3	85.3	85.3
12	安 徽	66.7	64.2	62.9
13	福 建	54.2	53.0	51.8
14	江 西	75.7	72.6	71.0
15	山 东	237.1	231.1	225.1
16	河 南	174.5	167.5	164.0
17	湖 北	78.8	75.6	74.1
18	湖 南	99.5	95.7	93.7
19	广 东	78.5	76.8	75.2
20	广 西	60.6	58.3	57.1
21	海 南	13.8	13.5	13.2
22	重 庆	36.8	35.4	34.7
23	四 川	175.7	168.3	164.5
24	贵 州	60.6	58.2	57.0
25	云 南	58.5	56.2	55.1
26	陕 西	72.1	69.2	67.8
27	甘 肃	60.3	57.7	56.4
28	青 海	13.6	12.9	12.5
29	宁 夏	9.4	9.0	8.8
30	新 疆	40.1	38.4	37.6
总计		2 056.5	1 986.6	1 943.7

4.2 投入现状

2017 年，全国村庄市政公用设施建设总投入 2 529.5 亿元，用于村庄污水处理、垃圾处理的投资分别为 144.2 亿元、135.6 亿元，占比分别为 5.7%、5.4%。其中，东部地区村庄市政公用设施建设总投入 986.6 亿元，用于村庄污水处理、垃圾处理的投资分别为 96.5 亿元、67.2 亿元，占比分别为 9.8%、6.8%；中部地区村庄市政公用设施建设总投入 598.7 亿元，用于村庄污水处理、垃圾处理的投资分别为 15.3 亿元、32.9 亿元，占比分别为 2.5%、5.5%；西部地区村庄市政公用设施建设总投入 944.2 亿元，用于村庄污水处理、垃圾处理的投资分别为 32.4 亿元、35.6 亿元，占比分别为 3.4%、3.8%。

从近几年农村污水、垃圾处理投入现状看（表 31），投资均不断增长，但在村庄市政公用设施建设投入中的占比仅东部地区增长速度相对较快，中部、西部地区变化较平稳，增长不大。

表 31　2013—2017 年农村污水、垃圾处理投资情况

年份	地区	村庄市政公用设施建设总投入/万元	污水处理投资/万元	污水处理投资占村庄建设投资比例/%	垃圾处理投资/万元	垃圾处理投资占村庄建设投资比例/%
2013	东部地区	8 806 862	252 369	2.9	281 571	3.2
	中部地区	3 771 471	27 720	0.7	80 037	2.1
	西部地区	5 917 123	44 843	0.8	78 563	1.3
	全国	18 495 456	324 932	1.8	440 171	2.4
2014	东部地区	7 716 623	521 478	6.8	408 311	5.3
	中部地区	3 963 720	52 575	1.3	110 186	2.8
	西部地区	5 392 160	63 688	1.2	113 483	2.1
	全国	17 072 503	637 741	3.7	631 980	3.7
2015	东部地区	8 832 219	783 013	8.9	538 042	6.1
	中部地区	4 196 430	61 156	1.5	159 603	3.8
	西部地区	6 160 928	91 838	1.5	186 129	3.0
	全国	19 189 577	936 007	4.9	883 774	4.6
2016	东部地区	8 916 691	747 945	8.4	582 928	6.5
	中部地区	4 519 110	69 720	1.5	193 808	4.3
	西部地区	7 762 040	169 326	2.2	326 586	4.2
	全国	21 197 841	986 991	4.7	1 103 322	5.2
2017	东部地区	9 865 922	965 245	9.8	671 959	6.8
	中部地区	5 986 507	152 638	2.5	328 644	5.5
	西部地区	9 442 143	323 776	3.4	355 710	3.8
	全国	25 294 572	1 441 659	5.7	1 356 313	5.4

从村庄建设财政资金投入来源看，县级财政投入最多，其次是中央财政。中央财政 2008 年开始设立农村环境整治资金，截至 2018 年年底，累计投入 495 亿元（表 32），主要用于村庄的环境综合整治工作，具体包括农村生活污水和垃圾处理、畜禽养殖污染治理、历史遗留的农村工矿污染治理、饮用水水源地保护以及其他与村庄环境质量改善密切相关的环境整治措施等。

表 32　中央农村环境整治资金历年规模

年份	资金/亿元	年份	资金/亿元
2008	5	2014	60
2009	10	2015	60
2010	25	2016	60
2011	40	2017	60
2012	55	2018	60
2013	60	—	—
合计			495

在支持厕所改造方面，2004 年，中央财政设立农村改厕转移支付项目；2009 年，中央财政通过公共卫生服务补助资金支持农村改厕工作。截至 2015 年，中央财政累计投入 84 亿元支持新建、改造 2 126 万户农村厕所。2016 年以后，考虑到农村改厕工作属于地方事权，中央财政不再安排补助资金。

另外，中央还通过农村综合改革转移支付资金支持中央确定开展的农村“一事一议”公益性项目建设、“美丽乡村”建设等工作，2017 年该项资金规模为 313.6 亿元。

4.3　资金筹措思路

一是加强政府资金投入，履行政府环境保护事权。建立以地方为主、中央适当补助的政府投入体系。严格落实中央政府投资渠道，用好中央农村环境整治资金、水污染防治专项资金等专项资金。加强地方政府资金投入，统筹整合环保、城乡建设、农业农村等资金，建立稳定的农村环境治理经费渠道。

二是积极引导社会资本投入。对适合采用政府和社会资本合作的项目，鼓励地方政府采取城乡统筹、整县打包、建运一体等多种方式，积极引入社会资本，弥补政府资金不足，缓解政府财政支出压力。

三是探索建立农户缴费制度。按照“谁污染、谁付费”的原则，鼓励有条件的地区探索建立污水、垃圾处理农户缴费制度，用以覆盖一部分运行成本。综合考虑污染防治形势、经济社会承受能力、农村居民意愿等因素，合理确定缴费水平和标准。

4.4　资金筹措方案

在资金筹措上，拟建立以地方为主、中央适当补助、积极引入社会投入的筹措体系。

中央财政投入约 600 亿元补助建设资金。地方财政资金承担除中央财政资金以外的建设和运行资金。

具体采取以下方式筹措：

（1）大幅增加中央财政投入，实现投入 600 亿元

现有农村环境整治资金、水污染防治专项、重点生态保护修复治理专项等资金渠道，2019 年投入农村环境基础设施建设约 200 亿元。攻坚战期间，建议中央大幅增加以上专项投入规模，实现 2020 年投资翻一番，即 2019—2020 年实现投入约 600 亿元。中央层面加快设立绿色发展基金，将基金的 10%用于支持地方农村污水垃圾 PPP 项目融资。

（2）强化环境质量考核，引导地方通过发行专项债券、PPP 模式等方式加大农村污水垃圾改厕等建设投入

农村污水垃圾和厕所改造建设需地方财政投资 3 400 亿～5 900 亿元。攻坚战期间，建议地方投资缺口从以下三个渠道筹集。一是参照教育资金、农田水利建设资金筹集模式，从土地出让收益中提取 2%～3%（按 2017 年土地出让收入 5 万亿元计，2019—2020 年 1 000 亿～3 000 亿元）用于农村环境基础处理设施建设。二将新增专项债务安排农村环境基础设施建设，每年新增专项债务的 2%～5%用于农村生活污水、生活垃圾和改厕建设，每年发行专项债 100 亿～250 亿元。二是采用 PPP 模式引导社会资本投入 2 300 亿～2 650 亿元，在满足每一年度全部 PPP 项目支出占一般公共预算支出比例不超过 10%的要求下，优先安排农村环境基础设施 PPP 项目实施。

（3）探索建立污水处理农户付费制度

在已建成污水垃圾集中处理设施的农村地区，探索建立农户付费制度，综合考虑村集体经济状况、农户承受能力、污水处理成本等因素，合理确定付费标准。在经济条件差的区域，考虑先确定一个较低的收费金额，提高农户环境保护意识，待经济条件有所改善后，再逐步提高收费标准。

参考文献

[1] 本报评论员. 补齐基础设施短板　美化农村人居环境[N]. 驻马店日报，2019-03-21（001）.

[2] 裴胜红. 浅谈我国农村生态环境的保护和治理[J]. 智能城市，2018，4（16）：93-94.

[3] 李冠杰. 农村环境基础设施建设中的农民筹资意愿研究——以陕西省为例[J]. 生态经济，2017，33（12）：109-113，126.

[4] 李冠杰. 陕西农村环境基础设施多中心治理机制构建[J]. 合作经济与科技，2017（16）：156-158.

[5] 周林洁. 城乡统筹视角下的农村环境基础设施建设[J]. 城市发展研究，2009，16（7）：127-129.

[6] 徐顺青，逯元堂，何军，等. 农村人居环境现状分析及优化对策[J]. 环境保护，2018，46（19）：44-48.

改革开放以来全国生态保护修复支出账户核算研究报告

Ecological Protection and Restoration Expenditure Accounting Report in China Since Reform and Opening Up

牟雪洁　饶 胜　徐顺青　何 军 王夏晖　张 箫　朱振肖　柴慧霞　黄 金　于 洋　周景博[①]

摘　要　生态保护修复支出核算是环境经济核算的重要内容之一，现已成为国际趋势，但很长一段时间以来，我国仍未将其纳入环境保护投资的统计范畴。科学核算我国生态保护修复支出情况，明确当前支出现状与存在的问题，对于科学谋划未来生态保护修复的支出规模、方向，推动建立生态保护修复支出长效机制具有重要意义。本研究基于已构建的生态保护修复支出账户框架，系统收集整理了改革开放以来全国各地区生态保护修复支出数据，分析了全国及各地区支出总量、支出结构、地区差异等情况，在此基础上，总结当前存在的问题、提出相应的对策建议。

关键词　改革开放　生态保护修复支出核算

Abstract　Ecological protection and restoration expenditure accounting is one of the important contents of environmental economic accounting. It has become an international trend, but for a long time, it was not included in the statistical scope of environmental protection investment in China. Scientific accounting of ecological protection and restoration expenditures and clarification of current expenditure status and problems are of great significance for scientifically planning the scale and direction of future ecological protection and restoration expenditures, promoting the establishment of a long-term ecological protection and restoration expenditure mechanism. Based on the established ecological protection and restoration expenditure account framework, the different regional ecological protection and restoration expenditure data since reform and opening up were systematically collected and sorted out. The total expenditures, expenditure structure and regional differences of national and regional ecological protection and restoration were analyzed. Finally, the current problems were summarized and corresponding countermeasures and suggestions were put forward.

Keywords　reform and opening up, ecological protection and restoration expenditure accounting

① 中国人民大学环境学院，北京，100872。

1 引言

在经济发展与生态环境保护矛盾日益突出的背景下，如何准确评估经济与环境的相互作用，有效保护自然资源和生态环境、实现经济社会可持续发展成为国内外关注热点[1-3]。探索编制综合环境经济核算体系是准确认识资源环境问题与经济发展关系、推进实施可持续发展的重要基础[4]，近年来已成为国际共识。联合国统计署（UNSD）发布的《2012 年环境经济核算体系：中心框架（SEEA2012）》（以下简称 SEEA2012）[5]，为世界各国开展资源环境核算工作提供了重要支持和指导。我国自 2004 年起就建立了绿色国民经济核算体系[6]，并形成 2004—2015 年共 12 年的中国环境经济核算研究报告[7]；2015 年，环境保护部重启了绿色 GDP2.0 工作，在原有核算内容基础上新增了生态系统生产总值核算[8]、生态保护修复支出账户核算、经济绿色转型政策研究等多项内容，探索建立了经济—生态生产总值（GEEP）综合核算框架体系[9,10]，进一步丰富和完善了国家绿色 GDP 核算体系。

生态保护修复支出是生态环境保护的重要手段，生态保护修复支出核算也是我国环境经济核算的重要内容之一。生态保护修复支出账户是为了系统收集、整理和分析我国生态保护修复支出而建立的统计体系，对认清当前我国生态保护修复支出现状与问题、建立健全国家生态保护修复支出长效机制、提高生态保护修复支出水平和效率具有十分重要的意义，同时账户核算也为我国未来生态保护修复领域的支出优化调整提供了数据基础，有助于生态环境部统筹谋划、科学制定生态保护修复领域的支出规模和方向，提高生态保护修复支出成效。目前国际上与生态保护相关的支出核算主要列入了环境账户或环境保护支出账户中，例如联合国[4]、欧盟[11]等国际组织及加拿大[12]、德国[13,14]、英国[15]等国家，其核算内容按保护对象来看主要分为生物多样性与景观保护，按支出性质分为经常性支出和资本性支出，支出主体包括政府、企业、住户三大类。在我国，目前已开展的环境保护支出账户研究并没有过多涉及生态保护修复支出的内容，已有少量研究仅局限于生态保护修复支出的某一方面支出[16-20]。为此，2015 年国家绿色 GDP2.0 体系建立以来，以原环境保护部环境规划院为代表的技术组在深入总结国内外经验的基础上，系统构建了我国生态保护修复支出账户基本框架[21]，并分年度系统开展了账户核算与优化完善工作[22]。

2018 年，在国家改革开放 40 年大背景下，系统收集和整理了改革开放以来全国及各地区生态保护修复支出情况，近 40 年核算结果表明：①全国生态保护修复支出总量不断增加，尤其自 1999 年开始呈指数增长，累计支出 61 009.5 亿元，2016 年支出总量是 1979 年的近 2 000 倍。②支出类型和结构不断丰富完善，支出类型由最初的 3 类增加到 12 类，支出结构由最初的几乎全部为森林生态系统保护支出（90.0%），优化到 2016 年的森林（含荒漠）生态系统保护支出（28.0%）、水土保持及生态支出（25.1%）、城镇生态保护修复支出（30.3%）为主，重点生态功能区（6.8%）、农田生态系统保护支出（3.1%）、草地生态系统保护支出（2.6%）、自然保护地（1.1%）、重点生态保护修复专项（1.0%）、矿山环境恢复治理（0.9%）、湿地生态系统保护支出（0.7%）、海洋生态系统保护支出（0.4%）等各类型支出为补充的总体状况。③支出地区差异明显，东部地区生态保护修复累计支出最大，其次是西部地区、中部地区，东北地区最低。从单位国土面积支出看，东部地区最高，为189.9 万元/km^2，其次是中部地区、东北地区，分别为 94.5 万元/km^2、43.9 万元/km^2，西部地区单位国土面积总支出最低，仅为 23.1 万元/km^2。④支出总量相对于 GDP 的弹性系数波动性较大，受生态保护政策影响较大，尚未形成生态保护修复支出的长效机制。⑤生态保护修复支出仍以政府支出为主，未实现真正意义的“谁破坏、谁修复”。

2 国内外进展

2.1 国际经验

目前，国际上没有专门建立生态保护修复支出账户，与生态保护相关的核算内容多在环境保护支出账户或环境账户中列出，例如联合国 SEEA 核算体系[4]、欧盟 SERIEE 核算体系[11]以及加拿大[12]、德国[13,14]、英国[15]、澳大利亚[23,24]等国家的环境保护支出账户。还有部分国家已开展了部分生态保护支出的相关核算工作，但仅作为国民经济核算或环境经济核算的一部分，如日本[25]、荷兰[26]等国。

2.1.1 联合国 SEEA 环境保护和资源管理支出账户

SEEA2012[4]涉及生态保护修复支出内容的账户主要有两个，分别是环境保护支出账户和资源管理支出账户，二者均属于环境活动账户的内容。

环境保护支出账户，主要用于计量专项环境保护服务的生产、供应与利用、支出、筹资等信息。该账户定义的环保支出涵盖了用于环境保护的所有货物和服务的支出，包括专项环保服务支出、环保关联产品支出、改良品支出；环境保护货物和服务的用户包括专项环保服务生产者、其他生产者、住户、一般政府和非营利住户服务机构（表 1）。SEEA 环保支出账户中还给出了专项环保服务、环保关联产品、改良品的定义和具体计量方法。专项环保服务是环保活动的“特色”或典型产品，是指由经济单位为出售或自用目的生产的专项环保服务，如废物和废水管理及处理服务；环保关联产品是指其使用直接服务于环保目的，但不属于专项环保服务或特色活动支出的产品，如化粪池、化粪池维护服务、垃圾袋、垃圾桶、垃圾容器和堆肥器等；改良品是指为了更“有利于环境”或“更清洁”而专门经过改进，因而其使用有益于环保或资源管理的货物，如脱硫燃料、无汞电池和无氯氟化碳产品。

资源管理支出账户，是为资源管理目的而记录的账户，它与环境保护支出账户的结构类似，包括专项资源管理服务的生产、专项资源管理服务供应和利用、国家资源管理支出及筹资。但该账户实际上尚未得到广泛建立，SEEA 建议编制特定类型资源的资源管理账户。

除此之外，环境活动账户和相关流量部分还涵盖了与环境有关的其他交易核算，包括环境税、环境补贴和类似转移等，以及一系列与环境有关的其他偿付和交易。

表 1　国家环保支出一般框架

按产品划分的支出类型	用户						合计
	行业			住户	一般政府	NPISH	
	专项环保服务生产者		其他生产者				
	专业生产者	非专业和自给性生产者					
专项环保服务							
中间消耗	NI						
最终消费							
固定资本形成毛额	NI						
关联产品							
中间消耗	NI						
最终消费							
固定资本形成毛额	NI						
改良品							
中间消耗	NI						
最终消费							
固定资本形成毛额	NI						
特色活动的资本形成							
上述各项以外的环保转移							
进入和来自世界其余单位的环保转移（净额）							
国家环保支出总额							

注：根据定义，深灰色单元格为零。“NI”表示“在推算国家环保支出总额时没有被包括在内”。

总体而言，联合国 SEEA 中的环境保护支出账户和资源管理支出账户提供了环境保护与资源管理核算的基本概念框架，实际上也包含了生态保护修复支出的核算内容。其中，环境保护支出账户中，就涵盖了预防、减少、处理自然资源耗减，保护生物多样性和景观的内容；资源管理支出账户中，包含了矿产和能源资源、水资源、生物资源、木材资源等内容（表 2）。

表 2 SEEA 环境活动分类

大类	小类
一、环境保护	1 保护周围空气和气候
	2 废水管理
	3 废物管理
	4 保护和补救土壤、地下水和地表水
	5 减小噪声和振动（不包括工作场所保护措施）
	6 保护生物多样性和景观
	7 辐射防护（不包括外部安全）
	8 环保研发
	9 其他环保活动
二、资源管理	10 矿产和能源资源管理
	11 木材资源管理
	12 水生资源管理
	13 其他生物资源管理（不包括木材和水生资源）
	14 水资源管理
	15 资源管理研发活动
	16 其他资源管理活动

2.1.2 欧盟 SERIEE 环境保护支出账户

1994 年，欧盟统计局发布了欧洲环境经济信息收集体系（European system for the collection of economic information on the environment，SERIEE）[11]，并设立了环保支出账户（EPEA），其主要目的是建立描述环保活动价值的概念性框架[27]。在 SERIEE 及 EPEA 核算框架下，欧盟建立了《环境保护活动和支出分类（CEPA2000）》（以下简称 CEPA2000 分类标准），并成为当前开发应用程度最高的环保活动分类标准。

按照环境保护对象的不同，CEPA2000 分类标准将环境保护活动分为九大类：保护环境空气和气候，废水处理，固体废物处理，土壤、地下水和地表水的保护和恢复，减少噪声和振动，生物多样性和自然景观的保护，放射性污染物的处理，环保科学研究与试验发展（R&D）支出，其他环保活动，包括能力建设、教育、培训等方面。其中涉及生态保护修复支出的内容主要是生物多样性和景观保护，具体又可细分为物种和栖息地的保护和恢复、自然景观和半自然景观的保护、计量控制和实验室、其他。

按照环保支出的性质不同，CEPA2000 分类标准确定的环保支出分为经常性环保支出和资本性环保支出。按照支出的性质不同，经常性环保支出可划分为内部经常性支出和外部经常性支出。前者是指环保活动的内部运营支出，如运行污染控制设备人员和环境管理人员的工资薪金、用于环保目的的原材料和消费品支出、环境设备的租赁费用等。后者是指为了获得能控制企业运营活动环境影响的环保服务而支付给外部单位的所有费用、税金及类似款项，如购买污水处理服务的支出、对环境部门的常规交费等。按照环保活动的性质不同，资本性环保支出可分为末端治理支出和综合（清洁）技术支出。前者是指为了收集和处理已产生的污染、监测污染水平而在生产技术、工艺或设备等方面发生的投资支出。后者是指为了从源头上预防或减少污染量，从而减少污染物排放对环境的影响而购买设备或改进现有的技术、工艺、设备（及其中的某些部分）而发生的投资支出。

按照环保支出主体的不同，分为工业部门、公共部门、环保服务专业生产商、住户等。

2.1.3 世界各国环境保护支出账户

基于联合国 SEEA 框架和欧盟 SERIEE 核算体系，一些发达国家建立了本国的环境保护支出账户，如加拿大、德国、英国、日本；部分国家尚未建立系统完善的环保支出账户，但在环境经济核算中涉及了环境税费等核算内容，如荷兰、澳大利亚。

2.1.3.1 加拿大 CSERA 的环境保护支出账户

加拿大从 20 世纪 90 年代中期开始编制环境保护支出账户。这些账户确定了企业、政府和家庭用于环保方面的经常支出和资本支出，从需求学的角度测算了他们在环保方面的经济负担以及环保对经济活动的贡献度[28]。

环保支出账户核算类型采取以目的为准则的分类方法，按环境保护领域，核算大类主要包括污染治理和控制，野生动物及其栖息地保护，环境监控、评估和稽查，遗址开发和关闭等；核算账户主体可分为企业、政府和住户[29]，其中涉及生态保护的主要是野生动物及其栖息地保护。

从核算账户主体来看，政府账户中包含的有关生态保护修复支出的内容为自然资源的保护与发展支出及公园支出。自然资源的保护与发展支出，主要包括：①农业支出，即研究与开展土壤保持与保护、农场补贴及排水系统等支出。②渔业及狩猎支出，即研究与管理渔业及野生动物等支出，包括水产养殖及野生动物栖息地保护等支出。③林业支出，即研究防治害虫与火灾及造林等支出。④矿业、石油及天然气，如研究、开发及保护支出。⑤其他，即与管理有关的支出，如节能、对保护各项自然资源的补贴等。公园支出，包括国家、省及市立公园为保护野生动物栖息地相关设备维护支出，如公园的建造与发展、涉及与实施、观光服务等支出[28]。企业账户中包含的有关生态保护修复支出的内容为野生动物和栖息地保护活动。住户账户中不涉及生态保护支出的内容。

根据加拿大统计局最新公布的数据，2010 年企业在野生动物和栖息地保护方面的总支出为 22 880 万美元，占企业环境保护总支出的 2.4%，其中资本性支出 17 880 万美元，经营性支出为 5 000 万美元。

此外，CSERA 中包含的数据不定期在《Econnections：联系环境与经济》报告中进行出版，其中环保支出（EPE）每两年一次[28]。

2.1.3.2 德国 GEEA 的环境保护支出账户和环境税

德国联邦统计局从 20 世纪 80 年代开始进行环境经济核算工作，最初建立了环境保护支出核算和能源核算，后经过不断增加和扩展，基本形成了完整的环境经济核算体系。其中，涉及环境保护的内容主要是环境保护支出核算和环境税费核算两部分。

环境保护支出核算主要是反映德国为降低或避免环境退化做出的保护措施和投资费用，但不包括环境质量和对自然资源的管理支出方面的核算[13]。根据德国联邦局 2013 年发布的环境经济核算结果，按环境保护领域环保支出的核算类型包括废弃物管理、废水管理、噪声治理、环境空气保护、自然保护和景观保护、气候保护、土壤保护与修复、防止辐射；按环保支出核算的主体主要包括政府、行业、专门从事环境保护服务的私人企业。

环境税费核算内容包括矿物油/能源税、机动车税、电力税、排放许可、核燃料税收、航空运输税。

总体而言，德国的环境保护支出核算中涉及生态保护的内容主要是自然保护和景观保护。根据2010年核算结果，自然保护和景观保护的支出为14亿欧元，占总环保支出的3.9%；其中经常性支出为12.5亿欧元，占自然保护和景观保护支出的89.3%，资本性支出为1.5亿欧元，占10.7%。

2.1.3.3 **英国环境账户**

英国环境账户是根据联合国SEEA框架编制的，它是国民经济账户的卫星账户[15]。该账户主要包括三部分：自然资源账户、物质流账户、货币账户。其中，自然资源账户主要核算石油和天然气储量资源；物质流账户主要核算化石燃料和能源消费、大气排放、物质流等；货币账户主要核算环境税、环境保护支出。

其中，环境保护支出按主体的不同，分为政府和企业账户；按环境保护领域的不同，分为污染治理、废水管理、废物管理、生物多样性和景观保护、其他治理活动、研究与开发/教育/管理。涉及生态保护的内容主要是生物多样性和景观保护。

2.1.3.4 **澳大利亚环保支出账户**

澳大利亚统计局（ABS）从1990—1991年开始收集环境保护支出的统计数据，建立环保支出账户，以满足国家和国际社会对更好的经济环境信息的需求。这一阶段建立的环境保护支出账户主要依据OECD的污染处理和控制（pollution abatement and control framework，PAC）框架进行核算，将资金和经常性支出按行业和公共部门分类，共核算了1992—1993、1993—1994、1994—1995、1995—1996财政年度的环保支出情况。

1999年，澳大利亚统计局根据欧盟SERIEE框架的环保活动分类，主要选取并修改核心环保活动类型，重新建立了本国的环保支出核算框架，并重新核算1995—1996和1996—1997财政年度的环保支出情况。这一阶段的环保支出核算领域分为废物管理、废水和水资源保护、周围空气和气候保护、生物多样性和景观保护、土壤和地下水保护、其他环保活动六类。其中，涉及生态保护的内容为生物多样性和景观保护。需要说明的是，由于核算框架不同，这两次核算结果不具有可比性。1996—1997年，澳大利亚保护景观和生物多样性的支出（15亿美元）占总支出的18%。

2002年，澳大利亚统计局对地方政府2002—2003年环境支出进行了核算，包括环境保护、自然资源管理、政府转移等部分内容。其中，环境保护主要包括固体废物、废水、生物多样性、土壤、文化遗产、其他等领域，按收入支出类型分为税收、经常性支出、资本性支出三类。自然资源管理主要包括土地管理、水供给、其他等领域，按收入支出类型也分为税收、经常性支出、资本性支出。

此外，澳大利亚从20世纪90年代即开始编制环境账户，近年来发布了澳大利亚环境经济账户AEEA，它是在SEEA中心框架基础上编制的综合环境经济核算体系。2012年澳大利亚统计局发布“环境账户实践完成情况”，主要介绍了澳大利亚环境账户的初步实践情况；2013 年发布“信息文件：面向澳大利亚环境经济账户”，按主题分别介绍了水、能源、废物、温室气体、土地和生态系统、自然资产、住户和环境、环境设施和经济机会等内容；2014 年发布首期“澳大利亚环境经济账户”，以专题文章和数据表的形式分别列出了水、能源、废物、土地和环境资产等账户的核算结果，并涉及政府环境税收收入情况及企业、家庭环境税收支出情况。

目前，澳大利亚统计局并没有编制系统的环境保护支出账户、环境货物与服务部门账户。统计局已在“环境账户实践完成情况”一文中公布了环境税收的试验估计，在统计局讨论文章“澳大利亚环境税：新的试验统计”中公布了更综合的环境税调查结果。

综上所述，澳大利亚在 20 世纪 90 年代至 21 世纪初，进行了全国和地方环境支出情况的统计，涉及生态保护的内容主要是生物多样性和景观保护。但需要注意的是，尽管澳大利亚统计局已进行了环境保护支出的相关统计工作，但一直没有编制系统的环境保护支出账户，这也是澳大利亚 AEEA 核算体系未来尚需拓展和完善的地方之一。

2.1.3.5 荷兰国民核算矩阵（NAMEA）

荷兰从 1991 年开始构思编制包括环境账户在内的国民核算矩阵（national accounting matrix including environmental accounts，NAMEA），于 1993 年完成第一本 NAMEA 账户。NAMEA 的理论架构是社会核算矩阵（social accounting matrix，SAM），共包含 12 个账户，1—10 账户为一般的国民经济核算账户，剩余两项为与环境有关的账户，即环境物质账户和环境主题账户。NAMEA 没有建立专门的环境保护支出账户，但其最大的特点是将生产和消费支出分为一般和环保两项，方便计算环保支出和环保消费，此外还明确将环保活动和其他经济活动的产出和消费分开。

根据荷兰统计局最新发布的环境账户信息，其主要核算内容分为自然支出和资源、残余、经济机会和政策等。其中，在经济机会和政策部分涉及了环境税费的核算，按支出主体的不同分为住户和企业两部分；按纳税类型的不同主要分为燃料消费税、其他矿物油消费税、电力和天然气使用税、乘用车和机动车辆税、机动车税、其他环境税。目前，2010—2014 年有关环境账户的出版物已在荷兰国家统计局网站发布。但荷兰环境账户并未涉及生态保护修复支出的内容。

目前仅在荷兰国民经济核算中企业环境成本表中有对景观保护的统计。

2.1.3.6 日本 SEEA 及环保支出账户

（1）日本的 SEEA 试验核算体系

日本从 1991 年就开始将综合环境经济核算作为一项中长期项目开展研究，1995 年根据联合国 SEEA93 临时手册建立了本国 SEEA 试验矩阵，并发布了环境经济核算（SEEA）结果；1998 年，日本在第一次 SEEA 试验矩阵及主要成果基础上，修订并发布了第二次环境经济核算结果，核算内容包括环保活动、环保相关货物和服务、环保资产、估算环境成本（表 3）、经环境调整的 GDP（EDP）。按活动的主体分为工业生产活动和家庭最终消费支出。

表 3　估算环境成本的主要类型

估算环境成本类型	说明	具体核算项目
残余物排放	由于环境污染造成自然资产退化的环境成本	水污染 大气污染
土地和木材等利用	伴随土地利用、木材采伐造成自然资产消耗和退化的环境成本	CO_2 排放导致的全球变暖
资源消耗	由于人类获取造成的自然资产消耗的环境成本	地下资源的枯竭
对全球环境的影响	环境活动对全球环境影响的环境成本	—
其他自然资产使用	除了上面提到的其他自然资产使用	无
自然资产恢复	恶化环境的改善恢复工作的环境成本	污染物去除和生态系统恢复
估算环境成本转移	—	—

（2）日本新的环境经济核算体系（SEEA2004）

2004 年，日本根据联合国 SEEA 和荷兰 NAMEA 框架，建立了新的混合环境经济核算体系，并专门设立环境保护账户，虽然该账户没有提及环境保护支出的内容，但核算内容更为丰富。

该核算框架认为，传统研究方法的目的主要是从货币角度评估经济活动带来的环境压力，并从国内经济活动中扣除这一影响，最终计算绿色 GDP。然而，如何在货币价值方面正确评估环境污染国际上没有共识，另外，联合国也开始基于新的理论修订 SEEA。在此背景下，国民经济核算处开始新的“整合环境压力和经济活动的混合核算系统”。这一新的核算系统指出，国民账户与整合环境压力平行。基于新的混合核算系统，研究团队开展了 1990 年、1995 年、2000 年的试验计算。在开发这一新的核算框架时，研究团队采用了荷兰 NAMEA 框架，并根据日本国情做了适当的调整。ESRI 的新核算体系能识别驱动力和环境压力的关系。具体来讲，研究团队新创建的“环境效率改进指数”（相当于 OECD 脱钩指数），基于 1990 年、1995 年、2000 年估计数这一指数显示了经济和环境可持续发展。另外，与 SEEA2003 相协调，还建立了日本“环境保护服务供应和利用表”。该表列举了基于特定目的的环境保护服务的供给与消费主体。该表和 ESRI 的新混合核算体系提供了日本经济活动、私人/公共部门环境保护服务和环境压力之间的整体关系。

HASEPEA 具有双重平行结构，一方面是用于经济活动的国民经济核算矩阵（NAM），另一方面是体现环境压力的环境账户（EA）。该混合模式的目的是识别经济活动与环境压力的关系。该框架是基于荷兰 NAMEA 框架建立，但研究小组考虑到日本的经济情况于是做了如下调整：①修改消费部分，如增加了政府消费支出；②引入存量账户，如环境保护资产、社会资本和其他；③增加一些自然资源账户，如煤炭、森林资源、水资源、渔业资源等；④引入土地利用账户。

其中，环境保护账户由三部分组成：物质账户、积累环境账户、环境问题账户。为了与 NAM 一致，污染物排放分为两组，生产和消费部门。物质账户核算内容包括污染物

（空气、水、废物）、自然资源（能源、森林、水、渔业）、土地利用（农业用地、森林和荒地、河流和渠道、道路、居住用地、其他）、隐藏材料流量。积累环境账户核算污染物向环境的最终排放量（排放量–处理量），这也体现了由于森林生长、伐木或其他因素导致的自然资源变化数量情况，以及农业用地、居住用地、道路等土地利用变化情况。基于环境积累部分的数据，环境问题部分则显示了每一种环境问题类型的环境负担。由于每一种环境污染都对全球变暖有不同程度的影响，因此很有必要以连贯的方式计算它们各自对温室效应的贡献。为此，研究小组通过采用适当的转换系数乘以污染物体积来估算其对气候变暖的影响。

（3）日本的环保支出账户

2000 年，国民经济核算处进行“第二次环境保护支出账户和废物账户”的试验估算，主要采用 1990 年、1995 年数据，并对第一次核算结果（作为 SEEA 核算结果的一部分，于 1999 年发布）进行了修正。环保支出账户核算按照环保产品的不同主要分为特色服务（如政府和企业的废水废物处理服务）、关联/适用产品（如垃圾桶、化粪池）、特定转移。按环保领域的不同分为废水管理、废物管理、环境空气保护、其他，但并未涉及生态保护的内容。

此外，在日本的国民经济核算年度报告中，按照 93SNA 环境保护服务分类标准，在政府最终消费支出表中列出了环境保护支出情况，从 2010 年开始政府最终消费支出情况按领域分为废物管理、废水管理、污染处理、生物多样性和景观保护、环保研发、其他等经济活动，并将支出数据追溯至 2005 年。但需注意的是，国民经济核算账户中的政府环境保护支出只是环境保护支出账户的一部分。

2.1.3.7 美国 IEESA 及污染防治支出

美国经济分析局（Bureau of Economic Analysis，BEA）最早在 1972 年开始编制“污染防治支出”（pollution abatement and control expenditure），其涵盖范围局限于政府、企业与家庭为符合环保法规所产生的支出[6]。1994 年，美国经济分析局建立了综合经济环境卫星账户（integrated economic and environmental satellite accounts，IEESA），包括资产账户和生产账户，并将已有的“污染防治支出”纳入其中。但由于国会反对，美国在 1994 年终止了 BEA 的 IEESA 工作，自 1995 年起就再未进行官方绿色国民经济核算。

总体而言，美国的 IEESA 账户尚未考虑对生态保护支出的核算。

2.1.4 小结

综上所述，国际上有关生态保护修复支出的核算大多在国际组织或国家环境保护支出账户或环境账户中列出，如联合国、欧盟以及加拿大、德国、英国、澳大利亚等；还有部分国家已开展了部分生态保护支出的相关核算工作，并主要作为国民经济核算的一部分，如日本、荷兰。虽然没有建立专门的生态保护修复支出账户，但上述国际组织或国家的相关核算工作仍能够为我国生态保护修复支出核算提供经验借鉴（表 4）。

表 4　生态保护修复支出核算国际比较

国际组织、国家或地区	概念框架	账户或主题	核算内容（按领域）	核算主体
联合国	SEEA2012	环境保护支出账户和资源管理支出账户	生物多样性和景观保护；矿产和能源资源、水资源、生物资源、水生资源、木材资源管理	企业、住户、一般政府、非营利住户服务机构
欧盟	SERIEE	环境保护支出账户	生物多样性和景观保护	工业部门、公共部门、环保服务专业生产商、住户
加拿大	CSERA	环境保护支出账户	核算大类：野生动物及其栖息地修复； 政府账户：自然资源的保护与发展支出及公园支出； 企业账户：野生动物和栖息地保护活动	政府、企业、住户
德国	GEEA	环境保护支出账户	自然保护和景观保护	政府、企业、私有化国有企业
英国	SEEA	环境账户	生物多样性和景观保护	政府和企业
澳大利亚	—	环境保护支出	生物多样性和景观保护	政府
		地方政府环境支出	生物多样性	政府
日本	SNA	流量账户 政府最终消费支出表	生物多样性和景观保护	政府
荷兰	—	企业环境成本表	景观保护	企业

从核算领域来看，国际上有关生态保护支出核算主要是生物多样性与景观保护。其中，联合国 SEEA2012[4]的环境保护支出账户中包含了生物多样性和景观保护的内容，资源管理支出账户中包含了矿产和能源资源、水资源、生物资源、木材资源等的内容。欧盟统计局发布的欧洲环境经济信息收集体系（SERIEE）[11]设立了环境保护支出账户（EPEA），其中包含了生物多样性和景观保护的核算内容。加拿大环境资源账户系统（CSERA）[12]建立的环境保护支出账户包含了野生动物及其栖息地保护的核算内容。德国环境经济核算体系（GEEA）[13,14]采用联合国 SEEA 的基本理论和原则，其建立的环境保护支出账户包含了自然保护和景观保护的核算内容。英国的环境账户[15]也包含了生物多样性和景观保护核算的内容。澳大利亚[23,24]、日本[25]等对政府部门的生物多样性和景观保护支出进行了核算。荷兰[26]在企业环境成本表中涉及了企业景观保护的支出核算。

从核算主体来看，国际环境保护支出账户核算主体大致包含政府、企业、住户三大类。例如，联合国 SEEA 的环境保护支出账户核算主体包括了企业、住户、一般政府、非营利住户服务机构；欧盟的 EPEA 账户核算主体分为工业部门、公共部门、环保服务专业生产商、住户等；加拿大环境保护支出账户核算主体包括政府、企业、住户；德国环境保护支出账户的核算主体包括政府、企业、私有化国有企业；英国环境账户的支出主体包括政府和企业。

从支出性质来看，国际环境保护支出账户核算包括经常性支出和资本性支出。例如欧盟、加拿大、德国等均核算了环境保护的经常性支出和资本性支出。

2.2 国内现状

20 世纪 70 年代以来，我国就开始制定各项生态保护修复支出政策，并大致经历了点上保护、生态系统功能保护、格局保护与功能恢复并重三个阶段[30]，在政策实施过程中加大资金投入。但实际上，这些资金投入情况一直以来并没有得到系统、全面、有效的统计。从全国和各部门统计数据来看，已有的生态保护修复支出相关统计数据主要集中在林业、农业、水利、自然资源、环保、城建、气象、海洋等部门，且统计口径仍是“投资”的概念，与“支出”有所差异，不同类型统计数据的时空尺度也各不相同；从财政部 2015—2017 年全国公共财政支出决算情况来看[31]，我国生态保护修复支出预算科目共包含 4 类、12 款、32 项，如表 5 所示。可见，当前这种统计体系极其杂乱分散，统计方式、精度、尺度不一致，不能很好地满足生态保护修复支出核算的要求，概括起来主要存在以下问题。

表 5　2016 年全国公共财政专项支出中生态保护修复的支出情况　　单位：亿元

类	款	项	2015 年	2016 年	2017 年
节能环保	自然生态保护	生态保护	83.12	82.21	149.94
		自然保护区	8.15	5.85	17.17
		生物及物种资源保护	0.80	1.99	2.26
		其他自然生态保护支出	30.02	49.43	58.23
	天然林保护	森林管护	62.65	80.31	47.53
		社会保险补助	63.66	57.00	54.48
		政策性社会性支出补助	46.86	35.29	44.16
		天然林保护工程建设	22.70	14.15	36.40
		其他天然林保护支出	33.99	87.33	91.07
	退耕还林	退耕现金	144.12	161.40	143.20
		退耕还林粮食折现补贴	11.26	8.51	8.62
		退耕还林粮食费用补贴	3.74	3.38	3.08
		退耕还林工程建设	31.09	43.71	34.16
		其他退耕还林支出	144.58	59.05	62.40
	风沙荒漠治理	京津风沙源治理工程建设	20.55	24.67	20.80
		其他风沙荒漠治理支出	21.81	18.78	24.44
	退牧还草	退牧还草工程建设	18.12	22.54	18.97
		其他退牧还草支出	0.78	1.44	1.91
	已垦草原退耕还草（款）	已垦草原退耕还草（项）	0.15	4.26	3.97

类	款	项	2015 年	2016 年	2017 年
城乡社区事务	城乡社区管理事务	国家重点风景区规划与保护	11.31	18.91	17.18
农林水事务	农业	农业资源保护与利用	254.03	256.22	300.58
	林业	森林生态效益补偿	231.03	243.10	228.00
		林业自然保护区	14.73	19.17	16.85
		动植物保护	8.39	10.75	13.52
		湿地保护	25.71	25.91	27.31
		防沙治沙	11.41	7.32	8.52
	水利	水土保持	81.37	85.10	72.88
		水资源节约管理与保护	55.67	81.35	121.41
		江河湖库水系综合整治	60.44	62.76	116.65
国土资源气象等事务	国土资源事务	重点生态保护修复治理	4.63	53.87	39.15
		地质矿产资源利用与保护	—	33.99	30.72
	海洋管理事务	海岛和海域保护	—	68.00	74.22
合计			1 506.90	1 727.80	1 889.80

（1）生态保护修复支出的统计口径尚不完善

国家尚未开展生态保护修复支出的系统调查和统计，对生态保护修复支出的统计口径也缺乏规范和定义。国际上有关生态保护修复支出的核算主要是“支出”的概念，并包括经常性支出和资本性支出。但从国内现有的统计数据来看，仍是“投资”的概念，统计口径相对偏窄。例如，我国林业投资完成情况、矿山环境恢复治理投资情况、地质公园建设投资情况等均是“投资”的概念。

（2）生态保护修复支出的统计体系尚未建立，统计数据呈部门化和分散化特征

系统完善的统计体系是建立生态保护修复支出账户的数据基础，但目前我国还尚未建立系统、完善的生态保护修复支出统计体系。在《中国统计年鉴》[32]中，仅有林业投资完成情况的统计，有关生态保护修复支出的数据分散在生态环境、自然资源、林业、水利、农业、城建、海洋、气象等各个部门。不同部门的统计口径、方式、尺度有所差异，难以进行支出数据的有效整合。例如，有关森林、草地、湿地、自然保护区等保护支出的数据主要在林草部门，有关矿山环境恢复治理、地质公园建设、地质遗迹保护支出的数据在自然资源部门，有关水土保持与生态建设支出的数据在水利部门，有关重点生态功能区保护支出的数据主要在财政部门，有关城镇园林绿化支出的数据主要在城乡建设部门，有关农业资源保护修复与利用的支出数据主要在农业部门。

（3）生态保护修复支出的统计主体、对象仍不完整

目前我国生态保护修复支出的核算主体仍以政府为主，并没有进行支出主体的细分，企业、公众两类经济主体的生态保护修复支出核算尚未准确统计。例如，《中国林业统计年鉴》林业投资完成情况表中，有来自中央、地方的国家预算资金情况，而来自企业的资

金情况没有明确列出。生态保护修复支出涉及领域广泛，但现有统计数据却不完整，部分领域的支出数据难以查找和统计。例如，海洋资源保护、生物多样性保护等支出情况尚无系统、全面的统计。

（4）生态保护修复支出总量仍显不足，部分支出难以统计

根据财政部公布的 2015—2017 年全国公共财政支出决算表[31]，全国财政生态保护修复支出逐年增加，2017 年支出总额为 1 889.78 亿元，占当年全国一般公共预算总支出的比重仅 1.1%，不到教育支出（占比 14.9%）的 1/10，与医疗卫生（占比 5.9%）、交通运输（占比 1.8%）等公共服务领域相比也有很大差距。目前，我国正处于污染防治的攻坚阶段，需要大量资金支持生态保护修复事业，但财政生态保护修复资金支出规模与资金需求相比仍有很大差距，总量不足。另外，企业、社会主体也有一定的资金投入生态保护修复领域，但资金分散，统计困难，且在以政府为主要投资主体的前提下，即使统计增加该两类主体投资，生态保护修复支出总量仍然偏低。

总体上，我国尚未开展生态保护修复支出的统计工作。生态保护修复支出核算结果最终通过生态保护修复支出账户体现，而建立账户的背后需要系统、完善的生态保护修复支出统计体系的数据支持。因此，我国生态保护修复支出账户核算的关键是建立健全其相关的统计调查体系。

3 核算基本框架与数据来源

生态保护修复支出账户涉及生态环境、自然资源、水利、农业、海洋、城建、气象等各个部门，包含多种支出类型，是一个系统、完善的统计体系。本研究按照生态保护修复支出的主体、分类、资金来源进行了系统描述，并在此基础上构建并调整了我国生态保护修复支出账户的基本框架。

3.1 核算原则

对应于不同的核算目的，生态保护修复支出核算有不同的核算原则。

（1）保护者原则

“谁保护、谁支出”，即谁直接支付了生态保护修复支出的成本，是从生态产品的供给者角度来进行支出核算。保护者原则类似于环保投资统计中的治理者原则，即从污染治理者或环保投资者的角度来进行统计。SEEA 的环保专业服务生产账户采用的是治理者原则。治理者原则更适于反映生态保护修复支出活动本身的发展情况以及各经济主体对其的参与情况。

（2）负担者原则

“谁使用、谁支出”，即谁实际支付了生态保护修复支出的相关支出，是从生态产品的使用者的角度来进行支出核算的。负担者原则源于 20 世纪 70 年代 OECD 提出的“污染者负担原则”，SEEA 的国民环保支出统计采用的也是负担者原则。负担者原则更能体现生态

保护修复支出对经济主体的实际影响，但从我国生态保护修复支出现实来看，生态产品使用者付费制度建设刚刚起步，在很多领域没有付费或只有象征性付费，从负担者原则来进行核算的意义不大。

本研究采用保护者原则核算全国生态保护修复支出情况。

3.2 支出主体

按照联合国国民经济核算体系（SNA）中一般经济活动的功能与特征，经济主体被细分为政府、企业、住户和国外部门，不同经济主体在生态保护修复支出活动中具有不同的功能与特征[33]（表 6）。

表 6 生态保护修复支出主体及功能

部门	企业	政府	公众	国外部门
功能	市场性生态保护服务的生产者； 最终使用者	非市场性生态保护服务的生产者； 最终使用者； 转移支付者	最终使用者	市场性生态保护服务的生产者； 最终使用者

根据我国生态保护修复支出核算的实际情况，生态保护修复支出的主体也可以分为政府、企业、公众和国外部门。核算不同经济主体的支出情况，能够明确各类经济主体为生态保护修复支出所做出的经济努力和所发挥的作用，以及不同经济主体在生态保护修复支出过程中所承担的责任。

政府在生态保护修复支出过程中发挥着重要作用，它既是生态保护修复服务的生产者和使用者，又是生态保护修复的管理者，同时还是生态保护修复支出的转移支付者。从生产者角度来看，政府是非市场性生态保护修复服务的生产者，如生物多样性保护、水源涵养、净化空气、保持水土等生态系统服务功能。从消费者角度来看，政府代表公众公共消费支付非市场性生态保护修复服务的最终消费支出。从管理者角度来看，政府部门承担了生态监测、监管与执法等职能。从转移支付的角度来看，政府既可能向企业、公众征收资源保护类型的税费，也可能向企业、公众提供有关生态保护修复支出的补贴或补助。目前，我国政府部门仍是生态保护修复支出的主体。

企业既可能是生态保护修复服务的生产者，也可能是生态保护修复服务的使用者。从生产角度来看，企业主要从事市场性生态保护服务的生产，例如园林景观工程、城镇绿化、生态修复工程、水土保持工程等。从使用角度来看，企业可以作为最终消费者购买生态保护服务。在我国，从事市场性生态保护修复服务的企业仍相对较少，且资金支出情况也较难统计。目前，国内外 PPP（public private partner-ship）融资模式已在基础设施、城镇化建设等方面取得了成功经验[34]，近年来 PPP 环保产业基金机制[35]更是对环保投资提供了更为灵活的市场化融资渠道。未来我国在生态保护修复支出领域也应积极尝试引进 PPP 模式，不断提高我国全社会参与生态保护修复支出的程度，从目前以政府财政支持向政府、企业、公众共同承担生态保护修复支出责任转变。

公众应是生态保护服务的最终使用者，如支付森林生态系统保护的税费等。目前，我国尚未建立生态系统税收制度，因此本应由公众支付的一部分生态保护费用实际上仍由政府负担。政府利用财政资金进行生态保护修复支出，实际上是由公众缴纳的其他类型税收支付。

国外部门是指涉及生态保护修复服务的本国以外其他国家或地区、国际组织及相关机构等。

3.3 支出分类

目前，由联合国欧洲经济委员会和欧盟统计局合作推出的 CEPA2000[36]是当前开发应用程度最高的环保活动分类标准[37]，其中有关生态保护支出的内容是生物多样性和景观保护，又可细分为物种和栖息地的保护与恢复、自然景观和半自然景观的保护、计量控制和实验室、其他活动。结合国际经验和账户核算情况，同时根据生态保护修复支出的内涵与特征，对按保护对象的支出分类进行了定义，如表 7 所示。

表 7 生态保护修复支出分类（按保护对象）

支出类型	子类型
单个生态系统保护	森林、草地、湿地、农田、城镇、荒漠、海洋
生态系统整体性保护	重要（点）生态功能区、自然保护地、矿山环境恢复治理、水土保持及生态、重点生态保护修复专项

3.4 资金来源

目前，我国生态保护修复支出的资金大部分仍来源于政府财政资金。系统、准确地核算生态保护修复支出的资金来源，能够为将来不断拓宽生态保护修复支出融资渠道、提高资金效益提供重要参考。

按照《中国统计年鉴》《中国林业统计年鉴》《中国水利统计年鉴》中有关资金来源的分类情况（作为现行统计口径），当年支出的资金来源主要包括国家预算资金、国内贷款、债券、企业和私人投资、利用外资、自筹资金、其他资金等。其中，国家预算资金又可细分为中央和地方财政预算资金及中央对地方转移支付资金。由于生态保护修复支出的各项支出分布于生态环境、自然资源、水利、农业、城建、海洋、气象等多个部门，所以无法单独统计各部门中有生态保护修复支出的资金来源，因此这里根据各部门的资金来源统计数据进行简单估算，将国家预算资金归类为政府支出，将国内贷款、企业和私人投资、债券、自筹资金和其他资金归类为企业，利用外资归并为国外部门（表 8）。

表 8 按现行统计口径生态保护修复支出资金来源

资金来源	国家预算资金			国内贷款	债券	自筹资金	企业和私人投资	利用外资	其他资金
	中央	地方	中央对地方转移支付						
全国									
各地区									

3.5 账户总体框架

将各个支出主体按照生态保护修复支出分类、资金来源等进行系统化描述，形成全国生态保护修复支出账户，如表 9 所示。按照生态保护修复的方向和侧重，主要可分为单一生态系统保护和生态系统整体性保护两大类支出。其中单一生态系统保护主要包括森林、草地、湿地、农田、城镇、荒漠、海洋 7 类；生态系统整体性保护主要包括重要（点）生态功能区、自然保护地、水土保持及生态、矿山环境恢复治理、重点生态保护修复专项 5 类。此外，尽管海绵城市建设、人工降雨等在某种程度上间接发挥了保护生态的作用，但是否列入生态保护修复支出仍有争议，且相关统计数据较少、难以拆分出真正用于生态保护修复的支出情况，也无系统完善的统计数据，因此在账户中暂不涉及。

表 9 生态保护修复支出账户样表

支出类型	支出主体				
	政府	企业	公众	国外部门	总计
1.单一生态系统保护	—	—	—	—	—
1.1 森林	—	—	—	—	—
1.2 草地	—	—	—	—	—
1.3 湿地	—	—	—	—	—
1.4 农田	—	—	—	—	—
1.5 城镇	—	—	—	—	—
1.6 荒漠	—	—	—	—	—
1.7 海洋	—	—	—	—	—
2.生态系统整体性保护	—	—	—	—	—
2.1 重要（点）生态功能区	—	—	—	—	—
2.2 自然保护地	—	—	—	—	—
2.3 水土保持及生态	—	—	—	—	—
2.4 矿山环境恢复治理	—	—	—	—	—
2.5 重点生态保护修复专项	—	—	—	—	—
合计（1+2）	—	—	—	—	—

利用表 9 的生态保护修复支出核算数据，可以进行多种类型的分析工作，具有重要的应用价值。

第一，生态保护修复支出分析，包括支出数量、支出结构、支出主体的分析等。支出数量分析能够明确全社会及各经济主体对生态保护修复支出所支付的资金情况，反映其为国家生态保护修复支出所做的经济努力；支出结构分析能够明确全社会生态保护修复支出的重点领域、资金使用方向，发现生态保护修复支出某些领域存在的欠缺与不足；支出主体的分析则能够进一步反映某一时期国家或地区的生态保护修复支出模式，明确不同经济主体在生态保护修复支出过程中的职能与责任。

第二，生态保护修复支出的成本效益分析。将生态保护修复支出的核算结果与生态环境状况变化情况进行对比分析，能够明确全国生态保护修复支出的环境、经济和社会效益，便于政府决策。

第三，生态保护修复支出与经济变量的相关分析。例如，可以计算生态保护修复支出总量占国内生产总值的比重，明确全社会生态保护修复支出和国民经济发展的关系。对政府而言，可以计算生态保护修复支出占财政收入或支出的比重；对于企业，可以计算生态保护修复支出占其固定资产投资的比重；对于公众，可以计算生态保护修复支出占其可支配收入或最终消费支出的比重。通过这些计算，可以进一步了解不同经济主体对生态保护修复支出的负担程度。

3.6 非政府支出账户

本研究除构建并核算全国生态保护修复支出总体账户外，还尝试建立非政府支出账户并进行试算，以此作为生态保护修复支出账户的补充和细化。

首先，采用保护者原则开展生态保护修复非政府支出核算。

其次，生态保护修复的非政府支出主体主要包括非金融企业、金融企业、住户、为住户服务的非营利机构、国外部门。不同支出主体在生态保护修复支出中的角色有所差异，其中非金融企业和金融企业是生态保护修复非政府支出的主要支出主体。

最后，按支出性质的不同，支出可分为资本性支出、经常性支出、转移性支出；按保护对象的支出分类，则与表 9 保持一致。根据支出性质构建的非政府支出账户如表 10 所示。为了避免重复计算，只有“√”部分的内容是基于保护者原则的生态环保与建设非政府支出。

表 10　生态保护修复支出非政府支出账户

支出类型	非金融企业		金融企业	住户	NPISH	国外部门
	生产者	使用者				
经常性支出	√				√	
资本性支出	√				√	
自给性活动经常支出		√				
自给性活动资本支出		√				
购买支出						
绿色信贷						
转移净额						
合计	√	√			√	

本研究依托财政部政府和社会资本合作中心全国 PPP 综合信息平台内的生态建设与环境保护 PPP 项目（截至 2018 年 9 月），重点分析具有详细支出信息的项目，进行生态保护修复非政府支出试算，明确支出特征；以该类项目支出为样本，推算当年生态保护修复支出 PPP 项目总体支出。

3.7 数据来源

3.7.1 全国生态保护修复支出账户

全国生态保护修复支出核算数据主要来自生态保护修复相关部门统计年鉴及相关资料，统计年鉴主要包括《中国林业统计年鉴》《中国畜牧业统计年鉴》《中国国土资源统计年鉴》《国土资源综合统计年报》《中国水利统计年鉴》《城乡建设统计年鉴》。草地、农田、荒漠、海洋、重点生态功能区、重点生态保护修复专项等支出数据来自财政部网站公开的当年全国财政支出决算等资料。此外，为不影响生态保护修复支出的长时间序列变化分析，部分统计资料中的缺失数据采用临近年份平均值近似代替；2007 年以前的退牧还草工程、退田还湖工程、湿地保护恢复工程、京津风沙源治理工程资金由于仅有多年累计数，这里近似采用年平均值代替（表 11）。

表 11 生态保护修复支出数据来源

保护对象	统计指标	数据来源	数据年份
森林	林业生态建设与保护*	中国林业统计年鉴	1979—2016 年
	林业支撑与保障*		
草地	草原生态保护奖励补助资金	财政部、农业部、中国畜牧业统计年鉴	2011—2016 年
	退牧还草工程	原国家林业局 财政部	2003—2007 年 2008—2016 年
	已垦草原退耕还草	财政部	2011—2016 年
	草原植被恢复费	财政部	2010—2015 年
湿地	湿地恢复与保护	中国林业统计年鉴	1979—2016 年
	全国湿地保护工程	原国家林业局	2005—2007 年
	湿地保护与恢复示范工程	原国家林业局	2001—2005 年
	退湖还田工程	原国家林业局	1998—2002 年
农田	农业资源保护修复与利用	财政部	2010—2016 年
城镇	园林绿化	城乡建设统计年鉴/城市建设统计年鉴	1979—2016 年
荒漠	京津风沙源治理工程	原国家林业局	1998—2007 年
	风沙荒漠治理	财政部	2010—2016 年
	防沙治沙	财政部	2010—2016 年
海洋	海岛和海域保护	财政部	2016 年
重要（点）生态功能区	国家重点生态功能区转移支付	财政部	2008—2016 年
自然保护地	野生动植物保护及自然保护区	中国林业统计年鉴	2000—2016 年
	地质公园建设	中国国土资源统计年鉴	2004—2016 年
	地质遗迹保护	国土资源综合统计年报 中国国土资源统计年鉴	1999—2004 年 2005—2016 年
	国家重点风景区规划与保护	财政部	2010—2016 年

保护对象	统计指标	数据来源	数据年份
水土保持及生态	水保及生态	中国水利统计年鉴	1999—2016 年
	生产建设项目水土保持方案投资	中国水利统计年鉴	2003—2016 年
	水资源保护与管理	财政部	2010—2016 年
	江河湖库水系综合整治	财政部	2015—2016 年
矿山环境恢复治理	矿山环境恢复治理	国土资源综合统计年报 中国国土资源统计年鉴	2004 年 2005—2016 年
重点生态保护修复专项	山水林田湖草生态保护修复工程试点资金	财政部、自然资源部、生态环境部	2016 年

注：*表示对原有统计指标进行了重新归类调整。

3.7.2 全国生态保护修复非政府支出账户

研究以 PPP 模式生态建设与环境保护项目为研究对象，获取了截至 2018 年 9 月 30 日财政部政府和社会资本合作中心全国 PPP 综合信息平台项目库（包括项目管理库和项目储备清单）公布的全部 1 054 个生态建设与环境保护项目的相关信息。具体支出数据来源于各项目各阶段的公开资料（如准备阶段的实施方案、采购阶段的成交公告），包括项目基本情况、政府与非政府资本支出情况、政府与非政府经常支出情况共计三大类数据。其中项目基本情况又包括以下几个方面：项目发起时间、实施阶段、所在地区、回报机制、运作方式、拟合作年限、发起类型、示范级别、投资情况、保护对象等。

4 近 40 年全国生态保护修复支出核算结果分析

4.1 支出账户列报

改革开放以来，全国生态保护修复累计支出及现状支出账户列报如表 12 所示。近 40 年来生态保护修复总支出为 61 009.5 亿元，其中单一生态系统保护支出为 41 730.1 亿元，占比为 68.4%；生态系统整体性保护支出为 19 279.4 亿元，占比为 31.6%。

2016 年，全国生态保护修复总支出约为 8 364.2 亿元，其中单一生态系统保护支出 5 447.2 亿元，占比为 65.1%，生态系统整体性保护支出为 2 917.1 元，占比为 34.9%。从不同支出主体来看（不含城镇生态保护修复），2016 年政府支出比例约为 67.6%，非政府支出比例约为 32.4%；企业支出主要涉及水土保持及生态、矿山环境恢复治理两类，其中企业对全国水土保持及生态支出的贡献高达 80.9%，主要为生产建设项目水土保持方案投资，企业对全国矿山环境恢复治理的支出贡献也较高，为 57.6%。

表 12　1979—2016 年全国生态保护修复支出累计支出　　单位：亿元

项目	累计支出	2016 年支出	其中：政府	企业	公众	国外部门
1.单一生态系统保护	41 730.1	5 447.2	2 715.5	—	—	—
1.1 森林（含荒漠）	16 091.4	2 345.5	2 151.7	193.8		
1.2 草地	1 363.2	215.9	215.9	—	—	—
1.3 湿地	392.8	57.7	57.7	—	—	—
1.4 农田	1 323.1	256.2	256.2	—	—	—
1.5 城镇	22 525.6	2 537.9	/	/	/	/
1.6 荒漠（单列）	522.3	50.8	50.8	—	—	—
1.7 海洋	34.0	34.0	34.0	—	—	—
2.生态系统整体性保护	19 279.4	2 917.1	1 222.6	1 694.4	—	—
2.1 重要（点）生态功能区	3 082.7	570.0	570.0	—	—	—
2.2 自然保护地	717.2	92.1	92.1	—	—	—
2.3 水土保持及生态	14 298.2	2 097.8	447.8	1 650.0*	—	—
2.4 矿山环境恢复治理	1 101.3	77.1	32.7	44.4	—	—
2.5 重点生态保护修复专项	80.0	80.0	80.0	—	—	—
合计（1+2）	61 009.5	8 364.2	3 938.1	1 888.2		

注：荒漠生态系统保护支出实际上已包含在森林生态保护支出中，这里仅列出其支出数，不进行支出加和。
“—”表示公开数据未显示有支出；“*”表示统计数据缺失，根据相邻年份投资数据进行估算；“/”表示无法区分支出主体。

4.2　支出总量及其变化

改革开放以来，国家不断加大生态保护修复的资金投入力度，全国生态保护修复支出总量不断增加，尤其自 1996 年开始呈指数增长，近 40 年里累计支出 61 009.5 亿元，2016 年支出总量是 1979 年的近 2 000 倍。具体来看，1991 年支出总量首次突破 10 亿元，1998 年支出总量增加到 148.38 亿元，首次突破 100 亿元；之后支出总量呈指数增长，2005 年增加到 1 076.4 亿元，首次突破 1 000 亿元；2009 年支出总量是 2005 年的近 3 倍，增加到 2 962.6 亿元；2011 年支出总量再次翻倍，增加到 6 194.2 亿元；2012 年后支出总量增速放缓，2016 年增加到 8 364.2 亿元，首次突破 8 000 亿元（图 1）。

从近 40 年的支出年均增长率来看，总体上呈波动式增长，尤其是 1998 年以来，受天然林保护、退耕还林、退牧还草、“三北”防护林建设等国家重大生态保护与建设工程启动的影响，生态保护修复支出增长率达到历史最高点，为 107.0%，之后支出增速有所下降。

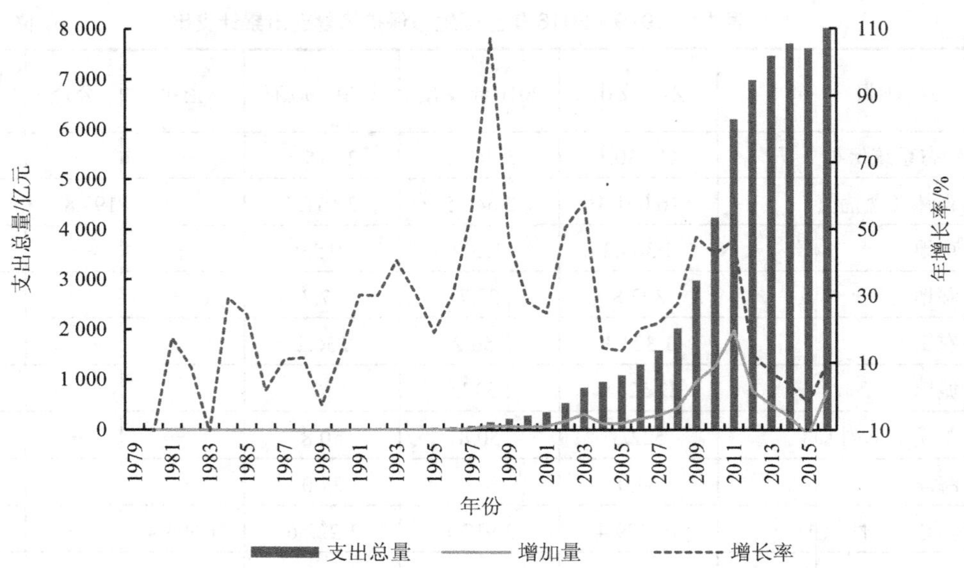

图 1　1979—2016 年全国生态保护修复支出总量及其变化

从不同规划建设时期来看，“五五”至“十三五”时期支出总量呈指数增加趋势，除“七五”时期外，其余各时期对比上一时期均成倍增长。“六五”“七五”时期支出总量相对较低，年均支出在 4.0 亿～5.2 亿元；“八五”时期支出总量首次突破 100 亿元，年均支出在 23.3 亿元，均是上一时期的 2 倍多；“九五”时期支出总量增长到 763.2 亿元，年均支出 150 多亿元，均是上一时期的 6 倍多；“十五”时期支出总量增长到 3 724.0 亿元，年均支出 744.8 亿元，均是上一时期的近 5 倍；“十一五”时期支出总量增长到 12 061.7 亿元，首次突破 1 万亿元，年均支出 2 412.3 亿元左右，均是上一时期的 3 倍多；“十二五”时期支出总量增长到 35 904.2 亿元，首次突破 3 万亿元，年均支出 7 180.8 亿元，是上一时期的近 3 倍。这里，“五五”时期仅统计 1979 年和 1980 年共 2 年数据、“十三五”时期因仅统计了 2016 年数据，因此不进行增加量、年均增长速率的比较。

对比不同时期累计支出的增加量来看，“七五”时期支出总量比上一时期增加 15.5 亿元；“八五”时期支出总量比上一时期增加 74.9 亿元，是上一时期累计增加量的 4.8 倍多；“九五”时期支出总量比上一时期增加 646.7 亿元，是上一时期累计增加量的 8.6 倍；“十五”时期支出总量比上一时期增加 2 960.7 亿元，是上一时期累计增加量的 4.6 倍；“十一五”时期支出总量比上一时期增加 8 337.8 亿元，是上一时期累计增加量的 2.8 倍；“十二五”时期支出总量比上一时期增加 23 842.5 亿元，是上一时期累计增加量的 2.9 倍。

从分时期累计支出的增长率来看，除“七五”时期外，改革开放以来各个时期的生态保护修复累计支出相对上一时期累计支出增长率均超过 100%，即不同时期的累计支出均成倍增长，尤其是“九五”时期、“十五”时期，增速高达 555.1%、387.9%，即分别比上一时期增长 5.6 倍、3.9 倍左右；至“十一五”时期和“十二五”时期，增速有所放缓，但也基本维持在比上一时期增长 2 倍左右的水平（图 2）。

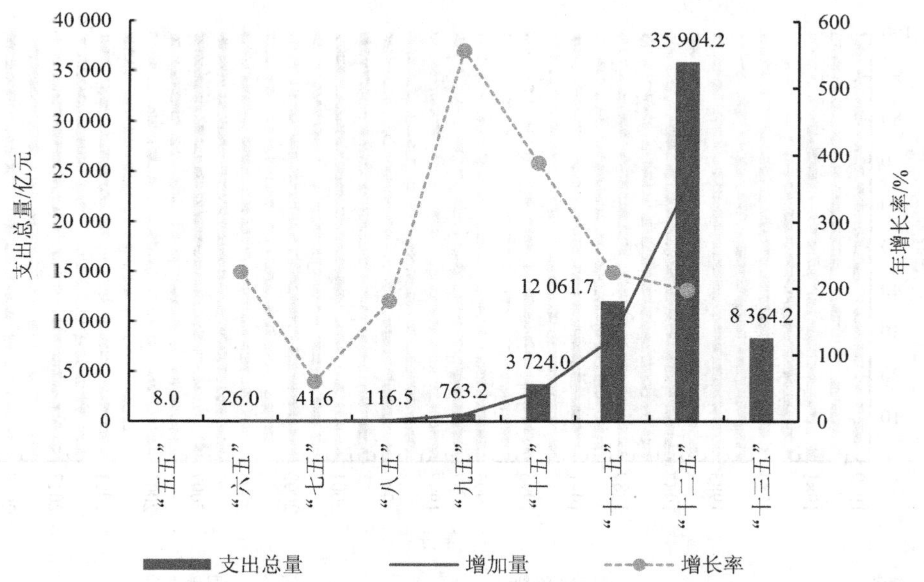

图 2 不同时期全国生态保护修复支出累计支出总量及其变化

综上所述，“十二五”时期是累计支出总量最大的时期，首次突破 3 万亿元，“九五”时期是支出增速最快的时期，增速高达 555.1%，尤其是该时期内的 1998 年，支出增长率达到历史最高值；由于近 10 年来支出总量已经较高，因此“十一五”和“十二五”时期无论是支出年增长率还是累计支出增加量的增速均有所放缓。

4.3 支出结构及其变化

改革开放以来，全国生态保护修复支出类型和结构不断优化和完善，如图 3 和图 4 所示。支出类型由最初的森林生态系统保护、城镇生态保护修复、自然保护地 3 类支出增加到 2016 年的森林、草地、湿地、农田、城镇、荒漠、海洋、水土保持及生态、矿山环境恢复治理、重要（点）生态功能区、自然保护地、重点生态保护修复专项 12 类支出。

支出结构由最初 1979 年的几乎全部为森林生态系统保护支出（90.0%），优化到 2016 年的城镇生态保护修复支出（30.3%）、森林（含荒漠）生态系统保护支出（28.0%）和水土保持及生态支出（25.1%）为主，重要（点）生态功能区（6.8%）、农田生态系统保护支出（3.1%）、草地生态系统保护支出（2.6%）、自然保护地（1.1%）、重点生态保护修复专项（1.0%）、矿山不境恢复治理（0.9%）、湿地生态系统保护支出（0.7%）、海洋生态系统保护支出（0.4%）等各类型支出为补充的总体结构。

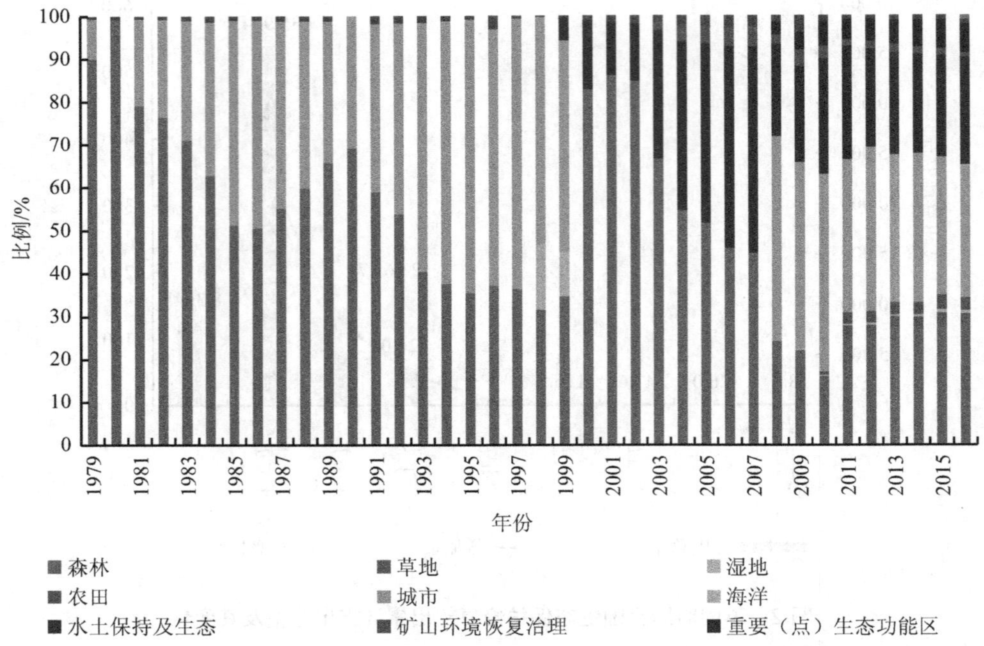

图 3　1979—2016 年全国生态保护修复支出结构变化

从不同时期来看，“五五”至“十三五”时期支出结构持续优化调整、丰富和完善。其中“五五”时期主要以森林生态系统保护支出为主，占比高达 94.4%，城镇生态保护修复支出、自然保护地支出比例较低；到“六五”“七五”时期，生态保护修复支出仍以森林生态系统保护支出为主，但占比有所下降，维持在 66.4%以上，与此同时城镇生态保护修复支出比例迅速上升，“七五”时期达到 32.7%。

“八五”时期和“九五”时期，城镇生态保护修复支出比例进一步提高，占比达到 52.6%以上；森林生态系统保护支出比例继续下降，“九五”时期低至 34%。此外，“九五”时期末，1998 年长江特大洪水以来，国家开始重视水土流失治理以及退湖还田、退耕还林、退牧还草等多项生态保护修复工程建设，新增了水土保持及生态支出、湿地生态系统保护支出，分别占该时期支出总量的 4%、8.9%。

“十五”时期，国家继续加大水土保持投入力度，水土保持及生态支出比例上升至 17.0%，同时 2003 年开始国家新增矿山环境恢复治理资金和退牧还草工程资金，支出比例分别为 1.4%、2.3%；该时期，森林生态系统保护支出比例比上一时期略有下降，为 32.6%，城镇生态保护修复支出比例下降至 44.4%。

“十一五”时期，国家继续加大水土保持投入力度，水土保持及生态支出比例提升至 24.4%；与此同时，该时期我国生态保护修复工作已开始由点上保护向面上格局保护转变，在 2008 年新增重点生态功能区转移支付资金，加大对重点生态功能区的保护力度，支出比例为 3.6%；2010 年新增农田生态系统保护支出，但支出比例较低。该时期森林生态系统保护支出比例继续下降，为 20.8%，城镇生态保护修复支出比例与上一时期持平，仍为

44.4%。

“十二五”时期，国家开始加大对草地生态系统保护的投入力度，并在2011年新增草地生态保护奖励补助资金，使草地生态保护支出量比2010年增长近2倍多，但由于该时期其他类型如森林、水土保持及生态等支出总量也增加较多，草地支出比例仅比上一时期提升1.1个百分点。此外，该时期森林生态系统保护支出比例有所上升，为26.9%，城镇生态保护修复支出比例下降至34.8%，水土保持及生态支出比例与上一时期基本持平，为23.9%。

受统计年鉴数据更新延迟影响，“十三五”时期的生态保护修复支出仅核算至2016年。2016年年底，财政部、国土资源部、环境保护部印发《关于推进山水林田湖生态保护修复工作的通知》（财建〔2016〕725号），启动山水林田湖草生态保护修复工程试点，新增重点生态保护修复专项资金；全国公共财政支出中新增海岛和海域生态保护支出，但支出比例相对较低，为0.4%。该时期支出结构继续调整，但仍以森林生态系统保护、水土保持及生态、城镇生态保护修复支出为主，占比分别为28%、25.1%、30.3%，其余类型支出比例相对较低。

总体来看，近40年来我国生态保护修复支出已由森林生态系统保护支出独大，逐渐转变为森林、城镇、水土保持及生态三类并重，与其他各类型支出互为补充的、较为系统完善的支出体系。

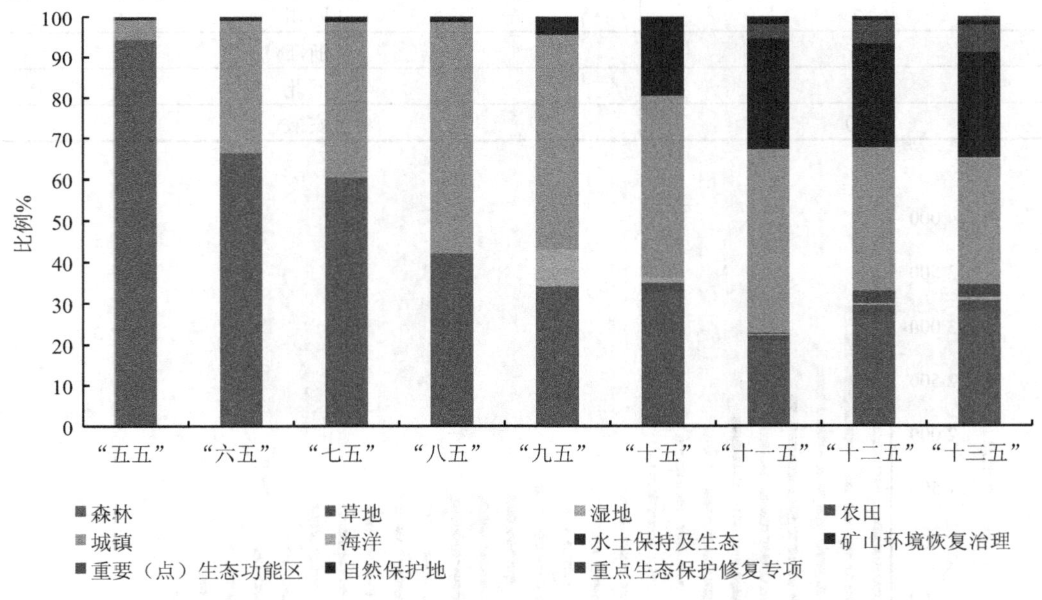

图4 不同时期全国生态保护修复支出结构变化

4.4 支出地区差异分析

由于缺少1979—1986年全国各地区林业投资数据，草地、农田、海洋生态系统保护支出以及县城园林绿化支出也缺少各地区统计数据，因此，这里全国生态保护修复支出的地区差异分析主要涉及森林、湿地、城镇、重要（点）生态功能区、自然保护地、水土保持及生态、矿山环境恢复治理、重点生态保护修复专项等类型，且仅分析已有分地区支出统计数据的年份。

1987 年以来，全国各地区生态保护修复支出累计支出总量排在前 10 位的为江苏、山东、内蒙古、北京、广西、湖南、四川、浙江、河北、安徽（表 13、图 5）。从分区支出情况来看，近 30 年来东部地区生态保护修复力度最大，支出总量为 17 387.1 亿元，其次是西部、中部地区，支出总量分别为 15 909.9 亿元、9 711.2 亿元，东北地区最低，为 3 463.1 亿元（图 6）。

表 13　1987—2016 年全国各地区保护修复支出总量前 10 位排名

排名	地区
1	江苏
2	山东
3	内蒙古
4	北京
5	广西
6	湖南
7	四川
8	浙江
9	河北
10	安徽

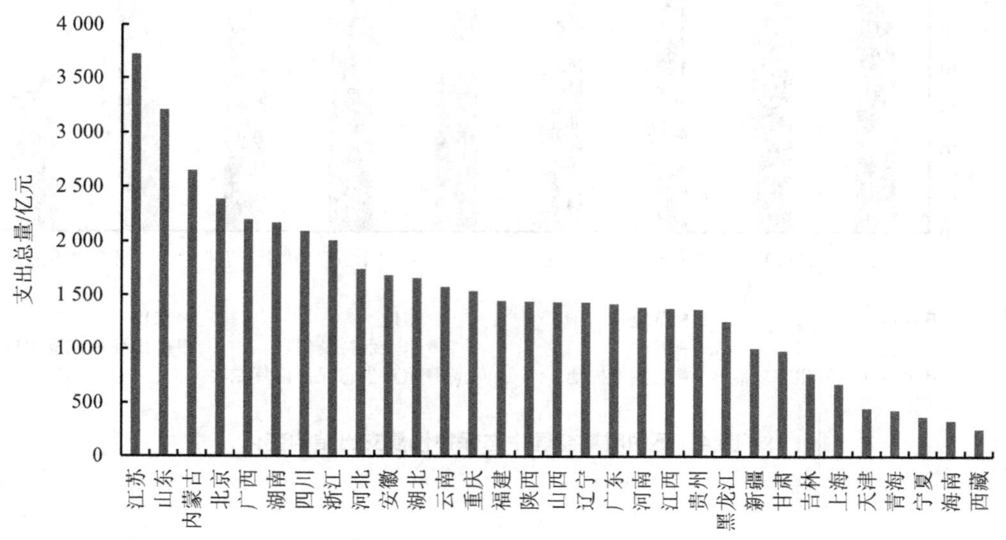

图 5　1987—2016 年各省份生态保护修复支出总量情况

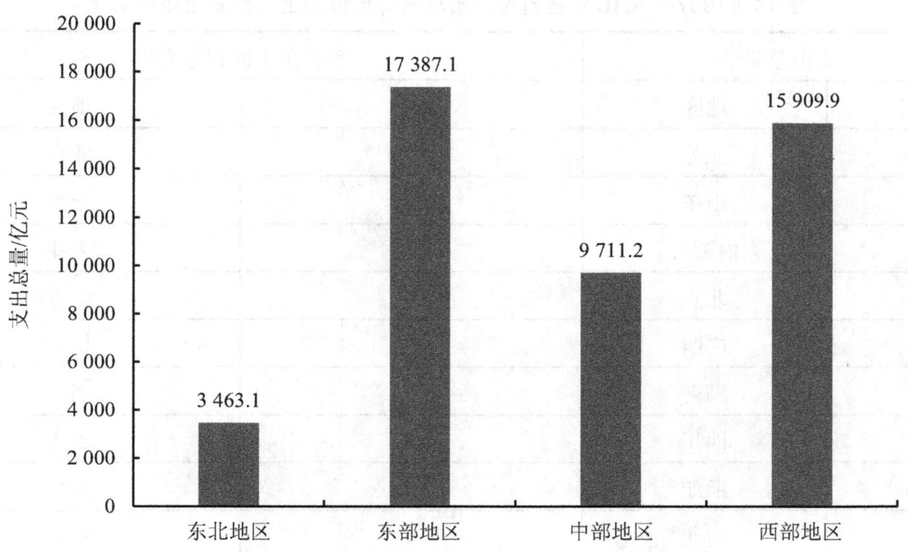

图 6　1987—2016 年全国不同地区生态保护修复支出总量

从单位面积支出来看，1987—2016 年，全国各地区单位国土面积生态保护修复支出差异较大，排在前 10 位的为北京、上海、天津、江苏、山东、浙江、重庆、安徽、福建、湖南，且北京远高于其他省份（图 7）。与全国各地区支出总量排名相比，江苏、山东、内蒙古等省份新晋前 10 位，北京、安徽、江苏、浙江等省份支出总量和单位国土面积总支出一直处于前 10 位之列（表 14）。

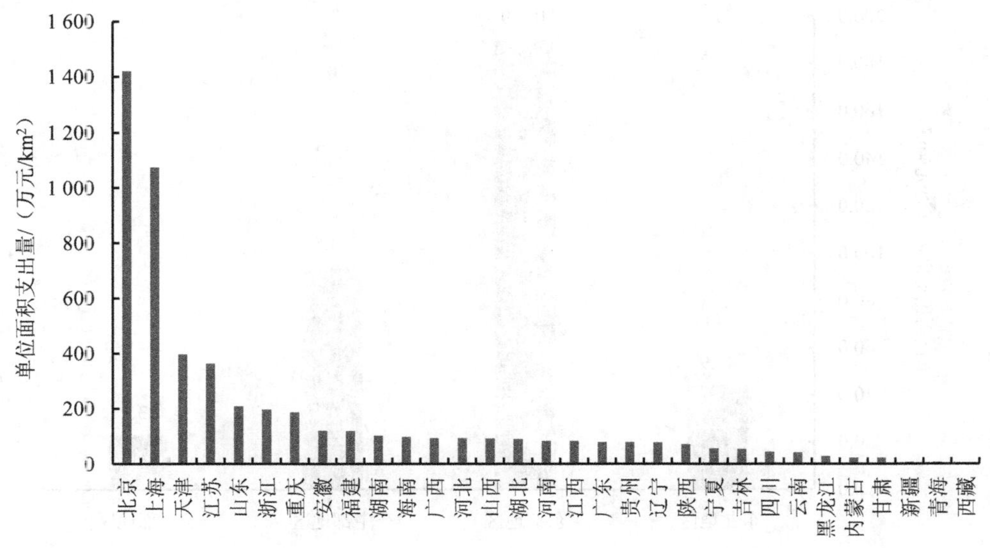

图 7　1987—2016 年各省份单位国土面积生态保护修复支出情况

表 14 1987—2016 年各省份支出总量与单位国土面积支出排名对比

支出总量		单位国土面积总支出	
排名	地区	排名	地区
1	江苏	1	北京
2	山东	2	上海
3	内蒙古	3	天津
4	北京	4	江苏
5	广西	5	山东
6	湖南	6	浙江
7	四川	7	重庆
8	浙江	8	安徽
9	河北	9	福建
10	安徽	10	湖南

分区域看，东部地区单位国土面积总支出最高，为 189.9 万元/km^2，其次是中部、东北地区，分别为 94.5 万元/km^2、43.9 万元/km^2，西部地区单位国土面积总支出最低，仅为 23.1 万元/km^2。与支出总量分区差异对比发现，西部地区反差最大，由全国支出总量较高地区变为单位国土面积总支出最低地区；东部地区支出总量和单位国土面积支出均最高（图 8）。

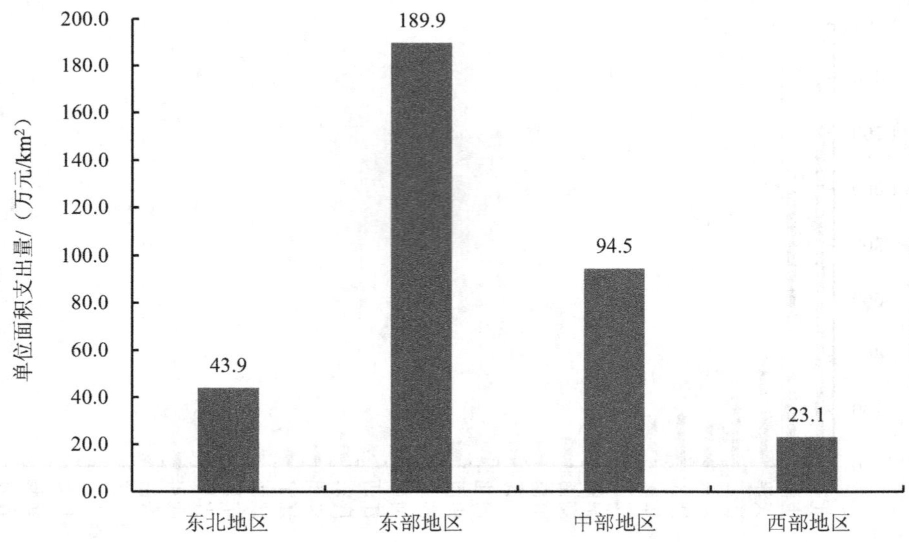

图 8 1987—2016 年不同地区单位国土面积总支出情况

4.5 支出与经济发展关联性分析

改革开放以来，全国生态保护修复支出总量占 GDP 比重呈增长趋势，并具有明显的阶段特征。1979—1998 年，支出占 GDP 比重较为平稳，稳定在 0.1%以下；1998 年之后支出占 GDP 比重首次增加到 0.1%及以上并逐年增加，至 2003—2008 年稳定在 0.6%左右，2009 年后支出占 GDP 比重迅速增长，由 2008 年的 0.63%增长到“十二五”及“十三五”时期的平均值 1.2%（图 9）。

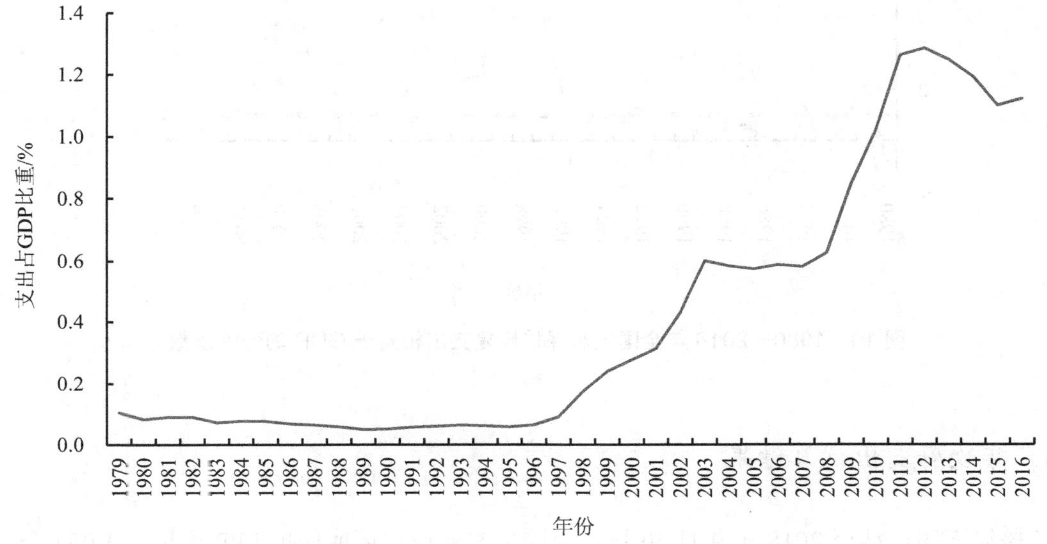

图 9 1979—2016 年全国生态保护修复支出占 GDP 的比重

进一步分析全国生态保护修复支出总量相对于 GDP 的弹性系数，结果表明，1995 年及以前弹性系数多数小于 1，即支出总量增速明显小于 GDP 增速，1996 年及以后，随着国家水土保持及生态支出、湿地生态系统保护支出、矿山环境恢复治理资金等，支出总量增速逐渐高于 GDP 增速，并分别在 1998 年、2002 年达到顶峰；2004—2008 年支出总量增速与 GDP 增速持平；2009—2011 年随着各类保护支出的不断增长，以及新增的草原生态保护奖励补助资金，支出总量增速再次高于 GDP 增速，2012 年至今支出总量增速均低于 GDP 增速（图 10）。总体来看，尽管改革开放以来，全国生态保护修复支出总量不断增加，其增速在“九五”末期、“十五”时期、“十二五”时期也均超过 GDP 增速，但支出总量相对于 GDP 的弹性系数波动性较大，受生态保护政策影响较大，尚未形成生态保护修复支出的长效机制。

这里将弹性系数定义为全国生态保护修复支出总量增速相对于 GDP 增速的比值。

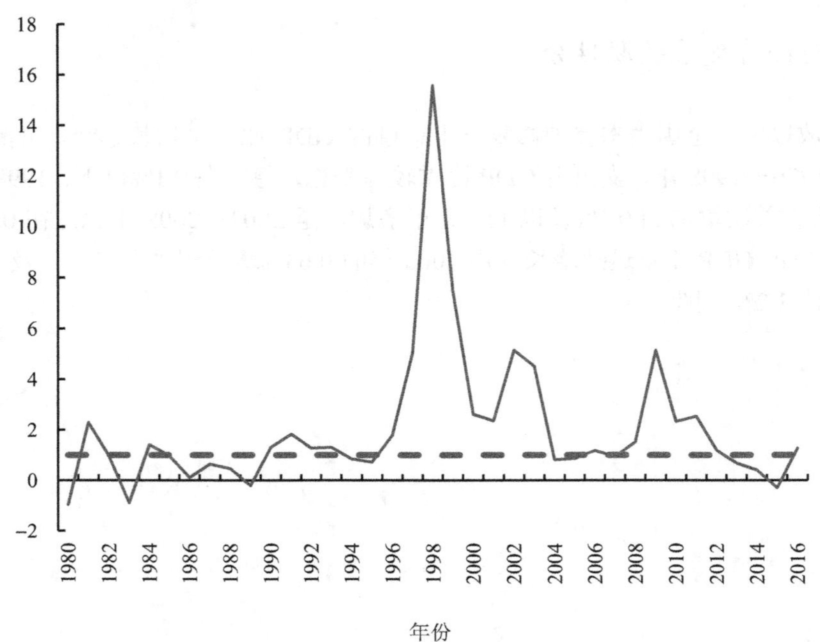

图 10　1980—2016 年全国生态保护修复支出相对于 GDP 的弹性系数

4.6　非政府支出试算结果

核算表明，截至 2018 年 9 月 30 日，全国生态建设与环境保护 PPP 项目共 1 054 个，占全部 PPP 项目总数的比例为 8.39%，仅次于市政工程、交通运输行业；项目投资额共 11 038.36 亿元，占全部 PPP 项目投资额的比例为 6.35%，位列全部行业领域第 4 名。

由于生态建设和环境保护 PPP 项目实际上包括了生态保护修复和环境保护两类，其下属二级行业有湿地公园、水环境治理、河道治理、生态建设、生态修复与保护等。本研究依据项目建设目的和资金用途，进行项目筛选归类，仅保留与生态保护修复支出相关的项目。

4.6.1　非政府总支出

按项目发起时间计，2013—2018 年生态保护修复支出 PPP 项目总支出呈上涨趋势（图 11），2013 年为探索阶段，2014 年开始起步，2015 年和 2016 年迅速增长，2017 年翻番达到峰值，2018 年项目总金额下降，非政府支出总额为 567.1 亿元，主要原因是入库项目数减少。从支出构成来看，非政府支出占比平均在 90%以上，经常性支出大于资本性支出；非政府资本性支出中，非金融企业主要通过向金融企业融资的方式进行投入，一定程度上反映出生态环保与建设项目投资额巨大，金融企业的支持不可或缺。

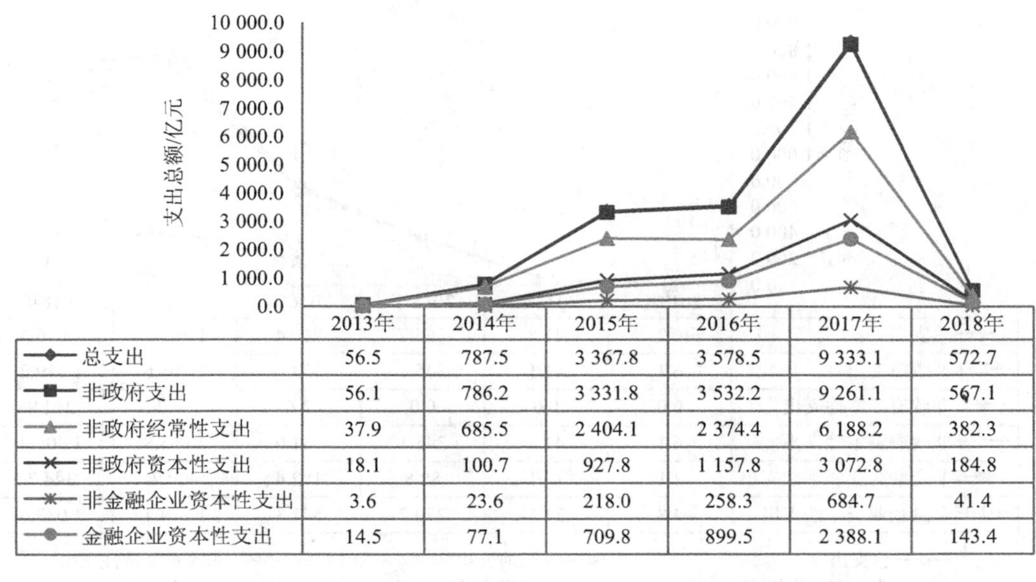

	2013年	2014年	2015年	2016年	2017年	2018年
总支出	56.5	787.5	3 367.8	3 578.5	9 333.1	572.7
非政府支出	56.1	786.2	3 331.8	3 532.2	9 261.1	567.1
非政府经常性支出	37.9	685.5	2 404.1	2 374.4	6 188.2	382.3
非政府资本性支出	18.1	100.7	927.8	1 157.8	3 072.8	184.8
非金融企业资本性支出	3.6	23.6	218.0	258.3	684.7	41.4
金融企业资本性支出	14.5	77.1	709.8	899.5	2 388.1	143.4

图 11　按发起时间计的生态保护修复支出 PPP 项目支出

实际上，生态保护修复支出 PPP 项目资金并不是在项目发起时一次性支出的，而是分摊到整个项目执行期。对非政府部门，一般在建设期内主要支出建设资金，形成固定资产，为资本性支出；在运营期主要支出运营费用，为经常性支出。根据项目建设期和运营期时间，将资本性支出和经常性支出按比例分摊到各年度，得到 2013—2018 年生态保护修复非政府实际支出（图 12）。结果表明，非政府支出在项目总支出中仍然占有绝对比重，在 95%以上；非政府支出及各分项支出呈逐年上升趋势，增长模式表现为探索期的低速增长、2015 年之后的迅速扩张、再到 2018 年以来的略有降温，非政府支出总额为 1 619.2 亿元；随着 PPP 项目热度的提高，资本性支出在 2017 年达到最高；随着越来越多的项目开始逐步进入运营期，经常性支出在最近一年表现出快速增加；同样，项目建设资金主要来自融资。

在 PPP 项目建设完成之后，根据项目不同的付费机制，分为三种收益回报机制，主要包括政府付费，即政府直接付费购买公共产品和服务；使用者付费，即最终消费者（社会公众或者企业）直接付费购买公共产品和服务；可行性缺口补助，即使用者付费不足以满足社会资本或项目公司成本和合理回报，由政府以财政补贴、股本投入、优惠贷款和其他优惠政策等形式，给予企业或者项目公司的经济补助。按支出的回报机制看（图 13 和图 14），政府付费和可行性缺口补助项目的总支出与非政府支出差异不大，而使用者付费项目支出明显较低，这说明从“负担者”角度看，当前我国生态保护修复支出主要由政府承担和付费，企业和公众等生态保护产品的使用者并没有或较少有付费。

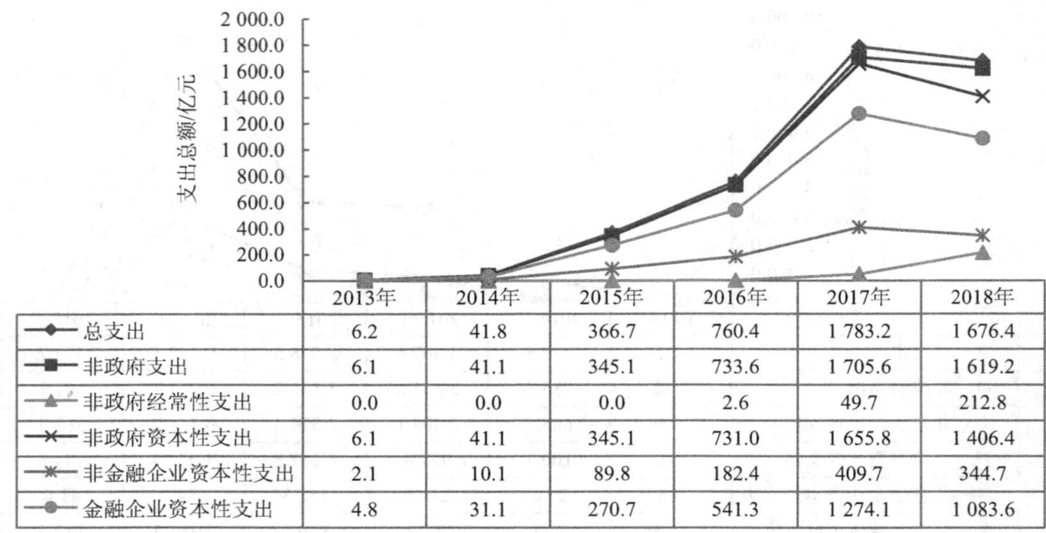

	2013年	2014年	2015年	2016年	2017年	2018年
总支出	6.2	41.8	366.7	760.4	1 783.2	1 676.4
非政府支出	6.1	41.1	345.1	733.6	1 705.6	1 619.2
非政府经常性支出	0.0	0.0	0.0	2.6	49.7	212.8
非政府资本性支出	6.1	41.1	345.1	731.0	1 655.8	1 406.4
非金融企业资本性支出	2.1	10.1	89.8	182.4	409.7	344.7
金融企业资本性支出	4.8	31.1	270.7	541.3	1 274.1	1 083.6

图 12　按执行期计的生态保护修复支出 PPP 项目支出

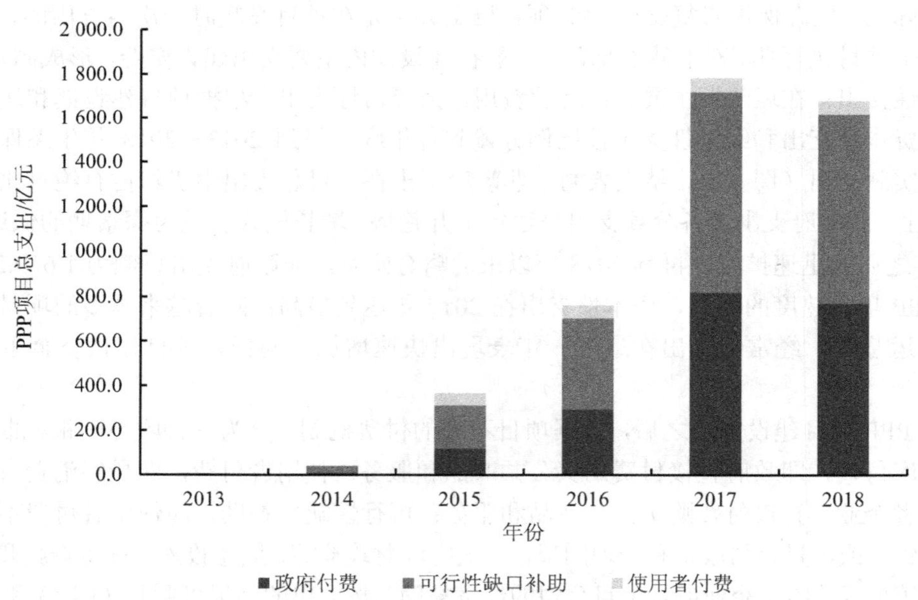

图 13　按回报机制分的生态保护修复支出 PPP 项目总支出

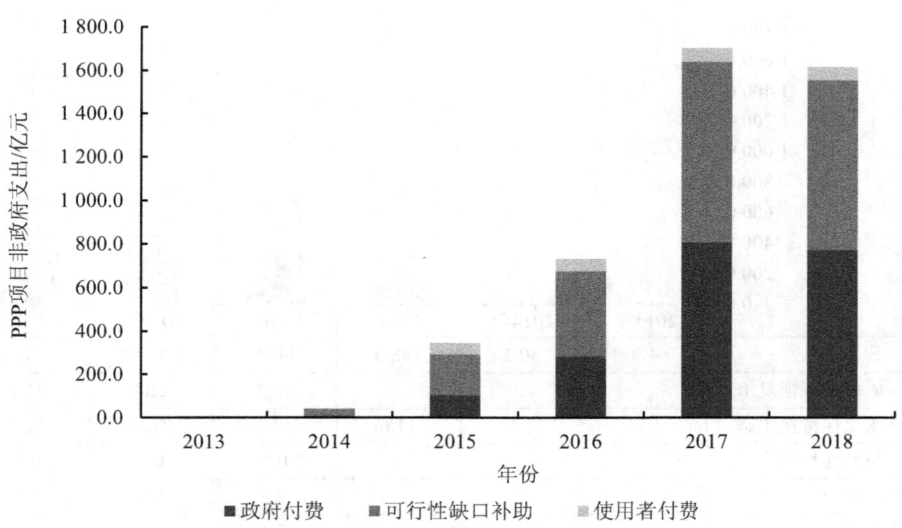

图 14　按回报机制分的生态保护修复支出 PPP 项目非政府支出

4.6.2　非政府支出类型

按照总支出账户中的支出类型进行 PPP 项目中生态保护修复非政府支出类型分析，如图 15 和图 16 所示。结果表明，2013—2018 年，生态保护修复支出 PPP 项目中其他、湿地生态系统保护总支出和非政府支出较高，其次是城镇、森林、农田，自然保护地、草地支出最少。

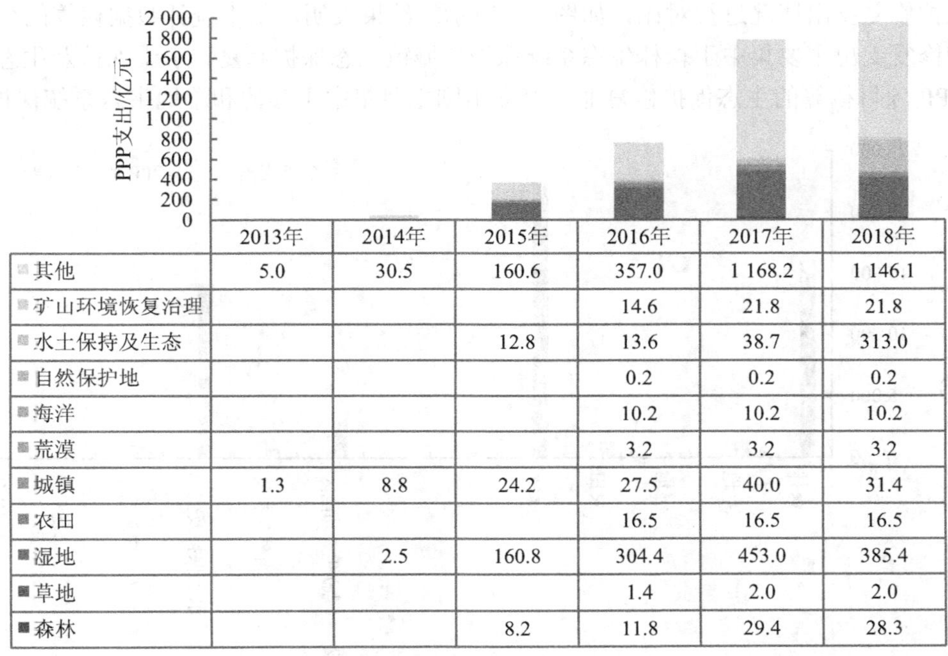

	2013年	2014年	2015年	2016年	2017年	2018年
其他	5.0	30.5	160.6	357.0	1 168.2	1 146.1
矿山环境恢复治理				14.6	21.8	21.8
水土保持及生态			12.8	13.6	38.7	313.0
自然保护地				0.2	0.2	0.2
海洋				10.2	10.2	10.2
荒漠				3.2	3.2	3.2
城镇	1.3	8.8	24.2	27.5	40.0	31.4
农田				16.5	16.5	16.5
湿地		2.5	160.8	304.4	453.0	385.4
草地				1.4	2.0	2.0
森林			8.2	11.8	29.4	28.3

图 15　不同类型生态保护修复支出 PPP 项目总支出情况

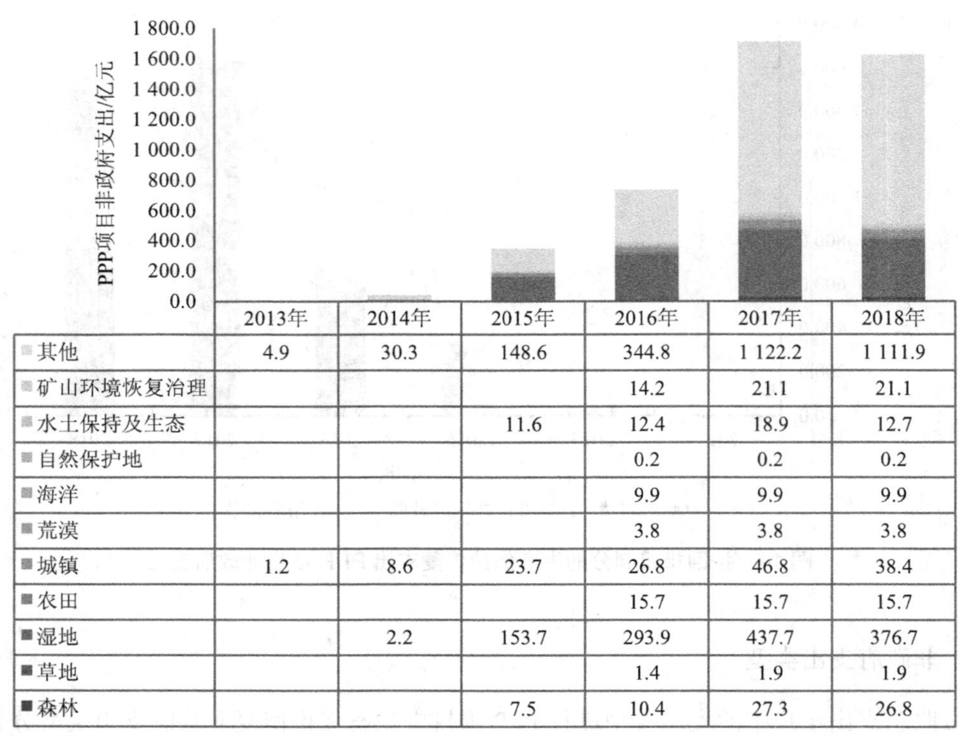

	2013年	2014年	2015年	2016年	2017年	2018年
其他	4.9	30.3	148.6	344.8	1 122.2	1 111.9
矿山环境恢复治理				14.2	21.1	21.1
水土保持及生态			11.6	12.4	18.9	12.7
自然保护地				0.2	0.2	0.2
海洋				9.9	9.9	9.9
荒漠				3.8	3.8	3.8
城镇	1.2	8.6	23.7	26.8	46.8	38.4
农田				15.7	15.7	15.7
湿地		2.2	153.7	293.9	437.7	376.7
草地				1.4	1.9	1.9
森林			7.5	10.4	27.3	26.8

图 16　不同类型生态保护修复支出 PPP 项目非政府支出情况

以 2016 年为例，将不同类型生态保护修复支出 PPP 项目的非政府支出情况与全国生态保护修复支出情况进行对比，如图 17 所示。结果表明，基于统计数据核算的全国生态保护修复支出主要集中于森林生态系统保护、城镇生态保护修复、水土保持及生态，而基于 PPP 项目核算的生态保护修复非政府支出则主要集中于其他和湿地生态系统保护。

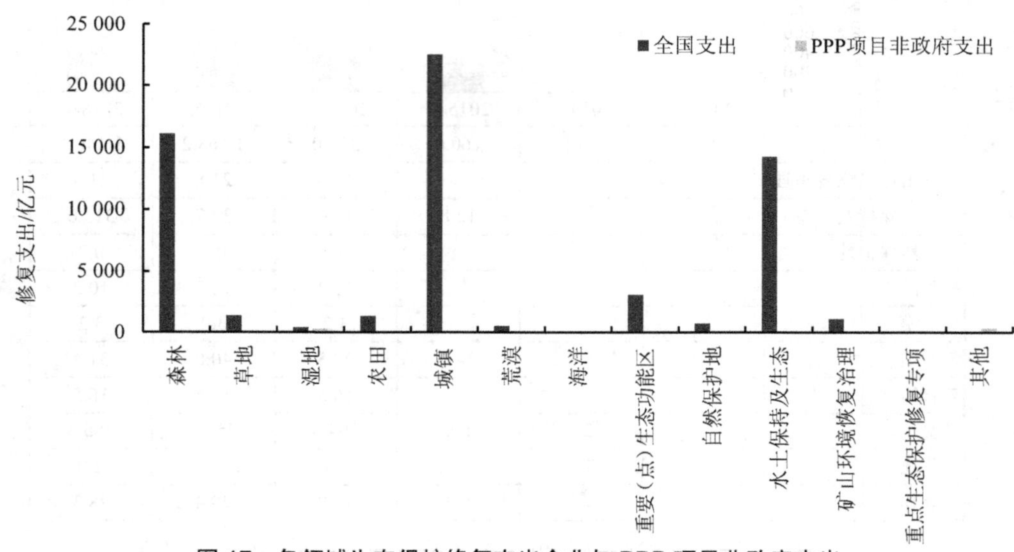

图 17　各领域生态保护修复支出企业与 PPP 项目非政府支出

4.6.3 非政府支出地区差异性

2013—2018 年，各地区生态保护修复支出 PPP 项目总支出和非政府支出差异较大，如图 18 所示。生态保护修复支出 PPP 项目总支出和非政府支出最高的地区为河南、湖北、吉林、山东和江西，甘肃、重庆和上海最低，支出最高的省份是支出最低省份的 191 倍多。

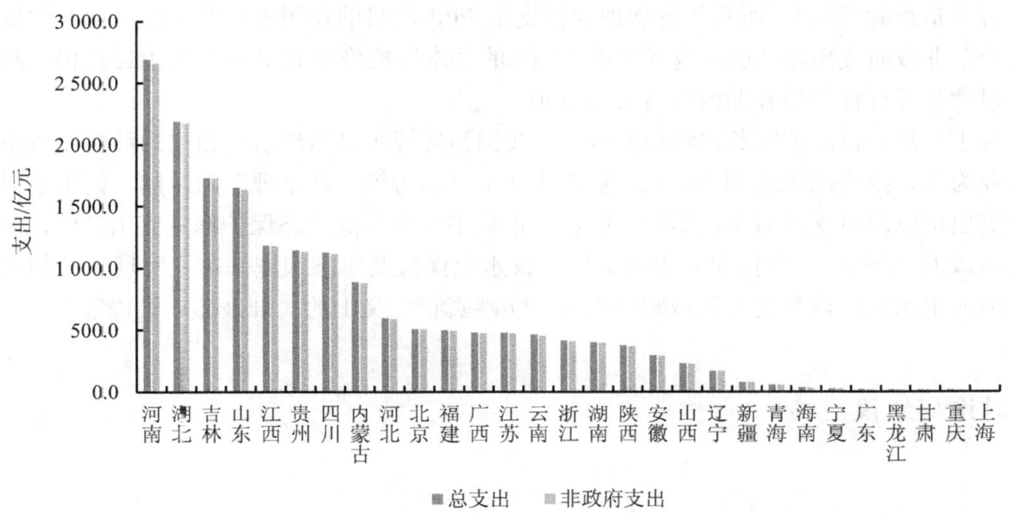

图 18 生态保护修复支出 PPP 项目支出总额地区分布

4.7 支出与环保投资比较分析

以 2016 年为例，将生态保护修复支出和环保投资进行比较分析，重点从“负担者”角度对比二者的企业支出比例。

根据《中国统计年鉴 2017》[32]，2016 年全国环保投资总额为 9 219.8 亿元，占当年 GDP 的比例为 1.15%，高于当年生态保护修复支出。其中，城镇环境基础设施建设投资 5 412.0 亿元，工业污染源治理投资 819.0 亿元，当年完成环保验收项目环保投资 2 988.8 亿元，占当年环保投资总额的比例分别为 58.7%、8.9%、32.4%。已有研究指出，目前的环保投资口径虚化严重，城镇环境基础设施建设投资中的 5 个方面是否全部为环保投资争议较大，其中的燃气、集中供热、园林绿化等虽然具有一定的环境效益，但其主要目的并非环境保护，与环境污染治理关系较为间接[37]。因此，这里主要关注现行环保投资中与环境污染治理关系密切的后两项投资的企业投资比例。按照负担者原则核算，2016 年当年完成环保验收项目环保投资的投资主体为企业；已有研究表明，“十一五”时期企业投资占工业污染源治理全部投资的比例在 95%左右[37]，据此估算 2016 年工业污染源治理投资中的企业投资约 778.05 亿元，因此可以粗略估计 2016 年与环境污染治理密切相关的后两项环保投资中，企业投资比例约为 98.9%。

2016 年，全国生态保护修复支出总量为 8 364.2 亿元，其中政府支出比例约为 80.9%，企业支出比例约为 19.1%；企业支出主要涉及水土保持及生态、矿山环境恢复治理两类，其中企业对全国水土保持及生态支出的贡献率高达 80.9%，主要为生产建设项目水土保持方案投资，企业对全国矿山环境恢复治理的支出贡献率也较高，为 57.6%。2016 年，按项目执行期统计的全国 PPP 项目生态保护修复总支出和非政府支出分别为 760.4 亿元、733.6 亿元，即生态保护修复 PPP 项目支出主要以非政府支出为主，占比为 96.5%；但按回报机制来看（负担者原则），所有生态保护修复支出 PPP 项目的使用者付费支出占比非常低，仅占全部非政府支出的 7.6%，也就是说 92.4%的生态保护修复 PPP 项目支出最终仍由政府通过付费和可行性缺口补助两种方式来承担。

综上所述，目前按照负担者原则来看，我国与环境污染治理密切相关的环保投资主体以企业为主，投资比例达到 98.9%，基本体现了“谁污染、谁治理”的原则。而生态保护修复支出仍以政府支出为主，尽管目前已有市场主体参与到生态保护修复支出之中，但最终仍是政府“埋单”，即按照负担者原则，仅水土保持及生态领域基本上实现了负担者原则，因而生态保护修复支出领域整体上并未实现真正意义上的“谁破坏、谁修复”。

5 讨论与建议

5.1 问题讨论

目前，国家尚没有生态保护修复的明确定义，结合当前我国已开展的生态保护修复工作内容，主要包括森林、草地、湿地、荒漠、海洋等自然生态系统，以及农田、城镇等人工生态系统的保护修复。本研究构建的生态保护修复支出账户基本涵盖了生态保护修复的全部内容，数据来源较为可靠，均来自财政、林业、水利、自然资源、生态环境、农业、城建等多个部门公开的权威统计数据。资金来源涉及财政支出、企业支出、金融融资、国外部门等多个来源，并尽可能从公开信息中进行统计或估算。但受我国过去生态保护修复管理体制的限制和制约，部分支出类型如农田、荒漠、海洋、城镇等生态系统保护修复支出仍缺乏统计，部分支出类型的主体也不明确，难以准确核算。具体问题如下：

（1）从核算工作本身来看，当前国家尚未建立生态保护修复支出的统一核算体系，现有统计数据口径偏窄、存在交叉重叠

尽管本研究已通过全国公共财政支出决算、各部门统计年鉴、PPP 项目等多种数据收集渠道分别尝试进行全国生态保护修复支出核算，但受以往生态保护修复支出分要素、分部门管理的体制机制限制，目前国家尚未建立起生态保护修复支出的统一核算体系，生态保护修复支出方面的支出统计数据比较分散，部分领域如海洋、荒漠生态系统保护甚至缺乏支出统计数据。在《中国统计年鉴》中已有林业投资情况统计、环保投资情况统计数据，但尚未针对生态保护修复支出进行统一核算。

国际上有关生态保护修复支出的核算主要是“支出”的概念，并包括经常性支出和资本性支出。但从国内各部门已有统计数据看，仍是“投资”概念，即固定资产投资，缺少

生态保护修复支出领域的经常性支出统计，统计口径偏窄。生态保护修复支出各类资金较多，可能存在交叉重叠。例如，重要（点）生态功能区、自然保护地支出，其根本目的是保护和提升森林、草地、湿地等重要生态系统生态服务功能，与森林、草地、湿地等单一生态系统保护等存在交叉重叠。

（2）缺乏生态保护修复支出的有效保障机制

尽管核算过程中存在统计体系不完善等方面的困难，但基于现有数据开展的支出账户核算仍能够比较客观地反映国家在生态保护修复支出领域的投入力度持续加大。但与经济社会发展代表性指标 GDP 进行对比分析发现，生态保护修复支出并未与 GDP 同步增长，生态保护修复支出增长通常与新的生态保护修复政策出台密切相关，支出增速明显高于 GDP 增速的时期常常为有新增资金出现的时期，如 1999 年新增水土保持及生态，2003 年新增矿山环境恢复治理资金，2008 年新增重要（点）生态功能区转移支付资金，2011 年新增草原生态保护奖励补助资金，2016 年新增重点生态保护修复专项资金。这表明当前的生态保护修复支出仍受政策影响较大，并未按照当前的经济发展水平进行科学合理的财政预算分配，支出仍缺乏长效投入机制。此外，在国家投入大量资金进行生态保护修复支出后，尚未建立统一的生态保护成效评估考核机制，易出现资金使用效率低、成效不明显的问题。

（3）生态保护修复支出没有较好地体现负担者原则

与环保投资相比，无论是总支出账户核算结果还是 PPP 项目支出核算结果，目前我国生态保护修复支出仍以保护者原则进行，尽管通过 PPP 项目促进了市场主体参与到生态保护修复工作中，但按负担者原则来看，最终的生态产品与服务仍由政府“埋单”，即政府依然是生态保护修复支出的主体。目前从已有统计数据来看，按负担者原则，生产建设项目水土保持方案投资可以归类为企业支出，在一定程度上体现了“谁破坏、谁修复”原则，但其占当年全部支出的比例仍较低（30.9%），且生态保护修复成效不明确，是否造成其他类型生态问题如重要物种栖息地破坏或丧失等情况也未可知。

5.2 相关建议

针对以上问题，提出以下几点建议：

（1）尽快建立统一的生态保护修复支出统计核算体系

在国家机构改革后，随着各部门生态保护修复和监管职责的统一整合，亟须通过自上而下和自下而上相结合的方式，建立我国统一的生态保护修复支出统计核算体系，明确支出主体、支出类型等，统一开展相关数据的收集整理、核算发布等。此外，从国家层面，应逐步整合完善国家财政预算中有关生态保护修复支出的预算科目类型、款项；从地方层面，应加强各级地方政府生态保护修复支出的资金管理与统计核算，明确资金来源、使用方向、利用效率，提高支出数据的准确性。

（2）将生态保护修复支出纳入生态环境保护支出账户

国家机构改革后，生态环境部统一行使生态环境保护监督管理职责，其中生态保护修复支出是生态环境保护工作的重要组成部分。根据国际经验，一般环境保护支出账户核算应包含生态保护修复支出的内容，通常以“生物多样性和景观保护”名称列支。然而，目前我国的环保投资统计数据尚未包含生态保护修复支出的内容，建议生态环境部按照新的职责定位，推动建立完善我国的生态环境保护支出账户，并将生态保护修复支出作为其中一项重要内容，统一建立核算与发布机制，为提出未来我国生态保护领域的支出规模与方向、财政性资金安排建议等提供数据基础。

（3）建立健全生态保护修复支出长效保障机制

主要包括支出长效投入机制、支出成效评估考核机制、生态保护补偿机制、非政府部门生态保护付费机制。①建立健全生态保护修复支出的长效投入机制，在统筹谋划“十四五”生态保护规划的同时，由生态环境部会同自然资源部共同研究提出未来国家生态保护修复支出的规划目标，并建议财政部整合优化生态保护修复支出科目预算，并综合考虑当年国家 GDP、财政收入等情况，不断加大国家财政支出力度，结合支出账户核算结果合理分配和优化生态保护修复各领域支出比例。②建议按照机构改革方案中生态环境部“指导协调和监督生态保护修复工作”的职责定位，在山水林田湖草生态保护修复试点工作基础上，由生态环境部会同财政部、自然资源部建立生态保护修复支出成效评估考核机制，制定评估考核办法和奖惩措施，明确资金使用成效，为未来优化国家在生态保护修复领域的支出分配方案提供参考。③探索建立企业、公众等非政府部门生态保护付费机制。从源头防控和“负担者”角度出发，建立生产建设项目生态保护修复方案制定与投资机制，制定相关行业标准和规范，真正实现“谁破坏、谁修复”，提高生态产品使用者付费机制。

（4）加强生产建设项目的生态保护监管顶层设计，提高“谁破坏、谁修复”的监管力度与标准

根据目前支出账户核算结果，当前我国仅在生产建设项目水土保持方案投资方面监管标准较为完善，而针对各类生产建设项目导致的生态占用与破坏，缺少统一完善的生态系统整体保护与系统修复方案标准。建议生态环境部在行使生态保护统一监管职责时，应加快制定生产建设项目生态保护修复方案总体要求、标准规范，明确生产建设项目生态保护修复成效的验收考核办法，会同自然资源部、水利部、农业部等相关部门对生态保护修复方案进行验收考核，切实提高“谁破坏、谁修复”的监管力度与标准。

参考文献

[1] 王金南，於方，蒋洪强，等. 建立中国绿色 GDP 核算体系：机遇、挑战与对策[J]. 环境经济，2005，5：56-60.

[2] 向书坚，黄志新. SEEA 和 NAMEA 的比较分析[J]. 统计研究，2005，10：18-22.

[3] 陈苗. 建立环境经济核算体系　推动可持续发展[J]. 经济界，2013，5：52-55.

[4] UN，EC，FAO，IMF，OECD，WB. System of Environmental-Economic Accounting 2012：Central Framework[M]. New York：United Nations Publications，2014.

[5] 邱琼. 首个环境经济核算体系的国际统计标准——《2012 年环境经济核算体系：中心框架》简介[J]. 中国统计，2014，7：60-61.

[6] 王金南，蒋洪强，曹东，等. 绿色国民经济核算[M]. 北京：中国环境科学出版社，2009.

[7] 於方，马国霞，彭菲，等.中国环境经济核算研究报告 2015[R]. 重要环境决策参考，2017，13（14）.

[8] 王金南，於方，马国霞，等. 全国生态系统生产总值（GEP）核算研究报告 2015[R]. 重要环境决策参考，2017，13（1）.

[9] 王金南，马国霞，於方，等. 2015 年全国经济-生态生产总值（GEEP）核算研究报告[R]. 重要环境决策参考，2018，14（1）.

[10] 王金南，於方，马国霞，等. 中国经济生态生产总值核算研究报告 2016[R]. 重要环境决策参考，2018，14（16）.

[11] European Commission. SERIEE-European System for the collection of economic information on the environment -1994 Version[EB/OL]. http：//ec.europa.eu/eurostat/en/web/products-manuals-and-guidelines/-/KS-BE-02-002，2002.

[12] Statistics Canada. Concepts，Sources and Methods of the Canadian System of Environmental and Resource Accounts[R]. Catalogue no.16-505-GIE，2006.

[13] 吴优. 德国的环境经济核算[J]. 中国统计，2005，6：46-47.

[14] Federal Statistical Office Germany. Economy and Use of Environmental Resources，Tables on Environmental-Economic Accounting，Part 5：Land use，Environmental protection measures [EB/OL]. https：//www.destatis.de/EN/Publications/Specialized/EnvironmentalEconomicAccounting/TablesEEA5850020147006Part_5.pdf?-blob=publicationFile，2015.

[15] Office for National Statistics. UK Environmental Accounts，2013[EB/OL]. http：//www.ons.gov.uk/ons/publications/re-reference-tables.html？edition=tcm%3A77-269637，2013.

[16] 刘珉. 林业投资研究[J]. 林业经济，2011，4：43-49.

[17] 杨倩. 全国水土保持投资及效益评价初步研究[D]. 杨凌：西北农林科技大学，2008.

[18] 中国自然保护区投资机制研究课题组. 中国自然保护区投资机制研究[J]. 林业经济，2000，3：12-17.

[19] 蒋达元，蒋明康，吴小敏，等. 中国自然保护区投资现状及其分析[J]. 农村生态环境，1995，2：56-59.

[20] 杨绪红，金晓斌，郭贝贝，等. 2006—2012 年中国土地整治项目投资时空分析[J]. 农业工程学报，2014，8：227-235，294.

[21] 饶胜，牟雪洁，黄琦. 我国生态保护修复支出账户框架构建研究[J]. 中国环境管理，2015（4）：76-84.

[22] 牟雪洁，张箫，饶胜，等. 我国生态保护修复支出账户核算[J]. 生态经济，2018，34（3）：53-56，67.

[23] Australian Bureau of Statistics. Environment Protection Expenditure [R/OL]. http：//www.ons.gov.uk/ons/publications/ re-refe.

[24] Australian Bureau of Statistics. Environment Expenditure，Local Government，Australia，2002-03[EB/OL]. http：//www.abs.gov.au/AUSSTATS/abs@.nsf/DetailsPage/4611.02002-03？OpenDocument，2004.

[25] Cabinet Office. National accounts for 2013[EB/OL]. http：//www.esri.cao.go.jp/en/sna/data/kakuhou/files/2013/27annual_report_e.html，2015.

[26] Statistics Netherlands. Environmental accounts of the Netherlands 2013[EB/OL]. http：//www.cbs.nl/en-GB/menu/themas/natuur-milieu/publicaties/publicaties/archief/2014/2014-environmental-accounts-of-the-netherlands-2013-pub.htm，2014.

[27] 朱建华，逯元堂，吴舜泽. 中国与欧盟环境保护投资统计的比较研究[J]. 环境污染与防治，2013，

35（3）：105-110.

[28] 周国梅，周军. 绿色国民经济核算国际经验[M]. 北京：中国环境科学出版社，2009.

[29] 平卫英. 加拿大环境保护支出账户的架构与内容[J]. 统计与决策，2012，11：8-10.

[30] 环境保护部环境规划院. 全国生态环境保护与管理对策和建议专题报告[R]. 2014.

[31] 财政部. 2016 年全国一般公共预算支出决算表[EB/OL]. http：//yss.mof.gov.cn/2016js/201707/t20170713_2648981.html，2017.

[32] 国家统计局. 中国统计年鉴 2017[M]. 北京：中国统计出版社，2017.

[33] 李静萍. 环保支出账户：理论框架与试点研究[J]. 统计研究，2013，30（5）：17-24.

[34] 于本瑞，侯景新，张道政. PPP 模式的国内外实践及启示[J]. 现代管理科学，2014，8：15-17.

[35] 蓝虹，刘朝晖. PPP 创新模式：PPP 环保产业基金[J]. 环境保护，2015，43（2）：38-43.

[36] European Commission. SERIEE：Environmental Protection Expenditure Accounts-Compilation Guide[EB/OL]. http：//ec.europa.eu/eurostat/en/web/products-manuals-and-guidelines/-/KS-BE-02-001，2002.

[37] 吴舜泽，逯元堂，朱建华，等. 中国环境保护投资研究[M]. 北京：中国环境出版社，2014.

2019年全国各省（区、市）政府工作报告分析

Analysis of Provincial Reports on the Work of the Government in 2019

王倩　苏洁琼　肖旸　关杨　万军　秦昌波

摘　要　自2019年1月全国省级两会陆续召开以来，各省（区、市）相继颁布本地区2019年政府工作报告。综合分析各省（区、市）政府工作报告发现，虽然受经济增长下行压力和上年度生态环境保护目标执行情况较好的影响，部分地区对生态环境保护目标有所放松，但党的十九大以来对生态环保工作的新要求和新目标，促使各地长期深入推进生态环保工作，绿色发展和美丽中国建设的引领意愿突出。因此，为实现经济高质量发展和生态环境高水平保护的协同发展，与2018年相比，各省2019年的生态环保工作部署呈现五大变化，即打好污染防治攻坚战上升成为生态环保工作的核心、经济与环境保护预期目标下调、各省逐渐注重高质量发展与高水平保护的协同推进、涌现出以生态环境保护主动引领和谋划中长期发展定位的典型和在机构改革中注重环境管理与重大政策创新。

关键词　政府工作报告　生态环境保护　变化　2019年

Abstract　Since the convening of provincial "two sessions" from January 2019，each province has successively issued the regional Report on the Work of the Government in 2019. According to these reports，some provinces have reduced the goals of ecological environment protection due to downward pressure on the economy and some achievement in environmental protection last year. However，most of provinces have still had strong willing to achieve green development and construct a Beautiful China，and have promoted long-term work to protect ecological environment to meet the new requirements and goals proposed in the 19th National Congress of the Communist Party of China. So，to achieve the coordinated development of high-quality economic development and high-level protection of the ecological environment，all provinces have made some changes on environmental protection work in 2019. Firstly，the critical battle of pollution prevention and control has become the core of ecological environment protection. Secondly，the goals of economic development and environmental protection have all been reduced. Thirdly，all provinces have paid more attention to promote coordinated development of high-quality economic development and high-level environmental protection. Fourthly，some provinces have tried to seek the way to use ecological environment protection to guide regional long-term development. Fifthly，the environmental management and policy innovations have been addressed in institutional reforms.

Keywords report on the work of the government，ecological environment protection，changes，2019

2019 年 1 月中旬以来，全国省级两会密集召开，并陆续发布了本地区 2019 年政府工作报告。综合分析各省（区、市）工作报告，总体来看，各省（区、市）将污染防治攻坚战作为生态环境保护工作的核心，由于经济下行压力与上年度各地生态环保目标完成情况较好的双重影响，部分地区环保目标有所放松，但各地生态环境保护对绿色发展和美丽中国建设的引领意愿突出，经济高质量发展和生态环境高水平保护协同推进已形成地方共识，2019 年全国各省（区、市）生态环保工作部署总体呈现五大变化。

1 打好污染防治攻坚战上升为各地生态环保领域的核心工作

1.1 各地生态环境目标继续聚焦蓝天、碧水等污染防治攻坚重点战役

各地政府工作报告中对 2019 年打好污染防治攻坚战进行部署。在政府工作报告总体要求部分，除上海、江苏、浙江、广西等省（区、市）未提及外，其他省（区、市）均将继续打好“三大攻坚战”作为 2019 年开展政府工作的总体要求之一。从生态环保重点工作来看，大气、水、土壤环境质量改善仍是各省（区、市）推进实施的主要领域。

在 2019 年主要目标中明确提出环境质量改善目标的 9 个省（区）目标内容，山西、山东、四川三省较为原则地提出了“环境保护和节能减排，完成国家下达的年度目标任务”的定性目标，河北、海南、西藏等六省（区）则提出了空气质量、污染物减排、森林覆盖率等一项或多项量化目标。此外，上海、浙江等八省（市）虽未在 2019 年主要目标中提及环境目标，但在 2019 年重点工作中提出了空气、水环境质量改善等方面的量化要求，北京、天津、上海等结合工作实际，聚焦提升城市精细化管理和治理水平，进一步提出了污水处理率、垃圾无害化处理率、资源化率等要求。同时，江苏、江西等地将 $PM_{2.5}$ 浓度、黑臭水体等生态环境问题作为民生重点领域，提出环境治理改善的具体要求。2018 年劣Ⅴ类断面比例或Ⅰ～Ⅲ类断面比例未达到年度目标要求的部分省级行政辖区中，山西、吉林、湖南三省的报告有所响应，明确了 2019 年水质改善的具体目标或工作要求（表 1）。

表 1 地方报告中关于生态环境保护目标的内容

提法类型		省（区、市）	内容
主要目标中包含生态环保	定量	河北、江苏、海南、贵州、西藏、青海	$PM_{2.5}$浓度下降比例、优良天数比例、森林覆盖率、出省断面水质、总量减排等量化目标
	定性	山西、山东、四川	环境质量改善和主要污染物总量减排/节能减排，完成国家下达的年度目标任务
重点工作中包含生态环保目标（要求）	定量目标要求	北京、天津、上海、浙江、安徽、福建、江西、河南	$PM_{2.5}$浓度下降比例、优良天数比例、达到或好于III类水体比例、黑臭水体或劣Ⅴ类水体比例、污水处理率、垃圾无害化处理率、森林覆盖率、造林面积等量化要求

1.2 各地结合各自问题，聚焦解决重点区域、重点领域、重点问题

湖北提出统筹治气治水治土，打好蓝天保卫战、农业农村污染治理等重点战役。河南提出统筹建设森林、湿地、流域、农田、城市五大生态系统。山西提出统筹推进“五水同治”。安徽提出深入开展沿江化工污染治理、长江干流岸线利用项目清理等专项行动，统筹源头治理和入河排污口整治。天津提出统筹陆海污染防治，大幅降低陆源污染入海量，保护海洋生态环境。辽宁提出坚持上下游联动、左右岸共治、干支流协同、陆与海统筹，综合治理辽河流域和渤海辽宁段。四川提出加快成都平原、川南、川东北城市群大气污染治理。新疆明确以乌—昌—石、奎—独—乌等重点区域为主战场，持续改善空气质量。浙江提出要完成 30 个工业园区“污水零直排区”建设，确保大花园核心区和重点生态功能区 29 个出境断面水质全部达标；在“扎实推进富民、惠民、安民”任务中，提出认真办好十方面民生实事，其中四项涉及生态环保工作。

2 经济增长与环境保护的预期均普遍下调

2.1 从经济增长预期看，大多数省份 2019 年经济增长预期普遍下调，利弊并存，弊大于利

除辽宁外，30 个省（区、市）均提出明确的经济增长目标。与 2018 年相比，只有湖北、海南两省 GDP 增长目标上调 0.5～1 个百分点，河北、四川、云南、西藏、甘肃 5 个省（区）GDP 增长目标持平，其他 23 个省（区、市）GDP 增长目标均下调。在经济增长整体趋缓的大环境下，部分地区环境质量和节能减排降碳目标有所放松，北京万元 GDP 二氧化碳排放下降目标由 2018 年的 3%下调为 2.6%，环境质量目标由 $PM_{2.5}$年均浓度继续下降改为生态环境进一步改善；山西单位 GDP 用水量下降目标由 2018 年的 3.9%下调至 3%；辽宁单位 GDP 能耗下降目标由 3.2%下调至 3%；吉林单位 GDP 能耗下降目标由 2%

下调至1%；河南单位GDP能耗下降目标由2018年的5%下调至3%；湖南单位GDP能耗下降目标由2018年的3%下调至2.5%；广东单位GDP能耗下降目标由2018年的3.2%下调至3%；广西不再提出量化的单位GDP能耗下降目标；河北、辽宁、上海、安徽、广东5省不再提出污染物减排目标。综合来看，环保量化目标的放松，说明在经济增长前景“稳中有变，变中有忧”的整体环境下，各地对继续大力推进节能减排和环境质量改善的预期有所保留，统筹环境保护与经济增长的难度可能加大。

2.2 需注意的问题之一是生态环境保护目标设定偏少、偏软，存在生态环境保护力度放松的风险

较2018年，2019年各地提出的节能减排和生态环境质量改善目标相对保守，设定了量化指标的省份略有减少（表2）。在污染物排放总量方面，2019年有21个省（区、市）报告中设定了主要污染物减排或节能减排的目标，绝大多数省份目标为“完成国家下达的目标任务”；有4个省份未提及总量减排目标，其余多数省（区、市）与上一年度提法保持一致。在生态环境质量方面，2019年约半数省份设定了环境质量改善的总体目标或在重点工作安排中提出空气、水环境质量改善量化要求。相较于各地2018年报告中关于环境质量改善的目标提法，环境质量改善量化目标指标减少、目标略有细化、目标提法无明显变化的省份约各占1/3。总体上量化提出生态环境质量改善目标或工作要求的省份有所减少。

表2 2018年与2019年31省（区、市）报告生态环保目标内容比较

<table>
<tr><th colspan="2">比较内容</th><th>2018年</th><th>2019年</th></tr>
<tr><td>总量减排目标提法</td><td>明确总量减排目标</td><td>24个</td><td>22个</td></tr>
<tr><td rowspan="2">环境质量改善目标提法</td><td>明确环境质量改善目标</td><td>8个</td><td>9个</td></tr>
<tr><td>量化环境质量改善工作要求</td><td>10个</td><td>8个</td></tr>
<tr><td rowspan="3">生态环保目标提法有所减弱的地区</td><td>广东、宁夏</td><td>提出环境质量改善目标</td><td>未提及</td></tr>
<tr><td>北京、上海、河南、吉林</td><td>明确质量改善目标或量化质量改善工作要求</td><td>提出量化工作要求或未提及改善目标</td></tr>
<tr><td>黑龙江、湖南、云南</td><td>重点工作中提出量化要求</td><td>仅提出改善定性要求或未提及</td></tr>
<tr><td rowspan="2">生态环保目标设定更为具体的地区</td><td>河北、海南、贵州、西藏</td><td rowspan="2">未提及改善目标或提出量化工作要求</td><td>提出具体环境质量改善目标</td></tr>
<tr><td>浙江、福建、江西</td><td>重点工作中提出量化要求或指标项增多</td></tr>
</table>

3 各地逐渐注重协同推进高质量发展与高水平保护

3.1 生态环境保护对经济高质量发展的引领作用得到更多体现，不足之处是较少落实到量化要求上

多个省（区、市）提出以生态环境保护推动引领经济绿色发展和区域美丽建设的战略举措（表3）。北京、浙江、福建等发达地区将生态环境保护纳入经济高质量发展整体格局和城市精细化、高质量管理体系中；山西等结构性环境污染较为严重地区要求发挥环境保护对经济高质量发展的倒逼作用；安徽、江西、湖北等中西部地区重点关注以生态环境保护为引领，释放绿色发展动能，保障环境经济协调发展。但是，只有贵州提出绿色经济占地区生产总值比重提高到42%的量化目标，其他省份尚未明确提出生态环境保护引领经济绿色高质量发展的量化目标。

表3 部分省（区、市）政府工作报告关于生态环保促进高质量发展的提法

省（区、市）	相关提法
北京	将进一步改善生态环境、提升环境治理水平和风险防控能力作为提升城市精细化管理水平的重要抓手
天津	打赢污染防治攻坚战，持续加强生态保护和修复，更大力度推进生态宜居城市建设
山西	坚持环保倒逼转型，强化服务，精准施策，实现经济发展与环境保护协同共赢
辽宁	树立“绿水青山就是金山银山”“冰天雪地也是金山银山”的理念，打好污染防治攻坚战，统筹山水林田湖草治理，加快建设美丽辽宁
江苏	良好的生态环境是高质量发展的重要内涵，也是高品质生活、高水平全面小康的内在要求，必须始终坚持生态优先、绿色发展，持续打好污染防治攻坚战，突出抓好中央环保督察“回头看”反馈问题整改，促进生态环境质量持续改善
浙江	将编制实施美丽浙江建设规划纲要列为重点任务，将污染防治、美丽建设融入全省大湾区、大花园、大通道、大都市区建设战略格局
安徽	以切实解决群众反映突出的环保问题，让全省人民享有更多“青山碧水的美丽、蓝天白云的幸福”为目标，打好污染防治攻坚战，加快构建绿色制造体系，推行绿色施工、绿色建造
福建	将生态、美丽作为高质量发展新优势，创造更多生态福利，推动形成绿色生产生活方式，深化国家生态文明试验区建设
江西	将加快生态文明建设，释放绿色发展红利作为重点工作任务
湖北	将坚持生态优先绿色发展，加快建设美丽湖北作为重点工作任务，重点推进长江大保护、长江经济带绿色发展和环保长效机制的持续完善
广西	将提升绿色发展水平，切实把生态优势转化为经济优势列为重点任务，协同推进污染防治攻坚、生态修复保护和生态经济发展
四川	将推动形成绿色生产生活方式列为重点任务
贵州	以污染防治攻坚、加强保护修复、培育绿色产业、倡导绿色生活、完善生态文明制度为抓手，提升生态文明建设水平

3.2 分析发现多地 2019 年对生态环保的投资力度比 2018 年加大

西藏明确要求加大生态领域投入力度，确保投入增幅在 20%以上。内蒙古提出增加有效供给扩大消费需求，加强生态环保等重点领域和薄弱环节建设。吉林提出发挥投资关键作用，突出生态环保类项目，加快辽河流域水污染综合治理和查干湖生态治理保护、长白山区山水林田湖草生态保护修复国家试点项目建设。甘肃提出引进大型投资主体，实现生态资源和生态资本保育增值。新疆在“加大关键领域和薄弱环节的有效投资，进一步增强经济发展后劲”任务中，将生态建设作为重要领域，提出持续推进天然林保护、防护林体系建设、湿地保护恢复等重大生态工程建设。

3.3 仍需注意到由于经济社会发展阶段和面临环境问题的差异，不同地区在发展与保护的认识方面存在差异

东部沿海发达地区，包括北京、天津、上海、江苏、浙江、广东等省（市）均明确提出将污染防治攻坚、生态保护修复融入经济和城市发展战略中，对生态环境保护的要求和期望已基本上升到发展战略层面。长江中、上游等经济社会继续发展需求较为强烈的省（区、市）更多关注绿色经济发展和绿色产业培育，以保护优化发展，以发展促进保护。河北、河南以及东北和西北的部分省（区）仍重点关注环境质量改善和节能减排降碳，关于生态环境保护、生态文明建设对经济高质量发展的引领作用提及较少，说法偏软。对生态环保与经济发展间关系的关注点不同，是区域经济社会环境整体发展阶段差异的体现。

4 涌现一批以生态环境保护引领区域中长期发展定位的典型

4.1 多地探索提出了中长期发展战略中生态文明建设和生态环境保护方面的战略定位

结合党的十九大对今后一个时期环境治理和生态保护工作提出的新目标和新要求，结合美丽中国建设目标，多数省份提出推进建设美丽省份，如“美丽北京”“美丽河北”“美丽辽宁”“美丽福建”“美丽湖北”“美丽广西”“美丽四川”“美丽贵州”等。江西要求以更高标准打造美丽中国“江西样板”。云南提出建设中国最美丽省份，争当生态文明建设排头兵。宁夏提出大力实施生态立区战略，建设美丽宁夏，打造西部地区生态文明建设先行区。浙江将编制实施美丽浙江建设规划纲要。此外，内蒙古提出深入推进绿色内蒙古建设，西藏提出全力推进生态文明高地建设。

4.2 国家重大发展战略的区域生态环保工作要求与其他省份相比明显偏重，且注重带动区域一体化高品质发展

国家战略区域统筹协作、联防联控、协同治理等工作思路的重要性明显提升，许多省份通过开展跨区域生态建设与环境治理基础设施建设、污染联防联控联治、联合监测监察执法等手段，推进不同区域和领域的生态环保管理体系的统一，带动区域生态环保一体化发展。例如，京津冀区域内三省（市）均提出区域协同发力开展生态环保，积极推进京津冀协同发展。其中，北京提出加强区域大气污染联防联控联治；河北提出深入实施重大国家战略，强化区域污染联防联控联治和生态环境共建；天津提出深化与北京、河北的大气、水、土壤污染联防联控联治，共同推进白洋淀、大清河和海河水系治理，加强永定河等水系和渤海污染协同治理。长江经济带相关省份遵循“共抓大保护、不搞大开发”的战略导向，加强生态保护与修复。例如，湖北提出奋力当好长江经济带高质量发展生力军，江苏提出把修复长江生态环境摆在压倒性位置，四川提出扛起筑牢长江上游生态屏障责任，安徽提出深入开展沿江化工污染治理、长江干流岸线利用项目清理等专项行动，湖南提出严格落实长江岸线保护和开发利用总体规划，江西提出推进与长江经济带省份签订流域上下游生态保护补偿协议等。此外，广东提出要推动珠三角核心区产业、营商环境、生态环境、基本公共服务等深度一体化，携手港澳建设世界级城市群。海南提出增强“海澄文”“大三亚”辐射带动作用，推动生态环保联防联控，加强水体和湿地保护、垃圾和污水处理等生态合作，开展跨区域环保联合监测和污染联动监察。

5 机构改革背景下加重环境管理与重大政策创新的分量

5.1 许多省份对机构改革后新划转到生态环境部的职责进行了落实部署

如应对气候变化方面，福建提出完善碳排放权制度，上海将建设全国性碳排放交易系统，湖北和贵州均要推进碳排放交易市场建设，西藏将开展碳汇经济研究。海洋环境保护方面，福建提出加强海洋污染防治并开展海洋资源价值实现等生态产品市场化改革试点，广西提出强化海洋生态环境保护和监管，海南提出不折不扣地完成海洋督察反馈的问题整改。

5.2 各地深入落实相关重大制度政策并结合实际情况开展制度创新

河北、辽宁、黑龙江、江苏、安徽、福建、河南、广西、海南、四川、贵州、西藏、新疆等省（区）均提出要抓好中央环保督察“回头看”反馈意见整改落实，其中，湖北要求完善省级生态环境保护督察制度，河北、四川、广西还提出开展新一轮省级生态环境保护督察，福建提出深入开展“三合一”督察，山西提出健全生态环境督察工作机制。山西、

福建、湖北、四川、贵州、青海、海南等省份提出编制或严守“三线一单”。多地提出推进国土空间规划体系建设，福建等省份提出建立国土空间规划体系，湖北提出编制实施湖北长江经济带国土空间规划，四川、江西、广东提出开展国土空间规划编制工作。天津、辽宁、安徽、河南、湖南、湖北、重庆、江西、云南、西藏提出进一步完善生态补偿机制，其中江西提出要与广东签订新一轮东江流域生态保护补偿协议，推进省内市、县（区、市）之间开展流域上下游生态保护补偿；湖南提出启动“一湖四水”全流域生态补偿。江苏提出“断面长制”，湖北提出探索建立长江岸线管理员制度。西藏提出开展生态资产评估研究。

5.3 部分省份将生态环境保护工作与其他领域的融合部署

在 2019 年各地政府工作报告中，除内蒙古等 15 个省份将生态环保工作单列一章，河北等 19 个省份将生态环保工作内容放在“三大攻坚战”章节中部署外，许多省份将生态环保工作要求融合在其他领域进行部署，生态环境保护相关工作还出现在其他多个章节，包括“城市精细化管理”“乡村振兴”“区域协同发展”“深化改革”“加大民生保障力度”“实施重大工程”等章节。例如，各地在乡村振兴工作安排中，均将农村人居环境质量改善作为重要任务之一。天津、河北、湖南、广东等省（市），在其区域协调发展战略部署中，将污染防治联防联控和生态建设作为统筹区域一体化发展的重要抓手。北京将污染防治与生态保护工作，以及交通综合治理、城市精治共治法治工作，共同作为着力提升城市精细化管理水平的核心任务。新疆将生态建设作为加大关键领域和薄弱环节有效投资的重要领域。河南在加大力度深化改革工作中提出健全生态环保体制，在加快实施重大工程中提出加快构建绿色循环的生态环境体系，在加大民生保障工作中提出持续改善大气环境质量。

附表

2019 年各省（区、市）政府工作报告内容摘要

序号	省区市	经济社会目标		生态环境保护目标		生态环保重点工作摘录
		经济社会	资源能源	排放总量	环境质量	
1	北京	地区生产总值增长 6%～6.5%；一般公共预算收入增长 4%；居民消费价格涨幅控制在 3.5%以内；城镇调查失业率控制在 5%以内；全市居民人均可支配收入增长与经济增长基本同步	万元地区生产总值能耗、二氧化碳排放分别下降 2.5%和 2.6%左右，万元地区生产总值水耗下降 3%左右	未提及	生态环境进一步改善（重点工作：全市污水处理率超过 94%。大力促进源头减量和垃圾分类，生活垃圾分类示范片区覆盖率提高到 60%，生活垃圾资源化率达到 59%。全市新增造林绿化 25 万亩）	持续抓好大气污染防治工作。坚持日常抓、抓日常，突出移动源、分散源污染治理，坚定不移打赢蓝天保卫战。把柴油货车治理作为重中之重，推动制定机动车和非道路移动机械排放污染防治条例，严格执法并实行闭环管理，鼓励淘汰高排放老旧柴油货车，支持发展新能源货车，实施非道路移动机械备案和环保标识管理政策。健全扬尘污染治理工作机制，在规模以上工地实现视频实时监控，严查严罚扬尘违法行为，全面加强裸地扬尘污染治理，实现各级各类道路清扫保洁全覆盖。深入推进挥发性有机物污染治理，对石化、印刷、汽修等重点行业开展专项执法检查。严防散煤复烧反弹，巩固无煤化治理成果。组建市区两级生态环境保护综合执法队伍，加大环境保护执法力度。认真落实空气重污染应急预案，加强区域大气污染联防联控联治。推广绿色生产和生活方式，鼓励群众监督举报。 进一步改善生态环境。注重提升森林质量，实施好新一轮百万亩造林绿化工程，全市新增造林绿化 25 万亩，推进温榆河公园、官厅水库八号桥湿地恢复等一批项目。坚持节水优先，珍惜用好南水北调水，完成五个节水型区创建。以“清河行动”和“清四乱”行动为抓手，严格落实“河长制”，加强重要河流综合治理和生态修复。严厉整治向城市雨水管道排污以及倾倒垃圾等非法行为。完成污水治理和再生水利用第二个三年行动方案，全市污水处理率超过 94%。大力促进源头减量和垃圾分类，加快房山循环经济产业园等设施建设，生活垃圾分类示范片区覆盖率提高到 60%，生活垃圾资源化率达到 59%。编制农用地土壤环境质量分级清单，实施建设用地土壤风险管控。 实施“百村示范、千村整治”工程，下大气力抓好农村垃圾污水处理、“厕所革命”、村容村貌整治、“四好农村路”等任务，不断改善农村人居环境

序号	省区市	经济社会目标		生态环境保护目标		生态环保重点工作摘录
		经济社会	资源能源	排放总量	环境质量	
2	天津	地区生产总值增长 4.5%左右；在持续大幅清费减负的同时，一般公共预算收入降幅继续收窄；固定资产投资增长 8%以上；社会消费品零售总额增长 5%；新增就业 48 万人；居民人均可支配收入增速高于地区生产总值增速；城市居民消费价格涨幅控制在 3%左右	节能减排降碳完成进度目标	节能减排降碳完成进度目标	（重点工作：$PM_{2.5}$ 年均浓度持续下降。大幅降低陆源污染入海量。无害化处理率提高到 95%。新增造林绿化 35 万亩）	深化大气、水、土壤污染联防联控联治，共同推进白洋淀、大清河和海河水系治理，加强永定河等水系和渤海污染协同治理，深化区域饮用水水源保护协作。打赢污染防治攻坚战。全力打赢蓝天保卫战。完成全部公共煤电机组冷凝脱水治理，强化烟气温控、烟羽脱白整治，推进燃气锅炉低氮改造和柴油施工作业机械清洁化改造，有序推进城乡居民取暖散煤清洁化替代，$PM_{2.5}$ 年均浓度持续下降。全力打好碧水保卫战。全面落实“河长制”“湖长制”管理，深化工业集聚区水污染集中治理，完成氮磷排放重点行业超标企业整治，建成咸阳路、东郊等污水处理厂，加快污水管网建设，完成新开河、先锋河调蓄池项目，建成区污水基本实现全收集、全处理，全市污水日处理能力达到 368 万 t。统筹陆海污染防治，大幅降低陆源污染入海量，保护海洋生态环境。开展河湖“清四乱”专项行动，全面治理黑臭水体，加强中心城区水系循环和海河南北两大水系连通，真正让水蓄起来、活起来、清起来，让我们的城市更富韵味、更有灵性。全力打好净土保卫战。严格农用地分类和建设用地准入管理，开展天津农药厂等典型污染地块治理修复，严格重金属排放总量控制，加快垃圾处理设施建设，全面推行生活垃圾分类处理，新增垃圾日处理能力 1 800 t，无害化处理率提高到 95%。 持续加强生态保护和修复。严守生态红线，坚持留白、留绿、留璞，优化城市发展和生态保护空间体系。加快双城间绿色生态屏障建设，落实分级管控措施，加大增绿、补水力度，营造大绿野趣、郁郁葱葱、鸟语花香、生机盎然的田园风光。全面加强湿地自然保护区保护，实施生态移民、土地流转、退耕还湿、河湖水系连通等保护修复重大工程。开展北部山林修复，新增造林绿化 35 万亩。完善生态补偿机制，推进国家生态文明建设示范区创建。全面加强野生动物保护，强化日常监管执法，斩断非法利益链条，确保实现“五无”目标，让天津成为鸟类等野生动物栖息的乐园。 建设生态宜居美丽乡村。深化顶层设计，科学编制村庄规划。加快推进农村人居环境整治三年行动，强化农村垃圾、污水、旱厕、道路和村容村貌、农业面源污染治理，加强生活垃圾清扫、运输环节能力建设，健全环境卫生长效管护机制，提升农村饮用水安全水平。完成国家畜禽粪污资源化利用任务，建成 324 个村庄生活污水处理设施，无害化改造农村户厕 2.4 万座，新建美丽村庄 150 个。加快建设一批经济实力强、产业特色鲜明、生态环境优美的宜居小镇

序号	省区市	经济社会目标		生态环境保护目标		生态环保重点工作摘录
		经济社会	资源能源	排放总量	环境质量	
3	河北	地区生产总值增长6.5%左右，一般公共预算收入增长6%左右，规模以上工业增加值增长4.5%左右，固定资产投资增长6%以上，社会消费品零售总额增长9.5%左右，进出口总值增长5%左右，城乡居民可支配收入增长7%左右，城镇登记失业率控制在4.5%以内，居民消费价格涨幅控制在3%左右	万元GDP能耗下降3.6%	化学需氧量、二氧化硫、氨氮、氮氧化物减排完成国家下达的目标任务	森林覆盖率达到35%；$PM_{2.5}$平均浓度下降5%以上，万元生产总值能耗下降3.6%，化学需氧量、二氧化硫、氨氮、氮氧化物减排完成国家下达的目标任务	加快张家口首都水源涵养功能区和生态环境支撑区建设，强化区域污染联防联控联治和生态环境共建。 持续加力治理生态环境。认真落实习近平生态文明思想，坚守阵地、巩固成果，扎实推进污染防治和生态建设。坚决打赢蓝天保卫战，加快重点行业超低排放改造，推进散煤清洁替代，加强秸秆综合利用，开展柴油货车污染、挥发性有机物、扬尘等专项整治，“散乱污”企业持续动态清零。有效应对重污染天气，严禁“一刀切”停限产。深入实施水污染防治行动计划，继续开展城市黑臭水体治理、饮用水水源地保护等专项行动，落实国家渤海综合治理攻坚行动计划，全面整治入海污染源，强化衡水湖生态保护，加大重污染河流治理力度，全省地表水III类及以上断面比例达到47.3%以上。加大农用地、建设用地污染风险管控，加强农业面源污染治理，严格危险废物监管，推动城乡垃圾分类和固体废物资源化利用。大力弘扬塞罕坝精神，实施山水林田湖草系统修复工程。推进矿山综合整治和生态复绿，加大河湖整治及生态补水、湿地保护力度，开展地下水超采综合治理，把恢复地下水位纳入考核内容，高质量完成营造林770万亩。抓好中央环保督察“回头看”反馈意见整改落实，开展新一轮省级环境保护督察，以“零容忍”态度严厉打击环境违法行为。开展生态环境大排查大整治，坚决守住生态保护红线，加快建设天蓝地绿水秀的美丽河北。 改善农村人居环境。强力推进农村人居环境整治三年行动，突出抓好垃圾污水治理、”厕所革命”、村容村貌提升，发动群众搞清洁、搞绿化、搞建设、搞管护，形成持续推进机制。建设一批宜居宜业宜游的美丽乡村，启动乡村振兴示范区建设。 坚持全域规划，高标准推进“多规合一”，高水平加强城市规划建设管理，积极打造生态城市、智慧城市、海绵城市

序号	省区市	经济社会目标		生态环境保护目标		生态环保重点工作摘录
		经济社会	资源能源	排放总量	环境质量	
4	山西	GDP 增长 6.3%，固定资产投资增长 6.5%，社会消费品零售总额增长 7.5%，一般公共预算收入增长 6.3%，城乡居民人均可支配收入增长 6.5%，居民消费价格涨幅 3%，城镇新增就业 45 万人，城镇调查失业率、登记失业率分别为 6.5%、4.2%以内，农村贫困人口脱贫 22 万人，城镇棚户区住房改造 3.5 万套	万元 GDP 能耗下降 3.2%，万元 GDP 二氧化碳排放下降 3.9%，万元 GDP 用水量下降 3%	主要污染物总量减排指标，完成国家下达的年度目标任务	环境质量改善和主要污染物总量减排指标，完成国家下达年度目标任务（重点工作：打赢黑臭水体歼灭战，实现汾河国考断面全面达标）	扎实开展城市修补和生态修复，建设功能完善、绿色智慧、管理科学、宜居宜业的高品质城市。 持续改善农村人居环境。继续扎实开展“五大专项行动”。新改建农村公路 2 万 km，再改善 300 万农村群众的饮水安全条件。继续清理整治“大棚房”，坚决遏制“农地非农化”。健全农村人居环境改善长效机制，加快建设各具特色的美丽宜居村庄。 打好污染防治攻坚战。开展“散乱污”企业整治，推动清洁取暖和散煤替代由城市建成区向农村扩展，持续开展柴油货车和散装物料运输车污染治理联合执法，开展建筑工地绿色施工，打赢蓝天保卫战。统筹推进“五水同治”，加快汾河、桑干河流域 69 座城镇生活污水处理厂提效改造，打赢黑臭水体歼灭战。完成农用地土壤污染状况详查，加强农业面源污染防控，推进露天矿山综合整治，加强采煤沉陷区、矸石山治理，推进净土保卫战。持续推进“两山七河”生态保护与修复，完成营造林 400 万亩。推进自然资源统一确权登记，开展自然资源资产负债表编制工作。深化生态环境损害赔偿制度改革，稳步实施排污许可证制度，健全生态环境督察工作机制。强化服务，精准施策，实现经济发展与环境保护协同共赢

序号	省区市	经济社会目标		生态环境保护目标		生态环保重点工作摘录
		经济社会	资源能源	排放总量	环境质量	
5	内蒙古	GDP 增长 6%，居民消费价格涨幅 3%，城、乡常住居民人均可支配收入分别增长 7%、8%，城镇新增就业大于 22 万人，城镇调查失业率、登记失业率分别低于 5.5%、4.5%	完成国家下达的年度节能减排任务目标	完成国家下达的年度节能减排任务目标	未提及（重点工作：提高污水收集处理能力和中水利用率）	打好污染防治攻坚战。坚守阵地、巩固成果，着力解决生态环境突出问题。淘汰不符合环保要求的燃煤锅炉，治理“散乱污”企业，实现工业污染源全面达标排放。推进呼包鄂、乌海及周边地区、赤峰、通辽等重点区域环境综合整治，不断改善区域空气质量。严格落实“河（湖）长制”，持续加强呼伦湖、乌梁素海、岱海等水生态综合治理。加快城镇、工业园区污水处理设施建设，提高污水收集处理能力和中水利用率。保护水源地，治理地下水超采。实施土壤污染治理与修复项目，防治重金属和农牧业面源污染。 加强交通、水利、能源、生态环保、“三农三牧”、市政、防灾减灾等重点领域和薄弱环节建设。 落实农村牧区人居环境整治三年行动计划，着力解决厕所、垃圾、污水等问题，抓好畜禽粪污资源化利用，不断改善村容村貌。继续实施农村牧区危房改造和饮水安全工程。 加强草原保护管理，严格落实基本草原保护制度，加大退化草原治理力度。依法严厉打击破坏草原、毁林开垦等行为。全面落实天然林保护责任，建立天然林保护修复制度体系，维护天然林生态系统的原真性、完整性。加大大兴安岭北部原始林区保护力度。制定自治区湿地公园管理办法，有效保护和修复各类湿地。 统筹山水林田湖草系统治理，实施“三北”防护林、京津风沙源治理、退耕还林、退牧还草等生态修复工程。建设沿黄生态廊道。治理浑善达克、乌珠穆沁、科尔沁等沙地，支持发展沙产业。 推进自然保护区内工矿企业退出、矿山环境治理，推进绿色矿山、绿色工厂、绿色园区建设，支持节能环保产业发展。完善自治区绿色发展指标体系，建立绿色发展差异化考核与奖补机制。 严格落实生态保护红线制度，实现一条红线管控重要生态空间。开展区域空间环境承载和适应性评价工作。推进自然资源资产产权制度、矿产资源权益金制度改革，全面落实生态环境损害赔偿制度

序号	省区市	经济社会目标		生态环境保护目标		生态环保重点工作摘录
		经济社会	资源能源	排放总量	环境质量	
6	辽宁	一般公共预算收入增长6.5%左右，规模以上工业增加值增长8%，固定资产投资增长8%，社会消费品零售总额增长7%，进出口总额占全国份额保持不减，居民消费价格涨幅保持3%，城乡居民收入增长与经济增长同步，城镇新增就业42万人，城镇调查失业率和登记失业率控制在5.5%和4.5%以内	单位GDP能耗降低3%	未提及	未提及 （重点工作：三大攻坚之一——污染防治和山水林田湖草治理）	推动农村环境提档升级。扎实开展“千村美丽、万村整洁”行动，建设生态宜居的美丽乡村。稳步推进生活垃圾、污水治理和农村“厕所革命”，提高农村卫生厕所普及率，生活垃圾处置体系覆盖85%行政村。解决36万人农村饮水安全问题。加强非洲猪瘟等重大动物疫病防控。加强大中型灌区设施改造，大规模推进高标准农田建设。 坚决打好污染防治攻坚战。全面抓好中央生态环保督察“回头看”反馈意见整改落实，坚决完成各项整改任务。突破水、巩固气、治理土，重点开展辽河流域和渤海辽宁段综合治理，上下游联动、左右岸共治、干支流协同、陆与海统筹，力争用3～5年时间，把辽河治理好、保护好、利用好。巩固蓝天保卫战成果，严控秸秆焚烧，加快火电燃煤机组超低排放改造，推进供暖锅炉达标改造，淘汰城市建成区超标柴油货车。全面实施土壤污染防治行动计划。 统筹山水林田湖草治理。牢固树立“绿水青山就是金山银山”“冰天雪地也是金山银山”的理念，守住生态保护红线，健全生态补偿机制，深入实施“三北”防护林等重大生态修复工程，动员更多社会力量参与生态建设，加快建设美丽辽宁
7	吉林	地区生产总值增长5%～6%，地方级财政收入与上年持平，居民消费价格指数涨幅控制在3%左右，城乡居民人均可支配收入与经济增长基本同步，城镇新增就业35万人，城镇登记失业率控制在4.5%以内	单位GDP能耗下降1%。	未提及 （重点工作：二氧化碳排放年度降低3.89%）	未提及 （重点工作：地级以上城市空气质量优良天数比例保持较高水平，二氧化碳排放年度降低3.89%，重点流域优良水体比例有所提高，劣Ⅴ类水体比例大幅下降）	发挥投资关键作用。突出生态环保类项目，加快辽河流域水污染综合治理和查干湖生态治理保护、长白山区山水林田湖草生态保护修复国家试点项目建设。抓好生物质发电等可再生能源项目建设。支持松原市建设千万吨秸秆生物炼制项目。 全力以赴打好污染防治攻坚战。坚决完成中央环保督察及“回头看”反馈问题整改任务。治理大气污染关键是控制煤烟型污染和禁止秸秆露天焚烧。加强省内稀缺资源、地热等清洁能源勘查开发力度，因地制宜推广应用热泵采暖和电供暖等清洁供暖。治理水污染重点是辽河、查干湖和饮马河。生态保护重点是自然保护区和饮用水水源地。大力推动工厂和工业集聚区建设污水处理设施，推进重点建制镇污水处理设施建设，村屯探索适宜的污水处理方式。深入推进“河（湖）长制”。全面启动劣Ⅴ类水体综合治理。启动城镇污水处理提质增效三年行动。推进地级城市建成区黑臭水体整治，长春市实现长治久清，其他城市年底前基本完成。实施农业农村污染治理等攻坚行动。基本实现化肥施用量零增长、农药施用量负增长。推进黑土地保护试点县建设。抓好畜禽养殖废弃物资源化利用。地级以上城市空气质量优良天数比例保持较高水平，二氧化碳排放年度降低3.89%，重点流域优良水体比例有所提高，劣Ⅴ类水体比例大幅下降。 推进农村人居环境整治三年行动计划，实施“三清一改”行动，推行生活垃圾治理城乡一体化

序号	省区市	经济社会目标		生态环境保护目标		生态环保重点工作摘录
		经济社会	资源能源	排放总量	环境质量	
8	黑龙江	地区生产总值增长5%以上；居民消费价格涨幅在3%以下；城镇新增就业52万人，城镇登记失业率控制在4.5%以内；城乡居民可支配收入增长与经济增长基本同步	单位地区生产总值能耗下降3%以上	未提及	未提及（重点工作：确保空气质量持续改善）	打好原生态、蓝天、碧水、净土、美丽乡村“五场保卫战”。加快中央环保督察“回头看”反馈意见整改。全面落实大气污染防治强化措施，结合实际逐步推行天然气、电及生物质等清洁取暖。加快淘汰县级以上城市建成区内10蒸吨/小时及以下燃煤小锅炉，原则上不再新建35蒸吨/小时以下燃煤锅炉。完善哈大绥区域重污染天气应对联防联控机制，确保空气质量持续改善。全面落实“河（湖）长制”，加大对阿什河、倭肯河等劣Ⅴ类河段综合治理力度，继续推进肇兰新河环境综合整治。持续开展水源地环境保护专项行动。 深入开展农村人居环境整治。实施10个县、59个乡镇、189个村生活垃圾治理试点。完成危房改造7万户以上，改造室内卫生厕所12.8万户。再解决1 966个村屯、120万农村人口饮水安全问题，农村自来水普及率提高到90%以上。推进“四好农村路”建设，交工农村公路4 000 km，实现750个村通村路硬化
9	上海	全市生产总值增长6%～6.5%；城镇调查失业率和登记失业率稳定在4.3%左右；居民人均可支配收入增长与经济增长基本同步，居民消费价格指数与国家价格调控目标保持衔接	环保投入相当于全市生产总值的比例保持在3%左右	单位生产总值能耗、主要污染物排放量进一步下降	未提及（重点工作：推动空气质量持续改善；全市劣Ⅴ类水体比例目标下降至12%以内；将新建林地7.5万亩，新建绿地1 200 hm^2、城市绿道200 km、立体绿化40万 m^2；开工12个、建成10个垃圾资源化利用设施）	大力实施“美丽家园”工程，推进美丽乡村建设。加快镇村规划编制，有序推进农民相对集中居住。深入开展农村人居环境整治，加强乡村风貌保护和引导，完成8万户农村生活污水处理设施改造。 深入推进第七轮环保三年行动计划。全面推进新一轮清洁空气行动计划，建设全国性碳排放交易系统，完成3 600台燃油燃气锅炉低氮改造，强化重污染柴油货车综合整治，新投入使用的公交车全部采用新能源汽车，推动空气质量持续改善。全面开展劣Ⅴ类水体综合治理，加快推进苏州河环境综合整治四期工程和吴淞江工程上海段建设，完成960个住宅小区的雨污混接改造和白龙港污水处理厂提标改造，全市劣Ⅴ类水体比例下降到12%以内。加强近岸海域污染防治。继续推进土壤污染整治。全面开展生活垃圾全程分类，深入推进垃圾收运和再生资源回收“两网融合”，开工12个、建成10个垃圾资源化利用设施，加快形成全社会参与垃圾综合治理的良好局面。 加大绿色生态空间建设力度。新建林地7.5万亩。新建绿地1 200 hm^2、城市绿道200 km、立体绿化40万 m^2。推进合庆、庄行、漕泾等郊野公园建设

序号	省区市	经济社会目标		生态环境保护目标		生态环保重点工作摘录
		经济社会	资源能源	排放总量	环境质量	
10	江苏	地区生产总值增长6.5%以上，一般公共预算收入增长4.5%左右，全社会研发投入占比2.65%（新口径），固定资产投资增长6%左右，高新技术产业投资、工业技改投资、工业投资分别增长10%、9%和6.5%以上，社会消费品零售总额增长8.5%，外贸进出口和利用外资稳中提效，城镇新增就业120万人以上，城镇登记失业率、调查失业率分别控制在4%、5%以内，居民消费价格涨幅控制在3%左右，居民收入增长与经济增长同步	节能减排和大气、水环境质量确保完成国家下达的目标任务	节能减排确保完成国家下达的目标任务	大气、水环境质量确保完成国家下达的目标任务（重点工作：$PM_{2.5}$平均浓度下降到47 μg/m^3，空气质量优良天数比例上升至70%。确保主要入江支流、入海河流消除劣V类，国考断面水质优III类比例提高到70%。民生实事：完成138条黑臭水体整治任务，实现13个设区市及太湖流域全部9个县城建成区基本消除黑臭水体；“厕所革命”、城市绿地建设；城市绿化覆盖率提高到40%）	切实改善农村人居环境。扎实推进村容村貌提升、饮水安全、垃圾污水治理、“厕所革命”和农业废弃物资源化利用等重点工作，生活垃圾集中收运率提高至95%以上。 持续打好污染防治攻坚战，突出抓好中央环保督察“回头看”反馈问题整改，促进生态环境质量持续改善。坚决打赢蓝天保卫战。全面加强主要污染源管控，实施机动车国六排放标准，基本完成钢铁企业超低排放改造、燃煤锅炉整治等重点任务，大力推动水泥、焦化等其他重点行业超低排放改造，加强施工工地管理，开展挥发性有机物等专项整治，$PM_{2.5}$平均浓度下降到47 μg/m^3，空气质量优良天数比例上升至70%。着力打好碧水保卫战。严格落实“河长制”“湖长制”“断面长制”，切实保护水资源、修复水生态。加大太湖流域综合治理，实现更高水平的“两个确保”。加强近岸海域污染防治、饮用水水源地保护和黑臭水体整治，确保主要入江支流、入海河流消除劣V类，国考断面水质优III类比例提高到70%。扎实推进净土保卫战。加强土壤污染防治和污染地块风险管控，加快建立污染地块名录和开发利用负面清单，扩大典型污染土壤治理和修复试点，深入开展涉重企业排查整治，促进土壤资源永续利用。切实打好治理体系能力建设提升战。积极推进与生态环境部共建“生态环境治理体系和治理能力现代化”试点，扎实推进城乡垃圾、污水、固体废物、危险废物等处置能力建设。大力实施园区环境治理工程，着力提升污染物收集、污染物处置、能源清洁化利用、生态环境监测监控能力。依法严厉打击各类环境违法行为，充分发挥市场机制和经济杠杆作用，激发各类主体治污减排的内生动力。积极推进领导干部自然资源资产离任审计，促进领导干部认真履行生态环境保护责任。强化“共抓大保护、不搞大开发”的战略导向，把修复长江生态环境摆在压倒性位置，突出抓好城镇污水垃圾、化工污染、船舶码头和农业面源污染治理，加快两岸造林绿化和湿地生态修复，切实把母亲河的一江清水保护好

序号	省区市	经济社会目标		生态环境保护目标		生态环保重点工作摘录
		经济社会	资源能源	排放总量	环境质量	
11	浙江	GDP 增长 6.5%，研发经费支出占比 2.6%，一般公共预算收入、城乡居民收入同步增长，全员劳动生产率稳步提高	节能减排降碳指标完成国家下达的目标任务	节能减排降碳指标完成国家下达的目标任务	未提及 （重点工作：全省 $PM_{2.5}$ 平均浓度达到国家二级标准；确保水质持续改善；确保其他地区 116 个出境断面Ⅳ类水质以下比例控制在 4%以内；五类重金属污染物排放量比 2013 年削减 8%以上。大力推进垃圾减量化资源化）	打好污染防治攻坚战。编制实施“美丽浙江”建设规划纲要，深化生态文明示范创建，积极参与长江经济带共抓大保护，高标准打好治气、治水、治土、治废四大硬仗。加快清洁能源示范省建设，实施 100 个工业园区废气整治、1 000 个挥发性有机化合物整治项目，加强臭氧治理，实施运输结构调整三年行动，加快淘汰国Ⅲ及以下营运柴油货车，全省 $PM_{2.5}$ 平均浓度达到国家二级标准。深化“五水共治”，完善“河长制”和生态补偿机制，确保水质持续改善。完成 30 个工业园区“污水零直排区”建设，确保大花园核心区和重点生态功能区 29 个出境断面水质全部达标，确保其他地区 116 个出境断面Ⅳ类水质以下比例控制在 4%以内。坚持像保护西湖一样保护千岛湖，高标准推进千岛湖临湖地带综合整治，确保水质不下降、景观不破坏。制定实施城镇污水治理三年行动，完成 100 座城镇污水处理厂清洁排放技术改造。加强近岸海域污染防治，完成入海排污口整治，实现在线监测全覆盖。有效推进重点土壤污染地块和垃圾填埋场的生态修复，五类重金属污染物排放量比 2013 年削减 8%以上。大力推进垃圾减量化资源化，加强固体废物全过程闭环式管理，严打固体废物违法倾倒行为，新增危险废物利用处置能力 15 万 t 以上，加快实现危险废物不出市、生活垃圾不出县。建设美丽乡村，实施农村饮用水达标提标行动，确保到 2020 年全省农村居民喝上好水。 认真办好十方面民生实事，着力解决人民群众普遍关心的突出问题。 （1）创建“美丽河湖”100 条（个）以上，完成 500 km 中小河流整治，清除淤泥 3 000 万 m^3，创建“无违建”河道 6 500 km。 （2）推进农村饮用水达标提标工程，新增 410 万农村居民饮用水达标提标，达标人口覆盖率提升至 90%以上；新增 1 500 个日处理能力 30 t 以上农村生活污水处理设施标准化运维。 （3）新增清洁能源公交车、出租车各 5 000 辆；新增停车位 10 万个。 （4）启动 15 个县（区、市）的生活垃圾分类系统和 200 个垃圾分类省级高标准示范小区建设，全省设区市城区垃圾分类收集覆盖面达到 85%以上，县以上建成区垃圾分类收集覆盖面达到 55%以上；推进 530 个省级农村生活垃圾分类处理项目村建设，生活垃圾分类处理建制村覆盖面达到 65%

序号	省区市	经济社会目标		生态环境保护目标		生态环保重点工作摘录
		经济社会	资源能源	排放总量	环境质量	
12	安徽	全省生产总值增长 7.5%~8%，财政收入增长与经济增长同步，固定资产投资增长10%，社会消费品零售总额增长11%左右，进出口总额增长高于全国平均水平，金融财政风险有效防控。城镇新增就业 63 万人以上，城镇调查失业率 5.5%左右，居民消费价格涨幅 3%左右；城镇常住居民人均可支配收入增长与经济增长同步，农村常住居民人均可支配收入增长9%左右；9 个贫困县摘帽、64 个贫困村出列、40 万贫困人口脱贫	单位生产总值能耗降低 3%左右	未提及	生态环境进一步改善，单位生产总值能耗降低3%左右 （重点工作：确保 $PM_{2.5}$ 平均浓度达到国家考核要求；城市黑臭水体消除比例达90%以上；长江流域国家考核断面水质优良比例达 80%；完成造林 120 万亩）	打好污染防治攻坚战。推进工业企业大气污染综合治理、柴油货车污染专项整治和扬尘污染防治，全面整治“散乱污”企业，完成 126 万 kW 以上煤电机组节能升级改造，推进煤炭消费减量替代，确保 $PM_{2.5}$ 平均浓度达到国家考核要求。加快重点污染河流、湖泊治理，整治集中式饮用水水源保护区环境问题，实施城市污水处理提质增效三年行动，城市黑臭水体消除比例达 90%以上，加大农村黑臭水体治理力度。深入开展沿江化工污染治理、长江干流岸线利用项目清理等专项行动，统筹源头治理和入河排污口整治，长江流域国家考核断面水质优良比例达 80%。大力推进巢湖综合治理，突出抓好入湖河流污染治理，系统推进雨污分流、截污纳管、达标处理、生态补水、湿地净化等工程，努力让入湖河流水清岸绿、鱼翔浅底。强化土壤污染管控和修复，严厉打击固体废物和危险废物非法转移倾倒行为，加快建设再生资源回收利用和无害化处理体系。健全“河（湖）长制”“林长制”，拓展生态补偿范围，实施生态环境损害赔偿制度。大力开展“四旁四边四创”国土绿化提升行动，完成造林 120 万亩。深化开发区、自然保护区、风景名胜区涉生态环保问题整治，坚决守住生态保护红线。持续推进中央环保督察及“回头看”反馈问题整改，切实解决群众反映突出的环保问题，让全省人民享有更多青山碧水的美丽、蓝天白云的幸福！ 改善农村人居环境。学习浙江“千万工程”经验，全面推进以“三大革命”“三大行动”为重点的人居环境整治。改造农村厕所 70 万户，建设 200 个乡镇政府驻地及 1 200 个中心村污水处理设施，农村生活垃圾无害化处理率达 68%。建设 800 个以上省级美丽乡村中心村。建成“四好农村路”扩面延伸工程 2.5 万 km。农村自来水普及率提高到 83%。完善农村配电网和农业生产配套供电设施，加快光纤网络向自然村延伸。打造乡村综合服务平台，推动县乡政务服务向行政村延伸。繁荣乡村文化，深化文明村镇创建。提升现代乡村治理能力，扩大农村社区建设试点。我们要硬件软件一起抓，干部群众同心干，让农民家园一天一天美起来

序号	省区市	经济社会目标		生态环境保护目标		生态环保重点工作摘录
		经济社会	资源能源	排放总量	环境质量	
13	福建	全省生产总值增长 8%~8.5%；一般公共预算总收入增长 4.5%左右，地方一般公共预算收入增长 3%左右；固定资产投资增长 10%左右；进出口增长 3%，实际使用外资增长 3%；社会消费品零售总额增长 10.5%，居民消费价格总水平涨幅在 3%左右；城镇登记失业率控制在 4.2%以内；城镇居民人均可支配收入增长 8%，农村居民人均可支配收入增长 8.5%	完成节能减排降碳任务	完成节能减排降碳任务	（重点工作：全面提升生态环境质量；加强臭氧和 $PM_{2.5}$ 协同控制；确保主要流域水质稳中有升、小流域III类以上水质比例达 90%左右）	大力改善农村人居环境。实施“一革命四行动”，开展“千村引领、万村整治”，建设生态宜居美丽乡村。坚决清理整治“大棚房”，切实遏制农地非农化。实施农村“厕所革命”，新建改造乡镇公厕 400 座、农村公厕 1 000 座以上，完成农村户用厕所无害化改造 15 万户。实施农房整治行动，引导集中建设村镇住宅小区，大力解决“有新房没新村”问题，70%以上村庄完成房前屋后整治。实施村容村貌提升行动，做好“路边、水边、房边”整治，拆除私搭乱建，清理乱堆乱放，推进村庄“四旁”绿化。实施农村生活垃圾治理行动，健全城乡一体化处理体系。实施农村生活污水治理行动，基本实现乡镇生活污水处理设施全覆盖。 创造更多生态福利。做好“生态+”文章，鼓励有条件的地方建设生态廊道、城市“绿心”、郊野公园，为群众提供更多绿色休憩空间。推进国土绿化，建设森林城市，加强武夷山国家公园的保护、建设与管理。对标更高空气质量标准，实施挥发性有机物整治“十百千”工程，加强臭氧和 $PM_{2.5}$ 协同控制，优化区域联防联控。深入落实“河（湖）长制”，加强水源地保护，提升城乡饮用水水质，持续推进黑臭水体整治，加强海洋污染防治，确保主要流域水质稳中有升、小流域III类以上水质比例达 90%左右。推进土壤污染风险防控试点，提高工业固体废物综合利用和危险废物处置能力。全面禁止洋垃圾入境。扩大生活垃圾强制分类试点。深入开展“三合一”督察，持续抓好中央环保督察反馈意见整改。 推动形成绿色生产生活方式。全面推进节能降耗和清洁生产改造，培育壮大节能环保、循环型生态绿色产业。加强自然资源管理，加大批而未供、闲置土地的处置力度，划定永久基本农田整备区，完成年度补充耕地任务。始终坚持进则全胜，创新发展“长汀经验”，全面提升水土保持工作水平。全面执行绿色建筑标准，鼓励绿色消费，倡导绿色出行，引导绿色生活。 深化国家生态文明试验区建设。总结提升、复制推广三年建设经验，完善改革配套体系和技术标准，推出更多标识度高、影响力大的创新举措。认真做好第三次全国国土调查，建立国土空间规划体系。以设区市为单元，编制生态保护红线、环境质量底线、资源利用上线和环境准入清单等“三线一单”，落实生态保护红线管控。开展海洋资源价值实现等生态产品市场化改革试点，完善碳排放权、排污权、用能权等环境资源有偿使用制度，健全环境信用评价体系。组织实施《绿色产业指导目录》，创建绿色发展示范区，让绿色发展理念更加深入人心

序号	省区市	经济社会目标		生态环境保护目标		生态环保重点工作摘录
		经济社会	资源能源	排放总量	环境质量	
14	江西	GDP 增长 8%～8.5%，财政收入增长 5%，一般公共预算收入增长 4%，规模以上工业增加值增长 8.5%，固定资产投资增长 9%，社会消费品零售总额增长 10.5%，实际利用外资增长 6%，城、乡居民人均可支配收入增长分别为 8%、8.5%，居民消费价格涨幅控制在 3%，城镇登记失业率控制在 4.5%以内	节能减排完成国家下达任务	节能减排完成国家下达任务	未提及 （2019 民生“新获得”：生态方面，确保全省 $PM_{2.5}$ 平均浓度控制在 41 μg/m^3 以内、国考断面水质优良比例不降低、万元 GDP 二氧化碳排放量下降 2.5%，完成植树造林 70 万亩）	持续建设美丽宜居乡村。按照“四精”理念，深入实施农村人居环境整治三年行动，启动建设 30 个左右美丽宜居试点县，鼓励有需求的行政村或较大自然村因地制宜配套“8+4”公共服务设施，基本实现组组通水泥路，打造一批省级示范村点。大力推进农村“厕所革命”，具备条件的村庄完成生活污水处理设施建设。 大力推进国家生态文明试验区建设，健全生态文明体系，着力打通“绿水青山”与“金山银山”双向转换通道，以更高标准打造美丽中国“江西样板”。 打好污染防治攻坚战。认真抓好中央环保督察“回头看”反馈问题整改，打好八大标志性战役，开展 30 项专项行动，确保全省 $PM_{2.5}$ 平均浓度控制在 41 μg/m^3 以内、国考断面水质优良比例不降低、万元 GDP 二氧化碳排放量下降 2.5%，完成植树造林 70 万亩。深入推进长江经济带“共抓大保护”攻坚行动，实施生态鄱阳湖流域建设行动计划，加强“五河两岸一湖一江”全流域生态保护和治理，加快打造百里长江最美岸线。健全跨区域治理联动机制。严控企业污染排放，促进农药化肥减量施用，落实垃圾分类制度，开展节水行动，推进公共机构节能，使绿色低碳的生产生活方式在全社会广泛倡导、深入人心。 拓宽生态价值实现途径。稳步推进自然资源统一确权登记，开展自然资源资产有偿使用制度改革试点。推进与长江经济带省份签订流域上下游生态保护补偿协议、与广东签订新一轮东江流域生态保护补偿协议，推进省内市、县（区、市）之间开展流域上下游生态保护补偿。探索开展排污权、碳排放权、用能权、水权等市场交易，设立江西省环境能源交易中心，建立污水、垃圾处理服务费与成效挂钩的付费机制，完善生态环境损害赔偿制度。做优做强做大华赣环境集团，推进城乡环卫“全域一体化”等第三方治理，鼓励建立基于供应链的废旧资源回收利用平台。树立“生态+”理念，加快发展生态旅游、养生养老等产业，推进抚州生态产品价值实现机制试点。为扩大我省优美生态的全球影响力，今年冬季将举办鄱阳湖国际观鸟节。 加强生态文明制度建设。总体建成具有江西特色的生态文明制度体系，力争形成 10 项在全国推广的改革成果、总结 20 项改革举措在全省推行、形成 100 条改革示范经验。加快绿色生态国家技术标准创新基地建设，推动出台江西省生态文明建设促进条例、江西省农村饮水管理条例。全面完成第三次国土调查，启动省级国土空间规划编制，统筹“三条红线”划立。全面实施“山水林田湖草生命共同体”行动计划，研究开展山水林田湖草一体化国家公园建设，探索不同类型的生态系统保护修复模式。创新生态环境治理体系和监管模式，推进环保机构垂管、流域环境监管、生态环保综合执法等改革试点，全面推行领导干部自然资源资产离任审计制度。对于以身试法、破坏生态、断子孙路的行为，以“零容忍”态度依法严办

序号	省区市	经济社会目标		生态环境保护目标		生态环保重点工作摘录
		经济社会	资源能源	排放总量	环境质量	
15	山东	生产总值增长6.5%左右；一般公共预算收入增长5%以上，收入质量进一步提升；投资结构持续优化，消费对经济增长的贡献率进一步提高，货物和服务贸易稳中提质；城镇居民人均可支配收入增长7%，农村居民人均可支配收入增长7%以上；城镇新增就业110万人，登记失业率控制在4%以内；居民消费价格涨幅控制在3%左右	全面完成国家下达的节能减排降碳约束性指标和环境质量改善目标	全面完成国家下达的节能减排降碳约束性指标和环境质量改善目标。	未提及	高标准推进海洋强省建设。加快建设绿色可持续海洋生态环境。科学编制海岸带综合保护与利用总体规划，研究实行海岸建筑退缩线制度。实施陆海污染一体化治理，健全近岸海域水质目标考核制度，完善入海污染物总量控制制度。科学保护海岛及其周边海域生态系统，扎实推进长岛海洋生态文明综合试验区建设。 打好打赢“三大攻坚战”，进一步筑牢高质量发展基础支撑。 强化系统治理，坚决打好污染防治攻坚战。坚定不移抓好中央环保督察反馈意见和“回头看”移交问题整改，全面落实“1+1+8”系列方案。深入推进“四减四增”。实施“绿动力计划”，清洁高效利用传统能源，深度开发利用新能源，加快煤炭消费减量替代，实施好“外电入鲁”，力争接纳省外来电2 000万kW以上。加强重点企业和工业园区铁路专用线建设，确保到2020年铁路货运周转量比重，比2017年提高7个百分点。开展化肥农药减量施用，确保到2020年单位耕地面积化肥、农药施用量，分别比2015年下降6%和10%。坚决打好八场标志性战役。加强重污染天气应急联防联控联治。淘汰高排放、老旧柴油货车，提升重型柴油运输车辆排放达标比例。推进黑臭水体整治，全面深化南水北调沿线水污染防治，推动渤海湾、莱州湾等综合整治，强化危险废物处置监管。建立健全污染防治长效机制。严格落实企业主体责任，健全生态环境损害赔偿、排污许可、环境信用评价等制度。完善激励企业绿色发展的价格、财税、金融和投资政策。制定可预期的环保、质量、安全等标准，为企业转型升级留出必要的时间和空间。帮助企业制定环境治理解决方案，避免处置方式简单粗暴。 盯紧盯牢发展环境保障，进一步形成经济社会高质量发展生态系统。在共同营造风清气正的政治生态基础上，持续优化政务生态、创新创业生态、自然生态、社会生态，培育一流营商环境，塑成政策、环境、服务“三位一体”的集成优势。 持续打造彰显魅力的自然生态。加快泰山区域山水林田湖草系统治理，加强矿山地质环境恢复、水土流失综合治理。抓好统筹治水，落实“河长制”“湖长制”“湾长制”，推动天上水、地表水、特殊水、外来水、地下水“五水共享”，实现治污水、防洪水、抓节水、保供水“四水共治”，加快构建具有山东特点的治水大格局。确保饮用水水质安全，科学划定集中式饮用水水源保护区，稳步推进农村饮水安全两年攻坚。全面推行“林长制”，深入开展“绿满齐鲁·美丽山东”国土绿化行动，实施乡村绿化美化工程，抓好森林抚育和退化防护林更新改造。规范各类自然保护区管理。抓好第三次国土调查

序号	省区市	经济社会目标		生态环境保护目标		生态环保重点工作摘录
		经济社会	资源能源	排放总量	环境质量	
16	河南	生产总值增长7%～7.5%，全员劳动生产率增长7%，一般公共预算收入增长7%，居民消费价格指数涨幅控制在3%左右，经济结构进一步优化，质量效益明显提升。创新发展取得新成果，研究与试验发展经费投入强度达到1.5%，高技术产业、战略性新兴产业增加值占规模以上工业比重分别达到10%以上和20%左右。协调发展取得新成效，常住人口城镇化率提高1.5个百分点以上，人均预期寿命持续提高，九年义务教育巩固率达到95%，医疗卫生、文化、体育等社会事业全面进步。开放发展取得新突破，进出口保持平稳增长，营商环境在全国评价排序前移2位以上。共享发展取得新进步，居民人均可支配收入增长8%，65万农村贫困人口实现脱贫，城镇调查失业率和城镇登记失业率分别控制在5.5%以内和4%以内	绿色发展取得新提升，单位生产总值能耗下降3%以上，主要污染物排放量完成国家下达的目标任务	单位生产总值能耗下降3%以上，主要污染物排放量完成国家下达的目标任务	未提及（重点工作：确保$PM_{2.5}$平均浓度和优良天数比例完成国家考核目标；逐步消除城区黑臭水体；确保环境质量持续改善）	抓好污染防治。扭住改善环境质量这个核心，扎实开展中央环境保护督察“回头看”反馈问题整改，聚焦打赢蓝天、碧水、净土保卫战，深入实施“四大行动”。优化调整“四个结构”，持续抓好“六控”，推进郑州市主城区煤电机组清零和洛阳市主城区煤电机组基本清零，确保$PM_{2.5}$平均浓度和优良天数比例完成国家考核目标。严格落实“河长制”“湖长制”，加强饮用水水源地保护，逐步消除城区黑臭水体。加强重金属污染、农业面源污染防治和固体废物处理，推进受污染耕地安全利用和治理修复，严格保护未污染土壤。严格落实党政领导责任、企业主体责任、部门监管责任，确保环境质量持续改善。 健全生态环保体制。完善月度生态补偿、绿色环保调度、污染物排放许可证等制度。实施自然资源资产产权制度和有偿使用制度改革。推进省以下生态环境机构监测监察执法垂直管理体制改革，抓好生态环境保护综合行政执法改革。 学习浙江经验，坚持规划先行，改善农村人居环境，抓好垃圾污水处理、“厕所革命”、废弃物资源化利用、村容村貌提升。全面开展省辖市城区生活垃圾分类工作，规划建设一批生活垃圾焚烧处理和餐厨废弃物处理设施。加快构建绿色循环的生态环境体系。深入开展山水林田湖草一体化生态保护和修复，统筹建设森林、湿地、流域、农田、城市五大生态系统。加强“南水北调”中线水源地保护，实施南太行地区生态保护修复工程，启动沿黄生态带、郑州黄河中央湿地公园、中华生物园和伏牛山世界植物大观园等重大项目。加快国土绿化提速行动，建设森林河南，完成造林249万亩、森林抚育400万亩，推进山区森林化、平原林网化、城市园林化、乡村林果化、廊道林荫化和庭院花园化，提升生态环境承载力。开展农村人居环境“千村示范、万村整治”工程，完成300万户农村户用卫生厕所改造，完成剩余45个县（区、市）农村垃圾治理省级达标验收任务。持续改善大气环境质量，全省空气优良天数比例达到59.5%

序号	省区市	经济社会目标		生态环境保护目标		生态环保重点工作摘录
		经济社会	资源能源	排放总量	环境质量	
17	湖北	地区生产总值增长 7.5%～8%；城镇新增就业 70 万人；居民收入增长与经济增长基本同步	全面完成国家下达的节能减排任务	全面完成国家下达的节能减排任务	未提及	坚决推进铁腕治污。统筹治气治水治土，打好蓝天保卫战、农业农村污染治理等重点战役。加快火电燃煤机组超低排放改造，开展重点行业挥发性有机物、“散乱污”企业综合整治，对重点行业和重污染区域设置大气污染物特别排放限值。推进不达标断面综合整治，加快城市黑臭水体治理，加强城市污水处理设施提标改造。全面开展农用地土壤环境质量类别划定，加快推进土壤污染治理与修复试点示范工程建设。蓝天、碧水、净土是民之所盼，我们要重拳出击、标本兼治，以治污最大成效回应人民群众关切。 加快补齐农村基础设施和公共服务短板，深入开展农村人居环境整治三年行动，扎实推进“四个三”重大生态工程。 持续推进长江大保护。强化“三线一单”硬约束，巩固提升系列专项整治成果。深入推进沿江化工企业“关改搬转”、非法码头整治、入河排污口整改提升。加快推进长江两岸造林绿化、港口船舶污染物处置设施建设。着力解决饮用水水源地突出环境问题，加快城市饮用水备用水源地建设。开展山水林田湖草生态保护修复工程试点。深入推进全国地质灾害综合防治体系重点省份建设。开展湖北长江经济带生态环境大普查、自然资源全域调查和长江大保护“回头看”。 持续推进长江经济带绿色发展。编制实施湖北长江经济带国土空间规划。细化落实十大战略性举措 58 个重大事项和 91 个重大项目年度任务，加快培育绿色生产方式和生活方式。大力发展绿色产业和循环经济。完善提升碳排放、排污权等资源交易市场。支持武汉申报建设国家级长江新区。支持荆门等地建设国家循环经济示范城市。持续推进生态省五级联创，支持黄冈、咸宁、恩施等地创建国家级生态文明建设示范区。支持十堰承办第九届全国生态文明论坛年会。加强神农架国家公园保护。深入开展绿色家庭、绿色学校、绿色社区创建。 持续完善环境保护长效机制。完善领导干部自然资源资产离任审计、绿色发展考核、省级生态环境保护督察等制度。健全企业环境守信激励与失信惩戒机制。压紧压实“河（湖）长制”，加强巡河巡湖管理。探索建立长江岸线管理员制度。健全省内流域横向生态补偿机制和生态环境保护奖励机制，让提供良好生态产品的地区“不吃亏”。 大美湖北，优在生态。我们要全力打好“双十”工程这场大仗、硬仗、苦仗，克难攻坚、决战决胜，努力提高绿色品质，创造更多绿色福利

序号	省区市	经济社会目标		生态环境保护目标		生态环保重点工作摘录
		经济社会	资源能源	排放总量	环境质量	
18	湖南	经济增长 7.5%～8%；规模工业增加值增长 7%；城镇调查失业率控制在 5%左右；居民消费价格涨幅控制在 3%左右；地方一般公共预算收入增长 4%左右，金融财政风险有效防控；农村贫困人口减少 60 万人以上；居民收入增长与经济增长同步	万元 GDP 能耗下降 2.5%	未提及	生态环境进一步改善，万元 GDP 能耗下降 2.5%（重点工作：确保国家地表水考核断面水质优良率进一步提升；稳步提升城市空气环境质量优良率）	深入开展农村人居环境整治。开展“千村美丽、万村整洁”和“同心美丽乡村”示范创建。推进重点乡镇污水处理设施全覆盖，完成 100 个乡镇垃圾中转设施建设和 2 000 个村环境综合整治。加强农业面源污染治理，深入实施化肥、农药施用量负增长和有机肥替代化肥行动，加大废弃物资源化利用力度。 扎实推进污染防治。持续打好蓝天、碧水、净土保卫战和标志性重大战役，全面落实“河（湖）长制”，继续开展污染防治“夏季攻势”，抓好中央环保督察及“回头看”反馈问题整改，健全省级环保督察长效机制。严格落实长江岸线保护和开发利用总体规划，推进洞庭湖生态环境专项整治三年行动计划，启动湘江保护和治理第三个三年行动计划。推进乡镇级饮用水水源地保护区划分和整治，新开工 100 个城镇黑臭水体整治项目，启动 28 座县以上城镇生活污水处理厂提标改造，加快污水管网建设和畜禽水产养殖污染治理，确保国家地表水考核断面水质优良率进一步提升。加强河道采砂管理。严格空气环境质量奖惩，强化长株潭及传输通道城市大气污染联防联控联治，稳步提升城市空气环境质量优良率。推进省级土壤污染综合防治先行区和重金属污染治理项目建设。积极开展国土绿化行动，加大森林、湿地生态保护修复力度，抓好山水林田湖草生态保护修复工程试点。实施“矿山复绿”行动，加强废弃矿山、尾矿库治理，建设绿色矿山。推进南山国家公园体制试点。启动“一湖四水”全流域生态补偿，推广退耕还林还湿试点经验。要“守护好一江碧水”，把长江岸线打造成美丽风景线，把洞庭湖区打造成大美湖区，把“一湖四水”打造成湖南的亮丽名片。 统筹推进大湘西地区经济和生态建设。 做好城市修补、生态修复工作

序号	省区市	经济社会目标		生态环境保护目标		生态环保重点工作摘录
		经济社会	资源能源	排放总量	环境质量	
19	广东	地区生产总值增长6%～6.5%，突破10万亿元大关；地方一般公共预算收入增长6%～6.5%；固定资产投资增长9%左右，社会消费品零售总额增长8.5%左右，进出口总额增长3%左右；城镇新增就业110万人，城镇调查失业率和城镇登记失业率分别控制在5.5%以内和3.5%以内；居民消费价格涨幅控制在3%以内；居民人均可支配收入增长与经济增长基本同步	单位地区生产总值能耗下降3%	未提及	未提及	持续打好污染防治攻坚战。大力推进生态文明建设，全面落实“河长制”“湖长制”，开展“让广东河更美”大行动，高标准建设“万里碧道”工程，完成县级集中式饮用水水源保护区环境违法问题清理整治，基本完成茅洲河流域污染综合整治主体工程，推进练江流域环保基础设施建设和系统整治，抓好广佛跨界等重污染河流整治，“一河一策”推进国考断面达标和城市黑臭水体治理，新建城镇污水管网 5 000 km。坚决打赢蓝天保卫战，加强臭氧污染治理，抓好压减燃煤、移动源污染和扬尘污染治理等关键环节，基本完成“散乱污”企业综合整治。开展土壤污染治理修复示范工程。大力推行垃圾分类，推进镇级生活垃圾填埋场整改，加快固体废物处置能力建设，强化洋垃圾非法入境管控，严厉打击非法转移倾倒固体废物行为。加强对企业治污的指导服务，避免生态环境监管执法“一刀切”。启动省级国土空间规划编制，推进“多规合一”。完成造林更新 335 万亩、矿山石场复绿 600 hm^2 以上，支持韶关推进国家山水林田湖草生态保护修复试点，推进雷州半岛、茂名露天矿等生态修复，加强红树林及湿地公园保护建设，推进海域海岸带和海岛生态整治修复。 加快改善农村人居环境。推进村庄规划编制，深入实施“千村示范、万村整治”行动，优先在沿交通线、沿省际边界、沿景区、沿城市郊区重点推进，滚动打造 10～20 个示范县、100～200 个示范镇、1 000 个以上示范村，年底前基本完成人居环境基础整治任务。加快韶关、肇庆、河源、梅州、潮州等省际廊道美丽乡村示范带建设，推进省级新农村连片示范建设工程。完善农村水利、垃圾、污水处理设施，全面启动镇级污水处理厂建设。基本完成山区五市中小河流治理，全面推进中小河流治理二期工程、完成 2 000 km 治理任务。 推动珠三角核心区产业、营商环境、生态环境、基本公共服务等深度一体化，携手港澳建设世界级城市群。 建设北部生态发展区。坚持生态优先，严控开发强度和产业准入门槛，加强生态保护和修复，筑牢全省绿色生态屏障。加强自然保护区建设管理，在韶关和清远北部试点打造集中连片的生态特别保护区，开展粤北南岭山区生态修复，积极创建国家公园。改造撤并一批“小而散”的低效园区。因地制宜发展绿色低碳新型工业、现代农林业、健康医养等生态产业，支持云浮等地建设南药基地。规划南岭生态旅游公路，挖掘特色旅游资源，打造服务粤港澳大湾区旅游休闲区。支持中心城区优化城市功能。完善区域生态补偿机制，加大对生态发展区财政转移支付力度

序号	省区市	经济社会目标		生态环境保护目标		生态环保重点工作摘录
		经济社会	资源能源	排放总量	环境质量	
20	广西	地区生产总值增长 7%左右，财政收入增长 5%，规模以上工业增加值增长 6.5%，固定资产投资增长 10%，社会消费品零售总额增长 10%，外贸进出口总额增长 6%，居民人均可支配收入实际增长 7%，城镇登记失业率控制在 4.5%以内，居民消费价格涨幅在 3%左右，农村贫困人口减少 105 万人	节能减排降碳控制在国家下达目标内	节能减排控制在国家下达目标内	未提及 （重点工作：确保空气质量优良天数比率达到国家要求；基本消除设区市建成区黑臭水体）	抓好农村人居环境整治。以垃圾污水治理、“厕所革命”、村容村貌提升为重点，整合相关资金，集中治理农村人居环境。开展“美丽广西·幸福乡村”活动，让农村环境更秀美、农民生活更甜美、八桂乡村更和美！ 坚决打赢污染防治攻坚战。狠抓大气污染防治。开展冬春季大气污染防治攻坚，实施城市扬尘综合整治、柴油车污染治理等六个专项行动。搬迁一批水泥、化工等重污染企业，加强大气污染防治基础能力建设，建立大气环境网格化监管体系，确保空气质量优良天数比率达到国家要求。狠抓水污染防治。加快城镇污水处理提质增效，力争建成 110 个镇级污水处理设施。强化工业集聚区污染集中治理。基本消除设区市建成区黑臭水体。加强南流江、九洲江、茅尾海等综合治理。开展县级城市饮用水水源地环境问题专项整治。狠抓土壤污染防治。加大涉重金属等重点企业监管和专项环境执法力度，实施 13 个防治示范项目，抓好河池、柳州土壤污染综合防治先行区建设。 实施生态保护和修复。抓好百色、崇左、南宁山水林田湖草生态保护和修复。实施漓江生态保护和修复提升工程，守护好“甲天下”的桂林山水。加强水土流失综合治理。落实最严格耕地保护制度。完成第二次全国污染源普查和第三次国土调查任务。强化海洋生态环境保护和监管。建设生态环境监测网络。 积极发展生态经济。发展生态工业。推广循环经济发展模式，在节能环保、新能源应用和可再生能源开发等领域组织实施一批重点项目，扶持发展装配式建筑产业。发展生态农业。打好“绿色牌”“长寿牌”“富硒牌”，开发绿色、有机高品质农产品，做大“稻田+生态综合种养”和林下经济，推进西江水系“一干七支”沿岸生态农业产业带建设，发展生态养殖，推进畜禽养殖废弃物资源化利用。发展环保服务业。推行水污染、大气污染、固体废物和危险废物第三方治理，规范环评中介服务，加快开放环保治理市场。 强化生态环境保护监管。从严从实推进中央环保督察“回头看”反馈问题整改。继续开展自治区级生态环境保护督察。深入落实“河长制”“湖长制”。基本完成自治区生态环境机构垂直管理制度改革。生态环境是易碎品，失之易、护之难，必须持之以恒、毫不松懈，把“山清水秀生态美”的金字招牌擦得更亮

序号	省区市	经济社会目标		生态环境保护目标		生态环保重点工作摘录
		经济社会	资源能源	排放总量	环境质量	
21	海南	地区生产总值增长 7%左右，财政收入增长 5%，规模以上工业增加值增长 6.5%，固定资产投资增长 10%，社会消费品零售总额增长 10%，外贸进出口总额增长 6%，居民人均可支配收入实际增长 7%，城镇登记失业率控制在 4.5%以内，居民消费价格涨幅在 3%左右，农村贫困人口减少 105 万人	节能减排降碳控制在国家下达目标内	确保完成国家下达的节能减排降碳控制目标	细颗粒物（$PM_{2.5}$）年均浓度降低 1 μg/m^3 左右	深入开展农村人居环境整治，彻底治理农村污水、垃圾、厕所和村容村貌。 增强“海澄文”“大三亚”辐射带动作用。推动生态环保联防联控，加强水体和湿地保护、垃圾和污水处理等生态合作，开展跨区域环保联合监测和污染联动监察。 全面落实国家生态文明试验区政策举措。建设国家生态文明试验区，开展海南热带雨林国家公园体制试点，精心组织，明确任务，落实责任，抓出成效，为全国生态文明建设积累经验。编制生态保护红线、环境质量底线和资源利用上线，建立全省生态环境分区管控体系。全面实施“河长制”“湖长制”“湾长制”“林长制”。制定碳排放总量控制方案。建立绿色金融改革创新试验区，开展海洋生态系统碳汇试点。实施全面禁止生产、销售和使用一次性不可降解塑料制品方案。开展以红树林保护为重点的湿地保护修复行动，建设海口五源河、三亚河等湿地公园。推进绿色殡葬五年行动计划。实施有机肥替代化肥行动。在全省推广装配式建筑。加大创建卫生（健康）城镇力度。实行国家第六阶段机动车排放标准。出台清洁能源汽车发展规划，完善充电桩布局，建设充电桩 4 万个以上；公务车、公交车等新增和更换车辆全部使用清洁能源汽车。 着力补齐环保基础设施短板。加快城镇污水处理配套管网建设，实施老旧城区雨污分流管网改造，建设一批建制镇污水处理设施，制定实施加强运营管理的有效措施。加快 8 座垃圾焚烧发电厂建设，推动生活垃圾转运更好实现城乡全覆盖。加强跨区域环境监测设施和能力建设。 不折不扣完成中央环保督察和国家海洋督察反馈问题整改。开展全覆盖督察，严格按照时间节点、逐条逐项抓好落实，确保每一个问题有效整改到位。处置围填海历史遗留问题，除国家重大战略项目外，全面停止新增围填海项目审批。举一反三、标本兼治，健全和落实生态环境保护的各项长效机制

序号	省区市	经济社会目标		生态环境保护目标		生态环保重点工作摘录
		经济社会	资源能源	排放总量	环境质量	
22	重庆	地区生产总值增长7%～7.5%，地方一般公共预算收入增长8%，固定资产投资、社会消费品零售总额均增长10%，货物、服务进出口总额均增长20%，外商直接投资增长120%，城镇和农村常住居民人均可支配收入分别增长8.2%和8.5%，居民消费价格涨幅控制在3.5%左右，城镇新增就业人口9万人以上，城镇调查失业率控制在5.5%以内，研究与试验发展经费占地区生产总值比重达0.54%，常住人口城镇化率提高到60%	确保完成国家下达的节能减排降碳控制目标	节能减排降碳完成国家下达的目标任务	未提及（重点工作：生态保护修复；营造林600万亩）	坚决打好污染防治攻坚战。实施五大环保行动，抓好中央环保督察和中办二次回访反馈问题整改，着力解决突出环境问题。打好碧水保卫战，深入落实“河长制”，加强水源地保护，狠抓污水处理设施改造提标和管网配套，强化码头船舶污染防治，严惩超标排放、偷排偷放等行为。打好蓝天保卫战，重点治理柴油货车污染，抓好施工、道路等扬尘管控，加强餐饮油烟、烟花爆竹燃放等专项治理。打好净土保卫战，开展重点行业、企业土壤污染摸底调查，强化污染场地风险管控，完善固体废物和危险废物处置设施，建设土壤污染综合防治示范区。 改善农村人居环境。编制多规合一的乡村规划，建设精致县城、大美乡村。实施“五沿带动、全域整治”行动，扎实推进农村人居环境整治，建设2.4万km“四好农村路”，改造3万户农村危房、37.5万户卫生厕所，强化农村垃圾污水、面源污染治理和农业生产废弃物资源化利用，探索建立长效管护机制。 持续实施生态优先绿色发展行动计划，加快建设山清水秀美丽之地。 加强生态保护修复。深入实施国土绿化提升行动，完成营造林600万亩以上，推动500万亩国家储备林建设。加快国家重点省市地质灾害综合防治体系建设，实施三峡库区消落区治理。推进国家山水林田湖草生态保护修复工程试点，加快建设生物多样性示范区。彻底清理整治自然保护区生态破坏和农地非农化问题，还自然以宁静、和谐、美丽。 推进产业生态化、生态产业化。加快发展生态农业、生态旅游、生态康养等绿色产业，壮大节能环保、清洁生产、清洁能源产业，培育绿色低碳新增长点。推行绿色建筑，发展装配式建筑。实施生活垃圾分类处理。开展生态文明宣传教育，倡导勤俭节约、绿色低碳、文明健康的生活方式。 深化生态监管体制改革。推进全民所有自然资源资产管理和自然生态监管体制改革，建立自然资源确权登记体系。严格执行重点生态功能区产业准入负面清单，建立以排污许可证为核心的污染源管理体系。完善生态补偿机制。落实能源资源消耗总量和强度“双控”目标责任，强化党政领导干部自然资源资产离任审计、生态环境损害责任追究制度，让生态红线成为不可触碰的“高压线”

序号	省区市	经济社会目标		生态环境保护目标		生态环保重点工作摘录
		经济社会	资源能源	排放总量	环境质量	
23	四川	GDP 增长 6%，人均可支配收入增长 8%，居民消费价格涨幅 3%，城镇调查失业率控制在 5.5%，固定资产投资和社会消费品零售总额分别增长 8%和 7%	节能减排降碳完成国家下达任务	环境保护和节能减排完成国家下达的目标任务	环境保护和节能减排完成国家下达的目标任务	坚决打好污染防治攻坚战。抓好中央生态环境保护督察及“回头看”反馈问题整改，开展省级生态环境保护专项督察。打好污染防治“八大战役”，建立污染防治攻坚重点县清单，实行省直部门、国有企业、科研院所与重点县“一对一”结对攻坚。深化区域联防联控联治，加快成都平原、川南、川东北城市群大气污染治理。加强沱江、岷江、涪江等重点流域综合治理和长江岸线保护。加强重点区域土壤整治和城市污染场地治理。 推进“美丽四川·宜居乡村”建设。开展农村人居环境整治“五大行动”，打造幸福美丽新村升级版。实施“六化”工程，提升农村垃圾、污水、农业废弃物处理能力，开展乡镇集中式饮用水水源地环境问题整治。 加强生态保护与修复。落实“河长制”“湖长制”，完善“一河（湖）一策”管理保护方案，强化河湖水域岸线划定、保护和空间管制，整治违法排污、非法采砂等问题。推进长江廊道、大小凉山、高原藏区等重点区域造林绿化，完成营造林 900 万亩。加强沙化、石漠化、水土流失、干旱地区、退化草地等脆弱生态治理。科学推进九寨沟地震灾后生态环境修复保护。建设好大熊猫国家公园，加强自然保护地管理，保护好我省生物多样性。 推动形成绿色生产生活方式。制定生态环境保护责任清单，强化考核问责。严守长江经济带战略环评“三线一单”，促进产业布局与资源环境承载能力相适应。发展节能环保、清洁生产等产业。推动建立市场化、多元化生态保护补偿机制。完成省以下环保机构监测监察执法垂直管理改革。完善水价形成机制，推广新能源汽车，开展公共机构节约能源资源和绿色家庭、绿色学校、绿色社区等示范创建。 提升自然资源管理水平。做好第三次国土调查，摸清全省自然资源家底。开展国土空间规划编制工作。推进自然资源统一调查和确权登记，开展自然资源资产核算，逐步建立各类全民所有自然资源资产的有偿使用制度。落实建设用地增存挂钩，抓好批而未供和闲置土地清理处置。推进“大棚房”问题和重点区域违规违法占用国家资源专项清理整治。完成自然保护区矿业权整改

序号	省区市	经济社会目标		生态环境保护目标		生态环保重点工作摘录
		经济社会	资源能源	排放总量	环境质量	
24	贵州	地区生产总值增长7.5%左右，社会固定资产投资增长10%，社会消费品零售总额增长10%，地方一般公共预算收入增长与经济增长基本同步，城、乡居民人均可支配收入分别增长 8%和9%，城镇登记失业率和调查失业率分别控制在 4.5%和5.5%以内，居民消费价格涨幅控制在3%	环境保护和节能减排完成国家下达的目标任务	节能减排降碳指标控制在国家下达的计划范围内	县城以上城市空气质量优良天数比率保持在95%以上；森林覆盖率达到58.5%	打好污染防治“五场战役”。持续抓好中央环保督察反馈问题整改。深入开展扬尘、工业企业大气污染、散煤燃烧等治理行动，加快页岩气和煤层气勘查开发利用，推广使用地热能。开展城市黑臭水体治理攻坚行动，持续推进“双十工程”和“百千万”清河行动，保持出境断面水质优良率100%。实施土壤污染防治行动计划，重金属历史遗留废渣治理率超过80%。持续推进磷化工企业“以渣定产”，力争磷石膏堆存量实现零增长。 加强生态保护修复。严格生态环境准入，划定省级“三线一单”，建立应用监管平台，推进生态保护红线勘界定标。加快绿色贵州建设，加强自然保护区、饮用水水源地等生态安全核心区域生态修复，实施贵州乌蒙山片区山水林田湖草生态保护修复试点工程，加强梵净山等世界自然遗产地保护，抓好草海、南明河等综合治理。开展石漠化综合治理三年攻坚，完成营造林520万亩，力争退耕还林350万亩，治理石漠化1 000 km^2、水土流失2 520 km^2。 培育壮大绿色产业。推进绿色经济“四型”产业发展。深入实施绿色制造三年专项行动，创建绿色园区、建设绿色工厂、开发绿色产品、延长绿色链条。培育壮大节能环保产业，发展循环经济，提高工业固体废物综合利用率。发展绿色建筑，稳步推广装配式建筑应用。实施森林扩面提质增效三年行动计划，加强油茶、竹等林业产业基地建设，推进林产品配套精深加工。 大力倡导绿色生活。加强生态文明宣传教育，倡导简约适度、绿色低碳的生活方式。大力创建绿色家庭、绿色学校、绿色社区、绿色商场、绿色餐馆。推行绿色消费，推广环境标志产品、有机产品等绿色产品，减少过度包装。提倡绿色居住，节约用水、用电、用气。积极发展公共交通，加快清洁能源汽车推广应用，倡导绿色出行。大力推进生活垃圾分类收集处理和焚烧发电。 完善生态文明制度。完成国家生态文明试验区建设34项重点任务。深入实施生态环境损害赔偿制度，探索建立黔中水利枢纽工程涉及流域生态补偿机制。推行排污许可制度。推进碳排放交易市场建设。完成长江经济带战略环评市州“三线一单”编制。加快资源性产品价格改革，完善土地和矿产资源有偿使用制度。支持贵安新区绿色金融改革创新试验区建设。深化“河（湖）长制”，实行“林长制”。办好贵州生态日活动。持续开展“守护多彩贵州·严打环境犯罪”执法专项行动，推动跨区域、跨流域环境联合执法、交叉执法

序号	省区市	经济社会目标		生态环境保护目标		生态环保重点工作摘录
		经济社会	资源能源	排放总量	环境质量	
25	云南	经济增长目标：地区生产总值增长9%左右、力争超过1.6 万亿元。一、二、三产业分别增长 6.8%、9.5%和10%，规模以上工业增加值增长9%。固定资产投资增长13%左右，社会消费品零售总额增长10%左右	节能减排降碳指标控制在国家下达的计划范围内	节能减排降碳指标控制在国家下达的计划范围内	未提及（重点工作：新增水土流失治理面积 4 720 km^2，完成退耕还林还草和陡坡地生态治理300万亩以上）	继续打好污染防治攻坚战。全力打好蓝天、碧水、净土三大保卫战和“八个标志性战役”。以革命性措施抓好九大高原湖泊保护治理，彻底转变“环湖造城、环湖布局”的发展模式，下决心先做“减法”再做“加法”；彻底转变“就湖抓湖”的治理格局，下决心解决岸上、入湖河流沿线、农业面源污染等问题；彻底转变“救火式治理”的工作方式，下决心解决久拖不决的老大难问题；彻底转变“不给钱就不治理”的被动状态，下决心健全完善投入机制。全面落实“河（湖）长制”，确保九湖水质稳定好转、以长江为重点的六大水系水质持续改善。启动城镇污水处理提质增效行动，加强公共治污设施建设。强化生态系统保护修复，新增水土流失治理面积 4 720 km^2，完成退耕还林还草和陡坡地生态治理 300 万亩以上。加快建立以国家公园为主体的自然保护地体系，深化长江流域生态补偿机制试点。建立健全生态环保常态化曝光、处理、问责机制，严守生态保护红线、永久基本农田红线和城镇开发边界“三条控制线”。下大力气解决群众反映强烈的生态环境突出问题，让各族群众享受到环境改善的成果。 建设美丽乡村，让农民群众过上文明、舒适、便捷的生活。扎实推进农村人居环境整治三年行动，重点做好农村垃圾污水治理、“厕所革命”、村容村貌提升等工作
26	西藏	脱贫攻坚目标：减少农村贫困人口110万人，18个县通过脱贫摘帽考核验收，17个县达到脱贫摘帽标准，全面完成188万人搬迁任务		能耗、碳排放强度和污染减排指标控制在国家核定范围内	地级以上城市空气质量优良天数比率保持在95%以上	打好打赢污染防治攻坚战。打好蓝天保卫战，深入开展工业废气、施工扬尘、机动车尾气治理，坚持文明煨桑，多措并举减少城乡烟尘烟气排放；加快城乡污水垃圾处理设施建设进度，确保主要江河水质达到或优于Ⅲ类标准；打好净土保卫战，完成农用地土壤污染状况普查，开展农业农村污染防治，全面启动“禁白”工作。完成第二次污染源普查。全面完成中央环保督察反馈问题整改。 加强自然生态保护与恢复。进一步优化国土空间开发布局，积极推进极高海拔生态搬迁。加强天然林、草地、湿地和生物多样性保护，推进“三江源”生态环境保护，开展重点生态功能区生态修复，实施山水林田湖草系统治理工程。加强自然保护地建设和管理，启动地球第三极国家公园群建设。严禁在保护地开发矿产资源。加大生态领域投入力度，确保投入增幅在20%以上。 扎实推进绿色发展。健全自然资源资产产权制度和用途管制制度，继续严格执行矿业权设置、自治区政府“一支笔”审批和环境保护“一票否决”制度。加强绿色统计，健全生态环境监测网络，强化生态环境监管。坚持节约集约利用资源，积极发展绿色经济。开展生态资产评估和碳汇经济研究。持续完善生态补偿制度。 深入实施乡村振兴战略。认真实施自治区乡村振兴战略规划，全面落实农村人居环境整治三年行动方案

序号	省区市	经济社会目标		生态环境保护目标		生态环保重点工作摘录
		经济社会	资源能源	排放总量	环境质量	
27	陕西	高质量发展目标：全员劳动生产率提高到每人 7.3 万元左右，科技进步贡献率提高到 50%左右，新经济、绿色经济、制造业占地区生产总值比重分别提高到 20%、42%和 25%左右。常住人口城镇化率提高到 49%		未提及	未提及	打好污染防治攻坚战。实施好秦岭生态环境保护工作方案，加大桥山、白于山区、渭北旱塬水土流失区保护和修复力度，巩固整治成果，用好长效机制。铁腕实施蓝天保卫战和汾渭平原攻坚方案，强化区域联动治理，持续推进清洁取暖、散煤治理、“散乱污”企业综合整治和柴油货车专项整治。推进能源清洁高效利用，单位生产总值二氧化碳排放下降 3.9%。深入落实“河长制”“湖长制”，加大渭河、汉江、丹江、延河、无定河、泾河等河流水污染防治，加强湿地生态保护与恢复，启动实施城镇垃圾污水处理提质增效行动。推动畜禽养殖废弃物资源化利用，强化农业面源污染治理。 积极打造生态宜居美丽乡村。坚持规划引领、示范带动，压实县级主体责任，发动农民群众参与人居环境治理，重点做好垃圾污水处理、“厕所革命”、村容村貌提升，建设 200 个以上乡村振兴示范村
28	甘肃	民生保障目标：城镇新增就业 75 万人，城镇调查失业率、登记失业率分别控制在 5.5%左右和 4.2%以内。城镇、农村居民人均可支配收入分别增长 9%左右和 10%左右。居民消费价格指数涨幅控制在 3%左右		单位生产总值能耗和主要污染物排放完成国家下达的控制目标	未提及（重点工作：蓝天碧水净土工程；祁连山生态环境问题整改；生态环境执法监管；十大生态十大产业持续发展）	大力推进乡村振兴。践行绿色理念推动生态振兴，深入学习浙江“千万工程”经验，全面开展农村人居环境整治。 坚决扛牢生态建设政治责任，着力解决突出环境问题，定战略、出政策、上项目都务必坚守生态环保红线底线。 强化生态环境保护。持续抓好中央环保督察、祁连山及全省自然保护区生态环境问题整改。积极推进大熊猫、祁连山国家公园体制试点工作。加快实施“两江一水”、渭河源区及玛曲沙化草原治理等重点生态工程，争取国家支持民勤生态示范区建设。统筹做好山水林田湖草系统治理，完成造林面积 350 万亩以上。坚持生态产业化、产业生态化方向，通过城乡共治、肥瘦搭配、项目打捆等方式，引进大型投资主体，实现生态资源和生态资本保育增值。着力推进以兰州新区为重点的绿色金融创新试点，积极用好各类绿色金融工具，努力争取国家支持设立绿色金融机构。 综合实施蓝天碧水净土工程。积极开展工业企业污染治理，加快实施火电等重点行业超低排放改造，确保重点企业污染排放达标。有序推进城乡冬季清洁供暖，实施县级以上城市煤改气、煤改电或洁净煤替代工程，采取多种形式开展农村改灶、改炕工作。开展柴油货车污染治理专项行动，推广新能源汽车。全面落实“河（湖）长制”，强化重点流域水污染综合治理。开展城市黑臭水体专项整治，加快城镇污水处理设施和配套管网建设。抓好集中式饮用水水源地环境保护专项行动，整治水源保护区环境隐患和违法问题。完成农用地土壤污染状况详查，实施土壤污染治理与修复技术应用试点项目。继续推进兰州、嘉峪关、甘南、定西、酒泉等城市生活垃圾分类处理试点工作。 切实加强生态环境执法监管。研究修订《甘肃省环境保护条例》，完善生态环保地方标准。全面完成生态环境机构和省以下环境机构监测监察执法垂直管理制度改革，整合组建综合执法队伍，健全生态环保督察机制。加快推进生态环境监测网络建设，尽快实现监测数据互联共享。不断提高自然保护区监管能力，重拳遏制环境违法行为

序号	省区市	经济社会目标		生态环境保护目标		生态环保重点工作摘录
		经济社会	资源能源	排放总量	环境质量	
29	青海	地区生产总值增长 6.5%～7%，固定资产投资增长7%左右，社会消费品零售总额增长8%左右，地方公共财政收入与地区生产总值同步增长，全体居民人均可支配收入持续高于经济增长速度，力争达到 8%，城镇新增就业人口 6 万人，农牧区劳动力转移就业105 万人次，城镇登记失业率控制在 3.5%以内，居民消费价格涨幅控制在 3%左右	节能降碳、主要污染物减排指标控制在国家规定的目标以内	节能降碳、主要污染物减排指标控制在国家规定的目标以内	主要城市空气质量优良天数比率保持在 80% 以上，水生态修复、水环境保护和水资源管理全面加强，湟水河出省断面保持Ⅳ类水质	加力推进污染防治。坚持标本兼治、重在治本，强力推进中央环保督察反馈问题整改，推动省级环保督察制度常态化，绝不允许问题反弹回潮。聚焦打好八场标志性战役，统筹推进大气、水、土壤污染防治，以“零容忍”态度铁腕治污。深化大气污染联防联治，再淘汰一批 10 蒸吨及以下燃煤锅炉，因地制宜推动清洁能源供热取暖，强化机动车尾气污染治理，深入开展工业污染源排放达标管理。加强饮用水水源地管护，推进河湖管理“清四乱”和河道采砂整治行动。实施城镇污水处理提质增效工程，巩固提升城市黑臭水体治理成果。全面实施土壤污染防治行动计划，抓好土壤污染管控和修复。完成生态环境监测监察执法制度改革，打造生态环境保护铁军，用重典、严执法，坚决制止和惩处破坏生态环境行为。 启动国家公园省建设。深化三江源、祁连山国家公园体制试点，发布三江源国家公园公报，筹办好首届“国家公园论坛”和“世界自然遗产地论坛”。编制国家公园省建设总体规划，统筹布局和探索建设具有高原特色的国家公园集群，统一设置、分级管理、分区管控，构建以国家公园为主体、自然保护区为基础、各类自然公园为补充的自然保护地管理体系，做整合优化、体制创新、资金保障、科学管理、人与自然和谐发展的典范，展现“国家公园省、大美青海情”的独特魅力，还自然以宁静、和谐、美丽。 推进生态保护工程。树立全域共建理念，发布实施生态红线，建立“三线一单”管理机制，完善“天地一体化”生态环境监测评估预警体系。扎实推进三江源二期、环青海湖二期等重点生态工程，提早谋划三江源三期工程规划，持续抓好木里等矿区生态恢复工作，守护好山水林田湖草生命共同体。继续实施大规模国土绿化提速行动，不断提升全省蓝绿空间占比。健全自然资源资产产权体系，强化整体保护，落实监管责任，健全补偿机制，探索生态价值实现途径，促进自然资源集约开发利用和生态保护修复。 促进绿色生产生活。大力倡导绿色价值观，开展生态环境科普“五进”、环保大讲堂、绿色创建等活动。统筹实施清洁生产和超低排放改造，培育壮大节能环保和清洁生产产业。鼓励企业充分消纳清洁能源，推进工业固体废物、危险废物等资源综合利用项目实施。构建系统完备的固体废物分类收运、处置和循环利用体系，全面推行城市生活垃圾分类，加快启动城市垃圾焚烧处置项目，着力补齐农村垃圾处理短板，实现城乡环境干净整洁有序。推进“绿色细胞工程”，发展绿色建筑，鼓励绿色出行，推广新能源汽车。动员全社会力量参与生态保护建设，倡导养成勤俭节约、绿色低碳、文明健康的生产生活方式和消费模式。 改善农村人居环境。深入开展农村人居环境三年整治行动，围绕“生产强产业美、生态优环境美、生活好家园美”，实施 1 000 个村庄和游牧民定居点环境综合整治项目。分期分批推进垃圾污水处理设施建设，健全完善运营管护长效机制

序号	省区市	经济社会目标		生态环境保护目标		生态环保重点工作摘录
		经济社会	资源能源	排放总量	环境质量	
30	宁夏	全省地区生产总值增长 8.5%左右，固定资产投资增长 12%左右，地方一般公共预算收入增长 5%左右，城镇调查失业率控制在 5.5%以内，农村贫困人口减少 130 万人，居民收入增长与经济增长基本同步	单位 GDP 能耗完成国家下达的目标任务	四项主要污染物指标完成国家下达任务；万元生产总值能耗下降 3%	未提及 （重点工作：持续提升环境空气质量；黄河流域水质优良比例稳定在 73.3%以上；完成营造林 130 万亩以上，治理荒漠化土地 90 万亩、水土流失 800 km^2，森林覆盖率达到 15.2%；加强污染防治，进一步改善生态环境质量）	改善农村人居环境。深入学习浙江“千万工程”经验，扎实推进农村人居环境整治三年行动。创新村镇建设形态模式，建设美丽小城镇 20 个、美丽村庄 100 个、特色小镇 12 个，打造美丽宜居的乡村特色风貌。加快补齐农村基础设施和公共服务短板，提升农村饮水安全， 加强污染防治，改善生态环境质量。深入贯彻习近平生态文明思想，大力实施生态立区战略，坚决打好污染防治攻坚战，努力建设天蓝地绿水美的美丽宁夏，打造西部地区生态文明建设先行区。 扎实抓好反馈问题整改。严格落实生态环境保护党政同责、“一岗双责”，压实主体责任。坚持分类施策，完善长效机制，依法查处各类环境违法行为，切实做到问题不查清不放过、整改不到位不放过、责任不落实不放过、群众不满意不放过。坚决杜绝敷衍整改、虚假整改、表面整改，确保中央环保督察“回头看”反馈问题按期整改到位。 大力实施蓝天碧水净土行动。坚决打好蓝天保卫战，加快重点行业脱硫脱硝及除尘提标改造，全面淘汰城市建成区不达标燃煤锅炉，有效治理柴油货车污染，从严管控施工扬尘，强力禁止秸秆焚烧。强化联防联控联治，减少重污染天气，持续提升环境空气质量。坚决打好新时代黄河保卫战，扎实落实“河（湖）长制”，加大饮用水水源地保护力度。推进城镇污水处理提质增效，狠抓工业园区污水稳定达标排放。加强重点入黄排水沟和城市黑臭水体综合整治，黄河流域水质优良比例稳定在 73.3%以上，打造水清河畅、岸绿景美的良好水生态。坚决打好净土保卫战，开展重点行业企业用地土壤污染调查，综合防控农业面源污染，提高工业固体废物处置和综合利用水平，推进生活垃圾分类收集。改进环境治理方式，避免处置措施简单粗暴，充分调动企业和社会公众参与环境治理的积极性。 深入推进生态保护修复。加快沿黄生态经济带建设，实施一批节能环保、清洁生产、循环经济项目，探索用能权、排污权交易，拓展污染第三方治理，重塑生态优先、绿色发展新格局。统筹山水林田湖草系统治理，巩固贺兰山、六盘山、罗山生态环境综合整治成果。抓好重大生态工程，完成营造林 130 万亩以上，治理荒漠化土地 90 万亩、水土流失 800 km^2，森林覆盖率达到 15.2%。推动建立市场化、多元化生态补偿机制，做好生态保护红线、自然保护区勘界定标，扩大绿色生态空间，筑牢祖国西北重要生态安全屏障

序号	省区市	经济社会目标		生态环境保护目标		生态环保重点工作摘录
		经济社会	资源能源	排放总量	环境质量	
31	新疆	地区生产总值增速保持在10%左右，地方财政收入高于全国平均增幅，社会消费品零售总额增长13%；城镇居民人均可支配收入增长10%以上，农村居民人均可支配收入增长13%以上，居民消费价格涨幅控制在4%以内，城镇登记失业率控制在3%以内，城镇调查失业率控制在5%以内，城镇新增就业5万人	能耗、碳排放强度和污染减排指标控制在国家核定范围内	未提及	未提及（重点工作：持续改善空气质量；避免处置措施简单粗暴）	打好污染防治攻坚战。牢固树立“绿水青山就是金山银山”“冰天雪地也是金山银山”的发展理念，严格执行环境准入负面清单，严格落实严禁“三高”项目进新疆要求，严格执行能源、矿产资源开发自治区政府“一支笔”审批制度、环境保护“一票否决”制度，实行最严格的生态保护制度和空间用途管制制度、最严格的水资源管理制度，全面落实“河长制”“湖长制”。以乌—昌—石、奎—独—乌等重点区域为主战场，强化联防联控、同防同治，持续改善空气质量。持续推进重点流域污染治理和生态修复工程，强化城乡饮用水水源地保护。加强土壤污染管控和修复，强化危险废物处置监管。落实最严格的耕地保护制度，加强永久基本农田保护。做好自治区第二次全国污染源普查。持续抓好中央环保督察反馈问题整改落实，依法查处生态环境违法行为。在环境执法过程中，统筹兼顾，增强服务意识，积极帮助企业制定环境治理解决方案，避免处置措施简单粗暴。加强世界自然遗产地、自然保护区、沙化土地封禁保护区、重要饮用水水源保护区等保护建设，已划定的保护区一律不允许擅自调整。下大力气解决群众反映强烈的生态环境突出问题，让各族群众喝上干净的水、呼吸到洁净的空气、感受到环境改善的成果！ 加快推进乡村生态振兴。加强农村生态保护，持续开展农村人居环境三年整治行动，重点做好垃圾污水处理、“厕所革命”、村容村貌提升，建设美丽乡村。让农业成为有奔头的产业，让农民成为有吸引力的职业，让农村成为安居乐业的美丽家园！ 加强生态建设。深入实施山水林田湖草一体化生态保护和修复，稳步推进国土绿化行动，持续推进天然林保护、防护林体系建设、水土流失和土地沙化治理及湿地保护恢复等重大生态工程建设，加快推进沙棘生态经济林基地建设，加强塔里木河流域胡杨林生态保护，因地制宜推进退牧还草、退耕还林

参考文献

[1] 陈吉宁．北京市政府工作报告[EB/OL].（2019-01-14）．http：//www.beijing.gov.cn/gongkai/jihua/zfgzbg/201903/t20190321_1838386. html.

[2] 张国清．天津市政府工作报告[EB/OL].（2019-01-14）．http：//www.tj.gov.cn/zwgk/zfgzbg/202005/t20200520_2462488.html.

[3] 许勤．河北省政府工作报告[EB/OL].（2019-01-14）．http：//www.hebei.gov.cn/hebei/14462058/14471802/14471805/14867274/index.html.

[4] 楼阳生．山西省政府工作报告[EB/OL].（2019-01-26）．http：//www.shanxi.gov.cn/szf/zfgzbg/szfgzbg/201902/t20190203_517408.shtml.

[5] 布小林．内蒙古自治区政府工作报告[EB/OL].（2019-01-26）．http：//www.nmg.gov.cn/zwgk/zfggbg/zzq/201902/t20190201_229822.html.

[6] 唐一军．辽宁省政府工作报告[EB/OL].（2019-01-16）．http：//www.ln.gov.cn/zwgkx/zfgzbg/szfgzbg/201901/t20190126_3432883.html.

[7] 景俊海．吉林省政府工作报告[EB/OL].（2019-01-26）．http：//zb.jl.gov.cn/2019/2017_85505/gcgd/201902/P020190220344398757967. pdf.

[8] 王文涛．黑龙江省政府工作报告[EB/OL].（2019-01-14）．https：//www.hlj.gov.cn/n200/2019/0214/c75-10893689.html.

[9] 应勇．上海市政府工作报告[EB/OL].（2019-01-27）．http：//www.shanghai.gov.cn/nw12336/20200813/0001-12336_1362001.html.

[10] 吴政隆．江苏省政府工作报告[EB/OL].（2019-01-14）．http：//www.jiangsu.gov.cn/art/2019/1/24/art_33720_8104543.html，

[11] 袁家军．浙江省政府工作报告[EB/OL].（2019-01-27）．http：//www.zj.gov.cn/art/2019/8/19/art_1678454_37135586.html.

[12] 李国英．安徽省政府工作报告[EB/OL].（2019-01-14）．http：//www.ah.gov.cn/public/1681/7965131.html.

[13] 唐登杰．福建省政府工作报告[EB/OL].（2019-01-14）．http：//www.fujian.gov.cn/szf/gzbg/zfgzbg/201901/t20190121_4748474.htm.

[14] 易炼红．江西省政府工作报告[EB/OL].（2019-01-27）．http：//www.jiangxi.gov.cn/art/2019/2/11/art_392_560110.html.

[15] 龚正．山东省政府工作报告[EB/OL].（2019-02-14）．http：//www.shandong.gov.cn/art/2019/2/19/art_101626_316509.html.

[16] 陈润儿．河南省政府工作报告[EB/OL].（2019-01-16）．https：//www.henan.gov.cn/2019/01-23/732229.html.

[17] 王晓东．湖北省政府工作报告[EB/OL].（2019-01-14）．http：//www.hubei.gov.cn/zwgk/hbyw/hbywqb/201901/t20190124_1505734.shtml.

[18] 许达哲．湖南省政府工作报告[EB/OL].（2019-01-26）．http：//www.hunan.gov.cn/szf/zfgzbg/201902/t20190211_5272335. html.

[19] 马兴瑞．广东省政府工作报告[EB/OL].（2019-01-28）. http：//www.gd.gov.cn/gkmlpt/content/2/2165/post_2165590.html#45.

[20] 陈武．广西壮族自治区政府工作报告[EB/OL].（2019-01-26）. http：//www.gxzf.gov.cn/zwgk/gzbg/ zfgzbg/t953377.shtml.

[21] 沈晓明．海南省政府工作报告[EB/OL].（2019-01-27）. http：//www.hainan.gov.cn/hainan/szfgzbg/201902/a07e41d029c2433997ba5bfb77ac2718.shtml.

[22] 唐良智．重庆市政府工作报告[EB/OL].（2019-01-27）. http：//www.cq.gov.cn/zwgk/zfgzbg/202001/t20200114_4632811.html.

[23] 尹力．四川省政府工作报告[EB/OL].（2019-01-14）. http：//www.sc.gov.cn/10462/10464/10797/2019/1/22/32a9f0ffc9f84488864089511c9189cd.shtml.

[24] 谌贻琴．贵州省政府工作报告[EB/OL].（2019-01-27）. http：//www.guizhou.gov.cn/xwdt/jrgz/201902/t20190211_2251862.html.

[25] 阮成发．云南省政府工作报告[EB/OL].（2019-01-27）. http：//www.yn.gov.cn/zwgk/zfxxgkpt/fdzdgknr/qtfdxx/szfgzbg/202011/t20201112_213196.html.

[26] 齐扎拉．西藏自治区政府工作报告[EB/OL].（2019-01-10）. http：//www.xizang.gov.cn/zwgk/xxfb/zfgzbg/201911/t20191114_123622.html.

[27] 刘国中．陕西省政府工作报告[EB/OL].（2019-01-27）. http：//www.shaanxi.gov.cn/zfxxgk/zfgb/2019_3941/d3q_3944/201902/t20190221_1637406.html，

[28] 唐仁健．甘肃省政府工作报告[EB/OL].（2019-01-26）. http：//www.gansu.gov.cn/art/2019/1/30/art_10339_438004.html.

[29] 刘宁．青海省政府工作报告[EB/OL].（2019-01-27）. http：//zwgk.qh.gov.cn/xxgk/gzbg/201902/t20190202_32865.html.

[30] 咸辉．宁夏回族自治区政府工作报告[EB/OL].（2019-01-27）. http：//www.nx.gov.cn/ztsj/zt/zfgzbg_1537/201902/t20190203_1275663.html.

[31] 雪克来提·扎克尔．新疆维吾尔自治区政府工作报告[EB/OL].（2019-01-14）. http：//xinjiang.gov.cn/xinjiang/gzbg/201901/9dc45fb95df04764a1bae763fb3b05d6.shtml.

我国入河排污口整治基本思路及其技术要点分析

Analysis of the Basic Thought and Key Technical Points of Pollution Discharge Outlets Regulation

彭硕佳　郭黎卿　张文静　叶维丽　赵　越　王　东

摘　要　本研究梳理了我国入河排污口管理工作基础，围绕入河排污口监管与水质响应关系不强、定义和分类不明确、问题判定标准及整治要求不具体、责任主体划分不清晰、相关管理部门职责不协同等问题，分析了全面开展入河排污口整治存在的困难，针对性地提出了整治基本思路，将入河排污口整治归纳总结为拆除关闭类、整改规范类，并明确了问题情形及相关整治技术要点，为推进入河排污口整治工作提供支撑。

关键词　入河排污口　整治思路　技术要点

Abstract　The basis of pollution discharge outlets management was sorted out. The difficulties existing in outlets regulation，such as unobvious response relationship with water quality，unclear definition and classification，unspecific problem determination standards and requirements，unclear division of responsibility entity，and uncoordinated responsibilities of relevant management departments, were analyzed. Based on the analysis，the basic thought of regulation was put forward，the regulation of outlets was summarized as demolition and standardization，and problem situations and relevant key technical points of regulation were clarified，thereby providing support for promoting the regulation of outlets.

Keywords　pollution discharge outlets，basic thought of regulation，key technical points

2018 年 3 月中共中央印发的《深化党和国家机构改革方案》中将入河排污口设置管理职责整合至生态环境部。为落实中央改革要求，生态环境部及时提出入河排污口监管总体思路，按照“先试点、后推开”的原则，从“查、测、溯、治”四项主要任务出发，通过摸清排污口底数、掌握排放状况、厘清排污责任、开展清理整治等手段，全面推进入河排污口设置管理工作。2019 年 2 月，长江入河排污口排查整治专项行动在江苏省泰州市和重庆市渝北区（含两江新区嘉陵江段）两个试点全面启动。截至 2019 年年底，排查工作已基本完成，为进一步明确整治思路，生态环境部环境规划院在深入研究我国以往排污口管理工作的基础上，提出建议，为科学、有序地推进入河排污口整治工作提供支撑。

1 我国入河排污口管理工作基础

1.1 相关法律法规、政策制度、标准规范规定

《中华人民共和国水法》《中华人民共和国水污染防治法》作为入河排污口设置管理的上位法，对入河排污口设置审批部门及禁止设置区域进行了规定。其中，《中华人民共和国水法》第三十四条规定：禁止在饮用水水源保护区内设置排污口。在江河、湖泊新建、改建或者扩大排污口，应当经过有管辖权的水行政主管部门或者流域管理机构同意，由环境保护行政主管部门负责对该建设项目的环境影响报告书进行审批。《中华人民共和国水污染防治法》第十九条规定：建设单位在江河、湖泊新建、改建、扩建排污口的，应当取得水行政主管部门或者流域管理机构同意；涉及通航、渔业水域的，环境保护主管部门在审批环境影响评价文件时，应当征求交通、渔业主管部门的意见。

水利部 2005 年施行的《入河排污口监督管理办法》（水利部部令　第 22 号）是入河排污口管理的法规依据，明确由国务院水行政主管部门负责全国入河排污口监督管理的组织和指导工作，县级以上地方人民政府水行政主管部门和流域管理机构按照本办法规定的权限负责开展入河排污口设置和登记、档案统计及监管监察等管理工作。截至 2016 年，全国各级水行政主管部门（含流域管理机构）审核同意的规模以上入河排污口累计 5 300 多个。

为了规范入河排污口管理的技术流程与实施操作，水利部出台行业标准《入河排污口管理技术导则》（SL 532—2011）、《入河排污量统计技术规程》（SL 662—2014），明确了入河排污口设置审批、监测统计的技术要求。此外，各省份和流域制定了入河排污口监督管理办法实施细则等配套文件，对所辖区域入河排污口的审批权限、审批依据、申办程序等做了明确规定。

1.2 水利部相关工作基础

水利部在入河排污口摸底调查方面开展了大量工作。2005 年以来，各流域和省份相继对入河排污口（含工业废水、生活污水和混合废污水三类）进行了调查，建立了台账。2011 年，全国水利普查对入河排污口进行了全面调查，共统计入河排污口约 12 万个，其中规模以上入河排污口 15 658 个。根据水利部印发的《全国水资源保护规划（2016—2030 年）》（水资源〔2017〕191 号），截至 2015 年，全国规模以上入河排污口 2.11 万个。2017 年，水利部牵头组织完成了长江入河排污口专项检查行动，共查出入河排污口 23 830 个，其中规模以上入河排污口 8 051 个。

为了促进入河排污口的科学规划布局，水利部印发的《全国水资源保护规划（2016—2030 年）》（水资源〔2017〕191 号），要求以水功能区划及纳污限排总量为依据，合理规划入河排污口空间布局，全面整治已有排污口。此外，水利部印发的《长江经济带沿江取水口、排污口和应急水源布局规划（2013—2030 年）》（水资源函〔2016〕350 号），划定了沿江 11 个省（市）入河排污口分区管理范围，提出了优化布局和整治的意见。

在信息统计通报方面，水利部在国家水资源管理信息系统中建立了入河排污口台账，实现了入河排污口查询统计等功能，并每年在《水资源管理年报》中统计入河排污口基本情况。

1.3 生态环境部相关工作基础

按照《深化党和国家机构改革方案》的要求，入河排污口设置管理职责整合至生态环境部。为落实中央改革精神，指导监督入河排污口排查整治工作，水生态环境司研究了入河、入海排污口设置管理的工作思路。2019 年 4 月，生态环境部印发《关于做好入河排污口和水功能区划相关工作的通知》，明确了近期职责整合后入河排污口设置管理工作的具体要求。

为坚决打好长江保护修复攻坚战，2019 年，生态环境部启动长江入河排污口排查整治专项行动，以长江干流（四川省宜宾市至入海口江段）、主要支流（岷江、沱江、赤水河、嘉陵江、乌江、清江、湘江、汉江、赣江）及太湖为工作重点，覆盖长江经济带沿江 11 个省（市），通过两年左右时间，重点完成“查、测、溯、治”四项主要任务。重庆市渝北区（含两江新区嘉陵江段）和江苏省泰州市作为此次专项行动的试点，将全面查清各类排污口情况和存在的问题，并实施分类管理，落实整治措施，形成行之有效、可复制、可推广的技术规范和工作规程。其他城市“压茬式”跟进，借鉴试点经验做法，结合本地实际，全面铺开排查整治工作。为扎实推进长江入河排污口排查整治，2019 年 6 月，生态环境部印发《长江入河排污口排查整治工作资料整合基本要求》，为开展入河排污口排查整治工作提供基础信息支撑。

2 全面开展入河排污口整治存在的困难

2.1 未建立与水质改善的关联关系

入河排污口是连接陆上排污单位和受纳水体的纽带，是控制和减少污染物排放量、改善水质的关键环节，本应在改善水质方面发挥重要作用。但以往水污染物排放管理职责分散，管理工作内容不全面，入河排污口的管理基础没有完全打牢，制约了入河排污口与受纳水体水质改善关联关系的建立，主要表现为以下 3 个方面：一是入河排污口的数量不清。在长江入河排污口排查整治试点工作中，排查出的排口是管理部门所掌握的排污口数量的数倍甚至数十倍，大量明显排污的口门并未纳入管理范围。二是入河排污口的排放量不清。以往排污口管理工作背对背，环保不下水、水利不上岸，环境统计数据只统计排污单位出厂界的排放量，污染物的入河量按照排污单位与受纳水体的距离远近通过“入河系数”进行折算，与水利部门掌握的情况是两套数、两张皮，且均与实际情况存在差异。三是入河排污口排放规律不清。目前环保部门只掌握排污单位的排放规律，当一个入河排污口上游对应多个排污单位或从排污单位到入河排污口间出现偷排、错接、混接时，入河排污口的排污规律则完全没有厘清。

2.2 入河排污口定义和分类需要进一步明确

2.2.1 定义不全面

在以往水利部的相关文件中，《入河排污口监督管理办法》对入河排污口的定义为“直接或者通过沟、渠、管道等设施向江河、湖泊排放污水的排污口”，《入河排污口管理技术导则》（SL 532—2011）对入河排污口的定义为“直接或者通过沟、渠、管道等设施向江河、湖泊（含运河、渠道、水库等水域）排放废污水的口门”。在我国水环境管理工作逐渐向纵深推进的大背景下，以往的定义存在局限性，不能满足当前精细化管理的需求：一是定义强调了“直接”或通过“设施”排放，但在长江入河排污口排查过程中发现，通过滩涂、湿地等间接排污的排污口大量存在，即定义对于入河方式的规定存在局限性；二是定义中只列举了沟、渠、管道等口门形式，但从长江入河排污口排查结果来看，现场存在大量涵闸、隧洞等口门，即定义对于口门形式的规定存在局限性；三是定义只说明了“排放废污水”的为排污口，但根据环境规划院的调查研究，在我国很多地区城市雨水径流污染和农田排水污染对于水环境污染的贡献已相当突出，即定义对于排水类型的规定存在局限性。

2.2.2 分类不精细

水利部《入河排污口管理技术导则》（SL 532—2011）中将入河排污口分为“工业废水入河排污口”“生活污水入河排污口”和“混合废污水入河排污口”三种。其中，“工业废水入河排污口”是指“接纳企业生产废水的入河排污口”；“生活污水入河排污口”是指“接纳生活污水的入河排污口”；“混合废污水入河排污口”是指“接纳市政排水系统废污水或污水处理厂尾水的入河排污口。对于接纳远离城镇、不能纳入污水收集系统的居民区、风景旅游区、度假村、疗养院、机场、铁路车站等，以及其他企事业单位或人群聚集地排放的污水，如氧化塘、渗水井、化粪池、改良化粪池、无动力地埋式污水处理装置和土地处理系统处理工艺等集中处理方式的入河排污口，可结合实际情况视为混合废污水入河排污口”。此种分类方法主要考虑了排水类型的不同，但与污染源的差异化衔接不够紧密，在后期的整治过程中，不足以对地方进行精细化指导，并且不同类型的入河排污口可能存在重叠，易使管理部门在实际操作过程中产生混淆。

在长江入河排污口排查整治试点中，按照“站在水里看岸上”的思路，将入河排污口分为直接入江、排入一级河流、排入各类沟汊水渠三类，这有利于压实地方政府入河排污口整治的主体责任，如果能在此基础上做进一步细化，则既能落实地方政府主体责任，又能指导地方政府将整治任务分解落实。

2.3 问题判定标准及整治要求不完善

在以往的入河排污口监管工作中，相关管理文件更多的是侧重于入河排污口设置的事前、事中过程，如《入河排污口监督管理办法》《入河排污口管理技术导则》（SL 532—2011）等对于入河排污口的设置申请、审核、审查、决定和验收等工作环节进行了明确、具体的规定。但对于入河排污口设置之后的动态管理，相关管理文件关注相对较少，排查整治方面的约束性要求较为薄弱，加之各地对于既有规定的贯彻执行力度不足、入河排污口与上游污染源的管理职责分割、入河排污口周边开发程度变化、非法偷排等多种原因，导致目前入河排污口存在的问题多种多样。在长江入河排污口排查整治试点工作中，设置手续缺失、直排、雨污混接、口门不规范等现象普遍存在，亟须国家层面提出统一的、规范的、可操作性强的入河排污口问题判定标准和整治要求。

2.4 责任主体划分不清晰

入河排污口的整治需要形成统分结合的工作机制，由地方人民政府负总责、向入河排污口排污的责任主体具体实施。在入河排污口溯源工作完成后，对于入河排污口与排污单位“一对一”的情形，该排污单位为入河排污口的责任主体。但当入河排污口与排污单位“一对多”时，或者入河排污口承接上游面源污染排放时（如城市雨洪排口上游存在污水混接或承接城市雨水径流污染排放，农田排水口承接农田灌溉退水排放），如何明确界定入河排污口整治责任主体，亟须深入研究。

2.5 相关管理部门职责不协同

入河排污口问题的多样性决定了其整治的复杂性。入河排污口整治涉及生态环境、发改、财政、工信、住建、水利、农业农村等多个部门，需要各部门各司其职，共同参与。但我国尚未形成有效的地方人民政府统筹、相关管理部门协同的工作机制，从长江入河排污口排查整治试点的实践来看，由于压力传导程度不同，由生态环境部门将问题排污口的整治任务分发到其他相关管理部门或寻求相关部门联合整治时，相关管理部门往往缺乏配合积极性。加之前期入河排污口的排查工作基本由生态环境部门主导完成，后期整治环节很容易出现生态环境部门“单打独斗”的局面，不利于整治工作的全面推进。

3 入河排污口整治基本思路分析

3.1 明确“查、测、溯、治”四项任务的衔接关系

底数不清、排放状况不明、责任主体不分、问题类型多样是我国入河排污口管理的现状，因此，现阶段应以这些问题为出发点，通过实施“查、测、溯、治”四项任务，理顺“受纳水体—排污口—排污管线—排污单位”全链条监管思路。各地在“查、测、溯、治”过程中应深刻理解四项任务之间既相对独立，又环环相扣的关系。“查”是摸清所有直接、间接排放的各类排污口数量、位置，建立底数清单；“测”是了解排污口的排放状况，掌握排放的污染物种类及排放量；“溯”是对排查、监测过程中发现排污问题突出的排污口进行溯源，查清排污单位，厘清排污责任；“治”是在排查、监测、溯源的基础上，按“一口一策”的原则，分类型、分步骤、有重点地开展排污口清理整治工作。“查、测、溯、治”始于排查，后续每一项任务的开展以前序任务的总和为基础。各地应根据各自管理基础的差异，有针对性地发力，在每项任务结束后及时梳理总结、评估成效、持续改进，注重成果产出的质量。

3.2 以改善水环境质量为核心开展综合整治

入河排污口的整治应以问题导向，结合管理要求，开展综合整治。整治应体现“水陆连通、以水定岸”的系统思路，打通岸上和水里，覆盖河流、湖泊、水库各类水体和工业废水、生活污水、雨洪排水、农田排水等各类排放源，根据排入水体生态环境功能需求倒逼陆上排污单位整治，实现“受纳水体—排污口—排污管线—排污单位”全链条监管。同时，入河排污口整治应突出重点，分步推进，在全面排查、摸清底数、建档立标、建成全国统一管理平台、实现入河排污口信息化管理的基础上，应以工业企业排污口、污水集中处理设施排污口等常规排污口以及混合排口为重点开展整治，符合条件予以保留的纳入日常监管；同时国家层面应鼓励有条件的地方对城市雨洪排口和农田排水口开展环境监管试点，积累经验后再全面推开。

入河排污口进行整治前，县级以上地方人民政府应根据受纳水体水质达标情况，统筹考虑流域范围内的污染排放情况，对入河排污口整治做出整体规划，以岸线周边开发强度大、入河排污口相对集中、受纳水体水质不达标等区域为优先整治的重点区域，以法律法规明确禁止、排污贡献相对突出的口门为优先整治的重点口门。入河排污口的整治应以水环境质量改善为出发点和落脚点，对于受纳水体未达到水质目标的，县级以上地方人民政府应将入河排污口整治作为水体达标整治的重要任务，对于入河排污口统筹采取关闭、调整、削减污染物入河量等整治措施，同时进行对单个口门问题的整治；对于受纳水体达到水质目标的，入河排污口的整治主要针对单个口门的问题进行，最终以上游的排污单位按

照相应的排放标准达标排放、入河排污口各项污染物浓度均不超过上游各排污单位排放标准所要求的排放浓度最大值为整治目标。

3.3 压实政府和排污单位的责任

《中华人民共和国环境保护法》第六条规定，地方各级人民政府应当对本行政区域的环境质量负责。因此，地方人民政府应该对入河排污口的整治负总责，为了保证入河排污口整治工作的系统性和实施效果，地方政府应制定区域内入河排污口整治工作方案，细化分解入河排污口整治目标任务，做到整治包干、责任到人。

《中华人民共和国环境保护法》第五条规定，环境保护坚持保护优先、预防为主、综合治理、公众参与、损害担责的原则。我国入河排污口排放来源和使用情况存在多种情形，排污口使用主体众多、难以界定的情况普遍存在，只有通过溯源，确定每个入河排污口污染物排放的来源清单，按照“损害担责”的原则，根据污染来源清单确定入河排污口责任主体，才能推动整治工作的具体实施。工业企业排污口、污水集中处理设施排污口、畜禽养殖排污口、水产养殖排污口、其他排口有独立法人的生产经营主体为该入河排污口的责任主体，包括设置单位及使用者。如有两个及以上使用者的，原则上所有使用者共同构成该入河排污口的责任主体，所有使用者应通过协议或其他方式划分并明确责任。难以明确责任主体的，由行业行政主管部门作为责任主体或由其明确责任主体。城市雨洪排口由所在地城镇排水与污水处理主管部门作为责任主体。对于具有一定规模、生产经营主体为独立法人的农田，由生产经营主体作为该农田排水口的责任主体；无法明确责任主体的，由所在地农业行政主管部门作为责任主体；对于跨区域大型灌区的农田排水口，由上级地方人民政府明确责任主体。入河排污口责任主体应按照地方人民政府整治目标任务的要求，实施分类整治工作。对于整治完成的，地方人民政府予以销号，纳入规范化管理。

3.4 明确界定入河排污口范畴及整治问题情形

3.4.1 入河排污口定义

在我国水环境管理工作逐渐向纵深推进的背景下，入河排污口的定义应在衔接水利部原有定义的基础上，结合试点地区的实践经验，重点解释清楚“入河”“排污”“口”三个基本要素。“入河”即为明确废污水的排放方式，包括直接和间接各种形式，并且区别于排污单位的出厂界排口；“排污”即为明确废污水的类型，不仅包括生活污水、工业废水、养殖废水等各种因参与人类生产、生活等社会循环而排放的水，还要涵盖城市雨洪、农田排水等非常规意义的排水；“口”即为列举入河排污口排查整治试点过程中主要发现的口门形式。生态环境部环境规划院经过认真研究，结合对试点工作的调研，建议将入河排污口定义设定为“所有通过管道、沟、渠、涵闸、隧洞等直接向水体排放废水的排污口，以及通过河流、滩涂、湿地等间接排放废水的排污口”。

3.4.2 入河排污口分类

入河排污口的作用是承接上游污染源的废污水排放，污染源到入河排污口中间的排污管线连接关系理顺后，对入河排污口的管控即对污染源的管控，因此入河排污口的分类应衔接污染源的类型，体现源管理的思路。另外，从试点地区初步判定为问题排污口的整治需求来看，入河排污口的整治需要多个职能部门明确责任分工，共同参与。例如，工业企业的超标排放问题需要环保部门牵头整改，雨污管网的错接、市政管网断头、覆盖不足引起的污水直排问题需要住建部门牵头整改等。入河排污口的分类也应考虑这些因素，以便支撑分配后期监管工作任务，充分调动相关职能部门的积极性，压实责任。

基于管理需求，入河排污口分类应综合考虑排放废污水的类型、排放特征和责任主体等要素，结合试点排查成果，建议将入河排污口划分为工业企业排污口、污水集中处理设施排污口、畜禽养殖排污口、水产养殖排污口、城市雨洪排口、农田排水口、其他排口等。

工业企业排污口是指工业企业直接排入河流（含运河、沟、渠等）、湖泊、水库等受纳水体的废水排口和雨水排口。工业企业是指 GB/T 4754—2017 中行业代码前两位为 06～46 的行业所属工业企业，包括采矿业，制造业，电力、热力生产和供应业，燃气生产和供应业以及水的生产和供应业中的自来水生产和供应业，海水淡化处理以及其他水的处理、利用与分配业的企业。

污水集中处理设施排污口是指城镇污水集中处理设施、农村和居民小区生活污水集中处理设施、工业集聚区污水集中处理设施直接排入河流（含运河、沟、渠等）、湖泊、水库等受纳水体的污水排口。

畜禽养殖排污口是指畜禽养殖场、养殖小区直接排入河流（含运河、沟、渠等）、湖泊、水库等受纳水体的尾水排口。

水产养殖排污口是指水产养殖活动直接排入河流（含运河、沟、渠等）、湖泊、水库等受纳水体的尾水排口。

城市雨洪排口是指城市雨水排口、合流制管网溢流口、城市排涝口。

农田排水口是指由农田向河流（含运河、沟、渠等）、湖泊、水库等受纳水体排放农业灌溉退水或农田排水、雨水、涝水的口门。其中，灌区农田排水口是指通过灌区的各级排水沟渠、管、水闸和泵站等排水系统汇集到骨干排水沟后向河流（含运河、沟、渠等）、湖泊、水库等排水的口门。

其他排口是指不在前述入河排污口分类范围内的其他入河排污口。

3.4.3 入河排污口整治要求

虽然国家层面尚未出台相关技术文件，但我国现有法律法规、政策制度、标准规范中已规定了对于入河排污口建设和使用的要求，可以作为开展整治工作的重要依据。总体来看，入河排污口整治可分成拆除关闭类、整改规范类两大类。其中，拆除关闭类主要为现有法律法规中明确禁止设置的入河排污口，包括 7 种情形：一是在饮用水水源保护区内设置的排污口；二是在 GB 3838 中 Ⅰ、Ⅱ类水域和Ⅲ类水域中划定的保护区内设置的排污口；三是企业为逃避监管私设暗管形成的排污口；四是《中华人民共和国水法》实施后未取得水利部门和生态环境部门同意设置的排污口；五是城镇或开发区污水管网覆盖范围内的直排口；六是已废弃但未处理处置的排污口；七是其他违反法律、行政法规和国务院生态环境主管部门的规定设置的入河排污口。整改规范类主要从落实排污单位主体责任、规范排污管线、规范入河排污口口门、降低对受纳水体影响4个方面入手，具体包括入河排污口直排、超标超总量排放。《中华人民共和国水法》实施前设置但未按规定登记备案、实施后设置但未取得水利部门同意，工业企业未按规定雨污分流，排污管线存在违规搭接排口，分流制雨水排口晴天排污、雨天存在雨水径流污染，截流式合流制排口溢流次数过多，入河排污口不便于监管监测，敏感区域城镇污水处理设施出水未达到一级A以及直接或间接影响到合法取用水户等12种类型的入河排污口。

3.5 建立政府统筹、部门协同工作机制

做好入河排污口整治就是要解决以往由于管理职责分散导致的权责不清问题，系统推进入河排污口整治必须压实地方人民政府的主体责任。入河排污口整治涉及生态环境、发改、财政、工信、住建、水利、农业农村等多个部门，只有各部门集体发力、统筹推进才能保证入河排污口整治工作的系统性和长效性。地方各级人民政府应对入河排污口的整治负总责，专门设立入河排污口整治专项行动工作领导小组，将生态环境、发改、财政、工信、住建、水利、农业农村等相关部门纳入，作为参与单位，做到信息资源共享、整治任务共落实，建立统分结合、整体联动的工作机制。

4 入河排污口整治技术要点分析

4.1 整治流程

入河排污口的整治始于排查，按照图1流程进行：

一是入河排污口分类，在排查的基础上，明确入河排污口污染排放来源，根据污水排放类型进行分类；

二是问题分析，对基础资料开展分析，列出入河排污口问题清单；

三是编制方案，县级以上地方人民政府组织编制本行政区域内的入河排污口整治方案，并报上级生态环境主管部门或流域生态环境监督管理局备案。整治方案应按照“一口一策”工作原则，逐一明确入河排污口整治具体措施、任务分工、时间节点、责任单位和责任人等。

四是分类整治，县级以上地方人民政府督促入河排污口整治责任主体开展分类整治工作。符合拆除关闭类情形的入河排污口，予以拆除关闭；符合整改规范类情形的入河排污口，按照技术要点进行整改；

五是规范化管理，建立信息台账，整治完成一个，销号一个，予以保留的入河排污口纳入规范化管理。

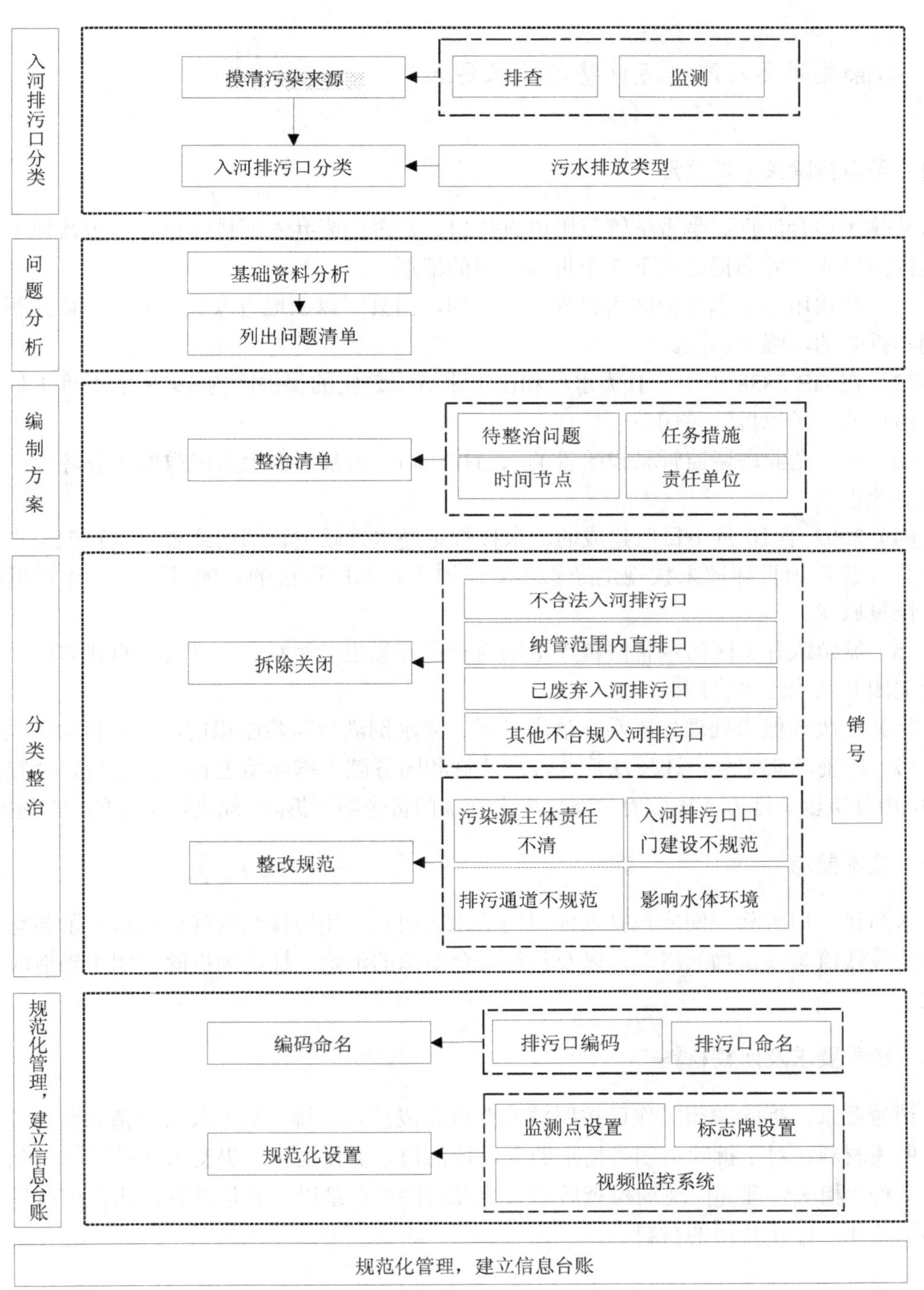

图 1　入河排污口整治流程

4.2 拆除关闭类入河排污口整治技术要点

4.2.1 予以拆除关闭的情形

从排污口合法性、是否纳管范围内直排口、是否已废弃入河排污口、是否其他不合规入河排污口 4 个方面提出以下 7 个拆除关闭的情形：

（1）在饮用水水源保护区内设置排污口的，由县级以上地方人民政府责令限期拆除；逾期不拆除的，强制拆除。

（2）在 GB 3838 中Ⅰ、Ⅱ类水域和Ⅲ类水域中划定的保护区内 1998 年 1 月 1 日后新建排污口的，予以拆除关闭。

（3）属于企业逃避监管私设暗管的入河排污口，由县级以上人民政府生态环境主管部门责令改正。

（4）2002 年 10 月 1 日后建成的，未按规定经水行政主管部门或者流域管理机构设置同意且其建设项目环评未按规定经原环境保护主管部门审批的入河排污口，予以拆除关闭，恢复原状。

（5）城镇或开发区污水管网覆盖范围内存在各类生活污水、生产废水直排口的，予以拆除关闭并纳入污水管网。

（6）已废弃但未处理处置存在借道排污、河水倒灌等风险隐患的，予以拆除关闭。

（7）除前款规定外，违反法律、行政法规和国务院生态环境主管部门的规定设置排污口的，由县级以上地方人民政府生态环境主管部门责令限期拆除；逾期不拆除的，强制拆除。

4.2.2 技术要点

入河排污口拆除关闭应包括入河口门的永久封堵、相应排污管线沿线接口的封堵、管线内残液残渣等残留物的清理，以及其他安全隐患的消除。杜绝因拆除关闭不当造成安全事故。

4.2.3 销号要求及所需材料

销号要求：拆除关闭工作已按照技术要点完成，入河排污口不具备出流条件。

所需材料：对于拆除关闭类情形的入河排污口，责任主体应提交入河排污口拆除关闭证明文件、相关管理部门现场检查后出具的现场检查记录以及其他能够证明入河排污口已经拆除关闭、停止排污的材料。

4.3 整改规范类入河排污口整治技术要点

4.3.1 予以整改规范的情形

从落实排污单位主体责任、规范排污管线、规范入河排污口口门、降低对受纳水体影响4个方面提出以下12个整改规范情形：

（1）排污单位主体责任不清

1）不具备纳管条件，通过该入河排污口排放未经处理水污染物的；

2）只接纳一家排污单位污废水的入河排污口超标、超总量排放的；

3）2002年10月1日前建成，其设置未经登记备案的；

4）2002年10月1日后建成，在国家机构改革前未按规定经水行政主管部门或者流域管理机构设置同意，但其建设项目环评已经原环境保护主管部门审批的；

5）工业企业未按规定实现雨污分流的。

（2）排污管线不规范

1）入河排污口排污管线上违规搭接其他排口的；

2）分流制城市雨水排口晴天有污水流出的；

3）分流制城市雨洪排口降雨期间存在雨水径流污染的；

4）截流式合流制城市雨洪排口溢流次数过多的。

（3）入河排污口口门建设不规范

入河排污口设置不符合相关规范，不便于采集样品、计量监测及监督检查或采用暗管排放但没有留出观测窗口的。

（4）影响水体环境

1）设置在敏感区域（重点湖泊、重点水库、近岸海域汇水区域）的城镇污水处理设施的入河排污口，排水未达到一级A排放标准的；

2）直接或间接影响到合法取用水户的。

4.3.2 技术要点

（1）不具备纳管条件，通过该入河排污口排放未经处理的水污染物的：由责任主体通过搬迁、改造等措施消除对水体的不利影响。采取搬迁措施的，原入河排污口应拆除关闭；采取改造措施的，应提交水处理设计、施工和工程竣工验收文件，水处理工艺已运行且出水已达到相关排放标准。

（2）只接纳一家排污单位污废水的入河排污口超标、超总量排放的：责任主体应通过改造水处理设施、改进处理工艺或运行管理方式，提高水污染物的削减水平，达到尾水稳定达标排放且符合总量控制要求，并提交连续三个月第三方监测数据证明其稳定达标排放。

（3）2002年10月1日前建成，其设置未经登记备案的：按分级管理权限进行登记备案。

（4）2002年10月1日后建成，在国家机构改革前未按规定经水行政主管部门或者流域管理机构设置同意，但其建设项目环评已经原环境保护主管部门审批的：按权限补办设置审核手续，纳入日常监管。

（5）工业企业未按规定实现雨污分流的：由工业企业负责实施雨污分流改造，按管理要求建设初期雨水收集设施，做好防渗防腐措施，实现对生产废水和初期雨水的处置，确保稳定达标排放。责任主体应提交雨污分流的排水系统设计、施工和竣工验收文件。

（6）入河排污口排污管线上违规搭接其他排口的：责令违规搭接排口的排污单位停止排污行为，并取缔封堵违规搭接的排口。确需通过该入河排污口排放的，必须征得入河排污口责任主体同意，并通过协议等形式明确各自纳管方案、排放限值要求、监测要求及主体责任；以上情况要同时报县级以上生态环境主管部门备案。

（7）分流制城市雨水排口晴天有污水流出的：在保证防洪排涝、保障城市安全的前提下，责任主体应开展溯源调查，整改混接错接管网，规范接驳雨污管网混接点，提交管网改造竣工验收文件，采取有效措施防止向雨水管网倾倒污染物的行为，确保雨水排口晴天无污水出流。

（8）分流制城市雨洪排口降雨期间存在雨水径流污染的：县级以上地方人民政府生态环境主管部门结合本地城市环境卫生管理水平，考虑不同降雨雨型、降雨强度、降雨季节等因素影响，制定雨水径流污染的判定标准。在保证防洪排涝、保障城市安全的前提下，责任主体应采取源头雨水收集处理和资源化利用、定期巡查雨水管网、清掏管道沉积物等维护措施，控制雨水径流污染。

（9）截流式合流制城市雨洪排口溢流次数过多的：有条件的地区实施雨污分流改造，不具备雨污分流改造条件的地区，在保证防洪排涝、保障城市安全的前提下，责任主体应采取源头雨水收集处理和资源化利用、截流井改造、增加截流干管截流倍数、扩大污水处理厂规模、建设调蓄设施等措施，控制溢流污染。

（10）入河排污口设置不符合相关规范，不便于采集样品、计量监测及监督检查或采用暗管排放但没有留出观测窗口的：责任主体应按照相关规范要求对入河排污口进行改造，以便于采集样品、计量监测及监督检查。原则上，入河排污口应设置在岸边，不得设暗管通入河流（含运河、沟、渠等）、湖泊、水库等受纳水体底部，如特殊情况需要设置暗管的，必须留出观测窗口。

（11）设置在敏感区域（重点湖泊、重点水库、近岸海域汇水区域）的城镇污水处理设施的入河排污口，排水未达到一级A排放标准的：责任主体应立即对城镇污水处理设施进行达标改造，达到一级A排放标准。执行更严格地方标准的，应达到地方标准。采用工程措施改造的，应提交水处理设计、施工和竣工验收文件；采用管理措施改造的，应制定相应的管理机制制度文件。

（12）直接或间接影响到合法取用水户的：由入河排污口责任主体组织编制入河排污口论证报告，分析论证排污对上下游一定水域范围内集中式饮用水水源以及第三方取用水户取用水安全的影响。当排污可能产生有毒有机污染物、重金属或持久性有毒化学污染物时，应量化分析污染物对水源地的污染风险影响。当论证结论为入河排污口间接或直接影响合法取用水户取用水安全时，应研究提出并采取措施消除影响，同时加强监测监管；若无有效措施消除影响，应立即停止排污并变更入河排污口位置。

对于可采取措施消除对合法取用水户影响的，由入河排污口责任主体负责编制整改报告，经相关专家论证后报县级以上生态环境主管部门审核批准实施，完成相应整改措施，并建立常态化的监测监管机制。

4.3.3 销号要求及所需材料

销号要求：入河排污口完成前款所述技术要点各类情形的整治工作。对于涉及多种整改规范问题的入河排污口，须完成所有整改规范工作后方可销号。

所需材料：对于整改规范类情形的入河排污口，责任主体在提交销号申请时，应按照不同情形提交入河排污口完成整治的验收文件，以及其他能够证明入河排污口已经完成整治、规范排污的材料。

参考文献

[1] 中共中央印发《深化党和国家机构改革方案》[N]. 人民日报，2018-03-22（001）.

[2] 入河排污口监督管理办法[N]. 中国水利报，2004-12-07（002）.

[3] 淮河流域水资源保护局. 入河排污口管理技术导则：SL 532—2011[S]. 北京：中国水利水电出版社，2011.

[4] 长江流域水资源保护局. 入河排污量统计技术规程：SL 662—2014[S]. 北京：中国水利水电出版社，2014.

[5] 国家环境保护总局. 地表水环境质量标准：GB 3838—2002[S]. 北京：中国环境科学出版社，2002.

[6] 童克难. 长江入河排污口排查整治行动启动[N]. 中国环境报，2019-02-18（001）.

[7] 文雯. 同饮一江水　共抓大保护[N]. 中国环境报，2019-03-26（002）.

[8] 本刊编辑部. 一口一策　做好长江入河排污口整治管理工作[J]. 环境保护，2019，47（Z1）：2.

[9] 牛娜. 加强地方入河排污口监督管理的思考与建议[J]. 中国水利，2018（9）：25-26.

[10] 王一文，钟玉秀，王贵作，等. 关于构建长江入河排污口管理长效机制的建议[J]. 水利发展研究，2018，18（6）：36-39，56.

绿色产业与智库建设

- 中国绿色产业景气指数（GIPI）构建及其应用研究
- “两山”转化评估指标体系研究
- 中国生态环境类智库建设面临的挑战与发展展望

中国绿色产业景气指数（GIPI）构建及其应用研究

The Construction and Application of China Green Industry Prosperity Index（GIPI）

秦昌波　李　新　杨丽阁　万　军　储成君　关　杨　容　冰

刘轶芳[1]　刘　倩[1]　王会娟[1]　李娜娜[1]　郝泽源[1]

摘　要　本研究通过尝试对绿色经济范围进行界定，并利用合成指数方法构建了中国绿色产业景气指数（green industry prosperity Index，GIPI）体系，对我国绿色经济发展现状及未来趋势进行测度。绿色产业景气监测结果表明：2016 年至 2017 年第 3 季度，景气指数表现为稳中持续向好，一致指数在该季度攀升至近三年来最高值；2017 年第 4 季度开始出现大幅下滑，2018 年第 1 季度略有回暖，但景气表现不及之前；先行指数表明 2018 年第 3 季度景气指数由降转升，预期 2019 年一致指数将有所回升。

关键词　绿色产业景气指数　绿色经济　发展战略

Abstract　This study aimed to define the scope of green economy，and used the composite index to build the China green industry prosperity index（GIPI）to measure the current situation and future trend of China's green economy development. The monitoring results display that，from 2016 to the third quarter of 2017，the GIPI showed an increasingly steady trend，and the coincident index climbed to the highest level in the past three years in that quarter. The GIPI fell sharply in the fourth quarter of 2017，despite a slight rebound in the first quarter of 2018，but it was still less than before. The leading index indicates that the GIPI of the third quarter of 2018 has taken on a downward and then upward tendency，and the coincident index is expected to recover in 2019.

Keywords　green industry prosperity index（GIPI），green economy，development strategy

绿色发展逐渐成为全球共识，绿色经济成为新的经济增长点。但受限于产业界限模糊、统计数据缺乏，我国尚未形成分析和评估绿色经济的有效思路及方法。发达国家竞相制定绿色经济发展战略，我国政府也相继出台各项政策支持绿色经济的发展，将“绿色发展”

① 中央财经大学绿色经济与区域转型研究中心，北京，100820。

作为我国新发展理念，并上升至国家战略层面。在此背景下，监测分析绿色经济发展形势尤为重要。

1 绿色经济的概念界定及核算现状

1.1 绿色经济的概念界定

“绿色经济”一词，最早由英国经济学家 Pearce 提出：从社会及其生态条件出发建立起来的“可承受的经济”，即自然环境和人类自身能够承受的、不因人类盲目追求经济增长而导致生态危机与社会分裂，不因自然资源耗竭而致使经济不可持续发展的经济发展模式。联合国环境规划署（UNEP）在 2011 年发布的《迈向绿色经济：实现可持续发展和消除贫困的各种途径》中将绿色经济界定为“提高人类福祉和社会公平，同时显著降低环境风险和生态稀缺的经济”。

基于生态文明理念，不同经济学家对绿色经济给出了不同的解释。一是从可持续发展并且以实现综合效益为目标的角度出发，将绿色经济定义为：以经济可持续发展为出发点，以节约自然资源与改善生态环境为必要内容，以资源、环境、经济与社会的协调发展为目标，力求实现生态效益、经济效益和社会效益统一的一种新型经济发展模式。二是从基于科技进步的角度出发，将绿色经济定义为：以发展高科技产业为手段，在科技力量的巨大作用下，使社会生产、流通、分配与消费过程不破坏自然环境与损害人类健康，使高科技绿色产品在极大程度上占有市场，成为人类经济生活中的主导部分；与此同时，在自然资源有限的承载能力范围内，把技术进步限定在有利于人类、有利于人类与大自然互利关系的轨道上[1,2]。三是从经济与环境的互动层面认定绿色经济，其包括两种含义：一是“经济要环保”，即要求经济活动不能损害环境或要有利于保护环境；二是“环保要经济”，即要从环保活动中获得经济效益，它要求未来的企业既能创造业务利润，又能创造一个健康、可持续发展的世界。

国际上对绿色经济的界定还没有形成一个统一的标准，各国统计部门都尚未给出官方标准的绿色产业统计口径。经济合作与发展组织（OECD）和欧盟统计署（Eurostat）从绿色产业的出发点和目标的角度将绿色产业分为狭义和广义两个层面。狭义的绿色产业是指“环境保护包括衡量、预防、限制、减少或纠正对水、空气和土壤的环境损害，以及与废物、噪声和生态系统有关的问题。这包括减少环境风险、减少污染和资源使用的活动，更清洁的技术，产品和服务”。广义的绿色产业更接近于“绿色增长”的概念，即整个经济体实现“在促进经济增长及发展的同时，确保自然资产能不断提供人类福祉不可或缺的资源和环境服务……为此必须促进能扶持可持续增长及产生经济机遇的投资及创新”，其不光指减少对环境的损害，更加强调的是环境、资源、经济的可持续发展（图 1）。

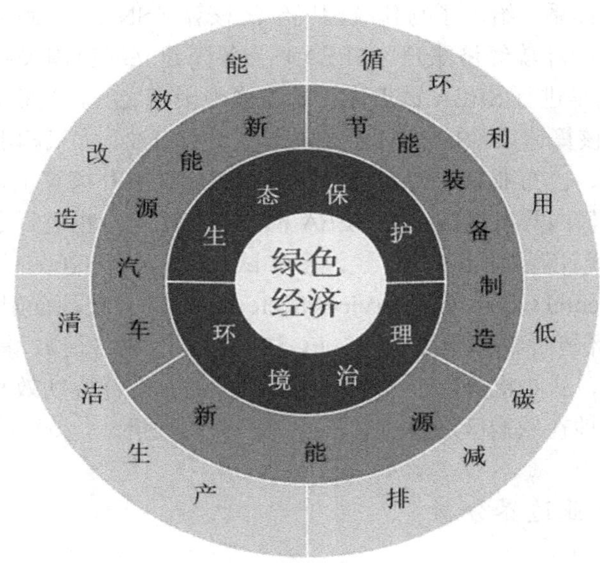

图 1 绿色经济范畴及界定

我国政府出台了一系列支持绿色经济发展的政策和措施，这些政策和措施中包含了一些绿色产业的门类。2015 年 4 月 25 日发布的《中共中央 国务院关于加快推进生态文明建设的意见》中指出要发展绿色产业，具体包括节能环保产业、核电、风电、太阳能光伏发电、生物质发电、生物质能源、沼气、地热、浅层地温能、海洋能、分布式能源、智能电网、新能源汽车、有机农业、生态农业、特色经济林、林下经济、森林旅游等。国家发展改革委办公厅 2015 年 12 月 31 日印发的《绿色债券发行指引》明确支持的绿色门类中除环境保护的还包括节能减排技术改造、绿色城镇化、能源清洁高效利用、新能源开发利用、循环经济发展、水资源节约和非常规水资源开发利用、生态农林业、节能产业、低碳产业、生态文明先行示范实验、低碳试点示范等。此后《中华人民共和国国民经济和社会发展第十三个五年规划纲要》《中国制造 2025》《工业绿色发展规划（2016—2020 年）》等系列文件，为我国绿色经济的发展明确了实施路径。除此之外，其他行业也纷纷提出了绿色发展，为加快推进农业供给侧结构性改革，增强农业可持续发展能力。2017 年 4 月 24 日，农业部印发了《农业部关于实施农业绿色发展五大行动的通知》，提出要创新绿色发展机制，将绿色发展贯穿到旅游规划、开发、管理、服务全过程，形成人与自然和谐发展的现代旅游业新格局等。

1.2 国内外绿色经济核算现状

针对如何评价绿色经济的发展，学者们提出了许多方法，如生态足迹法、物质流分析法、环境资源协调度法等[3,4]。在明确定义的基础上，许多国际组织和国家都积极开展了自然资本核算或基于完全成本核算的经济发展评价工作，比较成熟的是 1992 年联合国统计委员会修正的“环境经济综合核算体系”，正式提出了绿色 GDP 的概念，并在第二年将资源环境纳入国民核算体系，给出了与传统国民经济核算（SNA）一致的系统框架以解释环境资源存量和流量，即环境经济账户（SEEA）为各国建立绿色国民经济核算提供了理论框架[5-7]。墨西哥是最早进行 SEEA 试点工作的发展中国家之一，在联合国的支持下，建立了墨西哥经济和生态核算体系（SEEAM），对森林资源、石油、大气和水污染等进行核算[8]。随后，泰国、菲律宾、巴布亚新几内亚等发展中国家相继展开核算工作。美国、德国、加拿大、芬兰、丹麦、韩国等发达国家在 SEEA 框架的基础上，也进行了资源环境核算的探索和实践[9-11]。欧盟统计署（Eurostat）经过多年试点研究，于 2009 年制定了环境货物和服务部门（Environmental Goods and Services Sector，EGSS）统计框架①（即我国所称环保产业），并出版了《环境货物和服务部门（EGSS）数据收集手册》，旨在提供一套统一的数据收集和整理方法，从而将分散于各个行业部门中的具有环境功效和效应的产品和服务进行整合分析，更好地在欧盟区域推进各国环保产业的发展。

1.3 绿色经济的产业边界分析

由于绿色经济尚不能从现行统计核算体系中被清晰地剥离出来，课题组根据 2017 年 OECD 关于国家绿色增长指标报告中所描述的相关指标，将能够提升资源产出效率的相关产业划归为绿色经济所涵盖的产业范围。并根据我国近年来提出的关于绿色经济发展的相关政策，结合统计核算口径下农业、工业与服务业的产业划分，以及实体经济中绿色工业项目目录、虚拟经济中绿色信贷项目指引等，将绿色经济涵盖范围中的产业划分为三个层级。

第一层级：处于核心位置的是传统环保产业（环保产业分类依据可参考 EGSS 统计框架），包含水环境管理、大气环境管理、土壤环境管理、自然生态保护、海洋生态保护相关产业。该范畴是第二、三层次绿色经济活动的延伸依据。

第二层级：随着绿色经济发展而产生出的新经济形态。根据国家发展改革委办公厅 2015 年 12 月 31 日印发的《绿色债券发行指引》中规定的项目指标，以及银监会 2018 年 2 月公布的《绿色信贷统计信息披露说明》中对绿色信贷产业的界定，包含新能源汽车、新能源、节能装备制造三大战略新兴产业。此类产业活动的特征：一是在现行统计核算体系中尚未设立统计口径的产业，二是体现为新经济（如战略新兴产业）范畴内的经济活动。

第三层级：关于能效改造、清洁生产、循环利用和低碳减排的相关产业，关注重点为传统工业产业中的绿色改造与绿色转型活动。根据工信部 2016 年 6 月 30 日印发的《工业绿色发展规划（2016—2020 年）》中对绿色经济产业相关特征的描述，将满足以下任意条件的产业纳入绿色经济范围中：①大力推进能效提升，加快实现节约发展；②扎实推进清洁生产，大幅减少污染排放；③加强资源综合利用，持续推动循环发展；④削减温室气体排放，积极促进低碳转型；⑤提升科技支撑能力，促进绿色创新发展。因此，该层级包含“低碳产业项目”“节能减排技术改造项目”。

考虑数据样本量代表性问题，此次绿色产业景气指数测算范围局限于以上三个层级的产业划分类别，相关绿色企业样本将从以上三个层级的产业中进行筛选，随着数据积累及

① 欧盟统计署（Eurostat）制定的环境货物和服务部门（Environmental Goods and Services Sector, EGSS）统计框架，是目前国际认可的专门用于环保产业统计的框架体系。

研究深入，后续绿色产业景气指数或将基于不同层级做不同范围的测度，力求代表性与典型性相结合。

2 绿色产业景气指数的构建方法及流程

2.1 绿色产业景气指数的理论基础

景气指数分析法自 1888 年开始，经过不断的发展和完善，于 20 世纪 70 年代开始趋于国际化。1979 年美国建立了国际经济指标系统，欧洲共同体也开始研究成员国景气状况监测系统，1984 年日本开始研究区域景气变动，20 世纪 80 年代中期更多的亚洲国家开始建立经济景气监测预警系统，至今该指数已经成为国际上通行的能够综合反映调查对象或群体的所处状态和变动趋势的综合指数。

我国国家统计局于 1996 年成立了中国经济景气监测中心，与经济日报社中经产业景气指数研究中心联合发布了中国产业景气指数，该指数体系涵盖了工业、石油、化工等 12 个行业和领域，用以全面地描述我国各行业的景气发展状况；国务院发展研究中心也开发了国务院发展研究中心（DRC）行业景气监测平台，其行业监测体系涵盖 48 个行业，嵌套多个模型和独立数据算法，率先实现了行业间联动和网络化分析的景气体系。同时，对于单个行业及领域的景气研究上，国家统计局在 1997 年构建了全国房地产开发业综合景气指数（也称国防指数），这是一套针对房地产业发展变化趋势和变化程度的综合量化的指数体系；高铁梅等利用合成指数（composite index，CI）的方法构建了中国钢铁工业景气指数[12]；王金明等构建了先行和一致物价指数，用于反映价格波动态势及物价未来走势[13]；谌新民等构建了中国就业指数并进行了相应的政策研究[14]；孙延芳等在前期建立的中国建筑业景气指标体系的基础上，利用合成指数方法，构建了我国建筑行业的一致、先行、滞后景气扩散和合成指数[15]。以上研究说明景气分析已经渗透到我国的各行各业，但其中仍缺乏对绿色产业的相关研究。

2.2 绿色产业景气指数的流程设计

绿色产业景气指数能够突破传统年度统计指标测算周期滞后的局限性，长期跟踪短期产业和经济波动趋势并进行预测，从而为政策干预和政策效果评估提供前提支撑[16]。绿色产业景气指数体系包括一致指数、先行指数，其中一致指数波动与绿色经济景气波动大体一致，能够反映绿色产业的发展现状，先行指数波动超前于绿色经济景气波动，大约领先一致指数 1 个季度，能够对景气表现进行短期预测。

原则上，绿色产业景气指数的开发应选用绿色产业宏观统计数据，但由于绿色产业统计口径尚未建立，以致现有数据难以与目前绿色产业发展形势相匹配。相对于非上市公司，上市公司规模更大，经营状况更加稳定，并且具有更为严格的财务披露制度，数据可信度高，因此，在对绿色产业边界界定的基础上，选取中国沪深两市 A 股市场数据作为宏观经济发展的替代，从中筛选出绿色上市企业，并将其合并作为绿色产业的行业数据替代，这是当前针对绿色产业研究较为有效的替代方案。

在此基础上，绿色产业景气指数开发的核心技术步骤包括界定绿色产业，筛选绿色样本企业，选择基准参考指标，筛选先行、一致指标集合，合成指数（图 2）。

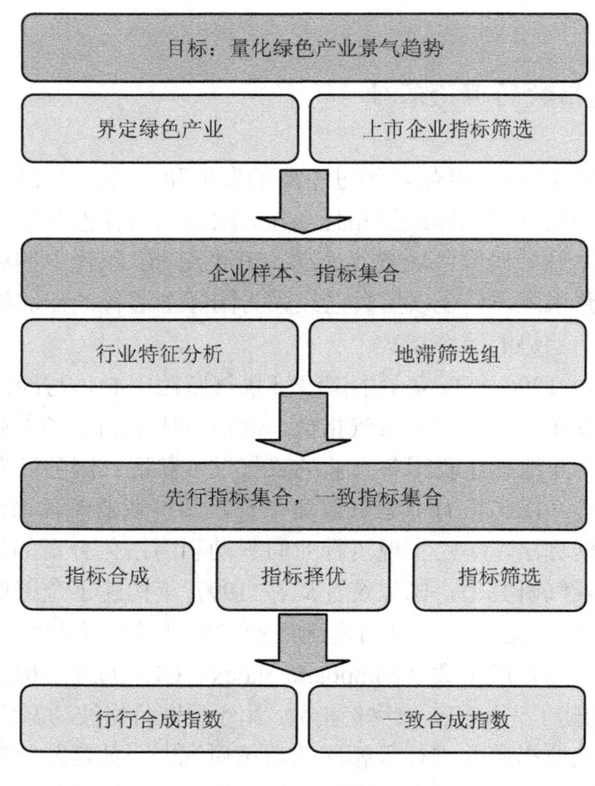

图 2　GIPI 研究思路

2.3　绿色企业样本筛选

在对绿色产业三个层级范围界定的基础上，筛选以“绿色”业务为其主营业务类型的企业，进入绿色产业样本池。通过清洗上市公司年报、半年报中的相关经济财务数据，将 3 551 家沪深 A 股上市公司的业务类型进行对比分类，筛选绿色主营业务占比超过 50% 以上的企业，并剔除存在较大环境风险的企业，最终确定 158 家绿色上市企业的跟踪样本（表 1）。样本企业的筛选流程如图 3 所示。

表 1　绿色上市企业名单（158 家）

序号	证券代码	证券简称	一级分类	二级分类
1	300153.SZ	科泰电源	新能源汽车	新能源汽车
2	002249.SZ	大洋电机	新能源汽车	新能源汽车
3	002121.SZ	科陆电子	新能源汽车	新能源汽车、智能电网
4	603628.SH	清源股份	新能源	太阳能发电
5	603556.SH	海兴电力	新能源	智能电网、节能
6	603050.SH	科林电气	新能源	智能电网
7	601727.SH	上海电气	新能源	核能发电
8	601619.SH	嘉泽新能	新能源	风力、太阳能发电
9	601016.SH	节能风电	新能源	风力发电
10	601012.SH	隆基股份	新能源	太阳能发电
11	600875.SH	东方电气	新能源	风力、核能发电
12	600770.SH	综艺股份	新能源	太阳能发电
13	600728.SH	佳都科技	新能源	智慧城市
14	600590.SH	泰豪科技	新能源	智能电网
15	600537.SH	亿晶光电	新能源	太阳能发电
16	600525.SH	长园集团	新能源	智能电网
17	600290.SH	华仪电气	新能源	智能电网、风力发电
18	600207.SH	安彩高科	新能源	太阳能发电
19	600151.SH	航天机电	新能源	太阳能发电
20	300690.SZ	双一科技	新能源	风力发电
21	300569.SZ	天能重工	新能源	风力发电
22	300510.SZ	金冠电气	新能源	智能电网
23	300443.SZ	金雷风电	新能源	风力发电
24	300423.SZ	鲁亿通	新能源	智能电网
25	300393.SZ	中来股份	新能源	太阳能发电
26	300376.SZ	易事特	新能源	节能
27	300317.SZ	珈伟股份	新能源	太阳能发电
28	300300.SZ	汉鼎宇佑	新能源	智慧城市、地热能
29	300287.SZ	飞利信	新能源	智慧城市
30	300168.SZ	万达信息	新能源	智慧城市
31	300167.SZ	迪威讯	新能源	智慧城市
32	300118.SZ	东方日升	新能源	智能电网、太阳能发电
33	300111.SZ	向日葵	新能源	太阳能发电
34	300062.SZ	中能电气	新能源	智能电网、新能源汽车
35	300048.SZ	合康新能	新能源	智能电网、新能源汽车
36	002623.SZ	亚玛顿	新能源	太阳能发电
37	002610.SZ	爱康科技	新能源	智能电网、太阳能发电
38	002531.SZ	天顺风能	新能源	风力发电
39	002506.SZ	协鑫集成	新能源	智能电网、太阳能发电
40	002421.SZ	达实智能	新能源	智能电网、建筑节能

序号	证券代码	证券简称	一级分类	二级分类
41	002380.SZ	科远股份	新能源	智能电网
42	002366.SZ	台海核电	新能源	核能发电
43	002364.SZ	中恒电气	新能源	智能电网
44	002358.SZ	森源电气	新能源	新能源
45	002339.SZ	积成电子	新能源	智能电网
46	002309.SZ	中利集团	新能源	太阳能发电
47	002266.SZ	浙富控股	新能源	核能发电
48	002256.SZ	兆新股份	新能源	智能电网、太阳能发电
49	002218.SZ	拓日新能	新能源	太阳能发电
50	002202.SZ	金风科技	新能源	风力发电
51	002129.SZ	中环股份	新能源	太阳能发电
52	002090.SZ	金智科技	新能源	智能电网
53	000968.SZ	蓝焰控股	新能源	页岩气和煤层气
54	000862.SZ	银星能源	新能源	风力发电、太阳能发电
55	000836.SZ	鑫茂科技	新能源	风力发电
56	000690.SZ	宝新能源	新能源	新能源
57	000682.SZ	东方电子	新能源	智能电网
58	000591.SZ	太阳能	新能源	太阳能发电
59	000400.SZ	许继电气	新能源	智能电网
60	603955.SH	大千生态	生态保护	生态保护
61	603778.SH	乾景园林	生态保护	生态保护
62	603717.SH	天域生态	生态保护	生态保护
63	300649.SZ	杭州园林	生态保护	生态保护
64	300536.SZ	农尚环境	生态保护	生态保护
65	300355.SZ	蒙草生态	生态保护	生态保护
66	002775.SZ	文科园林	生态保护	生态保护
67	002717.SZ	岭南股份	生态保护	生态保护
68	002679.SZ	福建金森	生态保护	生态保护
69	002431.SZ	棕榈股份	生态保护	生态保护
70	002200.SZ	云投生态	生态保护	生态保护
71	000711.SZ	京蓝科技	生态保护	生态保护
72	000040.SZ	东旭蓝天	生态保护	生态保护
73	000010.SZ	美丽生态	生态保护	生态保护
74	603303.SH	得邦照明	节能装备制造	绿色节能照明
75	600703.SH	三安光电	节能装备制造	绿色节能照明
76	600261.SH	阳光照明	节能装备制造	绿色节能照明
77	600203.SH	福日电子	节能装备制造	绿色节能照明
78	300632.SZ	光莆股份	节能装备制造	绿色节能照明
79	300625.SZ	三雄极光	节能装备制造	绿色节能照明
80	300389.SZ	艾比森	节能装备制造	绿色节能照明
81	300323.SZ	华灿光电	节能装备制造	绿色节能照明

序号	证券代码	证券简称	一级分类	二级分类
82	300303.SZ	聚飞光电	节能装备制造	绿色节能照明
83	300241.SZ	瑞丰光电	节能装备制造	绿色节能照明
84	300232.SZ	洲明科技	节能装备制造	绿色节能照明
85	300219.SZ	鸿利智汇	节能装备制造	绿色节能照明
86	300162.SZ	雷曼股份	节能装备制造	绿色节能照明
87	300125.SZ	易世达	节能装备制造	合同能源管理
88	300116.SZ	坚瑞沃能	节能装备制造	建筑节能
89	300074.SZ	华平股份	节能装备制造	智慧城市
90	300020.SZ	银江股份	节能装备制造	智慧城市
91	002745.SZ	木林森	节能装备制造	绿色节能照明
92	002609.SZ	捷顺科技	节能装备制造	智慧城市
93	002587.SZ	奥拓电子	节能装备制造	绿色节能照明
94	002583.SZ	海能达	节能装备制造	智慧城市
95	002528.SZ	英飞拓	节能装备制造	智慧城市
96	002474.SZ	榕基软件	节能装备制造	智慧城市
97	002449.SZ	国星光电	节能装备制造	绿色节能照明
98	002405.SZ	四维图新	节能装备制造	智慧城市
99	002402.SZ	和而泰	节能装备制造	建筑节能
100	002368.SZ	太极股份	节能装备制造	智慧城市
101	002331.SZ	皖通科技	节能装备制造	智慧城市
102	002178.SZ	延华智能	节能装备制造	建筑节能
103	002165.SZ	红宝丽	节能装备制造	建筑节能
104	002076.SZ	雪莱特	节能装备制造	绿色节能照明
105	002005.SZ	德豪润达	节能装备制造	绿色节能照明
106	603903.SH	中持股份	环境治理	水污染防治
107	603817.SH	海峡环保	环境治理	水污染防治
108	603797.SH	联泰环保	环境治理	水污染防治
109	603686.SH	龙马环卫	环境治理	固体废物处理与资源化
110	603603.SH	博天环境	环境治理	水污染防治
111	603588.SH	高能环境	环境治理	固体废物处理与资源化
112	603568.SH	伟明环保	环境治理	固体废物处理与资源化
113	603388.SH	元成股份	环境治理	生态保护
114	603359.SH	东珠景观	环境治理	生态保护
115	603200.SH	上海洗霸	环境治理	水污染防治
116	603177.SH	德创环保	环境治理	大气污染防治
117	601992.SH	金隅股份	环境治理	固体废物处理与资源化
118	601200.SH	上海环境	环境治理	固体废物处理与资源化
119	601158.SH	重庆水务	环境治理	水污染防治
120	600874.SH	创业环保	环境治理	水污染防治
121	600526.SH	菲达环保	环境治理	大气污染防治
122	600388.SH	龙净环保	环境治理	大气污染防治

序号	证券代码	证券简称	一级分类	二级分类
123	600292.SH	远达环保	环境治理	大气污染防治
124	600217.SH	中再资环	环境治理	固体废物处理与资源化
125	600187.SH	国中水务	环境治理	水污染防治
126	600168.SH	武汉控股	环境治理	水污染防治
127	300692.SZ	中环环保	环境治理	水污染防治
128	300631.SZ	久吾高科	环境治理	水污染防治
129	300437.SZ	清水源	环境治理	水污染防治
130	300425.SZ	环能科技	环境治理	水污染防治
131	300422.SZ	博世科	环境治理	水污染防治
132	300388.SZ	国祯环保	环境治理	水污染防治
133	300385.SZ	雪浪环境	环境治理	大气污染防治
134	300362.SZ	天翔环境	环境治理	水污染防治
135	300334.SZ	津膜科技	环境治理	水污染防治
136	300272.SZ	开能环保	环境治理	水污染防治
137	300262.SZ	巴安水务	环境治理	水污染防治
138	300203.SZ	聚光科技	环境治理	环境监测与检测
139	300190.SZ	维尔利	环境治理	固体废物处理与资源化
140	300187.SZ	永清环保	环境治理	大气污染防治
141	300172.SZ	中电环保	环境治理	水污染防治
142	300152.SZ	科融环境	环境治理	大气污染防治
143	300140.SZ	中环装备	环境治理	大气污染防治
144	300137.SZ	先河环保	环境治理	环境监测与检测
145	300090.SZ	盛运环保	环境治理	固体废物处理与资源化
146	300070.SZ	碧水源	环境治理	水污染防治
147	300056.SZ	三维丝	环境治理	大气污染防治
148	300055.SZ	万邦达	环境治理	水污染防治
149	002887.SZ	绿茵生态	环境治理	环境修复
150	002658.SZ	雪迪龙	环境治理	环境监测与检测
151	002573.SZ	清新环境	环境治理	大气污染防治
152	002340.SZ	格林美	环境治理	固体废物处理与资源化
153	002310.SZ	东方园林	环境治理	固体废物处理与资源化
154	000920.SZ	南方汇通	环境治理	水污染防治
155	000826.SZ	启迪桑德	环境治理	固体废物处理与资源化
156	000544.SZ	中原环保	环境治理	水污染防治
157	000035.SZ	中国天楹	环境治理	固体废物处理与资源化
158	300237.SZ	美晨生态	环境修复	环境修复

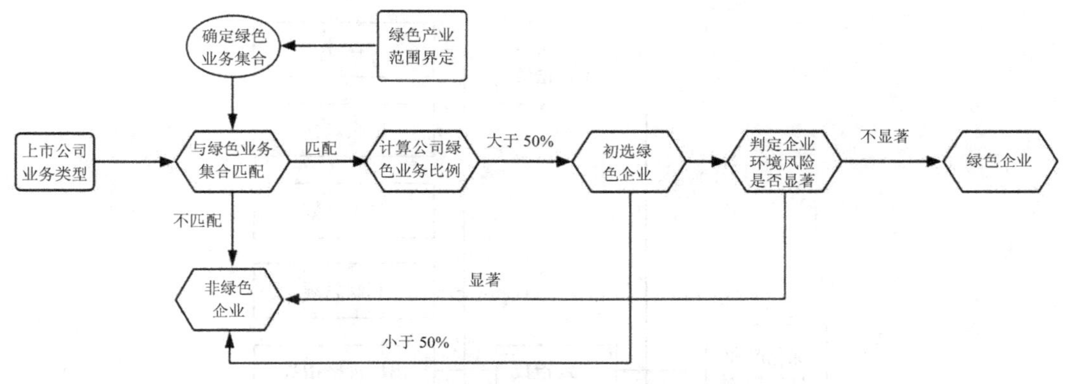

图 3　绿色企业样本筛选流程

2.4　绿色产业景气测算指标选取

在进行行业景气指标选取时，需要遵循两个原则：一是完备性原则，即选择的经济指标尽可能全面覆盖绿色产业的生产、销售、效益、成本等各个方面，尽可能全面地描述绿色产业的发展状况；二是关联性原则，即所选择的经济指标要与绿色产业高度相关，对绿色产业的经济发展影响显著，或者对绿色产业的发展变化高度敏感。

在遵循以上筛选原则的同时，课题组一方面参照了由经济日报社中经产业景气指数研究中心和国家统计局中国经济景气监测中心共同研究编制的“中国经济产业景气指数”以及国务院发展研究中开发的“DRC 行业景气指数”，其在指标构建中涉及了主营业务收入、利润总额、税金总额、应收账款、固定资产投资、从业人数及出口 7 个指标。另外又考察了企业财务报告中的相关指标，从中尽可能地选取了能够全面反映企业运营及发展状况的指标，并结合指标数据的可获取性，最终决定将主营业务收入、利润总额、出厂价格指数、员工总数、存货、购置固定资产、应收账款和营业税金及附加 8 个指标作为指数构建的初选指标（图 4）。

筛选绿色产业景气指标的首要工作是确定一个能够充分反映我国绿色产业经济活动的指标作为基准指标，用于筛选指标集合，并用于对合成指数的周期性检验。最终选定主营业务收入（是指企业主要业务所产生的基本收入）作为基准性指标，进而对其他指标进行领先、一致以及滞后关系的判别。

依据针对缺失数据的处理方案，课题组采用指数平滑、加权平均等方法对数据进行补齐。在此基础上，逐一对各项指标进行季节性调整；计算各项指标相应的同比增长率序列；并按照所有者权益进行加权；以主营业务收入同比增长率指标作为基准指标，进行时差相关分析；最后筛选出绿色产业先行、一致指标集合。

先行指标（leading indicators）是指在经济波动达到高峰（或低谷）前，超前出现峰和谷的指标，目前许多国家都把先行指标作为短期预测的重要依据（高铁梅等，2003）。本研究在本次景气测算中所筛选出的先行指标均能够在一定的经济学含义上体现出先行性。应收账款是指销售过程中被采购企业所占用的资金，存货的数量能够在一定程度上体现该产业的经济发展态势，反映厂商对未来市场需求状况的预期，因此具有一定的先行性。

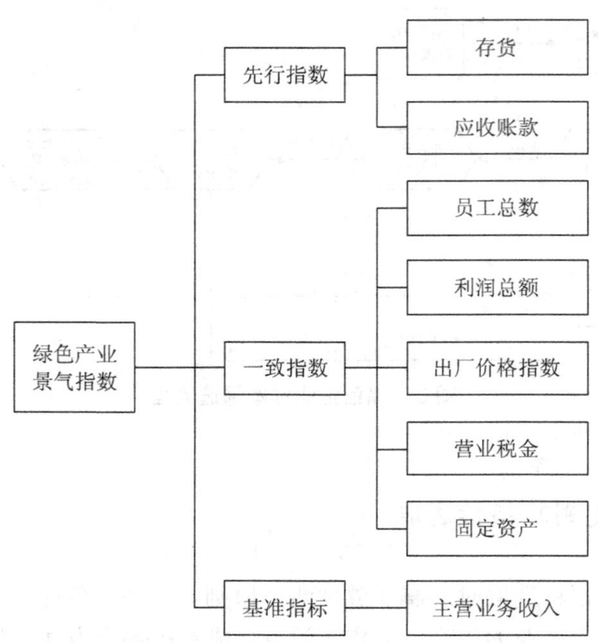

图 4　绿色产业景气指数指标体系

一致指标（Coincident Indicators）是指该指标的波动与当前绿色经济的景气波动大体一致。本次景气测算中的 5 个一致指标中，员工总数与基准指标的相关性最高，波动一致；企业收入的多少会直接影响应缴纳税金的数额，因此营业税金及附加被作为一致指标；固定资产略微超前于基准指标主营业务收入，然而由于其超前期相对其他指标较短，因此也被选作一致指标。

2.5　绿色产业景气指数合成方法

目前景气指数方法有两种，一种是扩散指数法，另一种是合成指数法。其中，扩散指数法仅着眼于各景气指标的变化方向，所以只能反映经济景气的波动方向，不能反映波动的幅度，而合成指数法则在一定程度上弥补了扩散指数法存在的不足。故课题组采用合成指数（CI）方法构建绿色产业景气指数，该方法共分为三步，首先求各指标的对称变化率并将其标准化，其次求各指标组的标准化平均变化率 V_j（t），最后求初始合成指数，具体步骤如下：

（1）求各指标的对称变化率并将其标准化

1）求指标的对称变化率

设指标 $Y_{ij}(t)$ 为第 j 指标组的第 i 个指标，分别代表先行一致、先行指标组，i 是组内指标的序号。首先对 $Y_{ij}(t)$ 求对称变化率 $C_{ij}(t)$：

$$C_{ij}(t)=200\times\frac{Y_{ij}(t)-Y_{ij}(t-1)}{Y_{ij}(t)+Y_{ij}(t-1)}$$
$$t=2,3,\cdots,n$$

当 $Y_{ij}(t)$ 为 0 或者负值或者是比率序列时：

$$C_{ij}(t)=Y_{ij}(t)-Y_{ij}(t-1)$$

2）将各指标的对称变化率标准化

为了防止变动幅度大的指标在合成指数中取得支配地位，各指标的对称变化率都被标准化，使其平均绝对值等于 1。首先求标准化因子：

$$A_{ij}=\sum_{t=2}^{n}\frac{\left|C_{ij}(t)\right|}{n-1}$$

将 $C_{ij}(t)$ 标准化，得到标准化变化率 $S_{ij}(t)$：

$$S_{ij}(t)=\frac{C_{ij}(t)}{A_{ij}}$$
$$t=2,3,\cdots,n$$

（2）求各指标组的标准化平均变化率 $V_j(t)$

1）求出先行一致指标组的平均变化率

$$R_j(t)=\frac{\sum_{i=1}^{k_j}S_{ij}(t)\cdot w_{ij}}{\sum_{i=1}^{k_j}w_{ij}}$$
$$j=1,2$$
$$t=2,3,\cdots,n$$

2）计算指数标准化因子

$$F_j(t)=\frac{\left[\sum_{t=2}^{n}\frac{\left|R_j(t)\right|}{n-1}\right]}{\left[\sum_{t=2}^{n}\frac{\left|R_2(t)\right|}{n-1}\right]}\quad (j=1,2,\cdots,n)$$

3）求标准化平均变化率 $V_j(t)$

$$V_j(t)=\frac{R_j(t)}{F_j} \qquad (t=2,3,\cdots,n)$$

（3）求初始合成指数

令 $I_j(1)=100$，则

$$I_j(t)=I_j(t-1)\times\frac{200+V_j(t)}{200-V_j(t)}$$

$$j=1,2$$
$$t=2,3,\cdots,n$$

3 我国绿色产业景气指数测算结果

3.1 绿色产业总体景气表现

绿色产业景气指数（GIPI）用于反映我国绿色产业的整体运行情况，并对绿色产业短期内发展态势进行估测判断，以便决策部门可据此制定产业发展各项政策，有针对性地出台促进产业健康发展的有效措施。基于构建的绿色产业景气指数，以 2016 年以来的数据为基础开展监测分析，研究结果如图 5 所示。

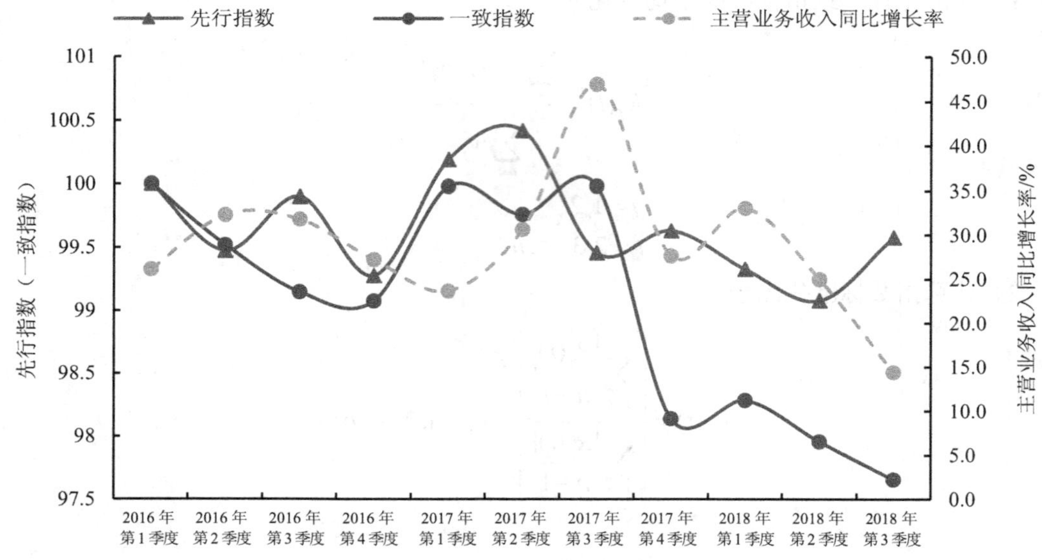

图 5 我国绿色产业景气指数运行结果

一致指数以 2017 年第 3 季度为分界点，表现为由升转降，说明绿色产业由快速增长期进入持续走低期。2017 年第 3 季度之前，基准指标绿色产业主营业务收入同比增长率持续攀升，从 2016 年第 1 季度的 26%增长至最高点 47%；2017 年第 4 季度开始回落，截至 2018 年第 3 季度，主营业务收入同比增长率已跌至 14.40%。表明绿色产业业务收入规模虽整体保持扩张趋势，但 2017 年第 3 季度以来扩张速度放缓。一致指数表明，绿色产业在 2017 年第 3 季度前景气表现为持续扩张，2017 年第 4 季度出现大幅下滑，2018 年以来略有回暖，但景气表现仍不及之前，本季度跌至历史最低。

景气下滑的原因包括：一是原材料价格上涨导致行业成本增加，带来企业利润增长不明显。二是政府去杠杆导致环保投资下滑，对应环保需求萎缩，还款难度加大，特别是对环保类 PPP 项目影响大。融资环境恶化导致依靠融资扩张资产负债表实现高速发展的工程类环保公司遇到发展“瓶颈”，工程项目进度放缓，在手订单无法转化为业绩预期。2017 年下半年 PPP 领域规范政策频繁出台，导致 PPP 项目收入确认进度放缓，水治理、园林工程板块业绩增速有所下降，据财政部 PPP 中心调查数据显示，环保类 PPP 项目因为运营性不强、需求具有不确定性、付费机制不健全或融资迟迟难以落地等原因，难以通过财政承受能力论证，因此被大量退库。三是环保补贴到位率不高，据兴业证券调研结果，环保产业各项政府补贴款存在部分到位率不高、发放不及时的问题。

先行指数至 2018 年第 3 季度结束下行态势，由降转升，表明 2019 年绿色产业有望走出低迷期，进入上升区间。根据先行指数变化规律，大约领先一致指数 1 个季度。从趋势来看，先行指数在由 2017 年第 2 季度达到峰值后，进入下行周期，截至 2018 年第 3 季度开始掉头向上，表明 2018 年年底和 2019 年绿色产业景气指数表现或将回暖，绿色产业有望进入新的上升周期。从实际情况来看，一方面，在宏观环境去杠杆的趋势下，绿色产能面临进一步出清，未来有技术和运营能力的企业将有望受益于行业发展；另一方面，近期出台多项政策释放出改善绿色企业融资环境的信号，预计 2019 年上半年绿色产业景气表现或将持续上扬。具体分析如下：

一是绿色企业尤其是民营企业融资环境将得到明显改善。2018 年 10 月，国务院常务会议提出，要进一步推动优化运营商环境政策落实，设立民营企业债券融资工具等；央行宣布再增加再贷款和再贴现额度 1 500 亿元，改善小微企业和民营企业融资环境等政策出台实施，将释放积极信号，绿色产业融资困难的问题有望得到缓解，但传导至公司盈利改善特别是工程类公司还需时日，后续项目将得到进一步推进，预计 2019 年上半年绿色产业将会迎来更加利好的市场环境。

二是从政策环境来看，具有较强政策以来的绿色产业正迎来政策红利期，预计 2019 年产业规模将持续上升。绿色产业的特征导致其无法单纯依靠市场力量取得正常发展，需要政府在外部的强制性推动，对政策有着很强的依赖性，2018 年下半年以来，国家包括去杠杆政策适度调整、地方隐性债务清理、PPP 项目改善企业融资环境等政策出台，整体有利于绿色产业的加快发展。中央经济工作会议未再将“加快生态文明建设”单独列入 2019 年重点工作，而是将环保政策分解到明年的七大任务里面去，这意味着环保工作将更加常态化，会有更多法规和政策方面的细节补充，对绿色产业市场产生强大的促进作用。2019 年将深入推进“七大标志性战役”“四大行动”，环保督察巡查仍将持续，将催生更多的绿色产业市场空间。同时，伴随着《国务院办公厅关于保持基础设施领域补短板力度的指导意见》（国办发〔2018〕101 号）文件的出台实施，明确将农业农村、生态环保等领域纳入短板领域，这些政策的落地实施，有望进一步优化环境资源配置的效率，刺激产业发展。

三是从市场环境来看，绿色产业处于规模扩张阶段，部分细分行业发展较快，预期 2019 年上半年将表现良好。从规模性指标（表 2）可以看出，绿色产业整体规模处于不断扩大的态势，从绝对值角度来考虑，绿色企业数量的不断上升必然导致整体产业规模的扩大。同时，大量企业开始探索绿色主营业务以改善企业的盈利模式，降低运营风险，在完成业务转型的同时能够获得政府提供的政策支持，激发了企业提升绿色业务比重的动力。通过生态环保法规体系的补充和完善，预期 2019 年绿色产业市场将会迎来较为规范和良好的管理环境，要素市场得到发展，整体规模将持续扩大。从细分行业发展来看，本季度绿色企业市场景气虽整体表现不佳，但是绿色产业的领域多且发展呈现阶段性特征，新的环境治理需求会带动新的细分领域的发展，当前政策的支持带来新的发展机遇，预期正处于成长期或即将进入成长期的细分领域是未来绿色产业的主力，将引导更多的企业进入绿色产业市场。如在“打赢蓝天保卫战”背景下可以帮助地方政府快速提升空气质量，有望成为城市空气治理标配的大气网格化监测行业；市场增长空间大且盈利模式清晰的生物质发电行业（包括垃圾焚烧发电和农林生物质发电）；法律和标准相继出台，行业不断规范且即将进入成长期的土壤修复行业。

表 2　绿色产业规模指标　　单位：亿元

指标	2017 年第 1 季度	2017 年第 2 季度	2017 年第 3 季度	2017 年第 4 季度	2018 年第 1 季度	2018 年第 2 季度	2018 年第 3 季度
主营业务收入	1 054.83	1 699.02	1 597.52	2.030.76	1.249.01	2 010.96	2 931.68
利润总额	83.56	198.50	175.41	106.02	103.84	226.67	225.32
总市值	17 668.68	17 182.16	18 491.90	17 679.44	16 720.66	13 644.42	17 514.49
资产总计	14 993.31	1572577.00	1657997.00	17 357.74	17 551.28	18.435.10	27 668.41

3.2　绿色产业景气指数分解

盈利能力：利润增速波动上升，应收账款指数持续回落。从绿色产业的利润总额指数来看，2016 年至 2018 年第 3 季度，该项指数在波动上升，在近两个季度有所下滑，与 A 股上市企业利润总和同比变化趋势大体一致，但在绝对值上不及 A 股，这可能是受部分绿色产业政策驱动不足和贸易摩擦引发的。我国绿色产业中光伏、核电、新能源汽车等产业已经成为国际市场主要参与主体，其面临的国际贸易环境也越来越复杂。在光伏产业持续快速发展的前提下，2013 年欧盟对我国光伏制造业发起了“双反”调查，虽然最终以双方达成价格承诺的方式和平解决，但我国对欧盟的光伏组件出口量仍被限定在 700 万 kW 以内；2014 年，美国对我国光伏产品发起了“双反”调查，未来估计其他国家也可能对我国光伏产品发起“双反”调查。2018 年 3 月 22 日，美国总统特朗普宣布将对 500 亿美元中国商品加征关税 征税领域就包括新能源汽车等绿色产业，局部贸易摩擦的风险正在提升。贸易摩擦导致我国绿色产业发展受到一定程度限制，并在本年中后期有所显现，绿色产业盈利能力受到冲击。

2017 年 A 股上市企业的应收账款增长率始终高于绿色上市企业，绿色产业应收账款保持平稳，表明绿色产业面临较低财务风险。绿色产业发展的前提是经济高速增长带来的资源耗损和污染积累，这使环保行业形成与发展上滞后于经济的快速发展期。当经济增长向中高速发展甚至下滑时，之前经济高速发展所掩盖的资源环境问题开始凸显并受到重视。另外，在经济衰退过程中，政府还将依靠财政投资来拉动低迷的经济增长。在市场整体不景气的情况下，较低的财务风险将给绿色产业带来更多的投资动力与机遇，同时市场整体监管标准的严格化也将促使资金流向低风险的绿色企业，预计 2019 年绿色产业利润总额将会有所上升，同时财务风险也会随之增加（图 6、图 7）。

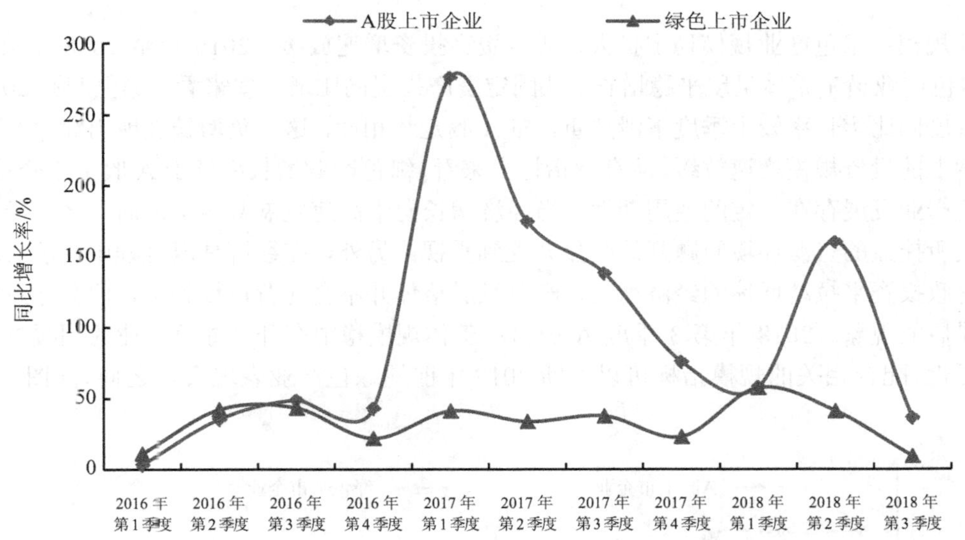

图 6　利润总额同比增长率

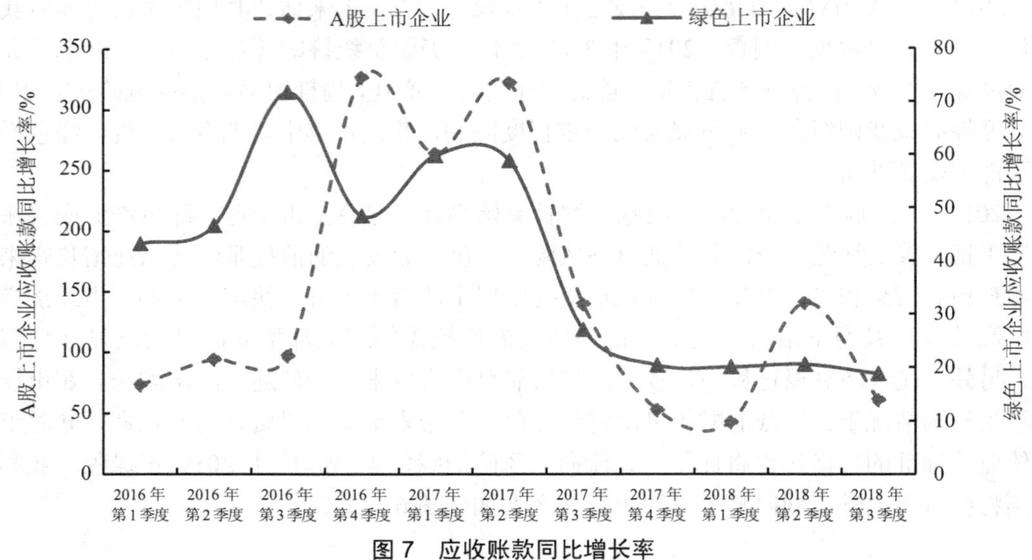

图 7　应收账款同比增长率

行业规模：绿色产业规模稳定扩大，固定资产投资增速放缓。2016 年至 2018 年第 3 季度，绿色产业员工整体呈现平稳增长；从固定资产投资同比增长率来看，绿色产业 2018 年第 3 季度同比增长率较上季度下滑严重，与 A 股走势相悖，这种负增长表现出绿色产业一定程度上的投资规模增速放缓。从存货指标上来看，绿色产业增长率低于 A 股上市企业。因为绿色产业发展存在一定的逆周期性，当经济增长向中高速发展甚至下滑时，之前经济高速发展所掩盖的资源环境问题开始凸显并受到重视。另外，在经济衰退过程中，政府还将依靠财政投资来拉动低迷的经济增长，产业发展整体并不会违背市场趋势，但会导致发展周期滞后的现象。2018 年第 3 季度 A 股市场整体规模稳中有升，绿色产业的回暖有一定的滞后性，配合相关的规模指标可以推断 2019 年前期绿色产业表现会随之向好（图 8～图 10）。

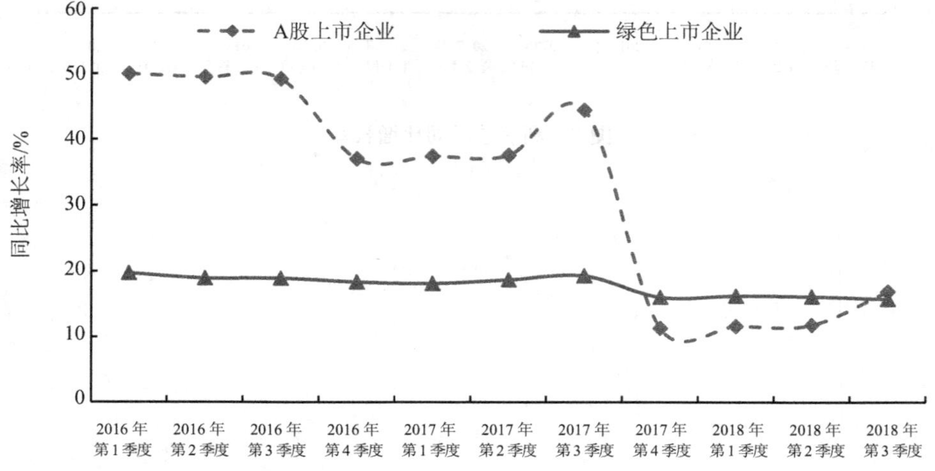

图 8　员工总数同比增长率

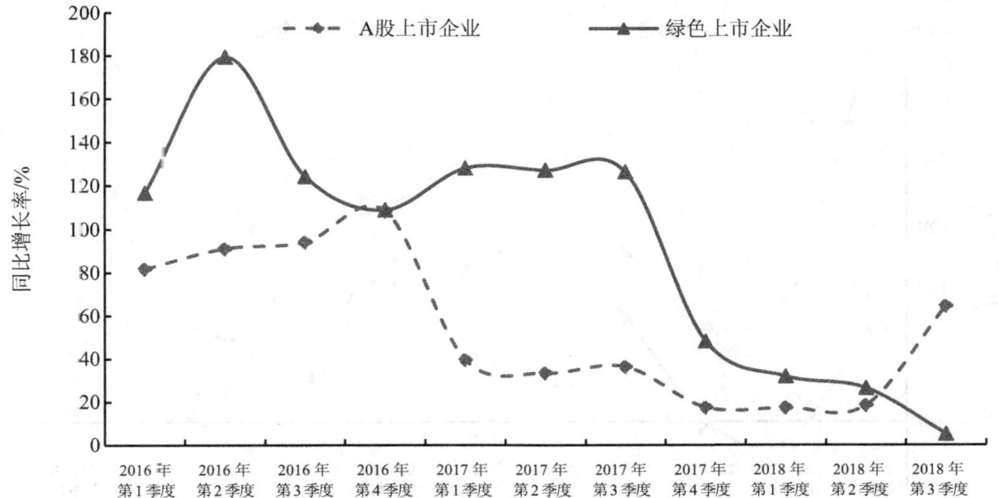

图 9 固定资产投资同比增长率

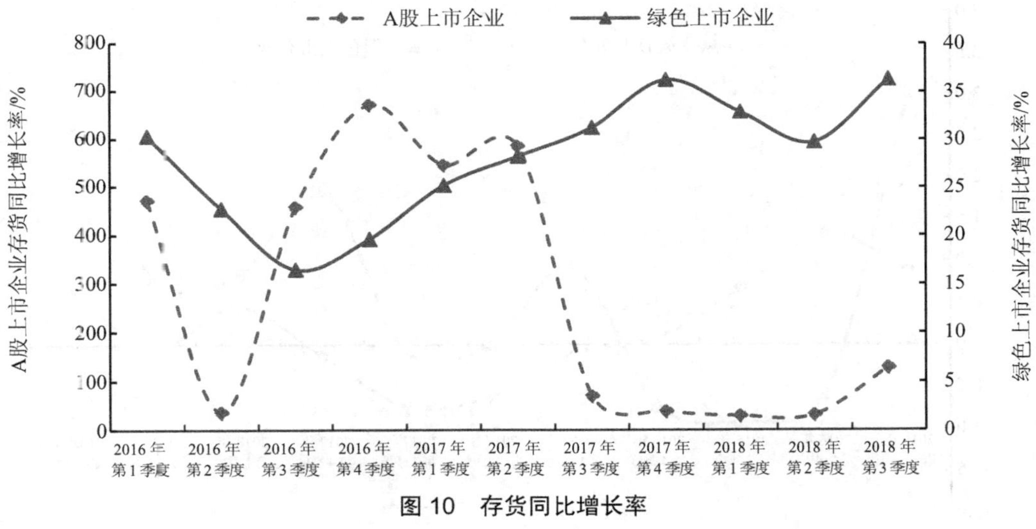

图 10 存货同比增长率

行业压力：税务波动平稳，成本压力得以缓冲。截至 2018 年第 3 季度，绿色上市企业的营业税金同比增长率与 A 股上市企业的变化较为一致，但增长幅度小于 A 股上市企业。此外，由于 2017 年多家新能源企业原材料价格上涨，补贴退坡，降成本压力激增，绿色上市企业的出厂价格总体波动上升，2018 年第 3 季度达到两年来最高水平，以上分析表明绿色产业在税务负担相对平稳且水平较低的情况下，上升的成本压力得到缓冲。从整体来看，绿色产业出厂价格自 2016 年第 3 季度后呈现波动上升的走势，预计 2019 年仍会维持该趋势，成本压力的上升带来对资金流的大量需求，自 2018 年 10 月以来政府出台多项措施解决民营企业融资问题，这将在一定程度上对绿色产业发展带来促进作用。预计 2019 年绿色产业成本压力上升趋势将会有所缓解，税负压力仍将保持稳定（图 11、图 12）。

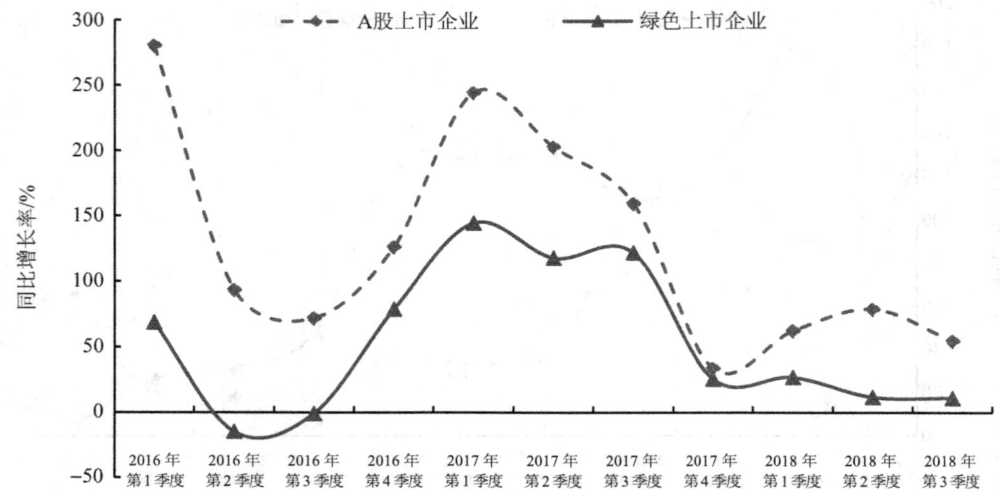

图 11 营业税金同比增长率

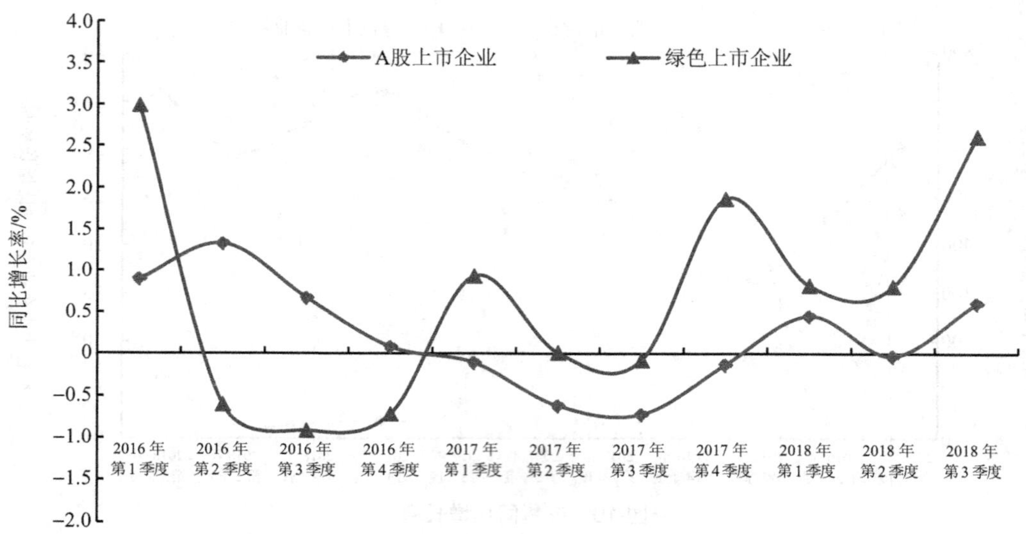

图 12 出厂价格同比增长率

4 研究结论与政策建议

4.1 研究结论

开发的绿色产业景气指数，核心是反映我国绿色经济产业景气现状、发展特征及变化趋势。现阶段绿色产业规模不大，较为集中，上市公司占比很大，因而采取的替代方案具有较强的行业代表性。绿色产业景气指数进一步完善以及未来如何长期跟踪整个行业发展，还依赖于绿色产业范围的统一界定及完整、连续、可靠的绿色产业发展统计数据的支撑。

绿色产业景气指数测算结果表明，以 2016 年第 1 季度为基期，我国绿色经济景气状况波动较大，绿色产业在 2017 年第 3 季度前景气表现为稳定中持续向好，一致指数在该季度攀升至近三年来最高值，第 4 季度开始出现大幅下滑，2018 年第 1 季度略有回暖，但景气表现不及之前。2018 年政府去杠杆，融资环境恶化，环保板块跌幅较大，2018 年第 3 季度绿色产业整体景气表现不及上季度，但先行指数显示 2018 年第 4 季度绿色产业将会有所回暖。

经过 2018 年的经济波动，整个 A 股市场年末趋于稳定，2019 年年初呈现回升态势。根据绿色产业的逆周期性特征，以及市场表现来看，2019 年第 1 季度以及上半年，绿色产业将会持续性回暖。绿色产业法规政策体系逐渐健全，“十三五”后期绿色产业法规制度将在原有体系上更加细化和完善，这与我国五年规划的政策释放节奏也较为相符；绿色产业市场已经初具规模，各项监管条例也在逐步完善，绿色产业规模处于稳定扩张阶段。在资金流方面，政府明确民企是推动经济社会发展的重要力量，政策对民企的托底效应开始逐渐显现，多方面的引导与帮扶政策连续出台，将会显著改善绿色企业的融资环境，再融资压力也会有一定程度的下降。

4.2 研究建议

持续跟踪监测绿色产业景气指数变动情况，加大对绿色产业的政策支持力度。2018 年受经济下行、企业融资环境趋紧、PPP 项目清理及中美贸易摩擦等影响，虽然我国污染防治攻坚战全面打响，但潜在的绿色市场空间尚未充分释放，绿色产业增长形势并不景气。2019 年仍是我国污染防治攻坚的关键一年，基于绿色经济市场战略机遇良好，预期叠加民营企业支持政策、环保 PPP 合规项目加快落地、基础设施补短板政策落地以及融资市场筑底回升等有利因素，绿色产业发展由降转升的可能性加大，先行指数也反映出这一态势。但当前宏观发展形势更加复杂，需进一步基于绿色产业景气指数，监测预警绿色经济发展趋势，对影响绿色企业发展的各有关政策执行效果进行动态评估，提出优化调整政策意见。

建立绿色产业景气指数监测与评估长效机制，加强指数研究与成果应用。绿色发展、绿色经济正成为我国高质量发展、现代化经济体系的重要组成部分，也是生态环保参与宏观综合决策、推动经济体系构建的重要抓手。研究监测绿色产业景气指数是跟踪监测绿色经济发展形势、分析预测绿色产业增长前景的重要工具，也是验证绿色产业相关政策有效性、创新调整绿色产业发展政策的重要工具。目前，绿色产业景气指数研究处于起步探索阶段，在绿色产业范围科学界定、绿色产业景气指标选取、预测方法学研究、景气指数预测准确性评估、指数应用等方面需要持续推进。建议建立绿色产业景气指数监测与评估长效机制，建立完善绿色产业信息数据库，并定期向相关部门提交分析结果及报告。同时，要进一步加强绿色产业景气指数成果的应用转化，将景气指数应用于环境经济形势分析、绿色产业健康发展政策研究制定等领域，提升生态环保参与宏观综合决策能力。

建立完善绿色产业指标统计与数据收集体系，提高数据获取的广泛性、代表性。景气监测平台的科学性有赖于严谨的行业界定和可靠、连续的数据基础。课题组构建的绿色产业景气指数虽较其他指标评价体系有着更高的频率，但由于数据基础的限制，景气指数的构建局限于 A 股上市企业，而绿色产业中中小企业的规模更大，当前结果尚不能完全代表整个绿色产业。因此，建议环境部同发改委、工信部、统计局等多部门协调配合，加强绿色产业的主要指标统计的组织架构，完善绿色产业相关指标数据的统计，为进一步量化绿色产业对宏观经济的支持和拉动作用，模拟政策对绿色经济景气的冲击效应等研究奠定坚实基础。

参考文献

[1] 赵斌. 关于绿色经济理论与实践的思考[J]. 社会科学研究，2006（2）：44-47.

[2] 李宝林. 环保产业生态产业与绿色产业[J]. 中国环保产业，2005（9）：22-24.

[3] 李琳，楚紫穗. 我国区域产业绿色发展指数评价及动态比较[J]. 经济问题探索，2015（1）：68-75.

[4] 李卫武，张安忠. 绿色产业投资机制研究[J]. 华中农业大学学报（社会科学版），1999（3）：7-10.

[5] 李晓西，潘建成. 中国绿色发展指数的编制——《2010 中国绿色发展指数年度报告—省际比较》内容简述[J]. 经济研究参考，2011（2）：36-64.

[6] CLEMENS B. Economic incentives and small firms：does it pay to be green？[J]. Journal of Business Research，2006，59（4）：492-500.

[7] 周国梅，唐志鹏. 环境优化经济发展的机制与政策研究[J]. 环境保护，2008，36（20）：20-23.

[8] 郑红霞，王毅，黄宝荣. 绿色发展评价指标体系研究综述[J]. 工业技术经济，2013（2）：142-152.

[9] WANG，S.，ZHOU C.，LI G，et al. CO_2，economic growth，and energy consumption in China's provinces：investigating the spatiotemporal and econometric characteristics of china's CO_2 Emissions[J]. Ecological Indicators，2016（69）：184-195.

[10] YI H，LIU Y. Green economy in China：regional variations and policy drivers[J]. Global Environmental Change，2015（31）：11-19.

[11] 邵全，肖洋，周霞. 绿色北京评价指标体系研究[J]. 特区经济，2014（6）：182-184.

[12] 高铁梅，孔宪丽，刘玉. 中国钢铁工业景气指数的开发与应用研究[J]. 中国工业经济，2003（11）：71-77.

[13] 王金明，高铁梅. 基于先行指数对我国通货膨胀率的预测[J]. 统计与决策，2011（5）：111-113.

[14] 谌新民，葛国兴，李萍. 中国就业景气指数及其公共政策研究[J]. 广东社会科学，2013（3）：18-28.

[15] 孙延芳，胡振. 中国建筑业景气指数的合成与预测[J]. 统计与决策，2015（11）：40-42.

[16] 刘轶芳，李娜娜，刘倩. 中国绿色产业景气指数：开发与测度[J]. 环境经济研究，2017（3）.

“两山”转化评估指标体系研究

Research on the Transformation Evaluation Index System of “Lucid Waters and Lush Mountains Are Invaluable Assets”

叶维丽　张文静　刘雅玲　彭硕佳　王 东　刘伟江　高 涵　韩 旭

摘　要　为推进“两山”理论发展及全国“两山”试点工作开展，本研究通过梳理“两山”理念的发展历程，总结其内涵及发展模式。在此基础上设计了一套包括绿水青山指数、金山银山指数和“两山”转化指数三个层面 25 项评估指标的“两山”转化评估指标体系，对“绿水青山就是金山银山”实践创新基地开展评估。研究对浙江省 11 个地市进行“两山”指数测评，杭州市以 84.6 分位居第一，舟山市、湖州市分别位居第二、第三。评估指标体系能较好地衡量“两山”实践成效，指引“两山”实践方向，为指导和推动“两山”建设和高效转化提供科学支撑。

关键词　绿水青山就是金山银山　“两山”转化　评估指标体系

Abstract　In order to promote the concept development of “lucid waters and lush mountains are invaluable assets” and deployment the experiments in selected places of it in China，this research summarized its connotation and development model by carding the development process of the “lucid waters and lush mountains are invaluable assets” concept. Based on this，an evaluation index system from “lucid waters and lush mountains” to “invaluable assets” including 25 evaluation indicators at three levels of the “lucid waters” index，“Lush Mountains” index and index of from “lucid waters and lush mountains” to “invaluable assets”. The “lucid waters and lush mountains are invaluable assets” practice innovation base cases were evaluated. This study evaluated the “lucid waters and lush mountains are invaluable assets” index for 11 cities in Zhejiang Province. Hangzhou ranked first with a score of 84.6，and Zhoushan and Huzhou ranked second and third respectively. The evaluation index system is able to measure the effectiveness and guide the direction of the “lucid waters and lush mountains are invaluable assets” practice. It provides scientific support for guiding and promoting the construction and efficient transformation of “lucid waters and lush mountains are invaluable assets”.

Keywords　“lucid waters and lush mountains are invaluable assets”，from “lucid waters and lush mountains” to “invaluable assets”，evaluation index system

自 2005 年 8 月习近平总书记第一次提出"绿水青山就是金山银山"(以下简称"两山")这一科学论断后，各地努力践行"两山"理念，推进生态文明建设。"两山"实践过程中，各地百花齐放，涌现出多种实践亮点，在各地分别开展"两山"实践的同时，国家层面可基于这些实践创新成果总结出一套系统的、可推广的"两山"实践成效评估方法，对比衡量各地工作成效、评估各地优点和不足，以加强对实践工作的引导及对实践成果的推广应用。为此，生态环境部环境规划院在深入研究"两山"理念内涵的基础上，归纳总结了原环境保护部第一批"绿水青山就是金山银山"实践创新基地实践经验，构建了"两山"转化评估指标体系，为指导和推动"两山"建设和高效转化提供科学支撑。

1 研究基础

1.1 "两山"理念发展历程

2005 年，时任浙江省委书记的习近平赴浙江安吉考察时提出："我们追求人与自然的和谐，坚持经济与社会的和谐，就是既要绿水青山，又要金山银山，实际上绿水青山就是金山银山，本身，它有含金量。"自此，"绿水青山就是金山银山"这一科学论断诞生。

2015 年，中央政治局审议通过的《关于加快推进生态文明建设的意见》，把"坚持绿水青山就是金山银山"这一重要理念正式写入了中央文件，成为推进中国生态文明建设的指导思想，为"十三五"提出"绿色发展"理念提供了理论支撑。

2017 年，第十九次全国人民代表大会提出，"建设生态文明是中华民族永续发展的千年大计。必须树立和践行绿水青山就是金山银山的理念，坚持节约资源和保护环境的基本国策，像对待生命一样对待生态环境，统筹山水林田湖草系统治理，实行最严格的生态环境保护制度，形成绿色发展方式和生活方式"。

生态环境部高度重视"两山"实践工作。2017 年 9 月 21 日环境保护部在浙江省安吉县召开全国生态文明建设现场推进会，并命名授牌了浙江安吉县等 13 个第一批"绿水青山就是金山银山"实践创新基地和甘肃省平凉市等 46 个第一批国家生态文明建设示范市县，为全国其他地区推进生态文明建设树立了标杆样板。2018 年 12 月 13 日，生态环境部命名北京市延庆区等 16 个地区为第二批"绿水青山就是金山银山"实践创新基地。

1.2 "两山"理念内涵及发展模式

纵观原环境保护部命名为"绿水青山就是金山银山"实践创新基地 13 个地区的发展历程，可见清晰地呈现出三大模式。一是如浙江湖州、贵州乌当等生态环境本底本身一直优越，久久为功护美绿水青山，在此过程中不断探索"绿水青山"向"金山银山"的有效转化路径；二是如福建长汀、河北塞罕坝等生态环境本底曾经优越，后经人为破坏逐渐成为地区经济增长的巨大制约因素，痛定思痛后总结经验，修复恶化的生态环境，并逐渐结合地区自身特点找到“绿水青山”和“金山银山”共生互补的新着力点；三是如山西右玉生态环境本底初始恶劣，但放远眼光、矢志不渝地进行生态环境修复改善，如今生态环境质变也破解了地区发展的困局。

1.2.1 高起点进阶型

浙江湖州、贵州乌当等生态环境本底本身一直优越，久久为功护美绿水青山，在此过程中不断探索“绿水青山”向“金山银山”的有效转化路径。

湖州市采用“生态+”理念引领绿色产业发展，以点带面形成优秀示范。做精茶、桑、鱼传统特色的生态农业。安吉 108 万亩竹海，每年给农民带来直接收入 11 亿元；竹制品一年产值 150 亿元，从业人员近 5 万，人均增收 7 800 元；安吉白茶产量 1 870 t，产值 22.24 亿元，人均增收 5 900 元。吴兴区成功创建八里店南片省级生态循环农业样板区和南太湖市级生态循环农业示范区，在国家现代农业示范区农业改革与建设试点绩效评价中排名第一。做强绿色工业，产业格局绿色全面升级。湖州承接“中国制造 2025”，以智能电动汽车、新能源等绿色工业行业为新兴产业支柱，以科技创新和新型产业为引领，推动了经济绿色发展。做优现代服务业，打造“农家乐”到“乡村度假”再到“乡村生活”的乡村旅游之旅。2016 年，湖州市接待游客突破 8 000 万人次，旅游总收入突破 800 亿元。近五年来，全市旅游总收入由 263.2 亿元增加到 882.5 亿元，年均增长 27.4%。

贵州省贵阳市乌当区推进大健康、大数据、大旅游现代产业融合发展，大数据产业助推经济转型升级、提升政府治理能力和改善民生服务。乌当区十分重视生态环境治理与保护，成绩优异，农村饮水安全达标率为 100%，一般工业固体废物处置率和利用率均达 95%以上，城区生活垃圾无害化处理率达 100%，城市绿化率达 44.86%，空气质量优良率保持在 90%以上，划定生态保护红线 58.02 万亩，森林覆盖率达 54.93%。在生态本底优势上，乌当区积极探索“两山”转化实践，大健康、大数据、大旅游现代产业体系日趋成形，经济发展态势强劲。全年全区大健康医药制造业总产值突破 120 亿元，大数据产业总产值达 85.6 亿元，年均增长 20.63%，全年接待游客 1 394.8 万人次，实现旅游收入 74.63 亿元，年均增长 30%。

1.2.2 波动上升型

福建长汀、河北塞罕坝等生态环境本底曾经优越，后经人为破坏逐渐成为地区经济增长的巨大制约因素。痛定思痛后总结经验，修复恶化的生态环境，并逐渐结合地区自身特点找到“绿水青山”和“金山银山”共生互补的新着力点。

福建长汀走出一条废弃矿山治理的“紫金山探索”，把一座满目疮痍的废弃矿山变成一座体育主题公园、一座生态宜居新城。长汀县空气环境质量常年维持在国家环境空气质量Ⅱ级标准以上，水环境质量稳定，3 个国控、省控断面水质均达到水环境功能区要求，饮用水水源地水质达地表水Ⅱ类标准。生态环境保护成效明显，全县森林覆盖率达 79.8%、湿地面积达 3 499 hm^2，自然保护区占全县面积的 8.84%。县政府在转化中拓宽产业发展视野，实现主导产业支撑有力、重点产业初具规模、新兴产业蓄势待发。“互联网+”养老信息服务平台和养护院等养老机构投入运营，新桥卫生院医养结合试点全面推广。

河北塞罕坝深耕荒僻沙地50余年，营造出世界上面积最大的一片人工林，森林旅游、绿化苗木、风力资源、森林碳汇等源源不断带动地区经济发展。塞罕坝林场在保证生态安全的前提下，合理开发利用旅游资源，已有十几年未曾批准林地转为建设用地。2017年12月，塞罕坝被联合国环境规划署授予环保最高奖项“地球卫士奖”。目前，来自世界各地的游客年均50万人次，一年门票收入4 000多万元。当地政府利用边界地带、石质荒山和防火阻隔带等无法造林的空地，与风电公司联手，建设风电项目，形成可观的风电补偿费。塞罕坝的造林和营林碳汇项目，已在国家发展改革委备案，总减排量为475万t二氧化碳当量。如实现上市交易，保守估计可收入上亿元。森林旅游的发展，带动了周边地区的乡村游、农家乐、养殖业、山野特产等产业发展，每年可实现社会总收入6亿多元。

1.2.3 低起点飞跃型

山西右玉生态环境本底初始恶劣，但放远眼光、矢志不渝地进行生态环境修复改善，如今生态环境质变也破解了地区经济发展的困局。

右玉县地处毛乌素沙漠的天然风口地带，曾是一片风沙成患、山川贫瘠的不毛之地。全县仅有残次林8 000亩，森林覆盖率不足0.3%，土地沙化面积占到76%。近70年来，坚持不懈地植树造林，坚韧不拔地改善生态，使全县林木覆盖率达到54%，90%以上的沙化土地得到有效治理，右玉县也由昔日的不毛之地蜕变为今朝的“塞上绿洲”，创造了塞北高原的绿色奇迹，孕育形成了宝贵的“右玉精神”。2017年，右玉农副产品加工业持续发展，种植高产高效优种燕麦1.8万亩。电商产业蓬勃发展，建成了县级电商进农村公共服务中心、物流配送中心、电商孵化中心，11个乡镇网点和133个村级服务网点全部投用。文化旅游产业加速发展，全年旅游总人数达214.97万人次，实现旅游收入20.89亿元。招商引资成效显著，成功举办了2017山西·右玉西口风情生态文化旅游招商系列活动，全年签约项目26个，合同金额112.27亿元。

1.3 “两山”理念的基本要素

分析这13个地区的“两山”实践成果不难看出，其中无一例外地蕴含了四个要素：①环境服务优越；②绿色经济活跃；③民生建设完善；④制度保障到位。四个要素有机互补，角色分明，共同促进“两山”转化的持续达成。

生态系统完整、环境服务优越是“绿水青山”转化为“金山银山”的前提。破败脏乱的生态环境难以产生经济效益，也难以支撑地方经济和社会的可持续发展。人类生活的一切需求的满足都源于自然，自然生态环境是产生人类物质财富和精神财富的本底，只有维护好生态环境这座本金银行，才能源源不断地从中兑现利息。

绿色经济活跃是“绿水青山”转化为“金山银山”的目标。“绿水青山”如果放置不理就只是自然的生态系统，尚未体现有益于人类的社会价值，这并不是人类文明的旨意。“金山银山”的获得，是人类生产力的跃升，标志着人类改造自然的能力的提高。改造自然并不意味着破坏自然，党的十九大报告中提出人与自然是生命共同体，而我国生态文明的建设，是追求人与自然共同体利益的最大化。在护美绿水青山的同时，人类在认识自然和改造自然的过程中，利用自身的智慧，挖掘生态资源，开发新技术、研发新产品，提高生产效率，发展绿色经济，将生态的价值源源不断地链接到社会的产品和服务中，实现生态价值的循环利用。从这个层面上讲，人类的进步不只是物质财富的增加，更是思想上尊重自然、对人与自然生命共同体最本真的认同。绿色经济的发展，需要充分发挥地域的产业优势、人才优势、制度优势，需要有全社会的协调发展共识和共同参与，充分发挥地方党委和政府的民主和科学决策作用，使得绿色经济发展模式在传统经济发展模式面前机会成本更低，比较优势更高。

民生建设完善、制度保障到位是“绿水青山”转化为“金山银山”的保证。“绿水青山”转化为“金山银山”需要全社会的大协同。我国在经历了一段时间的粗放发展之后，一些人的思维、行为已成定式，在短时间内难以自发扭转。例如，一些地方领导干部唯GDP政绩观依然严重，在经济利益面前自持力不强；一些工业企业因高能耗高污染在短期内获益颇丰，难以“忍痛割肉”。我国生态环境问题和危机的解决，有赖于建立起系统完整的制度体系，用制度和法治保护生态环境、推进生态文明建设。完善的制度建设在奖优方面能够聚集起巨大的人才、资金、科技合力，助推生态建设潮流；罚劣方面对不顾生态环境而故步自封、盲目决策导致严重后果的，要依法追责形成刚性约束。

1.4 “两山”指数研究现状

在“两山”理念的指引下，部分地市积极加快转变经济发展方式，对宏观经济的绿色GDP研究较多，但是对“两山”理念的实践成效评价讨论较少。

2017年湖州师范学院翟帅等依托国家社科基金特别委托项目“全国生态文明先行示范区建设理论与实践研究：以湖州市为例”和湖州师范学院专项课题“生态文明建设公众参与机制研究”，构建了“金山银山、绿水青山、绿色社会、绿色文化和两山制度”为维度的47个指标的评价体系，运用熵权法对浙江省2010—2015年的数据进行分析，得出近年来浙江省实践“两山”理论的发展指数，并对2015年浙江省11个地市的“两山”发展指数进行了测算，结果显示杭州 “两山”发展指数最高，湖州、舟山次之，其后为丽水、宁波、绍兴、金华、衢州、台州、嘉兴和温州。

2018年8月15日，浙江大学环境与资源学院、中国西部发展研究院在“两山”理念与实践国际会议上正式发布“‘两山’指数”和“两山”建设优秀县（区、市）等研究成果，以环境质量底线、生态环境红线、资源利用上线作为基本的指标要素，明确了生态环境、特色经济、民生发展和保障体系四大内容，选取了可采集的、有代表性的关键指标，构建了“两山”建设考核指标体系，对全国100个县的“两山”建设水平进行了评价和考核。

2018年9月，贵阳市乌当区提出并拟订“两山”理论指数监测指标体系，分别涵盖资源利用、环境质量、保护治理、绿色增长、绿色发展、“两山”教育六类内容50余项。

在仅有的几项“两山”评估指标体系研究中，指标设置纷繁复杂，指标值获取性较低，无法在全国进行普适推广。在“两山”转化评估指标体系的构建时，首先应该充分研究“两山”理念的内核，抓住主要矛盾，按照帕累托法则，提取可以充分反映理念的重要指标，摒弃冗余指标，构建具有可操作性的，可在全国各市、县推广的评估体系势在必行。其次，现有研究对“金山银山”和“两山”转化的解读还局限在传统环保评估的角度，需要深入挖掘绿色经济内涵和“金山银山”本身的生态服务价值，充分体现理念本身的科学意义。

2 评估方法设计

2.1 指标体系构建考虑的几个关键问题

为贯彻习近平总书记“绿水青山就是金山银山”的科学理念，指导和推动各市、县“两山”建设和高效转化，考虑构建“两山”转化指标体系，以期构建衡量市、县“两山”建设成效的重要依据。在指标体系编制过程中，考虑“两山”转化指标体系的特殊性，重点解决如下几个关键问题。

（1）强化顶层设计

为深化“两山”实践的积极作用，构建“两山”指标体系，不仅要考虑生态环境质量，环境改善情况，还要考虑社会、经济的绿色发展，兼顾“绿水青山”向“金山银山”的转化及“金山银山”反哺“绿水青山”，即从“绿水青山”、“金山银山”和“两山”转化三大方面设置指标，涵盖经济、社会、资源、环境等领域，通过水、大气、土壤、生态等环境状况，公众生态环境满意度、生态价值、经济成效、民生成效、制度成效等层次全面反映“两山”实践的核心理念、基本内涵和主要任务。

（2）引入动态分析

传统意义上指标体系大多关注于现状，而往往忽视了在实践过程中的“努力”程度。在环境质量方面，既要考虑生态环境现状，又要考虑市、县为生态环境状况改善所做的工作，避免因生态本底值差异而导致“输在起跑线”和“躺赢”情况的发生；对于水、气两大环境介质，同时考虑状况指标和变化指标。在资源能源社会经济转化方面，既要考虑市、县的经济转化率，又要呼应我国《“十三五”水资源消耗总量和强度双控行动方案》《“十三五”节能减排综合工作方案》等相关规划中指标动态变化率的目标要求，同步考虑状况指标和变化指标。

（3）充分借鉴提升

指标体系需要与国家要求相呼应，并有选择地借鉴提升。《水污染防治行动计划》《大气污染防治行动计划》《土壤污染防治行动计划》、“三线一单”等相关行动计划、要求中的重要考核指标及部分生态文明建设指标能够反映“绿水青山”的保护和建设要求以及“两山”转化的部分情况，结合“两山”指标体系的需求，有选择地借鉴其中的目标指标，在水、大气、土壤、生态、公众生态环境满意度以及民生转化方面有代表性的正向指标。生态文明建设示范县和美丽乡村建设等示范创建活动是推进生态文明建设的重要平台和抓手，与“两山”转化实践一脉相承。为充分巩固和深化现有的建设成果，进一步提升扩大示范创建和“两山”实践的影响力，考虑引入美丽乡村建制村覆盖率、生态文明建设示范县占比两项指标。

（4）具有创新性

“两山”转化指标体系与传统意义上的生态环境考核体系目标内涵一致，但侧重点有所不同，其“和而不同”的特质在“金山银山”和“两山”转化方面充分彰显。为此，考虑到“金山银山”的经济表征和生态价值表征，在传统意义上的“金山银山”基础上，引入生态系统服务价值，直观、客观地表征“绿水青山”本身具有的经济价值。在“两山”转化方面，考虑资源、能源转化的同时，还需要考虑污染物的转化，借鉴《中华人民共和国环境保护税法》，将地区的污染物统筹考虑，统一折算为当量，根据单位工业污染物当量换取的工业增加值判断市、县的环境损耗换取的经济价值，避开了“唯四项污染物论”的片面性。在制度层面，为鼓励地方实践的创新性，探索“两山”转化的典型做法和经验，从经济、文化、民生、环境四个领域挖掘和发现可借鉴、有创新的制度。

2.2 指标体系构建原则

“两山”转化指标体系的构建原则主要包括代表性原则、可比性原则、可操作性原则、导向性原则、差异性原则等。

（1）代表性原则

“两山”转化指标体系应该是对“绿水青山就是金山银山”科学论断的内核提炼及主要概括，其建设过程中选择的每一个指标都将作为重要的有机整体进行组合，从而综合、详细地反映出“两山”转化指标体系建设的主要内容，但是“两山”转化指标体系是一个庞大的整体，牵扯因素众多，难以面面俱到，只能从中选取具有代表性的因素进行评价。

（2）可比性原则

“两山”转化指标体系的每一个指标都需要经过严谨地计算才能进行设置，同时“两山”转化指标体系的建设应该在保证对评估对象已经有了比较充分的认识和研究的前提下，进而更好地反映出社会主义生态文明建设的具体状况和“两山”转化实践情况，发现和挖掘“两山”实践的“样板生”和“模范生”，引领和指导“两山”实践。

（3）可操作性原则

“两山”转化指标体系的设计需考虑数据的可获得、可统计性，从便于分解落实和监督管理的角度出发，尽量多采用相对性指标（如比例性指标）；为各市、县依据现有统计体系开展“两山”转化评估，在指标设计时需要充分考虑政府性统计指标和抽样调查性指标。

（4）导向性原则

“两山”转化指标体系是彰显各市、县生态文明建设先进程度，代表先进发展方向，充分考虑我国生态文明建设要求和生态环境根本改善的终极目标，在指标设置和标准确定时，重点考虑可以代表“绿水青山”“金山银山”正效转化的指标；在“绿水青山”指标、民生转化方面，按照实现“碧水蓝天”以及“城净乡怡”的目标设置标准。在“金山银山”的生态经济领域方面，充分考虑经济发展的需求和人民对美好生活的追求，按照经济效益的最优化和城乡发展均等化，指标的标准值取国内较高或最高水平，以期发挥指标体系的引领作用。

（5）差异性原则

充分考虑区域差异性，兼顾先进性和可达性设置指标标准值。考虑各市、县生态本底差异、地区发展阶段不同，在生态指标、动态转化指标标准值的设定时，采用全国平均值或部分区域平均值作为标准值。

2.3 指标体系构建的初步设想

“两山”转化指标体系包括绿水青山指数、金山银山指数和“两山”转化指数，通过环境现状及趋势情况（绿水青山指数）、生态价值和经济价值（金山银山指数）及在经济、民生和制度层面的转化成效（“两山”转化指数）三大指数来量化“两山”内核。

绿水青山指数着重考虑水、大气、土壤、生态质量状态及变化趋势，并将公众满意度作为重要评价因素。随着社会发展和人民生活水平的不断提高，人民群众对干净的水、清新的空气、安全的土壤、优美的环境等的要求越来越高，生态环境在群众生活幸福指数中的地位不断凸显。为切实改善和提升环境质量，考虑从水、大气、土壤、生态等环境要素出发，关注环境中好的方面，重视环境改善成效，通过地表水监测断面Ⅰ～Ⅲ类比例、近三年地表水监测断面Ⅰ～Ⅲ类比例增加值、空气质量优良天数比例、近三年空气质量优良天数比例增加值、受污染耕地安全利用率、生物丰度指数、生态保护红线占比和公众生态环境满意度八项具体指标引领绿水青山保护的大风潮，加快环境质量的改善和提升。

地表水监测断面Ⅰ～Ⅲ类比例、空气质量优良天数比例、受污染耕地安全利用率三项指标是《水污染防治行动计划》《大气污染防治行动计划》《土壤污染防治行动计划》及相关行动计划、规划中的重要考核指标，是表征环境质量的关键指标。近三年地表水监测断面Ⅰ～Ⅲ类比例增加值和近三年空气质量优良天数比例增加值是考虑水、气动态变化，校对环境现状的指标。生态保护红线是国家确定的生态安全底线和生命线，生态保护红线占比是落实《关于划定并严守生态保护红线的若干意见》的成果体现。生物丰度指数是EI指标中的一项，通过单位面积上不同生态系统类型在生物物种数量上的差异，间接地反映被评价区域内生物物种的丰贫程度，是表征区域内生物丰富程度的重要指标。公众生态环境满意度是借鉴《国家生态文明建设示范县、市指标（试行）》的指标，对维护公众环境权益，提高环境保护和治理的针对性和有效性具有重要意义。

金山银山指数既考虑环境的生态服务价值，又兼顾地区经济发展状况。为深化对“金山银山”的理解，充分认识生态环境的价值属性，激发绿色发展的新导向，对生态环境的价值进行评估，引入生态服务价值概念。同时，借鉴单位国土面积的GDP、城乡人均可支配收入比值、居民人均可支配收入等普适价值指标，反映地区的“金山银山”状况和城乡发展均等化状况。

“两山”转化是“两山”理念贯彻实施的关键，应涉及经济转化、民生转化、制度转化三大方面。推动资源能源向资本的高效率转变，打通“绿水青山”和“金山银山”的转换通道，实现“绿水青山”向“金山银山”的转化，“金山银山”反哺“绿水青山”，引导和评估“两山”转化至关重要。“绿水青山”变为“金山银山”，需要市场驱动与政府推动相结合，通过效益引导、制度管控、环保建设等多措并举，为生态文明建设保驾护航，实现经济、社会、生态效益相统一。“两山”转化是一个系统工程，需要按照系统工程的思路，把能源资源保障好，把环境污染治理好，把生态环境建设好，为人民群众创造良好生产生活环境，全方位推动区域“两山”转化建设水平提升。

把资源能源保障好。为促进区域经济集约化发展，将资源能源的经济转化体现出来，考虑采用单位当量工业污染物排放换取的工业增加值、单位水耗的地区生产总值、单位能耗的工业增加值、单位水耗的地区生产总值年度变化率、单位能耗的工业增加值年度变化率等正向状态和动态指标，反映地区的污染物、水资源、能源的资本转化情况及变化趋势，直观表征出资源能源及环境损耗换取的经济价值。并通过第三产业增加值占 GDP 比重反映地区经济结构情况，提升土地集约化利用程度，推进经济结构优化，推动区域经济集聚发展，促进“两山”经济高效转化。

把生产生活环境建设好。为推进人居环境改善和生活方式绿色化，在生态生活领域考虑城镇污水处理率、城镇生活垃圾无害化处置率、公众绿色出行率、美丽乡村示范县占比等指标。在人口集中的城镇进一步提高污水处理率和生活垃圾无害化处置率，加快现有阶段城镇面临的两大主要环境问题。依托“美丽乡村”建设，强化村庄环境综合整治力度，有效控制村庄“脏、乱、差”现象。提升公众使用公共交通（公共汽车、轨道交通、班车、城市轮渡等）、自行车、步行等绿色方式出行的比例。

把制度体系建立好。为推动“两山”制度体系完善，发掘“两山”转化的亮点和创新点，用制度和法治保护生态环境，考虑从环境、文化、民生、经济四方面考核制度创新能力。为推进“两山”实践，巩固和深化现有的建设成果，考虑对环境经费投入和生态文明建设成效进一步探讨。

2.4 指标体系构建

本指标根据国家生态文明建设新形势、新要求以及市、县开展“两山”实践创新基地的需求，遵循“创新、协调、绿色、开放、共享”的发展理念，坚持代表性、可比性、可操作性、导向性及差异性等原则，围绕绿水青山指数、金山银山指数和“两山”转化指数三个方面，设置 25 项评估指标（表 1），用以纵向衡量市、县“两山”转化发展成果，横向对比市、县“两山”转化差距。其中，绿水青山指数考虑了生态、水、大气、土壤等环境要素的质量指标及公众生态环境满意程度的主观指标，力求能够客观反映生态环境质量状况及变化趋势；金山银山指数考虑了“绿水青山”所产生的生态价值和经济价值指标，力求能够客观反映经济及收入增长水平；“两山”转化指数考虑了“两山”转化经济、民生、制度成效等分项指标，力求客观反映资源能源的经济转化效率、环境基础设施完善程度及制度建设成效等“两山”建设成效。

表 1 “两山”转化指标评估体系

指标层	分项指标层	序号	指标名称	单位
绿水青山指数（25 分）	水	1	地表水监测断面 I ～III类比例	%
		2	近三年地表水监测断面 I ～III类比例增加值	%
	大气	3	空气质量优良天数比例	%
		4	近三年空气质量优良天数比例增加值	%
	土壤	5	受污染耕地安全利用率	%
	生态	6	生态保护红线占比	%
		7	生物丰度指数	—
	公众满意度	8	公众生态环境满意度	%
金山银山指数（25 分）	生态价值	9	单位国土面积的生态系统服务价值	亿元/km^2
	经济价值	10	单位国土面积的 GDP	亿元/km^2
		11	城乡人均可支配收入比值	量纲一
		12	居民人均可支配收入	元/人
“两山”转化指数（50 分）	经济转化	13	单位当量工业污染物排放换取的工业增加值	元/kg
		14	单位水耗的地区生产总值	元/m^3
		15	单位能耗的工业增加值	万元/t 标准煤
		16	单位水耗的地区生产总值年度变化率	%
		17	单位能耗的工业增加值年度变化率	%
		18	第三产业增加值占 GDP 比重	%
	民生转化	19	城镇污水处理率	%
		20	城镇生活垃圾无害化处置率	%
		21	公众绿色出行率	%
		22	美丽乡村建制村覆盖率	%
	制度转化	23	近三年平均环境污染治理投资占 GDP 比重	%
		24	生态文明建设示范县占比（市级指标）	%
			是否为生态文明建设示范县（县级指标）	—
		25	环境制度创新	项

2.5 指标解释

2.5.1 地表水监测断面Ⅰ～Ⅲ类比例

指标解释：指区域内县级及以上地表水监测断面中Ⅰ～Ⅲ类断面个数占全部断面个数的比例，表征区域内优良地表水的占比，是反映一个地区水体及保护情况的重要指标。

计算方法：

$$\text{地表水监测断面Ⅰ～Ⅲ类比例（\%）}=\frac{\text{Ⅰ～Ⅲ类监测断面个数（个）}}{\text{总监测断面个数（个）}}\times 100\%$$

本项满分为 3 分。

标准要求：《“十三五”生态环境保护规划》中规定，到 2020 年，地表水质量达到或好于Ⅲ类水体比例（%）达到 70%以上；《水污染防治行动计划》中规定，到 2020 年，长江、黄河、珠江、松花江、淮河、海河、辽河七大重点流域水质优良（达到或优于Ⅲ类）比例总体达到 70%以上[①]；建议本指标标准值定为 70%。

数据来源：环境状况公报或生态环境管理部门提供的监测数据。

2.5.2 近三年地表水监测断面Ⅰ～Ⅲ类比例增加值

指标解释：指近三年区域内县级及以上地表水Ⅰ～Ⅲ类断面比例的增加值，表征区域内优良地表水占比的变化情况，是反映一个地区优良水体保护及改善情况的重要指标。

计算方法：

近三年地表水监测断面Ⅰ～Ⅲ类比例增加值（%）= 评估年地表水监测断面Ⅰ～Ⅲ类比例（%）– 评估年前两年地表水监测断面Ⅰ～Ⅲ类比例（%）

本项满分为 2 分。评估年地表水监测断面Ⅰ～Ⅲ类比例为 100%时，本指标得满分。

标准要求：根据测算的浙江各地市及 13 个“两山”实践创新基地的研究数据，建议本指标标准值定为 15%。

数据来源：环境状况公报或生态环境管理部门提供的监测数据。

2.5.3 空气质量优良天数比例

指标解释：指区域内空气质量优良以上的监测天数占全年监测总天数的比例，是表征区域内优良天气占比，反映一个地区空气及保护情况的重要指标。

计算方法：

$$\text{空气质量优良天数比例（\%）}=\frac{\text{空气质量优良天数（d）}}{\text{全年监测总天数（d）}}\times 100\%$$

空气质量评价使用 AQI 指数法，用污染物日均值评价。本项满分为 3 分。

---

① 《水污染防治行动计划》。

标准要求：“十三五”规划中明确提出，今后五年，治理大气雾霾取得明显进展，我国地级及以上城市空气质量优良天数比例要超过80%，建议本指标标准值定为80%。

数据来源：环境状况公报或生态环境管理部门提供的监测数据。

2.5.4 近三年空气质量优良天数比例增加值

指标解释：指近三年区域内空气质量优良天数比例的变化值，是表征区域内优良天气变化，反映一个地区大气保护及改善情况的重要指标。

计算方法：

近三年空气质量优良天数比例增加值（%）=评估年空气质量优良天数比例（%）−评估年前两年空气质量优良天数比例（%）

本项满分为2分。评估年空气质量优良天数比例为100%时，本指标得满分。

标准要求：根据测算的浙江各地市及13个“两山”实践创新基地数据，建议本指标标准值定为10%。

数据来源：环境状况公报或生态环境管理部门提供的监测数据。

2.5.5 受污染耕地安全利用率

指标解释：指实现安全利用的受污染耕地面积占区域受污染耕地总面积的比例，是表征区域内受污染耕地安全利用情况的重要指标。

计算方法：

$$\text{受污染耕地安全利用率（\%）}=\frac{\text{安全利用受污染耕地面积（km}^2\text{）}}{\text{受污染耕地总面积（km}^2\text{）}}\times 100\%$$

本项满分为5分。在受污染耕地面积普查结果未确定前，本项指标不参评。

标准要求：《土壤污染防治行动计划》中规定，到2020年，受污染耕地安全利用率达到90%左右；到2030年，受污染耕地安全利用率达到95%以上，建议2020年前，本指标标准值定为90%；2030年前，本指标标准值定为95%。

数据来源：所在区域的农业管理部门提供的监测数据。

2.5.6 生态保护红线占比

指标解释：指生态保护红线占区域总面积的比例，是表征区域内生态保护红线情况的重要指标。

计算方法：

$$\text{生态保护红线占比（\%）}=\frac{\text{生态保护红线面积（km}^2\text{）}}{\text{区域总面积（km}^2\text{）}}\times 100\%$$

本项满分为2分。

标准要求：根据已经完成生态保护红线划定的15个省数据情况，全国生态保护红线占比平均值为25.6%，建议本指标标准值暂定为25.6%，待全国数据确定后再进行更新。

数据来源：经国务院同意、各省人民政府发布的生态保护红线划定结果。

2.5.7 生物丰度指数

指标解释：指区域内森林、水域、草地及其他可以给生物提供栖息地和庇护所的区域面积占区域总面积的百分比。本指标是 EI 指标中的一项，通过单位面积上不同生态系统类型在生物物种数量上的差异，间接地反映被评价区域内生物物种的丰贫程度，是表征区域内生物丰富程度的重要指标。

计算方法：

$$\text{生物丰度指数}=\frac{(0.5\times\text{森林面积}+0.3\times\text{水域面积}+0.15\times\text{草地面积}+0.05\times\text{其他面积})\ (\text{km}^2)}{\text{区域总面积（km}^2\text{）}}$$

本项满分为 3 分。

标准要求：根据全国森林、水域、草地及其他区域面积，全国生物丰度指数为 0.196，建议本指标标准值定为 0.196。

数据来源：区域内国土资源管理部门提供的数据。

2.5.8 公众生态环境满意度

指标解释：指公众对生态环境的满意程度。

计算方法：

$$\text{公众生态环境满意度（\%）}=\frac{\text{参与调查人员中对生态环境满意的人数（人）}}{\text{参与调查人员总数（人）}}\times 100\%$$

根据《国家生态文明建设示范县、市指标（试行）》要求进行调查，调查人数不少于区域人口的 1‰。调查对象应包括不同年龄、不同学历、不同职业等人群，充分体现代表性。

本项满分为 5 分。

标准要求：根据国家生态文明建设示范市建设指标要求，公众对生态文明建设的满意度≥80%，建议本指标标准值定为 80%。

数据来源：委托独立的权威民意调查机构抽样调查的方法获取；有生态文明评估考核的，可直接采用生态文明评估考核结果。

2.5.9 单位国土面积的生态系统服务价值

指标解释：生态系统服务价值是指人类从生态系统中获得的直接或间接的效益，主要包括气体调节、气候调节、水源涵养、土壤形成与保护、废物处理、生物多样性保护、食物生产、原材料、娱乐文化等单项服务功能价值的总和。单位国土面积生态系统服务价值反映了区域内单位面积的生态系统服务价值，是“金山银山”的重要表征。

计算方法：

$$\text{单位国土面积的生态系统服务价值（亿元 / km}^2\text{）}=$$

$$\frac{\sum\left[\text{区域内某种土地覆被类型的面积（km}^2\text{）}\times\text{生态价值系数（万元 / km}^2\text{）}\times 10^{-4}\right]}{\text{区域总面积（km}^2\text{）}}$$

本项满分为 7 分。生态服务价值见表 2。

表 2　2017 年中国不同陆地生态系统单位面积生态服务价值表①　　单位：万元/km²

生态系统功能	林地	草地	耕地	湿地	水体	未利用土地
气体调节	74.4	17.0	10.6	38.3	—	—
气候调节	57.4	19.1	18.9	363.5	9.8	—
水源涵养	68.0	17.0	12.8	329.5	433.2	0.6
土壤形成与保护	82.9	41.4	31.0	36.3	0.2	0.4
废物处理	27.8	27.8	34.9	386.4	386.4	0.2
生物多样性保护	69.3	23.2	15.1	53.1	52.9	7.2
食物生产	2.1	6.4	21.3	6.4	2.1	0.2
原材料	55.3	1.1	2.1	1.5	0.2	—
娱乐文化	27.2	0.9	0.2	118.0	92.2	0.2
总计	464.4	153.9	146.9	1 332.9	977.1	8.9

标准要求：根据测算结果，2017 年安吉的单位国土面积的生态系统服务价值为 0.040 亿元/km^2，建议本指标标准值定为 0.040 亿元/km^2。

数据来源：区域内国土资源管理部门提供的数据。

2.5.10　单位国土面积的 GDP

指标解释：指区域内单位国土面积产生的地区生产总值，是反映土地利用效率的一个重要指标，用以表征城市的发展水平。

计算方法：

$$\text{单位国土面积的GDP（亿元 / km}^2\text{）} = \frac{\text{区域GDP（亿元）}}{\text{区域总面积（km}^2\text{）}}$$

本项满分为 6 分。

标准要求：根据测算结果，2017 年江苏单位国土面积的 GDP 为 0.88 亿元/km^2，居全国之首（除直辖市外），建议本指标标准值定为 0.88 亿元/km^2。

数据来源：统计年鉴。

① 谢高地，甄霖，鲁春霞，等. 一个基于专家知识的生态系统服务价值化方法[J]. 自然资源学报，2008（5）：911-919.

2.5.11 城乡人均可支配收入比值

指标解释：指区域内统计口径的城乡居民人均可支配收入比值，是评估区域经济发展平衡与否的直观指标。

计算方法：

$$\text{城乡人均可支配收入比值}=\frac{\text{城镇人均可支配收入（元）}}{\text{农村人均可支配收入（元）}}$$

本项满分为 6 分。

标准要求：根据测算结果，2017 年浙江省城乡人均可支配收入比值为 2.05，城乡差异为全国最小，建议本指标标准值定为 2.05。

数据来源：国民经济和社会发展统计公报。

2.5.12 居民人均可支配收入

指标解释：指区域内统计口径的居民人均可支配收入，是评估区域经济发展的直观指标。

计算方法：

$$\text{居民人均可支配收入(元/人)}=\frac{\text{居民可支配收入（元）}}{\text{总人口（人）}}$$

本项满分为 6 分。

标准要求：根据测算结果，2017 年上海人均可支配收入为 58 988 元/人，建议本指标标准值定为 58 988 元/人。

数据来源：国民经济和社会发展统计公报。

2.5.13 单位当量工业污染物排放换取的工业增加值

指标解释：指区域内单位工业污染物换取的工业增加值，用以指示污染物排放所换取的经济效益，是表征污染物换取经济效益的重要指标。

计算方法：

$$\text{单位当量工业污染物排放换取的工业增加值（万元/kg）}=\frac{\text{工业增加值（万元）}}{\text{区域内工业污染物当量（kg）}}$$

区域内工业污染物当量按照区域内工业污染当量数从大到小排序，对水污染物前三项、大气污染物前三项及重金属污染物前五项当量进行加和，得到区域内工业污染物当量值。

污染物当量折算见表 3。

表 3　污染物当量折算

污染物		污染当量值/kg	污染物		污染当量值/kg
第一类水污染物污染当量值			第二类水污染物污染当量值		
1	总汞	0.000 5	1	悬浮物（SS）	4
2	总镉	0.005	2	五日生化需氧量（BOD_5）	0.5
3	总铬	0.04	3	化学需氧量（COD）	1
4	六价铬	0.02	4	总有机碳（TOC）	0.49
5	总砷	0.02	5	石油类	0.1
6	总铅	0.025	6	动植物油	0.16
7	总镍	0.025	7	挥发酚	0.08
8	苯并[*a*]芘	0.000 000 3	8	总氰化物	0.05
9	总铍	0.01	9	硫化物	0.125
10	总银	0.02	10	氨氮	0.8
大气污染物污染当量值			11	氟化物	11
1	二氧化硫	0.95	12	甲醛	0.125
2	氮氧化物	0.95	13	苯胺类	0.2
3	一氧化碳	16.7	14	硝基苯类	0.2
4	氯气	0.34	15	阴离子表面活性剂（LAS）	0.2
5	氯化氢	10.75	16	总铜	0.1
6	氟化物	0.87	17	总锌	0.2
7	氰化氢	0.005	18	总锰	0.2
8	硫酸雾	0.6	19	彩色显影剂（CD-2）	0.2
9	铬酸雾	0.000 7	20	总磷	0.25
10	汞及其化合物	0.000 1	21	元素磷（以 P 计）	0.05
11	一般性粉尘	4	22	有机磷农药（以 P 计）	0.05
12	石棉尘	0.53	23	乐果	0.05
13	玻璃棉尘	2.13	24	甲基对硫磷	0.05
14	碳黑尘	0.59	25	马拉硫磷	0.05
15	铅及其化合物	0.02	26	对硫磷	0.05
16	镉及其化合物	0.03	27	五氯酚及五氯酚钠（以五氯酚计）	0.25
17	铍及其化合物	0.000 4	28	三氯甲烷	0.04
18	镍及其化合物	0.13	29	可吸附有机卤化物（AOX）（以 Cl 计）	0.25
19	锡及其化合物	0.27	30	四氯化碳	0.04
20	烟尘	2.18	31	三氯乙烯	0.04
21	苯	0.05	32	四氯乙烯	0.04
22	甲苯	0.18	33	苯	0.02
23	二甲苯	0.27	34	甲苯	0.02
24	苯并[*a*]芘	0.000 002	35	乙苯	0.02
25	甲醛	0.09	36	邻-二甲苯	0.02

污染物		污染当量值/kg	污染物		污染当量值/kg
大气污染物污染当量值			第二类水污染物污染当量值		
26	乙醛	0.45	37	对-二甲苯	0.02
27	丙烯醛	0.06	38	间-二甲苯	0.02
28	甲醇	0.67	39	氯苯	0.02
29	酚类	0.35	40	邻二氯苯	0.02
30	沥青烟	0.19	41	对二氯苯	0.02
31	苯胺类	0.21	42	对硝基氯苯	0.02
32	氯苯类	0.72	43	2,4-二硝基氯苯	0.02
33	硝基苯	0.17	44	苯酚	0.02
34	丙烯腈	0.22	45	间-甲酚	0.02
35	氯乙烯	0.55	46	2,4-二氯酚	0.02
36	光气	0.04	47	2,4,6-三氯酚	0.02
37	硫化氢	0.29	48	邻苯二甲酸二丁酯	0.02
38	氨	9.09	49	邻苯二甲酸二辛酯	0.02
39	三甲胺	0.32	50	丙烯腈	0.125
40	甲硫醇	0.04	51	总硒	0.02
41	甲硫醚	0.28			
42	二甲二硫	0.28			
43	苯乙烯	25			
44	二硫化碳	20			

数据来源：《中华人民共和国环境保护税法》。

本项满分为 5 分。

标准要求：根据测算的浙江各地市及 13 个“两山”实践创新基地的研究数据，2017 年福建省长汀县的单位当量工业污染物排放换取的工业增加值为 0.554 万元/kg，为测算样本中的最高值，建议本指标标准值定为 0.554 万元/kg。

数据来源：环境统计年报、统计年鉴。

2.5.14 单位水耗的地区生产总值

指标解释：指区域内单位用取水量所转化的地区生产总值，是反映区域水资源经济转化水平的主要指标。

计算方法：

$$单位水耗的地区生产总值（元/m^3）=\frac{地区生产总值（元）}{用水量（m^3）}$$

本项满分为3 分。

标准要求：根据全国各省数据，2016 年北京市单位水耗的地区生产总值为 633 元/m^3，为全国最优，建议本指标标准值定为 633 元/m^3。

数据来源：统计年鉴。

2.5.15 单位能耗的工业增加值

指标解释：指区域内单位工业能源消耗量所转化的工业增加值，是反映工业企业能源经济转化状况的主要指标。单位能耗的工业增加值越高，节能水平越好，经济转化率越高。

计算方法：

$$\text{单位能耗的工业增加值（万元/t标准煤）}=\frac{\text{工业增加值（万元）}}{\text{规模以上工业能源消耗量（t标准煤）}}$$

本项满分为 3 分。

标准要求：根据测算，2016 年北京市的单位能耗的工业增加值为 1.82 万元/t 标准煤，为全国最优，建议本指标标准值定为 1.82 万元/t 标准煤。

数据来源：统计年鉴。

2.5.16 单位水耗的地区生产总值年度变化率

指标解释：指近三年区域内单位水耗的地区生产总值年度变化率，是反映区域水资源利用效率变化情况的主要指标。

计算方法：

$$\text{单位水耗的地区生产总值年度变化率（\%）}=\left(\sqrt{\frac{\text{评估年单位水耗的地区生产总值}}{\text{评估年前两年单位水耗的地区生产总值}}}-1\right)\times 100\%$$

本项满分为2 分。

标准要求：《“十三五”水资源消耗总量和强度双控行动方案》中规定，2020 年全国万元国内生产总值用水量比 2015 年下降 23%，即年均下降率为 5.1%，建议本指标标准值定为 5.1%。

数据来源：统计年鉴。

2.5.17 单位能耗的工业增加值年度变化率

指标解释：指近三年区域内单位能耗的工业增加值，是反映工业企业能源利用效率变化情况的主要指标。

计算方法：

$$\text{单位能耗的工业增加值年度变化率（\%）}=\left(\sqrt{\frac{\text{评估年单位能耗的工业增加值}}{\text{评估年前两年单位能耗的工业增加值}}}-1\right)\times 100\%$$

本项满分为2 分。

标准要求：《“十三五”节能减排综合工作方案》中要求，到 2020 年，全国万元国内生产总值能耗比 2015 年下降 15%，即年均下降率为 3.2%，建议本指标标准值定为 3.2%。

数据来源：统计年鉴。

2.5.18 第三产业增加值占 GDP 比重

指标解释：指区域内第三产业增加值占 GDP 的比重，是宏观描述一个区域产业结构分布的重要经济指标，可以充分体现一个区域经济发展历程和产业结构情况。

计算方法：

$$\text{第三产业增加值占GDP比重（\%）}=\frac{\text{第三产业增加值（亿元）}}{\text{GDP（亿元）}}\times 100\%$$

本项满分为 5 分。

标准要求：2016 年，全国第三产业增加值占 GDP 比重为 51.6%，日本为 70%，美国为 78.9%，建议本指标标准值定为 70%。

数据来源：统计年鉴。

2.5.19 城镇污水处理率

指标解释：指城镇生活污水经污水处理设施处理的占比，可以综合反映区域污水处理情况，是表征“两山”民生转化的重要指标。

计算方法：

$$\text{城镇污水处理率（\%）}=\frac{\text{污水处理设施处理达标排放量（t）}}{\text{城镇污水排放总量（t）}}\times 100\%$$

本项满分为 4 分。

标准要求：根据《水污染防治行动计划》中要求，到 2020 年，城市、县城污水处理率分别达到 95%和 85%，建议本指标标准值定为 95%。

数据来源：统计年鉴。

2.5.20 城镇生活垃圾无害化处置率

指标解释：指城镇生活垃圾经无害化处理处置的占比，可以综合反映区域垃圾处理情况，是表征“两山”民生转化的重要指标。

计算方法：

$$\text{城镇生活垃圾无害化处置率（\%）}=\frac{\text{生活垃圾无害化处置量（t）}}{\text{区域生活垃圾产生总量（t）}}\times 100\%$$

本项满分为 4 分。

标准要求：《“十三五”全国城镇生活垃圾无害化处理设施建设规划》规定，到 2020 年年底，具备条件的直辖市、计划单列市和省会城市（建成区）实现原生垃圾“零填埋”，建制镇实现生活垃圾无害化处理全覆盖，建议本指标标准值定为 100%。

数据来源：统计年鉴。

2.5.21 公众绿色出行率

指标解释：区域使用公共交通（公共汽车、轨道交通、班车、城市轮渡等）、自行车、步行等绿色方式出行的人次占交通出行总人次的比例。

计算方法：

$$公众绿色出行率（\%）=\frac{绿色方式出行的人次（人次）}{交通出行总人次（人次）}\times 100\%$$

本项满分为 4 分。

标准要求：根据国家生态文明建设示范市建设指标要求，公众绿色出行率≥50%，建议本指标标准值定为 50%。

数据来源：交通、统计等部门。

2.5.22 美丽乡村建制村覆盖率

指标解释：指区域内美丽乡村建制村个数在区域内建制村总个数的占比，美丽乡村是中国共产党第十六届五中全会提出的建设社会主义新农村的重大历史任务，是"生产发展、生活宽裕、乡风文明、村容整洁、管理民主"等具体要求的体现。本指标是体现城乡一体化发展的重要指标，可以充分表征农村发展情况。

计算方法：

$$美丽乡村建制村覆盖率（\%）=\frac{美丽乡村建制村个数（个）}{建制村总个数（个）}\times 100\%$$

本项满分为 5 分。

标准要求：按照全域美丽的标准，建议本指标标准值定为 100%。

数据来源：国家级、省级或市级人民政府认证材料。

2.5.23 近三年平均环境污染治理投资占 GDP 比重

指标解释：指近三年区域内环境治理或维护的投资额占总 GDP 比重的平均值，是反映一个区域对环境治理的重视程度和环境治理工作开展的情况最直观的指标。

计算方法：

$$环境污染治理投资占GDP比重（\%）=\frac{环境治理或维护的投资额（万元）}{GDP（万元）}\times 100\%$$

本项满分为 4 分。

标准要求：2016 年，浙江省环境污染治理投资占 GDP 比重为 1.71%，建议本指标标准值定为 1.71%。

数据来源：环境统计年报。

2.5.24 生态文明建设示范县占比（市级指标）

指标解释：指区域内生态文明建设示范县个数在区域内区县总个数的占比，生态文明建设示范县占比是体现生态文明建设的重要指标。

计算方法：

$$生态文明建设示范县占比（\%）=\frac{生态文明建设示范县个数（个）}{区县总个数（个）}\times 100\%$$

本项满分为 5 分。

标准要求：建议本指标标准值定为 100%。

数据来源：国家或省级人民政府生态文明建设示范县认证材料。

2.5.25 是否为生态文明建设示范县（县级指标）

指标解释：通过判断参评县是否为生态文明建设示范县，评估参评对象生态文明建设程度。

计算方法：根据生态文明建设示范县建设要求，判断是否符合生态文明建设示范县要求。

本项满分为 5 分。

标准要求：在评估年已经建成生态文明建设示范县。

数据来源：国家或省级人民政府生态文明建设示范县认证材料。

2.5.26 环境制度创新

指标解释：指近三年区域内发布并执行“两山”相关的经济、文化、民生、环境等创新制度情况。

计算方法：经济、文化、民生、环境四个领域分别占 1 分，各领域至少有 1 项创新制度的，即得 1 分，各领域不得重复得分。

本项满分为 4 分。

标准要求：近三年在经济、文化、民生、环境各领域均印发创新制度文件，并在全域实施。

数据来源：市级或县级人民政府提供的创新制度文件。

2.6 评估方法

本指标体系分值设置为 100 分，其中绿水青山指数分值为 25 分，金山银山指数分值为 25 分，“两山”转化指数分值为 50 分。各指标项分值采用专家打分法获得。

通过指标综合评价法，综合“两山”指标系统中各指标项及其相互之间的重要程度，用一个综合指数来表征市、县“两山”转化情况。表示其方法的数学公式如下：

$$G=\sum_{i=1}^{25}G_i\times w_i$$

式中，G——“两山”指数；

G_i——第 i 个指标的归一值，i 分别表示“地表水监测断面Ⅰ～Ⅲ类比例”等指标；

对于正效指标：$G_i=\dfrac{C_i}{C_{s,i}}$，

对于负效指标：$G_i=\dfrac{C_{s,i}}{C_i}$，本指标体系中，仅城乡人均可支配收入比值为负效指标，其余 24 项均为正效指标；

C_i——第 i 指标的实际值或调查值；

$C_{s,i}$——第 i 个指标的标准值，本指标体系采用参评的所有市、县中的最高值（正效指标）或最低值（负效指标），具体见表 4；

W_i——第 i 个指标的分值，各指标满分采用专家打分法和层次分析法耦合确定。

在指标标准值的设置上，充分考虑标准值的约束性、先进性、可达性和引领性。部分能够反映“绿水青山”的保护和建设要求以及“两山”转化的指标，出自相关行动计划、要求中的重要考核指标及部分生态文明建设要求，在标准值设定时，遵循相关法规或者规划要求；在绿水青山指标、民生转化方面的部分指标，标准值设定充分考虑“碧水蓝天”以及“城净乡怡”的目标设置；在生态相关指标、动态转化指标的标准值设定时，充分考虑各市、县生态本底差异、地区发展阶段不同，采用全国平均值或部分区域平均值作为标准值；在“金山银山”的经济领域方面，充分考虑经济发展的需求和人民对美好生活的追求，按照经济效益的最优化和城乡发展均等化，指标的标准值取国内较高或最高水平，以期发挥方法体系的引领作用。具体的指标分值、标准值及设置依据见表 4。

表 4　标准值的设定及依据

序号	指标	单位	分值	标准	依据
1	地表水监测断面Ⅰ～Ⅲ类比例	%	3	70	《“十三五”生态环境保护规划》《水污染防治行动计划》
2	近三年地表水监测断面Ⅰ～Ⅲ类比例增加值	%	2	15	浙江各地市及 13 个“两山”实践创新基地的研究数据
3	空气质量优良天数比例	%	3	80	“十三五”规划
4	近三年空气质量优良天数比例增加值	%	2	10	浙江各地市及 13 个“两山”实践创新基地的研究数据
5	受污染耕地安全利用率	%	5	90	《土壤污染防治行动计划》
6	生态保护红线占比	%	2	25.6	已经完成生态保护红线划定的 15 个省数据情况，全国生态保护红线占比平均值为 25.6%
7	生物丰度指数		3	0.196	全国生物丰度指数
8	公众生态环境满意度	%	5	80	《国家生态文明建设示范市建设指标》
9	单位国土面积的生态系统服务价值	亿元/km^2	7	0.04	2017 年安吉的单位国土面积的生态系统服务价值
10	单位国土面积的 GDP	亿元/km^2	6	0.88	2017 年江苏单位国土面积的 GDP 为 0.88 亿元/km^2，居全国之首（除直辖市外）
11	城乡人均可支配收入比值		6	2.05	2017 年浙江省城乡人均可支配收入比值为 2.05，城乡差异为全国最小
12	居民人均可支配收入	元	6	58 988	2017 年上海人均可支配收入为 58 988 元
13	单位当量工业污染物排放换取的工业增加值	万元/kg	5	0.554	浙江各地市及 13 个“两山”实践创新基地的研究数据，2017 年福建省长汀县的单位当量工业污染物排放换取的工业增加值为 0.554 万元/kg，为测算样本中的最高值
14	单位水耗的地区生产总值	元/m^3	3	633	2016 年北京市单位水耗的地区生产总值为 633 元/m^3，为全国最优
15	单位能耗的工业增加值	万元/t 标准煤	3	1.82	2016 年北京市的单位能耗的工业增加值为 1.82 万元/t 标准煤，为全国最优

序号	指标		单位	分值	标准	依据
16	单位水耗的地区生产总值年度变化率		%	2	5.1	《“十三五”水资源消耗总量和强度双控行动方案》中规定，2020 年全国万元国内生产总值用水量比 2015 年下降 23%，即年均下降率为 5.1%
17	单位能耗的工业增加值年度变化值		%	2	3.2	《“十三五”节能减排综合工作方案》中要求，到 2020 年，全国万元国内生产总值能耗比 2015 年下降 15%，即年均下降率为 3.2%
18	第三产业增加值占 GDP 比重		%	5	70	2016 年，全国第三产业增加值占 GDP 比重为 51.6%，日本为 70%
19	城镇污水处理率		%	4	95	根据《水污染防治行动计划》中要求，到 2020 年，城市、县城污水处理率分别达到 95%、85%
20	城镇生活垃圾无害化处置率		%	4	100	《“十三五”全国城镇生活垃圾无害化处理设施建设规划》规定，到 2020 年年底，具备条件的直辖市、计划单列市和省会城市（建成区）实现原生垃圾“零填埋”，建制镇实现生活垃圾无害化处理全覆盖
21	公众绿色出行率		%	4	50	《国家生态文明建设示范市建设指标》
22	美丽乡村建制村覆盖率		%	5	100	按照全域美丽的标准设置
23	近三年平均环境污染治理投资占 GDP 比重		%	4	1.71	2016 年，浙江省环境污染治理投资占 GDP 比重为 1.71%
24	生态文明建设示范县覆盖率		%	5	100	按照全域生态文明示范县的标准设置
25	制度创新	经济制度创新		1	1	近三年在经济、文化、民生、环境各领域均印发创新制度文件，并在全域实施
		环境制度创新		1	1	
		民生制度创新		1	1	
		文化制度创新		1	1	

3 案例分析

根据“两山”转化评估指标体系对浙江省 11 个地市进行“两山”指数测评，杭州市以 84.6 分位居第一，舟山市、湖州市分别位居第二、第三，具体排名见表 5。杭州市在金山银山指数和“两山”转化指数方面的成绩斐然；而舟山市面积小、人口少，经济结构单一，金山银山指数和“两山”转化方面成绩较高。湖州的绿水青山保护较好，近年来“两山”转化方面工作卓有成效。此结果与大众认知基本相符。

对第一批“两山”实践创新基地进行“两山”指数测评，除塞罕坝、九寨沟、乌当区外，湖州以 84.3 分位居第一，安吉、旌德分别位居第二、第三，具体见表 6。

对浙江各地市的排名与翟帅等构建的“两山”理论的发展指数（47 个指标）结果类似，除丽水外，其余地市排名相同，究其根本在于翟帅等的指标体系侧重于“绿水青山”的本底情况，而未考虑对“绿水青山”保护行动，且对“两山”转化的经济、制度和民生转化的考虑较弱。

表 5 浙江"两山"指数

	绿水青山指数（25 分）	金山银山指数（25 分）	"两山"转化指数（50 分）	"两山"指数（100 分）	排名
杭州市	22.5	23.8	38.3	84.6	1
舟山市	20.6	23.9	39.8	84.3	2
湖州市	23.4	21.3	39.6	84.3	3
宁波市	23.0	24.3	35.3	82.6	4
绍兴市	22.0	21.5	36.2	79.7	5
金华市	23.8	18.1	36.3	78.2	6
台州市	21.7	21.9	34.5	78.1	7
衢州市	23.1	18.6	36.0	77.7	8
丽水市	22.7	19.1	35.2	77.0	9
温州市	19.8	20.8	34.5	75.1	10
嘉兴市	19.6	19.4	35.9	74.9	11

表 6 第一批"两山"实践创新基地两山指数

	绿水青山指数（25 分）	金山银山指数（25 分）	"两山"转化指数（50 分）	"两山"指数（100 分）	排名
湖州市	23.4	21.3	39.6	84.3	1
安吉县	23.2	20.1	38.3	81.6	2
旌德县	22.3	17.2	40.1	79.6	3
长汀县	23.0	18.3	37.7	79.0	4
衢州市	23.1	18.6	36.0	77.7	5
右玉县	19.9	14.9	36.6	71.4	6
靖安县	22.6	17.9	28.9	69.4	7
泗洪县	22.9	19.1	27.2	69.2	8
东源县	18.3	16.1	30.4	64.8	9
留坝县	19.9	17.0	24.3	61.2	10

参考文献

[1] 秦昌波，苏洁琼，王倩，等."绿水青山就是金山银山"理论实践政策机制研究[J]. 环境科学研究，2018，31（6）：985-990.

[2] 撬动"两山"转化的"金杠杆"——大力挖掘休闲农业和乡村旅游价值[J]. 吉林农业，2019（7）：5-7.

[3] 陈军."两山"转化行动如何体系化推进[J]. 浙江经济，2018（20）：40.

[4] 杜艳春，程翠云，何理，等. 推动"两山"建设的环境经济政策着力点与建议[J]. 环境科学研究，2018，31（9）：1489-1494.

[5] 刘伟江，朱云，叶维丽，等."绿水青山就是金山银山"的哲学基础及实践建议[J]. 环境保护，2018，46（20）：52-54.

[6] 付伟，罗明灿，李娅. 基于“两山”理论的绿色发展模式研究[J]. 生态经济，2017，33（11）：217-222.

[7] 侯伟丽，韦洁.“金山银山”和“绿水青山”可以同时实现吗？——基于省级面板数据的分析[J]. 林业经济，2019，41（2）：18-21.

[8] 王新庆.“绿水青山就是金山银山”的基本形态生态资产及价值形式分析[J]. 林业经济，2019，41（2）：22-25.

[9] 胡咏君，谷树忠.“绿水青山就是金山银山”：生态资产的价值化与市场化[J]. 湖州师范学院学报，2015（11）：22-25.

[10] 王金南，苏洁琼，万军，等.“绿水青山就是金山银山”的理论内涵及其实现机制创新[J]. 环境保护，2017，45（11）：12-17.

[11] 袁春剑，张明媚. “绿水青山就是金山银山”历年的五大价值维度[J]. 河池学院学报，2017，37（3）：71-75.

[12] 周国辉. 坚持“生态论”践行绿水青山就是金山银山的重要理念[N]. 科技日报，2019-01-28（001）.

[13] 刘煜杰. 坚持绿水青山就是金山银山[N]. 中国环境报，2019-01-08（003）.

[14] 张清宇. 构建“两山”发展指数评价体系[N]. 学习时报，2019-03-27（007）.

[15] 杜艳春. 从资源环境角度探析“两山论”[N]. 中国环境报，2017-12-13（003）.

[16] 梁佩韵.“绿水青山就是金山银山”有哪些丰富内涵？[N]. 中国环境报，2019-03-28（003）.

[17] 徐琪. 论“两山”重要思想的辩证之维[J]. 中南林业科技大学学报（社会科学版），2019，13（1）：6-11.

[18] 卢国琪.“两山”理论的本质：什么是绿色发展，怎样实现绿色发展?[J]. 观察与思考，2017（10）：80-87.

[19] 张孝德.“两山”之路是中国生态文明建设内生发展之路——浙江省十年“两山”发展之路的探索与启示[J]. 中国生态文明，2015（3）：28-34.

[20] 将“两山论”融入经济决策全过程　着力构建供给侧改革与绿色发展融合新机制[J]. 环境保护科学，2018，44（6）：2.

[21] 马中，王若师，昌敦虎，等. 践行“绿水青山就是金山银山”就是建设生态文明[J]. 环境保护，2018，46（13）：7-10.

[22] 苏杨，魏钰.“两山论”的实践关键是生态产品的价值实现——浙江开化的率先探索历程[J]. 中国发展观察，2018（21）：54-56.

[23] 张军.“两山理念”的经济学思考[J]. 中国发展，2018，18（5）：19-24.

[24] 杜艳春，王倩，程翠云，等. “绿水青山就是金山银山”理论发展脉络与支撑体系浅析[J]. 环境保护科学，2018，44（4）：1-5.

[25] 周宏春.“两山”重要思想是中国化的马克思主义认识论[J]. 中国生态文明，2015（3）：22-27.

[26] 沈满洪.“两山”重要思想在浙江的实践研究[J]. 观察与思考，2016（12）：23-30.

[27] 郭敏. “两山”转化的旌德路径[J]. 决策，2018（Z1）：51-53.

中国生态环境类智库建设面临的挑战与发展展望

Challenges and Development Outlook of Eco-environmental Think Tank in China

张鸿宇　曹 东　刘楚彤　王金南

摘　要　近年来智库发展尤为迅速，智库数量不断提高，智库影响力不断加大。本文论述了国内外智库发展情况，重点介绍了我国生态环境类智库发展现状及智库在国内外主流评价机构的排名情况。结合新时代中央关于高端智库建设的要求以及生态文明建设的总体部署，分析智库适应新时代建设要求的差距和挑战，并对我国生态环境类智库的发展提出几点建议。具体来说，我国生态环境类智库存在重数量轻质量、重传播轻思考、重跟风轻方向、重咨询轻研究等问题，以及面临国内外竞争压力、智库影响力不足、行政体制约束大、研究水平有限等挑战，建议政府层面采取强化国家体制机制建设、重点扶持一批高端生态环境类智库、引入"旋转门"机制等措施，智库层面采取明确自身定位、提高自身管理水平、加强国际合作等措施，协同推进生态环境类智库高质量建设。

关键词　生态环境类智库　智库评价　智库排名　挑战与发展

Abstract　In recent years, the development of think tanks has been particularly rapid, the number of think tanks has continued to increase, and the influence of think tanks has continued to expand. This paper discussed the situation of think tanks developed at home and abroad, mainly focusing on the development status of China's eco-environmental think tanks and their rankings at home and abroad. Faced with the requirements of central government on the construction of high-end think tanks in the new era and the overall deployment of ecological civilization construction, this paper analyzed the gaps and challenges in the process of think tanks adopting to these construction requirements of the new era, and put forward some suggestions for the development of eco-environmental think tanks in China. Specifically, China's eco-environmental think tanks were facing the dilemmas such as rich quantity but poor quality, rich dissemination but poor thinking, rich follow-up but poor direction, and rich consultation but poor research. Besides, these think tanks were faced with challenges like domestic and foreign competitive pressures, insufficient influence, administrative system constraints and research level limitation. It is recommended that the government should take measures such as strengthening national institutional mechanisms, focusing on supporting a number of high-end eco-environmental think tanks, and introducing "revolving door” mechanisms; Meanwhile the think tank should clearly define its own position，improve its management level，and strengthen the international cooperation, thereby jointly promote the high-quality development of eco-environmental think tanks in China.

Keywords eco-environmental think tanks，evaluation of think tanks，think tank ranking，challenges and development

智库又称“智囊团”“思想库”，是以研究公共政策为主的社会团体，是世界各国各地区决策者在处理政治、经济、社会、科技、军事等事务所倚仗的一支重要力量，也是国家软实力的重要象征[1]。智库起源于美国，并于20世纪七八十年代在欧美得到迅速发展，如今全球智库数量仍在快速增长，核心驱动力在以中国、印度为首的发展中国家。而我国智库起步较晚，在改革开放后开始发展壮大，并随着经济的腾飞逐渐发挥作用。2013年党的十八届三中全会正式将“加强中国特色新型智库建设”上升为国家战略，我国智库发展迎来新的契机。同时，我国的“生态文明建设”全面开启，党的十八大将生态文明建设放在突出位置，并入“五位一体”的总体建设方案；2015年，《生态文明体制改革总体方案》印发，被誉为生态文明体制改革的“四梁八柱”全面确定；党的十九大进一步提出要加快生态文明建设。生态环境智库作为专业性智库的一类，在“新型智库建设”和“生态文明建设”的双重背景下，迎来了前所未有的发展机遇。同时，高标准的建设要求也给智库带来了不小的挑战。生态环境类智库发展的好坏，不仅关系到未来智库的发展地位，也决定了2020年“全面小康”和2035年“美丽中国”落实的质量。

1 国内外智库发展现状

1.1 全球智库发展历程

本文所说的智库是指“现代智库”。而对现代智库的起源则存在很大争议。保罗·迪克森认为是在19世纪初期，詹姆斯·史密斯则认为是在19世纪中后期，威廉·多姆霍夫以及詹姆斯·麦克甘则认为是在20世纪初期。目前学术界普遍认可“20世纪初期”，因为在当时的美国，确实出现了一批专门从事公共政策研究的独立机构。

智库在第二次世界大战后开始发展，以兰德公司为首的智库越来越受到政府的重视；在20世纪70年代后得到迅速增长，并在全世界范围内扩散，智库数量开始在全球范围内出现指数级增长，同时智库的研究范围以及影响力得到了迅速提升。据有关资料显示，目前世界上的智库有2/3是在20世纪70年代后建立起来的，其中，超过一半是在20世纪80年代出现[2]。根据詹姆斯·麦甘团队收集到的智库数据，全球每年新增智库数量随时间的变化，如图1所示。

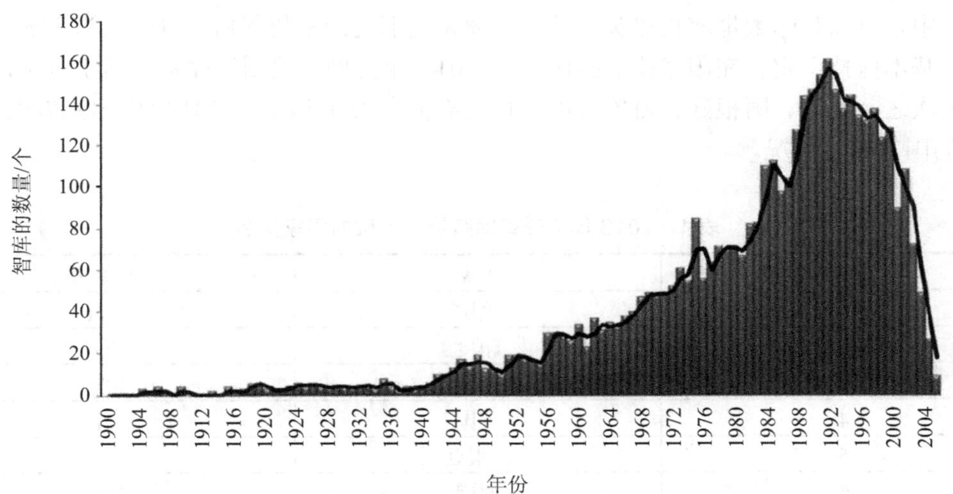

图 1　全球每年新增智库数量[3]

智库主要集中在北美以及西欧等发达国家，约占 50%以上。最近 10 余年，随着新兴经济体的崛起，以中国、印度为首的亚洲，以及拉丁美洲等地区，智库的数量和质量得到了快速发展。同时，随着全球化的发展，信息交流变得更加通畅，智库与智库之间建立了信息交换网络与全球伙伴关系，智库能够提供国际化的研究成果，帮助政策制定者实现“全球视野，本地应用”。根据宾夕法尼亚大学“智库与公民社会项目”（TTCSP）每年发布的《全球智库报告》，图 2 显示了最近 10 年的全球智库数量以及不同地区的分布情况。

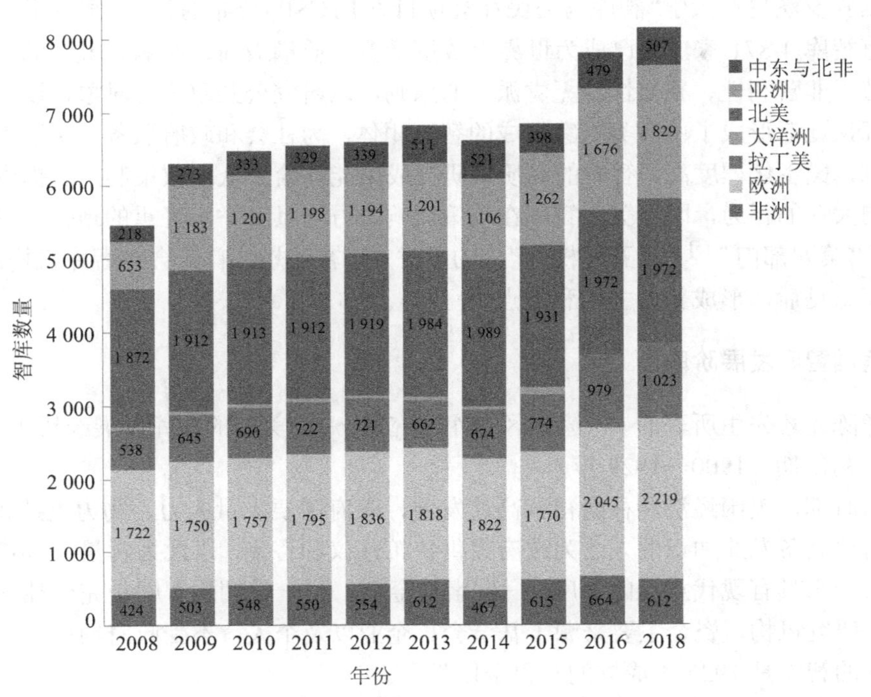

图 2　全球智库数量变化及区域分布

其中，亚洲智库数量增长势头强劲，欧洲和拉丁美洲紧随其后，以美国为主的北美智库数量基本保持恒定。在国家排名方面，以 2018 年为例，美国智库数量居于首位，印度和中国次之，西欧、阿根廷、日本等国家排名靠前。表 1 显示了 2018 年全球智库数量前 10 位的国家排名情况。

表 1 2018 年全球智库数量前十位的国家排名

排名	国家	智库数量
1	美国	1 871
2	印度	509
3	中国	507
4	英国	321
5	阿根廷	227
6	德国	218
7	俄罗斯	215
8	法国	203
9	日本	128
10	意大利	114

1.2 美国智库

根据宾夕法尼亚大学“智库与公民社会项目”(TTCSP)公布的《全球智库报告(2018)》，美国拥有智库 1 871 家，现已成为世界上数量最多、质量最高、影响力最强的国家。美国智库坚持“非营利性、独立性和无党派”的原则，以研究公共政策为对象，以影响政府决策为目标，逐渐形成了由各类专家组成的智囊团体，为社会和政府服务。由于美国独特的政治体制，民主化程度高，智库的高质量研究成果能够给公众和政策制定者提供详尽的信息，影响大众的行为，因而美国智库在政策影响力方面具有举足轻重的地位。享有“第三只手”[4]“第四部门”[5]“第五种权力”[6]的美誉。政客的想法首先会在智库机构内部公布，听取智库意见后，形成新的主张和观点。

1.2.1 美国智库发展阶段

参考陈先才先生所著的《台湾地区智库研究》一书，美国的智库发展经历了 5 个阶段。

（1）初创期（1900—1929 年）

这一时期，美国经济和社会得到高速发展，政府需要大量人力、物力支撑各项建设，同时也需要具备专业知识的人才为政府提供决策建议和咨询，以此为背景，1907 年，美国出现了第一家具有现代意义的智库——罗素基金会。这一时期的智库是完全独立于政府的公共政策研究机构，资金主要来源于基金会、企业以及个人，不受政府约束。这一时期最具代表性的智库是 1927 年成立的布鲁金斯学会。

（2）委托型智库发展期（1930—1959 年）

这一时期，国际安全形势复杂多变，美国面临沉重的国际事务和内政问题。政府内部智库无法满足政府的需求，开始出现与政府签订委托契约的研究机构，为政府承担部分业务工作。此时期最著名的智库为“二战”后成立的兰德公司。通过与政府签订合同，兰德公司获取资金用于研究政治、军事、国家安全和国际事务等领域。

（3）社会福利型智库发展期（1960—1975 年）

这一时期，西欧、日本、苏联在政治、经济和综合国力上不断提升，世界科技和经济快速发展，美国国内社会问题日益增多，美国关注的重心从国防安全、军事科技转移到社会发展问题，美国政治力量和利益集团围绕如何振兴美国展开了激烈的讨论。在此背景下，兴起了一大批关注美国内政、城市发展、社会政策等议题的智库。这一时期智库的经费也逐渐趋于多元化，既有私人资本的捐助，也有政府委托的研究经费补助。

（4）政策鼓吹型智库发展期（1976—1990 年）

这一时期，美国的“大政府”概念、“凯恩斯主义”等开始崩解，促使美国社会反省，一些政治理念、意识形态上非常保守的智库也开始出现。这些智库将触角延伸到影响改变决策核心和政治态度等方面。此时期最具代表性的智库是传统基金会。

（5）对外拓展期（1991 年至今）

这一时期，美国智库逐步成为全球智库发展的中心，并形成成熟的智库市场，从资金、制度、需求、人才等各方面都具备完善的基础，成为美国软实力的象征。智库不仅关注国际问题的研究，同时把分支扩展到全球各地，雇佣当地研究员，从事本地研究，扩大影响力。这一阶段最具典型的智库包括卡耐基国际和平基金会、兰德公司和布鲁金斯学会。

1.2.2 美国智库主要类型

美国智库按照隶属关系可分为以下四种：政府所属的研究机构、独立的民间智库、依附高校的研究机构、党派隶属的研究机构。按照产生方式划分，美国智库可分为以下四类：由政府资助成立，如兰德公司、哈德逊公司、城市研究所等；由社会个体集资成立，如布鲁金斯学会、传统基金会、三边委员会等；由财团出资成立，通常具有一定的纪念意义，如卡耐基国际和平基金会、巴特尔纪念研究所等；由离任高层官员或为纪念某位政治人物而设，如卡特中心、尼克松中心等。按照职能性质划分，美国智库可分为以下三种：政府合约型，指与政府签订合同，开展相关委托人物研究的智库；学术型，指专门从事学术研究，为政府提供专业知识和信息的智库；政策鼓吹型，指通过推销主张、宣传观念而从事政策研究的智库。

1.2.3 美国智库主要特点

美国智库起步早，发展快，经过百余年的发展，形成了“百花齐放”的局面，不同类型的智库按照社会发展需要发挥其特有的作用，在公共政策领域，为政府建言献策。美国智库普遍具有相对独立性、人才储备足、管理措施规范、市场营销能力强、国际竞争力强等特点。

当前阶段，美国智库已达到“顶峰期”，同时也是“瓶颈期”，从每年发布的《全球智库报告》近 10 余年的数据来看，美国智库的数量基本保持不变，甚至一度出现下滑。究其原因，可以归结为科学、技术以及社会的不断革新以及这些革新所带来的不确定性。互联网的发展，新媒体的推进，使信息在几秒钟内传遍全球，公众可以在社交平台上实时反馈意见和评论。信息获取渠道的增加压缩了智库的发展空间。同时，美国的投资者倾向于将资金赠予智库用于从事“短期、专项、高影响力”的研究，那些从事长期研究的智库因为资金链的断裂生存堪忧。

1.3 中国智库

中国自古就有类似智库的机构存在。中国汉字“策”或“谋略”这样的词汇，与智库的含义基本相近。《中庸》讲，“文武之道，布在方策”。思考策划的人叫“策士”，可见早在春秋战国时期便开始应用“智库”。而现代智库的概念是在改革开放后从西方传入的，因而智库的发展与西方国家相比相对滞后。但随着我国改革开放的继续深入，中国经济实现快速发展，国内社会出现了社会、经济、环保、民生等系列问题，政府决策者越来越需要用现代智库的思维和方法来应对，智库机构的价值和作用也越来越明显。

根据宾夕法尼亚大学“智库与公民社会项目”（TTCSP）公布的《2018 年全球智库报告》，目前我国已有智库 507 家，位列全球第 3，仅次于美国和印度。近 10 年来，我国智库数量稳中有升，整体趋势向好（图 3）。由于统计不够全面，《2018 年全球智库报告》所列的中国智库数量仅有 74 家。

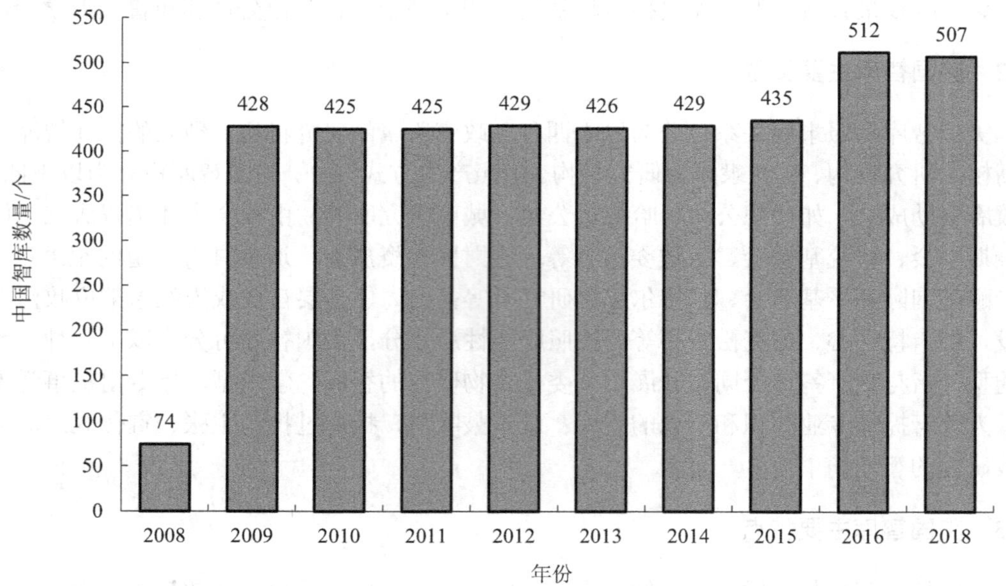

图 3 中国智库数量随时间的变化

1.3.1 中国智库发展阶段

参考陈先才先生所著的《台湾地区智库研究》一书，以及上海社会科学院对中国智库的总结，我国的智库发展可以分为4个阶段。

（1）初创期（改革开放前后—20世纪90年代中期）

这一时期，随着改革开放的逐步深入，政府管理体制改革和决策科学化、民主化的要求，官方智库得到空前的发展机遇，同时民间智库开始在大陆出现并得到初步发展。官方代表性的智库包括1977年成立的中国社会科学院、1980年成立的中国现代国际关系研究所、1985年成立的国务院发展研究中心和1994年成立的中国改革开放论坛等。民间代表性的智库包括1988年成立的北京四通社会发展研究所、1992年成立的零点调查以及1993年成立的天则经济研究所等。

（2）基本成型期（20世纪90年代中期到2002年）

这一时期，大学智库及研究机构广泛兴起，使中国大陆特色智库体系更加完善与充实。随着“211工程”“985工程”等重大国家教育工程的启动，重点大学纷纷成立政策研究与咨询机构，从国内外吸引学科人才，通过研究政策问题、向政府部门汇报研究成果，提升其在国家和社会层面决策咨询的影响力。代表性的大学智库包括北京大学中国经济研究中心、清华大学国情研究中心、复旦大学中国社会主义市场经济研究中心和中国人民大学中国财政金融政策研究中心等。这一时期，官方智库以及民间智库发展迅速。2002年成立的九鼎公共事务研究所就是这一时期民间智库的代表。

（3）转型调整期（2003—2012年）

这一时期，面对经济高速发展与社会需求多元化，中国智库开始新一轮的转型与调整，突出表现为地方社科院系统不断朝现代智库转型发展以及民间智库的快速发展。地方社科院通过管理体制创新和信息手段，围绕地方经济社会发展过程中出现的紧迫和重大现实问题，提出高质量的决策咨询服务，推进决策的科学化和民主化进程。民间智库中如21世纪教育研究院、中欧陆家嘴国际金融研究院、中国能源经济研究院等都是在这一时期成立的。

（4）创新发展期（2013年至今）

这一时期，智库建设受到国家高层重视，2013年4月，习近平总书记提出要建设“中国特色新型智库”的目标；党的十八届三中全会通过了《中共中央关于全面深化改革若干重大问题的决定》，明确强调要“加快中国特色新型智库建设，建立健全决策咨询制度”。《关于加强中国特色新型智库建设的意见》《国家高端智库建设试点工作方案》等相关文件陆续印发，中国智库迎来了建设的新浪潮，北京大学国际战略研究院、南方防务智库等一批新的智库机构不断涌现，同时，“全球智库峰会”“二十国智库论坛”等智库活动也蓬勃发展。新时期，中国智库无论是在国内还是国际上，其影响力都在逐步提升。

1.3.2 中国智库发展类型

中国智库的类型主要分为三大类，即官方智库、高校智库和民间智库。官方智库包括党、政、军内部的智库机构，如国务院发展研究中心、发展和改革委宏观经济研究院、生态环境部环境规划院等，也包括社会科学院等事业单位型智库，如上海社科院。高校智库是指依托高校平台从事公共政策研究的机构，如北京大学国际战略研究院等。民间智库是指具有独立的法人单位，从事相关政策研究的机构，如全球化智库。

1.3.3 中国智库发展特点

我国智库具有明显的地域性，东部沿海地区约占 60%以上，中部和西部智库分布相当。从中国活跃智库成立时间的长短来看，以每 10 年为一个阶段，各阶段新成立的智库数量比较平均，近 10 年新成立的活跃智库数量略有上升。从各省的数据来看，北京和上海的智库数量最多，广东紧随其后，海南和西藏智库数量最少[7]。从智库类型来看，中国智库主要以官方智库为主，约占 60%以上，高校智库次之，民间智库最少。但近几年，国家鼓励高端智库建设，民间智库也得到了前所未有的发展机遇。总体来说，中国智库起步晚，发展快。从单纯的党、政、军内部机构逐渐延伸，经过高校智库发展期，民间智库发展期，逐步向高质量、多元化、国际化的现代智库迈进，形成具有中国特色的新型智库。

2 生态环境类智库发展情况与排名

2.1 生态环境类智库基本情况

随着全球化的环境问题以及环境战略的实施，最近 20 年全球生态环境类智库得到了快速发展。但是生态环境类议题和主张长期被欧美等发达国家领衔，欧美等生态环境类智库起步早，研究深入，国际影响力大。因此生态环境类智库主要集中在欧美等发达国家，如德国波茨坦气候影响研究所、斯德哥尔摩环境研究院等。我国的生态环境类智库主要包括直接服务政府环境决策的技术支撑单位、自然科学和社会科学研究系统单位以及高校研究单位等。最近几年，一些民间环境团体和国际 NGO 在中国的办事处也承担了部分中国环境智库的角色，总体上我国的生态环境智库发展比较薄弱。从国际排名来看，我国的生态环境类智库处于国际中等水平，与发达国家有较大差距；在发展中国家排名中仍落后于印度、肯尼亚和印度尼西亚等，国际地位偏低。从国内形势来看，我国环境问题依然严峻，老百姓对良好生态环境有急切盼望，对环境政策的出台反应强烈，生态环境类智库发挥作用空间大；同时在“生态文明建设”和“特色新型智库建设”的国家战略下，生态环境类智库迎来千载难逢的机遇，影响力逐步扩大，成为中国特色新型智库不可或缺的一部分。

2.2 美国宾夕法尼亚大学排名

2.2.1 环境类智库排名

由詹姆斯·麦甘（James G. McGann）领衔的宾夕法尼亚大学“智库与公民社会项目”（TTCSP）课题组从 2006 年开始，探索智库评价体系构建，收集研究全球智库，从 2008 年起，连续 11 年发布全球智库报告，对全球智库进行排名。生态环境类智库属于专业性智库，2008 年全球智库报告中，只选取了全球十大环境类智库，其中 9 家美国智库和 1 家德国智库，没有中国环境类智库出现。直到 2011 年，香港思汇政策研究所进入全球 30 大环境类智库，排名第 29 位，但仍然没有中国大陆环境类智库进入世界排名。2012 年的全球智库报告中，从全球遴选了 70 大环境类智库，中国环境科学研究院排名第 30 位，环境保护部环境规划院排名第 33 位，香港思汇政策研究所排名第 44 位。此后的全球智库报告中，这 3 家中国智库均入选至全球顶级环境类智库，排位在第 30～50 位。以 2018 年为例，共 4 家中国智库入选，生态环境部环境规划院排名第 36 位，中国环境科学研究院排名第 38 位，香港思汇政策研究所排名第 48 位，中华环境保护基金会排名第 79 位（表 2）。排名前 5 的智库分别是德国波茨坦气候影响研究所、斯德哥尔摩环境研究院（瑞典）、世界资源研究所（美国）、气候与能源解决方案中心（美国）和第三代环保主义（英国）[8]。

表 2　2018 年全球环境类智库排名

名次	智库名称
1	德国波茨坦气候影响研究所
2	斯德哥尔摩环境研究院（瑞典）
3	世界资源研究所（美国）
4	气候与能源解决方案中心（美国）
5	第三代环保主义（英国）
36	生态环境部环境规划院
38	中国环境科学研究院
48	香港思汇政策研究所
79	中华环境保护基金会

2.2.2 智库排名评价方法

麦甘博士带领的 TTCSP 课题组是从事全球智库评价体系的较早探索者和实践者。从 2006 年至今，经过 10 余年的研究，已逐步形成特有的一套智库评价流程。从资源指标、效用指标、产出指标和影响力指标四个方面对全球智库进行综合评价。具体指标评价体系如表 3 所示。

表 3 《全球智库报告》构建的智库评价指标体系[9]

评价方面	具体特征
资源指标	吸引与保留领先学者和分析家的能力；财务支持水平、质量和稳定性；与政策制定者和其他政策精英的关系；人员从事严谨研究、提供及时和精辟分析的能力；机构的筹资能力；网络的质量和可靠性；在政策学术界的重点联系以及与媒体的关系
效用指标	在该国媒体和政治精英中的声誉；媒体曝光与被引用数量和质量、网站的点击率、在立法和执法机构的证词数量；政府部门的简报、政府任命、购物咨询；图书的销售状况；研究报告的传播；在学术与大众出版物上的被引用情况；会议的参加情况；组织的研讨会
产出指标	政策建议与创新理念的数量和质量；出版物（包括图书、期刊文章、政策简报等）的状况；新闻访谈情况；会议和研讨会的组织情况；人员被任命到顾问和政府部门的情况
影响力指标	政策建议被决策者和社会组织的采纳情况；网络的聚焦状况；对政治团体、候选人和转型团队的顾问作用；获得的荣誉；在学术期刊、公共证词和媒体关注的政策辩论会上的成果；列表和网站的优势；挑战传统智慧的成功；政府运行和民选官员中的作用

2.3 上海社会科学院排名

2.3.1 环境类智库排名

上海社会科学院智库研究中心成立于 2009 年，是国内第一家专门开展智库研究的学术机构。2014 年以来，连续 6 年发布《中国智库报告——影响力排名与政策建议》（以下简称《报告》）。其中生态类智库作为专业性智库，根据其影响力的大小进行了排名。

2013 年《报告》选取了 5 家生态文明领域专业性智库。依照名次分别是国务院发展研究中心、北京大学国家发展研究院、中国能源经济研究院、中国社会科学院和上海社会科学院。2014 年《报告》并未对生态环境类智库排名。2015 年《报告》选取了 10 家专业影响力靠前的生态建设领域智库，并对其进行了排名，排名首位的是中国社会科学院。其中环境保护部所属专业性智库有两家，分别是环境保护部环境规划院（排名第 3 位）和环境保护部环境与经济政策研究中心（排名第 5 位）。2016 年《报告》选取了 5 家专业影响力靠前的生态类智库，并对其进行了排名，排名首位的是环境保护部环境规划院，环境保护部环境与经济政策研究中心位列第 2 位。2017 年《报告》选取了 10 家专业影响力靠前的生态类智库，并对其进行了排名，排名首位的是环境保护部环境规划院，环境保护部环境与经济政策研究中心位列第 2 位，中国环境科学研究院位列第 3 位。2018 年《报告》同样选取了 10 家专业影响力靠前的生态类智库，并对其进行了排名，排名首位的是生态环境部环境规划院，生态环境部环境与经济政策研究中心位列第 2，中国环境科学研究院位列第 3。

2.3.2 评价方法

上海社会科学院智库研究中心重点关注智库的影响力，认为影响力是智库的生命线。

并围绕中国智库的决策影响力、学术影响力、社会影响力、国际影响力等方面作为评价标准，研究设计客观评价指标体系。采取多轮主观评价方法，参考部分客观指标，对中国智库的综合影响力、分项影响力、专业影响力等进行打分和排名，并归纳中国智库的发展特点，提出政策建议，汇总形成《中国智库报告》。

智库研究中心通过连续6年的《报告》发布，对评价体系有了新的认识，每年对影响力指标体系进行更新和完善，目前已形成中国影响力评价指标体系设计V1.0版本（表4）。

表4　中国智库影响力评价指标体系设计V1.0[10]

一级指标	二级指标	三级指标
1. 决策影响力	1.1 领导批示	国家级领导批示（件/年）、人均批示量
		省部级领导批示（件/年）、人均批示量
	1.2 建言采纳	全国政协、人大及国家部委议案采纳（件/年）、人均采纳量
		地方政协、人大及委办局议案采纳（件/年）、人均采纳量
	1.3 规划起草	组织或参与国家级发展规划研究、起草与评估（件/年）
		组织或参与省部级发展规划研究、起草与评估（件/年）
	1.4 咨询活动	国家级政策咨询会、听证会（人次/年）
		省部级政策咨询会、听证会（人次/年）
2. 学术影响力	2.1 论文著作	人均智库与学术论文发表数（篇/年）
		人均智库与学术论文转载数（篇/年）
		公开出版的论文集或智库报告（册/年）
	2.2 研究项目	国家社科/国家自科重大（重点）项目数（项/年）
		中央和国家交办的研究项目（项/年）
		地方政府交办的研究项目（项/年）
3. 社会影响力	3.1 媒体报道	在国家主流媒体发表评论文章（篇/年）
		在地方主流媒体发表评论文章（篇/年）
		参与主流媒体的访谈类节目（次/年）
		具有重大影响的媒体报道（次/年）
	3.2 网络传播	智库主页点击率（累计，次）
		移动公众平台（微信）关注度（累计，人次）
4. 国际影响力	4.1 国际合作	理事会/学术委员会中聘请外籍专家的人数占比（%）
		在世界主要国家设立分支机构（是/否）
		与国际智库合作项目数（项）
	4.2 国际传播	在国际主流媒体发表评论文章（篇/年）
		被国际著名智库链接（是/否）
		智库英文名在主要搜索引擎上的搜索量
5. 智库成长能力（参考指标）	5.1 智库属性	智库成立时间（年）
		行政级别（部/厅局/县处/县处级以下）
		研究专业领域
	5.2 资源禀赋	研究人员规模（领军人物、团队结构合理性等）
		研究经费规模（万元/年）
		研究经费来源中财政资助占比（%）

2.4 中国社会科学院排名

2.4.1 部委所属专业性智库排名

中国社会科学智库评价研究院（以下简称评价研究院），于 2017 年 7 月揭牌成立，前身是 2013 年成立的中国社会科学院中国社会科学评价中心，是中国社会科学院的直属研究机构。从 2016 年起，评价研究院启动“中国智库综合评价 AMI 指标体系研究”项目，力求在综合考虑不同类型智库之间差异的前提下，研创兼顾整体通用性与差异性的“中国智库综合评价 AMI 指标体系”，在进一步梳理国内智库发展现状的基础上，深化对中国智库全面客观的综合评价，并依附该体系及相关权重，以参评机构所提供的数据为基础，采取定量与定性相结合的分析方法进行评价，最终汇总形成《中国智库综合评价 AMI 研究报告（2017）》。

《中国智库综合评价 AMI 研究报告（2017）》将智库划分成综合性智库、专业性智库、企业智库和社会智库四类，并就每一类智库做了分报告。其中，专业性智库又划分为部委所属专业性智库和高校智库。由于从事生态环境类的中国智库大多依附于国家机关，隶属于国家部委下属机构，因而被划分到部委所属专业性智库一类。但部委所属的专业性智库就不仅仅包括生态环境领域，还包括经济、技术、金融、教育、医疗等其他领域，因而竞争压力很大。庆幸的是从入选的 10 家部委所属专业性智库中，有两家环境保护部下属单位上榜（表 5），分别是环境保护部环境规划院和中国环境科学研究院。由此可见，这两家单位在部委所属专业性智库中的综合实力是有目共睹的。

表 5 部委所属专业性智库

智库名称
国家发展和改革委员会国际合作中心
国家统计局统计科学研究院
环境保护部环境规划院
中国财政科学研究院
中国国际问题研究院
中国环境科学研究院
中国教育科学研究院
中国科学技术发展战略研究院
中国人民银行金融研究所
住房和城乡建设部政策研究中心

注：参评智库 25 家，入选 10 家；按智库名称拼音字母排列，排名不分先后。

2.4.2 评价方法

评价研究院结合国内外智库评价的先进经验，对比智库的评价方法，独创“中国智库综合评价 AMI 指标体系”，从吸引力（attraction）、管理力（management）和影响力（impact）三方面对中国智库进行综合分析与评价（表 6）。该指标体系的指标覆盖面广，可操作性强，考虑了指标之间的关联性，并针对不同类型的智库（综合性智库、专业性智库、企业智库和社会智库）设计了不同的评价权重，力求客观反映出智库的综合实力。

表 6　中国智库综合评价 AMI 指标体系[11]

一级指标（3）	二级指标（14）	三级指标（40）	四级指标（86）
吸引力	声誉吸引力	同行评议	决策声誉
			学术声誉
		历史	成立时间
	人才吸引力	人员规模	工作人员总数
		领军人物	领军人物占研究人员总数的比例
		人才培养	博士后流动站或博士后科研工作站
			国内进修
			国际进修
			地方政府部门挂职
		待遇	研究人员待遇
			科研辅助人员待遇
	资金吸引力	资金来源	多元化
		资金值	研发经费占比
管理力	战略	发展规划	制定长、中、短期战略规划
	组织	客户关系管理	设置人员专门负责维护与党政机关、学术机构、媒体、企业、国外机构的关系
		规章制度	与智库建设相匹配的章程、规章制度
		组织规范	实体机构
		组织规模	国内分支机构
	系统	流程管理	规范制度
		信息化管理	独立网站
			数据库
			文献
	人员	素质	工作人员学历
			研究人员的学历
		结构	年龄结构
			岗位结构
			国际化
		研究人员产出	学术产出
			政策产出
	风格	管理风格	历史传统，文化传承
	价值观	导向管理	明确的价值观和使命感

<table>
<tr><th>一级指标（3）</th><th>二级指标（14）</th><th>三级指标（40）</th><th>四级指标（86）</th></tr>
<tr><td rowspan="6">管理力</td><td rowspan="6">技术</td><td rowspan="2">研究方法</td><td>多样性</td></tr>
<tr><td>科学性</td></tr>
<tr><td rowspan="2">创新能力</td><td>对已有知识的获取</td></tr>
<tr><td>对未知领域的研发</td></tr>
<tr><td rowspan="2">基础研究能力</td><td>长期投入</td></tr>
<tr><td>前瞻性</td></tr>
<tr><td rowspan="37">影响力</td><td rowspan="14">政策影响力</td><td rowspan="6">对政策制定的影响力</td><td>党政部门委托研究项目</td></tr>
<tr><td>资政报告</td></tr>
<tr><td>提供政策咨询</td></tr>
<tr><td>参与政策制定</td></tr>
<tr><td>咨政类定期出版物</td></tr>
<tr><td>获得批示</td></tr>
<tr><td rowspan="2">成果转化</td><td>政策应用</td></tr>
<tr><td>对产业的贡献</td></tr>
<tr><td rowspan="3">咨政渠道</td><td>国家级渠道</td></tr>
<tr><td>省部级渠道</td></tr>
<tr><td>其他</td></tr>
<tr><td rowspan="3">与政府及决策者的关系</td><td>曾在党政部门任职的工作人员</td></tr>
<tr><td>离开智库到党政机关任职的工作人员</td></tr>
<tr><td>对外提供干部培训</td></tr>
<tr><td rowspan="8">学术影响力</td><td rowspan="6">学术成果</td><td>论文</td></tr>
<tr><td>专著</td></tr>
<tr><td>课题</td></tr>
<tr><td>研究报告</td></tr>
<tr><td>学术期刊</td></tr>
<tr><td>教材</td></tr>
<tr><td rowspan="2">学术活动</td><td>举办国内学术会议</td></tr>
<tr><td>在学术会议上发表演讲</td></tr>
<tr><td rowspan="11">社会影响力</td><td rowspan="2">传统媒体</td><td>发表观点</td></tr>
<tr><td>获得报道</td></tr>
<tr><td rowspan="2">新媒体</td><td>发表观点</td></tr>
<tr><td>获得报道</td></tr>
<tr><td rowspan="3">社会责任</td><td>社会公益项目</td></tr>
<tr><td>政策宣讲活动</td></tr>
<tr><td>社会宣讲或培训</td></tr>
<tr><td>国内合作</td><td>合建机构</td></tr>
<tr><td rowspan="2">信息公开</td><td>研究成果开放获取</td></tr>
<tr><td>网站维护</td></tr>
<tr><td rowspan="4">国际影响力</td><td rowspan="4">国际会议</td><td>独立举办国际会议</td></tr>
<tr><td>联合举办国际会议</td></tr>
<tr><td>在国际会议上发表演讲</td></tr>
<tr><td>受邀出席国际会议</td></tr>
</table>

一级指标（3）	二级指标（14）	三级指标（40）	四级指标（86）
影响力	国际影响力	国际合作	人员交流
			国际合作研究成果
			国际合作项目
			国际合作机构
		国际媒体	发表观点
			获得报道
		外文成果	公开发表
		国际化网络	国外分支机构
			外籍研究人员
		外语应用	研究人员使用外语公开发布研究报告、发表学术论文的语种数
			出版外文期刊的语种数
			发布外文专题报告的语种数
			外语网站的语种数

在评价过程中，运用“中国智库综合评价 AMI 指标体系”，采取客观和主观相结合的评价方法，坚持定性与定量相结合的评价原则，主要参考《中国智库综合评价调查问卷（2017 年版）》及其相关支撑材料和《中国智库综合评价专家评价问卷（2017 年版）》的相关结果，并结合调研访谈和信息采集过程中获得的相关资料，最终遴选出入围的智库。

2.5 其他国内机构排名

2015 年 11 月 24 日，四川省社会科学院与中国科学院成都文献情报中心联合成立了“中华智库研究中心”，同时“中华智库研究网”（www.chinesethi nktanks.cn）对外上线，紧接着发布了《中国智库影响力报告 2015》，这是中国首个以大数据为支撑，采用互联网信息抓取技术的智库评价报告。采用五维影响力标准，以创建于 2014 年的“中华智库研究大数据平台”为数据支撑，对中华智库进行综合影响力和分类影响力排名。到目前为止，已连续三年发布《中国智库影响力报告》。以《中华智库影响力报告 2016》为例，报告对“生态文明”等热点议题进行了分析，其中邹长新（原环境保护部南京环境科学研究所）和俞海（原环境保护部环境与经济政策研究中心）入选为“生态文明”议题活跃学者。

2015 年 1 月，零点国际发展研究院与中国网联合发布《2014 中国智库影响力报告》，这是中国首个以公允客观的指标数据为主的智库评价体系。报告采用四类影响力指标：专业影响力、政府影响力、社会影响力和国际影响力，并根据四类客观指标结合主观指数算出智库得分。其中环境保护部环境规划院入选 20 大综合影响力智库，位列第 7 位。

清华大学公共管理学院通过大数据分析和收集社交大数据资源的方法，对智库进行综合评价，并发布了《中国大数据报告 2016》；《光明日报》和南京大学通过构建网络影响力专项评价体系，发布了《中国智库网络影响力评价报告》。此外，浙江大学、浙江工业大学等国内机构纷纷通过构建自身的评价指标体系，对智库进行评价。

从智库排名情况来看，生态环境类智库作为专业智库，已然成为中国智库不可或缺的一部分。在部委所属专业性智库中，甚至在综合影响力智库中，生态环境类智库的地位越来越显著。

3 新时代生态环境类智库建设要求

3.1 中央关于高端智库建设的要求

2013 年 4 月，习近平总书记对“关于建设中国特色新型智库”做出重要批示：要健全决策咨询机制，按照服务决策、适度超前原则，建设高质量智库。自此，新型智库的顶层设计全面启动。2013 年年底，党的十八届三中全会审议通过了《中共中央关于全面深化改革若干重大问题的决定》，正式以党的文件形式把“加强中国特色新型智库建设”确定为国家战略。此后，习近平总书记多次公开讲述中国特色新型智库的重要性，对战略实施进行了充分的社会动员，全国各地掀起“智库建设热”和“智库评价热”。

习近平总书记在 2014 年 10 月 27 日主持召开中央全面深化改革领导小组会议上的重要讲话，以及 2015 年 1 月 20 日中共中央办公厅、国务院办公厅联合印发的《关于加强中国特色新型智库建设的意见》（以下简称两办《意见》）都明确指出，中国特色新型智库建设的总体目标是“到 2020 年，统筹推进党政部门、社科院、党校行政学院、高校、军队、科研院所和企业、社会智库协调发展，形成定位明晰、特色鲜明、规模适度、布局合理的中国特色新型智库体系，重点建设一批具有较大影响力和国际知名度的高端智库，造就一支坚持正确政治方向、德才兼备、富于创新精神的公共政策研究和决策咨询队伍，建立一套治理完善、充满活力、监管有力的智库管理体制和运行机制，充分发挥中国特色新型智库咨政建言、理论创新、舆论引导、社会服务、公共外交等重要功能”。新型智库建设正式上升为国家战略。这既为各类智库提供了重大的发展机遇与广阔的施展空间，也对中国智库的发展提出了更高的期许和要求。两办《意见》更进一步明确提出要实施国家高端智库建设规划，“加强智库建设整体规划和科学布局，统筹整合现有智库优质资源，重点建设 50～100 个国家亟须、特色鲜明、制度创新、引领发展的专业化高端智库。支持中央党校、中国科学院、中国社会科学院、中国工程院、国务院发展研究中心、国家行政学院、中国科协、中央重点新闻媒体、部分高校和科研院所、军队系统重点教学科研单位及有条件的地方先行开展高端智库建设试点”。

2015 年 11 月 9 日，习近平总书记主持召开的中央全面深化改革领导小组第十八次会议审议通过《国家高端智库建设试点工作方案》，共批准了 25 家单位为首批国家高端智库建设试点单位（表 7）。在这次会议上，习近平总书记再次强调，“要建设一批国家亟须、特色鲜明、制度创新、引领发展的高端智库，重点围绕国家重大战略需求开展前瞻性、针对性、储备性政策研究”。

智库的建设被提升到了前所未有的高度，无论是短期还是中长期，包括环境智库在内的各类智库都将取得前所未有的快速发展。

表 7 首批国家高端智库建设试点单位

中共中央、国务院、中央军委直属机构	国务院发展研究中心
	中国社会科学院
	中国科学院
	中国工程院
	中央党校
	国家行政学院
	新华社
	军事科学院
	国防大学
	中央编译局
部委直属科研机构	社科院国家金融与发展实验室
	社科院国家全球战略智库
	中国现代国际关系研究院
	国家发改委宏观经济研究院
	商务部国际贸易经济合作研究院
高校研究机构	北京大学国家发展研究院
	清华大学国情研究院
	人民大学国家发展与战略研究院
	复旦大学中国研究院
	武汉大学国际法研究所
	中山大学粤港澳发展研究院
地方政府的直属科研机构	上海社会科学院
大型央企直属研究机构	中国石油经济技术研究院
社会智库	中国国际经济交流中心
	综合开发研究院

3.2 新时代生态环境的总体要求

党的十八大以来，中国对生态环境保护十分重视，并将环境保护提升到国家战略的高度，通过一系列文件部署和安排，开启了生态文明建设的新时代。

2012 年 11 月召开的党的十八大将生态文明建设放在突出地位，强调要将生态文明建设融入经济建设、政治建设、文化建设和社会建设的各个方面和全过程，实现“五位一体”的总体布局，推动形成人与自然和谐发展的现代化建设新格局。

2013 年 11 月 12 日，党的十八届三中全会通过《中共中央关于全面深化改革若干重大问题的决定》（以下简称《决定》）。全面深化变革，就此开启。在《决定》中，全面、清晰地阐述了生态文明制度体系的构成及其改革方向、重点任务。提出要“紧紧围绕建设美丽中国深化生态文明体制改革，加快建立生态文明制度，健全国土空间开发、资源节约利用、生态环境保护的体制机制，推动形成人与自然和谐发展现代化建设新格局”。

2014 年 10 月，党的十八届四中全会胜利召开，要求用严格的法律制度保护生态环境。

2015 年 5 月，《关于加快推进生态文明建设的意见》印发，这是继党的十八大和十八届三中、四中全会对生态文明建设做出顶层设计后，中央对生态文明建设的一次全面部署。

同年 9 月，我国生态文明领域改革的顶层设计——《生态文明体制改革总体方案》（以下简称《方案》），对社会公布。生态文明体制改革的目标，被锁定在这八项制度上——自然资源资产产权制度、国土空间开发保护制度、空间规划体系、资源总量管理和全面节约制度、资源有偿使用和生态补偿制度、环境治理体系、环境治理和生态保护市场体系、生态文明绩效评价考核和责任追究制度。同时《方案》还提出树立六个重大理念：树立尊重自然、顺应自然、保护自然的理念；树立发展和保护相统一的理念；树立绿水青山就是金山银山的理念；树立自然价值和自然资本的理念；树立空间均衡的理念；树立山水林田湖草是一个生命共同体的理念。

2015 年 10 月，党的十八届五中全会胜利召开，要求将绿色发展纳入新发展理念。

在生态文明纲领性文件陆续发布期间，中央全面深化改革领导小组（以下简称中央深改组）马不停蹄，先后通过了一系列重要实施规划、方案、办法和意见，落实生态文明体制改革。率先落实的《环境保护督察方案（试行）》，将环境保护督察作为推进生态文明建设的重要抓手，通过打造一支环保铁军、一个特种部队，打响打好污染防治攻坚战。通过实施《中国三江源国家公园体制试点方案》，来探讨将来国家公园建立的一些体制，以使它将来在产权、财政、管理上不是部门分割，而是协调发展。2015 年 7 月，中央深改组第十四次会议审议通过了《关于开展领导干部自然资源资产离任审计的试点方案》《党政领导干部生态环境损害责任追究办法（试行）》两份改革文件。领导离任审计、责任追究，第一次进入生态领域。2016 年 12 月，《生态文明建设目标评价考核办法》正式公布，生态责任成为政绩考核的必考题。发改委、统计局、环保部、中组部等部门又相继制定了《绿色发展指标体系》和《生态文明建设考核目标体系》。将绿色发展、生态文明建设的考核有指标可依。

4 智库适应新时代建设要求的差距和挑战

在当前生态文明建设的背景下，环境保护已经提到了与城市发展相提并论的层次，环境保护决策对于一个国家或地区的可持续发展具有关键性影响[12]。但我国的生态环境决策体系仍在探索发展阶段，生态环境类智库的决策支撑能力有待进一步提高，距离建设生态环境类的高端智库还存在一定差距和挑战。

4.1 主要差距

1）重数量轻质量。2013 年以来，国家积极推动高端智库建设，智库发展已上升为国家战略，尤其是《意见》下发后，我国掀起了“智库热”的浪潮，智库的数量在不断提升，但智库的质量却有待进一步提高。质量是智库发展的根本，是加强中国特色新型智库建设的原动力，但也是当前智库所欠缺的。

2）重传播轻思考。重视智库的宣传，而忽略了智库的核心工作是咨政建言。在全媒体时代，智库利用互联网等优势对外宣传，是一件好事。但现在很多智库把工作重点放在了宣传上，而轻视了公共政策的思考和研究。智库更多的是要产出高质量的成果，通过研究成果来扩大自身的影响力。

3）重跟风轻方向。重视热点问题的跟踪研究，而忽略了开拓性、创新性研究。国际顶级环境智库体制机制健全、研究深入，主导了全球环境类议题和主张，而国内环境类智库大多存在盲目跟风的现象，在热点问题上人云亦云，缺乏对重点问题以及开拓性领域的研究思考。导致“千库一面”，缺乏自身发展以及研究特色。

4）重咨询轻研究。重视对咨询项目的执行，而忽略了对公共政策的研究。很多智库为达经济目的，以智库为招牌承接咨询项目，为企业和个人服务。而我国项目大多呈现“短、平、快”的特点，不利于智库开展深度研究，对智库的发展水平不能起到显著提高的作用，从而导致智库公共政策研究能力不足，不利于智库的长远发展。

4.2 主要挑战

1）国内外竞争压力大，智库中国特色不明显。从 2018 年宾夕法尼亚大学全球智库排名可以看出，全球 100 家环境类智库中只有 4 家中国智库，且排名不高。国际顶级环境智库主要由欧美等发达国家占据。随着环境问题全球化，国际顶级环境类智库也开始研究中国环境问题；中国内部的综合性智库，如国务院发展中心、中国社科院等，也开始涉足生态环境政策，导致我国的生态环境类专业智库面临较大的内外部竞争压力。加之我国生态环境类智库起步晚，研究基础薄弱，容易照搬西方环境智库发展模式，缺乏自身定位及中长期规划，未能因地制宜导致发展受阻。

2）决策支撑体系不健全，智库影响力不足。我国的决策支撑体系主要依靠政府内部的事业单位以内参或报告的形式递交给决策者，从而影响政策的制定。官方智库因为政府背景而具备先天优势，高校智库和民间智库，则缺乏适当的渠道递交自己的研究成果，因而很难影响到政策的制定。我国智库发展起步较晚，将智库声音纳入决策支撑体系需要一个漫长的过程，智库真正发挥咨政建言的作用还需假以时日。

3）行政体制约束大，缺乏独立研究。我国的生态环境类智库主要以官方智库为主，高校智库和民间智库为辅。能够对决策产生影响的主要是官方智库。而官方智库在财政、行政事务、人事任免上受政府限制，所从事的研究具备明显的政府导向性，导致智库自主性差，不能很好地从事独立研究。在智库整体发展上，造成同质化现象严重，差异化特征不明显。

4）研究水平有限，缺少国际型人才。受计划经济影响，我国环境政策的实施通常伴随着政府补贴等手段，而缺乏运用市场化手段解决突出环境问题。综合运用市场化手段是环境管理可持续发展的必由之路。生态环境类智库的研究人员习惯于对环境问题机理的研究而不擅长对环境管理手段的研究，智库的研究方向有待进一步转变。同时，由于我国生态环境类智库国际影响力偏低，对外交流不够深入，受行政体制约束，导致引进全球视野的国际型人才困难[13]。

5 加强生态环境类智库建设的相关建议

建设高端生态环境类智库需要政府和智库双方的共同努力。

在政府层面：

一是强化国家层面制度建设，明确生态环境类智库定位。《关于加强中国特色新型智库建设的意见》中提出，要建立中国特色新型智库体系。虽然该实施意见为我国智库的发展提供了方向性的指引，但主要以宏观指导为主，对各类智库缺乏进一步的定位。环境智库作为特色新型智库，要结合自身性质和职能进行定位，国家层面应该将环境智库的建设与发展作为“十三五”时期环境管理的一项重要内容，并在“十四五”生态环境保护规划中有所体现。通过加强制度建设，明确生态环境智库的定位与作用。

二是建立制度化决策咨询体系，引领智库良性发展。当前生态环境保护修复正处在“关键期”“攻坚期”和“窗口期”，政府对环境保护工作给予厚望，同时对可持续发展与生态文明建设提出极高要求。但长久以来，中国生态环境与经济发展之间的协调关系研究不够深入，符合中国实际的可持续发展路径研究与中国相关法规政策等存在割裂和不适应，生态文明建设任务艰巨。面对巨大的政策咨询需求，政府应该将各种政策问题决策前的研究与咨询纳入常态化制度机制，不断扩大政府决策咨询的范围和力度，扩大政府购买知识服务的力度，才能为智库发展提供良好的土壤。通过制度化的安排，引领智库参与到决策过程中，发挥智库作用。

三是重点扶持一批高端生态环境类智库。2015 年，中央全面深化改革领导小组第十八次会议审议通过《国家高端智库建设试点工作方案》，共批准了 25 家单位为首批国家高端智库建设试点单位，“重点围绕国家重大战略需求开展前瞻性、针对性、储备性政策研究”。同样，生态环境类智库的发展需要国家建立试点方案，给予政策支持，引领高端建设。

四是建立常态化的信息沟通与成果报送机制。智库作为政策研究与咨询的部门，面临的一个现实问题是如何将智库研究成果送达到决策者手中。而官方智库通常可以通过“内参”或内部专家咨询等形式向政府提供咨询建议。生态环境类高校智库以及民间智库则缺乏与政府部门的机制化沟通和咨询渠道，使其处于决策咨询的边缘化状态。建议政府建立智库成果信息化管理平台。通过平台建设，投放政策咨询需求，智库根据不同的政策需求将相关研究成果通过平台上传，供决策者参考。同时数据信息、研究成果实现公开化、透明化，其他智库、科研学者以及公众可以通过平台网站参考相关信息，避免智库出现重复研究和扩大公众参与度，通过更多“智力”发挥，助力高质量政策落地。

五是引入市场择优机制，鼓励智库“百家争鸣”。通过搭建政策咨询平台，为智库提供咨询报告、研究成果报送窗口。鼓励各类智库建言献策，对决策有帮助的智库给予适当的鼓励和支持。通过市场化管理，调动智库积极性，促进智库公平竞争。

六是引入“旋转门”机制。鼓励政府官员与高端智库人员相互任职交流，建立“旋转门”机制，协助智库找准研究方向，提升智库研究水平，促进智库成果转化。

在智库层面：

一是明确自身定位，建立中长期规划。我国生态环境类智库起步较晚，整体实力偏弱，受到来自国际顶尖环境类智库和国内综合类智库的双重竞争压力，往往容易盲目跟风，缺乏自身定位。智库应结合自身科研优势，建立中长期发展规划，分阶段、分领域，完成既定目标，打造特色智库产品，逐步建立自身优势。

二是提高自身管理水平，严控研究成果质量。智库应该加强内部的管理水平，尤其是成果审核机制的建立。以世界资源研究所（World Resources Institute，WRI）为例，WRI专门有“科学与研究部” 对研究报告与问题简报、工作论文、技术文件等研究成果进行内外部评审程序。经过出版计划→报告初稿→内部评审→外部评审→正式出版报告的循环，最后由研究部门主任和“科学与研发部”主任审阅同意，成果才能对外发布。正是因为严格的质量要求和成果评审流程，使 WRI 成为资源环境领域的国际顶尖智库[14]。建立严格的成果审核机制，才能促进我国生态环境类智库高质量成果的体现。

三是建立人员奖励机制，引入高端一流人才。智库是“思想工厂”“智囊团”，人是智库的核心驱动力。高端智库建设需要具有国际化视野、经验丰富、跨学科跨领域的一流人才推动。生态环保智库大多是具有政府背景，资金花费受财政约束，人员薪资待遇受政府体制和职称限制，很多福利需要“熬年头”才能获得，不利于吸引外界人才。智库应该突破体制障碍，创新奖励机制。通过成果奖励、咨询奖励等多途径奖励机制调动人员的积极性，建立差异化的奖赏和补贴机制，吸引外部高端一流人才，引导智库高质量发展。

四是建立多媒体成果传播机制，强化政策和社会影响力。智库以政策研究为已任，以影响公共政策和舆论为目的。除了直接向政府部门提供研究报告、内部参考等途径，智库可以向公众传达自己的观点，引导公众舆论，从而达到影响政策的目的。智库应该利用互联网的优势，建立多媒体的成果传播渠道，在网站、微信公众号、微博公众号等平台及时更新智库研究成果和信息动态，与媒体建立常态化报送制度，并与公众建立信息反馈，在社交平台上，对公众关切的问题给予解答，形成信息互动，扩大社会影响力。

五是加强国际合作，提高智库国际化水平。由于环境问题的全球化属性，生态环境类智库应该具备国际视野，积极参与国际项目，为全球环境政策制定提供决策咨询和政策建议。当前我国生态环境智库整体研究水平较弱，国际化程度不高，缺乏国际话语权，这与中国所处的国际大国地位极不相称。政府应该积极引导生态环境智库走出去、引进来，加强国际交流合作。可以以国际化项目为依托，以国际会议为平台，以国际人才交流与合作为纽带，建立一个全方位、多领域的合作框架体系。明确我国环境智库的国际运作规则，使我国环境智库接入到国际环境智库的运行轨道中。

参考文献

[1] 陈先才．台湾地区智库研究 [M]. 台湾：九州出版社，2015.

[2] 李健军，崔树义．世界各国智库研究 [M]. 北京：人民出版社，2010.

[3] MCGANN J G. 2010 Global Go To Think Tank Index Report [R]. （2011-02-03）. https：//repository.upenn.edu/think_tanks/5/.

[4] 刘旸辉．美国智库：财团和政客的“第三只手”[J]. 金融博览，2009（8）：33-34.

[5] DICKSON P. Think Tanks [M]. New York，Atheneum，1971. 47：1-3，26-35.

[6] 任晓．第五种权力——美国思想库的成长、功能及运作机制[J]. 现代国际关系，2000（7）：18.

[7] 上海社会科学院智库研究中心项目组．中国智库影响力的实证研究与政策建议[J]. 社会科学，2014，4.

[8] MCGANN J G. 2018 Global Go To Think Tank Index Report [R]. （2019-01-29）. https：//repository.upenn.edu/think_tanks/16/.

[9] MCGANN J G. 2013 Global Go To Think Tank Index Report [R]. 2014. https：//repository.upenn.edu/think_tanks/9/.

[10] 上海社会科学院智库研究中心．中国智库报告——影响力评价与政策建议（2017）[R]. 上海：上海社会科学院出版社，2018.

[11] 荆林波，等．中国智库综合评价 AMI 研究报告（2017）[R]. 北京：中国社会科学出版社，2018.

[12] 王成，李文青，王庆九，等．生态文明背景下强化环保智库支撑功能的若干构想[J]. 科技创新导报，2015（11）：98-99.

[13] 王金南，翁智雄，徐毅，等．中国环境智库发展：挑战与对策[J]. 环境保护，2016，44（16）：12-16.

[14] 张志强，苏娜．国际智库发展趋势特点与我国新型智库建设[J]. 智库理论与实践，2016，1（1）：9-23.